U0176017

华 章 图 书

一本打开的书，一扇开启的门，
通向科学殿堂的阶梯，托起一流人才的基石。

大数据
技术丛书

Flink设计与实现

核心原理与源码解析

张利兵◎著

机械工业出版社
China Machine Press

图书在版编目（CIP）数据

Flink 设计与实现：核心原理与源码解析 / 张利兵著 . -- 北京：机械工业出版社，2021.7
（2021.11 重印）
（大数据技术丛书）
ISBN 978-7-111-68783-2

Ⅰ. ① F… Ⅱ. ①张… Ⅲ. ①数据处理软件 Ⅳ. ① TP274

中国版本图书馆 CIP 数据核字（2021）第 147328 号

Flink 设计与实现：核心原理与源码解析

出版发行：机械工业出版社（北京市西城区百万庄大街 22 号 邮政编码：100037）
责任编辑：韩 蕊 责任校对：马荣敏
印　　刷：三河市宏达印刷有限公司 版　　次：2021 年 11 月第 1 版第 2 次印刷
开　　本：186mm×240mm 1/16 印　　张：32.75
书　　号：ISBN 978-7-111-68783-2 定　　价：129.00 元

客服电话：（010）88361066 88379833 68326294 投稿热线：（010）88379604
华章网站：www.hzbook.com 读者信箱：hzjsj@hzbook.com

版权所有·侵权必究
封底无防伪标均为盗版
本书法律顾问：北京大成律师事务所 韩光 / 邹晓东

Preface 前　　言

为什么要写本书

　　流计算从出现到普及，经历了非常多的变化——从早期 Apache Storm 等技术的落地和使用，到现在越来越多的公司选择使用 Apache Flink 作为流处理核心技术。Flink 以其强大的批流一体处理能力以及低延迟、高吞吐等特性，正在吸引着越来越多的公司和用户加入 Flink 社区。和大多数爱好 Flink 技术的人一样，我也被 Flink 深深吸引，想要更加深入地了解 Flink 底层的技术组成。

　　我用了一年多的时间静心研究 Flink 技术的底层实现原理，前前后后遇到过很多困难。单纯地阅读源码是一件比较乏味且需要毅力的事，需要花费非常多的时间和精力，一点点地研究框架中每个模块的源码实现以及每个方法的意义、它们之间的调用关系等。虽然过程很枯燥，但是在我将整个 Flink 框架梳理清楚之后，不禁为 Flink 框架的内部实现所折服——每个代码细节都体现了开发人员的专业的实现思想，整个框架背后包含了非常多的思想结晶。学习源码不仅提升了我的技术功底，还加深了我对技术的理解。要想深度掌握一项技术，可以说没有什么方法比阅读源码更加有效了。通常情况下，阅读源码有较高的技术门槛，不易下手，我们需要对技术有一定的理解和认识，至少能够非常熟练地将其应用在实际工作之中，才能更好地了解其底层运行原理。否则在不了解框架使用的情况下贸然学习源码实现，非常容易陷入混乱和迷惑的状态，从而极大地影响学习体验。

　　结合以上学习经验，我希望能够写一本将 Flink 源码讲透的书，帮助那些想深入理解源码、深度掌握 Flink 底层核心技术实现但没有太多时间进行研究的读者。本书可以帮助读者更加游刃有余地将 Flink 这项技术应用到实际工作中。我相信，面对再难的事情，只要我们脚踏实地，循序渐进，最终一定会有所领悟，即便达不到非常专业和精进，也至少比初学有更多的收获。

读者对象

本书将从多个方面介绍 Flink 原理实现与源码,包括 Flink 各类编程接口的设计和实现以及集群运行时等内部原理。本书适合以下读者阅读。

❑ 大数据架构师、大数据开发工程师

❑ Flink 流计算开发工程师

❑ 数据挖掘工程师

如何阅读本书

全书共 8 章:第 1 章介绍 Flink 设计理念与基本架构;第 2 章介绍 DataStream 的设计与实现;第 3 章介绍运行时的核心原理与实现,包括 Dispatcher、ResourceManager 以及 JobManager 等核心组件的源码级解析和介绍;第 4 章介绍 Flink 任务提交与执行的整体流程,包括客户端实现、运行时作业执行过程、JobGraph 及 ExecutionGraph 图转换等;第 5 章介绍不同的集群部署模式,包括 On Yarn、On Kubernetes 等;第 6 章介绍状态管理与容错,包括不同类型状态后端的设计与实现;第 7 章介绍 Flink 网络通信,包括 RPC 通信以及基于 Netty 实现的网络栈;第 8 章介绍 Flink 内存管理,包括 MemorySegment 的设计与实现等。

勘误和支持

由于作者的水平有限,书中难免会出现一些错误或者不准确的地方,恳请读者批评指正。Flink 技术本身比较新,且处于快速发展阶段,很多新的概念我难免会有疏漏。如果你有任何意见,可以通过电子邮箱 zlb1028@126.com 联系我。期待你的反馈。

致谢

在写作本书的过程中,我得到很多朋友及同事的帮助和支持,尤其是李蒲生的大力支持,在此表示衷心感谢!

非常感谢我的妻子,因为有她的支持,我才能坚持将这本书写完。在创作期间,我们还有了孩子,这让我更加有动力完成自己的创作,也将这本书献给我们刚出生的小禾元。

感谢机械工业出版社华章公司的编辑杨福川老师和韩蕊老师在这一年多的时间中始终支持我的写作,他们的鼓励和帮助引导我顺利完成全部书稿。

谨以此书献给我最亲爱的家人以及众多热爱 Flink 的朋友们!

Contents 目　　录

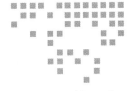

第 1 章 *Chapter 1*

Flink 设计理念与基本架构

对于想要学习并掌握一门技术的开发者来说，最重要的是从原理入手，循序渐进、由浅入深地学习，然后再慢慢深入技术的内部实现。本章将介绍 Flink 框架的设计理念与基本架构，帮助读者从基本原理的角度了解 Flink 技术；还会介绍如何编译 Flink 源码、构建本地调试环境，帮助读者快速阅读 Flink 源码，早日掌握 Flink 底层的核心实现原理。

1.1 Flink 基本设计思想

从 2014 年开源到现在，Flink 已经发展成一套非常成熟的大数据处理引擎，同时被非常多的公司作为流数据处理平台的底层技术。本节将介绍 Flink 的基本设计思想及历史背景，通过与 Flink 早期版本的架构设计进行对比，分析系统架构设计的演进过程，以此加深读者对 Flink 整套架构的了解。

1.1.1 Stratosphere 系统架构

Stratosphere 是德国科学基金会（DFG）赞助的一个研究项目，目标是建立下一代大数据分析引擎。2010 年，从 Stratosphere 项目上生出一个新的分支，就是 Flink。Flink 项目于 2014 年 3 月被交给 Apache 孵化，同年 4 月 16 日成为 Apache 的孵化项目，12 月变成 Apache 顶级项目。

图 1-1 所示为 Stratosphere 的系统架构，从中可以看出，该项目主要分为 Sopremo、PACT、Nephele 三层架构，每一层都具有编程模型（programming model），即面向用户提供的编程 API。

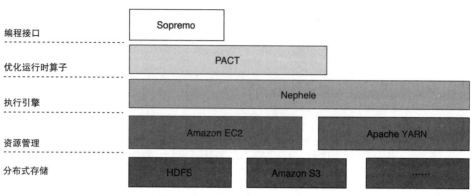

图 1-1　Stratosphere 架构设计

每一层系统之间的交互关系可以简单总结如下。

❑ Stratosphere 作业的执行逻辑是通过 Meteor 脚本语言定义的。Meteor 意为"流星"，专门用于组织特定领域的算子。它将算子视为"一等公民"，允许用户自由组合现有的算子，支持使用新的算子扩展语言及运行时等功能。Meteor 其实和 Pig Latin 语言有些相似，Meteor 最早是参考 Jaql 语言实现的，Jaql 是 IBM 实验室贡献的另一种开源语言，已经发布在 Google Code 上并应用于多个项目。

❑ Sopremo 组件主要用于接收用户定义的 Meteor 脚本，并对 Meteor 脚本进行解析，然后提供算子实现、算子信息抽取及外部算子集成等功能，最终通过 PACT program assembler 组件将 Meteor 脚本转换成 PACT 程序。Sopremo 的功能和 Flink 的 Table API 相似，目的是向用户提供相应的结构化编程接口，使用户可以自由灵活地定义算子，最终转换成底层的算子并执行。

❑ Stratosphere 组件提供了一个被称为 PACT 的显式编程模型，PACT 模型抽象了并行化代码编程，隐藏了编写并行代码的复杂性。PACT 模型可以实现单循环和迭代循环的计算作业类型，类似于 Flink 中的 DataSet API，用于编写分布式数据批处理作业。

❑ 通过 PACT 定义的数据处理模型会转换成 Nephele Job Graph 并提交到 Nephele 上运行，而 Nephele Job Graph 类似于 Flink 中的 JobGraph。通过 PACT 定义的数据处理模型最终转换成有向无环图（DAG），DAG 包括 Source、Sink 及 Transform 算子等节点，描述了算子之间的关系并将节点提交给 Nephele 所在的运行时运行。

❑ 最下层是 Nephele 运行时。Nephele 实际上就是 Job Graph 的执行引擎，用户提交的 Job Graph 会被调度和切分成 Task 作业，并提供调度、执行、资源管理、容错管理、I/O 服务等功能，这与由 JobManager 和 TaskManager 构成的 Flink 运行时功能基本一致。

❑ Stratosphere 提供了不同的资源管理器，例如当时比较流行的 Amazon EC2、Apache YARN 等资源管理器。同时，它支持的底层数据源有 HDFS、Amazon S3 等分布式数据源。

Stratosphere 虽然能够实现灵活的分布式数据处理，支持通过类似于 Pig Latin 的 Meteor 脚本定义数据处理作业，但是和 Spark 相比，它的框架成熟度和市场占有率都没有太大的竞争力。那么，为什么基于 Stratosphere 发展而来的 Flink 却能够在短短的几年时间里迅速占领分布式流数据处理市场，得到众多企业采用，成为主流实时数据处理框架呢？

我认为，根本原因是 Flink 及时吸收和采用了 Google 开源论文提到的 DataFlow/Beam 编程思想，这使其成为当时功能最强大的开源流系统。此后不久，Flink 又完成了一个轻量且高效的分布式异步快照算法实现，为端到端的数据一致性提供了强大保证。这里提到的分布式异步快照算法的原型是 Chandy-Lamport 算法，来自 Chandy 和 Lamport 的论文"分布式快照：确定分布式系统的全局状态"。基于 Stratosphere 原有架构，吸收 DataFlow 编程模型及分布式异步快照算法 Chandy-Lamport 等思想，Flink 实现了高效兼容离线及流式数据处理。在当时的开源数据处理框架中，只有 Flink 能够同时保证低延时、高吞吐以及 Exactly-Once 数据一致性。在后期发展中，Flink 逐步取代 Storm，成为主流流式处理框架。

虽然 Spark 也在新版本 Structed Streaming 中吸收了 DataFlow 编程模型和 Chandy-Lamport 等优秀思想，但 Flink 已经在流式领域打下非常坚实的基础，并逐步向离线数据处理领域发展，实现了通过一套流式引擎完美兼容离线和流式两种类型的数据处理。我们来简单回顾一下，Flink 早期借助 Stratosphere 项目实现大规模分布式离线数据处理，之后迅速调整方向，吸收 DataFlow 编程模型的优秀设计思想，迅速成长为流处理领域的独角兽，开始和 Spark 分庭抗礼。Flink 和 Spark 未来谁会成为王者，决定了大数据领域的发展方向。

可以看出，DataFlow 编程模型和 Chandy-Lamport 分布式异步快照算法对 Flink 技术的影响非常大。下面我们介绍与它们相关的两篇论文的核心思想，以加深读者对 Flink 架构的理解。

1.1.2　DataFlow 模型的设计思想

DataFlow 是 Google 提出的编程模型，旨在提供一种统一批处理和流处理的系统，目前已经应用于 Google Cloud。

Google 认为，结构化的数据拥有远大于原始数据的价值，数据工作者虽然拥有很多强大的工具，能把大规模、无序的数据加工成结构化数据，但是现存的模型和方法在处理一些常见场景时依然有心无力。例如某流媒体平台提供商通过向广告商收费实现视频内容的商业变现，其收费依据是广告收看次数和时长。这家流媒体平台支持在线和离线两种方式播放广告，希望了解每天向广告商收费的金额，并对大量历史离线数据进行分析及实验。这样的场景就无法通过现有的模型实现。

传统的批处理系统（如 MapReduce、FlumeJava、Spark 等）都无法满足时延的要求，这主要是因为批处理系统需要先收集完所有数据并形成一个批次，然后才能开始处理。而流处理系统，如 Aurora、TelegraphCQ、Niagara 和 Esper 等，在大规模使用的情况下不能保持容错性。一些提供了可扩展和容错能力的系统缺乏准确性或语义的表达性，并且很多流系统（如 Storm、Samza、Pulsar 系统）缺乏 Exactly-Once（恰好处理一次）的语义，这会影响数据处理的准确性。还有一些系统虽然提供了基于窗口计算的能力，但窗口的语义局限于记录数或处理时间，如 Spark Streaming、Sonora、Trident 等。Lambda 架构能够满足上述大部分要求，但是其系统太过复杂，用户必须构建和维护离线及在线两套系统。Summingbird 虽然改善了 Lambda 架构的复杂性并提供了针对批处理和流处理系统的统一封装抽象，但是这种抽象限制了支持计算的种类，并且同样需要维护两套系统，存在运维复杂性。

任何一种有广泛实用价值的方法都必须提供简单、强大的工具，可以为具体的使用案例平衡数据的准确性、延迟程度和处理成本。最后，Google 提出了一个统一的模型——DataFlow。DataFlow 能够对无界、无序的数据源按数据本身的特征进行窗口计算，得到基于事件发生时间的有序结果，并能在准确性、延迟程度和处理成本之间取得平衡。

分离数据处理的计算逻辑及对逻辑的物理实现，使得系统对批处理、微批处理、流计算引擎的选择简化为对准确性、延迟程度和处理成本的选择。为解决以上问题，DataFlow 具备以下重要概念。

1. 无界、有界与流处理、批处理

在描述无限和有限数据集时，人们更愿意使用无界和有界这样的描述，而不是流处理数据和批处理数据，这是因为流处理和批处理意味着使用特定的执行引擎。如图 1-2 所示，在现实场景中，无界数据集可以通过批处理系统反复调度来处理，而设计良好的流处理系统也可以完美地处理有界数据集。从这个角度来看，区分流处理和批处理的实际意义不大，这为后来 Flink 批流一体架构提供了理论基础。

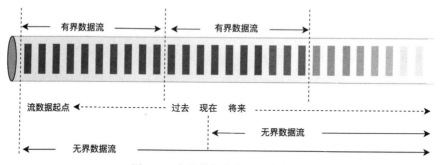

图 1-2　有界数据集与无界数据集

2. 窗口计算

如图 1-3 所示，DataFlow 提供了 3 种窗口计算类型，支持窗口把一个数据集切分为有限的数据片，以便于聚合处理。对于无界的数据，有些操作需要窗口，以定义大多数聚合操作需要的边界；另一些则不需要窗口（如过滤、映射、内链接等）。对于有界的数据，窗口是可选的，不过很多情况下仍然是一种有效的语义概念。

    ❑ 固定窗口（fixed）：按固定窗口大小定义，如小时窗口或天窗口。固定窗口一般都是对齐窗口，也就是说，每个窗口包含对应时间范围内的所有数据。有时为了把窗口

计算的负荷均匀分摊到整个时间范围内，会在窗口边界时间加上一个随机数，这样窗口就变成了不对齐窗口。

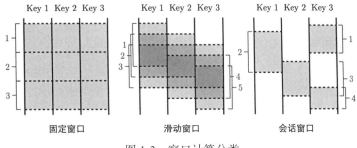

图 1-3　窗口计算分类

❑ 滑动窗口（sliding）：按窗口大小和滑动周期定义，如小时窗口，每一分钟滑动一次。滑动周期一般小于窗口，也就是窗口有相互重合之处。滑动窗口一般也是对齐的。固定窗口可以看作滑动窗口的一个特例，即窗口大小和滑动周期大小相等。

❑ 会话窗口（session）：会话是在数据的子集上捕捉一段时间内的活动。一般来说，会话窗口按超时时间定义，任何发生在超时时间以内的事件都被认为属于同一个会话。会话窗口是非对齐窗口，在图 1-3 中，窗口 2 只包含 Key 1，窗口 3 只包含 Key 2，而窗口 1 和 4 都包含了 Key 3。假设 Key 是用户 ID，两次活动之间的间隔超过了超时时间，则系统需要重新定义一个会话窗口。

3. 时间域与水位线机制

如图 1-4 所示，将时间域分为两种类型，即事件时间（event time）和处理时间（processing time），其中事件时间指事件发生时的系统时间；处理时间指数据处理管道在处理数据时，一个事件被数据处理系统观察到的时间，即数据处理系统的时间。

事件时间和处理时间的主要区别在于，事件时间是永远不变的，而事件的处理时间会随着事件在数据管道中被处理而变化。在数据处理过程中，因为系统本身受到一些现实影响（通信延迟、调度算法、处理时长、管道中间数据序列化等），所以会导致这两个时间概念存在差值且动

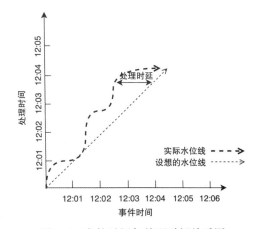

图 1-4　事件时间与处理时间关系图

态波动。借助全局数据处理进度的标记或水位线（Watermark），可以有效处理迟到乱序的事件，得到正确的数据处理结果。

4. 得出结论

综上，我们能够得到这样的结论：数据处理的未来是无界数据处理，尽管有界数据处理十分重要，但是在语义上会被无界数据处理模型涵盖。Google 提出了很多新的概念，这些概念很快被一些优秀的项目实现，包括谷歌内部的 MillWheel 引擎、开源框架 Flink。Flink 提供了事件时间和处理时间，开发者可以基于不同的时间语义进行数据处理。基于事件时间的时间语义，Flink 引入了 Watermark 机制处理乱序事件，以保证数据处理结果的准确性。可以看出，Flink 快速吸收了 DataFlow 模型的核心思想，因此在后期的技术发展中占据非常大的优势。尤其是在批流一体化建设方面，基于流计算引擎，Flink 实现了对有界数据集的处理，因此 Flink 必然是未来大数据发展的重要方向。

1.1.3 分布式异步快照算法

基于 DataFlow 模型实现的计算框架虽然能够进行大规模无界乱序数据处理并平衡好准确性、延迟程度和处理成本三者之间的关系，但在数据处理过程中，保障数据一致性同样重要，尤其对于一些数据处理要求比较高的场景。在 Flink 中，通过 checkpoint 机制可以保证数据的一致性。开启 checkpoint 为 Exactly-Once 模式时，能够保证数据不重复或不丢失。Flink 中的 checkpoint 机制由 Chandy 和 Lamport 两位科学家提出。Lamport 就是分布式系统领域无人不晓的 Leslie Lamport——著名的一致性算法 Paxos 的作者。Chandy-Lamport 算法通过抽象分布式系统模型描述了一种简单、直接但是非常有效的分布式快照算法。

1. Chandy-Lamport 算法设计

分布式异步快照算法应用到流式系统中就是确定一个全局快照（global snapshot），当系统出现错误时，将各个节点根据上一次的全局快照恢复整个系统。这里的全局快照我们也可以理解为全局状态（global state）。全局状态在系统进行故障排除（failure recovery）的时候非常有用，它也是分布式计算系统中容错处理的理论基础。对于分布式系统来讲，想要获取全局状态，需要面临如下挑战与问题。

❑ 进程节点只能记录各自的状态，即本地状态信息，通过网络传递信息，形成各个进程之间的全局状态。

❑ 所有的进程不可能在同一时间立即精确记录各自的状态，除非它们能够获取相同的时钟，但显然各节点时钟不可能完全一致。对于普通的机器来讲，晶体振动频率是有偏差的，不存在完全同步的可能性。

❑ 同时做到全局状态过程中持续数据计算，对于 STW（Stop The World，暂停当前所有运行的线程）的做法是没有意义的。

Chandy-Lamport 算法是如何解决上述问题的呢？为了定义分布式系统的全局状态，首先将分布式系统简化成有限个进程与进程的组合，也就是有向无环图，其中节点是进程，边是 channel，并且这些进程运行在不同的物理机器上。分布式系统的全局状态由进程的状态和 channel 中的信息（message）组成，而这些信息也是分布式异步快照算法需要记录的。

图 1-5 所示为 Chandy-Lamport 算法示意图，从中可以看出，整个分布式系统的全局状态包括如下 3 个过程。

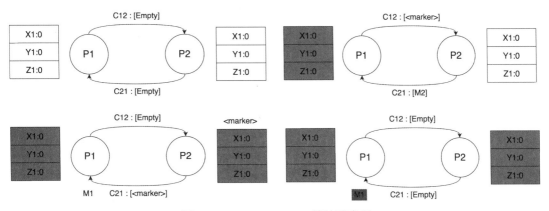

图 1-5　Chandy-Lamport 算法示意图

（1）系统中的任意一个进程发起创建快照操作

1）进程 P1 发起快照操作，记录进程 P1 的状态，同时生产一个标识信息 marker。注意这里的 marker 和进程之间通信的信息不同。

2）将 marker 信息通过 output channel 发送给系统的其他进程，图 1-5 中是进程 P2。

3）P1 开始记录所有 input channel 接收到的信息并写入 M1 存储。

（2）系统中其他进程开始逐个创建 snapshot 操作

1）进程 P2 通过 input channel C12 接收 P1 发送的 marker 信息。

2）如果 P2 没有记录自己的进程状态，则记录当前进程状态（图 1-5 中用深色框表示），同时将 channel C12 置为空，并向 output channel 发送 marker 信息；否则，记录其他 channel 在收到 marker 之前从 input channel 收到的所有信息。

（3）终止并完成当前的快照操作

在所有进程都收到 marker 信息并记录自己的状态和 channel 消息后，终止整个 snapshot 过程。此时分布式系统本次的 snapshot 操作结束，等待下一次触发和执行。

2. 异步屏障快照（Asynchronous Barrier Snapshotting，ABS）算法改进

2015 年，Flink 官方发布了一篇名为 "Lightweight Asynchronous Snapshots for Distributed-Dataflows" 的论文，旨在改进 Chandy-Lamport 分布式异步快照算法。该论文主要对 Chandy-Lamport 算法进行了以下两个方面的改进。

❑ 在 Chandy-Lamport 算法中，为了实现全局状态一致，需要停止流处理程序，直到快照完成，这会对系统性能有非常大的影响。

❑ 每次快照的内容包含传输过程中所有的内容，导致每次快照的数据量过大，进而影响系统的整体性能。

可以看出，Chandy-Lamport 算法虽然能够实现全局状态一致，但或多或少牺牲了程序的性能，因此不太适合在工程上实现。异步屏障快照算法对其进行了改造，并应用在 Flink 项目中，其核心思想是在 input source 节点插入 barrier 事件，替代 Chandy-Lamport 算法中的 marker，通过控制 barrier 事件同步实现快照备份，最终实现 Exactly-Once 语义。

ABS 算法是 Chandy-Lamport 算法的变体，只是在执行上有些差别。Flink 的论文分别针对有向无环和有向有环两种计算拓扑图提出了不同的算法，后者是在前者基础上进行的修改。在实际应用，尤其是在 Flink 系统中，大多数数据流拓扑都是有向无环图。图 1-6 所示为 DAG 的 ABS 算法执行流程，具体说明如下。

- ❑ barrier 事件被周期性地注入所有源节点，源节点接收到 barrier 后会立即对自己的状态进行快照操作，然后将 barrier 事件发送到下游的 operator 节点。
- ❑ 下游的 Transformation Operator 从上游某个 input channel 接收到 barrier 事件后，会立刻阻塞通道，直到接收到所有上游算子对应的 input channel 发送的 barrier 事件。这实际上是 barrier 事件的对齐过程，operator 节点完成 barrier 对齐操作后，会对当前算子的状态进行快照操作，并向所有下游的节点广播 barrier 事件。
- ❑ Sink Operator 接收到 barrier 事件后，也会进行 barrier 对齐操作。在所有 input channel 中的 barrier 事件全部到达 Sink 节点后，Sink 节点会对自己的状态进行快照操作。Sink 节点完成快照操作标志着完成一次系统全局快照，即完成本次 checkpoint 操作。

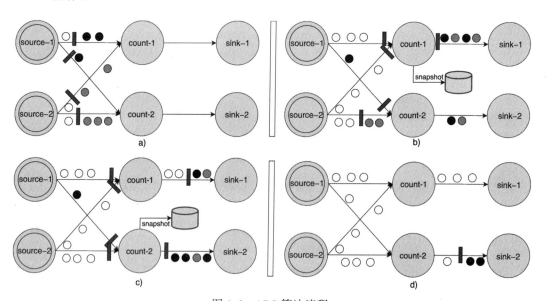

图 1-6　ABS 算法流程

ABS 算法对 Flink 中的 checkpoint 操作进行了系统性的描述，且在 Flink 项目中已经有成熟的落地实现。Chandy-Lamport 算法相对比较理想化，未考虑在工业落地时全局状态获取过程中的性能问题，而 ABS 算法实际上是对 Chandy-Lamport 算法在工业项目中落地实现的补充和优化。

可以看出，Flink 系统融合了非常多的设计思想和理念，这些设计理念都具有一定的前瞻性。正是由于对这些思想的应用，Flink 才得以从众多大数据框架中脱颖而出。我们完全有理由相信，Flink 已经具备非常强的竞争力。

1.2　Flink 整体架构

在 1.1 节中，我们了解了 Flink 的一些核心思想及应用，接下来介绍 Flink 框架。如果你已经熟悉了 Flink 的架构及组成部分，可以跳过本节，直接开始学习后面的源码实现。

1.2.1　架构介绍

如图 1-7 所示，Flink 系统架构主要分为 APIs & Libraries、Core 和 Deploy 三层。其中 APIs 层主要实现了面向流处理对应的 DataStream API，面向批处理对应的 DataSet API。Libraries 层也被称作 Flink 应用组件层，是根据 API 层的划分，在 API 层之上构建满足了特定应用领域的计算框架，分别对应了面向流处理和面向批处理两类，其中面向流处理支持 CEP（复杂事件处理）、基于类似 SQL 的操作（基于 Table 的关系操作）；面向批处理支持 Flink ML（机器学习库）、Gelly（图处理）。运行时层提供了 Flink 计算的全部核心实现，例如支持分布式 Stream 作业执行、JobGraph 到 ExecutionGraph 的映射和调度等，为 API 层提供了基础服务。Deploy 层支持多种部署模式，包括本地、集群（Standalone、YARN、Kubernetes）及云部署（GCE/EC2）。

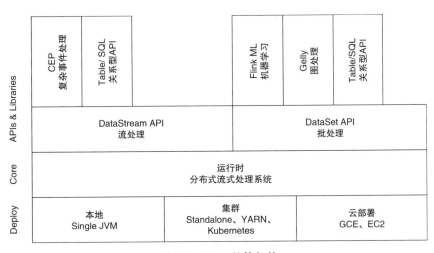

图 1-7　Flink 整体架构

1. 编程接口

Flink 提供了多种抽象的编程接口，适用于不同层级的用户。数据分析人员和偏向业务的数据开发人员可以使用 Flink SQL 定义流式作业。

如图 1-8 所示，Flink 编程接口分为 4 层。

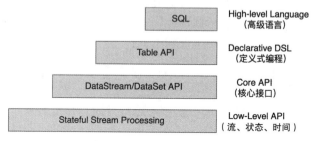

图 1-8　Flink 编程接口抽象

（1）Flink SQL

一项大数据技术如果想被用户接受和使用，除了应具有先进的架构理念之外，另一点非常重要的就是要具有非常好的易用性。我们知道虽然 Pig 中的操作更加灵活和高效，但是在都满足数据处理需求的前提下，数据开发者更愿意选择 Hive 作为大数据处理的开发工具。其中最重要的原因是，Hive 能够基于 SQL 标准进行拓展，提出了 HQL 语言，这就让很多只会 SQL 的用户也能够快速掌握大数据处理技术。因此 Hive 技术很快得到普及。

对于 Flink 同样如此，如果想赢得更多的用户，就必须不断增强易用性。FlinkSQL 基于关系型概念构建流式和离线处理应用，使用户能够更加简单地通过 SQL 构建 Flink 作业。

（2）Table API

Flink SQL 解析生成逻辑执行计划和物理执行计划，然后转换为 Table 之间的操作，最终转换为 JobGraph 并运行在集群上。Table API 和 Spark 中的 DataSet/DataFrame 接口类似，都提供了面向领域语言的编程接口。相比 Flink SQL，Table API 更加灵活，既可以在 Java & Scala SDK 中与 DataStream 和 DataSet API 相互转换，也能结合 Flink SQL 进行数据处理。

（3）DataStream & DataSet API

在早期的 Flink 版本中，DataSet API 和 DataStream API 分别用于流处理和批处理场景。DataSet 用于处理离线数据集，DataStream 用于处理流数据集。DataFlow 模型希望使用同一套流处理框架统一处理有界和无界数据，那么为什么 Flink 还要抽象出两套编程接口来处理有界数据集和无界数据集呢？这也是近年来 Flink 社区不断探讨的话题。目前 Table 和 SQL API 层面虽然已经能够做到批流一体，但这仅是在逻辑层面上的，最终还是会转换成 DataSet API 和 DataStream API 对应的作业。后期 Flink 社区将逐渐通过 DataStream 处理有界数据集和无界数据集，直到本书写作时，社区已经在 1.11 版本中对 DataStream API 中的 SourceFunction 接口进行了重构，使 DataStream 可以接入和处理有界数据集。在后期的版本中，Flink 将逐步实现真正意义上的批流一体化。

（4）Stateful Processing Function 接口

Stateful Processing Function 接口提供了强大且灵活的编程能力，在其中可以直接操作状态数据、TimeService 等服务，同时可以注册事件时间和处理时间回调定时器，使程序能够实现更加复杂的计算。使用 Stateful Processing Function 接口需要借助 DataStream API。虽然 Stateful Processing Function 接口灵活度很高，但是接口使用复杂度也相对较高，且在 DataStream API 中已经基于 Stateful Process Function 接口封装了非常丰富的算子，这些算子可以直接使用，因此，除非用户需要自定义比较复杂的算子（如直接操作状态数据等），否则无须使用 Stateful Processing Function 接口开发 Flink 作业。

2. 运行时执行引擎

用户使用组件栈和接口编写的 Flink 作业最终都会在客户端转换成 JobGraph 对象，然后提交到集群中运行。除了任务的提交和运行之外，运行时还包含资源管理器 Resource-Manager 以及负责接收和执行 Task 的 TaskManager，这些服务各司其职，相互合作。运行时提供了不同类型（有界和无界）作业的执行和调度功能，最终将任务拆解成 Task 执行和调度。同时，运行时兼容了不同类型的集群资源管理器，可以提供不同的部署方式，并统一管理 Slot 计算资源。第 3 章将会重点讲解运行时中各个组件的功能及组件之间如何协调。

3. 物理部署层

物理部署层的主要功能是兼容不同的资源管理器，如支持集群部署模式的 Hadoop YARN、Kubernetes 及 Standalone 等。这些资源管理器能够为在 Flink 运行时上运行的作业提供 Slot 计算资源。第 4 章会重点介绍 Flink 物理部署层的实现，帮助大家了解如何将运行时运行在不同的资源管理器上并对资源管理器提供的计算资源进行有效管理。

1.2.2　Flink 集群架构

如图 1-9 所示，Flink 集群主要包含 3 部分：JobManager、TaskManager 和客户端，三者均为独立的 JVM 进程。Flink 集群启动后，会至少启动一个 JobManager 和多个 Task-Manager。客户端将任务提交到 JobManager，JobManager 再将任务拆分成 Task 并调度到各个 TaskManager 中执行，最后 TaskManager 将 Task 执行的情况汇报给 JobManager。

客户端是 Flink 专门用于提交任务的客户端实现，可以运行在任何设备上，并且兼容 Windows、macOS、Linux 等操作系统，只需要运行环境与 JobManager 之间保持网络畅通即可。用户可以通过 ./bin/flink run 命令或 Scala Shell 交互式命令行提交作业。客户端会在内部运行提交的作业，然后基于作业的代码逻辑构建 JobGraph 结构，最终将 JobGraph 提交到运行时中运行。JobGraph 是客户端和集群运行时之间约定的统一抽象数据结构，也就是说，不管是什么类型的作业，都会通过客户端将提交的应用程序构建成 JobGraph 结构，最后提交到集群上运行。

JobManager 是整个集群的管理节点，负责接收和执行来自客户端提交的 JobGraph。JobManager 也会负责整个任务的 Checkpoint 协调工作，内部负责协调和调度提交的任务，并将 JobGraph 转换为 ExecutionGraph 结构，然后通过调度器调度并执行 ExecutionGraph 的节点。ExecutionGraph 中的 ExecutionVertex 节点会以 Task 的形式在 TaskManager 中执行。

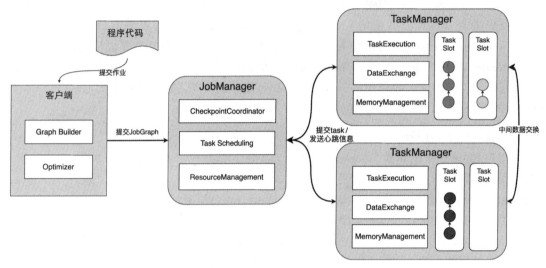

图 1-9　Flink 集群架构图

除了对 Job 的调度和管理之外，JobManager 会对整个集群的计算资源进行统一管理，所有 TaskManager 的计算资源都会注册到 JobManager 节点中，然后分配给不同的任务使用。当然，JobManager 还具备非常多的功能，例如 Checkpoint 的触发和协调等。第 3 章将详细介绍 JobManager 管理节点的设计与实现。

TaskManager 作为整个集群的工作节点，主要作用是向集群提供计算资源，每个 TaskManager 都包含一定数量的内存、CPU 等计算资源。这些计算资源会被封装成 Slot 资源卡槽，然后通过主节点中的 ResourceManager 组件进行统一协调和管理，而任务中并行的 Task 会被分配到 Slot 计算资源中。

根据底层集群资源管理器的不同，TaskManager 的启动方式及资源管理形式也会有所不同。例如，在基于 Standalone 模式的集群中，所有的 TaskManager 都是按照固定数量启动的；而 YARN、Kubernetes 等资源管理器上创建的 Flink 集群则支持按需动态启动 TaskManager 节点。第 5 章将详细介绍 TaskManager 的动态伸缩和管理。

1.2.3　核心概念

1. 有状态计算

在 Flink 架构体系中，有状态计算是非常重要的特性之一。如图 1-10 所示，有状态计算是指在程序计算过程中，程序内部存储计算产生的中间结果，并将其提供给后续的算子进行计算。状态数据可以存储在本地内存中，也可以存储在第三方存储介质中，例如 Flink 已经实现的 RocksDB。

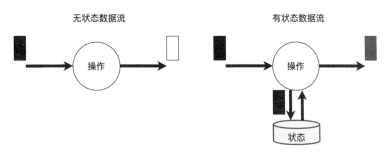

图 1-10　有状态处理和无状态处理

　　和有状态计算不同，无状态计算不会存储计算过程中产生的结果，也不会将结果用于下一步计算。程序只会在当前的计算流程中执行，计算完成就输出结果，然后接入下一条数据，继续处理。

　　无状态计算实现的复杂度相对较低，实现起来也比较容易，但是无法应对比较复杂的业务场景，例如处理实时 CEP 问题，按分钟、小时、天进行聚合计算，求取最大值、均值等聚合指标等。如果不借助 Flink 内部提供的状态存储，一般都需要通过外部数据存储介质，常见的有 Redis 等键值存储系统，才能完成复杂指标的计算。

　　和 Storm 等流处理框架不同，Flink 支持有状态计算，可以应对更加复杂的数据计算场景。第 6 章将重点讲解 Flink 中有状态计算的实现以及对整个系统状态数据实现容错保障等。

2. 时间概念与水位线机制

　　在 DataFlow 模型中，时间会被分为事件时间和处理时间两种类型。如图 1-11 所示，Flink 中的时间概念基本和 DataFlow 模型一致，且 Flink 在以上两种时间概念的基础上增加了进入时间（ingestion time）的概念，也就是数据接入到 Flink 系统时由源节点产生的时间。

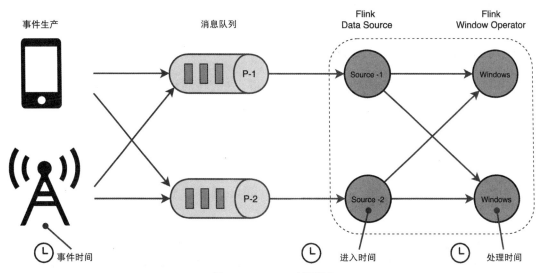

图 1-11　Flink 时间概念

事件时间指的是每个事件在其生产设备上发生的时间。通常在进入 Flink 之前，事件时间就已经嵌入数据记录，后续计算从每条记录中提取该时间。基于事件时间，我们可以通过水位线对乱序事件进行处理。事件时间能够准确地反映事件发生的先后关系，这对流处理系统而言是非常重要的。在涉及较多的网络传输时，在传输过程中不可避免地会发生数据发送顺序改变，最终导致流系统统计结果出现偏差，从而很难通过实时计算的方式得到正确的统计结果。

处理时间是指执行相应算子操作的机器系统时间。当应用基于处理时间运行时，所有基于时间的算子操作（如时间窗口）将使用运行相应算子机器的系统时钟。例如，应用程序在上午 9:15 运行，则第一个每小时处理时间窗口包括在上午 9:15 到上午 10:00 之间处理的事件，下一个窗口包括在上午 10:00 到 11:00 之间处理的事件。

处理时间是最简单的时间概念，不需要在流和机器之间进行协调，它提供了最佳的性能和最低的延迟。但在分布式和异步环境中，处理时间不能提供确定性，因为它容易受到记录到达系统的速度（例如从消息队列到达系统）以及系统内算子之间流动速度的影响。

接入时间是指数据接入 Flink 系统的时间，它由 SourceOperator 自动根据当前时钟生成。后面所有与时间相关的 Operator 算子都能够基于接入时间完成窗口统计等操作。接入时间的使用频率并不高，当接入的事件不具有事件时间时，可以借助接入时间来处理数据。

相比于处理时间，接入时间的实现成本较高，但是它的数据只产生一次，且不同窗口操作可以基于统一的时间戳，这可以在一定程度上避免处理时间过度依赖处理算子的时钟的问题。

不同于事件时间，接入时间不能完全刻画出事件产生的先后关系。在 Flink 内部，接入时间只是像事件时间一样对待和处理，会自动分配时间戳和生成水位线。因此，基于接入时间并不能完全处理乱序时间和迟到事件。

1.3 Flink 源码分析与编译

对于想要掌握 Flink 核心架构思想的读者来讲，搭建源码阅读环境尤为重要。源码是整个框架的具体实现，因此阅读源码是深入了解 Flink 技术实现细节的最佳方式之一。下面我们分别介绍 Flink 源码编译步骤以及源码阅读环境的搭建。

1.3.1 源码编译

Flink 源码编译过程比较简单，主要涉及从 GitHub 上拉取 Flink 源码，运行 Maven 编译命令。

1. 准备编译环境

在运行环境中安装 JDK 和 Maven 编译工具，确保 JDK 版本在 1.8 以上，Maven 编译工具版本在 3.0 以上。

2. 下载 Flink 源码

执行 Git 命令，下载最新版本的 Flink 源码，本书中用到的版本为 1.10。下载完成后，将代码分支切换为 release-1.10 版本。

```
$ git clone https://github.com/apache/flink.git
```

由于网络延时等原因，下载过程中可能会出现中断的情况，再尝试几次即可。通常情况下，源码下载过程还是比较顺利的。

3. Flink 源码编译

进入 Flink 源码项目路径进行编译。如果不对源码进行编译，在 IDEA 编译器中会出现 Class 未被发现的情况，影响阅读源码。执行以下 Maven 编译命令对源码进行编译，添加 -DskipTests 参数加速编译速度。

```
$ mvn clean install -DskipTests
```

通过以下命令可以同时屏蔽 QA plugins、JavaDocs 等编译插件，以达到加速的目的。

```
$ mvn clean install -DskipTests -Dfast
```

也可以通过 -Dhadoop.version=2.6.5-custom 参数指定 Hadoop 版本，但后续 Flink 版本中不再推荐使用这种方式，而是改为 `export HADOOP_CLASSPATH=hadoop classpath` 方式。通过如下命令从外部引入 Hadoop 依赖安装包。

```
mvn clean install -Dhadoop.version=2.6.5-custom
```

Flink 中有部分代码是用 Scala 编写的，在 Flink 1.7 版本以前 Scala 默认为 2.11 版本。可通过设定 -Dscala-2.12 参数将 Scala 版本指定为 2.12，代码如下。本书源代码对 Scala 版本没有明确要求。

```
mvn clean install -DskipTests -Dscala-2.12
```

1.3.2　源码调试环境搭建

除了对 Flink 源码进行编译外，我们还需要在本地开发环境中搭建 Flink 集群调试环境，这样有利于通过断点的方式深入了解 Flink 内部程序的运行过程。和官方文档建议的一样，这里推荐读者使用 IDEA 作为源码阅读工具，因为 IDEA 提供了比较方便的代码调试工具。

下面介绍在 IDEA 中构建 Flink 源码调试环境的方法。

1. MiniCluster 单机调试环境

搭建单机版的本地环境相对简单，实际上就是直接在 IDEA 中调试 Flink 应用，此时 Flink 会启动 MiniCluster 模拟分布式集群环境，在单个 JVM 进程中构建最精简的运行时环境。这种方法在构建上花费的成本相对较低，这是因为和真正的分布式集群环境相比，MiniCluster 省略了集群的一些主要组件，如 Flink WebUI 等。对于想要掌握 Flink 源码的读者，建议不要直接使用 MiniCluster 作为源码的调试环境，而采用分布式集群本地调试环境或远程调试环境。

2. 分布式集群本地调试环境

分布式集群本地调试环境实际上就是在 IDEA 中运行 StandaloneCluster，此时在 IDEA 中会同时启动 JobManager 和 TaskManager 进程，这个过程会消耗较多的本地 CPU 和内存资源，因此我们的电脑需要有足够多的计算资源来构建环境。

下面介绍分布式集群本地调试环境的搭建过程。这里假设读者已经将 Flink 源码导入本地 IDEA 并完成了源码编译工作。

（1）启动 JobManager

在不同类型的集群资源管理器上构建 Flink 集群，对应的集群入口类会有所不同。这里的集群入口类实际上就是集群服务启动 main() 方法所在的类。例如 Standalone-SessionCluster 对应的集群入口类为 org.apache.flink.runtime.entrypoint.StandaloneSessionClusterEntrypoint。

我们需要先找到 StandaloneSessionClusterEntrypoint 入口类，其内部含有启动 Standalone 集群管理节点的 main() 方法，然后进入 IDEA 的 Run/Debug Configurations 配置界面。如图 1-12 所示，在界面中增加新的应用调试配置信息，然后在 Main class 配置栏中指定 StandaloneSessionClusterEntrypoint。

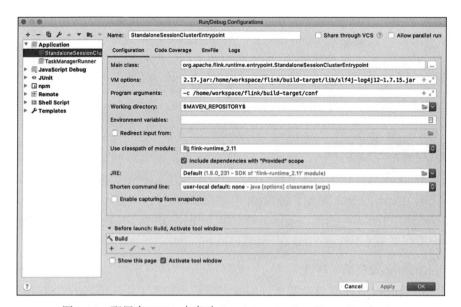

图 1-12　配置在 IDEA 中启动 StandaloneSessionClusterEntrypoint

接下来配置 VM options 和 Program arguments 两个参数。VM options 用于构建 Standa-loneSessionClusterEntrypoint Class 启动过程依赖的环境信息，包括 log4j.configuration 配置及 classpath 环境信息。

如代码清单 1-1 所示，logback.configurationFile 指定了 JobManager 启动过程依赖的 Log4j 配置文件地址，这里是我们使用源码编译后，在 build-target/conf/ 路径中生成的 log4j-console.properties。classpath 则指定了 JobManager 启动中依赖的 JAR 包信息。我们需要将源码编译后 build-target/lib/ 路径中的全部 JAR 包添加到 classpath 参数中，其中 source_code_path 是 Flink 源码的绝对路径。

代码清单 1-1　VM options 配置信息

```
-Dlog4j.configuration=file:/home/workspace/flink/build-target/conf/log4j-
    console.properties
-classpath :/{source_code_path}/flink/build-target/lib/flink-dist_2.11-
    1.10-SNAPSHOT.jar:/{source_code_path}/flink/build-target/lib/flink-table-
    blink_2.11-1.10-SNAPSHOT.jar:/{source_code_path}/flink/build-target/lib/
    flink-table_2.11-1.10-SNAPSHOT.jar:/{source_code_path}/flink/build-
    target/lib/log4j-1.2.17.jar:/{source_code_path}/flink/build-target/lib/
    slf4j-log4j12-1.7.15.jar
```

除了 VM options 外，我们还需要配置 Program arguments 参数，用于指定 flink-conf.yaml 配置文件。同样在源码编译生成的 build-target/conf 路径中找到配置文件，当然也可以指定文件路径获取配置文件。

在 flink-conf.yaml 文件中，原则上不需要对参数做任何调整，如果 JobManager 和 TaskManager 不在同一台机器上，则需要修改 flink-conf.yaml 中的参数信息。这里我们使用 build-target/conf 路径的默认配置，代码如下。

```
-c /path_to_flink_source_code/flink/build-target/conf
```

接下来选择 Use classpath of module 配置栏中的 module 信息，这里选择 flink-runtime_2.11 模块。选择完毕后配置合适版本的 JRE，只要保证 JDK 在 1.8 以上版本即可。

配置完毕后，点击 Apply 按钮，就可以在 IDEA 启动栏中运行 StandaloneSessionCluster-Entrypoint 类，此时本地 Standalone 的管理节点可以启动并运行了。

JobManager 节点启动后，可以在浏览器中输入 http://localhost:8081 检查 Flink 集群的管理节点是否正常运行。

（2）启动 TaskManager

TaskManager 和 JobManager 的启动方式基本一致，唯一的区别是启动类不同，Task-Manager 实例的启动类为 org.apache.flink.runtime.taskexecutor.TaskManagerRunner。只需要按照 JobManager 的步骤配置 TaskManager 启动信息，然后指定 TaskManagerRunner 作为 TaskManager 的 Main Class 即可。需要注意的是，TaskManager 启动后会主动向 JobManager

注册，如果没有可以连接的 JobManager 实例，会返回注册异常，因此 TaskManager 需要在 JobManager 启动之后启动。

以上就是在 IDEA 中搭建分布式集群调试环境的过程，通过客户端命令行可以向 Flink 集群提交作业并运行，在各个模块中设定代码调试断点。

3. 分布式集群远程调试环境

除了使用本地计算资源搭建 Flink 分布式集群之外，也可以通过 JVM 远程调试功能调试 Flink 集群。这种方法其实就是在服务器上启动 Flink 集群，然后通过设定 JVM 监听端口，在 IDEA 中启动 Remote 远程调试工具，然后连接监听端口，间接实现对源码的调试。这种调试方式不需要占用太多的本地计算资源，因此对本地电脑配置的要求较低。但是远端的集群代码要和本地代码保持一致，否则可能出现断点无法追踪的情况。

配置远程调试环境时，需要在远端集群 bin/flink-daemon.sh 启动文件，添加以下 JVM 配置信息。注意，如果 JobManager 和 TaskManager 运行在同一节点上，需要区分端口，否则可能出现冲突。

```
JVM_ARGS="$JVM_ARGS
   -agentlib:jdwp=transport=dt_socket,server=y,suspend=n,address=5005"
```

如图 1-13 所示，启动远端服务器的 Flink 集群后，会自动开启监听端口 5005，接下来就可以在 IDEA 中配置远程监听，启动本地 JobManager debug 进程。此时可以连接到服务器上的 Flink 集群，实现远程调试。

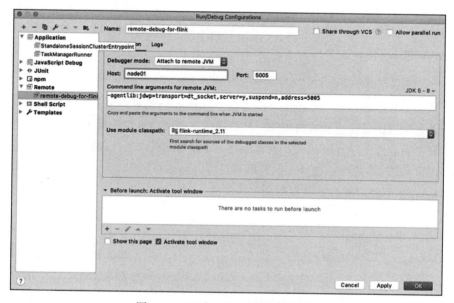

图 1-13　配置 IDEA 远程调试环境

需要注意的是，在远程调试启动的过程中，JobManager 和 TaskManager 需要先在远端集群上运行，之后才可以在本地 IDEA 中进行连接和调试。如果需要调试 JobManager 和 TaskManager 启动过程，就不能采用远程调试这种模式了，只能借助本地搭建分布式集群环境来实现。

1.4　本章小结

经过本章的学习，我们了解了 Flink 框架的核心思想及 Flink 如何利用分布式一致快照算法实现容错保障。希望本章的讲解能够帮助读者奠定理解 Flink 源码的基础，帮助大家快速了解 Flink 源码思想。在接下来的章节中，我们会逐一介绍 Flink 的主要模块。

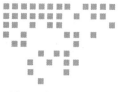

DataStream 的设计与实现

2.1 DataStream API 的主要组成

我们已经知道，DataStream API 主要用于构建流式类型的 Flink 应用，处理实时无界数据流。和 Storm 组合式编程接口不同，DataStream API 属于定义式编程接口，具有强大的表达力，可以构建复杂的流式应用，例如对状态数据的操作、窗口的定义等。本节我们将介绍 DataStream API 底层的主要组成部分，帮助读者深入了解和掌握 DataStream API 底层实现原理。

2.1.1 DataStream API 应用实例

我们以 DataStream API 构建 WordCount 作业为例，简单介绍一下 DataStream 构建作业的主要组成部分，如代码清单 2-1 所示。

代码清单 2-1 基于 DataStream API 构建的 WordCount 作业实例

```
public class WordCount {
    public static void main(String[] args) throws Exception {
        // StreamExecutionEnvironment 初始化
        final StreamExecutionEnvironment env = StreamExecutionEnvironment.
            getExecutionEnvironment();
        // 业务逻辑转换代码
        DataStream<String> text = env.readTextFile("the_path_for_input");
        DataStream<Tuple2<String, Integer>> counts =
            text.flatMap(new Tokenizer())
            .keyBy(0).sum(1);
        counts.writeAsText("the_path_for_output");
```

```
    // 执行应用程序
    env.execute("Streaming WordCount");
  }
}
```

从 WordCount 代码实例可以看出，DataStream 程序主要包括以下 3 个部分。

❑ StreamExecutionEnvironment 初始化：该部分主要创建和初始化 StreamExecution-Environment，提供通过 DataStream API 构建 Flink 作业需要的执行环境，包括设定 ExecutionConfig、CheckpointConfig 等配置信息以及 StateBackend 和 TimeCharac-teristic 等变量。

❑ 业务逻辑转换代码：该模块是用户编写转换逻辑的区域，在 StreamExecution-Environment 中提供了创建 DataStream 的方法，例如通过 StreamExecutionEnvironment.readTextFile() 方法读取文本数据并构建 DataStreamSource 数据集，之后所有的 Data-Stream 转换操作都会以 DataStreamSource 为头部节点。同时，DataStream API 中提供了各种转换操作，例如 map、reduce、join 等算子，用户可以通过这些转换操作构建完整的 Flink 计算逻辑。

❑ 执行应用程序：编写完 Flink 应用后，必须调用 ExecutionEnvironment.execute() 方法执行整个应用程序，在 execute() 方法中会基于 DataStream 之间的转换操作生成 StreamGraph，并将 StreamGraph 结构转换为 JobGraph，最终将 JobGraph 提交到指定的 Session 集群中运行。

1. DataStream 的主要成员

DataStream 代表一系列同类型数据的集合，可以通过转换操作生成新的 DataStream。DataStream 用于表达业务转换逻辑，实际上并没有存储真实数据。

DataStream 数据结构包含两个主要成员：StreamExecutionEnvironment 和 Transformation< T > transformation。其中 transformation 是当前 DataStream 对应的上一次的转换操作，换句话讲，就是通过 transformation 生成当前的 DataStream。

当用户通过 DataStream API 构建 Flink 作业时，StreamExecutionEnvironment 会将 Data-Stream 之间的转换操作存储至 StreamExecutionEnvironment 的 List<Transformation<?>> transformations 集合，然后基于这些转换操作构建作业 Pipeline 拓扑，用于描述整个作业的计算逻辑。其中流式作业对应的 Pipeline 实现类为 StreamGraph，批作业对应的 Pipeline 实现类为 Plan。

如图 2-1 所示，DataStream 之间的转换操作都是通过 StreamTransformation 结构展示的，例如当用户执行 DataStream.map() 方法转换时，底层对应的便是 OneInputTrans-formation 转换操作。

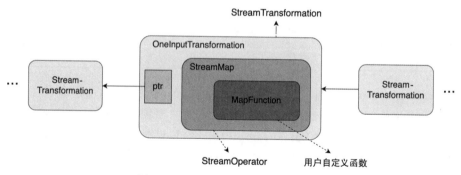

图 2-1　DataStream API 的主要组成

每个 StreamTransformation 都包含相应的 StreamOperator，例如执行 DataStream.map-(new MapFunction(...)) 转换之后，内部生成的便是 StreamMap 算子。StreamOperator 涵盖了用户自定义函数的信息，如图 2-1 所示，StreamMap 算子包含了 MapFunction。MapFunction 就是用户自定义的 map 转换函数。当然还有其他类型的函数，例如 ProcessFunction、SourceFunction 和 SinkFunction 等，不同的转换操作，对应的函数也有所不同。

通常情况下，用户是不直接参与定义 StreamOperator 的，而是由 Flink 根据用户执行的 DataStream 转换操作以及函数共同生成 StreamOperator，之后 Task 运行时会运行定义的 StreamOperator。

2. StreamMap 实例

我们以 DataStream 中的 map 转换操作为例，对 DataStream 底层源码实现进行说明。如代码清单 2-2 所示，首先自定义 MapFunction 实现数据处理逻辑，然后调用 DataStream.map() 方法将 MapFunction 作为参数应用在 map 转换操作中。在 DataStream.map() 方法中可以看出，实际调用了 transform() 方法进行后续的转换处理，且调用过程会基于 MapFunction 参数创建 StreamMap 实例，StreamMap 实际上就是 StreamOperator 的实现子类。

代码清单 2-2　DataStream.map() 方法定义

```
public <R> SingleOutputStreamOperator<R> map(MapFunction<T, R> mapper,
    TypeInformation<R> outputType) {
    return transform("Map", outputType, new StreamMap<>(clean(mapper)));
}
```

接下来在 DataStream.transform() 方法中调用 doTransform() 方法继续进行转换操作。如代码清单 2-3 所示，DataStream.doTransform() 方法主要包含如下逻辑。

❑ 从上一次转换操作中获取 TypeInformation 信息，确定没有出现 MissingTypeInfo 错误，以确保下游算子转换不会出现问题。

❑ 基于 operatorName、outTypeInfo 和 operatorFactory 等参数创建 OneInputTransformation 实例，注意 OneInputTransformation 也会包含当前 DataStream 对应的上一次转换操作。

- 基于 OneInputTransformation 实例创建 SingleOutputStreamOperator。SingleOutputStream-Operator 继承了 DataStream 类，属于特殊的 DataStream，主要用于每次转换操作后返回给用户继续操作的数据结构。SingleOutputStreamOperator 额外提供了 returns()、disableChaining() 等方法供用户使用。
- 调用 getExecutionEnvironment().addOperator(resultTransform) 方法，将创建好的 OneInput-Transformation 添加到 StreamExecutionEnvironment 的 Transformation 集合中，用于生成 StreamGraph 对象。
- 将 returnStream 返回给用户，继续执行后续的转换操作。基于这样连续的转换操作，将所有 DataStream 之间的转换按顺序存储在 StreamExecutionEnvironment 中。

代码清单 2-3　DataStream.doTransform() 方法定义

```
protected <R> SingleOutputStreamOperator<R> doTransform(
    String operatorName,
    TypeInformation<R> outTypeInfo,
    StreamOperatorFactory<R> operatorFactory) {
// 获取上一次转换操作输出的 TypeInformation 信息
transformation.getOutputType();
// 创建 OneInputTransformation
OneInputTransformation<T, R> resultTransform = new OneInputTransformation<>(
        this.transformation,
        operatorName,
        operatorFactory,
        outTypeInfo,
        environment.getParallelism());
@SuppressWarnings({"unchecked", "rawtypes"})
SingleOutputStreamOperator<R> returnStream = new SingleOutputStreamOperator
    (environment, resultTransform);
// 添加 Transformation
getExecutionEnvironment().addOperator(resultTransform);
return returnStream;
}
```

在 DataStream 转换的过程中，不管是哪种类型的转换操作，都是按照同样的方式进行的：首先将用户自定义的函数封装到 Operator 中，然后将 Operator 封装到 Transformation 转换操作结构中，最后将 Transformation 写入 StreamExecutionEnvironment 提供的 Transformation 集合。通过 DataStream 之间的转换操作形成 Pipeline 拓扑，即 StreamGraph 数据结构，最终通过 StreamGraph 生成 JobGraph 并提交到集群上运行。

接下来我们抽丝剥茧，分别从 Transformation、Operator 和 Function 三个层面，介绍 DataStream API 中每个层面对应的主要设计与实现。

2.1.2　Transformation 详解

我们先来看 DataStream 之间的转换操作，如图 2-2 所示，Transformation 的实现看起来比较复杂，每种 Transformation 实现都和 DataStream 的接口方法对应。

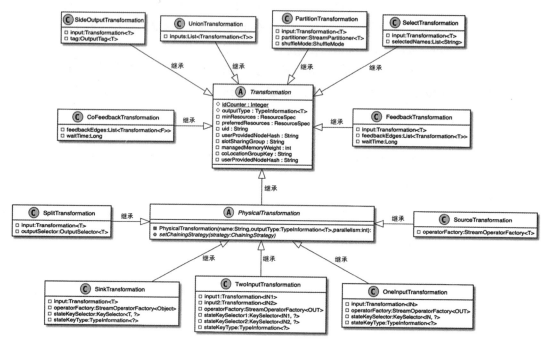

图 2-2　Transformation UML 关系图

从图 2-2 中可以看出，Transformation 的实现子类涵盖了所有的 DataStream 转换操作。常用到的 StreamMap、StreamFilter 算子封装在 OneInputTransformation 中，也就是单输入类型的转换操作。常见的双输入类型算子有 join、connect 等，对应支持双输入类型转换的 TwoInputTransformation 操作。

另外，在 Transformation 的基础上又抽象出了 PhysicalTransformation 类。PhysicalTransformation 中提供了 setChainingStrategy() 方法，可以将上下游算子按照指定的策略连接。ChainingStrategy 支持如下三种策略。

❏ ALWAYS：代表该 Transformation 中的算子会和上游算子尽可能地链化，最终将多个 Operator 组合成 OperatorChain。OperatorChain 中的 Operator 会运行在同一个 SubTask 实例中，这样做的目的主要是优化性能，减少 Operator 之间的网络传输。

❏ NEVER：代表该 Transformation 中的 Operator 永远不会和上下游算子之间链化，因此对应的 Operator 会运行在独立的 SubTask 实例中。

❏ HEAD：代表该 Transformation 对应的 Operator 为头部算子，不支持上游算子链化，但是可以和下游算子链化，实际上就是 OperatorChain 中的 HeaderOperator。

通过以上策略可以控制算子之间的连接，在生成 JobGraph 时，ALWAYS 类型连接的 Operator 形成 OperatorChain。同一个 OperatorChain 中的 Operator 会运行在同一个 SubTask

线程中，从而尽可能地避免网络数据交换，提高计算性能。当然，用户也可以显性调用 disableChaining() 等方法，设定不同的 ChainingStrategy，实现对 Operator 之间物理连接的控制。

以下是支持设定 ChainingStrategy 的 PhysicalTransformation 操作类型，也就是继承了 PhysicalTransformation 抽象的实现类。

❑ OneInputTransformation：单进单出的数据集转换操作，例如 DataStream.map() 转换。

❑ TwoInputTransformation：双进单出的数据集转换操作，例如在 DataStream 与 Data-Stream 之间进行 Join 操作，且该转换操作中的 Operator 类型为 TwoInputStream-Operator。

❑ SinkTransformation：数据集输出操作，当用户调用 DataStream.addSink() 方法时，会同步创建 SinkTransformation 操作，将 DataStream 中的数据输出到外部系统中。

❑ SourceTransformation：数据集输入操作，调用 DataStream.addSource() 方法时，会创建 SourceTransformation 操作，用于从外部系统中读取数据并转换成 DataStream 数据集。

❑ SplitTransformation：数据集切分操作，用于将 DataStream 数据集根据指定字段进行切分，调用 DataStream.split() 方法时会创建 SplitTransformation。

除了 PhysicalTransformation 之外，还有一部分转换操作直接继承自 Transformation 抽象类，这些 Transformation 本身就是物理转换操作，不支持链化操作，因此不会将其与其他算子放置在同一个 SubTask 中运行。例如 PartitionTransformation 和 SelectTransformation 等转换操作，这类转换操作不涉及具体的数据处理过程，仅描述上下游算子之间的数据分区。

❑ SelectTransformation：根据用户提供的 selectedName 从上游 DataStream 中选择需要输出到下游的数据。

❑ PartitionTransformation：支持对上游 DataStream 中的数据进行分区，分区策略通过指定的 StreamPartitioner 决定，例如当用户执行 DataStream.rebalance() 方法时，就会创建 StreamPartitioner 实现类 RebalancePartitioner 实现上下游数据的路由操作。

❑ UnionTransformation：用于对多个输入 Transformation 进行合并，最终将上游 DataStream 数据集中的数据合并为一个 DataStream。

❑ SideOutputTransformation：用于根据 OutputTag 筛选上游 DataStream 中的数据并下发到下游的算子中继续处理。

❑ CoFeedbackTransformation：用于迭代计算中单输入反馈数据流节点的转换操作。

❑ FeedbackTransformation：用于迭代计算中双输入反馈数据流节点的转换操作。

2.2　StreamOperator 的定义与实现

我们已经知道，Transformation 负责描述 DataStream 之间的转换信息，而 Transformation

结构中最主要的组成部分就是 StreamOperator。下面我们详细了解 StreamOperator 的具体实现。

如图 2-3 所示，从 StreamOperator UML 关系图中可以看出，StreamOperator 作为接口，在被 OneInputStreamOperator 接口和 TwoInputStreamOperator 接口继承的同时，又分别被 AbstractStreamOperator 和 AbstractUdfStreamOperator 两个抽象类继承和实现。其中 OneInput-StreamOperator 和 TwoInputStreamOperator 定义了不同输入数量的 StreamOperator 方法，例如：单输入类型算子通常会实现 OneInputStreamOperator 接口，常见的实现有 StreamSource 和 StreamSink 等算子；TwoInputStreamOperator 则定义了双输入类型算子，常见的实现有 CoProcessOperator、CoStreamMap 等算子。从这里我们可以看出，StreamOperator 和 Trans-formation 基本上是一一对应的，最多支持双输入类型算子，而不支持多输入类型，用户可以通过多次关联 TwoInputTransformation 实现多输入类型的算子。

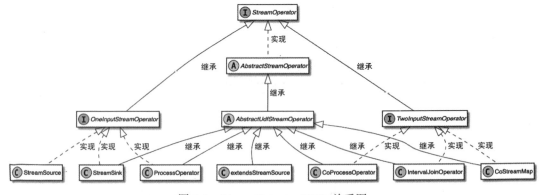

图 2-3　StreamOperator UML 关系图

通过图 2-3 可以看出，不管是 OneInputStreamOperator 还是 TwoInputStreamOperator 类型的算子，最终都会继承 AbstractStreamOperator 基本实现类。在调度和执行 Task 实例时，会通过 AbstractStreamOperator 提供的入口方法触发和执行 Operator。同时在 Abstract-StreamOperator 中也定义了所有算子中公共的组成部分，如 StreamingRuntimeContext、Operator-StateBackend 等。对于 AbstractStreamOperator 如何被 SubTask 触发和执行，我们会在第 4 章讲解任务提交与运行时做详细介绍。另外，AbstractUdfStreamOperator 基本实现类则主要包含了 UserFunction 成员变量，允许当前算子通过自定义 UserFunction 实现具体的计算逻辑。

2.2.1　StreamOperator 接口实现

接下来我们深入了解 StreamOperator 接口的定义。如图 2-4 所示，StreamOperator 接口实现的方法主要供 Task 调用和执行。

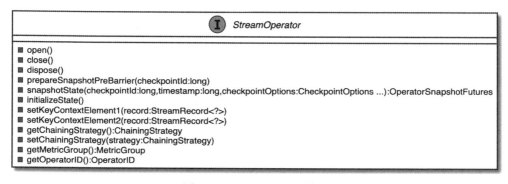

图 2-4　StreamOperator 接口

如图 2-4 所示，StreamOperator 接口主要包括如下核心方法。

❑ open()：定义当前 Operator 的初始化方法，在数据元素正式接入 Operator 运算之前，Task 会调用 StreamOperator.open() 方法对该算子进行初始化，具体 open() 方法的定义由子类实现，常见的用法如调用 RichFunction 中的 open() 方法创建相应的状态变量。

❑ close()：当所有的数据元素都添加到当前 Operator 时，就会调用该方法刷新所有剩余的缓冲数据，保证算子中所有数据被正确处理。

❑ dispose()：算子生命周期结束时会调用此方法，包括算子操作执行成功、失败或者取消时。

❑ prepareSnapshotPreBarrier()：在 StreamOperator 正式执行 checkpoint 操作之前会调用该方法，目前仅在 MapBundleOperator 算子中使用该方法。

❑ snapshotState()：当 SubTask 执行 checkpoint 操作时会调用该方法，用于触发该 Operator 中状态数据的快照操作。

❑ initializeState()：当算子启动或重启时，调用该方法初始化状态数据，当恢复作业任务时，算子会从检查点（checkpoint）持久化的数据中恢复状态数据。

1. AbstractStreamOperator 的基本实现

AbstractStreamOperator 作为 StreamOperator 的基本实现类，所有的 Operator 都会继承和实现该抽象实现类。在 AbstractStreamOperator 中定义了 Operator 用到的基础方法和成员信息。如图 2-5 所示，我们重点梳理 AbstractStreamOperator 的主要成员变量和方法。

AbstractStreamOperator 包含的主要成员变量如下。

❑ ChainingStrategy chainingStrategy：用于指定 Operator 的上下游算子链接策略，其中 ChainStrategy 可以是 ALWAYS、NEVER 或 HEAD 类型，该参数实际上就是转换过程中配置的链接策略。

❑ StreamTask<?, ?> container：表示当前 Operator 所属的 StreamTask，最终会通过 StreamTask 中的 invoke() 方法执行当前 StreamTask 中的所有 Operator。

图 2-5　AbstractStreamOperator UML 关系图

❑ StreamConfig config：存储了该 StreamOperator 的配置信息，实际上是对 Configuration 参数进行了封装。

❑ Output<StreamRecord<OUT>> output：定义了当前 StreamOperator 的输出操作，执行完该算子的所有转换操作后，会通过 Output 组件将数据推送到下游算子继续执行。

❑ StreamingRuntimeContext runtimeContext：主要定义了 UDF 执行过程中的上下文信息，例如获取累加器、状态数据。

❑ KeySelector<?, ?> stateKeySelector1：只有 DataStream 经过 keyBy() 转换操作生成 KeyedStream 后，才会设定该算子的 stateKeySelector1 变量信息。

❑ KeySelector<?, ?> stateKeySelector2：只在执行两个 KeyedStream 关联操作时使用，例如 Join 操作，在 AbstractStreamOperator 中会保存 stateKeySelector2 的信息。

❑ AbstractKeyedStateBackend<?> keyedStateBackend：用于存储 KeyedState 的状态管理后端，默认为 HeapKeyedStateBackend。如果配置 RocksDB 作为状态存储后端，则此处为 RocksDBKeyedStateBackend。

❑ DefaultKeyedStateStore keyedStateStore：主要提供 KeyedState 的状态存储服务，实际上是对 KeyedStateBackend 进行封装并提供了不同类型的 KeyedState 获取方法，例如通过 getReducingState(ReducingStateDescriptor stateProperties) 方法获取

ReducingState。

❏ OperatorStateBackend operatorStateBackend：和 keyedStateBackend 相似，主要提供
OperatorState 对应的状态后端存储，默认 OperatorStateBackend 只有 DefaultOperator-
StateBackend 实现。

❏ OperatorMetricGroup metrics：用于记录当前算子层面的监控指标，包括 numRecordsIn、
numRecordsOut、numRecordsInRate、numRecordsOutRate 等。

❏ LatencyStats latencyStats：用于采集和汇报当前 Operator 的延时状况。

❏ ProcessingTimeService processingTimeService：基于 ProcessingTime 的时间服务，实
现 ProcessingTime 时间域操作，例如获取当前 ProcessingTime，然后创建定时器回
调等。

❏ InternalTimeServiceManager<?>timeServiceManager：Flink 内部时间服务，和 processing-
TimeService 相似，但支持基于事件时间的时间域处理数据，还可以同时注册基
于事件时间和处理时间的定时器，例如在窗口、CEP 等高级类型的算子中，会在
ProcessFunction 中通过 timeServiceManager 注册 Timer 定时器，当事件时间或处理
时间到达指定时间后执行 Timer 定时器，以实现复杂的函数计算。

❏ long combinedWatermark：在双输入类型的算子中，如果基于事件时间处理乱序事
件，会在 AbstractStreamOperator 中合并输入的 Watermark，选择最小的 Watermark
作为合并后的指标，并存储在 combinedWatermark 变量中。

❏ long input1Watermark：二元输入算子中 input1 对应的 Watermark 大小。

❏ long input2Watermark：二元输入算子中 input2 对应的 Watermark 大小。

AbstractStreamOperator 除了定义主要的成员变量之外，还定义了子类实现的基本抽象
方法。

❏ processLatencyMarker()：用于处理在 SourceOperator 中产生的 LatencyMarker 信息。
在当前 Operator 中会计算事件和 LatencyMarker 之间的差值，用于评估当前算子的
延时程度。

❏ processWatermark()：用于处理接入的 Watermark 时间戳信息，并用最新的 Watermark
更新当前算子内部的时钟。

❏ getInternalTimerService()：提供子类获取 InternalTimerService 的方法，以实现不同
类型的 Timer 注册操作。

2. AbstractUdfStreamOperator 基本实现

当 StreamOperator 涉及自定义用户函数数据转换处理时，对应的 Operator 会继承
AbstractUdfStreamOperator 抽象实现类，常见的有 StreamMap、CoProcessOperator 等算子。
当然，并不是所有的 Operator 都继承自 AbstractUdfStreamOperator。在 Flink Table API 模块
实现的算子中，都会直接继承和实现 AbstractStreamOperator 抽象实现类。另外，有状态查

询的 AbstractQueryableStateOperator 也不需要使用用户自定义函数处理数据。

AbstractUdfStreamOperator 继承自 AbstractStreamOperator 抽象类，对于 AbstractUdf-StreamOperator 抽象类来讲，最重要的拓展就是增加了成员变量 userFunction，且提供了 userFunction 初始化以及状态持久化的抽象方法。下面我们简单介绍 AbstractUdfStream-Operator 提供的主要方法。

如代码清单 2-4 所示，在 AbstractUdfStreamOperator.setup() 方法中会调用 FunctionUtils 为 userFunction 设定 RuntimeContext 变量。此时 userFunction 能够获取 RuntimeContext 变量，然后实现获取状态数据等操作。

代码清单 2-4　AbstractUdfStreamOperator.setup() 方法定义

```
public void setup(StreamTask<?, ?> containingTask, StreamConfig config,
    Output<StreamRecord<OUT>> output) {
    super.setup(containingTask, config, output);
    FunctionUtils.setFunctionRuntimeContext(userFunction, getRuntimeContext());
}
```

如代码清单 2-5 所示，在 AbstractUdfStreamOperator.snapshotState() 方法中调用了 StreamingFunctionUtils.snapshotFunctionState() 方法，以实现对 userFunction 中的状态进行快照操作。

代码清单 2-5　AbstractUdfStreamOperator.snapshotState() 方法

```
public void snapshotState(StateSnapshotContext context) throws Exception {
    super.snapshotState(context);
    StreamingFunctionUtils.snapshotFunctionState(context,
        getOperatorStateBackend(), userFunction);
}
```

如代码清单 2-6 所示，在 initializeState() 方法中调用 StreamingFunctionUtils.restoreFunction-State() 方法初始化 userFunction 的状态值。

代码清单 2-6　AbstractUdfStreamOperator.initializeState() 方法定义

```
public void initializeState(StateInitializationContext context) throws Exception {
    super.initializeState(context);
    StreamingFunctionUtils.restoreFunctionState(context, userFunction);
}
```

如代码清单 2-7 所示，在 AbstractUdfStreamOperator.open() 方法中调用了 FunctionUtils. openFunction() 方法。当用户自定义并实现 RichFunction 时，FunctionUtils.openFunction() 方法会调用 RichFunction.open() 方法，完成用户自定义状态的创建和初始化。

代码清单 2-7　AbstractUdfStreamOperator.open() 方法定义

```
public void open() throws Exception {
```

```
super.open();
FunctionUtils.openFunction(userFunction, new Configuration());
}
```

可以看出，当用户自定义实现 Function 时，在 AbstractUdfStreamOperator 抽象类中提供了对这些 Function 的初始化操作，也就实现了 Operator 和 Function 之间的关联。Operator 也是 Function 的载体，具体数据处理操作借助 Operator 中的 Function 进行。StreamOperator 提供了执行 Function 的环境，包括状态数据管理和处理 Watermark、LatencyMarker 等信息。

2.2.2　OneInputStreamOperator 与 TwoInputStreamOperator

StreamOperator 根据输入流的数量分为两种类型，即支持单输入流的 OneInputStream-Operator 以及支持双输入流的 TwoInputStreamOperator，我们可以将其称为一元输入算子和二元输入算子。下面介绍 OneInputStreamOperator 和 TwoInputStreamOperator 的区别。

1. OneInputStreamOperator 的实现

OneInputStreamOperator 定义了单输入流的 StreamOperator，常见的实现类有 Stream-Map、StreamFilter 等算子。OneInputStreamOperator 接口主要包含以下方法，专门用于处理接入的单输入数据流，如代码清单 2-8 所示。

代码清单 2-8　OneInputStreamOperator 接口定义的主要方法

```
// 处理输入数据元素的方法
void processElement(StreamRecord<IN> element) throws Exception;
// 处理 Watermark 的方法
void processWatermark(Watermark mark) throws Exception;
// 处理延时标记的方法
void processLatencyMarker(LatencyMarker latencyMarker) throws Exception;
```

我们以 StreamFilter 算子为例，介绍 OneInputStreamOperator 的实现，如代码清单 2-9 所示。

❑ StreamFilter 算子在继承 AbstractUdfStreamOperator 的同时，实现了 OneInputStream-Operator 接口。

❑ 在 StreamFilter 算子构造器中，内部的 Function 类型为 FilterFunction，并设定上下游算子的链接策略为 ChainingStrategy.ALWAYS，也就是该类型的 Operator 通常都会与上下游的 Operator 连接在一起，形成 OperatorChain。

❑ 在 StreamFilter 中实现了 OneInputStreamOperator 的 processElement() 方法，通过该方法定义了具体的数据元素处理逻辑。实际上就是使用定义的 filterFunction 对接入的数据进行筛选，然后通过 output.collect(element) 方法将符合的条件输出到下游算子中。

代码清单 2-9 StreamFilter Class 的定义和实现

```
public class StreamFilter<IN> extends AbstractUdfStreamOperator<IN,
    FilterFunction<IN>> implements OneInputStreamOperator<IN, IN> {
    private static final long serialVersionUID = 1L;
    // 初始化 FilterFunction 并设定 ChainingStrategy.ALWAYS
    public StreamFilter(FilterFunction<IN> filterFunction) {
        super(filterFunction);
        chainingStrategy = ChainingStrategy.ALWAYS;
    }
    @Override
    public void processElement(StreamRecord<IN> element) throws Exception {
        // 执行 userFunction.filter() 方法
        if (userFunction.filter(element.getValue())) {
            output.collect(element);
        }
    }
}
```

2. TwoInputStreamOperator 的实现

TwoInputStreamOperator 定义了双输入流类型的 StreamOperator 接口实现，常见的实现类有 CoStreamMap、HashJoinOperator 等算子。代码清单 2-10 是 TwoInputStreamOperator 接口定义的主要方法，在实现对两个数据流转换操作的同时，还定义了两条数据流中 Watermark 和 LatencyMarker 的处理逻辑。

代码清单 2-10 TwoInputStreamOperator 接口定义的主要方法

```
// 处理输入源 1 的数据元素方法
void processElement1(StreamRecord<IN1> element) throws Exception;
// 处理输入源 2 的数据元素方法
void processElement2(StreamRecord<IN2> element) throws Exception;
// 处理输入源 1 的 Watermark 方法
void processWatermark1(Watermark mark) throws Exception;
// 处理输入源 2 的 Watermark 方法
void processWatermark2(Watermark mark) throws Exception;
// 处理输入源 1 的 LatencyMarker 方法
void processLatencyMarker1(LatencyMarker latencyMarker) throws Exception;
// 处理输入源 2 的 LatencyMarker 方法
void processLatencyMarker2(LatencyMarker latencyMarker) throws Exception;
```

如代码清单 2-11 所示，我们以 CoStreamMap 为例，介绍 TwoInputStreamOperator 算子的具体实现。从 CoStreamMap 算子定义中可以看出，CoStreamMap 继承 Abstract-UdfStreamOperator 的同时，实现了 TwoInputStreamOperator 接口。其中在 processElement1() 和 processElement2() 两个方法的实现中，分别调用了用户定义的 CoMapFunction 的 map1() 和 map2() 方法对输入的数据元素 Input1 和 Input2 进行处理。经过函数处理后的结果会通过 output.collect() 接口推送到下游的 Operator 中。

代码清单 2-11　CoStreamMap Class 定义和实现

```java
public class CoStreamMap<IN1, IN2, OUT>
        extends AbstractUdfStreamOperator<OUT, CoMapFunction<IN1, IN2, OUT>>
        implements TwoInputStreamOperator<IN1, IN2, OUT> {
    private static final long serialVersionUID = 1L;
    public CoStreamMap(CoMapFunction<IN1, IN2, OUT> mapper) {
        super(mapper);
    }
    @Override
    public void processElement1(StreamRecord<IN1> element) throws Exception {
        output.collect(element.replace(userFunction.map1(element.getValue())));
    }
    @Override
    public void processElement2(StreamRecord<IN2> element) throws Exception {
        output.collect(element.replace(userFunction.map2(element.getValue())));
    }
}
```

2.2.3　StreamOperatorFactory 详解

我们已经知道，StreamOperator 最终会通过 StreamOperatorFactory 封装在 Transformation 结构中，并存储在 StreamGraph 和 JobGraph 结构中，直到运行时执行 StreamTask 时，才会调用 StreamOperatorFactory.createStreamOperator() 方法在 StreamOperatorFactory 中定义 StreamOperator 实例。

通过 StreamOperatorFactory 封装创建 StreamOperator 的操作，在 DataStreamAPI 中主要通过 SimpleStreamOperatorFactory 创建已经定义的 Operator，而在 Table API 模块中主要通过 CodeGenOperatorFactory 从代码中动态编译并创建 Operator 实例。SimpleStreamOperatorFactory 和 CodeGenOperatorFactory 都是 StreamOperatorFactory 的实现类。

如图 2-6 所示，StreamOperatorFactory 接口定义了创建 StreamOperator 的方法，并提供了设定 ChainingStrategy、InputType 等属性的方法。

DataStream API 中大部分转换操作都是通过 SimpleOperatorFactory 进行封装和创建的。SimpleStreamOperatorFactory 根据算子类型的不同，拓展出了 InputFormatOperatorFactory、UdfStreamOperatorFactory 和 OutputFormatOperatorFactory 三种接口实现。

- ❏ InputFormatOperatorFactory：支持创建 InputFormat 类型输入的 StreamSource 算子，即 SourceFunction 为 InputFormatSourceFunction 类型，并提供 getInputFormat() 方法生成 StreamGraph。
- ❏ UdfStreamOperatorFactory：支持 AbstractUdfStreamOperator 类型的 Operator 创建，并且在 UdfStreamOperatorFactory 中提供了获取 UserFunction 的方法。
- ❏ OutputFormatOperatorFactory：支持创建 OutputFormat 类型输出的 StreamSink 算子，即 SinkFunction 为 OutputFormatSinkFunction 类型，并提供 getOutputFormat() 方法

生成 StreamGraph。

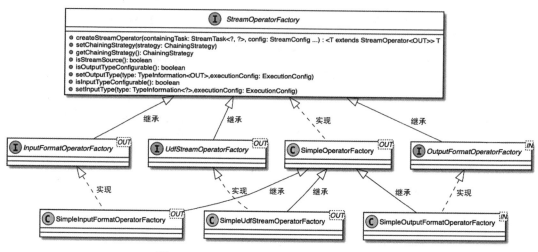

图 2-6　StreamOperatorFactory UML 关系图

如代码清单 2-12 所示，从 SimpleOperatorFactory.of() 方法定义中可以看出，基于 StreamOperator 提供的 of() 方法对算子进行工厂类的封装，实现将 Operator 封装在 OperatorFactory 中。然后根据 Operator 类型的不同，创建不同的 SimpleOperatorFactory 实现类，例如当 Operator 类型为 StreamSource 且 UserFunction 定义属于 InputFormatSourceFunction 时，就会创建 SimpleInputFormatOperatorFactory 实现类，其他情况类似。

代码清单 2-12　SimpleOperatorFactory.of() 方法

```
public static <OUT> SimpleOperatorFactory<OUT> of(StreamOperator<OUT> operator) {
    if (operator == null) {
        return null;
    } else if (operator instanceof StreamSource &&
        ((StreamSource) operator).getUserFunction() instanceof
            InputFormatSourceFunction) {
// 如果 Operator 是 StreamSource 类型，且 UserFunction 类型为
    InputFormatSourceFunction
// 返回 SimpleInputFormatOperatorFactory
        return new SimpleInputFormatOperatorFactory<OUT>((StreamSource)
            operator);
    } else if (operator instanceof StreamSink &&
        ((StreamSink) operator).getUserFunction() instanceof
            OutputFormatSinkFunction) {
// 如果 Operator 是 StreamSink 类型，且 UserFunction 类型为
    OutputFormatSinkFunction
// 返回 SimpleOutputFormatOperatorFactory
        return new SimpleOutputFormatOperatorFactory<>((StreamSink)
            operator);
    } else if (operator instanceof AbstractUdfStreamOperator) {
```

```
// 如果 Operator 是 AbstractUdfStreamOperator 则返回
   SimpleUdfStreamOperatorFactory
   return new SimpleUdfStreamOperatorFactory<OUT>((AbstractUdfStreamOper
      ator) operator);
} else {
// 其他情况返回 SimpleOperatorFactory
   return new SimpleOperatorFactory<>(operator);
}
}
```

如代码清单 2-13 所示，在集群中执行该算子时，首先会调用 SimpleOperatorFactory. createStreamOperator() 方法创建 StreamOperator 实例。如果算子同时实现了 Setupable-StreamOperator 接口，则会调用 setup() 方法对算子进行基本的设置。

代码清单 2-13　SimpleOperatorFactory.createStreamOperator 方法

```
public <T extends StreamOperator<OUT>> T createStreamOperator(StreamTask<?, ?>
   containingTask,
      StreamConfig config, Output<StreamRecord<OUT>> output) {
   if (operator instanceof SetupableStreamOperator) {
      ((SetupableStreamOperator) operator).setup(containingTask, config, output);
   }
   return (T) operator;
}
```

对于 StreamOperator 如何在 Task 实例中执行，我们会在第 4 章进行详细介绍。接下来，我们看 StreamOperator 中的 Function 是如何定义和实现的。

2.3　Function 的定义与实现

我们已经知道，DataStream 转换操作中的数据处理逻辑主要是通过自定义函数实现的，Function 作为 Flink 中最小的数据处理单元，在 Flink 中占据非常重要的地位。和 Java 提供的 Function 接口类似，Flink 实现的 Function 接口专门用于处理接入的数据元素。StreamOperator 负责对内部 Function 的调用和执行，当 StreamOperator 被 Task 调用和执行时，StreamOperator 会将接入的数据元素传递给内部 Function 进行处理，然后将 Function 处理后的结果推送给下游的算子继续处理。

如图 2-7 所示，Function 接口是所有自定义函数的父类，图中 MapFunction 和 FlatMap-Function 都是直接继承自 Function 接口，并提供各自的数据处理方法。其中 MapFunction 接口提供了 map() 方法实现数据的一对一转换处理，FlatMapFunction 提供了 flatMap() 方法实现对输入数据元素的一对多转换，即输入一条数据产生多条输出结果。在 flatMap() 方法中通过 Collector 接口实现了对输出结果的收集操作。当然还有其他类型的 Function 实现，例如 FilterFunction 等，由于篇幅有限，这里没有全部介绍。

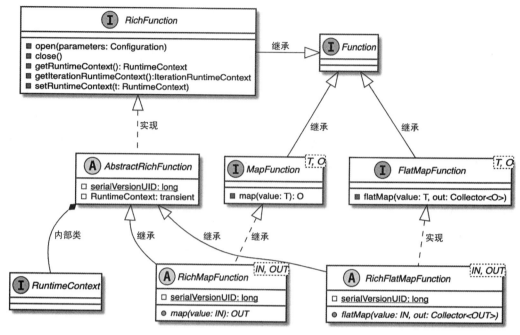

图 2-7　Function UML 关系图

从图 2-7 中也可以看出，Flink 提供了 RichFunction 接口实现对有状态计算的支持，RichFunction 接口除了包含 open() 和 close() 方法之外，还提供了获取 RuntimeContext 的方法，并在 AbstractRichFunction 抽象类类中提供了对 RichFunction 接口的基本实现。RichMapFunction 和 RichFlatMapFunction 接口实现类最终通过 AbstractRichFunction 提供的getRuntimeContext() 方法获取 RuntimeContext 对象，进而操作状态数据。

用户可以选择相应的 Function 接口实现不同类型的业务转换逻辑，例如 MapFunction接口中提供的 map() 方法可以实现数据元素的一对一转换。对于普通的 Function 转换没有太多需要展开的内容，接下来我们重点了解 RichFunction 的实现细节，具体了解 Flink 中如何通过 RichFunction 实现有状态计算。

2.3.1　RichFunction 详解

RichFunction 接口实际上对 Function 进行了补充和拓展，提供了控制函数生命周期的open() 和 close() 方法，所有实现了 RichFunction 的子类都能够获取 RuntimeContext 对象。而 RuntimeContext 包含了算子执行过程中所有运行时的上下文信息，例如 Accumulator、BroadcastVariable 和 DistributedCache 等变量。

1. RuntimeContext 上下文

如图 2-8 所示，RuntimeContext 接口定义了非常丰富的方法，例如创建和获取 Accumulator、BroadcastVariable 变量的方法以及在状态操作过程中使用到的 getState() 和 getListState() 等方法。

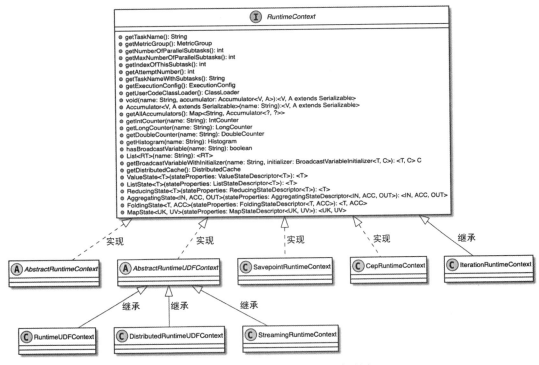

图 2-8　RuntimeContext UML 关系图

不同类型的 Operator 创建的 RuntimeContext 也有一定区别，因此在 Flink 中提供了不同的 RuntimeContext 实现类，以满足不同 Operator 对运行时上下文信息的获取。其中 AbstractRuntimeUDFContext 主要用于获取提供 UDF 函数的相关运行时上下文信息，且 AbstractRuntimeUDFContext 又分别被 RuntimeUDFContext、DistributedRuntimeUDFContext 以及 StreamingRuntimeContext 三个子类继承和实现。RuntimeUDFContext 主要用于 Collection-Executor；DistributedRuntimeUDFContext 则主要用于 BatchTask、DataSinkTask 以及 Data-SourceTask 等离线场景。流式数据处理中使用最多的是 StreamingRuntimeContext。

当然还有其他场景使用到的 RuntimeContext 实现类，例如 CepRuntimeContext、SavepointRuntimeContext 以及 IterationRuntimeContext，这些 RuntimeContext 实现类主要服务于相应类型的数据处理场景，在这里我们就不再详细展开介绍，有兴趣的读者可以参考相关代码实现。

2. 自定义 RichMapFunction 实例

以下我们通过自定义实现了一个 RichMapFunction 接口的实例，借此了解 RichFunction 的主要功能和作用。如代码清单 2-14 所示，在 CustomMapper.open() 方法中，首先调用 getRuntimeContext() 方法获取 RuntimeContext，这里的 RuntimeContext 实际上就是前面提到的 StreamingRuntimeContext 对象。接下来使用 RuntimeContext 提供的接口方法获取运行时上下文信息。例如获取 MetricGroup 创建 Counter 指标累加器以及调用 getState() 方法创建 ValueState。最后创建好的 Metric 和 ValueState 都可以应用在 map() 转换操作中。

从这里我们可以看出，正因为有了 RuntimeContext 的设计和实现，使得 Function 接口实现类可以获取运行时执行过程中的上下文信息，从而实现了更加复杂的统计运算。

代码清单 2-14　自定义 RichMapFunction 实现

```
public class CustomMapper extends RichMapFunction<String, String> {
    private transient Counter counter;
    private ValueState<Long> state;

    @Override
    public void open(Configuration config) {
        this.counter = getRuntimeContext()
            .getMetricGroup()
            .counter("myCounter");
        state = getRuntimeContext().getState(
            new ValueStateDescriptor<Long>("count", LongSerializer.INSTANCE, 0L));
    }
    @Override
    public String map(String value) throws Exception {
        this.counter.inc();
        long count = state.value() + 1;
            state.update(count);
        return value;
    }
}
```

2.3.2　SourceFunction 与 SinkFunction

在 DataStream API 中，除了有 MapFunction、FlatMapFunction 等转换函数之外，还有两种比较特殊的 Function 接口：SourceFunction 和 SinkFunction。SourceFunction 没有具体的数据元素输入，而是通过在 SourceFunction 实现中与具体数据源建立连接，并读取指定数据源中的数据，然后转换成 StreamRecord 数据结构发送到下游的 Operator 中。SinkFunction 接口的主要作用是将上游的数据元素输出到外部数据源中。两种函数都具有比较独立的实现逻辑，下面我们分别介绍 SourceFunction 和 SinkFunction 的设计和实现。

1. SourceFunction 具体实现

如图 2-9 所示，SourceFunction 接口继承了 Function 接口，并在内部定义了数据读取使用的 run() 方法和 SourceContext 内部类，其中 SourceContext 定义了数据接入过程用到的上下文信息。在默认情况下，SourceFunction 不支持并行读取数据，因此 SourceFunction 被 ParallelSourceFunction 接口继承，以支持对外部数据源中数据的并行读取操作，比较典型的

ParallelSourceFunction 实例就是 FlinkKafkaConsumer。

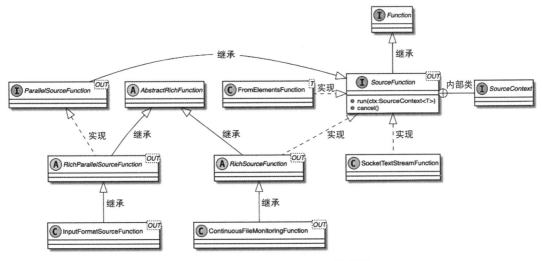

图 2-9　SourceFunction UML 关系图

从图 2-9 中也可以看出，在 SourceFunction 的基础上拓展了 RichParallelSourceFunction 和 RichSourceFunction 抽象实现类，这使得 SourceFunction 可以在数据接入的过程中获取 RuntimeContext 信息，从而实现更加复杂的操作，例如使用 OperatorState 保存 Kafka 中数据消费的偏移量，从而实现端到端当且仅被处理一次的语义保障。

如图 2-10 所示，SourceContext 主要用于收集 SourceFunction 中的上下文信息，Source-Context 包含如下方法。

❑ collect() 方法：用于收集从外部数据源读取的数据并下发到下游算子中。

❑ collectWithTimestamp() 方法：支持直接收集数据元素以及 EventTime 时间戳。

❑ emitWatermark() 方法：用于在 SourceFunction 中生成 Watermark 并发送到下游算子进行处理。

❑ getCheckpointLock() 方法：用于获取检查点锁（Checkpoint Lock），例如使用 KafkaConsumer 读取数据时，可以使用检查点锁，确保记录发出的原子性和偏移状态更新。

从图 2-10 中可以看出，SourceContext 主要有两种类型的实现子类，分别为 Non-TimestampContext 和 WatermarkContext。顾名思义，WatermarkContext 支持事件时间抽取和生成 Watermark，最终用于处理乱序事件；而 NonTimestampContext 不支持基于事件时间的操作，仅实现了从外部数据源中读取数据并处理的逻辑，主要对应 TimeCharacteristic 为 ProcessingTime 的情况。可以看出，用户设定不同的 TimeCharacteristic，就会创建不同类型的 SourceContext，这里我们梳理 SourceContext 类型与 TimeCharacteristic 的对应关系如表 2-1 所示。

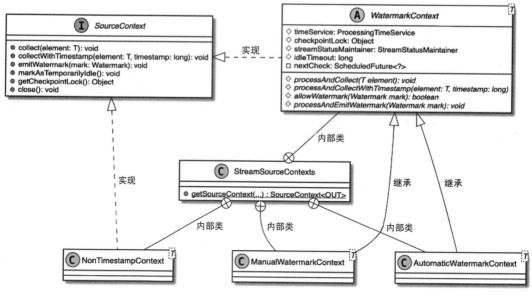

图 2-10　SourceContext UML 关系图

表 2-1　SourceContext 类型与 TimeCharacteristic 的对应关系

TimeCharacteristic	SourceContext
IngestionTime（接入时间）	AutomaticWatermarkContext
ProcessingTime（处理时间）	NonTimestampContext
EventTime（事件时间）	ManualWatermarkContext

　　其中 AutomaticWatermarkContext 和 ManualWatermarkContext 都继承自 WatermarkContext 抽象类，分别对应接入时间和事件时间。由此也可以看出，接入时间对应的 Timestamp 和 Watermark 都是通过 Source 算子自动生成的。事件时间的实现则相对复杂，需要用户自定义 SourceContext.emitWatermark() 方法来实现。

　　同时，SourceFunction 接口的实现类主要通过 run() 方法完成与外部数据源的交互，以实现外部数据的读取，并将读取到的数据通过 SourceContext 提供的 collect() 方法发送给 DataStream 后续的算子进行处理。常见的实现类有 ContinuousFileMonitoringFunction、FlinkKafkaConsumer 等，这里我们以 EventsGeneratorSource 为例，简单介绍 SourceFunction 接口的定义。

　　如代码清单 2-15 所示，EventsGeneratorSource 通过 SourceFunction.run() 方法实现了事件的创建和采集，具体创建过程主要通过 EventsGenerator 完成。实际上，在 run() 方法中会启动 while 循环，不断调用 EventsGenerator 创建新的 Event 数据，最终通过 sourceContext.collect() 方法对数据元素进行收集和下发，此时下游算子可以接收到 Event 数据并进行处理。

代码清单 2-15　EventsGeneratorSource.run() 方法定义

```
public void run(SourceContext<Event> sourceContext) throws Exception {
    final EventsGenerator generator = new EventsGenerator(errorProbability);
    final int range = Integer.MAX_VALUE / getRuntimeContext().
        getNumberOfParallelSubtasks();
    final int min = range * getRuntimeContext().getIndexOfThisSubtask();
    final int max = min + range;
    while (running) {
        sourceContext.collect(generator.next(min, max));
        if (delayPerRecordMillis > 0) {
            Thread.sleep(delayPerRecordMillis);
        }
    }
}
```

SourceFunction 定义完毕后，会被封装在 StreamSource 算子中，前面我们已经知道 StreamSource 继承自 AbstractUdfStreamOperator。在 StreamSource 算子中提供了 run() 方法实现 SourceStreamTask 实例的调用和执行，SourceStreamTask 实际上是针对 Source 类型算子实现的 StreamTask 实现类。

如代码清单 2-16 所示，StreamSource.run() 方法主要包含如下逻辑。

❑ 从 OperatorConfig 中获取 TimeCharacteristic，并从 Task 的环境信息 Environment 中获取 Configuration 配置信息。

❑ 创建 LatencyMarksEmitter 实例，主要用于在 SourceFunction 中输出 Latency 标记，也就是周期性地生成时间戳，当下游算子接收到 SourceOperator 发送的 LatencyMark 后，会使用当前的时间减去 LatencyMark 中的时间戳，以此确认该算子数据处理的延迟情况，最后算子会将 LatencyMark 监控指标以 Metric 的形式发送到外部的监控系统中。

❑ 创建 SourceContext，这里调用的是 StreamSourceContexts.getSourceContext() 方法，在该方法中根据 TimeCharacteristic 参数创建对应类型的 SourceContext。

❑ 将 SourceContext 实例应用在自定义的 SourceFunction 中，此时 SourceFunction 能够直接操作 SourceContext，例如收集数据元素、输出 Watermark 事件等。

❑ 调用 userFunction.run(ctx) 方法，调用和执行 SourceFunction 实例。

代码清单 2-16　StreamSource.run() 方法定义

```
public void run(final Object lockingObject,
        final StreamStatusMaintainer streamStatusMaintainer,
        final Output<StreamRecord<OUT>> collector,
        final OperatorChain<?, ?> operatorChain) throws Exception {
    // 获取 TimeCharacteristic
    final TimeCharacteristic timeCharacteristic = getOperatorConfig().
        getTimeCharacteristic();
    // 获取 Configuration
```

```
final Configuration configuration = this.getContainingTask().getEnvironment().
    getTaskManagerInfo().getConfiguration();
final long latencyTrackingInterval = getExecutionConfig().
    isLatencyTrackingConfigured()
    ? getExecutionConfig().getLatencyTrackingInterval()
    : configuration.getLong(MetricOptions.LATENCY_INTERVAL);
// 创建 LatencyMarksEmitter
LatencyMarksEmitter<OUT> latencyEmitter = null;
if (latencyTrackingInterval > 0) {
    latencyEmitter = new LatencyMarksEmitter<>(
        getProcessingTimeService(),
        collector,
        latencyTrackingInterval,
        this.getOperatorID(),
        getRuntimeContext().getIndexOfThisSubtask());
}
// 获取 SourceContext
final long watermarkInterval = getRuntimeContext().getExecutionConfig().
    getAutoWatermarkInterval();
this.ctx = StreamSourceContexts.getSourceContext(
    timeCharacteristic,
    getProcessingTimeService(),
    lockingObject,
    streamStatusMaintainer,
    collector,
    watermarkInterval,
    -1);
// 运行 SourceFunction
try {
    userFunction.run(ctx);
    if (!isCanceledOrStopped()) {
        synchronized (lockingObject) {
            operatorChain.endHeadOperatorInput(1);
        }
    }
} finally {
    if (latencyEmitter != null) {
        latencyEmitter.close();
    }
}
}
```

需要注意的是，由于未来社区会基于 DataStream API 实现流批一体，因此 SourceFunction 后期的变化会比较大，笔者也会持续关注 Flink 社区的最新动向，并及时跟进相关的设计和实现。

2. SinkFunction 具体实现

相比于 SourceFunction，SinkFunction 的实现相对简单。在 SinkFunction 中同样需要关注和外部介质的交互，尤其对于支持两阶段提交的数据源来讲，此时需要使用 TwoPhase-

CommitSinkFunction 实现端到端的数据一致性。在 SinkFunction 中也会通过 SinkContext 获取与 Sink 操作相关的上下文信息。

如图 2-11 所示，SinkFunction 继承自 Function 接口，且 SinkFunciton 分为 WriteSinkFunction 和 RichSinkFunction 两种类型的子类，其中 WriteSinkFunction 实现类已经被废弃，大部分情况下使用的都是 RichSinkFunction 实现类。常见的 RichSinkFunction 实现类有 SocketClientSink 和 StreamingFileSink，对于支持两阶段提交的 TwoPhaseCommitSinkFunction，实现类主要有 FlinkKafkaProducer。

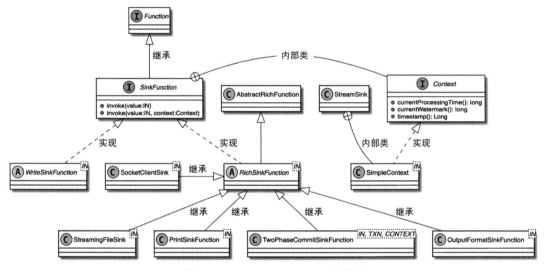

图 2-11 SinkFunction UML 关系图

从图 2-11 中也可以看出，和 SourceFunction 中的 SourceContext 一样，在 SinkFuntion 中也会创建和使用 SinkContext，以获取 Sink 操作过程需要的上下文信息。但相比于 SourceContext，SinkFuntion 中的 SinkContext 仅包含一些基本方法，例如获取 currentProcessing-Time、currentWatermark 以及 Timestamp 等变量。

如代码清单 2-17 所示，在 StreamSink Operator 中提供了默认 SinkContext 实现，通过 SimpleContext 可以从 ProcessingTimeservice 中获取当前的处理时间、当前最大的 Watermark 和事件中的 Timestamp 等信息。

代码清单 2-17 SinkContext 默认定义 SimpleContext 实现

```
private class SimpleContext<IN> implements SinkFunction.Context<IN> {
    // 处理数据
    private StreamRecord<IN> element;
    // 时间服务
    private final ProcessingTimeService processingTimeService;
    public SimpleContext(ProcessingTimeService processingTimeService) {
        this.processingTimeService = processingTimeService;
```

```
    }
    // 获取当前的处理时间
    @Override
    public long currentProcessingTime() {
        return processingTimeService.getCurrentProcessingTime();
    }
    // 获取当前的 Watermark
    @Override
    public long currentWatermark() {
        return currentWatermark;
    }
    // 获取数据中的 Timestamp
    @Override
    public Long timestamp() {
        if (element.hasTimestamp()) {
            return element.getTimestamp();
        }
        return null;
    }
}
```

如代码清单 2-18 所示，在 StreamSink.processElement() 方法中，通过调用 userFunction. invoke() 方法触发 Function 计算，并将 sinkContext 作为参数传递到 userFunction 中使用，此时 SinkFunction 就能通过 SinkContext 提供的方法获取相应的时间信息并进行数据处理，实现将数据发送至外部系统的功能。

代码清单 2-18 StreamSink.processElement() 方法定义

```
public void processElement(StreamRecord<IN> element) throws Exception {
    sinkContext.element = element;
    userFunction.invoke(element.getValue(), sinkContext);
}
```

TwoPhaseCommitSinkFunction 主要用于需要严格保证数据当且仅被输出一条的语义保障的场景。在 TwoPhaseCommitSinkFunction 中实现了和外围数据交互过程的 Transaction 逻辑，也就是只有当数据真正下发到外围存储介质时，才会认为 Sink 中的数据输出成功，其他任何因素导致写入过程失败，都会对输出操作进行回退并重新发送数据。目前所有 Connector 中支持 TwoPhaseCommitSinkFunction 的只有 Kafka 消息中间件，且要求 Kafka 的版本在 0.11 以上。

2.3.3 ProcessFunction 的定义与实现

在 Flink API 抽象栈中，最底层的是 Stateful Function Process 接口，代码实现对应的是 ProcessFunction 接口。通过实现 ProcessFunction 接口，能够灵活地获取底层处理数据和信息，例如状态数据的操作、定时器的注册以及事件触发周期的控制等。

　　根据数据元素是否进行了 KeyBy 操作，可以将 ProcessFunction 分为 KeyedProcessFunction 和 ProcessFunction 两种类型，其中 KeyedProcessFunction 使用相对较多，常见的实现类有 TopNFunction、GroupAggFunction 等函数；ProcessFunction 的主要实现类是 LookupJoin-Runner，主要用于实现维表的关联等操作。Table API 模块相关的 Operator 直接实现自 Process-Function 接口。

　　如图 2-12 所示，KeyedProcessFunction 主要继承了 AbstractRichFunction 抽象类，且在内部同时创建了 Context 和 OnTimerContext 两个内部类，其中 Context 主要定义了从数据元素中获取 Timestamp 和从运行时中获取 TimerService 等信息的方法，另外还有用于旁路输出的 output() 方法。OnTimerContext 则继承自 Context 抽象类，主要应用在 KeyedProcessFunction 的 OnTimer() 方法中。在 KeyedProcessFunction 中通过 process-Element 方法读取数据元素并处理，会在 processElement() 方法中根据实际情况创建定时器，此时定时器会被注册到 Context 的 TimerService 定时器队列中，当满足定时器触发的时间条件后，会通过调用 OnTimer() 方法执行定时器中的计算逻辑，例如对状态数据的异步清理操作。

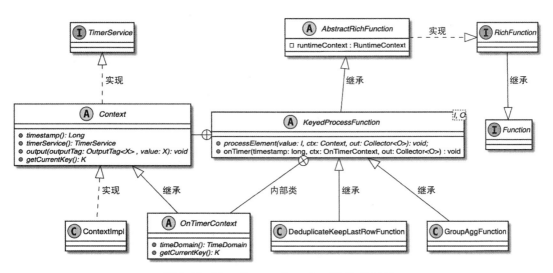

图 2-12　KeyedProcessFunction UML 关系图

　　我们通过 Table API 中的 DeduplicateKeepLastRowFunction 实例看下 KeyedProcessFunction 的具体实现。DeduplicateKeepLastRowFunction 主要用于对接入的数据去重，并保留最新的一行记录。

　　如代码清单 2-19 所示，在 DeduplicateKeepLastRowFunction.processElement() 方法中定义了对输入当前 Function 数据元素的处理逻辑。在方法中调用 TimerService 获取当前的处理时间，然后基于该处理时间调用 registerProcessingCleanupTimer() 方法注册状态数据清理的定时器，当处理时间到达注册时间后，就会调用定时器进行数据处理。

代码清单 2-19   DeduplicateKeepLastRowFunction.processElement() 方法定义

```
public void processElement(BaseRow input, Context ctx, Collector<BaseRow> out)
    throws Exception {
    if (generateRetraction) {
        long currentTime = ctx.timerService().currentProcessingTime();
        // 注册状态数据清理的 Timer
        registerProcessingCleanupTimer(ctx, currentTime);
    }
    processLastRow(input, generateRetraction, state, out);
}
```

在 registerProcessingCleanupTimer() 方法中，调用 CleanupState.registerProcessingCleanup-Timer() 方法注册状态数据清理的定时器。如代码清单 2-20 所示，CleanupState.register-ProcessingCleanupTimer() 方法主要包含如下逻辑。

❑ 通过 cleanupTimeState 状态获取最新一次清理状态的注册时间 curCleanupTime。

❑ 判断当前 curCleanupTime 是否为空，且 currentTime+minRetentionTime 总和是否大于 curCleanupTime。只有满足以上两个条件才会触发注册状态数据清理的定时器，这里的 minRetentionTime 是用户指定的状态保留最短时间。

❑ 如果以上条件都满足，则调用 TimerService 注册 ProcessingTimeTimer，在满足定时器的时间条件后触发定时器。

❑ 如果 curCleanupTime 不为空，即之前的 TimerService 还包含过期的定时器，则调用 timerService.deleteProcessingTimeTimer() 方法删除过期的定时器。

更新 cleanupTimeState 中的 curCleanupTime 指标。

代码清单 2-20   CleanupState.registerProcessingCleanupTimer() 方法定义

```
default void registerProcessingCleanupTimer(
        ValueState<Long> cleanupTimeState,
        long currentTime,
        long minRetentionTime,
        long maxRetentionTime,
        TimerService timerService) throws Exception {
    // 获取最新的 Cleanup 事件
    long curCleanupTime = cleanupTimeState.value();
    // 判断 curCleanupTime 是否为空，满足触发条件则注册定时器
    if (curCleanupTime == null || (currentTime + minRetentionTime) >
        curCleanupTime) {
        // 获取最新的 cleanupTime
        long cleanupTime = currentTime + maxRetentionTime;
        // 注册 Timer 并记录最新的清理时间
        timerService.registerProcessingTimeTimer(cleanupTime);
        // 删除过期的定时器
        if (curCleanupTime != null) {
            timerService.deleteProcessingTimeTimer(curCleanupTime);
        }
```

```
        cleanupTimeState.update(cleanupTime);
    }
}
```

触发注册的 Timer 后，调用 DeduplicateKeepLastRowFunction.onTimer() 方法处理数据。

如代码清单 2-21 所示，在 onTimer() 方法中，主要调用 cleanupState() 方法对状态进行清理。逻辑相对简单，实际上就是 ProcessFunction 的定义和实现。当然除了对状态数据的清理，也可以通过定时器完成其他类型的定时操作，实现更加复杂的计算逻辑，定时器最终都会注册在 TimerService 内部的队列中。

代码清单 2-21　DeduplicateKeepLastRowFunction.onTimer() 方法定义

```
@Override
public void onTimer(long timestamp, OnTimerContext ctx, Collector<BaseRow>
    out) throws Exception {
    if (stateCleaningEnabled) {
        cleanupState(state);
    }
}
```

除了上面介绍的，还有其他类型的 ProcessFunction 实现，但不管是哪种类型的实现，基本都是这些功能的组合或变体。在 DataStream API 中实际上基于 ProcessFunction 定义了很多可以直接使用的方法。虽然 ProcessFunction 接口更加灵活，但使用复杂度也相对较高，因此除非无法通过现成算子实现复杂的计算逻辑，通常情况下用户是不需要自定义实现 ProcessFunction 处理数据的。

2.4　TimerService 的设计与实现

在整个流数据处理的过程中，针对时间信息的处理可以说是非常普遍的，尤其在涉及窗口计算时，会根据设定的 TimeCharacteristic 是事件时间还是处理时间，选择不同的数据方式处理接入的数据。

那么在 Operator 中如何对时间信息进行有效的协调和管理呢？在每个 Operator 内部都维系了一个 TimerService，专门用于处理与时间相关的操作。例如获取当前算子中最新的处理时间以及 Watermark、注册不同时间类型的定时器等。我们已经知道，在 ProcessFunction 中会非常频繁地使用 TimerService 定义和使用定时器，以完成复杂的数据转换操作。接下来我们重点了解 TimerService 组件的设计和实现。

2.4.1　时间概念与 Watermark

在 Flink 中，时间概念主要分为三种类型，即事件时间、处理时间以及接入时间，每种时间的定义和使用范围如表 2-2 所示。

表 2-2　Flink 时间概念对比

概念类型	事件时间	处理时间	接入时间
产生时间	事件产生的时间，通过数据中的某个时间字段抽取获得	数据在流系统中处理所在算子的计算机系统时间	数据在接入 Flink 的过程中由接入算子产生的时间
Watermark 支持	基于事件时间生成 Watermark	不支持生成 Watermark	支持自动生成 Watermark
时间特性	能够反映数据产生的先后顺序	仅表示数据在处理过程中的先后关系	表示数据接入过程的先后关系
应用范围	结果确定，可以复现每次数据处理的结果	无法复现每次数据处理的结果	无法复现每次数据处理的结果

通过如下三种方式可以抽获和生成 Timestamp 和 Watermark。

1. 在 SourceFunction 中抽取 Timestamp 和生成 Watermark

在 SourceFunction 中读取数据元素时，SourceContext 接口中定义了抽取 Timestamp 和生成 Watermark 的方法，如 collectWithTimestamp(T element, long timestamp) 和 emitWatermark-(Watermark mark) 方法。如果 Flink 作业基于事件时间的概念，就会使用 StreamSource-Contexts.ManualWatermarkContext 处理 Watermark 信息。

如代码清单 2-22 所示，WatermarkContext.collectWithTimestamp 方法直接从 Source 算子接入的数据中抽取事件时间的时间戳信息。

代码清单 2-22　WatermarkContext.collectWithTimestamp 方法

```
public void collectWithTimestamp(T element, long timestamp) {
    synchronized (checkpointLock) {
        streamStatusMaintainer.toggleStreamStatus(StreamStatus.ACTIVE);
        if (nextCheck != null) {
            this.failOnNextCheck = false;
        } else {
            scheduleNextIdleDetectionTask();
        }
        // 抽取 Timestamp 信息
        processAndCollectWithTimestamp(element, timestamp);
    }
}
```

生成 Watermark 主要是通过调用 WatermarkContext.emitWatermark() 方法进行的。生成的 Watermark 首先会更新当前 Source 算子中的 CurrentWatermark，然后将 Watermark 传递给下游的算子继续处理。当下游算子接收到 Watermark 事件后，也会更新当前算子内部的 CurrentWatermark。

如代码清单 2-23 所示，SourceFunction 接口主要调用 WatermarkContext.emitWatermark() 方法生成并输出 Watermark 事件，在 emitWatermark() 方法中会调用 processAndEmit-Watermark() 方法将生成的 Watermark 实时发送到下游算子中继续处理。

代码清单 2-23　WatermarkContext.emitWatermark 方法

```
public void emitWatermark(Watermark mark) {
    if (allowWatermark(mark)) {
        synchronized (checkpointLock) {
            streamStatusMaintainer.toggleStreamStatus(StreamStatus.ACTIVE);
            if (nextCheck != null) {
                this.failOnNextCheck = false;
            } else {
                scheduleNextIdleDetectionTask();
            }
            //处理并发送 Watermark 至下游算子
            processAndEmitWatermark(mark);
        }
    }
}
```

2. 通过 DataStream 中的独立算子抽取 Timestamp 和生成 Watermark

除 了 能 够 在 SourceFunction 中 直 接 分 配 Timestamp 和 生 成 Watermark，也 可 以 在 DataStream 数据转换的过程中进行相应操作，此时转换操作对应的算子就能使用生成的 Timestamp 和 Watermark 信息了。

在 DataStream API 中提供了 3 种与抽取 Timestamp 和生成 Watermark 相关的 Function 接口，分别为 TimestampExtractor、AssignerWithPeriodicWatermarks 以及 AssignerWithPunc-tuatedWatermarks。

如图 2-13 所示，在 TimestampAssigner 接口中定义抽取 Timestamp 的方法。然后分别 在 AssignerWithPeriodicWatermarks 和 AssignerWithPunctuatedWatermarks 接口中定义生成 Watermark 的方法。在早期的 TimestampExtractor 实现中同时包含了 Timestamp 抽取与生成 Watermark 的逻辑。

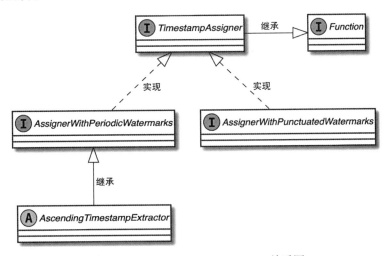

图 2-13　TimestampAssigner UML 关系图

AssignerWithPeriodicWatermarks 和 AssignerWithPunctuatedWatermarks 的区别如下所示。

❑ AssignerWithPeriodicWatermarks：事件时间驱动，会周期性地根据事件时间与当前算子中最大的 Watermark 进行对比，如果当前的 EventTime 大于 Watermark，则触发 Watermark 更新逻辑，将最新的 EventTime 赋予 CurrentWatermark，并将新生成的 Watermark 推送至下游算子。

❑ AssignerWithPunctuatedWatermarks：特殊事件驱动，主要根据数据元素中的特殊事件生成 Watermark。例如数据中有产生 Watermark 的标记，接入数据元素时就会根据该标记调用相关方法生成 Watermark。

需要注意的是，AssignerWithPeriodicWatermarks 中生成 Watermark 的默认周期为 0，用户可以根据具体情况对周期进行调整，但周期过大会增加数据处理的时延。

从图 2-13 中我们也可以看到，如果接入事件中的 Timestamp 是单调递增的，即不会出现乱序的情况，就可以直接使用 AssignerWithPeriodicWatermarks 接口的默认抽象实现类 AscendingTimestampExtractor 自动生成 Watermark。另外，对于接入数据是有界乱序的情况，可以使用 BoundedOutOfOrdernessTimestampExtractor 实现类生成 Watermark 事件。但不论是 AscendingTimestampExtractor 还是 BoundedOutOfOrdernessTimestampExtractor 实现类，都需要用户实现 extractTimestamp() 方法获取 EventTime 信息。

如代码清单 2-24 所示，当用户通过实现 AssignerWithPeriodicWatermarks 抽象类，并调用 DataStream.assignTimestampsAndWatermarks() 方法时，实际上会根据传入的 Assigner-WithPeriodicWatermarks 创建 TimestampsAndPeriodicWatermarksOperator 算子。最后调用 Data-Stream.transform() 方法将该 Operator 封装在 Transformation 中。因此这种获取 EventTime 和 Watermark 的方式是通过单独定义算子实现的。

代码清单 2-24　DataStream.assignTimestampsAndWatermarks() 方法定义

```
public SingleOutputStreamOperator<T> assignTimestampsAndWatermarks(
    AssignerWithPeriodicWatermarks<T> timestampAndWatermarkAssigner) {
    final int inputParallelism = getTransformation().getParallelism();
    final AssignerWithPeriodicWatermarks<T> cleanedAssigner = clean(timestamp
        AndWatermarkAssigner);
    // 生成 TimestampsAndPeriodicWatermarksOperator
    TimestampsAndPeriodicWatermarksOperator<T> operator =
        new TimestampsAndPeriodicWatermarksOperator<>(cleanedAssigner);
    // 将生成的 Operator 加入 Transformation 列表
    return transform("Timestamps/Watermarks", getTransformation().
        getOutputType(), operator)
            .setParallelism(inputParallelism);
}
```

AssignerWithPunctuatedWatermarks 的实现和 AssignerWithPeriodicWatermarks 基本一致，这里我们就不再展开讨论了，读者可以参考相关源码实现。

3. 通过 Connector 提供的接口抽取 Timestamp 和生成 Watermark

对于某些内置的数据源连接器来讲，是通过实现 SourceFunction 接口接入外部数据的，此时用户无法直接获取 SourceFunction 的接口方法，会造成无法在 SourceOperator 中直接生成 EventTime 和 Watermark 的情况。在 FlinkKafkaConsumer 和 FlinkKinesisConsumer 这些内置的数据源连接器中，已经支持用户将 AssignerWithPeriodicWatermarks 和 Assigner-WithPunctuatedWatermarks 实现类传递到连接器的接口中，然后再通过连接器应用在对应的 SourceFunction 中，进而生成 EventTime 和 Watermark。

如代码清单 2-25 所示，FlinkKafkaConsumer 提供了 FlinkKafkaConsumerBase.assign-TimestampsAndWatermarks() 方法，用于设定创建 AssignerWithPeriodicWatermarks 或 Assigner-WithPunctuatedWatermarks 实现类。

代码清单 2-25　FlinkKafkaConsumerBase.assignTimestampsAndWatermarks() 方法定义

```
public FlinkKafkaConsumerBase<T> assignTimestampsAndWatermarks(AssignerWithPer
    iodicWatermarks<T> assigner) {
    checkNotNull(assigner);
    if (this.punctuatedWatermarkAssigner != null) {
        throw new IllegalStateException("A punctuated watermark emitter has
            already been set.");
    }
    try {
        ClosureCleaner.clean(assigner, ExecutionConfig.ClosureCleanerLevel.
            RECURSIVE, true);
        this.periodicWatermarkAssigner = new SerializedValue<>(assigner);
        return this;
    } catch (Exception e) {
        throw new IllegalArgumentException("The given assigner is not
            serializable", e);
    }
}
```

AssignerWithPeriodicWatermarks 实现类最终会被 AbstractFetcher.emitRecordWithTimestampAndPeriodicWatermark() 方法调用。

如代码清单 2-26 所示，AssignerWithPeriodicWatermarks 实现类会被封装在 KafkaTopic-PartitionStateWithPeriodicWatermarks 对象中，调用 getTimestampForRecord() 方法时，就会调用 AssignerWithPeriodicWatermarks.extractTimestamp() 方法获取 EventTime 信息。

代码清单 2-26　AbstractFetcher.emitRecordWithTimestampAndPeriodicWatermark() 方法定义

```
private void emitRecordWithTimestampAndPeriodicWatermark(
    T record, KafkaTopicPartitionState<KPH> partitionState, long offset,
        long kafkaEventTimestamp) {
    @SuppressWarnings("unchecked")
    final KafkaTopicPartitionStateWithPeriodicWatermarks<T, KPH> withWatermarksState
        =(KafkaTopicPartitionStateWithPeriodicWatermarks<T, KPH>)
```

```
        partitionState;
    final long timestamp;

    synchronized (withWatermarksState) {
        timestamp = withWatermarksState.getTimestampForRecord(record,
            kafkaEventTimestamp);
    }
    synchronized (checkpointLock) {
        sourceContext.collectWithTimestamp(record, timestamp);
        partitionState.setOffset(offset);
    }

    }
```

而对于 Watermark 的生成逻辑，则主要通过 ProcessingTimeCallback 接口实现，此时会向 ProcessingTimeService 注册 Timer 定时器，根据事件时间的变动情况来生成 Watermark。

如代码清单 2-27 所示，在 AbstractFetcher 中定义了 PeriodicWatermarkEmitter 类。这里的 PeriodicWatermarkEmitter 实现了 ProcessingTimeCallback 接口，专门用于对 Watermark 的下游输出操作。PeriodicWatermarkEmitter.onProcessingTime() 方法主要包含如下逻辑。

❑ 遍历 Kafka 中所有分区的状态，找到所有分区中最小的 Watermark 并赋值给 minAcrossAll 变量，将 isEffectiveMinAggregation 置为 True。

❑ 判断 isEffectiveMinAggregation 和 minAcrossAll 大于 lastWatermarkTimestamp 是否同时满足，也就是最新的 Watermark 值 minAcrossAll 是否大于前面生成的 Watermark，如果满足则调用 emitter.emitWatermark() 方法输出 Watermark，这里的 emitter 实际上就是 SourceContext。

调用 timerService.registerTimer() 方法继续注册定时器，定时器的间隔设定为 Watermark 的产生周期，当定时器条件满足后，会再次调用 OnTimer() 方法生成 Watermark 信息。

❑ Watermark 的生成是调用 KafkaTopicPartitionStateWithPeriodicWatermarks.getCurrentWatermarkTimestamp() 方法实现的，实际上就是调用用户自定义的 AssignerWithPeriodicWatermarks.getCurrentWatermark() 方法。

代码清单 2-27　PeriodicWatermarkEmitter.onProcessingTime() 方法定义

```
public void onProcessingTime(long timestamp) throws Exception {
    long minAcrossAll = Long.MAX_VALUE;
    boolean isEffectiveMinAggregation = false;
    for (KafkaTopicPartitionState<?> state : allPartitions) {
        final long curr;
        synchronized (state) {
            curr = ((KafkaTopicPartitionStateWithPeriodicWatermarks<?, ?>)
                state).getCurrentWatermarkTimestamp();
```

```
    }
    minAcrossAll = Math.min(minAcrossAll, curr);
    isEffectiveMinAggregation = true;
  }
  // 输出 Watermark
  if (isEffectiveMinAggregation && minAcrossAll > lastWatermarkTimestamp) {
    lastWatermarkTimestamp = minAcrossAll;
    emitter.emitWatermark(new Watermark(minAcrossAll));
  }
  // 调度下次 Watermark 的生成
  timerService.registerTimer(timerService.getCurrentProcessingTime() +
    interval, this);
}
```

可以看出，对于 Kafka 这类内置连接器来讲，能够将 EventTime 和 Watermark 生成的接口释放给用户控制，同时可以避免在并行的 SourceFunction 中出现因多个分区而产生 Watermark 不一致的情况。对整个系统来讲，这种获取 Watermark 的方式更加可靠和准确。

2.4.2　TimerService 时间服务

对于需要依赖时间定时器进行数据处理的算子来讲，需要借助 TimerService 组件实现对定时器的管理，其中定时器执行的具体处理逻辑主要通过回调函数定义。每个 StreamOperator 在创建和初始化的过程中，都会通过 InternalTimeServiceManager 创建 TimerService 实例，这里的 InternalTimeServiceManager 管理了 Task 内所有和时间相关的服务，并向所有 Operator 提供创建和获取 TimerService 的方法。

1. TimerService 的设计与实现

我们先来看下 TimerService 的设计与实现，如图 2-14 所示，在 DataStream API 中提供了 TimerService 接口，用于获取和操作时间相关的信息。TimerService 接口的默认实现有 SimpleTimerService，在 Flink Table API 模块的 AbstractProcessStreamOperator.ContextImpl 内部类中也实现了 TimerService 接口。从图中可以看出，SimpleTimerService 会将 InternalTimerService 接口作为内部成员变量，因此在 SimpleTimerService 中提供的方法基本上都是借助 InternalTimerService 实现的。

InternalTimerService 实际上是 TimerService 接口的内部版本，而 TimerService 接口是专门供用户使用的外部接口。InternalTimerService 需要按照 Key 和命名空间进行划分，并提供操作时间和定时器的内部方法，因此不仅是 SimpleTimerService 通过 InternalTimerService 操作和获取时间信息以及定时器，其他还有如 WindowOperator、IntervalJoinOperator 等内置算子也都会通过 InternalTimerService 提供的方法执行时间相关的操作。

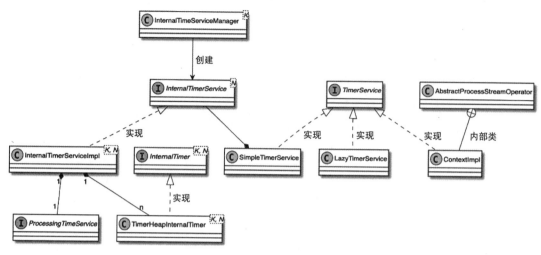

图 2-14   TimerService UML 关系图

2. TimerService 应用举例

接下来我们以 KeyedProcessFunction 实现类 DeduplicateKeepLastRowFunction 为例，详细说明在自定义函数中如何通过调用和操作 TimerService 服务实现时间信息的获取和定时器的注册。

如代码清单 2-28 所示，KeyedProcessOperator.open() 方法主要包括如下逻辑。

❑ 调用 getInternalTimerService() 方法创建和获取 InternalTimerService 实例。实际上最终调用的是 AbstractStreamOperator.getInternalTimerService() 方法获取 InternalTimervService 实例。

❑ 基于 InternalTimerService 实例创建 SimpleTimerService 实例。

❑ 将创建好的 SimpleTimerService 封装在 ContextImpl 和 OnTimerContextImpl 上下文对象中，此时 KeyedProcessFunction 的实现类就可以通过上下文获取 SimpleTimerService 实例了。

代码清单 2-28   KeyedProcessOperator.open() 方法定义

```
public void open() throws Exception {
    super.open();
    collector = new TimestampedCollector<>(output);
    InternalTimerService<VoidNamespace> internalTimerService =
        getInternalTimerService("user-timers", VoidNamespaceSerializer.INSTANCE,
            this);
    TimerService timerService = new SimpleTimerService(internalTimerService);
    context = new ContextImpl(userFunction, timerService);
    onTimerContext = new OnTimerContextImpl(userFunction, timerService);
}
```

DeduplicateKeepLastRowFunction 继承并实现了 KeyedProcessFunction 接口，如代码清单 2-29 所示，在 DeduplicateKeepLastRowFunction.processElement() 方法定义中可以看出，调用 Context.timerService() 方法获取 TimerService 实现类，然后调用 TimerService.currentProcessingTime() 方法获取当前的处理时间，接下来调用 registerProcessingCleanup-Timer() 方法注册状态数据清理定时器。

代码清单 2-29　DeduplicateKeepLastRowFunction.processElement() 方法定义

```
public void processElement(BaseRow input, Context ctx, Collector<BaseRow> out)
    throws Exception {
    if (generateRetraction) {
        long currentTime = ctx.timerService().currentProcessingTime();
        // 注册状态数据清理定时器
        registerProcessingCleanupTimer(ctx, currentTime);
    }
    processLastRow(input, generateRetraction, state, out);
}
```

对于 registerProcessingCleanupTimer() 方法，实际上就是调用 timerService.registerProcessingTimeTimer(cleanupTime) 注册基于处理时间的定时器。

系统时间到达 Timer 指定的时间后，TimerService 会调用和触发注册的定时器，然后调用 DeduplicateKeepLastRowFunction.onTimer() 方法。从 onTimer() 方法定义中可以看出，调用 cleanupState() 方法完成了对指定状态数据的清理操作，如代码清单 2-30 所示。

代码清单 2-30　DeduplicateKeepLastRowFunction.onTimer() 方法定义

```
public void onTimer(long timestamp, OnTimerContext ctx, Collector<BaseRow>
    out) throws Exception {
    if (stateCleaningEnabled) {
        cleanupState(state);
    }
}
```

3. InternalTimerService 详解

TimerService 实际上将 InternalTimerService 进行了封装，然后供 StreamOperator 中的 KeyedProcessFunction 调用，接下来我们看 InternalTimerService 的具体实现。

如图 2-15 所示，从 InternalTimerService 的 UML 关系图中可以看出，InternalTimerService 接口实现了如下方法。

❑ currentProcessingTime()：获取当前的处理时间。

❑ currentWatermark()：获取当前算子基于事件时间的 Watermark。

❑ registerProcessingTimeTimer(...)：注册基于处理时间的定时器。

❑ deleteProcessingTimeTimer(...)：删除基于处理时间的定时器。

❑ registerEventTimeTimer(...)：注册基于事件时间的定时器。
❑ deleteEventTimeTimer(...)：删除基于事件时间的定时器。

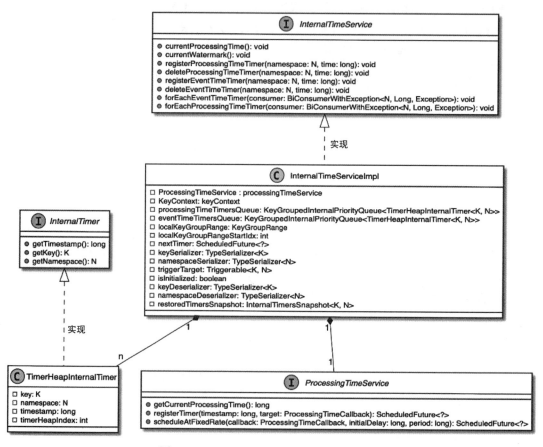

图 2-15   InternalTimerService UML 关系图

InternalTimerService 接口具有 InternalTimerServiceImpl 的默认实现类，在 InternalTimer-ServiceImpl 中，实际上包含了两个比较重要的成员变量，分别为 processingTimeService 和 KeyGroupedInternalPriorityQueue<TimerHeapInternalTimer<K, N>> 队列。其中 processingTime-Service 是基于系统处理时间提供的 TimerService，也就是说，基于 ProcessingTimeService 的实现类可以注册基于处理时间的定时器。TimerHeapInternalTimer 队列主要分为 processing-TimeTimersQueue 和 eventTimeTimersQueue 两种类型，用于存储相应类型的定时器队列。TimerHeapInternalTimer 基于 Heap 堆内存存储定时器，并通过 HeapPriorityQueueSet 结构存储注册好的定时器。

在 InternalTimerServiceImpl 中，会记录 currentWatermark 信息，用于表示当前算子的最新 Watermark，实际上 InternalTimerServiceImpl 实现了基于 Watermark 的时钟，此时算子

会递增更新 InternalTimerServiceImpl 中 Watermark 对应的时间戳。此时 InternalTimerService 会判断 eventTimeTimersQueue 队列中是否有定时器、是否满足触发条件，如果满足则将相应的 TimerHeapInternalTimer 取出，并执行对应算子中的 onEventTime() 回调方法，此时就和 ProcessFunction 中的 onTimer() 方法联系在一起了。

这里我们以 IntervalJoinOperator 为例说明内部算子如何直接调用 InternalTimerService 注册定时器。

如代码清单 2-31 所示，在 IntervalJoinOperator.processElement() 方法中，实际上会调用 internalTimerService.registerEventTimeTimer() 方法注册基于事件时间的定时器，专门用于数据清理任务。随后 internalTimerService 会根据指定的 cleanupTime 完成对窗口中历史状态数据的清理。

代码清单 2-31　IntervalJoinOperator.processElement 方法

```
long cleanupTime = (relativeUpperBound > 0L) ? ourTimestamp +
    relativeUpperBound : ourTimestamp;
if (isLeft) {
    internalTimerService.registerEventTimeTimer(CLEANUP_NAMESPACE_LEFT,
        cleanupTime);
} else {
    internalTimerService.registerEventTimeTimer(CLEANUP_NAMESPACE_RIGHT,
        cleanupTime);
}
```

如代码清单 2-32 所示，当 StreamOperator 算子中的 Watermark 更新时，就会通过 InternalTimeServiceManager 通知所有的 InternalTimerService 实例，这里实际上就是调用 InternalTimerServiceImpl.advanceWatermark() 方法实现的。从 advanceWatermark() 方法中可以看出，首先会通过最新的时间更新 currentWatermark，然后从 eventTimeTimersQueue 队列中获取事件时间定时器，最后判断 timer.getTimestamp() 是否小于接入的 time 变量，如果小于，则说明当前算子的时间大于定时器中设定的时间，此时就会执行 triggerTarget.onEventTime (timer) 方法，这里的 triggerTarget 实际上就是 StreamOperator 的具体实现类。

代码清单 2-32　InternalTimerServiceImpl.advanceWatermark() 方法定义

```
public void advanceWatermark(long time) throws Exception {
    currentWatermark = time;
    InternalTimer<K, N> timer;
    while ((timer = eventTimeTimersQueue.peek()) != null && timer.
        getTimestamp() <= time) {
        eventTimeTimersQueue.poll();
        keyContext.setCurrentKey(timer.getKey());
        triggerTarget.onEventTime(timer);
    }
}
```

接下来我们看看在算子中如何通过调用 AbstractStreamOperator.getInternalTimerService() 方法创建和获取 InternalTimerService 实例。

如代码清单 2-33 所示，在 AbstractStreamOperator.getInternalTimerService() 方法中，实际上会调用 InternalTimeServiceManager.getInternalTimerService() 方法获取 InternalTimerService 实例。在一个 Operator 中可以同时创建多个 TimerService 实例，且必须具有相应的 KeySerializer 和 NamespaceSerializer 序列化类，如果不需要区分 Namespace 类型，也可以使用 VoidNamespaceSerializer。

除了 name 和 timerSerializer 参数外，getInternalTimerService() 方法还需要传递 triggerable 回调函数作为参数。当触发定时器时会调用 Triggerable 接口的 onEventTime() 或 onProcessingTime() 方法，以触发定时调度需要执行的逻辑，这里的 Triggerable 接口实现类实际上就是 StreamOperator 接口的实现类。

代码清单 2-33　InternalTimeServiceManager.getInternalTimerService() 方法

```
// 获取 InternalTimerService
public <N> InternalTimerService<N> getInternalTimerService(
    String name,
    TimerSerializer<K, N> timerSerializer,
    Triggerable<K, N> triggerable) {
    InternalTimerServiceImpl<K, N> timerService = registerOrGetTimerService
        (name, timerSerializer);
    timerService.startTimerService(
        timerSerializer.getKeySerializer(),
        timerSerializer.getNamespaceSerializer(),
        triggerable);
    return timerService;
}
```

如代码清单 2-34 所示，在 getInternalTimerService() 方法中实际上会调用 registerOrGetTimerService() 方法注册和获取 InternalTimerService 实例。在 InternalTimeServiceManager. registerOrGetTimerService 中可以看出，会事先根据名称从 timerServices 的 HashMap 获取已经注册的 InternalTimerService，如果没有获取到，则实例化 InternalTimerServiceImpl 类，创建新的 TimerService。

代码清单 2-34　InternalTimeServiceManager.registerOrGetTimerService() 方法定义

```
// 注册及获取 TimerService
<N> InternalTimerServiceImpl<K, N> registerOrGetTimerService(String name,
    TimerSerializer<K, N> timerSerializer) {
        InternalTimerServiceImpl<K, N> timerService =
            (InternalTimerServiceImpl<K, N>)
// 先从 timerServices 中获取创建好的 TimerService
    timerServices.get(name);
        // 如果没有获取到就创建新的 timerService
        if (timerService == null) {
```

```
        timerService = new InternalTimerServiceImpl<>(
            localKeyGroupRange,
            keyContext,
            processingTimeService,
            createTimerPriorityQueue(PROCESSING_TIMER_PREFIX + name,
                timerSerializer),
            createTimerPriorityQueue(EVENT_TIMER_PREFIX + name,
                timerSerializer));
        timerServices.put(name, timerService);
    }
    return timerService;
}
```

2.5　DataStream 核心转换

至此，DataStream API 的核心结构就介绍完了。本节我们以 KeyedStream 和 Windowed-Stream 两个转换操作为例，从整体的角度介绍 DataStream API 实现。当然还有其他类型的 DataStream 结构，原理也基本相似，这里就不展开讨论了。

2.5.1　KeyedStream 与物理分区

通过 MapReduce 算法可以对接入数据按照指定 Key 进行数据分区，然后将相同 Key 值的数据路由到同一分区中，聚合统计算子再基于数据集进行聚合操作，对于 Flink 也不例外。在 DataStream API 中主要是通过执行 keyBy() 方法，并指定对应的 KeySelector，来实现按照指定 Key 对数据进行分区操作，DataStream 经过转换后会生成 KeyedStream 数据集。当然数据集的物理分区操作并不局限于 keyBy() 方法，还有其他类型的物理转换可以实现将 DataStream 中的数据按照指定的规则路由到下游的分区，如 DataStream.shuffle() 分区操作。

下面我们从源码实现的角度深入了解 DataStream 转换操作中物理分区的实现。

1. KeyedStream 设计与实现

我们先看 KeyedStream 的具体实现。如代码清单 2-35 所示，根据 KeySelector 接口实现类创建 KeyedStream 数据集，KeySelector 接口提供了 getKey() 方法，能够从 StreamRecord 中获取 Key 字段信息。

代码清单 2-35　DataStream.keyBy() 方法定义

```
public <K> KeyedStream<T, K> keyBy(KeySelector<T, K> key) {
    Preconditions.checkNotNull(key);
    return new KeyedStream<>(this, clean(key));
}
```

如代码清单 2-36 所示，从 KeyedStream 构造器中可以看出，最终会创建 Partition-

Transformation，这里我们称之为物理分区操作，其主要功能就是对数据元素在上下游算子之间进行重新分区。

在 PartitionTransformation 的创建过程中会同时构建 KeyGroupStreamPartitioner 实例作为参数。KeyGroupStreamPartitioner 是按照 Key 进行分组发送的分区器。这里的 Key-GroupStreamPartitioner 实际上继承了 ChannelSelector 接口，ChannelSelector 主要用于任务执行中，算子根据指定 Key 的分组信息选择下游节点对应的 InputChannel，并将数据元素根据指定 Key 发送到下游指定的 InputChannel 中，最终实现对数据的分区操作。

代码清单 2-36　KeyedStream. 构造器方法

```
public KeyedStream(DataStream<T> dataStream, KeySelector<T, KEY> keySelector,
TypeInformation<KEY> keyType) {
    this(
        dataStream,
        new PartitionTransformation<>(
            dataStream.getTransformation(),
            new KeyGroupStreamPartitioner<>(keySelector, StreamGraphGenerator.
                DEFAULT_LOWER_BOUND_MAX_PARALLELISM)),
        keySelector,
        keyType);
}
```

2. StreamPartitioner 数据分区

KeyGroupStreamPartitioner 实际上就是对数据按照 Key 进行分组，然后根据 Key 的分组确定数据被路由到哪个下游的算子中。如图 2-16 所示，KeyGroupStreamPartitioner 实际上继承自 StreamPartitioner 抽象类，而 StreamPartitioner 又实现了 ChannelSelector 接口，用于选择下游的 InputChannel。InputChannel 的概念我们会在第 7 章进行介绍，这里可以将其理解为基于 Netty 中的 channel 实现的跨网络数据输入管道，经过网络栈传输的数据最终发送到指定下游算子的 InputChannel 中。

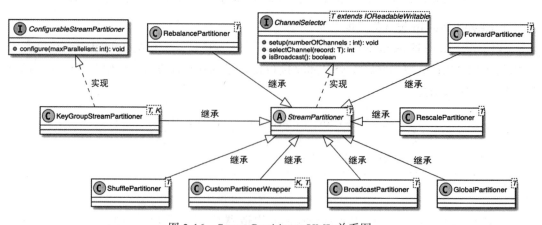

图 2-16　StreamPartitioner UML 关系图

从图 2-16 中可以看出，根据分区策略的不同，StreamPartitioner 的实现类也有所区别，这些实现类分别被应用在 DataStream 对应的转换操作中，例如 ShufflePartitioner 和 DataStream.shuffe() 对应，我们通过表 2-3 进行梳理。

表 2-3　DataStream 的主要物理转换操作

DataStream 物理转换操作	StreamPartitioner	分区器说明
keyBy	KeyGroupStreamPartitioner	数据根据 Key 进行分组，然后发送到下游 Task，按照 Key group index 选择 InputChannel
shuffe	ShufflePartitioner	数据均匀分发到下游 Task，且随机选择 InputChannel
rebalance	RebalancePartitioner	数据均匀发送到下游 Task，且循环选择 InputChannel
rescale	RescalePartitioner	数据均匀分发到下游 Task，且在本地循环选择 InputChannel
global	GlobalPartitioner	数据全部发送到下游第一个 Task 实例
broadcast	BroadcastPartitioner	数据被广播发送到下游每一个 Task 中
forward	ForwardPartitioner	上下游并行度一样时进行一对一发送，不发生分区变化
custom	CustomPartitionerWrapper	用户自定义分区器

下面我们通过 RebalancePartitioner 具体实例了解分区器是如何对数据进行物理分区转换的。

如代码清单 2-37 所示，RebalancePartitioner.selectChannel() 方法实现了对 InputChannel 的选择。在 RebalancePartitioner 中会记录 nextChannelToSendTo，然后通过 (nextChannelToSendTo + 1) % numberOfChannels 公式计算并选择下一数据需要发送的 InputChannel。实际上是对所有下游的 InputChannel 进行轮询，均匀地将数据发送到下游的 Task。

代码清单 2-37　RebalancePartitioner.selectChannel() 方法定义

```
public int selectChannel(SerializationDelegate<StreamRecord<T>> record) {
    nextChannelToSendTo = (nextChannelToSendTo + 1) % numberOfChannels;
    return nextChannelToSendTo;
}
```

对于 RescalePartitioner 来讲，上游 Task 发送到下游 Task 的数据元素取决于上下游之间 Task 实例的并行度。数据会在本地进行轮询，然后发送到下游的 Task 实例中。如果上游 Task 具有并行性 2，而下游 Task 具有并行性 4，则一个上游 Task 实例会将元素均匀分配到指定的两个下游 Task 实例中；而另一个上游 Task 将分配给另外两个下游 Task。上游 Task 的所有数据会在本地对下游的 Task 进行轮询，然后均匀发送到已经分配的下游 Task 实例中。

如代码清单 2-38 所示，在 RescalePartitioner.selectChannel() 方法中，通过改变 next-

ChannelToSendTo 的值选择下一个需要发送的 InputChannel，而方法中的 numberOfChannels 实际上是根据下游操作的并行度确定的。

代码清单 2-38　RescalePartitioner.selectChannel() 方法定义

```
public int selectChannel(SerializationDelegate<StreamRecord<T>> record) {
    if (++nextChannelToSendTo >= numberOfChannels) {
        nextChannelToSendTo = 0;
    }
    return nextChannelToSendTo;
}
```

2.5.2　WindowedStream 的设计与实现

和其他 DataStream 操作相比，WindowedStream 转换操作相对复杂一些，在本节我们结合前面学习的内容，继续了解 WindowedStream 转换操作的实现。

我们知道，如果将 DataStream 根据 Key 进行分组，生成 KeyedStream 数据集，然后在 KeyedStream 上执行 window() 转换操作，就会生成 WindowedStream 数据集。如果直接调用 DataStream.windowAll() 方法进行转换，就会生成 AllWindowedStream 数据集。WindowedStream 和 AllWindowedStream 的主要区别在于是否按照 Key 进行分区处理，这里我们以 WindowedStream 为例讲解窗口转换操作的具体实现。

1. WindowAssigner 设计与实现

如代码清单 2-39 所示，当用户调用 KeyedStream.window() 方法时，会创建 Windowed-Stream 转换操作。通过 window() 方法可以看出，此时需要传递 WindowAssigner 作为窗口数据元素的分配器，通过 WindowAssigner 组件，可以根据指定的窗口类型将数据元素分配到指定的窗口中。

代码清单 2-39　KeyedStream.window() 方法定义

```
public <W extends Window> WindowedStream<T, KEY, W> window(WindowAssigner<?
    super T, W> assigner) {
    return new WindowedStream<>(this, assigner);
}
```

接下来我们看 WindowAssigner 的具体实现。如图 2-17 所示，WindowAssigner 作为抽象类，其子类实现是非常多的，例如基于事件时间实现的 SlidingEventTimeWindows、基于处理时间实现的 TumblingProcessingTimeWindows 等。这些 WindowAssigner 根据窗口类型进行区分，且属于 DataStream API 中内置的窗口分配器，用户可以直接调用它们创建不同类型的窗口转换。

从图 2-17 中可以看出，SessionWindow 类型的窗口比较特殊，在 WindowAssigner 的基础上又实现了 MergingWindowAssigner 抽象类，在 MergingWindowAssigner 抽象类中定义

了 MergeCallback 接口。这样做的原因是 SessionWindow 的窗口长度不固定，SessionWindow 窗口的长度取决于指定时间范围内是否有数据元素接入，然后动态地将接入数据切分成独立的窗口，最后完成窗口计算。此时涉及对窗口中的元素进行动态 Merge 操作，这里主要借助 MergingWindowAssigner 提供的 mergeWindows() 方法来实现。

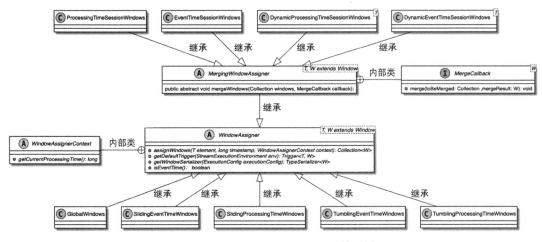

图 2-17　WindowAssigner UML 关系图

在 WindowAssigner 中通过提供 WindowAssignerContext 上下文获取 CurrentProcessing-Time 等时间信息。在 WindowAssigner 抽象类中提供了以下方法供子类选择。

- assignWindows()：定义将数据元素分配到对应窗口的逻辑。
- getDefaultTrigger()：获取默认的 Trigger，也就是默认窗口触发器，例如 EventTime-Trigger。
- getWindowSerializer()：获取 WindowSerializer 实现，默认为 TimeWindow.Serializer()。
- isEventTime()：判断是否为基于 EventTime 时间类型实现的窗口。

如代码清单 2-40 所示，我们以 SlidingEventTimeWindows 为例进行说明。

代码清单 2-40　SlidingEventTimeWindows.assignWindows() 方法定义

```java
public Collection<TimeWindow> assignWindows(Object element, long timestamp,
    WindowAssignerContext context) {
    if (timestamp > Long.MIN_VALUE) {
        List<TimeWindow> windows = new ArrayList<>((int) (size / slide));
        long lastStart = TimeWindow.getWindowStartWithOffset(timestamp, offset,
            slide);
        for (long start = lastStart;
            start > timestamp - size;
            start -= slide) {
            windows.add(new TimeWindow(start, start + size));
        }
        return windows;
```

```
        } else {
            throw new RuntimeException("Record has Long.MIN_VALUE timestamp (= no
                timestamp marker). " +
                "Is the time characteristic set to 'ProcessingTime', or did you
                    forget to call " +"'DataStream.assignTimestampsAndWatermarks(...)'?");
        }
    }
```

在 SlidingEventTimeWindows.assignWindows() 方法中可以看出，assignWindows() 方法的参数包含了当前数据元素 element、timestamp 和 WindowAssignerContext 的上下文信息，且方法主要包含如下逻辑。

❑ 判断 timestamp 是否有效，然后根据窗口长度和滑动时间计算数据元素所属窗口的数量，再根据窗口数量创建窗口列表。

❑ 调用 TimeWindow.getWindowStartWithOffset() 方法，确定窗口列表中最晚的窗口对应的 WindowStart 时间，并赋值给 lastStart 变量；然后从 lastStart 开始遍历，每次向前移动固定的 slide 长度；最后向 windows 窗口列表中添加创建的 TimeWindow，在 TimeWindow 中需要指定窗口的起始时间和结束时间。

❑ 返回创建的窗口列表 windows，也就是当前数据元素所属的窗口列表。

创建的 WindowAssigner 实例会在 WindowOperator 中使用，输入一条数据元素时会调用 WindowAssigner.assignWindows() 方法为接入的数据元素分配窗口，WindowOperator 会根据元素所属的窗口分别对数据元素进行处理。

当然还有其他类型的 WindowAssigner 实现，基本功能都是一样的，主要是根据输入的元素确定和分配窗口。对于 SlidingWindow 类型的窗口来讲，同一个数据元素可能属于多个窗口，主要取决于窗口大小和滑动时间长度；而对于 TumpleWindow 类型来讲，每个数据元素仅属于一个窗口。

2. Window Trigger 的核心实现

Window Trigger 决定了窗口触发 WindowFunction 计算的时机，当接入的数据元素通过 WindowAssigner 分配到不同的窗口后，数据元素会被不断地累积在窗口状态中。当满足窗口触发条件时，会取出当前窗口中的所有数据元素，基于指定的 WindowFunction 对窗口中的数据元素进行运算，最后产生窗口计算结果并发送到下游的算子中。

如图 2-18 所示，在 DataStream API 中，所有定义的 Window Trigger 继承自 Trigger 基本实现类。每种窗口的触发策略不同，相应的 Trigger 触发器也有所不同。例如 Tumbling-ProcessingTimeWindows 对应的默认 Trigger 为 ProcessingTimeTrigger，而 SlidingEventTime-Windows 默认对应的是 EventTimeTrigger。

数据元素接入 WindowOperator 后，调用窗口触发器的 onElement() 方法，判断窗口是否满足触发条件。如果满足，则触发窗口计算操作。我们以 EventTimeTrigger 为例介绍 Trigger 的核心实现，如代码清单 2-41 所示。

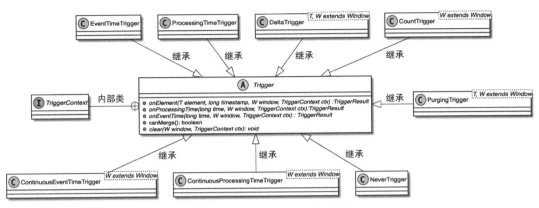

图 2-18　Trigger UML 关系图

❑ 当数据元素接入后，根据窗口中 maxTimestamp 是否大于当前算子中的 Watermark 决定是否触发窗口计算。如果符合触发条件，则返回 TriggerResult.FIRE 事件，这里的 maxTimestamp 实际上是窗口的结束时间减 1，属于该窗口的最大时间戳。

❑ 如果不满足以上条件，就会继续向 TriggerContext 中注册 Timer 定时器，等待指定的时间再通过定时器触发窗口计算，此时方法会返回 TriggerResult.CONTINUE 消息给 WindowOperator，表示此时窗口不会触发计算，继续等待新的数据接入。

❑ 当数据元素不断接入 WindowOperator，不断更新 Watermark 时，只要 Watermark 大于窗口的右边界就会触发相应的窗口计算。

代码清单 2-41　EventTimeTrigger.onElement() 方法定义

```
public TriggerResult onElement(Object element, long timestamp, TimeWindow
    window, TriggerContext ctx) throws Exception {
    if (window.maxTimestamp() <= ctx.getCurrentWatermark()) {
        // 如果 Watermark 超过窗口最大时间戳，则立即执行
        return TriggerResult.FIRE;
    } else {
        ctx.registerEventTimeTimer(window.maxTimestamp());
        return TriggerResult.CONTINUE;
    }
}
```

在 EventTimeTrigger.onElement() 方法定义中我们可以看到，当窗口不满足触发条件时，会向 TriggerContext 中注册 EventTimeTimer 定时器，指定的触发时间为窗口中的最大时间戳。算子中的 Watermark 到达该时间戳时，会自动触发窗口计算，不需要等待新的数据元素接入。这里 TriggerContext 使用到的 TimerService 实际上就是我们在 2.4.2 节介绍过的 InternalTimerService，EventTimeTimer 会基于 InternalTimerService 的实现类进行存储和管理。

当 Timer 定时器到达 maxTimestamp 时就会调用 EventTimeTrigger.onEventTime() 方法。如代码清单 2-42 所示，在 EventTimeTrigger.onEventTime() 方法中，实际上会判断传入的事

件时间和窗口的 maxTimestamp 是否相等，如果相等则返回 TriggerResult.FIRE 并触发窗口的统计计算。

代码清单 2-42　EventTimeTrigger.onEventTime() 方法定义

```
public TriggerResult onEventTime(long time, TimeWindow window, TriggerContext
    ctx) {
    return time == window.maxTimestamp() ?
        TriggerResult.FIRE :
        TriggerResult.CONTINUE;
}
```

对于其他类型的窗口触发器，在原理上和 EventTimeTrigger 基本相同，感兴趣的读者可以阅读相关代码实现。

3. WindowFunction 的设计与实现

经过以上几个步骤，基本上就能够确认窗口的类型及相应的触发时机了。窗口符合触发条件之后，就会对窗口中已经积蓄的数据元素进行统计计算，以得到最终的统计结果。对窗口元素的计算逻辑定义则主要通过窗口函数来实现。

在 WindowStream 的计算中，将窗口函数分为两种类型：用户指定的聚合函数 AggregateFunction 和专门用于窗口计算的 WindowFunction。对于大部分用户来讲，基本都是基于窗口做聚合类型的统计运算，因此只需要在 WindowStream 中指定相应的聚合函数，如 ReduceFunction 和 AggregateFunction。而在 WindowStream 的计算过程中，实际上会通过 WindowFunction 完成更加复杂的窗口计算。

如图 2-19 所示，WindowFunction 继承了 Function 接口，同时又被不同类型的聚合函数实现，例如实现窗口关联计算的 CoGroupWindowFunction、在窗口中对元素进行 Reduce 操作的 ReduceApplyWindowFunction。这些函数同时继承自 WrappingFunction，WrappingFunction 对 WindowFunction 进行了一层封装，主要通过继承 AbstractRichFunction 抽象类，拓展和实现了 RichFunction 提供的能力。

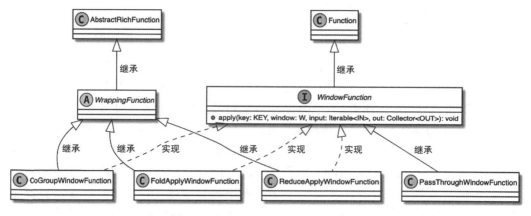

图 2-19　WindowFunction UML 类图

总而言之，窗口中的函数会将用户定义的聚合函数和 WindowFunction 进行整合，形成统一的 RichWindowFunction，然后基于 RichWindowFunction 进行后续的操作。

如代码清单 2-43 所示，用户创建 WindowStream 后，将 ReduceFunction 传递给 WindowStream.reduce() 方法。在 WindowStream.reduce() 方法中可以看出，还需要将 WindowFunction 作为参数，但这里的 WindowFunction 会在 WindowStream 中创建 PassThroughWindowFunction 默认实现类。

代码清单 2-43　WindowStream.reduce() 方法定义

```
public <R> SingleOutputStreamOperator<R> reduce(
        ReduceFunction<T> reduceFunction,
        WindowFunction<T, R, K, W> function,
        TypeInformation<R> resultType) {
    if (reduceFunction instanceof RichFunction) {
        throw new UnsupportedOperationException("ReduceFunction of reduce can
            not be a RichFunction.");
    }
    // 清理函数闭包
    function = input.getExecutionEnvironment().clean(function);
    reduceFunction = input.getExecutionEnvironment().clean(reduceFunction);
    final String opName = generateOperatorName(windowAssigner, trigger,
        evictor, reduceFunction, function);
    KeySelector<T, K> keySel = input.getKeySelector();
    OneInputStreamOperator<T, R> operator;
    if (evictor != null) {
        @SuppressWarnings({"unchecked", "rawtypes"})
        TypeSerializer<StreamRecord<T>> streamRecordSerializer =
            (TypeSerializer<StreamRecord<T>>) new StreamElementSerializer(input.
                getType().createSerializer(getExecutionEnvironment().getConfig()));
        ListStateDescriptor<StreamRecord<T>> stateDesc =
            new ListStateDescriptor<>("window-contents", streamRecordSerializer);
        operator =
            new EvictingWindowOperator<>(windowAssigner,
                windowAssigner.getWindowSerializer(getExecutionEnvironment().
                    getConfig()),
                keySel,
                input.getKeyType().createSerializer(getExecutionEnvironment().
                    getConfig()),
                stateDesc,
                new InternalIterableWindowFunction<>(new ReduceApplyWindowFunction
                    <>(reduceFunction, function)),
                trigger,
                evictor,
                allowedLateness,
                lateDataOutputTag);
    } else {
        ReducingStateDescriptor<T> stateDesc = new ReducingStateDescriptor
            <>("window-contents",
```

```
            reduceFunction,
            input.getType().createSerializer(getExecutionEnvironment().
                getConfig()));
        operator =
            new WindowOperator<>(windowAssigner,
                windowAssigner.getWindowSerializer(getExecutionEnvironment().
                    getConfig()),
                keySel,
                input.getKeyType().createSerializer(getExecutionEnvironment().
                    getConfig()),
                stateDesc,
                new InternalSingleValueWindowFunction<>(function),
                trigger,
                allowedLateness,
                lateDataOutputTag);
    }
    return input.transform(opName, resultType, operator);
}
```

最后实际上就是创建 OneInputStreamOperator 实例，StreamOperator 会根据 evictor 数据剔除器是否为空，选择创建 EvictingWindowOperator 还是 WindowOperator。在创建 EvictingWindowOperator 时，通过调用 new ReduceApplyWindowFunction <> (reduceFunction, function) 合并 ReduceFunction 和 WindowFunction，然后转换为 InternalIterableWindowFunction 函数供 WindowOperator 使用。接下来调用 input.transform() 方法将创建好的 EvictingWindow-Operator 或 WindowOperator 实例添加到 OneInputTransformation 转换操作中。其他的窗口计算函数和 Reduce 聚合函数基本一致，这里不再赘述。

2.6　本章小结

本章我们主要介绍了 DataStream API 的核心设计和实现，深入介绍了 DataStream API 涵盖的主要概念。希望通过本章的学习，读者可以对 DataStream API 的接口实现有更加深入的了解。

运行时的核心原理与实现

作为 Flink 整个架构体系最底层的基础模块，运行时提供了不同 Flink 作业运行过程依赖的基础执行环境。Flink 客户端会将作业转换为 JobGraph 结构并提交至集群的运行时中，此时运行时会对作业进行调度并拆分成 Task 继续调度和执行。运行时中的核心组件和服务会分工并协调合作，最终完成整个 Job 的调度和执行。本章我们重点了解运行时的核心原理与实现，包括运行时涉及的核心组件及服务。

3.1 运行时的整体架构

3.1.1 运行时整体架构概览

我们先来看运行时的整体架构，如图 3-1 所示。

在图 3-1 中可以看出，Flink 运行时包含了 Dispatcher、ResourceManager、JobManager 和 TaskManager 等主要组件，下面介绍每个组件的主要功能。

1. Dispatcher

Dispatcher 主要负责接收客户端提交的 JobGraph 对象，例如 CLI 客户端或 Flink Web UI 提交的任务最终都会发送至 Dispatcher 组件，由 Dispatcher 组件对 JobGraph 进行分发和执行，其中就包含根据 JobGraph 对象启动 JobManager 服务，专门用于管理整个任务的生命周期。

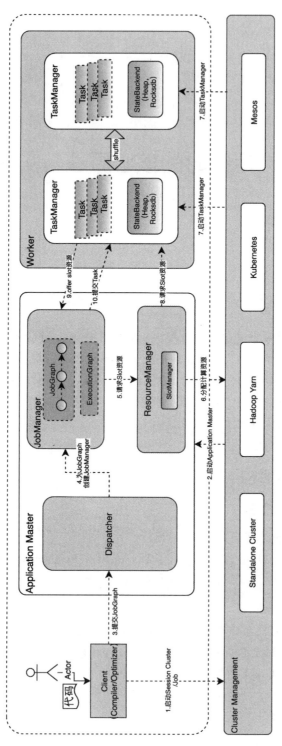

图 3-1 Flink 运行时整体流程图

2. ResourceManager

ResourceManager 主要负责管理 Flink 集群中的计算资源，其中计算资源主要来自 TaskManager 组件。ResourceManager 主要接收来自 JobManager 的 SlotRequest。如果集群采用 Native 模式部署，则 ResourceManager 会动态地向集群资源管理器申请 Container 并启动 TaskManager，例如 Hadoop Yarn、Kubernetes 等。对于不同的集群资源管理器，Resource-Manager 的实现也会有所不同。

3. JobManager

Dispatcher 会根据接收的 JobGraph 对象为任务创建 JobManager 服务，其中 JobManager 服务管理了整个任务的生命周期，同时负责将 JobGraph 转换成 ExecutionGraph 结构。JobManager 通过内部调度程序对 ExecutionGraph 中的 ExecutionVertex 节点进行调度和执行，最终会向指定的 TaskManager 提交和运行 Task 实例，同时监控各个 Task 的运行状况，直到整个作业中所有的 Task 都执行完毕或停止。和 Dispatcher 组件一样，JobManager 组件本身也是 RPC 服务，因此具备 RPC 通信的能力，可以与 ResourceManager 进行 RPC 通信，申请任务的计算资源。当任务执行完毕后，JobManager 服务也会关闭，同时释放任务占用的计算资源。

4. TaskManager

TaskManager 负责向整个集群提供 Slot 计算资源，同时管理了 JobManager 提交的 Task 任务。TaskManager 会向 JobManager 服务提供从 ResourceManager 中申请和分配的 Slot 计算资源，JobManager 最终会根据分配到的 Slot 计算资源将 Task 提交到 TaskManager 上运行。

接下来我们看整个集群中各个主要组件的启动流程。这里我们以 Session 类型的集群为例进行说明。从图 3-1 中可以看出，Flink Session 集群的启动流程主要包含如下步骤。

- ❑ 用户通过客户端命令启动 Session Cluster，此时会触发整个集群服务的启动过程，客户端会向集群资源管理器申请 Container 计算资源以启动运行时中的管理节点。
- ❑ ClusterManagement 会为运行时集群分配 Application 主节点需要的资源并启动主节点服务，例如在 Hadoop Yarn 资源管理器中会分配并启动 Flink 管理节点对应的 Container。
- ❑ 客户端将用户提交的应用程序代码经过本地运行生成 JobGraph 结构，然后通过 ClusterClient 将 JobGraph 提交到集群运行时中运行。
- ❑ 此时集群运行时中的 Dispatcher 服务会接收到 ClusterClient 提交的 JobGraph 对象，然后根据 JobGraph 启动 JobManager RPC 服务。JobManager 是每个提交的作业都会单独创建的作业管理服务，生命周期和整个作业的生命周期一致。
- ❑ 当 JobManager RPC 服务启动后，下一步就是根据 JobGraph 配置的计算资源向 ResourceManager 服务申请运行 Task 实例需要的 Slot 计算资源。

❑ 此时 ResourceManager 接收到 JobManager 提交的资源申请后，先判断集群中是否有足够的 Slot 资源满足作业的资源申请，如果有则直接向 JobManager 分配计算资源，如果没有则动态地向外部集群资源管理器申请启动额外的 Container 以提供 Slot 计算资源。

❑ 如果在集群资源管理器（例如 Hadoop Yarn）中有足够的 Container 计算资源，就会根据 ResourceManager 的命令启动指定的 TaskManager 实例。

❑ TaskManager 启动后会主动向 ResourceManager 注册 Slot 信息，即其自身能提供的全部 Slot 资源。ResourceManager 接收到 TaskManager 中的 Slot 计算资源时，就会立即向该 TaskManager 发送 Slot 资源申请，为 JobManager 服务分配提交任务所需的 Slot 计算资源。

❑ 当 TaskManager 接收到 ResourceManager 的资源分配请求后，TaskManager 会对符合申请条件的 SlotRequest 进行处理，然后立即向 JobManager 提供 Slot 资源。

❑ 此时 JobManager 会接收到来自 TaskManager 的 offerslots 消息，接下来会向 Slot 所在的 TaskManager 申请提交 Task 实例。TaskManager 接收到来自 JobManager 的 Task 启动申请后，会在已经分配的 Slot 卡槽中启动 Task 线程。

❑ TaskManager 中启动的 Task 线程会周期性地向 JobManager 汇报任务运行状态，直到完成整个任务运行。

以上就是运行时集群的启动过程，包括对集群中主要组件的初始化和启动以及用户作业提交和执行的全部流程。因为涉及的过程非常多，所以我们对这两个部分进行拆解，本章我们先重点了解运行时中核心组件的创建和初始化，在第 4 章我们再重点学习作业提交并执行在集群运行时环境上的过程。

3.1.2　集群的启动与初始化

Flink 的集群模式主要分为 Per-Job 和 Session 两种，其中 Per-Job 集群模式为每一个提交的 Job 单独创建一套完整的运行时集群环境，该 Job 独享运行时集群使用的计算资源以及组件服务。与 Per-Job 集群相比，Session 集群能够运行多个 Flink 作业，且这些作业可以共享运行时中的 Dispatcher、ResourceManager 等组件服务。两种集群运行模式各有特点和使用范围，从资源利用的角度看，Session 集群资源的使用率相对高一些，Per-Job 集群任务之间的资源隔离性会好一些。

不管是哪种类型的集群，集群运行时环境中涉及的核心组件都是一样的，主要的区别集中在作业的提交和运行过程中。这里我们以 Session 类型集群为例，继续介绍集群运行时，对于 Per-Job 类型集群单独的实现部分，我们会在介绍过程中进行特殊说明。

1. ClusterEntrypoint 详解

当用户指定 Session Cli 命令启动集群时，首先会在 Flink 集群启动脚本中调用 ClusterEntrypoint 抽象实现类中提供的 main() 方法，以启动和运行相应类型的集群环境。

ClusterEntrypoint 是整个集群运行时的启动入口类，且内部带有 main() 方法。运行时管理节点中，所有服务都通过 ClusterEntrypoint 进行触发和启动，进而完成核心组件的创建和初始化。

如图 3-2 所示，ClusterEntrypoint 会根据集群运行模式，将 ClusterEntrypoint 分为 SessionClusterEntrypoint 和 JobClusterEntrypoint 两种基本实现类。顾名思义，SessionClusterEntrypoint 是 Session 类型集群的入口启动类，JobClusterEntrypoint 是 Per-Job 类型集群的入口启动类。在集群运行模式基本类的基础上，衍生出了集群资源管理器对应的 ClusterEntrypoint 实现类，例如 YarnJobClusterEntrypoint、StandaloneJobClusterEntrypoint 等。

从图 3-2 中可以看出，SessionClusterEntrypoint 的实现类有 YarnSessionClusterEntrypoint、StandaloneSessionClusterEntrypoint 以 及 KubernetesSessionClusterEntrypoint 等。JobClusterEntrypoint 的实现类主要有 YarnJobClusterEntrypoint、StandaloneJobClusterEntrypoint 和 MesosJobClusterEntrypoint。用户创建和启动的集群类型不同，最终通过不同的 ClusterEntrypoint 实现类启动对应类型的集群运行环境。

2. 通过 ClusterEntrypoint 启动集群服务

如图 3-3 所示，我们以 StandaloneSessionClusterEntrypoint 为例说明 StandaloneSession 集群的启动过程，并介绍其主要核心组件的创建和初始化方法。关于其他类型的集群创建，我们将在第 4 章重点讲解。

从图 3-3 中我们可以看出，集群初始化过程主要包含如下步骤。

❑ 用户运行 start-cluster.sh 命令启动 StandaloneSession 集群，此时在启动脚本中会启动 StandaloneSessionClusterEntrypoint 入口类。

❑ 在 StandaloneSessionClusterEntrypoint.main 方法中创建 StandaloneSessionClusterEntrypoint 实例，然后将该实例传递至抽象实现类 ClusterEntrypoint.runClusterEntrypoint (entrypoint) 方法继续后续流程。

❑ 在 ClusterEntrypoint 中调用 clusterEntrypoint.startCluster() 方法启动指定的 ClusterEntrypoint 实现类。

❑ 调用基本实现类 ClusterEntrypoint.runCluster() 私有方法启动集群服务和组件。

❑ 调用 ClusterEntrypoint.initializeServices(configuration) 内部方法，初始化运行时集群需要创建的基础组件服务，如 HAServices、CommonRPCService 等。

❑ 调 用 ClusterEntrypoint.createDispatcherResourceManagerComponentFactory() 子 类 实现方法，创建 DispatcherResourceManagerComponentFactory 对象，在本实例中会调用 StandaloneSessionClusterEntrypoint 实现的方法，其他类型的集群环境会根据不同实现，创建不同类型的 DispatcherResourceManager 工厂类。

❑ 在 StandaloneSessionClusterEntrypoint.createDispatcherResourceManagerComponentFactory() 方法中最终调用 DefaultDispatcherResourceManagerComponentFactory.createSessionComponentFactory() 方法，创建基于 Session 模式的 DefaultDispatcherResourceManagerComponentFactory。

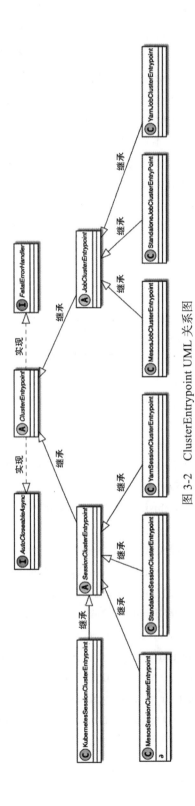

图 3-2 ClusterEntrypoint UML 关系图

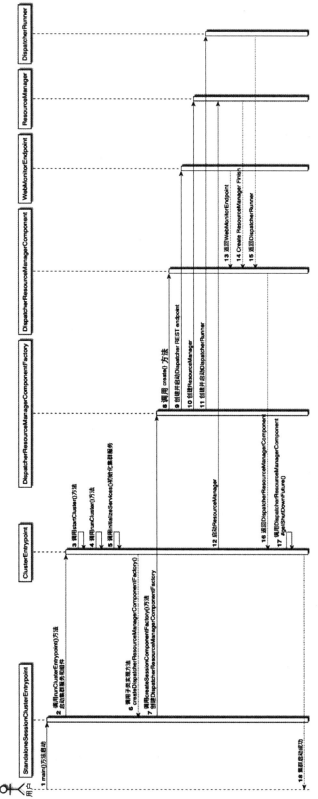

图 3-3　StandaloneSession 集群启动流程

❑ 基于前面创建的基础服务，调用 DispatcherResourceManagerComponentFactory.create() 方法创建集群核心组件封装类 DispatcherResourceManagerComponent，可以看出核心组件实际上包括了 Dispatcher 和 ResourceManager。

❑ 在 DispatcherResourceManagerComponentFactory.create() 方法中，首先创建和启动 WebMonitorEndpoint 对象，作为 Dispatcher 对应的 Rest endpoint，通过 Rest API 将 JobGraph 提交到 Dispatcher 上，同时，WebMonitorEndpoint 也会提供 Web UI 需要的 Rest API 接口实现。

❑ 调用 ResourceManagerFactory.createResourceManager() 方法创建 ResourceManager 组件并启动。

❑ 调用 DispatcherRunnerFactory.createDispatcherRunner() 方法创建 DispatcherRunner 组件后，启动 DispatcherRunner 服务。

❑ 将创建好的 WebMonitorEndpoint、ResourceManager 和 DispatcherRunner 封装到 Dispatcher-ResourceManagerComponent 中，其中还包括 DispatcherRunner 和 ResourceManager 对应的高可用管理服务 dispatcherLeaderRetrievalService 和 resourceManagerRetrieval-Service。

以下我们从源码层面介绍 ClusterEntrypoint 涉及的重点步骤。

如代码清单 3-1 所示，ClusterEntrypoint 提供了实现子类的 runClusterEntrypoint() 静态方法。例如在 StandaloneSessionClusterEntrypoint 中，main() 方法会调用 runCluster-Entrypoint() 方法，触发集群启动的进程。

代码清单 3-1　ClusterEntrypoint.runClusterEntrypoint() 方法

```
public static void runClusterEntrypoint(ClusterEntrypoint clusterEntrypoint) {
    final String clusterEntrypointName = clusterEntrypoint.getClass().
        getSimpleName();
    try {
        //调用 clusterEntrypoint.startCluster() 方法
        clusterEntrypoint.startCluster();
    } catch (ClusterEntrypointException e) {
        LOG.error(String.format("Could not start cluster entrypoint %s.",
            clusterEntrypointName), e);
        System.exit(STARTUP_FAILURE_RETURN_CODE);
    }
        //此处省略部分代码
}
```

接着在 clusterEntrypoint.startCluster() 方法中调用 ClusterEntrypoint.runCluster() 的内部方法创建集群组件。如代码清单 3-2 所示，ClusterEntrypoint.runCluster() 方法主要包含如下步骤。

❑ 调用 ClusterEntrypoint.initializeServices() 方法，完成集群需要的基础服务初始化操作。

❑ 将创建和初始化 RPC 服务地址和端口配置写入 configuration，以便在接下来创建的组件中使用。

❑ 调用 createDispatcherResourceManagerComponentFactory() 抽象方法，创建对应集群的 DispatcherResourceManagerComponentFactory。

❑ 通过 dispatcherResourceManagerComponentFactory 的实现类创建 clusterComponent，也就是运行时中使用的组件服务。

❑ 向 clusterComponent 的 ShutDownFuture 对象中添加需要在集群停止后执行的异步操作。

代码清单 3-2　ClusterEntrypoint.runCluster() 方法

```
private void runCluster(Configuration configuration) throws Exception {
    synchronized (lock) {
        // 通过 configuration 初始化集群服务
        initializeServices(configuration);
        // 将 RPC 服务中的端口和地址写入 configuration
        configuration.setString(JobManagerOptions.ADDRESS, commonRpcService.
            getAddress());
        configuration.setInteger(JobManagerOptions.PORT, commonRpcService.
            getPort());
        // 创建 DispatcherResourceManagerComponentFactory，创建方法由子类实现
        final DispatcherResourceManagerComponentFactory dispatcherResourceMana
            gerComponentFactory = createDispatcherResourceManagerComponentFactory
                (configuration);
        // 通过 dispatcherResourceManagerComponentFactory 创建 clusterComponent
        clusterComponent = dispatcherResourceManagerComponentFactory.create(
            configuration,
            ioExecutor,
            commonRpcService,
            haServices,
            blobServer,
            heartbeatServices,
            metricRegistry,
            archivedExecutionGraphStore,
            new RpcMetricQueryServiceRetriever(metricRegistry.getMetricQueryService
                RpcService()),
            this);
        // 向 clusterComponent 的 ShutDownFuture 中添加操作
        clusterComponent.getShutDownFuture().whenComplete(
            (ApplicationStatus applicationStatus, Throwable throwable) -> {
                if (throwable != null) {
                    shutDownAsync(
                        ApplicationStatus.UNKNOWN,
                        ExceptionUtils.stringifyException(throwable),
                        false);
                } else {
                    shutDownAsync(
                        applicationStatus,
```

```
                    null,
                    true);
            }
        });
    }
}
```

如代码清单 3-3 所示，在 ClusterEntrypoint.initializeServices() 方法中初始化了集群组件
需要的多种服务，方法包括如下步骤。

❑ 从 configuration 中获取配置的 RPC 地址和 portRange 参数，根据配置地址和端口信
息创建集群所需的公用 commonRpcService 服务。更新 configuration 中的 address 和
port 配置，用于支持集群组件高可用服务。

❑ 创建 ioExecutor 线程池，用于集群组件的 I/O 操作，如本地文件数据读取和输出等。

❑ 创建并启动 haService，向集群组件提供高可用支持，集群中的组件都会通过
haService 创建高可用服务。

❑ 创建并启动 blobServer，存储集群需要的 Blob 对象数据，blobServer 中存储的数据
能够被 JobManager 以及 TaskManager 访问，例如 JobGraph 中的 JAR 包等数据。

❑ 创建 heartbeatServices，主要用于创建集群组件之间的心跳检测，例如 Resource-
Manager 与 JobManager 之间的心跳服务。

❑ 创建 metricRegistry 服务，用于注册集群监控指标收集。

❑ 创建 archivedExecutionGraphStore 服务，用于压缩并存储集群中的 ExecutionGraph，
主要有 FileArchivedExecutionGraphStore 和 MemoryArchivedExecutionGraphStore 两
种实现类型。

代码清单 3-3　ClusterEntrypoint.initializeServices() 方法

```
protected void initializeServices(Configuration configuration) throws Exception {
    // 初始化集群服务
    LOG.info("Initializing cluster services.");
    // 加锁处理
    synchronized (lock) {
        // 获取 RPC 地址和端口
        final String bindAddress = configuration.getString(JobManagerOptions.
            ADDRESS);
        final String portRange = getRPCPortRange(configuration);
        // 根据配置的地址和端口创建公用的 RpcService
        commonRpcService = createRpcService(configuration, bindAddress,
            portRange);
        // 根据创建好的 commonRpcService，更新 configuration 中的 address 和 port 配置，
            用于创建高可用服务
        configuration.setString(JobManagerOptions.ADDRESS, commonRpcService.
            getAddress());
        configuration.setInteger(JobManagerOptions.PORT, commonRpcService.
            getPort());
```

```
// 创建 ioExecutor 线程池，提供集群中的 I/O 操作
ioExecutor = Executors.newFixedThreadPool(
    Hardware.getNumberCPUCores(),
    new ExecutorThreadFactory("cluster-io"));
// 创建高可用服务，提供集群高可用支持
haServices = createHaServices(configuration, ioExecutor);
// 创建并启动 BlobServer，用于存储对象数据，例如 JobGraph 中的 JAR 包等
blobServer = new BlobServer(configuration, haServices.
    createBlobStore());
blobServer.start();
// 创建 heartbeatServices，用于在组件和组件之间进行心跳检测
heartbeatServices = createHeartbeatServices(configuration);
// 创建 metricRegistry
metricRegistry = createMetricRegistry(configuration);
final RpcService metricQueryServiceRpcService = MetricUtils.startMetrics
    RpcService(configuration, bindAddress);
metricRegistry.startQueryService(metricQueryServiceRpcService, null);
final String hostname = RpcUtils.getHostname(commonRpcService);
// 创建 processMetricGroup，用于监控集群系统指标
processMetricGroup = MetricUtils.instantiateProcessMetricGroup(
    metricRegistry,
    hostname,
    ConfigurationUtils.getSystemResourceMetricsProbingInterval(configuration));
// 创建 archivedExecutionGraphStore，不同的集群类型创建不同的 ExecutionGraphStore
archivedExecutionGraphStore = createSerializableExecutionGraphStore
    (configuration, commonRpcService.getScheduledExecutor());
    }
}
```

3.2　运行时组件的创建和启动

Flink 集群管理节点主要包含 WebMonitorEndpoint、Dispatcher 以及 ResourceManager 等核心组件，这些组件都会借助 DispatcherResourceManagerComponentFactory 工厂类来创建。本节将介绍运行时中这些组件是如何被创建和启动的。

3.2.1　集群组件的创建和启动

如图 3-4 所示，DefaultDispatcherResourceManagerComponentFactory 作为 DispatcherResource-ManagerComponentFactory 接口的默认实现类，其内部包含了 ResourceManagerFactory、DispatcherRunnerFactory 和 RestEndpointFactory 三个主要的成员变量，分别提供了 Resource-Manager、DispatcherRunner 以及 WebMonitorEndpoint 组件的创建方法。

所有的 ClusterEntrypoint 子类都会实现 createDispatcherResourceManagerComponentFactory() 抽象方法，以提供创建相应集群组件服务的能力。例如在 StandaloneSessionCluster-

Entrypoint 中，通过实现 createDispatcherResourceManagerComponentFactory() 抽象方法创建 StandaloneSession 集群中的组件和服务。

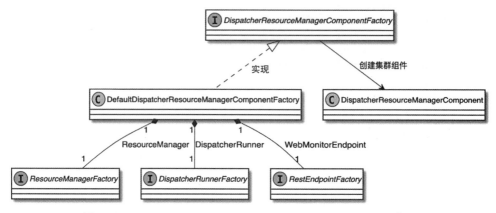

图 3-4　DispatcherResourceManagerComponentFactory UML 类图

　　如代码清单 3-4 所示，在 StandaloneSessionClusterEntrypoint 中会将 StandaloneResource-ManagerFactory 实例作为参数传递给 DefaultDispatcherResourceManagerComponentFactory。从这里也可以看出，不同类型的集群最主要的区别就是 ResourceManager 的实现类不同。

代码清单 3-4　StandaloneSessionClusterEntrypoint.createDispatcherResourceManager-
　　　　　　　ComponentFactory() 方法

```
protected DefaultDispatcherResourceManagerComponentFactory createDispatcher
    ResourceManagerComponentFactory(Configuration configuration) {
    return DefaultDispatcherResourceManagerComponentFactory.createSession
        ComponentFactory(StandaloneResourceManagerFactory.INSTANCE);
}
```

　　在 DefaultDispatcherResourceManagerComponentFactory 中会提供 SessionComponentFactory 和 JobComponentFactory 两种静态创建方法，用来创建不同类型集群组件。

　　如代码清单 3-5 所示，在 createSessionComponentFactory() 方法中，含有用于创建 Session 类型集群 Dispatcher 组件的 SessionDispatcherFactory、ResourceManager 组件对应的 resourceManagerFactory 以及创建 restEndpointFactory 对应的 SessionRestEndpointFactory。最终将这些工厂实现类封装在 DefaultDispatcherResourceManagerComponentFactory 对象中，用于创建集群中对应的组件。

代码清单 3-5　DefaultDispatcherResourceManagerComponentFactory.createSession-
　　　　　　　ComponentFactory() 方法

```
public static DefaultDispatcherResourceManagerComponentFactory
    createSessionComponentFactory(
        ResourceManagerFactory<?> resourceManagerFactory) {
```

```
return new DefaultDispatcherResourceManagerComponentFactory(
    DefaultDispatcherRunnerFactory.createSessionRunner(SessionDispatcherFact
        ory.INSTANCE),
    resourceManagerFactory,
    SessionRestEndpointFactory.INSTANCE);
}
```

对于 JobCluster 来讲也是如此，如代码清单 3-6 所示，在 DefaultDispatcherResource-ManagerComponentFactory.createJobComponentFactory() 方法中，包含了创建 Per-Job 类型集群的服务创建工厂，包括 DefaultDispatcherRunnerFactory、ResourceManagerFactory 和 JobRestEndpointFactory 实例等。

代码清单 3-6 DefaultDispatcherResourceManagerComponentFactory.createJob-ComponentFactory() 方法定义

```
public static DefaultDispatcherResourceManagerComponentFactory
    createJobComponentFactory(
        ResourceManagerFactory<?> resourceManagerFactory,
        JobGraphRetriever jobGraphRetriever) {
    return new DefaultDispatcherResourceManagerComponentFactory(
        DefaultDispatcherRunnerFactory.createJobRunner(jobGraphRetriever),
        resourceManagerFactory,
        JobRestEndpointFactory.INSTANCE);
}
```

创建 DefaultDispatcherResourceManagerComponentFactory 完毕后，接下来调用 De-faultDispatcherResourceManagerComponentFactory.create() 方法创建运行时中的各个组件。create() 方法的逻辑比较多，为了方便介绍，我们对方法进行拆解，对每个核心步骤对应的代码逻辑进行说明。

1. 获取集群 HA Leader 恢复服务及创建组件 Gateway

在 create() 方法中，先从 highAvailabilityServices 中获取 dispatcherLeaderRetrievalService 和 resourceManagerRetrievalService，分别用于创建 dispatcherGatewayRetriever 和 resourceManager-GatewayRetriever。这里的 GatewayRetriever 组件用于获取指定集群组件 Gateway 当前活跃的 Leader 地址，避免因为集群 RPC 组件服务宕机，Gateway 发生切换而导致其他组件服务无法正常通信的问题，如代码清单 3-7 所示。

代码清单 3-7 DefaultDispatcherResourceManagerComponentFactory.create() 方法部分逻辑

```
// 获取 dispatcherLeaderRetrievalService
dispatcherLeaderRetrievalService = highAvailabilityServices.
    getDispatcherLeaderRetriever();
// 获取 resourceManagerRetrievalService
resourceManagerRetrievalService = highAvailabilityServices.getResourceManagerL
    eaderRetriever();
```

```
// 创建 dispatcherGatewayRetriever
final LeaderGatewayRetriever<DispatcherGateway> dispatcherGatewayRetriever =
    new RpcGatewayRetriever<>(
    rpcService,
    DispatcherGateway.class,
    DispatcherId::fromUuid,
    10,
    Time.milliseconds(50L));
// 创建 resourceManagerGatewayRetriever
final LeaderGatewayRetriever<ResourceManagerGateway>
    resourceManagerGatewayRetriever = new RpcGatewayRetriever<>(
    rpcService,
    ResourceManagerGateway.class,
    ResourceManagerId::fromUuid,
    10,
    Time.milliseconds(50L));
```

2. 创建和启动 WebMonitorEndpoint

下一步是创建 WebMonitorEndpoint 组件。WebMonitorEndpoint 是前端页面访问 Web 后端服务接口的提供者，通过 WebMonitorEndpoint 提供的 Restful 接口可以查看集群整体监控信息、获取任务执行状态。

如代码清单 3-8 所示，WebMonitorEndpoint 的创建过程主要包含以下步骤。

❑ 调用 WebMonitorEndpoint.createExecutorService() 方法创建 ExecutorService，用于处理 Web 请求服务时的多线程服务。

❑ 获取 metrics 指标拉取的 updateInterval 配置，也就是 Web 页面获取一次监控指标的间隔时间。

❑ 根据 updateInterval 参数创建 MetricFetcher，用于获取 Metric 指标。

❑ 调用 RestEndpointFactory.createRestEndpoint() 方法创建 webMonitorEndpoint。

❑ 启动创建好的 webMonitorEndpoint 组件。

代码清单 3-8 DefaultDispatcherResourceManagerComponentFactory.create() 方法部分逻辑

```
// 调用 WebMonitorEndpoint.createExecutorService() 方法创建 ExecutorService
final ExecutorService executor = WebMonitorEndpoint.createExecutorService(
    configuration.getInteger(RestOptions.SERVER_NUM_THREADS),
    configuration.getInteger(RestOptions.SERVER_THREAD_PRIORITY),
    "DispatcherRestEndpoint");
// 获取 updateInterval 参数
final long updateInterval = configuration.getLong(MetricOptions.METRIC_
    FETCHER_UPDATE_INTERVAL);
// 创建 MetricFetcher
final MetricFetcher metricFetcher = updateInterval == 0
    ? VoidMetricFetcher.INSTANCE
    : MetricFetcherImpl.fromConfiguration(
        configuration,
```

```
        metricQueryServiceRetriever,
        dispatcherGatewayRetriever,
        executor);
// 调用 RestEndpointFactory.createRestEndpoint() 方法创建 webMonitorEndpoint
webMonitorEndpoint = restEndpointFactory.createRestEndpoint(
    configuration,
    dispatcherGatewayRetriever,
    resourceManagerGatewayRetriever,
    blobServer,
    executor,
    metricFetcher,
    highAvailabilityServices.getClusterRestEndpointLeaderElectionService(),
    fatalErrorHandler);
 // 启动创建好的 webMonitorEndpoint
log.debug("Starting Dispatcher REST endpoint.");
webMonitorEndpoint.start();
```

3. 创建和启动 DispatcherRunner

DispatcherRunner 是专门用于启动 Dispatcher 集群核心组件的驱动类。换句话讲，Dispatcher 组件是借助 DispatcherRunner 启动和运行的。

如代码清单 3-9 所示，创建 DispatcherRunner 主要包括如下步骤。

❑ 创建 HistoryServerArchivist，用于在 History Server 上对指定的 AccessExecutionGraph 进行历史归档。

❑ 创建 PartialDispatcherServices，用于提供 Dispatcher 组件使用的一部分服务，包括高可用、blobServer 等。之所以叫作 PartialDispatcherServices，是因为 Dispatcher 还有其他服务会在后续执行过程中启动。

❑ 调用 dispatcherRunnerFactory.createDispatcherRunner() 方法创建 DispatcherRunner 对象。创建参数，包括前面创建的所有参数信息，而 DispatcherRunner 会在后面被 leaderElectionService 服务启动和执行。

代码清单 3-9　DefaultDispatcherResourceManagerComponentFactory.create() 方法部分逻辑

```
// 获取 HistoryServerArchivist
final HistoryServerArchivist historyServerArchivist = HistoryServerArchivist.
    createHistoryServerArchivist(configuration, webMonitorEndpoint);
// 创建 PartialDispatcherServices
final PartialDispatcherServices partialDispatcherServices = new
    PartialDispatcherServices(
        configuration,
        highAvailabilityServices,
        resourceManagerGatewayRetriever,
        blobServer,
        heartbeatServices,
        () -> MetricUtils.instantiateJobManagerMetricGroup(metricRegis try,
        hostname),
```

```
    archivedExecutionGraphStore,
    fatalErrorHandler,
    historyServerArchivist,
    metricRegistry.getMetricQueryServiceGatewayRpcAddress());
// 创建并启动 Dispatcher
log.debug("Starting Dispatcher.");
dispatcherRunner = dispatcherRunnerFactory.createDispatcherRunner(
    highAvailabilityServices.getDispatcherLeaderElectionService(),
    fatalErrorHandler,
    new HaServicesJobGraphStoreFactory(highAvailabilityServices),
    ioExecutor,
    rpcService,
    partialDispatcherServices);
```

4. 创建和启动 ResourceManager

下面介绍如何创建 ResourceManager 集群核心组件。如代码清单 3-10 所示，创建 Resource-Manager 组件的主要步骤如下。

❑ 创建 ResourceManagerMetricGroup，用于采集 ResourceManager 相关的监控指标。

❑ 调用 resourceManagerFactory.createResourceManager() 方法创建 resourceManager 组件。

❑ 启动所创建的 resourceManager 组件。

代码清单 3-10　DefaultDispatcherResourceManagerComponentFactory.create() 方法部分逻辑

```
// 创建 ResourceManagerMetricGroup，用于采集 ResourceManager 相关的监控指标
resourceManagerMetricGroup = ResourceManagerMetricGroup.create(metricRegistry,
    hostname);
// 调用 resourceManagerFactory.createResourceManager() 方法创建 resourceManager 组件
resourceManager = resourceManagerFactory.createResourceManager(
    configuration,
    ResourceID.generate(),
    rpcService,
    highAvailabilityServices,
    heartbeatServices,
    fatalErrorHandler,
    new ClusterInformation(hostname, blobServer.getPort()),
    webMonitorEndpoint.getRestBaseUrl(),
    resourceManagerMetricGroup);
// 此处省略了 DispatcherRunner 的创建逻辑，请读者参考源码
log.debug("Starting ResourceManager.");
// 启动创建的 resourceManager
    resourceManager.start();
```

5. 使用高可用服务启动组件 Gateway

接下来通过高可用服务启动 ResourceManager 和 Dispatcher 对应的 GatewayRetriever 服务。我们知道，GatewayRetriever 主要用于获取指定服务组件 Leader 对应的 RpcGateway 地址，保证系统的高可用，如代码清单 3-11 所示。

代码清单 3-11　DefaultDispatcherResourceManagerComponentFactory.create() 方法部分逻辑

```
resourceManagerRetrievalService.start(resourceManagerGatewayRetriever);
dispatcherLeaderRetrievalService.start(dispatcherGatewayRetriever);
```

6. 返回 DispatcherResourceManagerComponent 对象

当所有的组件都创建完毕并启动后，就会通过 DispatcherResourceManagerComponent 对象对服务和组件进行封装，然后返回到 ClusterEntrypoint 中。至此，集群管理节点的所有主要组件就完成了创建和初始化步骤，用户可以通过浏览器访问并启动 Flink 集群 UI 页面，但因为集群还没有启动 TaskManager，所以暂时还不能向启动的集群提交作业，如代码清单 3-12 所示。

代码清单 3-12　返回封装好服务和组件的 DispatcherResourceManagerComponent

```
return new DispatcherResourceManagerComponent(
    dispatcherRunner,
    resourceManager,
    dispatcherLeaderRetrievalService,
    resourceManagerRetrievalService,
    webMonitorEndpoint);
```

以上整体介绍了集群运行时中核心组件的创建过程，接下来我们详细介绍每个核心组件的创建过程。

3.2.2　WebMonitorEndpoint 的创建与初始化

WebMonitorEndpoint 基于 Netty 通信框架实现了 Restful 的服务后端，提供 Restful 接口支持 Flink Web 页面在内的所有 Rest 请求，例如获取集群监控指标。如图 3-5 所示，WebMonitorEndpoint 的创建过程比较简单，并且 RestEndpoint 实现了针对 Session 和 JobCluster 集群的 SessionRestEndpointFactory 和 JobRestEndpointFactory 两种工厂创建类。

从图 3-5 中也可以看出，WebMonitorEndpoint 继承了 RestServerEndpoint 基本实现类，其中 RestServerEndpoint 基于 Netty 框架实现了 Rest 服务后端，并提供了自定义 Handler 的初始化和实现抽象方法。WebMonitorEndpoint 和 DispatcherRestEndpoint 等子类能够拓展处理各自业务的 Rest 接口对应的 Handlers 实现。对于 WebMonitorEndpoint 的另一个实现类 MiniDispatcherRestEndpoint，主要是针对本地执行实现的 mini 版 DispatcherRestEndpoint，区别在于 MiniDispatcherRestEndpoint 不用加载 JobGraph 提交使用的 Handlers，这是因为 MiniDispatcherRestEndpoint 不支持通过 RestAPI 提交 JobGraph。在 IDEA 中执行作业时创建的实际上是 MiniCluster，而在 MiniCluster 中对应的 WebMonitorEndpoint 实现是 MiniDispatcherRestEndpoint。

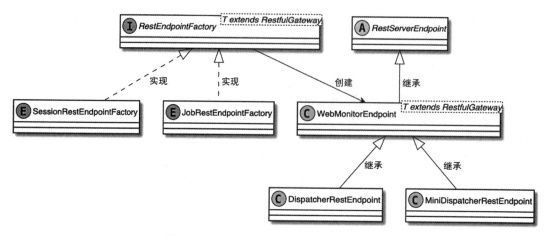

图 3-5　WebMonitorEndpoint UML 关系图

1. 创建 DispatcherRestEndpoint

如代码清单 3-13 所示，我们还是以 StandaloneSession 集群为例进行说明。Dispatcher-RestEndpoint 主要通过 SessionRestEndpointFactory 创建，创建方法涉及参数如下。

- ❑ configuration：集群配置参数。
- ❑ dispatcherGatewayRetriever：DispatcherGateway 服务地址获取器，用于获取当前活跃的 dispatcherGateway 地址。基于 dispatcherGateway 可以实现与 Dispatcher 的 RPC 通信，最终提交的 JobGraph 通过 dispatcherGateway 发送给 Dispatcher 组件。
- ❑ resourceManagerGatewayRetriever：ResourceManagerGateway 服务地址获取器，用于获取当前活跃的 ResourceManagerGateway 地址，通过 ResourceManagerGateway 实现 ResourceManager 组件之间的 RPC 通信，例如在 TaskManagersHandler 中通过调用 ResourceManagerGateway 获取集群中的 TaskManagers 监控信息。
- ❑ transientBlobService：临时二进制对象数据存储服务，BlobServer 接收数据后，会及时清理 Cache 中的对象数据。
- ❑ executor：用于处理 WebMonitorEndpoint 请求的线程池服务。
- ❑ metricFetcher：用于拉取 JobManager 和 TaskManager 上的 Metric 监控指标。
- ❑ leaderElectionService：用于在高可用集群中启动和选择服务的 Leader 节点，如通过 leaderElectionService 启动 WebMonitorEndpoint RPC 服务，然后将 Leader 节点注册至 ZooKeeper，以此实现 WebMonitorEndpoint 服务的高可用。
- ❑ fatalErrorHandler：异常处理器，当 WebMonitorEndpoint 出现异常时调用 fatalError-Handler 的中处理接口。

代码清单 3-13　SessionRestEndpointFactory.createRestEndpoint() 方法

```
public WebMonitorEndpoint<DispatcherGateway> createRestEndpoint(
```

```
            Configuration configuration,
            LeaderGatewayRetriever<DispatcherGateway> dispatcherGatewayRetriever,
            LeaderGatewayRetriever<ResourceManagerGateway> resourceManagerGateway
                Retriever,
            TransientBlobService transientBlobService,
            ExecutorService executor,
            MetricFetcher metricFetcher,
            LeaderElectionService leaderElectionService,
            FatalErrorHandler fatalErrorHandler) throws Exception {
        // 通过 Configuration 获取 RestHandlerConfiguration
        final RestHandlerConfiguration restHandlerConfiguration =
            RestHandlerConfiguration.fromConfiguration(configuration);
        // 创建 DispatcherRestEndpoint
        return new DispatcherRestEndpoint(
            RestServerEndpointConfiguration.fromConfiguration(configuration),
            dispatcherGatewayRetriever,
            configuration,
            restHandlerConfiguration,
            resourceManagerGatewayRetriever,
            transientBlobService,
            executor,
            metricFetcher,
            leaderElectionService,
            fatalErrorHandler);
    }
```

2. 启动 RestServerEndpoint

接下来我们深入了解 RestServerEndpoint.start() 方法的实现，如代码清单 3-14 所示，方法主要包含如下逻辑。

❑ 检查 RestServerEndpoint.state 是否为 CREATED 状态。

❑ 启动 Rest Endpoint，创建 Handler 使用的路由类 Router，用于根据地址寻找对应的 Handlers。

❑ 调用 initializeHandlers() 方法初始化子类注册的 Handlers，例如 WebMonitorEndpoint 中的 Handlers 实现。

❑ 调用 registerHandler() 方法注册已经加载的 Handlers。

❑ 创建 ChannelInitializer 服务，初始化 Netty 中的 Channel，在 initChannel() 方法中设定 SocketChannel 中 Pipeline 使用的拦截器。在 Netty 中使用 ServerBootstrap 或者 bootstrap 启动服务端或者客户端时，会为每个 Channel 链接创建一个独立的 Pipeline，此时需要将自定义的 Handler 加入 Pipeline。这里实际上会将加载的 Handlers 加入创建的 Pipeline。在 Pipeline 中也会按照顺序在尾部增加 HttpServerCodec、FileUpload-Handler 以及 ChunkedWriteHandler 等基础 Handlers 处理器。

❑ 创建 bossGroup 和 workerGroup 两个 NioEventLoopGroup 实例，可以将其理解为两

个线程池，bossGroup 设置了一个用于处理连接请求和建立连接的线程，workGroup
用于在连接建立之后处理 I/O 请求。

❑ 创建 ServerBootstrap 启动类并绑定 bossGroup、workerGroup 和 initializer 等参数。

❑ 为了防止出现端口占用的情况，从 restBindPortRange 中抽取端口范围。使用 bootstrap.
bind(chosenPort) 按照顺序进行绑定，如果绑定成功则调用 bind() 方法，启动 Server-
Bootstrap 服务，此时 Web 端口（默认为 8081）就可以正常访问了。

❑ 将 RestServerEndpoint 中的状态设定为 RUNNING，调用 WebMonitorEndpoint.
startInternal() 方法，启动 RPC 高可用服务。

代码清单 3-14　RestServerEndpoint.start() 方法

```
public final void start() throws Exception {
    synchronized (lock) {
        // 检查 RestServerEndpoint.state 是否为 CREATED
        Preconditions.checkState(state == State.CREATED, "The RestServerEndpoint
            cannot be restarted.");
        // 启动 Rest Endpoint
        log.info("Starting rest endpoint.");
        final Router router = new Router();
        final CompletableFuture<String> restAddressFuture = new
            CompletableFuture<>();
        // 调用子类初始化 Handlers
        handlers = initializeHandlers(restAddressFuture);
        // handlers 进行排序处理
        Collections.sort(
            handlers,
            RestHandlerUrlComparator.INSTANCE);
        // 调用 registerHandler() 方法
        handlers.forEach(handler -> {
            registerHandler(router, handler, log);
        });
        // 创建 ChannelInitializer, 初始化 Channel
        ChannelInitializer<SocketChannel> initializer = new ChannelInitializer<
            SocketChannel>() {
            @Override
            protected void initChannel(SocketChannel ch) {
                // 创建路由 RouterHandler, 完成业务请求拦截
                RouterHandler handler = new RouterHandler(router,
                    responseHeaders);
                // 将 SSL 放置在第一个 Handler 上
                if (isHttpsEnabled()) {
                    ch.pipeline().addLast("ssl",
                        new RedirectingSslHandler(restAddress, restAddressFuture,
                            sslHandlerFactory));
                }
                ch.pipeline()
                    .addLast(new HttpServerCodec())
                    .addLast(new FileUploadHandler(uploadDir))
```

```
                    .addLast(new FlinkHttpObjectAggregator(maxContentLength,
                        responseHeaders))
                    .addLast(new ChunkedWriteHandler())
                    .addLast(handler.getName(), handler)
                    .addLast(new PipelineErrorHandler(log, responseHeaders));
            }
        };
        // 创建 bossGroup 和 workerGroup
        NioEventLoopGroup bossGroup = new NioEventLoopGroup(1, new
            ExecutorThreadFactory("flink-rest-server-netty-boss"));
        NioEventLoopGroup workerGroup = new NioEventLoopGroup(0, new
            ExecutorThreadFactory("flink-rest-server-netty-worker"));
        // 创建 ServerBootstrap 启动类
        bootstrap = new ServerBootstrap();
        // 绑定创建的 bossGroup 和 workerGroup 以及 initializer
        bootstrap
            .group(bossGroup, workerGroup)
            .channel(NioServerSocketChannel.class)
            .childHandler(initializer);
        // 从 restBindPortRange 选择端口
        Iterator<Integer> portsIterator;
        try {
            portsIterator = NetUtils.getPortRangeFromString(restBindPortRange);
        } catch (IllegalConfigurationException e) {
            throw e;
        } catch (Exception e) {
            throw new IllegalArgumentException("Invalid port range definition: "
                + restBindPortRange);
        }
        // 从 portsIterator 选择没有被占用的端口，作为 bootstrap 启动的端口
        int chosenPort = 0;
        while (portsIterator.hasNext()) {
            try {
                chosenPort = portsIterator.next();
                final ChannelFuture channel;
                if (restBindAddress == null) {
                    channel = bootstrap.bind(chosenPort);
                } else {
                    channel = bootstrap.bind(restBindAddress, chosenPort);
                }
                serverChannel = channel.syncUninterruptibly().channel();
                break;
            } catch (final Exception e) {
                if (!(e instanceof org.jboss.netty.channel.ChannelException || e
                    instanceof java.net.BindException)) {
                    throw e;
                }
            }
        }
    }
```

```
// ServerBootstrap 启动成功, 输出 restBindAddress 和 chosenPort
log.debug("Binding rest endpoint to {}:{}.", restBindAddress,
    chosenPort);
final InetSocketAddress bindAddress = (InetSocketAddress) serverChannel.
    localAddress();
final String advertisedAddress;
if (bindAddress.getAddress().isAnyLocalAddress()) {
    advertisedAddress = this.restAddress;
} else {
    advertisedAddress = bindAddress.getAddress().getHostAddress();
}
final int port = bindAddress.getPort();
log.info("Rest endpoint listening at {}:{}", advertisedAddress, port);
restBaseUrl = new URL(determineProtocol(), advertisedAddress, port, "").
    toString();
restAddressFuture.complete(restBaseUrl);
// 将状态设定为 RUNNING
state = State.RUNNING;
// 调用内部启动方法, 启动 RestEndpoint 服务
startInternal();
    }
}
```

3. Handlers 的加载与注册

接下来我们看 Handlers 的初始化和加载过程。如代码清单 3-15 所示，初始化 Job-SubmitHandler 主要有以下步骤。

❑ 调用 WebMonitorEndpoint.initializeHandlers() 方法，加载 WebMonitorEndpoint 中用于监控指标展示的 Handlers。

❑ 创建 JobSubmitHandler，用于任务提交，其中 leaderRetriever 参数用于获取 Dispatcher-Gateway 的 Leader 地址。

❑ 如果集群允许通过 Web 提交 JobGraph，就会通过 WebSubmissionExtension 加载 Web 提交任务相关的 Handler。在 WebSubmissionExtension 中包含通过 WebSubmission-Extension 提交作业的全部 Handler，如上传 JAR 包使用的 JarUploadHandler、执行任务使用的 JarRunHandler 等。对 Per-Job 类型集群来讲，JarUploadHandler 默认是不加载的，不允许提交和运行新的作业。

❑ 在 loadWebSubmissionExtension() 方法中，实际上通过反射的方式构建 WebSubmission-Extension，然后获取 WebSubmissionExtension 中的 Handlers。

❑ 将 jobSubmitHandler 添加到 handlers 中，并返回 handlers 集合。

代码清单 3-15 DispatcherRestEndpoint.initializeHandlers() 方法

```
protected List<Tuple2<RestHandlerSpecification, ChannelInboundHandler>>
    initializeHandlers(final CompletableFuture<String> localAddressFuture) {
```

```java
// 调用 WebMonitorEndpoint.initializeHandlers() 方法
List<Tuple2<RestHandlerSpecification, ChannelInboundHandler>> handlers =
    super.initializeHandlers(localAddressFuture);
final Time timeout = restConfiguration.getTimeout();
// 创建 JobSubmitHandler 用于任务提交
 JobSubmitHandler jobSubmitHandler = new JobSubmitHandler(
    leaderRetriever,
    timeout,
    responseHeaders,
    executor,
    clusterConfiguration);
    // 如果允许通过 Web 提交 JobGraph, 就会通过 WebSubmissionExtension 加载 Web 提交
    任务相关的 Handler
if (restConfiguration.isWebSubmitEnabled()) {
    try {
        webSubmissionExtension = WebMonitorUtils.loadWebSubmissionExtension(
            leaderRetriever,
            timeout,
            responseHeaders,
            localAddressFuture,
            uploadDir,
            executor,
            clusterConfiguration);
        // 将通过 webSubmissionExtension 加载的 Handler 添加到 Handlers 中
        handlers.addAll(webSubmissionExtension.getHandlers());
    } catch (FlinkException e) {
        if (log.isDebugEnabled()) {
            log.debug("Failed to load web based job submission extension.", e);
        } else {
            log.info("Failed to load web based job submission extension. " +
                "Probable reason: flink-runtime-web is not in the classpath.");
        }
    }
} else {
    log.info("Web-based job submission is not enabled.");
}
// 将 jobSubmitHandler 添加到 handlers 中
handlers.add(Tuple2.of(jobSubmitHandler.getMessageHeaders(),
    jobSubmitHandler));
return handlers;
}
```

3.2.3　Dispatcher 的创建与初始化

下面我们了解一下 Dispatcher 组件的创建和初始化过程。如图 3-6 所示, Dispatcher 的创建过程比较复杂, 涉及的组件和服务非常多。

对于运行时的 Dispatcher 组件, 我们需要理解以下几个基础概念。

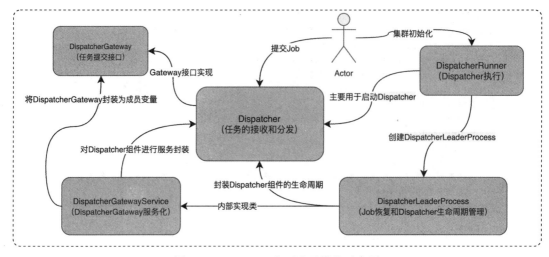

图 3-6　Dispatcher 主要涉及模块示意图

- Dispatcher：负责对集群中的作业进行接收和分发处理操作，客户端可以通过与 Dispatcher 建立 RPC 连接，将作业过 ClusterClient 提交到集群 Dispatcher 服务中。Dispatcher 通过 JobGraph 对象启动 JobManager 服务。

- DispatcherRunner：负责启动和管理 Dispatcher 组件，并支持对 Dispatcher 组件的 Leader 选举。当 Dispatcher 集群组件出现异常并停止时，会通过 DispatcherRunner 重新选择和启动新的 Dispatcher 服务，从而保证 Dispatcher 组件的高可用。

- DispatcherLeaderProcess：负责管理 Dispatcher 生命周期，同时提供了对 JobGraph 的任务恢复管理功能。如果基于 ZooKeeper 实现了集群高可用，DispatcherLeader-Process 会将提交的 JobGraph 存储在 ZooKeeper 中，当集群停止或者出现异常时，就会通过 DispatcherLeaderProcess 对集群中的 JobGraph 进行恢复，这些 JobGraph 都会被存储在 JobGraphStore 的实现类中。

- DispatcherGatewayService：主要基于 Dispatcher 实现的 GatewayService，用于获取 DispatcherGateway。

1. 创建 DispatcherRunner

在 DefaultDispatcherResourceManagerComponentFactory 创建集群组件的过程中，需要先创建 DefaultDispatcherRunnerFactory 才能创建 DispatcherRunner。DispatcherRunner 主要提供了启动 Dispatcher 组件以及 Leader 选举等功能，如图 3-7 所示。

- DispatcherRunner 是通过 DispatcherRunnerFactory 创建的，DispatcherRunnerFactory 中的参数依赖 DispatcherFactory，DispatcherFactory 最终用于创建 Dispatcher 实例。

- DispatcherRunner 有 DefaultDispatcherRunner 和 DispatcherRunnerLeaderElectionLifecycleManager 两种实现，前者是 DispatcherRunner 接口的主要实现，后者实现

了 DispatcherRunner 的 LeaderElection 生命周期管理，其中包括使用 LeaderElection-
Service 启动和停止 DispatcherRunner 线程。

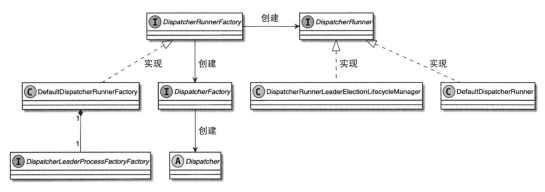

图 3-7　DispatcherRunner UML 关系图

- 在 DispatcherRunnerFactory 的创建过程中需要同步创建 DispatcherLeaderProcessFac-
  toryFactory，用于创建 DispatcherLeaderProcess。同时，DispatcherFactory 也是 Dis-
  patcherLeaderProcessFactoryFactory 的成员参数。
- DefaultDispatcherRunnerFactory 提供了 createSessionRunner() 和 createJobRunner() 两
  个静态方法，用于创建 DefaultDispatcherRunnerFactory，从而实现创建不同集群类
  型的 DispatcherRunner。

如代码清单 3-16 所示，在 DefaultDispatcherRunnerFactory.createSessionRunner() 方法
中提供了创建 Session 类型 DefaultDispatcherRunnerFactory 的逻辑，从方法中可以看出，Se-
ssionDispatcherLeaderProcessFactoryFactory 会作为 DefaultDispatcherRunnerFactory 工厂类
的参数，对于 Per-Job 类型的集群，此时使用的就是 JobDispatcherLeaderProcessFactoryFac-
tory 参数。

代码清单 3-16　DefaultDispatcherRunnerFactory.createSessionRunner() 方法定义

```
public static DefaultDispatcherRunnerFactory createSessionRunner(Dispatcher
    Factory dispatcherFactory) {
    return new DefaultDispatcherRunnerFactory(
        SessionDispatcherLeaderProcessFactoryFactory.create(dispatcherFactory));
}
```

接下来我们看 DefaultDispatcherRunnerFactory.createDispatcherRunner() 方法的具体实
现。如代码清单 3-17 所示，方法主要包含如下逻辑。

- 调用 dispatcherLeaderProcessFactoryFactory.createFactory() 方法创建 DispatcherLeader-
  ProcessFactory。
- 调用 DefaultDispatcherRunner.create() 方法创建 DispatcherRunner，此时创建的 dispatcher-

LeaderProcessFactory 会作为参数应用到 DefaultDispatcherRunner 中。

代码清单 3-17　DefaultDispatcherRunnerFactory.createDispatcherRunner() 方法

```
public DispatcherRunner createDispatcherRunner(
    LeaderElectionService leaderElectionService,
    FatalErrorHandler fatalErrorHandler,
    JobGraphStoreFactory jobGraphStoreFactory,
    Executor ioExecutor,
    RpcService rpcService,
    PartialDispatcherServices partialDispatcherServices) throws Exception {
// 创建 DispatcherLeaderProcessFactory
final DispatcherLeaderProcessFactory dispatcherLeaderProcessFactory =
    dispatcherLeaderProcessFactoryFactory.createFactory(
    jobGraphStoreFactory,
    ioExecutor,
    rpcService,
    partialDispatcherServices,
    fatalErrorHandler);
// 调用 DefaultDispatcherRunner.create() 方法创建 DispatcherRunner
return DefaultDispatcherRunner.create(
    leaderElectionService,
    fatalErrorHandler,
    dispatcherLeaderProcessFactory);
}
```

2. 创建 DispatcherLeaderProcess

根据不同的集群类型，DispatcherLeaderProcess 分为 SessionDispatcherLeaderProcess 和 JobDispatcherLeaderProcess 两种实现类。其中 SessionDispatcherLeaderProcess 用于对多个 JobGraph 进行恢复和提交，在高可用集群下通过 JobGraphStore 中存储 JobGraph 进行存储及恢复，当集群重新启动后会将 JobGraphStore 中存储的 JobGraph 恢复并创建相应的任务。JobDispatcherLeaderProcess 用于单个 JobGraph 的恢复和提交，处理逻辑比较简单。

如图 3-8 所示，DispatcherLeaderProcess 的实现类都是通过工厂方法创建的，且会涉及工厂类的嵌套。例如对 Session 类型集群，会事先通过 SessionDispatcherLeaderProcessFactoryFactory 创建 SessionDispatcherLeaderProcessFactory，然后再通过 SessionDispatcherLeaderProcessFactory 创建 SessionDispatcherLeaderProcess 实现类。

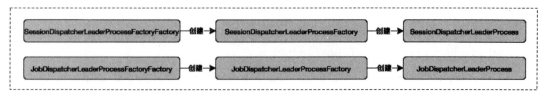

图 3-8　DispatcherLeaderProcess 的创建关系

如图 3-9 所示，DispatcherLeaderProcess 的实现有 SessionDispatcherLeaderProcess 和

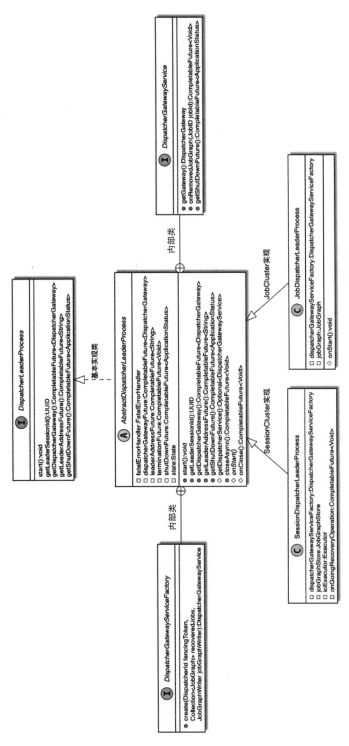

图 3-9 DispatcherLeaderProcess UML 关系图

JobDispatcherLeaderProcess 两种类型，它们都继承自 AbstractDispatcherLeaderProcess 基本
实现类。

- 在 DispatcherLeaderProcess 接口中定义了 start() 方法，用于启动 DispatcherLeader-Process 服务，同时提供了获取 DispatcherGateway、ShutDownFuture 的方法。
- 在 AbstractDispatcherLeaderProcess 基本实现类中，主要实现了 DispatcherLeader-Process 中的接口方法，并提供了 onStart() 和 OnClose() 两个抽象方法，用于定义和实现子类。
- 在 AbstractDispatcherLeaderProcess 类中，通过内部类定义了 DispatcherGateway-Service 接口以及获取 DispatcherGatewayService 的工厂接口。
- 在 SessionDispatcherLeaderProcess 实现类中主要实现了与 Session 集群相关的 Dispatcher 处理逻辑，主要用于对 JobGraphStore 中存储的 JobGraph 进行恢复。在非高可用集群下，JobGraphStore 的实现类为 StandaloneJobGraphStore，也就是不对 JobGraph 进行存储和管理；在高可用集群中，JobGraphStore 基于 ZooKeeper 存储集群中的 JobGraph。
- 在 JobDispatcherLeaderProcess 实现类中包含了对单个 JobGraph 进行创建和提交的方法，因此 JobDispatcherLeaderProcess 主要涵盖了对单个 JobGraph 的提交逻辑，不存在 JobGraphStore 的概念。JobDispatcherLeaderProcess 伴随作业的结束，其生命周期也会同步终止。

（1）启动 SessionDispatcherLeaderProcess

如代码清单 3-18 所示，SessionDispatcherLeaderProcess.onStart() 方法包含如下步骤。

- 调用 startService() 方法启动 JobGraphStore 服务，JobGraphStore 主要用于存储集群中运行的 JobGraph，当系统出现异常时，可以从 JobGraphStore 中获取 JobGraph 并再次提交到 Dispatcher 上运行。
- 调用 recoverJobsAsync() 方法对 JobGraphStore 中的方法进行恢复。
- 调用 createDispatcherIfRunning() 方法，创建 Dispatcher 并将恢复的 JobGraph 提交到 Dispatcher 上运行。
- 调用 onErrorIfRunning() 方法捕获执行过程中出现的异常并处理。

代码清单 3-18　SessionDispatcherLeaderProcess.onStart() 方法定义

```
@Override
protected void onStart() {
    //调用 startService() 方法，启动 jobGraphStore
    startServices();
    //调用 recoverJobsAsync() 方法，对 JobGraphStore 中的方法进行恢复
    onGoingRecoveryOperation = recoverJobsAsync()
        .thenAccept(this::createDispatcherIfRunning)
        .handle(this::onErrorIfRunning);
}
```

（2）启动 JobDispatcherLeaderProcess

和 SessionDispatcherLeaderProcess 不同，JobDispatcherLeaderProcess 服务的启动过程相对简单。这是因为 JobDispatcherLeaderProcess 无须恢复 JobGraphStore 中存储的 JobGraph，仅支持恢复当前作业的 JobGraph。在 JobDispatcherLeaderProcess.onStart() 方法中会直接创建 DispatcherGatewayService，并在 DispatcherGatewayService 中启动单个 JobGraph 的 Dispatcher 组件服务，最终完成独立作业的提交和处理，如代码清单 3-19 所示。

代码清单 3-19　JobDispatcherLeaderProcess.onStart() 方法

```
@Override
protected void onStart() {
    // 通过 dispatcherGatewayServiceFactory 创建 DispatcherGatewayService
    final DispatcherGatewayService dispatcherService =
        dispatcherGatewayServiceFactory.create(
        DispatcherId.fromUuid(getLeaderSessionId()),
        Collections.singleton(jobGraph),
        ThrowingJobGraphWriter.INSTANCE);
    // 完成设定
    completeDispatcherSetup(dispatcherService);
}
```

3. Dispatcher 的创建和启动

当 JobGraph 从 JobGraphStore 中恢复后，会立刻创建和启动 Dispatcher 组件，然后将恢复出来的 JobGraph 提交到 Dispatcher 上运行。如果集群中没有需要恢复的 JobGraph，此时就会忽略以上步骤，直接创建并启动 Dispatcher。

如代码清单 3-20 所示，在 SessionDispatcherLeaderProcess.createDispatcher() 方法中定义了创建 Dispatcher 的逻辑。从方法中可以看出，本质上是通过 dispatcherGateway-ServiceFactory 接口创建的 DispatcherGatewayService，前面我们已经提到，DispatcherGateway-Service 对 Dispatcher 和 DispatcherGateway 进行了服务化封装。

代码清单 3-20　SessionDispatcherLeaderProcess.createDispatcher() 方法

```
private void createDispatcher(Collection<JobGraph> jobGraphs) {
    // 通过 dispatcherGatewayServiceFactory 创建 dispatcherService
    final DispatcherGatewayService dispatcherService =
        dispatcherGatewayServiceFactory.create(
        DispatcherId.fromUuid(getLeaderSessionId()),
        jobGraphs,
        jobGraphStore);
    // 完成对 Dispatcher 的后续配置，如设定 dispatcherService
    completeDispatcherSetup(dispatcherService);
}
```

如代码清单 3-21 所示，DefaultDispatcherGatewayServiceFactory.create() 方法包含了创

建和启动 Dispatcher 的过程，方法中的主要逻辑如下。

❑ 调用 dispatcherFactory 创建 dispatcher 组件。注意，参数包括 rpcService、fencing-Token 以及从 JobGraphStore 中恢复的 recoveredJobs 集合，还有通过 partialDispatcher-Services 和 jobGraphWriter 创 建 的 PartialDispatcherServicesWithJobGraphStore。 其中，DispatcherServices 包含了 Dispatcher 组件用到的服务，Dispatcher 组件会在初始化的过程中从 DispatcherServices 获取这些服务，比如 highAvailabilityServices、heartbeatServices 等。

❑ dispatcher 创建完毕后，会调用 Dispatcher.start() 方法启动 dispatcher 组件，这里实际上调用的是 RpcEndpoint.start() 方法启动 Dispatcher 对应 RPC 服务，关于 RPC 通信的底层实现，我们将放在第 7 章重点介绍。

代码清单 3-21　DefaultDispatcherGatewayServiceFactory.create() 方法

```
public AbstractDispatcherLeaderProcess.DispatcherGatewayService create(
    DispatcherId fencingToken,
    Collection<JobGraph> recoveredJobs,
    JobGraphWriter jobGraphWriter) {
  final Dispatcher dispatcher;
  try {
    // 调用 dispatcherFactory 创建 dispatcher 组件
    dispatcher = dispatcherFactory.createDispatcher(
      rpcService,
      fencingToken,
      recoveredJobs,
      PartialDispatcherServicesWithJobGraphStore.
        from(partialDispatcherServices, jobGraphWriter));
  } catch (Exception e) {
    throw new FlinkRuntimeException("Could not create the Dispatcher rpc
      endpoint.", e);
  }
    // 启动 dispatcher
  dispatcher.start();
    // 将 dispatcher 放置在 DefaultDispatcherGatewayService 中并返回
  return DefaultDispatcherGatewayService.from(dispatcher);
}
```

3.2.4　ResourceManager 的创建与初始化

ResourceManager 作为集群资源管理组件，不同的 Cluster 集群资源管理涉及的初始化过程也会有所不同。我们以 StandaloneSessionCluster 为例，介绍 ResourceManager 的创建和初始化过程，对于其他集群的部署和启动，如基于 Kubunetes、Yarn 等的资源管理器，我们将放在第 5 章进行详细讲解。

如图 3-10 所示，根据资源管理器的不同，ResourceManager 抽象类有不同的资源管理器

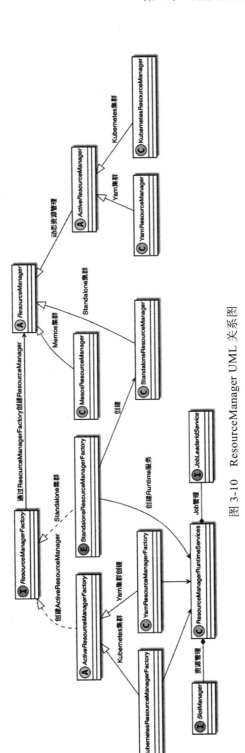

图 3-10　ResourceManager UML 关系图

实现类。我们可以将 ResourceManager 实现类分两类，一类支持动态资源管理，例如 Kubernetes-ResourceManager、YarnResourceManager 及 MesosResourceManager，另一类不支持动态资源管理，例如 StandaloneResourceManager。支持动态资源管理的集群类型，可以按需启动 TaskManager 资源，根据 Job 所需的资源请求动态启动 TaskManager 节点，这种资源管理方式不用担心资源浪费和资源动态伸缩的问题。实现动态资源管理的 ResourceManager 需要继承 ActiveResourceManager 基本实现类。

从图 3-10 中我们也可以看出，不管是哪种类型的 ResourceManager 实现，都需要在内部创建 ResourceManagerRuntimeServices。ResourceManagerRuntimeServices 中包含 SlotManager 和 JobLeaderIdService 两个主要服务。其中 SlotManager 服务管理整个集群的 Slot 计算资源，并对 Slot 计算资源进行统一的分配和管理；JobLeaderIdService 通过实现 jobLeaderIdListeners 实时监听 JobManager 的运行状态，以获取集群启动的作业对应的 JobLeaderId 信息，防止出现 JobManager 无法连接的情况。当然对于 ResourceManager 需要的服务，不会局限于 ResourceManagerRuntimeServices 提供的这两个服务，在创建和启动 ResourceManager 组件中，同样也需要 RpcService、HighAvailabilityServices、HeartbeatServices 等基础服务，并通过这些基础服务创建 ResourceManager 组件。

1. 创建 ResourceManager 组件

如代码清单 3-22 所示，在 StandaloneResourceManagerFactory 中通过调用 createResource-Manager() 方法创建 Standalone 类型集群的 ResourceManager 组件。

- ❑ 在创建 StandaloneResourceManager 之前，需要先创建 ResourceManagerRuntime-Services，主要包含了 SlotManager 和 JobLeaderIdService 两个内部服务。
- ❑ 创建 StandaloneResourceManager 需要 RpcService、HeartbeatServices、HighAvailability-Services 等基础服务，这些基础服务已经在创建组件之前初始化完毕，集群组件会通过这些基础服务创建各自的内部服务。
- ❑ 返回创建好的 StandaloneResourceManager 实例，等待启动 ResourceManager 组件。

代码清单 3-22　StandaloneResourceManagerFactory.createResourceManager() 方法定义

```
public ResourceManager<ResourceID> createResourceManager(
        Configuration configuration,
        ResourceID resourceId,
        RpcService rpcService,
        HighAvailabilityServices highAvailabilityServices,
        HeartbeatServices heartbeatServices,
        FatalErrorHandler fatalErrorHandler,
        ClusterInformation clusterInformation,
        @Nullable String webInterfaceUrl,
        ResourceManagerMetricGroup resourceManagerMetricGroup) throws Exception {
    // 创建 ResourceManagerRuntimeServices
    final ResourceManagerRuntimeServicesConfiguration resourceManagerRuntime
        ServicesConfiguration = ResourceManagerRuntimeServicesConfiguration.
```

```
      fromConfig uration(configuration);
   final ResourceManagerRuntimeServices resourceManagerRuntimeServices =
      ResourceManagerRuntimeServices.fromConfiguration(
      resourceManagerRuntimeServicesConfiguration,
      highAvailabilityServices,
      rpcService.getScheduledExecutor());
   final Time standaloneClusterStartupPeriodTime = ConfigurationUtils.get
      StandaloneClusterStartupPeriodTime(configuration);
   // 返回创建的 StandaloneResourceManager 实例
   return new StandaloneResourceManager(
      rpcService,
      getEndpointId(),
      resourceId,
      highAvailabilityServices,
      heartbeatServices,
      resourceManagerRuntimeServices.getSlotManager(),
      resourceManagerRuntimeServices.getJobLeaderIdService(),
      clusterInformation,
      fatalErrorHandler,
      resourceManagerMetricGroup,
      standaloneClusterStartupPeriodTime);
   }
```

如代码清单 3-23 所示，在 ResourceManagerRuntimeServices.fromConfiguration 方法定义中可以看出，方法包含了对 SlotManager 和 JobLeaderIdService 服务的创建，创建完成之后，将其应用在 StandaloneResourceManager 组件中。

代码清单 3-23　ResourceManagerRuntimeServices.fromConfiguration 方法

```
public static ResourceManagerRuntimeServices fromConfiguration(
      ResourceManagerRuntimeServicesConfiguration configuration,
      HighAvailabilityServices highAvailabilityServices,
      ScheduledExecutor scheduledExecutor) throws Exception {
   // 创建 SlotManager 服务
   final SlotManager slotManager = createSlotManager(configuration,
      scheduledExecutor);
   // 创建 JobLeaderIdService 服务
   final JobLeaderIdService jobLeaderIdService = new JobLeaderIdService(
      highAvailabilityServices,
      scheduledExecutor,
      configuration.getJobTimeout());
   // 返回 ResourceManagerRuntimeServices
   return new ResourceManagerRuntimeServices(slotManager, jobLeaderIdService);
   }
```

2. SlotManager 的创建和初始化
SlotManager 是 ResourceManager 组件最重要的内部组件，主要用于管理和协调整个集群的 Slot 计算资源，同时实现了对 TaskManager 信息的注册和管理。下面我们重点了解 SlotManager 内部服务的创建过程。如代码清单 3-24 所示，调用 ResourceManager-RuntimeServices.createSlotManager() 方法创建 SlotManager 服务，方法的主要逻辑如下。

- 创建 SlotManagerConfiguration 配置，用于创建 SlotManager。SlotManagerConfiguration 主要包含 TaskManagerRequestTimeout、SlotRequestTimeout 等配置信息。
- 创建和初始化 SlotMatchingStrategy。SlotMatchingStrategy 根据作业中给定的 Resource-Profile 匹配 Slot 计算资源。SlotMatchingStrategy 主要分为两种类型，一种是 Least-UtilizationSlotMatchingStrategy，即按照利用率最低原则匹配 Slot 资源，尽可能保证 TaskExecutor 上资源的使用率处于比较低的水平，这种策略能够有效降低机器的负载。另一种是 AnyMatchingSlotMatchingStrategy，即直接返回第一个匹配的 Slot 资源策略。
- 创建 SlotManagerImpl 实现类并返回，然后在 ResourceManager 组件启动过程中进行初始化。

代码清单 3-24　ResourceManagerRuntimeServices.createSlotManager() 方法

```
private static SlotManager createSlotManager(ResourceManagerRuntimeServices
    Configuration configuration, ScheduledExecutor scheduledExecutor) {
    // 创建 SlotManagerConfiguration
    final SlotManagerConfiguration slotManagerConfiguration = configuration.
        getSlotManagerConfiguration();
        // 初始化 SlotMatchingStrategy
    final SlotMatchingStrategy slotMatchingStrategy;
    if (slotManagerConfiguration.evenlySpreadOutSlots()) {
        slotMatchingStrategy = LeastUtilizationSlotMatchingStrategy.INSTANCE;
    } else {
        slotMatchingStrategy = AnyMatchingSlotMatchingStrategy.INSTANCE;
    }
    // 返回 SlotManager 实现类
    return new SlotManagerImpl(
        slotMatchingStrategy,
        scheduledExecutor,
        slotManagerConfiguration.getTaskManagerRequestTimeout(),
        slotManagerConfiguration.getSlotRequestTimeout(),
        slotManagerConfiguration.getTaskManagerTimeout(),
        slotManagerConfiguration.isWaitResultConsumedBeforeRelease());
}
```

3. ResourceManager 的初始化和启动

ResourceManager 组件创建完毕后，会在 DefaultDispatcherResourceManagerComponent-Factory 中调用 ResourceManager.start() 方法启动 ResourceManager 组件。因为 ResourceManager 继承自 RpcEndpoint，所以 ResourceManager 本质上是一个 RPC 组件服务，启动 Resource-Manager 组件实际上就是在启动 ResourceManager 组件对应 RpcEndpoint 中的 RpcServer。当

ResourceManager 对应的 RPC 服务启动后，就会通过 RpcEndpoint 调用 ResourceManager.onStart() 方法启动 ResourceManager 内部的其他核心服务，最终完成 ResourceManager 的启动流程。

如代码清单 3-25 所示，在 ResourceManager.onStart() 方法内调用了 ResourceManager.startResourceManagerServices() 方法启动 ResourceManager 组件使用的内部服务。onStart() 方法主要包含如下流程。

❑ 从 highAvailabilityServices 基础服务中获取 ResourceManager 对应的 leaderElection-Service，其中 leaderElectionService 用于在高可用集群模式下，提供选择 Resource-Manager Leader 的能力，以保证集群 ResourceManager 组件的高可用。

❑ 调用 ResourceManager.initialize() 初始化方法，这里主要由 ResourceManager 的子类实现，例如在 StrandaloneResourceManager 中可以定义需要进行初始化的操作。

❑ 通过 LeaderElectionService 服务启动 ResourceManager，并将启动的 Resource-Manager RpcEndpoint 设定为 Leader 角色。

❑ 启动 jobLeaderIdService 服务，用于管理注册的 JobManager 节点，包括对 JobManager 的注册和注销等操作。

❑ 注册 Slot 和 TaskExecutor 的 Metrics 监控信息。

代码清单 3-25　ResourceManager.startResourceManagerServices() 方法

```
private void startResourceManagerServices() throws Exception {
  try {
    // 从高可用服务中获取 ResourceManager 的 leaderElectionService
    leaderElectionService = highAvailabilityServices.getResourceManagerLeader
      ElectionService();
    // ResourceManager 初始化方法，主要由子类实现服务启动过程中需要执行的操作
    initialize();
    // 通过 LeaderElectionService 服务启动当前 ResourceManager，并设定为 Leader 角色
    leaderElectionService.start(this);
    // 启动 JobLeaderIdService
    jobLeaderIdService.start(new JobLeaderIdActionsImpl());
        // 注册 Slot 和 TaskExecutor 的 Metrics 监控指标
    registerSlotAndTaskExecutorMetrics();
  } catch (Exception e) {
    handleStartResourceManagerServicesException(e);
  }
}
```

在 ResourceManager.startResourceManagerServices() 方法中执行 leaderElectionService.start(this) 代码时，实际上就是让 leaderElectionService 选择当前的 LeaderContender 为 Leader 节点。ResourceManager 实现了 LeaderContender 接口，因此可以作为竞争者参与到 Leader 的竞选中。通过 leaderElectionService 选举当前的 ResourceManager 组件为 Leader 节点，此时 ResourceManager 就可以对外提供服务了。

一旦当前的 LeaderContender 被选为 Leader 节点，就会调用 LeaderContender.grant-
Leadership() 方法为该 LeaderContender 授予 Leadership 角色。如代码清单 3-26 所示，
ResourceManager 作为 LeaderContender，接收 LeaderElectionService 赋予的 Leadership 角
色，调用 leaderElectionService.confirmLeadership() 方法接收并确认 LeaderShip。最终当前
的 ResourceManager 作为 LeaderContender 就成功接受了 Leadership 角色。

代码清单 3-26　ResourceManager.grantLeadership() 方法

```
public void grantLeadership(final UUID newLeaderSessionID) {
    // 在 clearStateFuture 中增加异步操作，调用 tryAcceptLeadership() 方法
    final CompletableFuture<Boolean> acceptLeadershipFuture = clearStateFuture
        .thenComposeAsync((ignored) -> tryAcceptLeadership(newLeaderSessionID),
        getUnfencedMainThreadExecutor());
    // 如果 LeaderContender 接受了 Leadership，通知 leaderElectionService 进行 confirm 操作
    final CompletableFuture<Void> confirmationFuture = acceptLeadershipFuture.
        thenAcceptAsync(
        (acceptLeadership) -> {
            if (acceptLeadership) {
                // 调用 leaderElectionService.confirmLeadership() 进行 Leadership 确认
                leaderElectionService.confirmLeadership(newLeaderSessionID,
                    getAddress());
            }
        },
        getRpcService().getExecutor());
    // 如果在此过程中出现错误，则执行 onFatalError() 方法
    confirmationFuture.whenComplete(
        (Void ignored, Throwable throwable) -> {
            if (throwable != null) {
                onFatalError(ExceptionUtils.stripCompletionException(throwable));
            }
        });
}
```

接下来在 tryAccepLeadership() 方法中调用 startServicesOnLeadership() 方法对接收
到的 LeaderShip 执行后续操作。如代码清单 3-27 所示，方法中主要启动心跳服务和 Slot-
Manager 服务等 ResourceManager 内部服务。HeartbeatServices 和 SlotManager 服务成功启
动，标志着 ResourceManager 服务初始化和启动完毕，接下来就可以对外提供服务了。

代码清单 3-27　ResourceManager.startServicesOnLeadership() 方法

```
protected void startServicesOnLeadership() {
    // 启动心跳服务
    startHeartbeatServices();
    // 启动 SlotManager 服务
    slotManager.start(getFencingToken(), getMainThreadExecutor(),
                new ResourceActionsImpl());
}
```

如代码清单 3-28 所示, 在 ResourceManager 中 HeartbeatService 的启动方法中, 主要包括了对 taskManagerHeartbeatManager 和 jobManagerHeartbeatManager 两个心跳管理服务的启动操作。而心跳管理服务主要通过 TaskManagerHeartbeatListener 和 JobManagerHeartbeat-Listener 两个监听器收集来自 TaskManager 和 JobManager 的心跳信息, 以保证整个运行时中各个组件之间能够正常通信。

代码清单 3-28　ResourceManager.startServicesOnLeadership() 方法

```
private void startHeartbeatServices() {
    // 启动 TaskManager 对应的 HeartbeatManager
    taskManagerHeartbeatManager = heartbeatServices.
        createHeartbeatManagerSender(
        resourceId,
        new TaskManagerHeartbeatListener(),
        getMainThreadExecutor(),
        log);
    jobManagerHeartbeatManager = heartbeatServices.
        createHeartbeatManagerSender(
        resourceId,
        new JobManagerHeartbeatListener(),
        getMainThreadExecutor(),
        log);
}
```

4. 启动 SlotManager 服务

我们知道, SlotManager 服务会在 ResourceManager 收到 LeaderShip 后启动, 这里主要会调用 SlotManager.start() 方法启动 SlotManager 服务。如代码清单 3-29 所示, SlotManager.start() 方法主要有如下逻辑。

❑ 对传入的参数进行校验, 确保参数不为空。

❑ 将 SlotManager 启动标志设为 True, 然后通过 scheduledExecutor 线程池启动 TaskManager 周期性超时检查线程服务, 实际上是通过 checkTaskManagerTimeouts() 方法实现该检查, 防止 TaskManager 长时间掉线等问题。

❑ 启动单独的线程对提交的 SlotRequest 进行周期性超时检查, 防止 Slot 请求超时。

❑ 最后成功启动 SlotManager 服务。

代码清单 3-29　SlotManagerImpl.start() 方法

```
public void start(ResourceManagerId newResourceManagerId,
                Executor newMainThreadExecutor, ResourceActions newResourceActions) {
    LOG.info("Starting the SlotManager.");
    // 对参数进行非空检验
    this.resourceManagerId = Preconditions.checkNotNull(newResourceManagerId);
    mainThreadExecutor = Preconditions.checkNotNull(newMainThreadExecutor);
    resourceActions = Preconditions.checkNotNull(newResourceActions);
```

```
// 设置启动标志为 true
started = true;
// 启动 TaskManager 周期性超时检查
taskManagerTimeoutCheck = scheduledExecutor.scheduleWithFixedDelay(
    () -> mainThreadExecutor.execute(
        () -> checkTaskManagerTimeouts()),
    0L,
    taskManagerTimeout.toMilliseconds(),
    TimeUnit.MILLISECONDS);
// 启动 SlotRequest 周期性超时检查
slotRequestTimeoutCheck = scheduledExecutor.scheduleWithFixedDelay(
    () -> mainThreadExecutor.execute(
        () -> checkSlotRequestTimeouts()),
    0L,
    slotRequestTimeout.toMilliseconds(),
    TimeUnit.MILLISECONDS);
}
```

到这里，ResourceManager 启动和初始化工作就完成了，此时 ResourceManager 可以接收来自 TaskManager 的注册信息，并向 JobManager 提供 Slot 计算资源，为提交的作业提供计算资源。

3.2.5 TaskManager 的创建与启动

作为整个运行时的工作节点，TaskManager 提供了作业运行过程中需要的 Slot 计算资源，JobManager 中提交的 Task 实例都会运行在 TaskManager 组件上。下面我们重点了解 TaskManager 组件的启动流程以及如何将 TaskManager 注册到 ResourceManager 中。本节我们还是以 StandaloneSession 类型集群为例进行说明，对于其他类型集群，启动 TaskManager 的流程会有所不同，我们将在第 5 章进行详细的介绍。

1. TaskManagerRunner 启动流程

如图 3-11 所示，TaskManager 的启动过程比较简单，主要涉及 TaskManagerRunner、TaskExecutor 以及 RpcEndpoint 等组件之间的调用。

从图 3-11 中可以看出，TaskManager 服务的启动和初始化过程如下。

❏ 当用户调用 bin/start-cluster.sh 脚本启动集群时，会同步运行 TaskManager 启动脚本，在脚本中会调用和执行 TaskManagerRunner 入口类，TaskManagerRunner 作为 TaskManager 的入口启动类，负责创建和初始化 TaskManager。

❏ 在 TaskManagerRunner 入口类中调用 runTaskManagerSecurely() 方法启动 TaskManager，方法主要涉及 Kerberos 认证信息等操作。

❏ 调用 TaskManagerRunner.runTaskManager() 方法，初始化 TaskManagerRunner 实例，在 TaskManagerRunner 构造器中会同步创建 TaskExecutor。注意，TaskExecutor 是 TaskManager 服务的底层实现类，也就是说，TaskManager 的能力都是 TaskExecutor

对象提供的。

- 调用 TaskExecutor.start() 方法，由于 TaskExecutor 继承了 RpcEndpoint，实际上就是启动 TaskExecutor 对应的 RpcServer。
- 启动 RpcServer 服务会同步调用 RpcEndpoint 实现类中的 onStart() 方法，也就是 TaskExecutor 中的 onStart() 方法，在方法中会对 TaskExecutor 内部服务进行初始化。
- 在 TaskExecutor.onStart() 方法中调用 TaskExecutor.startTaskExecutorServices() 方法，完成 TaskExecutor 内部服务的创建和初始化，主要包括与 ResourceManager 之间的 RPC 连接及启动 TaskSlotTable 服务。
- 当 TaskExecutor 中的内部服务完成启动和初始化后，TaskManager 启动便完成了，此时 ResourceManager 会接收到来自 TaskManager 的注册信息，并对 TaskManager 提供的计算资源进行统一管理。

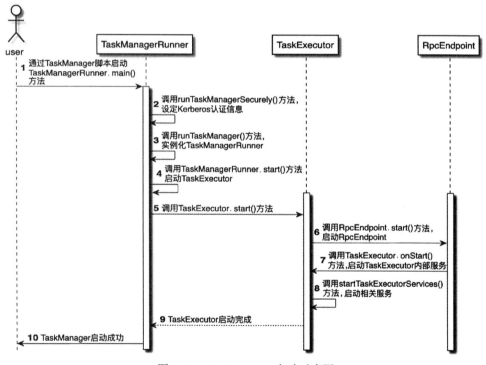

图 3-11　TaskManager 启动时序图

2. TaskManager 核心实现

我们继续看 TaskManager 启动过程的核心代码，如代码清单 3-30 所示，在 TaskManager-Runner.startManager() 方法中定义了 TaskExecutor 的创建过程，主要步骤如下。

- 对 configuration、resourceID、rpcService 和 highAvailabilityServices 等参数进行非空检查，其中 resourceID 是在 TaskManagerRunner 中生成的资源 ID，目的是区分唯一

的 TaskManager 资源。

❑ 获取 remoteAddress 连接地址，并从 configuration 中抽取 TaskExecutor 的资源配置，
最后将配置信息转换为 TaskExecutorResourceSpec 对象。

❑ 根据前面所有的信息创建 TaskManagerServicesConfiguration 实例，这些参数都会用
于创建 TaskExecutor 实例。

❑ 创建 TaskManagerMetricGroup，用于获取 TaskManager 层级的监控指标。

❑ 根据 TaskManagerServicesConfiguration 和 TaskManagerMetricGroup 等参数创建 Task-
ManagerServices，其中 TaskManagerServices 包含了 TaskExecutor 创建过程中需要的
全部服务，如 shuffleEnvironment、jobLeaderService 等。

❑ 创建 TaskExecutor 实例，包括 rpcService、highAvailabilityServices 等基础服务和上
一步创建的 TaskManagerServices，通过这些服务和配置创建 TaskExecutor 实例。

代码清单 3-30 TaskManagerRunner.startTaskManager() 方法定义

```
public static TaskExecutor startTaskManager(
    Configuration configuration,
    ResourceID resourceID,
    RpcService rpcService,
    HighAvailabilityServices highAvailabilityServices,
    HeartbeatServices heartbeatServices,
    MetricRegistry metricRegistry,
    BlobCacheService blobCacheService,
    boolean localCommunicationOnly,
    FatalErrorHandler fatalErrorHandler) throws Exception {
// 非空检查
checkNotNull(configuration);
checkNotNull(resourceID);
checkNotNull(rpcService);
checkNotNull(highAvailabilityServices);

LOG.info("Starting TaskManager with ResourceID: {}", resourceID);
// 获取 remoteAddress 连接地址
InetAddress remoteAddress = InetAddress.getByName(rpcService.getAddress());
// 从 configuration 中抽取 TaskExecutor 资源配置
final TaskExecutorResourceSpec taskExecutorResourceSpec =
    TaskExecutorResourceUtils.resourceSpecFromConfig(configuration);
// 创建 taskManagerServicesConfiguration
TaskManagerServicesConfiguration taskManagerServicesConfiguration =
    TaskManagerServicesConfiguration.fromConfiguration(
        configuration,
        resourceID,
        remoteAddress,
        localCommunicationOnly,
        taskExecutorResourceSpec);
// 创建 taskManagerMetricGroup, 用于获取 TaskManager 监控指标
Tuple2<TaskManagerMetricGroup, MetricGroup> taskManagerMetricGroup =
```

```
    MetricUtils.instantiateTaskManagerMetricGroup(
    metricRegistry,
    TaskManagerLocation.getHostName(remoteAddress),
    resourceID,
    taskManagerServicesConfiguration.getSystemResourceMetricsProbingInterval());
  // 创建 TaskManagerServices
  TaskManagerServices taskManagerServices = TaskManagerServices.
    fromConfiguration(
    taskManagerServicesConfiguration,
    taskManagerMetricGroup.f1,
    rpcService.getExecutor());
  // 创建 TaskManagerConfiguration
  TaskManagerConfiguration taskManagerConfiguration =
    TaskManagerConfiguration.fromConfiguration(configuration,
      taskExecutorResourceSpec);
  String metricQueryServiceAddress = metricRegistry.getMetricQueryService
    GatewayRpcAddress();
  // 创建 TaskExecutor 实例
  return new TaskExecutor(
    rpcService,
    taskManagerConfiguration,
    highAvailabilityServices,
    taskManagerServices,
    heartbeatServices,
    taskManagerMetricGroup.f0,
    metricQueryServiceAddress,
    blobCacheService,
    fatalErrorHandler,
    new TaskExecutorPartitionTrackerImpl(taskManagerServices.
      getShuffleEnvironment()),
    createBackPressureSampleService(configuration, rpcService.
      getScheduledExecutor()));
  }
```

当 TaskExecutor 创建并启动后，RpcEndpoint 会调用 TaskExecutor.onStart() 方法，在 onStart() 方法中调用 TaskExecutor.startTaskExecutorServices() 方法启动 TaskExecutor 内部的 TaskExecutorServices 服务。

如代码清单 3-31 所示，TaskExecutor.startTaskExecutorServices() 方法主要包含如下逻辑。

❑ 调用 resourceManagerLeaderRetriever.start() 方法，用于创建 ResourceManager 之间的 RPC 连接，此时会将 TaskManager 的资源信息汇报给 ResourceManager。

❑ 调用 taskSlotTable.start() 方法启动 TaskSlotTable，用于管理当前 TaskManager 中的 Slot 计算资源。

❑ 启动 JobLeaderService 服务，用于和 JobManager 进行 RPC 通信，监听和获取 Job-Manager 当前活跃的 Leader 节点。

❑ 创建 FileCache 对象，用于存储 Task 在执行过程中从 PermanentBlobService 拉取的

文件，并将文件展开在 /tmp_/ 路径中，如果 Task 处于非注册状态超过 5 秒，将清理临时文件。

代码清单 3-31　TaskExecutor.startTaskExecutorServices() 方法

```
private void startTaskExecutorServices() throws Exception {
    try {
        // 连接 ResourceManager
        resourceManagerLeaderRetriever.start(new ResourceManagerLeaderListener());
        // 初始化 TaskSlotTable
        taskSlotTable.start(new SlotActionsImpl(), getMainThreadExecutor());
        // 启动 JobLeaderService
        jobLeaderService.start(getAddress(), getRpcService(), haServices,
                            new JobLeaderListenerImpl());
        // 创建 FileCache
        fileCache = new FileCache(taskManagerConfiguration.getTmpDirectories(),
                            blobCacheService.getPermanentBlobService());
    } catch (Exception e) {
        handleStartTaskExecutorServicesException(e);
    }
}
```

3. 向 ResourceManager 注册 TaskManager

当 TaskManager 所在的 RPC 服务启动后，TaskManager 会和 ResourceManager 之间创建 RPC 连接，此时 TaskManager 将自身的信息注册到 ResourceManager 中，并长期保持与 ResourceManager 之间的心跳连接。ResourceManager 接收到 TaskManager 的注册信息后，将 TaskManager 资源信息存储在 SlotManager 服务中进行管理。

在 TaskExecutor.startTaskExecutorServices() 方法中，主要通过如下代码启动 TaskManager 和 ResourceManager 之间的 RPC 连接。

```
resourceManagerLeaderRetriever.start(new ResourceManagerLeaderListener());
```

其中，resourceManagerLeaderRetriever 主要用于通过 LeaderRetrievalService 获取 Resource-Manager 的 Leader 地址。在 TaskExecutor 中通过实现 ResourceManagerLeaderListener 来监听 ResourceManager 最新的 Leader 地址，一旦 ResourceManager RPC 地址发生切换，就会通过监听器通知 TaskExecutor 服务，因此可以时刻保持 TaskExecutor 与 ResourceManager 之间的有效通信连接。

如代码清单 3-32 所示，ResourceManagerLeaderListener 中实现了 LeaderRetrievalListener. notifyLeaderAddress() 方法，当 resourceManagerLeaderRetriever 服务中 ResourceManager 的 Leader 地址改变时，就会调用该方法通知 ResourceManager 新的 leaderAddress。接下来调用 runAsync() 方法，异步执行方法块，当 ResourceManager 的 leaderAddress 发生改变时，就会调用 notifyOfNewResourceManagerLeader 重新建立与 ResourceManager 之间的网络连接。

注意，ResourceManagerLeaderListener 在 TaskExecutor 启动时会被初始化调用一次，其他情况只有当 ResourceManager 的 Leader 节点发生切换时才会被调用。

代码清单 3-32　TaskExecutor.ResourceManagerLeaderListener 定义

```
private final class ResourceManagerLeaderListener implements
    LeaderRetrievalListener {
@Override
public void notifyLeaderAddress(final String leaderAddress,
                                final UUID leaderSessionID) {
    runAsync(
        // 根据新的 leaderAddress 建立与 ResourceManager 之间的连接
        () -> notifyOfNewResourceManagerLeader(
            leaderAddress,
            ResourceManagerId.fromUuidOrNull(leaderSessionID)));
    }
    @Override
    public void handleError(Exception exception) {
        // 系统异常处理
        onFatalError(exception);
    }
}
```

如代码清单 3-33 所示，在 notifyOfNewResourceManagerLeader() 方法中，首先根据 newLeaderAddress 和 newResourceManagerId 创建新的 resourceManagerAddress，然后调用 reconnectToResourceManager() 方法重新建立与 ResourceManager 之间的 RPC 连接。

代码清单 3-33　ResourceManagerLeaderListener.notifyOfNewResource-ManagerLeader() 方法定义

```
private void notifyOfNewResourceManagerLeader(
    String newLeaderAddress,ResourceManagerId newResourceManagerId) {
    // 创建新的 ResourceManager 地址
    resourceManagerAddress = createResourceManagerAddress(
        newLeaderAddress, newResourceManagerId);
    // 重新连接 ResourceManager
    reconnectToResourceManager(new FlinkException(
            String.format("ResourceManager leader changed to new address %s",
                    resourceManagerAddress)));
}
```

如代码清单 3-34 所示，reconnectToResourceManager() 方法首先调用 closeResourceManager-Connection() 方法，关闭之前与 ResourceManager 之间的 RPC 连接。如果是首次启动 TaskExecutor，则 establishedResourceManagerConnection 为空，不会执行关闭操作。接着调用 startRegistrationTimeout() 方法，开启 TaskManager 注册超时，等待超时检测，防止 TaskExecutor 与 ResourceManager 之间出现 RPC 连接超时的情况，这里会将从 taskManager-

Configuration 获取的 maxRegistrationDuration 参数作为超时判断的时间依据。最后调用 tryConnectToResourceManager() 方法创建与 ResourceManager 之间的 RPC 连接。

代码清单 3-34 ResourceManagerLeaderListener.reconnectToResourceManager() 方法定义

```
private void reconnectToResourceManager(Exception cause) {
    // 关闭之前的 ResourceManager 连接
    closeResourceManagerConnection(cause);
    // 开始注册超时等待时间
    startRegistrationTimeout();
    // 尝试再次连接 ResourceManager
    tryConnectToResourceManager();
}
```

在 tryConnectToResourceManager() 方法中，最终调用 TaskExecutor.connectToResource-Manager() 方法创建与 ResourceManager 之间的 RPC 连接。

如代码清单 3-35 所示，在 TaskExecutor.connectToResourceManager() 方法中，首先创建 TaskExecutorRegistration，用于存放 TaskExecutor 的基础信息，包括 taskExecutor-Address、resourceId、dataPort、hardwareDescription 等。然后创建 TaskExecutorToResource-ManagerConnection 实例，即 TaskExecutor 和 ResourceManager 之间的物理连接。最后启动创建好的 TaskExecutorToResourceManagerConnection 实例。

代码清单 3-35 TaskExecutor.connectToResourceManager() 方法

```
private void connectToResourceManager() {
    assert(resourceManagerAddress != null);
    assert(establishedResourceManagerConnection == null);
    assert(resourceManagerConnection == null);
    log.info("Connecting to ResourceManager {}.", resourceManagerAddress);
    // 创建 TaskExecutorRegistration
    final TaskExecutorRegistration taskExecutorRegistration =
        new TaskExecutorRegistration(
        getAddress(),
        getResourceID(),
        taskManagerLocation.dataPort(),
        hardwareDescription,
        taskManagerConfiguration.getDefaultSlotResourceProfile(),
        taskManagerConfiguration.getTotalResourceProfile()
    );
    // 创建 TaskExecutorToResourceManagerConnection
    resourceManagerConnection =
        new TaskExecutorToResourceManagerConnection(
            log,
            getRpcService(),
            taskManagerConfiguration.getRetryingRegistrationConfiguration(),
            resourceManagerAddress.getAddress(),
            resourceManagerAddress.getResourceManagerId(),
            getMainThreadExecutor(),
```

```
        new ResourceManagerRegistrationListener(),
        taskExecutorRegistration);
    // 启动 resourceManagerConnection
    resourceManagerConnection.start();
}
```

到这里，TaskExecutor 和 ResourceManager 之间的网络连接就创建完毕了。此时，Resource-Manager 可以通过 ResourceManagerGateway 接收来自 TaskExecutor 的注册信息。如果 Task-Executor 注册成功，在 TaskExecutor 中就会创建 TaskManager 和 ResourceManager 之间的心跳连接，将 SlotReport 信息发送到 ResourceManager 中。对于 resourceManagerConnection 底层是如何实现网络连接的，我们将在第 7 章进行详细介绍。

4. TaskManager 向 ResourceManager 汇报 Slot 信息

当 TaskExecutor 组件将自身信息注册到 ResourceManager 后，ResourceManager 会通知 TaskExecutor 注册完成并继续后续的操作。此时会调用 TaskExecutorToResourceManagerCon-nection.onRegistrationSuccess() 方法接收来自 ResourceManager 的反馈信息。

如代码清单 3-36 所示，在 TaskExecutorToResourceManagerConnection.onRegistration-Success() 方法中先调用 registrationListener 向 TaskExecutor 发送注册成功的消息 TaskExecut-orRegistrationSuccess。

代码清单 3-36　TaskExecutorToResourceManagerConnection.onRegistrationSuccess() 方法

```
protected void onRegistrationSuccess(TaskExecutorRegistrationSuccess success) {
    log.info("Successful registration at resource manager {} under registration
        id {}.",
        getTargetAddress(), success.getRegistrationId());
    registrationListener.onRegistrationSuccess(this, success);
}
```

在 RegistrationConnectionListener.onRegistrationSuccess() 方 法 中，先 从 TaskExecutor-RegistrationSuccess 消息中获取注册信息，并从 TaskExecutorToResourceManagerConnection 中获取 ResourceManagerGateway，然后调用 runAsync() 方法异步执行 TaskExecutor.establish-ResourceManagerConnection() 方法块，构建与 ResourceManager 之间的网络连接，如代码清单 3-37 所示。

代码清单 3-37　RegistrationConnectionListener.onRegistrationSuccess() 方法

```
public void onRegistrationSuccess(TaskExecutorToResourceManagerConnection
    connection, TaskExecutorRegistrationSuccess success) {
    // 获取相关配置信息，包括 ResourceManagerGateway
    final ResourceID resourceManagerId = success.getResourceManagerId();
    final InstanceID taskExecutorRegistrationId = success.getRegistrationId();
    final ClusterInformation clusterInformation = success.
        getClusterInformation();
```

```
final ResourceManagerGateway resourceManagerGateway = connection.
  getTargetGateway();
runAsync(
    () -> {
      // 创建 ResourceManagerConnection
      if (resourceManagerConnection == connection) {
        establishResourceManagerConnection(
          resourceManagerGateway,
          resourceManagerId,
          taskExecutorRegistrationId,
          clusterInformation);
      }
    });
}
```

如代码清单 3-38 所示，TaskExecutor.establishResourceManagerConnection() 方法包含如下逻辑。

- 通过 ResourceManagerGateway 向 ResourceManager 上报 slotReport 信息。slotReport 中包含当前 TaskExecutor 具备的 Slot 资源报告，如 Slot 数量和单位 Slot 的配置等。
- 如果 SlotReport 上报异常，则重新建立与 ResourceManager 之间的连接。
- 通过 resourceManagerHeartbeatManager 创建 TaskExecutor 与 ResourceManager 之间的心跳连接。TaskExecutor 会周期性地向 ResourceManager 进行心跳上报。
- 为 blobCacheService 设定集群 BlobServer 地址，TaskExecutor 可以实现 Blob 对象文件的获取或上传。
- 创建 EstablishedResourceManagerConnection 对象，保存与 ResourceManager 之间创建的连接信息，并一直存储在 TaskExecutor 中。
- 停止注册超时监听，此时会停止在 TaskExecutor 注册前启动的监听定时器，不再做 TaskExecutor 注册超时检测。

代码清单 3-38　TaskExecutor.establishResourceManagerConnection() 方法

```
private void establishResourceManagerConnection(
    ResourceManagerGateway resourceManagerGateway,
    ResourceID resourceManagerResourceId,
    InstanceID taskExecutorRegistrationId,
    ClusterInformation clusterInformation) {
  // 向 ResourceManager 上报 slotReport
  final CompletableFuture<Acknowledge> slotReportResponseFuture =
    resourceManagerGateway.sendSlotReport(
    getResourceID(),
    taskExecutorRegistrationId,
    taskSlotTable.createSlotReport(getResourceID()),
    taskManagerConfiguration.getTimeout());
  // 执行 SlotReport 上报操作后，如果上报异常，则重新和 ResourceManager 创建连接
  slotReportResponseFuture.whenCompleteAsync(
```

```
    (acknowledge, throwable) -> {
        if (throwable != null) {
            reconnectToResourceManager(new TaskManagerException("Failed to
                send initial slot report to ResourceManager.", throwable));
        }
    }, getMainThreadExecutor());
// 通过 resourceManagerHeartbeatManager 创建 TaskExecutor 与 ResourceManager 之间
    的心跳连接
resourceManagerHeartbeatManager.monitorTarget(resourceManagerResourceId,
    new HeartbeatTarget<TaskExecutorHeartbeatPayload>() {
    @Override
    public void receiveHeartbeat(ResourceID resourceID,
        TaskExecutorHeartbeatPayload heartbeatPayload) {
        resourceManagerGateway.heartbeatFromTaskManager(resourceID,
            heartbeatPayload);
    }
    @Override
    public void requestHeartbeat(ResourceID resourceID,
        TaskExecutorHeartbeatPayload heartbeatPayload) {
        // 不做操作
    }
});
// 为 blobCacheService 设定集群 BlobServer 地址
final InetSocketAddress blobServerAddress = new InetSocketAddress(
    clusterInformation.getBlobServerHostname(),
    clusterInformation.getBlobServerPort());
blobCacheService.setBlobServerAddress(blobServerAddress);
// 实例化 EstablishedResourceManagerConnection 对象
establishedResourceManagerConnection = new EstablishedResourceManagerConnection(
    resourceManagerGateway,
    resourceManagerResourceId,
    taskExecutorRegistrationId);
// 停止注册超时监听操作
stopRegistrationTimeout();
}
```

执行完以上步骤，便完成了 TaskManager 向 ResourceManager 注册和初始化的过程，此时 ResourceManager 会将 TaskManager 作为新的资源提供计算服务并进行统一管理，作业提交到集群后，会从已经注册的 TaskManager 上分配 Slot 计算资源，并将 Task 运行在指定的 TaskManager 服务上。

3.3　集群资源管理

本节我们将重点介绍集群运行时中 ResourceManager 的设计和实现，了解如何通过 ResourceManager 对集群的计算资源进行有效管理。

3.3.1 ResourceManager 详解

ResourceManager 作为统一的集群资源管理器，用于管理整个集群的计算资源，包括 CPU 资源、内存资源等。同时，ResourceManager 负责向集群资源管理器中申请容器资源启动 TaskManager 实例，并对 TaskManager 进行集中管理。当新的作业提交到集群后，JobManager 会向 ResourceManager 申请作业执行需要的计算资源，进而完成整个作业的运行。

如图 3-12 所示，为了兼容 Hadoop Yarn、Kubernetes、Mesos 等集群资源管理器，在 ResourceManager 抽象实现类的基础上，分别实现了 ActiveResourceManager、Standalone-ResourceManager 以及 MesosResourceManager 等子类。其中 ActiveResourceManager 实现了动态资源管理，可以根据提交的作业动态选择启动或停止 TaskManager 实例。目前支持 TaskManager 动态管理和启动的 ResourceManager 主要有 KubernetesResourceManager 和 Yarn-ResourceManager 实现类。

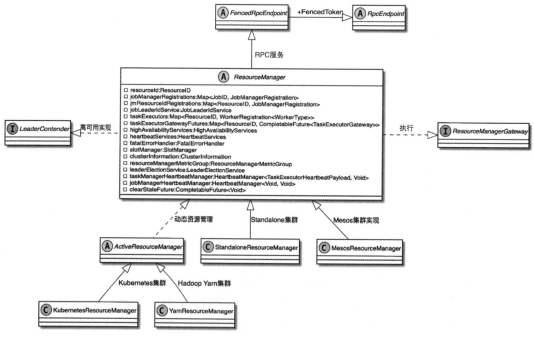

图 3-12　ResourceManager UML 关系图

从图 3-12 中可以看出，ResourceManager 通过实现 ResourceManagerGateway 接口，向其他组件提供 RPC 远程访问能力，如 TaskManager 服务和 JobManager 服务的 Resource-ManagerGateway 会将 RPC 访问请求发送到 ResourceManager 服务中。另外，Resource-Manager 继承了 FencedRpcEndpoint 基本实现类，使得 ResourceManager 可以作为一个 RpcEndpoint 节点，通过 ResourceManagerGateway 接口提供给其他服务节点，使之能够以 RPC 的方式访问 ResourceManager 服务。同时，ResourceManager 实现了 LeaderContender

接口，可以作为竞争节点让 LeaderElectionService 进行 Leader 节点的选举，保证整个集群 ResourceManager 组件服务的高可用。

从图 3-12 中也可以看出，ResourceManager 主要包含如下成员变量。

❏ resourceId：ResourceManager 对应的唯一资源 ID。

❏ jobManagerRegistrations：专门存储 JobManager 注册信息。其中 Key 为 JobID；Value 为 JobManagerRegistration，当启动 JobManager 服务时，就会将 JobManager 信息注册在 jobManagerRegistrations 实例中。

❏ jmResourceIdRegistrations：用于存储 JobManager 注册信息，与 jobManagerRegistrations 的区别在于 Key 为 ResourceID。

❏ jobLeaderIdService：用于获取 Job Leader ID 的服务，在开启的高可用集群中，当 JobManager 的 Leader 节点发生切换时，会借助 jobLeaderIdService 获取当前作业有效的 JobID 和地址信息。

❏ taskExecutors：注册在 ResourceManager 的 TaskExecutor 列表中，其中 Key 为 Task-Executor 对应的 ResourceID，Value 为 WorkRegistration，即 TaskExecutor 向 Resource-Manager 注册过程中所提供的信息。

❏ taskExecutorGatewayFutures：专门存储 TaskExecutorGateway 的 CompletableFuture 对象，Key 为 TaskExecutor 对应的 ResourceID，Value 为 CompletableFuture，用于获取 Task-ExecutorGateway，实现与 TaskExecutor 之间的 RPC 通信。

❏ highAvailabilityServices：系统高可用服务，基于 highAvailabilityServices 服务支持组件高可用。

❏ heartbeatServices：用于创建 HeartbeatManager 服务，和其他组件之间建立心跳连接。

❏ fatalErrorHandler：系统异常错误处理，当 ResourceManager 出现异常时调用 fatal-ErrorHandler 处理异常错误。

❏ slotManager：ResourceManager 的内部组件，用于管理集群的可用 Slot 资源，同时接收并处理 TaskExecutor 的 SlotReport。

❏ clusterInformation：存储整个 Flink 集群共享的信息，包括 blobServerHostname 和 blobServerPort 等配置。

❏ resourceManagerMetricGroup：ResourceManager 的 MetricGroup，用于收集和 Resource-Manager 相关的监控指标。

❏ leaderElectionService：基于 ZooKeeper 实现的 Leader 选举服务，在这里用于实现 Resource-Manager 组件高可用。

❏ taskManagerHeartbeatManager：管理与 TaskManager 之间的心跳信息。

❏ jobManagerHeartbeatManager：管理与 JobManager 之间的心跳信息。

❏ clearStateFuture：用于停止 ResourceManager 后进行数据异步清理。

3.3.2　ResourceManagerGateway 接口实现

ResourceManagerGateway 接口提供了 ResourceManager 需要的 RPC 方法，供其他集群组件调用。例如在 TaskExecutor 中调用 ResourceManagerGateway 完成在 ResourceManager 中注册 TaskExecutor 的操作。

如图 3-13 所示，通过对 ResourceManagerGateway 中提供的 RPC 方法进行梳理，得到 JobManager、TaskExecutor、WebMonitorEndpoint 和 Dispatcher 等组件与 ResourceManager-Gateway 之间的 RPC 调用关系图。

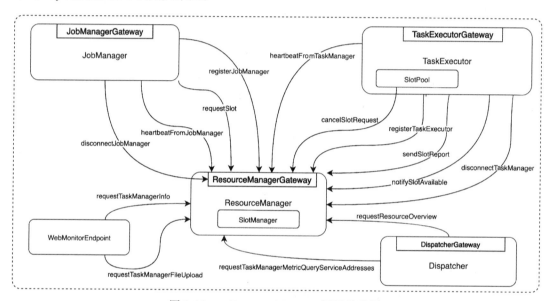

图 3-13　ResourceManager 调用关系图

从图 3-13 中可以看出，JobManager、TaskExecutor、WebMonitorEndpoint 和 Dispatcher 组件分别使用如下方法与 ResourceManager 服务进行交互。

1. JobManager 和 ResourceManager 的 RPC 调用

❏ registerJobManager()：在 ResourceManager 中注册 JobManager 服务，此时会在 job-LeaderIdService 服务中添加注册的 JobManager 信息。

❏ requestSlot()：JobManager 向 ResourceManager 申请运行 Task 所需的 Slot 资源。

❏ heartbeatFromJobManager()：用于在 JobManager 与 ResourceManager 之间建立长期的心跳连接。

❏ disconnectJobManager()：根据 JobID 删除之前注册在 ResourceManager 中的 Job-Manager 信息，并且关闭 JobManager 与 ResourceManager 之间的 RPC 连接。

2. TaskExecutor 和 ResourceManager 的 RPC 调用

❏ heartbeatFromTaskManager()：在 TaskExecutor 中调用 heartbeatFromTaskManager()

方法，构建 TaskExecutor 与 ResourceManager 之间的心跳连接。

❑ disconnectTaskManager()：停止 TaskExecutor 组件时会调用 disconnectTaskManager() 方法断开 TaskExecutor 与 ResourceManager 之间的 RPC 连接。

❑ registerTaskExecutor()：当新的 TaskExecutor 启动时，会调用该方法向 Resource-Manager 注册 TaskExecutor 信息。

❑ sendSlotReport()：当 TaskExecutor 启动并注册成功后，会调用 sendSlotReport() 方法向 ResourceManager 上报 SlotReport。SlotReport 中包含 TaskExecutor 的资源数量和配置信息等内容。

❑ notifySlotAvailable()：当 TaskExecutor 中具有空闲 Slot 计算资源时，会调用 notify-SlotAvailable() 方法通知 ResourceManager 将该 Slot 资源变为 Available 状态。

❑ cancelSlotRequest()：取消 JobManager 已经分配的资源。

3. Dispatcher 和 ResourceManager 的 RPC 调用

❑ requestResourceOverview()：用于在 Dispatcher 中获取集群资源信息，包括集群中的 TaskManager、numberRegisteredSlots 以及 numberFreeSlots 数量。

❑ requestTaskManagerMetricQueryServiceAddresses()：从 ResourceManager 获取 Task-Manager 的 MetricQueryService 路径，主要用于前端获取 TaskManager 的监控指标。

4. WebMonitorEndpoint 和 ResourceManager 的 RPC 调用

❑ requestTaskManagerInfo()：用于获取 TaskManager 的相关信息，即 TaskExecutor 启动过程中注册在 ResourceManager 的信息，包括 TaskExecutor 的网关地址、端口以及 TaskExecutor 的硬件信息。

❑ requestTaskManagerFileUpload()：请求上传文件到 BlobServer 上，返回 Transient-BlobKey。

3.3.3　Slot 计算资源管理

如图 3-14 所示，ResourceManager 内部主要通过 SlotManager 服务统一对整个集群的 Slot 计算资源进行管理。Slot 被称为资源卡槽，用于表示可以分配的最小计算资源单位，提交的 Task 最终会运行在 Slot 表示的计算资源中。

从图 3-14 中可以看出，ResourceManager 包含了 Register Slot 和 Free Slot 两个键值对集合。其中 Register Slot 专门存储 ResourceManager 中所有已经注册的 TaskManagerSlot 信息，Free Slot 集合则存储了当前 SlotManager 中处于空闲状态且还没有被分配和使用的 Slot 集合。

TaskManagerSlot 对象包含了 SlotID、ResourceProfile 以及 TaskExecutorConnection 等信息。如果 Slot 被分配使用，在 TaskManagerSlot 中还会存储 AllocationID 和 JobID 等分配信息，表明当前 Slot 已经被指定 JobID 对应的 JobManager 使用。

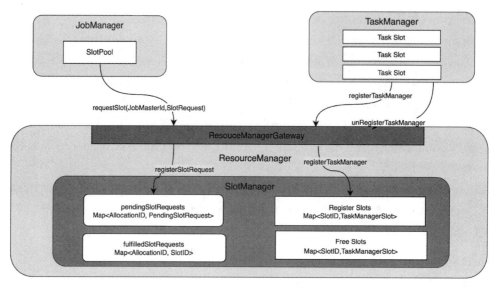

图 3-14　Slot 计算资源管理

另外，SlotManager 还包含了 pendingSlotRequests 和 fulfilledSlotRequests 两个键值对集合。其中 pendingSlotRequests 存储了所有处于 pending 和 unfulfilled 状态的 Slot 请求，fulfilledSlotRequests 存储了所有已经分配完成的 Slot 请求。Slot 资源申请都会以 Pending-SlotRequest 的形式存储在 pendingSlotRequests 集合中，等待 SlotManager 根据当前集群的 Slot 资源进行分配。当符合条件的 Slot 资源分配给指定的 PendingSlotRequest 后，会为其创建 AllocationId，并将分配了 AllocationId 和 SlotId 信息的 SlotRequest 存储到 fulfilled-SlotRequests 集合中。

对 Slot 计算资源的注册和管理，主要是在 TaskManager 和 ResourceManager 服务之间进行的，TaskManager 作为 Slot 计算资源的提供方，ResourceManager 则作为 Slot 计算资源的接收和管理方。这里我们简单梳理一下 TaskManager 向 SlotManager 中注册 Slot 资源的整个过程。

❑ 启动 TaskManager 后，调用 ResourceManagerGateway.registerTaskExecutor() 方法向 ResourceManager 中注册 TaskManager 连接信息。

❑ 创建 TaskManager 和 ResourceManager 之间的 RPC 连接，TaskManager 调用 Resource-ManagerGateway.sendSlotReport() 方法向 ResourceManager 发送 SlotReport 信息，接着 ResourceManager 调用 SlotManager.registerTaskManager() 方法，将 TaskManager 的资源信息写入 SlotManager。

❑ 在 SlotManager 中根据 SlotReport 中的 Slot 信息创建 TaskManagerSlot，并注册到 SlotManager 的 HashMap<SlotID, TaskManagerSlot> slots 集合中。

❑ SlotManager 含有 HashMap<SlotID, TaskManagerSlot> slots 和 LinkedHashMap<SlotID,

TaskManagerSlot> freeSlots 两个 Slot 集合。前者维护所有注册到 SlotManager 中的 Slot 计算资源，后者存储当前 SlotManager 中可用的 Slot 资源。

在 SlotManager 中完成 Slot 资源注册后，等待集群提交和运行作业。JobManager 通过调用 ResourceManagerGateway 中的相关方法为作业申请 Slot 计算资源，整个申请过程如下。

- ❑ JobManager 调用 ResourceManagerGateway.requestSlot() 方法向 ResourceManager 发起 Slot 计算资源申请。
- ❑ ResourceManager 内部会调用 SlotManager.registerSlotRequest() 方法，向 SlotManager 申请作业需要的 Slot 计算资源。
- ❑ SlotManager 中维护了 HashMap<AllocationID, PendingSlotRequest> pendingSlotRequests 集合，将所有的 PendingSlotRequest 存储在该集合中，并根据 SlotRequest 的 Resource-Profile 匹配合适的 Slot 计算资源，然后对 Slot 进行分配。
- ❑ 当 SlotRequest 需要的 Slot 计算资源分配完毕后，将已经分配的 SlotID 信息写入 HashMap<AllocationID, SlotID> fulfilledSlotRequests 集合。

SlotManager 组件会对 Slot 进行统一的管理，在内部构建一个 Slot 计算资源池，有新的 Slot 注册时，会优先从 pendingSlotRequests 集合中获取处于 Pending 状态的 SlotRequest，并为该 SlotRequest 分配 Slot 计算资源。

以上就是在 ResourceManager 中注册和分配 Slot 计算资源的全部过程，下面我们详细介绍 Slot 注册和分配过程中涉及的核心代码。

1. TaskManager 向 ResourceManager 汇报 Slot 资源

当 TaskManager 向 ResourceManager 发送 SlotReport 时，在 ResourceManager 中会调用 SlotManagerImpl.registerTaskManager() 方法向 SlotManager 注册 Slot 相关信息。

如代码清单 3-39 所示，SlotManagerImpl.registerTaskManager() 方法主要包含如下逻辑。

- ❑ 进行初始化检查，如检查 SlotManager 是否启动，确保 SlotManager 处于运行状态。
- ❑ 判断在 taskManagerRegistrations 中是否已经注册了 TaskManager 的连接信息，如果是则调用 reportSlotStatus() 方法对 SlotReport 中已经注册的 TaskManager 的 Slot 信息进行更新，否则将当前 TaskManager 视为新启动实例，并对新启动的 TaskManager 进行注册。
- ❑ 将 SlotReport initialSlotReport 中的 SlotStatus 信息注册到 reportedSlots 集合中，根据 taskExecutorConnection 连接 taskManagerRegistration，将 taskManagerRegistration 添加到 taskManagerRegistrations 集合中。taskExecutorConnection 是在 TaskExecutor 启动时注册到 ResourceManager 中的，taskManagerRegistration 主要用于存储 reportedSlots 和 taskExecutorConnection 信息。
- ❑ 调用 registerSlot() 方法注册 initialSlotReport 中的 SlotStatus 信息，最终完成 Task-Manager 的资源上报和注册。

代码清单 3-39　SlotManagerImpl.registerTaskManager() 方法定义

```
public void registerTaskManager(final TaskExecutorConnection
   taskExecutorConnection, SlotReport initialSlotReport) {
   // 进行初始化检查
   checkInit();
      // 开始注册 TaskManager 中的 Slot 资源
   LOG.debug("Registering TaskManager {} under {} at the SlotManager.",
      taskExecutorConnection.getResourceID(), taskExecutorConnection.
      getInstanceID());
   // 如果 taskManagerRegistrations 注册信息中已经含有当前的 TaskManagerID，则调用
      reportSlotStatus() 方法
   if (taskManagerRegistrations.containsKey(taskExecutorConnection.
      getInstanceID())) {
      reportSlotStatus(taskExecutorConnection.getInstanceID(),
         initialSlotReport);
   } else {
      // 对新启动的 TaskManager，进行注册操作
      ArrayList<SlotID> reportedSlots = new ArrayList<>();
      // 将 initialSlotReport 中的 SlotStatus 添加到 reportedSlots 中
      for (SlotStatus slotStatus : initialSlotReport) {
         reportedSlots.add(slotStatus.getSlotID());
      }
      // 创建新的 taskManagerRegistration，并添加到 taskManagerRegistrations 集合中
      TaskManagerRegistration taskManagerRegistration = new
         TaskManagerRegistration(
         taskExecutorConnection,
         reportedSlots);
      taskManagerRegistrations.put(taskExecutorConnection.getInstanceID(),
         taskManagerRegistration);
      // 分别对 initialSlotReport 中的 Slot 进行注册操作
      for (SlotStatus slotStatus : initialSlotReport) {
         registerSlot(
            slotStatus.getSlotID(),
            slotStatus.getAllocationID(),
            slotStatus.getJobID(),
            slotStatus.getResourceProfile(),
            taskExecutorConnection);
      }
   }
}
```

如代码清单 3-40 所示，在 SlotManagerImpl.registerSlot() 方法中分别对每个 Slot 进行注册操作，执行逻辑如下。

❑ 判断 Slot 集合中是否含有需要注册的 slotId，如果有则删除之前的 Slot 信息，这种情况通常发生于 TaskManager 进行了重启操作。

❑ 将上报的 Slot 转换成 TaskManagerSlot。TaskManagerSlot 是存储在 SlotManager 中的一种 Slot 格式，包含了 Slot 的 SlotId、ResourceProfile 以及 TaskManagerConnection

等信息。

- 如果 Slot 没有被分配，即满足 allocationId=null 条件，则调用 findExactlyMatching-PendingTaskManagerSlot() 方法，根据 resourceProfile 资源信息从 PendingSlots 集合中匹配合适的 Slot，如果匹配成功则创建 TaskManagerSlot 并赋值给 pendingTask-ManagerSlot。
- 判断 pendingTaskManagerSlot 是否为空，如果为空，则调用 updateSlot() 方法更新 SlotManager 中 RegisterSlots 和 FreeSlots。
- 当 pendingSlots 通过 ResourceProfile 匹配到的 Slot 符合资源申请条件时，先删除 pendingSlots 中已经匹配到的 TaskManagerSlotId，然后从 pendingTaskManagerSlot 中获取 PendingSlotRequest 信息。
- 判断 PendingSlotRequest 是否为空，如果为空则直接调用 handleFreeSlot() 释放 Slot 资源，如果不为空则调用 allocateSlot() 方法将 Slot 分配给指定的 PendingSlot-Request。

代码清单 3-40　SlotManagerImpl.registerSlot() 方法定义

```
private void registerSlot(
    SlotID slotId,
    AllocationID allocationId,
    JobID jobId,
    ResourceProfile resourceProfile,
    TaskExecutorConnection taskManagerConnection) {
  // 判断 Slot 集合中是否含有需要注册的 slotId，如果有则删除之前的 Slot 信息
  if (slots.containsKey(slotId)) {
    // 删除旧的 Slot
    removeSlot(
       slotId,
       new SlotManagerException(
          String.format(
             "Re-registration of slot %s. This indicates that the
                TaskExecutor has re-connected.",
             slotId)));
  }
     // 生成新的 TaskManagerSlot
  final TaskManagerSlot slot = createAndRegisterTaskManagerSlot(slotId,
     resourceProfile, taskManagerConnection);

  final PendingTaskManagerSlot pendingTaskManagerSlot;
    // 如果 Slot 没有被分配，即 allocationId=null，则创建 pendingTaskManagerSlot
  if (allocationId == null) {
    // 根据 ResourceProfile 匹配 PendingSlots 中的资源需求
    pendingTaskManagerSlot = findExactlyMatchingPendingTaskManagerSlot
       (resourceProfile);
  } else {
    pendingTaskManagerSlot = null;
```

```
    }
    // 根据 pendingTaskManagerSlot 是否为 null，更新 Slot 资源
if (pendingTaskManagerSlot == null) {
    // 更新已经分配的 Slot 资源
    updateSlot(slotId, allocationId, jobId);
} else {
    // 更新没有被分配的 Slot 资源，如果 pendingSlots 中有资源需求，则直接分配
    pendingSlots.remove(pendingTaskManagerSlot.getTaskManagerSlotId());
    final PendingSlotRequest assignedPendingSlotRequest =
        pendingTaskManagerSlot.getAssignedPendingSlotRequest();
    // 如果该 Slot 没有被等待的 PendingSlotRequest 占用，则对 Slot 进行释放处理
    if (assignedPendingSlotRequest == null) {
        handleFreeSlot(slot);
    } else {
        // 否则对该 Slot 进行分配操作，让 JobManager 得到相应的 Slot 资源
        assignedPendingSlotRequest.unassignPendingTaskManagerSlot();
        allocateSlot(slot, assignedPendingSlotRequest);
    }
}
    }
```

2. JobManager 向 ResourceManager 申请 Slot 资源

当 JobManager 服务启动后，会主动向 ResourceManager 申请作业所需的 Slot 计算资源。ResourceManager 内部通过 SlotManager 接收来自 JobManager 的资源请求信息（SlotRequest），然后根据 SlotRequest 中的资源请求信息在 Slot 资源池中检索符合条件的 Slot 计算资源并分配（Allocation），最后将已分配的资源信息同步给 TaskExecutor。

如代码清单 3-41 所示，在 SlotManager 中首先将 SlotRequest 转换为 PendingSlotRequest 数据结构，然后调用 internalRequestSlot() 方法对 pendingSlotRequest 进行处理。SlotManager-Impl.internalRequestSlot() 方法的逻辑如下。

❑ 通过 pendingSlotRequest 获取 ResourceProfile 资源描述信息，用于和 SlotManager 中注册的 Slot 计算资源进行匹配。

❑ 调用 findMatchingSlot() 方法，根据 ResourceProfile 资源描述进行 Slot 资源匹配，主要是在 freeSlots 集合中检索匹配。

❑ 如果 ResourceProfile 中的资源需求和 SlotManager 中的 Slot 资源匹配成功，则调用 allocateSlot() 方法分配 TaskManagerSlot 资源。

❑ 如果资源没有匹配上，则调用 fulfillPendingSlotRequestWithPendingTaskManager-Slot() 方法继续处理，其中包括从 PendingTaskManagerSlot 中寻找符合条件的资源。如果找到了，则向 HashMap<TaskManagerSlotId, PendingTaskManagerSlot> pending-Slots 集合添加 PendingTaskManagerSlot 信息。当符合条件的 Slot 资源释放后，会立即从 pendingSlots 中获取 PendingTaskManagerSlot 并分配给 PendingSlotRequest。

❑ 如果 SlotRequest 中的 ResourceProfile 资源没有匹配到合适的 Slot 资源，则抛出异常。

代码清单 3-41 SlotManagerImpl.internalRequestSlot() 方法定义

```
private void internalRequestSlot(PendingSlotRequest pendingSlotRequest) throws
    ResourceManagerException {
// 获取 pendingSlotRequest 中的 ResourceProfile 信息
final ResourceProfile resourceProfile = pendingSlotRequest.
    getResourceProfile();
    // 调用 findMatchingSlot() 方法，根据 ResourceProfile 进行资源匹配
OptionalConsumer.of(findMatchingSlot(resourceProfile))
    // 如果匹配，则调用 allocateSlot() 进行 Slot 资源分配
    .ifPresent(taskManagerSlot -> allocateSlot(taskManagerSlot,
        pendingSlotRequest))
    .ifNotPresent(() ->
    // 如果没有匹配上，则通过 PendingTaskManagerSlot 满足 PendingSlotRequest
    fulfillPendingSlotRequestWithPendingTaskManagerSlot(pendingSlotRequest));
}
```

接下来，在能够正常分配 Slot 资源，即调用 findMatchingSlot() 方法根据资源描述匹配到符合的 Slot 资源时，调用 SlotManagerImpl.allocateSlot() 方法分配申请到的 Slot 资源和 PendingSlotRequest。

如代码清单 3-42 所示，SlotManagerImpl.allocateSlot() 方法主要包含以下逻辑。

❑ 如果 taskManagerSlot 中的 Slot 资源状态为 FREE，则分配给 PendingRequest，否则抛出异常。

❑ 从 TaskManagerSlot 中获取 TaskExecutorConnection 的连接信息，并从 TaskExecutor-Connection 中获取 TaskExecutorGateWay，用于向 TaskExecutor 通知 Slot 计算资源的分配结果。

❑ 将当前的 pendingSlotRequest 分配到 taskManagerSlot 中，为 pendingSlotRequest 设定异步 RequestFuture 操作。

❑ 从 taskManagerRegistrations 中获取当前 TaskManager 的 taskManager 注册信息，并将该 taskManagerRegistration 标记为已被使用状态。

❑ 调用 TaskManagerGateway.requestSlot() 方法为 pendingSlotRequest 对应的作业分配 Slot 资源。此时 TaskManager 会接收到来自 ResourceManager 的请求，将 Slot 资源提供给指定的 JobManager。

❑ 执行 requestFuture 中的操作并返回 Ack 确认信息，在 requestFuture 中调用 completable-Future 的异步操作。completableFuture 判断 Ack 是否为空，如果 TaskExecutor 返回了 Ack，表明 TaskExecutor 正常分配了资源，此时调用 updateSlot() 方法更新 Slot 为已分配状态。

❑ 如果 Ack 未正确返回，则判断失败原因。如果接收到 Slot 已经被占用的异常，则继续抛出异常，同时使用返回的 Slot 信息更新 SlotManager 对应 Slot 的状态；如果是其他异常，则调用 removeSlotRequestFromSlot() 方法，清除 Slot 的 SlotRequest 信息。

❑ 如果返回 Cancellation 类型异常，则调用 handleFailedSlotRequest() 方法进行处理，此时 SlotManager 会重新分配一个新的 Slot 满足 SlotRequest 中的资源请求，如果还无法满足则抛出异常。

代码清单 3-42　SlotManagerImpl.allocateSlot() 方法定义

```
private void allocateSlot(TaskManagerSlot taskManagerSlot, PendingSlotRequest
   pendingSlotRequest) {
   //taskManagerSlot 中的资源状态为 FREE
   Preconditions.checkState(taskManagerSlot.getState() == TaskManagerSlot.
      State.FREE);
      // 获取 taskExecutorConnection
   TaskExecutorConnection taskExecutorConnection = taskManagerSlot.
      getTaskManagerConnection();
   // 获取 TaskExecutorGateway
   TaskExecutorGateway gateway = taskExecutorConnection.
      getTaskExecutorGateway();
   final CompletableFuture<Acknowledge> completableFuture = new
      CompletableFuture<>();
   final AllocationID allocationId = pendingSlotRequest.getAllocationId();
   final SlotID slotId = taskManagerSlot.getSlotId();
   final InstanceID instanceID = taskManagerSlot.getInstanceId();
      // 将 pendingSlotRequest 分配给当前的 taskManagerSlot
   taskManagerSlot.assignPendingSlotRequest(pendingSlotRequest);
   // 为 pendingSlotRequest 设定 RequestFuture
   pendingSlotRequest.setRequestFuture(completableFuture);
   returnPendingTaskManagerSlotIfAssigned(pendingSlotRequest);
   // 从 taskManagerRegistrations 中获取当前 TaskManager 实例的 taskManager 注册信息
   TaskManagerRegistration taskManagerRegistration = taskManagerRegistrations.
      get(instanceID);
   if (taskManagerRegistration == null) {
      throw new IllegalStateException("Could not find a registered task
         manager for instance id " +
         instanceID + '.');
   }
   // TaskManager 注册信息标记为已被使用状态
   taskManagerRegistration.markUsed();
   // 调用 TaskManagerGateway, 为 pendingSlotRequest 中的 JobId 分配 Slot 资源
   CompletableFuture<Acknowledge> requestFuture = gateway.requestSlot(
      slotId,
      pendingSlotRequest.getJobId(),
      allocationId,
      pendingSlotRequest.getResourceProfile(),
      pendingSlotRequest.getTargetAddress(),
      resourceManagerId,
      taskManagerRequestTimeout);
   // 执行 requestFuture 中的操作并返回 Ack 确认信息
   requestFuture.whenComplete(
      (Acknowledge acknowledge, Throwable throwable) -> {
         if (acknowledge != null) {
```

```
            completableFuture.complete(acknowledge);
        } else {
            completableFuture.completeExceptionally(throwable);
        }
    });
    // 执行 completableFuture 中的操作
    completableFuture.whenCompleteAsync(
        (Acknowledge acknowledge, Throwable throwable) -> {
            try {
                // 判断 acknowledge 是否为空, 不为空则执行 updateSlot() 操作
                if (acknowledge != null) {
                    updateSlot(slotId, allocationId, pendingSlotRequest.
                        getJobId());
                } else {
                    // 否则具体判断原因, 如果 Slot 已经被占用, 则抛出异常并根据异常中的信息更新
                    //   Slot
                    if (throwable instanceof SlotOccupiedException) {
                        SlotOccupiedException exception = (SlotOccupiedException)
                            throwable;
                        updateSlot(slotId, exception.getAllocationId(), exception.
                            getJobId());
                    } else {
                        // 否则在 Slot 上清除 SlotRequest 信息
                        removeSlotRequestFromSlot(slotId, allocationId);
                    }
                    // 如果是 Cancellation 异常, 则调用 handleFailedSlotRequest() 方法
                    //   进行处理
                    if (!(throwable instanceof CancellationException)) {
                        handleFailedSlotRequest(slotId, allocationId, throwable);
                    } else {
                        LOG.debug("Slot allocation request {} has been cancelled.",
                            allocationId, throwable);
                    }
                }
            } catch (Exception e) {
                LOG.error("Error while completing the slot allocation.", e);
            }
        },
        mainThreadExecutor);
}
```

至此，ResourceManager 就根据 JobManager 的资源申请完成了 Slot 计算资源的分配。此时 TaskExecutor 会接收到 Slot 资源分配的消息，进行下一步操作。例如判断本地的 taskSlotTable 中是否有足够的 Slot 数据，并向 JobManager 提供可以分配的 Slot 资源等。

3. TaskExecutor 接收 ResourceManager 的 Slot 分配请求

如代码清单 3-43 所示，在 TaskExecutor.requestSlot() 方法中定义了 ResourceManager 向 TaskExecutor 通知和分配 Slot 计算资源的全部过程。

- 在 TaskExecutor 中首先过滤 ResourceManager 无效的资源申请，包括判断和 Resource-Manager 之间的网络连接是否正常、本地 taskSlotTable 中的空闲 Slot 数量是否满足指定 SlotNumber 的请求数量等，如果条件不满足则抛出异常。
- 如果 jobManagerTable 包含了指定 JobId 对应的注册信息，则调用 offerSlotsTo-JobManager() 方法直接向 JobManager 提供分配的 Slot 计算资源。jobManagerTable 中 JobManager 的注册信息是 JobManager 启动过程中主动向 TaskManager 注册生成的。
- 如果 jobManagerTable 没有注册 JobId 信息，则调用 jobLeaderService.addJob(jobId, targetAddress) 方法将该 JobId 对应的作业信息注册到 JobLeaderService 中，在此期间如果出现异常，都需要释放 Slot。

代码清单 3-43　TaskExecutor.requestSlot() 方法定义

```
public CompletableFuture<Acknowledge> requestSlot(
    final SlotID slotId,
    final JobID jobId,
    final AllocationID allocationId,
    final ResourceProfile resourceProfile,
    final String targetAddress,
    final ResourceManagerId resourceManagerId,
    final Time timeout) {
    // 判断分配的资源是否满足条件
    log.info("Receive slot request {} for job {} from resource manager with
        leader id {}.",allocationId, jobId, resourceManagerId);
    try {
        if (!isConnectedToResourceManager(resourceManagerId)) {
            final String message = String.format("TaskManager is not connected to
                the resource manager %s.", resourceManagerId);
            log.debug(message);
            throw new TaskManagerException(message);
        }
        // 没有足够的 Slot 计算资源
        if (taskSlotTable.isSlotFree(slotId.getSlotNumber())) {
            if (taskSlotTable.allocateSlot(slotId.getSlotNumber(), jobId,
                allocationId, resourceProfile, taskManagerConfiguration.
                    getTimeout())) {
                log.info("Allocated slot for {}.", allocationId);
            } else {
                log.info("Could not allocate slot for {}.", allocationId);
                throw new SlotAllocationException("Could not allocate slot.");
            }
        // slotId 已经被分配给不同的任务
        } else if (!taskSlotTable.isAllocated(slotId.getSlotNumber(), jobId,
            allocationId)) {
            final String message = "The slot " + slotId + " has already been
                allocated for a different job.";
            log.info(message);
            final AllocationID allocationID = taskSlotTable.
```

```
        getCurrentAllocation(slotId.getSlotNumber());
      throw new SlotOccupiedException(message, allocationID, taskSlotTable.
        getOwningJob(allocationID));
    }
    // jobManagerTable 已经注册了 JobId 信息
    if (jobManagerTable.contains(jobId)) {
      offerSlotsToJobManager(jobId);
    } else {
      try {
        jobLeaderService.addJob(jobId, targetAddress);
      } catch (Exception e) {
        // 省略部分代码
      }
    }
  } catch (TaskManagerException taskManagerException) {
    return FutureUtils.completedExceptionally(taskManagerException);
  }
  return CompletableFuture.completedFuture(Acknowledge.get());
}
```

4. JobManager 接收 TaskExecutor 的 SlotOffer 消息

在 TaskExecutor 中为 JobManager 分配到 Slot 资源后，TaskExecutor 会调用 RPC 方法向 JobManager 发送 SlotOffer 信息，表明申请的 Slot 计算资源已经可以提供给 JobManager 使用，JobManager 可以使用这些 Slot 资源对 Task 进行调度和执行。

如代码清单 3-44 所示，TaskExecutor 会调用 JobMaster.offerSlots() 方法向 JobManager 发送 SlotOffer 消息，过程如下。

- ❑ 从 registeredTaskManagers 对象中获取指定 taskManagerId 的注册信息，包括 Task-ManagerLocation 和 TaskExecutorGateway。
- ❑ 创建 RpcTaskManagerGateway 实例，同时调用 getFencingToken() 方法获取 Token 信息，用于访问 TaskManager RPC 接口时进行 Token 认证。
- ❑ 调用 slotPool.offerSlots() 方法处理 TaskManager 发送的 SlotOffer 信息，主要将 SlotOffer 信息存储在 JobManager 本地的 SlotPool 组件中。任务在调度和执行时，会从 SlotPool 中获取有效的 Slot 资源，通过调度器向 Slot 所在的 TaskManager 提交 Task 实例并运行。
- ❑ 将注册好的 SlotOffer 信息返回给 TaskExecutor，用于清除 TaskExecutor 中已经分配的 Slot 信息。

代码清单 3-44　JobMaster.offerSlots() 方法定义

```
public CompletableFuture<Collection<SlotOffer>> offerSlots(
    final ResourceID taskManagerId,
    final Collection<SlotOffer> slots,
    final Time timeout) {
```

```
Tuple2<TaskManagerLocation, TaskExecutorGateway> taskManager =
    registeredTaskManagers.get(taskManagerId);
if (taskManager == null) {
    return FutureUtils.completedExceptionally(new Exception("Unknown
        TaskManager " + taskManagerId));
}
final TaskManagerLocation taskManagerLocation = taskManager.f0;
final TaskExecutorGateway taskExecutorGateway = taskManager.f1;
final RpcTaskManagerGateway rpcTaskManagerGateway = new RpcTaskManager
    Gateway(taskExecutorGateway, getFencingToken());
return CompletableFuture.completedFuture(
    slotPool.offerSlots(
        taskManagerLocation,
        rpcTaskManagerGateway,
        slots));
}
```

接下来 JobManager 就可以将 Task 提交到指定的 TaskManager 中并运行了。对于 Task
是如何在 TaskManager 上运行和处理数据的，我们将在第 4 章重点介绍。

3.4　系统高可用与容错

对于 7×24 小时不间断运行的流式系统来讲，保证集群核心组件的高可用是非常重要
的。在 Flink 集群运行时中，所有的核心组件都基于 ZooKeeper 实现了高可用保障，本节我
们就来重点了解 Flink 集群中如何实现系统组件高可用保障的。

3.4.1　HighAvailabilityServices 的设计与实现

在运行时中主要通过 HighAvailabilityServices 基础服务来创建和初始化核心组件的高
可用服务。如图 3-15 所示，HighAvailabilityServices 主要分为 AbstractNonHaServices 和
ZooKeeperHaServices 两种类型，其中 AbstractNonHaServices 实际上不提供高可用能力，主
要有 EmbededHaServices 和 StandaloneHaServices 两个实现类，ZooKeeperHaServices 通过
ZooKeeper 实现集群组件服务的高可用。

从图 3-15 中我们可以看出，HighAvailabilityServices 接口继承了 ClientHighAvailability-
Services 接口，提供创建支持高可用集群客户端的方法，主要用于创建 Flink 客户端内部使
用的 ClusterClient。通过 ClusterClient 可以获取活跃的 WebMonitorAddress 地址。

创建 HighAvailabilityServices 主要通过 HighAvailabilityServicesUtils 工具类完成。High-
AvailabilityServices 可以不借助 ZooKeeper 实现，也就是说，用户可以自定义高可用服务。
自定义 HighAvailabilityServices 主要借助 HighAvailabilityServicesFactory，而 HighAvailability-
ServicesFactory 是通过 Java SPI 加载和注入系统的。

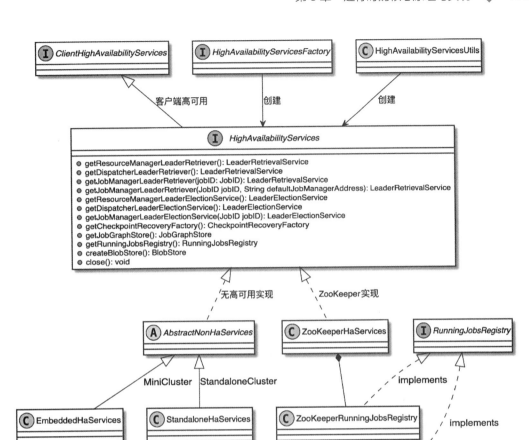

图 3-15　HighAvailabilityServices UML 关系图

1. 创建 HighAvailabilityServices

我们知道，当启动集群运行时的时候，会初始化基础服务实现，其中就包括高可用服务的创建和初始化。ClusterEntrypoint 会在 initializeServices() 方法中调用 createHaServices() 方法创建 HighAvailabilityServices。

如代码清单 3-45 所示，在 ClusterEntrypoint.createHaServices() 方法中最终会调用 High-AvailabilityServicesUtils.createHighAvailabilityServices() 方法创建 HighAvailabilityServices。

代码清单 3-45　ClusterEntrypoint.createHaServices() 方法定义

```
protected HighAvailabilityServices createHaServices(
    Configuration configuration,
    Executor executor) throws Exception {
```

```
    return HighAvailabilityServicesUtils.createHighAvailabilityServices(
        configuration,
        executor,
        HighAvailabilityServicesUtils.AddressResolution.NO_ADDRESS_RESOLUTION);
    }
```

如代码清单 3-46 所示，通过 HighAvailabilityServicesUtils.createHighAvailabilityServices()
方法创建高可用服务，方法主要包括以下逻辑。

- 从 Configuration 配置中获取 HighAvailabilityMode 参数，HighAvailabilityMode 主要
  有 NONE、ZOOKEEPER 以及 FACTORY_CLASS 三种类型。
- 根据 HighAvailabilityMode 参数创建相应类型的高可用服务。
- 如果 HighAvailabilityMode 为 NONE，则创建 StandaloneHaServices，这时会通过 Akka-
  RpcServiceUtils 获取集群的 JobManagerRpc、ResourceManagerRpc 和 DispatcherRpc
  的固定地址，然后通过这些参数创建 StandaloneHaServices。
- 如果 HighAvailabilityMode 为 ZOOKEEPER，则创建 ZooKeeperHaServices 实例，即
  基于 ZooKeeper 实现集群的高可用服务。
- 如果 HighAvailabilityMode 为 FACTORY_CLASS，则自定义高可用服务，主要通过
  createCustomHAServices() 方法进行创建。

代码清单 3-46　HighAvailabilityServicesUtils.createHighAvailabilityServices() 方法

```
public static HighAvailabilityServices createHighAvailabilityServices(
        Configuration configuration,
        Executor executor,
        AddressResolution addressResolution) throws Exception {
    // 从 Config 中获取 HighAvailabilityMode
    HighAvailabilityMode highAvailabilityMode = HighAvailabilityMode.
        fromConfig(configuration);
    // 根据 HighAvailabilityMode 创建相应类型的高可用服务
    switch (highAvailabilityMode) {
        case NONE:
    // 创建 StandaloneHaServices
    // 从 Config 中获取 JobManager 地址
            final Tuple2<String, Integer> hostnamePort = getJobManagerAddress
                (configuration);
            // 通过 AkkaRpcServiceUtils 获取 JobManagerRpc 地址
            final String jobManagerRpcUrl = AkkaRpcServiceUtils.getRpcUrl(
                hostnamePort.f0,
                hostnamePort.f1,
                JobMaster.JOB_MANAGER_NAME,
                addressResolution,
                configuration);
    // 通过 AkkaRpcServiceUtils 获取 ResourceManagerRpc 地址
            final String resourceManagerRpcUrl = AkkaRpcServiceUtils.
                getRpcUrl(
```

```
                    hostnamePort.f0,
                    hostnamePort.f1,
                    ResourceManager.RESOURCE_MANAGER_NAME,
                    addressResolution,
                    configuration);
        // 通过 AkkaRpcServiceUtils 获取 DispatcherRpc 地址
            final String dispatcherRpcUrl = AkkaRpcServiceUtils.getRpcUrl(
                    hostnamePort.f0,
                    hostnamePort.f1,
                    Dispatcher.DISPATCHER_NAME,
                    addressResolution,
                    configuration);
        // 获取 WebMonitor 地址
            final String webMonitorAddress = getWebMonitorAddress(
                    configuration,
                    addressResolution);
            // 创建 StandaloneHaServices
            return new StandaloneHaServices(
                    resourceManagerRpcUrl,
                    dispatcherRpcUrl,
                    jobManagerRpcUrl,
                    webMonitorAddress);
        case ZOOKEEPER:
    // 通过 ZOOKEEPER 创建 ZooKeeperHaServices
            BlobStoreService blobStoreService = BlobUtils.createBlobStoreFrom
                    Config(configuration);
            return new ZooKeeperHaServices(
                    ZooKeeperUtils.startCuratorFramework(configuration),
                    executor,
                    configuration,
                    blobStoreService);
        case FACTORY_CLASS:
     // 自定义创建 HAServices
                return createCustomHAServices(configuration, executor);
        // 抛出不支持的 highAvailabilityMode 异常
            default:
                throw new Exception("Recovery mode " + highAvailabilityMode + " is
                    not supported.");
        }
    }
```

通过以上步骤，根据不同 HighAvailabilityMode 创建相应的 HighAvailabilityServices，此时集群组件可以基于 HighAvailabilityServices 提供的基础服务对外提供高可用服务。

2. HighAvailabilityServices 的主要功能

当 HighAvailabilityServices 基础服务创建完毕后，需要借助 HighAvailabilityServices 提供的能力，帮助集群组件实现服务的高可用。如图 3-16 所示，在 HighAvailabilityServices 中提供了集群各个组件创建高可用服务的方法。

图 3-16 HighAvailabilityServices UML 关系图

HighAvailabilityServices 接口中的主要方法如下。

❏ getResourceManagerLeaderRetriever()：获取 ResourceManager 组件的 leaderRetrieval-Service 服务。

❏ getDispatcherLeaderRetriever()：获取 Dispatcher 组件的 LeaderRetrievalService 服务。

❏ getJobManagerLeaderRetriever()：获取 JobManager 组件的 LeaderRetrievalService 服务。

❏ getResourceManagerLeaderElectionService()：获取 ResourceManager 组件的 LeaderElection-Service 服务。

❏ getDispatcherLeaderElectionService()：获取 Dispatcher 组件的 LeaderElectionService 服务。

❏ getJobManagerLeaderElectionService()：获取 JobManager 组件的 LeaderElectionService 服务。

❏ getClusterRestEndpointLeaderRetriever()：获取 WebMonitorEndpoint 组件的 RestEndpoint-LeaderRetriever 服务。

❏ getClusterRestEndpointLeaderElectionService()：获取 WebMonitorEndpoint 组件的 LeaderElectionService 服务。

❏ getCheckpointRecoveryFactory()：在 JobManager 中获取 CheckpointRecoveryFactory，为每个任务创建 CompletedCheckpointStore。

❏ getJobGraphStore()：获取 JobGraphStore，通过 JobGraphStore 对 JobGraph 进行持久化，在系统异常重启后恢复 JobGraph。

❏ getRunningJobsRegistry()：获取 RunningJobsRegistry 服务，在 RunningJobsRegistry

中记录任务的运行状态。

❑ createBlobStore()：创建 BlobStore 服务，用于持久化并共享集群中的对象数据。

可以看出，HighAvailabilityServices 基础服务提供了运行时中所有组件高可用服务需要的方法以及创建 leaderRetrievalService 和 LeaderElectionService 服务的方法。其中 leaderRetrieval-Service 用于高可用组件的调用方，例如在 JobManager 中通过 ResourceManagerLeader-Retriever 服务获取 ResourceManager 的 Leader 节点，通过 LeaderElectionService 选择并授权 LeaderContender 的 LeaderShip，一旦当前组件被选为 Leader 节点，就可以对外提供服务，leaderRetrievalService 就能够获取已注册且有效的 Leader 节点。

3.4.2 基于 ZooKeeper 实现高可用

接下来我们重点学习如何基于 ZooKeeper 实现 HighAvailabilityServices，了解在 ZooKeeper-HaServices 中 LeaderElectionService 和 leaderRetrievalService 的实现原理。

如图 3-17 所示，HighAvailabilityServices 接口主要提供了获取不同集群组件的 Leader-RetrievalService 和 LeaderElectionService 服务。

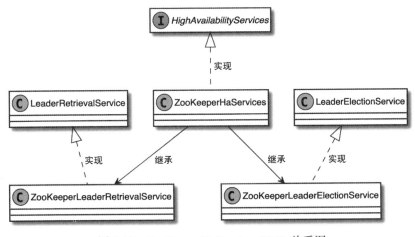

图 3-17 ZooKeeperHaServices UML 关系图

LeaderRetrievalService 用于获取高可用组件当前的 Leader 地址，内部主要通过 Leader-RetrievalListener 监听新切换的 Leader 地址。LeaderElectionService 基于 ZooKeeper 实现了从服务竞选者中选举新 Leader 的功能，且同一时间有效的 Leader 节点有且仅有一个，获得 Leader 角色的组件才可以对外提供服务。

在集群运行时中实现了 ZooKeeperLeaderRetrievalService 和 ZooKeeperLeaderElection-Service，提供了基于 ZooKeeper 实现的 LeaderRetrievalService 和 LeaderElectionService，所有组件服务使用的 LeaderElectionService 和 LeaderRetrievalService 实现都是通过 ZooKeeper-Utils 创建的。

1. 基于 Curator 框架与 ZooKeeper 系统通信

在 Flink 中使用 Curator 框架实现与 ZooKeeper 集群之间的通信。Curator 是 Netflix 公司开源的一套 ZooKeeper 客户端框架，屏蔽了 ZooKeeper 客户端非常底层的细节开发工作，例如连接重连、反复注册 Watcher 和 NodeExistsException 异常处理等。Curator 框架与 ZooKeeper 交互的逻辑都在 ZooKeeperUtils 中实现，包括对 Curator 框架的初始化和启动。

基于 ZooKeeper 实现 HighAvailabilityServices 后，Flink 在 ZooKeeper 中存储的文件夹格式如下所示。

```
/flink
*        +/cluster_id_1/resource_manager_lock
*        |             |
*        |             +/job-id-1/job_manager_lock
*        |             |        /checkpoints/latest
*        |             |                    /latest-1
*        |             |                    /latest-2
*        |             |
*        |             +/job-id-2/job_manager_lock
*        |
*        +/cluster_id_2/resource_manager_lock
*                      |
*                      +/job-id-1/job_manager_lock
*                                |/checkpoints/latest
*                                |            /latest-1
*                                |/persisted_job_graph
```

其中，ZooKeeper 的文件夹层级通过不同的 ClusterID 进行区分，同时在每个集群中又包含了当前集群对应的 ResourceManager 组件，通过 resource_manager_lock 控制 ResourceManager 的 Leader 选举。在每个 Cluster 中还包含多个 Job，通过 job-id 进行区分，每个 Job 地址下面又包含了 checkpoints 数据以及 JobGraph 信息。

2. 基于 LeaderElectionService 实现 Leader 竞选

通过 LeaderElectionService 可以对 LeaderContender 进行选举，并产生新的 Leader 对外提供服务，每个组件需要实现 LeaderContender 接口作为 Leader 竞选者。

如图 3-18 所示，在 Flink 集群运行时中实现 LeaderContender 接口的组件主要有 Resource-Manager、DefaultDispatcherRunner、WebMonitorEndpoint 和 JobManagerRunnerImpl，这些组件都可以通过 LeaderElectionService 在竞选者之间选择可用的 Leader 服务。

下面我们以 ResourceManager 为例说明 LeaderElectionService 的设计与实现。如代码清单 3-47 所示，在 ResourceManager.startResourceManagerServices() 方法中，通过 highAvailability-Services 获取 ResourceManagerLeaderElectionService，然后基于 leaderElectionService.start() 方法启动 ResourceManager 竞争节点。ResourceManager 所在的 LeaderContender 会主动竞争 LeaderShip，最后由具有 LeaderShip 的 ResourceManager 组件对外提供资源管理服务。

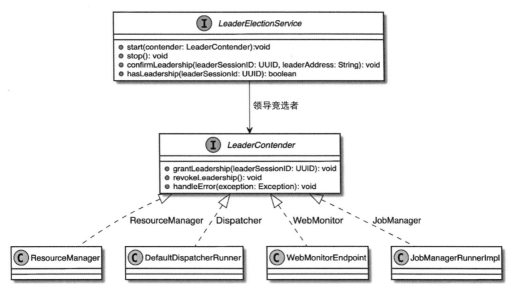

图 3-18 LeaderContender UML 关系图

代码清单 3-47 ResourceManager.startResourceManagerServices() 方法定义

```
private void startResourceManagerServices() throws Exception {
    try {
        // 通过 highAvailabilityServices 获取 leaderElectionService
        leaderElectionService = highAvailabilityServices.getResourceManagerLeader
            ElectionService();
        // 初始化
        initialize();
        // 通过 LeaderElectionService 服务启动当前的 ResourceManager，并设定为 Leader 角色
        leaderElectionService.start(this);
        // 启动 JobLeaderIdService
        jobLeaderIdService.start(new JobLeaderIdActionsImpl());
            // 注册 Slot 和 TaskExecutor 的 Metrics 监控指标
        registerSlotAndTaskExecutorMetrics();
    } catch (Exception e) {
        handleStartResourceManagerServicesException(e);
    }
}
```

如代码清单 3-48 所示，在 ZooKeeperLeaderElectionService.start() 方法中，主要通过
Curator-Framework 与 ZooKeeper 进行交互。ZooKeeperLeaderElectionService 除了实现 Leader-
ElectionService 接口之外，还实现了 CuratorFramework 中的三个接口：LeaderLatchListener、
NodeCacheListener 和 UnhandledErrorListener。其中 LeaderLatchListener 用于监听当前的
LeaderContender 是否为 Leader，NodeCacheListener 用于监听节点的创建、更新、删除，并
将节点的数据缓存在本地。

代码清单 3-48　ZooKeeperLeaderElectionService.start() 方法定义

```
public void start(LeaderContender contender) throws Exception {
    // 检查 LeaderContender 是否为空
    Preconditions.checkNotNull(contender, "Contender must not be null.");
    Preconditions.checkState(leaderContender == null, "Contender was already set.");
    // 开始启动 ZooKeeperLeaderElectionService
    LOG.info("Starting ZooKeeperLeaderElectionService {}.", this);
    // 同步处理
    synchronized (lock) {
        // 向 CuratorFramework 中添加 UnhandledErrorListener
        client.getUnhandledErrorListenable().addListener(this);
        // 将当前 contender 设定为 leaderContender
        leaderContender = contender;
        // 向 CuratorFramework 中添加 LeaderLatchListener，并启动 leaderLatch
        leaderLatch.addListener(this);
        leaderLatch.start();
        // 向 NodeCache 中添加 NodeCacheListener，并启动 NodeCache
        cache.getListenable().addListener(this);
        cache.start();
        // 创建并添加 ConnectionStateListener
        client.getConnectionStateListenable().addListener(listener);
        running = true;
    }
}
```

从代码清单 3-48 中可以看出，ZooKeeperLeaderElectionService.start() 方法的逻辑如下。

❑ 检查 LeaderContender 是否为空，如果为空则抛出异常。

❑ 向 CuratorFramework 中添加 UnhandledErrorListener。UnhandledErrorListener 用于收集 ZooKeeperLeaderElectionService 中的异常，但不做处理，而是交给 leaderContender. handleError() 处理。

❑ 向 CuratorFramework 的 LeaderLatch 中添加 LeaderLatchListener，并启动 LeaderLatch。LeaderLatch 组件实现了对 Leader 的选举。

❑ 向 NodeCache 中添加 NodeCacheListener，并启动 NodeCache 服务。NodeCache 用于观察节点自身的变化，如果节点被创建、更新或者删除，那么 NodeCache 就会更新缓存，并触发事件给注册的监听器。

创建并添加 ConnectionStateListener 组件，用于监听和处理与 ZooKeeper 之间的连接状态，这里主要分为 CONNECTED、SUSPENDED、RECONNECTED 和 LOST 四种状态，然后在 ZooKeeperLeaderElectionService.handleStateChange() 方法中处理不同类型的状态值。

通过以上步骤创建和启动 ResourceManager 组件的 ZooKeeperLeaderElectionService 服务，集群中 ResourceManager 组件就可以借助 ZooKeeperLeaderElectionService 实现高可用保障。通过 LeaderRetriever 服务可以让其他组件第一时间获取 ResourceManager Leader 节点的地址信息。接下来我们看下 LeaderRetrievalService 的设计与实现。

3. 基于 LeaderRetrievalService 获取 Leader 节点

LeaderRetrievalService 主要用于获取集群中当前活动的 Leader 节点，例如在 Task-Executor 中，需要获取当前集群中 ResourceManager 组件的有效地址，防止因为 Resource-Manager 出现故障而导致集群异常。此时 LeaderRetrievalService 负责监听开启高可用服务的组件，如果集群中 ResourceManager 组件的 LeaderShip 发生了切换，会立即通过监听器通知 TaskExecutor 组件，从而保证整个集群的稳定运行。

如图 3-19 所示，LeaderRetrievalService 接口主要提供了集群 ZooKeeper 和 Standalone 两种实现，ZooKeeperLeaderRetrievalService 支持在高可用集群模式下获取指定组件的 Leader 节点。StandaloneLeaderRetrievalService 是 Standalone 集群的默认实现，在集群中仅会提供单个 Leader 节点信息，JobManager 和 ResourceManager 组件服务的地址信息都会存储在系统常量中，一旦出现系统异常，这些节点之间会失去联系。

在图 3-19 中也可以看出，LeaderRetrievalService 接口主要提供了 start() 和 stop() 两个方法。当启动 LeaderRetrievalService 服务时，需要将 LeaderRetrievalListener 作为参数，实现对目标服务 Leader 地址切换的监听操作，一旦被监听组件的地址发生变化，就会调用 LeaderRetrievalListener.notifyLeaderAddress() 方法通知监听者，使监听者第一时间获得有效的 Leader 节点地址。

在集群运行时中，LeaderRetrievalService 的主要应用场景如下。

❑ JobMaster/TaskExecutor 获取 ResourceManager Leader 连接地址。

❑ TaskExecutor 通过 JobLeaderService 获取作业的 Leader 地址。

❑ WebMonitorEndpoint 获 取 DispatcherGateway 和 ResourceManagerGateway 的 Leader 地址。

我们以 TaskExecutor 获取 ResourceManager Leader 节点为例进行说明。在 TaskExecutor 中通过 HAService 提供的 getResourceManagerLeaderRetriever() 方法获取 resourceManager-LeaderRetriever，代码如下所示。

```
this.resourceManagerLeaderRetriever = haServices.getResourceManagerLeader
    Retriever();
```

在 getResourceManagerLeaderRetriever() 方法中调用 ZooKeeperUtils.createLeaderRetrieval-Service() 方法创建指定的 LeaderRetrievalService，且需要指定 RESOURCE_MANAGER_LEADER_PATH 地址，代码如下所示。

```
public LeaderRetrievalService getResourceManagerLeaderRetriever() {
    return ZooKeeperUtils.createLeaderRetrievalService(client, configuration,
        RESOURCE_MANAGER_LEADER_PATH);
}
```

如代码清单 3-49 中所示，ZooKeeperLeaderRetrievalService 和 ZooKeeperLeaderElection-Service 的启动方式一致，主要包括如下步骤。

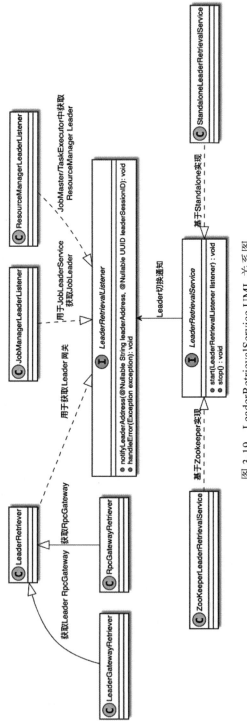

图 3-19 LeaderRetrievalService UML 关系图

❑ 检查 LeaderRetrievalListener 是否为空，如果为空则抛出异常。

❑ 在启动 ZooKeeperLeaderRetrievalService 的过程中使用 synchronized 进行加锁处理。

❑ 将传入的 LeaderRetrievalListener 设为 leaderListener，然后向 CuratorFrameworkClient 中加入 UnhandledErrorListener 接口实现，调用 LeaderRetrievalListener.handleError() 方法对 ZooKeeperLeaderRetrievalService 中的异常进行处理。

❑ 向 NodeCache 中添加 NodeCacheListener 监听器实现，监听 NodeCache 中节点的变化，当节点发生变化时，及时选择新的 Leader 节点，并通过 leaderListener.notify-LeaderAddress(leaderAddress, leaderSessionID) 通知监听方。

❑ 向 CuratorFrameworkClient 中加入 connectionStateListener，监听与 ZooKeeper 之间的连接状态，并通过 connectionStateListener.handleStateChange() 方法进行处理。

代码清单 3-49　ZooKeeperLeaderRetrievalService.start() 方法定义

```
public void start(LeaderRetrievalListener listener) throws Exception {
    // 检查 LeaderRetrievalListener 是否为空
    Preconditions.checkNotNull(listener, "Listener must not be null.");
    Preconditions.checkState(leaderListener == null, "ZooKeeperLeaderRetrieval
      Service can " +
          "only be started once.");
    // 启动 ZooKeeperLeaderRetrievalService
    LOG.info("Starting ZooKeeperLeaderRetrievalService {}.", retrievalPath);
    // 进行同步加锁处理，防止同时启动多个 LeaderRetrievalService
    synchronized (lock) {
        leaderListener = listener;
        // 向 CuratorFrameworkClient 中加入 UnhandledErrorListenable 实现
        client.getUnhandledErrorListenable().addListener(this);
        // 向 CuratorFrameworkClient 中加入 NodeCacheListener 实现
        cache.getListenable().addListener(this);
        // 启动 NodeCache 服务
        cache.start();
        // 向 CuratorFrameworkClient 中加入 connectionStateListener
        client.getConnectionStateListenable().addListener(connectionStateListener);
        // 最后设定 running 为 true
        running = true;
    }
}
```

3.4.3　JobGraphStore 的设计与实现

在 Session 集群模式下，当集群开启高可用后，会通过 HighAvailabilityServices 服务为 Session 集群创建 JobGraphStore。JobGraphStore 可以存储提交的 JobGraph 信息，当集群宕机后，可以从 JobGraphStore 中恢复之前提交的 JobGraph，从而保证提交到集群上的作业恢复正常，如图 3-20 所示。

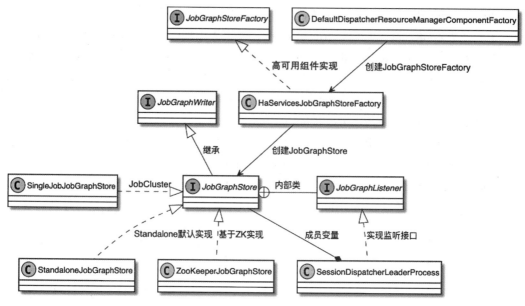

图 3-20　JobGraphStore UML 关系图

从图 3-20 中可以看出如下逻辑。

❑ 通过 JobGraphStoreFactory 创建 JobGraphStore 服务，JobGraphStoreFactory 的默认实现为 HaServicesJobGraphStoreFactory。

❑ 通过 DefaultDispatcherResourceManagerComponentFactory 创建 HaServicesJobGraph-StoreFactory。

❑ JobGraphStore 的实现主要有 SingleJobJobGraphStore、StandaloneJobGraphStore 和 ZooKeeperJobGraphStore 三种类型，只有 ZooKeeperJobGraphStore 可以提供 JobGraph 的持久化和恢复操作，另外两种都是非高可用类型。

❑ JobGraphStore 实现了 JobGraphListener 接口，完成对 JobGraphStore 增加或删除 JobGraph 的监听操作。这里的监听方实际就是 SessionDispatcherLeaderProcess，当 JobGraphStore 中的 JobGraph 发生变化时，会立即通知 SessionDispatcherLeader-Process 根据需要启动或停止 JobGraph 对应的作业。

1. JobGraphStore 的创建与启动

通过 HaServicesJobGraphStoreFactory 创建 JobGraphStore，在集群组件中对 JobGraph 进行恢复和启动主要是借助 DispatcherLeaderProcess 完成的。如代码清单 3-50 所示，在启动 Dispatcher 的过程中，会调用 new HaServicesJobGraphStoreFactory(highAvailabilityServices) 方法创建 HaServicesJobGraphStoreFactory，并基于 HaServicesJobGraphStoreFactory 创建 DispatcherLeaderProcess 使用的 JobGraphStore 实例。

代码清单 3-50　DefaultDispatcherResourceManagerComponentFactory 创建 Dispatcher

```
log.debug("Starting Dispatcher.");
dispatcherRunner = dispatcherRunnerFactory.createDispatcherRunner(
    highAvailabilityServices.getDispatcherLeaderElectionService(),
    fatalErrorHandler,
    new HaServicesJobGraphStoreFactory(highAvailabilityServices),
    ioExecutor,
    rpcService,
    partialDispatcherServices);
```

在 HaServicesJobGraphStoreFactory.create() 方法中，实际上是调用了 highAvailability-Services.getJobGraphStore() 方法创建 JobGraphStore。在 HighAvailabilityServices 的实现类中提供了创建 JobGraphStore 的方法，例如 ZooKeeperHighAvailabilityServices 可以创建 ZooKeeper-JobGraphStore 实例。

2. Session 集群启动 JobGraph 恢复

当集群宕机或者重启后，需要恢复之前在集群上已经运行的作业，这种情况就需要借助 JobGraphStore 恢复已经持久化的作业。如果 Session 集群开启了高可用，此时就能将 JobGraph 从 JobGraphStore 中恢复出来并运行。

如代码清单 3-51 所示，SessionDispatcherLeaderProcess 启动后会调用 onStart() 方法，在方法中首先调用 startServices() 方法启动 JobGraphStore 服务，然后调用 recoverJobs-Async() 方法直接恢复 JobGraphStore 中的 JobGraph，最终将恢复出来的 JobGraph 提交到 Dispatcher 组件服务上运行。

代码清单 3-51　SessionDispatcherLeaderProcess.onStart() 方法

```
protected void onStart() {
    // 启动 JobGraphStore 服务
    startServices();
    // 异步恢复存储在 JobGraphStore 中的 Job
    onGoingRecoveryOperation = recoverJobsAsync()
        .thenAccept(this::createDispatcherIfRunning)
        .handle(this::onErrorIfRunning);
}
```

如代码清单 3-52 所示，在 recoverJobs() 方法定义中可以看出，对 JobGraph 的恢复操作主要分为两个部分，首先调用 getJobIds() 方法从 JobGraphStore 中获取 JobIds 列表。然后通过 JobIds 列表从 JobGraphStore 中获取 JobGraph 并返回，接下来在 SessionDispatcherLeaderProcess 中调用 createDispatcherIfRunning() 方法调度并执行恢复的 JobGraph。

代码清单 3-52　SessionDispatcherLeaderProcess.recoverJobs() 方法定义

```
private Collection<JobGraph> recoverJobs() {
    log.info("Recover all persisted job graphs.");
```

```
// 从 JobGraphStore 中返回所有的 JobIds
final Collection<JobID> jobIds = getJobIds();
final Collection<JobGraph> recoveredJobGraphs = new ArrayList<>();
// 获取每个 JobId 对应的 JobGraph
for (JobID jobId : jobIds) {
    recoveredJobGraphs.add(recoverJob(jobId));
}
log.info("Successfully recovered {} persisted job graphs.",
    recoveredJobGraphs.size());
return recoveredJobGraphs;
}
```

3.5　本章小结

本章介绍了集群运行时中涉及的核心组件及这些组件底层的核心实现原理。我们先从整体架构的角度了解了集群运行时的核心组件，然后学习了集群中资源管理器的实现，最后了解了 Flink 集群高可用的设计与实现。

第 4 章 *Chapter 4*

任务提交与执行

编写完 Flink 应用程序后，下一步是将应用程序提交到集群运行时运行。提交作业涉及客户端到集群运行时的整个流程。前面我们已经对 DataStream API 和集群运行时进行了深入的讲解，本章将结合前面的内容，重点介绍将 Flink 作业提交到集群运行时涉及的主要原理和源码实现。

4.1　客户端作业提交

本节我们重点介绍通过客户端命令行方式提交作业的主要流程。

4.1.1　命令行提交

用户通过 DataStream API 构建 Flink 应用程序之后，下一步就是将构建好的 JAR 包提交到集群中运行，整个过程涉及客户端和集群运行时之间的交互。

如图 4-1 所示，Flink 的作业提交方式主要分为两种类型：一种是直接运行在本地 JVM 的伪分布式模式，即通过在 JVM 进程内构建 Mini 版的分布式集群运行环境，直接将作业代码提交到 MiniCluster 中运行；另一种是将作业通过独立的客户端提交到分布式集群运行时运行。第二种主要包含 CLI 命令行、Scala Shell 客户端、WebRestful API、Python API 等方式。基于独立客户端实现的不同提交方式底层都是在 flink-client 模块之上进行封装。接下来我们重点看基于 CLI 命令行方式提交作业的整体流程及底层代码实现。

当用户编写好 Flink 应用程序并将其编译成可执行 JAR 包后，接下来通过 bin/flink run 命令将应用程序提交到远程的集群中运行，代码如下。

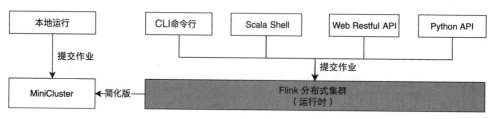

图 4-1　Flink 客户端类型

```
${FLINK_HOME}/bin/flink run application.jar
```

当用户执行完这条命令后，客户端开始提交作业。图 4-2 中梳理了用户将 Flink 应用程序提交到集群中运行的整个流程。

具体步骤说明如下。

1）用户编写和生成 Application.jar 应用程序。

2）执行 bin/flink run 命令，启动和初始化 CLIFrontend 客户端的 main 程序。

3）将应用程序的 JAR 包提交到 CLIFrontend。

4）根据用户指定的配置信息，初始化命令行客户端工具 CustomCommandLine。默认会初始化 ExecutorCLI；如果执行的参数中有 -y，就会初始化 FlinkYarnSessionCli。

5）调用 CLIFrontend 中的 run() 方法，执行应用程序。

6）调用 CLIFrontend.buildProgram(programOptions) 方法，将提交的应用程序打包成 PackagedProgram。PackagedProgram 包含应用程序中的 mainClass、classpaths 等信息，实际是在客户端的进程内将用户提交的作业代码打包成的可执行程序。

7）调用 ClientUtils.executeProgram() 方法，执行创建好的 PackagedProgram。

8）创建和初始化 ExecutorServiceLoader 接口的实现类 DefaultExecutorServiceLoader，加载客户端代码的 PipelineExecutor。PipelineExecutor 是客户端专门用于执行应用程序代码的执行器，不同类型的集群对应不同的 PipelineExecutor 实现类。

9）ExecutorServiceLoader 根据不同的服务配置加载 ContextEnvironmentFactory。

10）通过 ContextEnvironmentFactory 创建和初始化 ContextEnvironment。ContextEnvironment 是一种特殊的 ExecutionEnvironment，仅在 Flink Client 中创建，专门用于通过命令行的方式提交作业。

11）将创建的 ContextEnvironment 返回给 ClientUtils。

12）在 ContextEnvironment 初始化完成后，ClientUtils 会调用 PackagedProgram.invokeInteractiveModeForExecution() 方法，通过反射的方式执行 Application.jar 应用程序中的 main() 方法。

13）应用程序通过 ContextEnvironment 创建和初始化程序执行时需要的 ExecutionEnvironment，此时如果是流式任务，就会创建 StreamExecutionContextEnvironment。和本地运行 Flink 程序一样，最后构建 JobGraph 数据结构，通过 ClusterClient 将 JobGraph 提交到集群运行时。

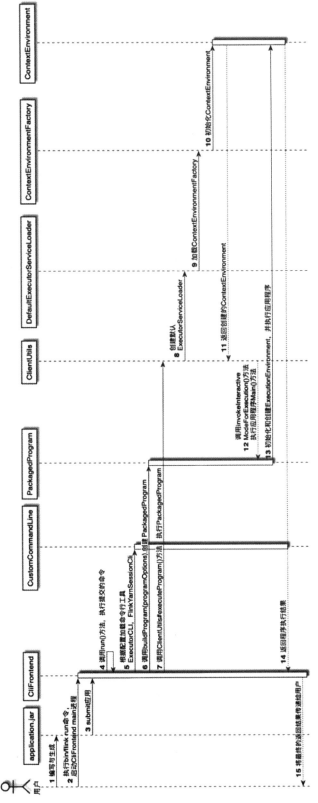

图 4-2 Flink CLI 方式提交任务时序图

14）在应用程序提交成功后，将结果返回客户端。

整个作业的提交过程包括创建和初始化 CLIFrontend、创建 PackagedProgram 并执行、生成 JobGraph 并将其通过 ClusterClient 提交到集群运行时等核心步骤，接下来我们来了解这些核心步骤的底层实现。

4.1.2 创建和初始化 CLIFrontend

当用户指定 bin/flink run application.jar 命令启动应用程序时，会调用 CLIFrontend 中的 main() 方法执行 CLIFrontend 应用程序。CLIFrontend 会从 flink-conf.yaml 中加载集群环境默认参数，然后根据这些参数初始化命令解析工具 CustomCommandLine。

如代码清单 4-1 所示，CLIFrontend.main() 方法的主要逻辑如下。

1）调用 getConfigurationDirectoryFromEnv() 方法从环境变量中获取环境配置路径 directory。

2）调用 GlobalConfiguration 加载系统配置参数，从 Flink 配置文件中加载配置参数。

3）加载自定义命令参数。

4）创建和初始化 CliFrontend 实例。

5）进行 Kerberos 认证并运行 cli.parseParameters(args) 方法。

代码清单 4-1　CLIFrontend.main() 方法定义

```
public static void main(final String[] args) {
    EnvironmentInformation.logEnvironmentInfo(LOG, "Command Line Client", args);
    // 获取环境配置路径
    final String configurationDirectory = getConfigurationDirectoryFromEnv();
    // 加载全局配置
    final Configuration configuration = GlobalConfiguration.loadConfiguration
        (configurationDirectory);
    // 加载自定义命令参数
    final List<CustomCommandLine> customCommandLines = loadCustomCommandLines(
        configuration,
        configurationDirectory);
    // 创建和初始化 CliFrontend 实例
    try {
        final CliFrontend cli = new CliFrontend(
            configuration,
            customCommandLines);
    // 进行 Kerberos 认证并运行 cli.parseParameters(args) 方法
        SecurityUtils.install(new SecurityConfiguration(cli.configuration));
        int retCode = SecurityUtils.getInstalledContext()
                .runSecured(() -> cli.parseParameters(args));
        System.exit(retCode);
    }
    // 此处省略部分代码
}
```

在调用 CLIFrontend 中的 parseParameters() 方法时，会先在方法中校验用户输入的参数信息，解析具体的行为。例如执行 flink run 命令时，会调用 run(params) 方法执行应用程序，在客户端中执行作业的逻辑都会在 run() 方法中定义和执行。

如代码清单 4-2 所示，CLIFrontend.run() 方法的主要逻辑如下。

1）解析方法中传入的参数，然后通过解析出来的参数创建 ProgramOptions。

2）查看是否为 flink run-h 命令，如果是，则输出帮助提示。

3）检查是否为 Python 客户端提交的代码，如果不是，则要求用户必须提交 .jar 文件，否则抛出异常。

4）通过生成的 ProgramOptions 参数创建 PackagedProgram 对象。

5）调用 executeProgram() 方法执行 PackagedProgram 中的作业程序。

代码清单 4-2　CLIFrontend.run() 方法

```java
protected void run(String[] args) throws Exception {
    LOG.info("Running 'run' command.");
    // 解析参数，然后生成 ProgramOptions
    final Options commandOptions = CliFrontendParser.getRunCommandOptions();
    final Options commandLineOptions = CliFrontendParser.
        mergeOptions(commandOptions, customCommandLineOptions);
    final CommandLine commandLine = CliFrontendParser.parse(commandLineOptions,
        args, true);
    final ProgramOptions programOptions = new ProgramOptions(commandLine);
    // 查看是不是 run 帮助命令
    if (commandLine.hasOption(HELP_OPTION.getOpt())) {
        CliFrontendParser.printHelpForRun(customCommandLines);
        return;
    }
    // 检查是不是 Python 客户端提交的代码
    if (!programOptions.isPython()) {
        // 如果不是，则必须含有 .jar 文件
        if (programOptions.getJarFilePath() == null) {
            throw new CliArgsException("Java program should be specified a JAR
                file.");
        }
    }
    // 创建 PackagedProgram
    final PackagedProgram program;
    try {
        LOG.info("Building program from JAR file");
        program = buildProgram(programOptions);
    }
    catch (FileNotFoundException e) {
        throw new CliArgsException("Could not build the program from JAR file.", e);
    }
    final List<URL> jobJars = program.getJobJarAndDependencies();
    final Configuration effectiveConfiguration =
            getEffectiveConfiguration(commandLine, programOptions, jobJars);
```

```
    LOG.debug("Effective executor configuration: {}", effectiveConfiguration);
    // 执行 PackagedProgram
    try {
        executeProgram(effectiveConfiguration, program);
    } finally {
        program.deleteExtractedLibraries();
    }
}
```

4.1.3 PackagedProgram 构造

PackagedProgram 结构包含应用程序能够运行的全部信息，如 .jar 文件、任务参数、mainClass 等。基于 PackagedProgram 可以打包用户提交的作业，构建作业执行的本地环境，主要是将该作业的依赖包加载至 UserClassLoader 中。通过 PackagedProgram 在客户端进程内运行作业代码逻辑，并从作业中将 JobGraph 信息抽取出来，最后将 JobGraph 提交到集群中运行。

如图 4-3 所示，PackagedProgram 主要包括以下成员变量。

❑ jarFile：应用程序的 JAR 包文件地址，即用户执行命令时指定的 JAR 包地址。

❑ args：应用程序执行过程中需要的参数，即执行命令行时提交的参数信息。

❑ mainClass：应用程序中的 mainClass，即含有 main() 方法的 Class。

❑ extractedTempLibraries：其他临时的文件列表，会随着任务一起提交到集群中。

❑ classpaths：应用程序需要的 classpaths 地址，此时会将应用程序中全部的 Class 加载至 PackagedProgram 的环境变量中。

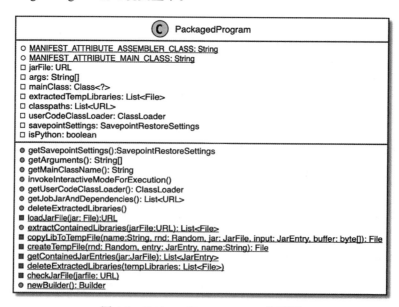

图 4-3 PackagedProgram UML 关系图

❑ userCodeClassLoader：根据用户提交的 .jar 文件创建出来的 UserClassLoader，作业
最终会在 userCodeClassLoader 所在的线程中执行。

❑ savepointSettings：作业的 Savepoint 配置。

❑ isPython：用于判断是否为 Python 类型作业。

PackagedProgram 主要通过 CLIFrontend.buildProgram() 方法创建，且需要指定参数信息。大部分参数信息是通过 ProgramOptions 从命令行解析而来的。接下来我们来看如何运行 PackagedProgram，如代码清单 4-3 所示。

代码清单 4-3　ClientUtils.executeProgram() 方法定义

```
public static void executeProgram(
        PipelineExecutorServiceLoader executorServiceLoader,
        Configuration configuration,
        PackagedProgram program) throws ProgramInvocationException {
    checkNotNull(executorServiceLoader);
    final ClassLoader userCodeClassLoader = program.getUserCodeClassLoader();
    final ClassLoader contextClassLoader = Thread.currentThread().
        getContextClassLoader();
    try {
        // 将当前线程的 ContextClassLoader 设定为 userCodeClassLoader
        Thread.currentThread().setContextClassLoader(userCodeClassLoader);
        LOG.info("Starting program (detached: {})", !configuration.
            getBoolean(DeploymentOptions.ATTACHED));
        // 获取 ContextEnvironmentFactory
        ContextEnvironmentFactory factory = new ContextEnvironmentFactory(
                executorServiceLoader,
                configuration,
                userCodeClassLoader);
        // ContextEnvironment 初始化
        ContextEnvironment.setAsContext(factory);
        try {
            // 执行 PackagedProgram 中的应用程序
            program.invokeInteractiveModeForExecution();
        } finally {
            // 销毁 ExecutionEnvironmentFactory
            ContextEnvironment.unsetContext();
        }
    } finally {
        Thread.currentThread().setContextClassLoader(contextClassLoader);
    }
}
```

调用 ClientUtils.executeProgram() 方法执行 PackagedProgram，主要步骤如下。

1）将客户端线程的 ContextClassLoader 切换为 userCodeClassLoader。userCodeClassLoader 包含当前应用程序执行时需要的 Class 信息。

2）通过 PipelineExecutorServiceLoader 加载并获取 ContextEnvironmentFactory，用于

构建 ContextEnvironment。

3）通过 ContextEnvironmentFactory 创建 ContextEnvironment，并对 ContextEnvironment 进行初始化。注意在 ContextEnvironment.setAsContext() 方法中，实际调用了 Execution-Environment.initializeContextEnvironment() 方法，将初始化的 ContextEnvironmentFactory 放置在 threadLocalContextEnvironmentFactory 的 ThreadLocal 变量中，在应用程序被执行时，能够通过 ContextEnvironmentFactory 创建应用程序需要的 ExecutionEnvironment。

4）调用 PackagedProgram.invokeInteractiveModeForExecution() 方法，执行 PackagedProgram 中的应用程序。

5）调用 ContextEnvironment.unsetContext() 方法，删除创建和初始化 ContextEnvironment 的 ContextEnvironmentFactory。

在执行 PackagedProgram 中的应用程序时，通过调用 PackagedProgram.invokeInterac-tiveModeForExecution() 方法触发应用程序。在 invokeInteractiveModeForExecution() 方法中，最终会调用 PackagedProgram.callMainMethod(mainClass, args) 方法执行应用程序对应的 main() 方法，其中 callMainMethod() 方法主要通过如下方式从 entryClass 中获取应用程序的 main() 方法。

```
Method mainMethod = entryClass.getMethod("main", String[].class);
```

接着通过反射调用 mainMethod，执行指定的 entryClass 的应用程序。

```
mainMethod.invoke(null, (Object) args);
```

到这里，用户提交的应用程序就运行在客户端进程中了。整个过程涉及参数的解析、PackagedProgram 的生成和执行、ContextEnvironment 的创建和初始化。ContextEnvironment 主要用于创建应用程序使用的 ExecutionEnvironment，接下来我们看看如何在客户端中创建和初始化 ExecutionEnvironment 执行环境。

4.2 ExecutionEnvironment 初始化

在第 2 章我们已经了解到，ExecutionEnvironment 是所有 Flink 应用程序依赖的执行环境，提供了作业运行过程中需要的环境信息。同时，ExecutionEnvironment 也提供了与外部数据源交互，创建 DataStream 数据集的方法。在本节中我们重点了解在基于客户端命令行的提交方式下，如何构建 ExecutionEnvironment 以及它是如何运行应用程序的。

4.2.1 ExecutionEnvironment 类型

从任务类型的角度看，Flink 主要将 ExecutionEnvironment 分为支持离线批计算的 ExecutionEnvironment 和支持流计算的 StreamExecutionEnvironment 两种类型，每种类型

的 ExecutionEnvironment 的具体设计与实现各有不同。下面介绍 ExecutionEnvironment 和 StreamExecutionEnvironment 在设计与实现方面的区别。

1. ExecutionEnvironment 设计与实现

如图 4-4 所示，ExecutionEnvironment 作为批计算的执行环境，同时被多种 Execution-Environment 实现类继承，且子类具有不同的功能。

- ❏ ExecutionEnvironment：批处理场景的执行环境，用于创建批处理过程中用到的环境信息。
- ❏ RemoteEnvironment：继承自 ExecutionEnvironment，用于远程将批作业提交到集群。这种方式并不常用，且需要将构建好的应用 JAR 包作为参数创建 Remote-Environment。
- ❏ LocalEnvironment：本地批计算运行环境，即在本地 JVM 启动一个 MiniCluster 环境，并将应用程序直接提交到 MiniCluster 中运行。这种方式仅适用于本地测试场景。
- ❏ CollectionEnvironment：也是本地执行环境，主要用于从集合类中读取数据并将其转换成 DataSet 数据集。仅适用于本地测试场景。
- ❏ ContextEnvironment：用于以客户端命令行的方式提交 Flink 作业的场景，在客户端进程内创建 ContextEnvironment，并通过 ContextEnvironment 创建应用程序中的 ExecutionEnvironment。
- ❏ OptimizerPlanEnvironment：用于获取 DataSet API 中的 OptimizerPlan 信息。OptimizerPlan 和 StreamGraph 都是 Pipeline 接口的实现类，OptimizerPlanEnvironment 不参与具体的计算任务。

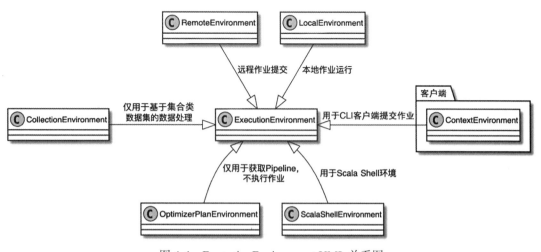

图 4-4　ExecutionEnvironment UML 关系图

2. StreamExecutionEnvironment 设计与实现

如图 4-5 所示，StreamExecutionEnvironment 作为流计算的执行环境，会被多种类型的 StreamExecutionEnvironment 继承和实现。

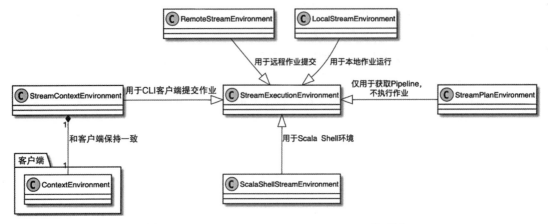

图 4-5　StreamExecutionEnvironment UML 关系图

每种类型 StreamExecutionEnvironment 的子类功能如下。

- ❑ StreamExecutionEnvironment：提供流应用程序需要的环境信息，包括接入流数据等操作及当前应用程序需要的配置信息。
- ❑ RemoteStreamEnvironment：继承自 StreamExecutionEnvironment，主要通过远程方式将流式作业提交到集群运行，且创建过程需要以应用程序的 JAR 包作为参数。
- ❑ LocalStreamEnvironment：作为流作业的本地执行环境，和 LocalEnvironment 一样在本地 JVM 中创建 MiniCluster，并将流式作业运行在 MiniCluster 中。
- ❑ StreamContextEnvironment：主要用于通过客户端方式提交流式作业，且基于 Context-Environment 构建。它会将 ContextEnvironment 作为自己的成员变量。
- ❑ StreamPlanEnvironment：和 OptimizerPlanEnvironment 一样，仅用于获取 StreamGraph 结构，本身并不参与作业的执行。

4.2.2　StreamExecutionEnvironment 详解

Flink 未来将逐步使用 DataStream API 替代 DataSet API 实现流批一体化，而 Execution-Environment 可能会在未来的版本中逐步被 StreamExecutionEnvironment 替代，因此下面我们重点介绍 StreamExecutionEnvironment 的内部实现原理。

1. StreamExecutionEnvironment 结构

我们先看下 StreamExecutionEnvironment 的基本组成。StreamExecutionEnvironment 中提供了非常丰富的数据接入算子以及对整个 Flink 应用程序的配置，包括 Checkpoint、并行度、StateBackend 等参数，如图 4-6 所示。

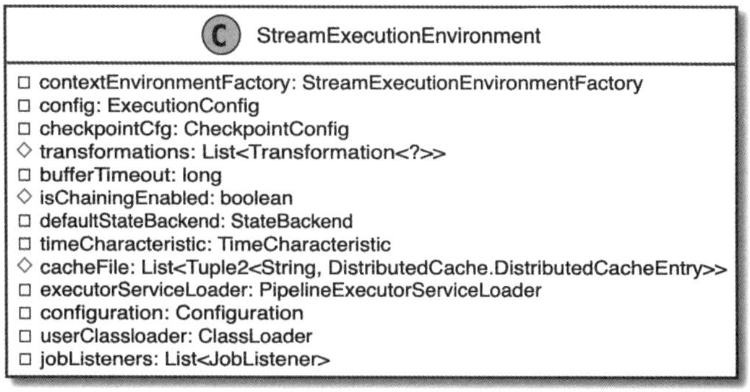

图 4-6　StreamExecutionEnvironment 主要成员变量

StreamExecutionEnvironment 的主要组成部分如下。

❑ contextEnvironmentFactory：主要用于以命令行模式提交作业，当用户使用客户端提交作业时，就会通过 contextEnvironmentFactory 创建 StreamExecutionEnvironment。

❑ config：主要存储当前运行环境中的执行参数，例如通过执行模式（executionMode）区分当前任务是批计算还是流计算。

❑ checkpointCfg：主要用于配置 Checkpoint，例如是否开启了 Checkpoint，Checkpointing-模式是 exactly-once 还是 at-least-once 类型等。

❑ transformations：DataStream 和 DataStream 之间的转换操作都会生成 Transformation 对象。例如当执行 DataStream.shuffle() 操作时，ExecutionEnvironment 会创建对应的 PartitionTransformation，并将该 Transformation 添加到 StreamExecutionEnvironment 的 transformation 集合中，最后通过 transformation 集合构建 StreamGraph 对象。

❑ defaultStateBackend：该成员变量代表默认的状态存储后端，默认实现为 Memory-StateBackend。

❑ executorServiceLoader：通过 Java SPI 技术加载 PipelineExecutorFactory 的实现类。当通过命令行提交作业时，会通过 executorServiceLoader 加载对应类型集群的 Pipeline-ExecutorFactory。

❑ configuration：用于执行环境中常用的 K-V 配置，可提供多种类型的配置获取方法。

❑ userClassloader：专门为用户编写代码提供的类加载器，它不同于 Flink 框架自身的类加载器。当用户提交 Flink 应用程序的时候，userClassloader 会加载、jar 文件中的所有类，并伴随应用程序的产生、构建、提交、运行全流程。

❑ jobListeners：用于在应用程序通过客户端提交到集群后，向客户端通知应用程序的执行结果，例如作业执行状态等。

2. StreamExecutionEnvironment 初始化

（1）StreamExecutionEnvironment 创建

在构建 Flink 应用程序时，通常会调用 StreamExecutionEnvironment.getExecutionEnvironment() 方法创建和初始化 StreamExecutionEnvironment。

如代码清单 4-4 所示，StreamExecutionEnvironment.getExecutionEnvironment() 方法时主要逻辑如下。

1）调用 Utils.resolveFactory() 方法分别从 ThreadLocal 变量 threadLocalContextEnvironmentFactory 和 ContextEnvironmentFactory 中获取 StreamExecutionEnvironment 工厂创建类。

2）在 Utils.resolveFactory() 方法定义中，分别从 threadLocalContextEnvironmentFactory 和静态 contextEnvironmentFactory 中获取 localFactory 和 staticFactory，如果都没有获取到，则返回 Optional.Empty() 方法；如果能获取到其中任何一个，则将 Factory 放置在 Optional 中。下一步利用获取到的工厂类实现类创建 StreamExecutionEnvironment。在 Scala Shell 交互模式下，通过 ContextEnvironmentFactory 提供的工厂方法创建 ContextEnvironment。

3）如果从 threadLocalContextEnvironmentFactory 或 contextEnvironmentFactory 中获取 StreamExecutionEnvironmentFactory 实例，会调用 StreamExecutionEnvironmentFactory.createExecutionEnvironment() 方法创建 StreamExecutionEnvironment，并返回创建好的 StreamExecutionEnvironment。

4）如果上一步返回 Optional.Empty()，则继续调用 StreamExecutionEnvironment.createStreamExecutionEnvironment() 方法创建执行环境。

代码清单 4-4 获取 StreamExecutionEnvironment

```
public static StreamExecutionEnvironment getExecutionEnvironment() {
    return Utils.resolveFactory(threadLocalContextEnvironmentFactory,
                                contextEnvironmentFactory)
        .map(StreamExecutionEnvironmentFactory::createExecutionEnvironment)
        .orElseGet(StreamExecutionEnvironment::createStreamExecutionEnvironment);
}
```

这里我们重点看创建 StreamExecutionEnvironment 的过程。

在代码清单 4-5 中，首先调用 ExecutionEnvironment.getExecutionEnvironment() 方法获取 ExecutionEnvironment，然后检查当前 ExecutionEnvironment 是否为 ContextEnvironment 类型，如果是则直接通过 ContextEnvironment 创建 StreamContextEnvironment，并使用 StreamContextEnvironment 作为应用作业的执行环境。

代码清单 4-5 StreamExecutionEnvironment.createStreamExecutionEnvironment() 方法

```
private static StreamExecutionEnvironment createStreamExecutionEnvironment() {
    // 调用获取 ExecutionEnvironment 的方法，获取在 flink-clients 中创建的
       ExecutionEnvironment
    ExecutionEnvironment env = ExecutionEnvironment.getExecution
       Environment();
    // 如果 env 是 ContextEnvironment，则创建 StreamContextEnvironment
    if (env instanceof ContextEnvironment) {
        return new StreamContextEnvironment((ContextEnvironment) env);
        // 如果 env 是 OptimizerPlanEnvironment，则创建 StreamPlanEnvironment
```

```
        } else if (env instanceof OptimizerPlanEnvironment) {
            return new StreamPlanEnvironment(env);
        } else {
            // 否则创建 LocalEnvironment
            return createLocalEnvironment();
        }
    }
```

如果 Flink 作业没有通过客户端命令行方式提交，这里的 env 就不会是 Context-Environment 类型的。然后判断 env 是否为 OptimizerPlanEnvironment 类型。前面提到过，OptimizerPlanEnvironment 不会执行具体的任务，仅用于获取 Pipeline。例如当用户执行 bin/flink info 命令时，就会执行到这一步，获取任务的执行信息等内容。

如果以上情况都不符合，就会调用 createLocalEnvironment() 方法创建本地运行环境，也就是在本地 JVM 中启动 MiniCluster，即包括 JobManager、TaskManager 等主要组件的伪分布式运行环境。此时用户编写的应用程序在本地运行环境中执行。这种情况通常出现在用户通过 IDEA 启动 Flink 作业时，会创建 LocalEnvironment 运行作业。

如代码清单 4-6 所示，在 ExecutionEnvironment.getExecutionEnvironment() 方法定义中，直接从创建好的 threadLocalContextEnvironmentFactory 中获取工厂类，然后创建 ContextEnvironment，再通过 ContextEnvironment 创建 StreamContextEnvironment。StreamContext-Environment 实际上继承了 StreamExecutionEnvironment，作业最终会通过 StreamExecution-Environment 生成 StreamGraph 对象。

代码清单 4-6　ExecutionEnvironment.getExecutionEnvironment() 方法定义

```
public static ExecutionEnvironment getExecutionEnvironment() {
    return Utils.resolveFactory(threadLocalContextEnvironmentFactory,
                                contextEnvironmentFactory)
        .map(ExecutionEnvironmentFactory::createExecutionEnvironment)
        .orElseGet(ExecutionEnvironment::createLocalEnvironment);
}
```

前面介绍过，使用客户端提交应用程序的时候，在创建和运行 PackagedProgram 的过程中会同步创建 ContextEnvironment，并通过 ContextEnvironment.setAsContext(factory) 方法将 ContextEnvironmentFactory 设定到 ExecutionEnvironment 的 contextEnvironmentFactory 和 threadLocalContextEnvironmentFactory 变量中，这里就是通过 PackagedProgram 创建 contextEnvironmentFactory 对 StreamExecutionEnvironment 进行实例化的。

 注意　读者可能会有疑问，为什么 StreamExecutionEnvironment 环境会依赖 ExecutionEnvironment，这是因为目前 flink-streaming-java 项目依赖 flink-clients 中的配置，而 flink-clients 中的有些实现需要依赖 flink-java 项目。Flink 社区将会继续进行项目重构，降低项目之间的耦合度。

（2）PipelineExecutorServiceLoader 加载 PipelineExecutorFactory

客户端在运行 PackagedProgram 中的应用代码时，会调用 StreamExecutionEnvironment 提供的 exec() 方法。StreamExecutionEnvironment.exec() 方法用于产生 StreamGraph 结构，并将 StreamGraph 结构转换为 JobGraph 数据结构，提交到集群中运行。将 StreamGraph 转换为 JobGraph 的过程主要借助客户端的 PipelineExecutor 实现。不同类型的集群有不同的 PipelineExecutor 实现类，例如 Standalone 集群对应 RemoteExecutor，本地环境对应 LocalExecutor。

在 Flink 客户端中，PipelineExecutor 主要通过 PipelineExecutorFactory 创建，而 Pipeline-ExecutorFactory 主要通过 Java Service Provider Interface（SPI）的方式加载。可以看出在 Flink 中经常使用 SPI 机制加载 Factory 实现类，例如 TableFactory 实现类的加载。

在 CliFrontend 创建并执行 PackagedProgram 时，客户端会创建 DefaultExecutorService-Loader.INSTANCE 实例并将其放入 ContextEnvironment 成员变量。此时在 StreamExecution-Environment 的创建过程中，会使用 ContextEnvironment 中的 DefaultExecutorServiceLoader 加载 PipelineExecutorFactory，最后使用 PipelineExecutorFactory 创建集群对应的 Pipeline-Executor 实例。

图 4-7 描述了 PipelineExecutor 涉及的接口和实现类。

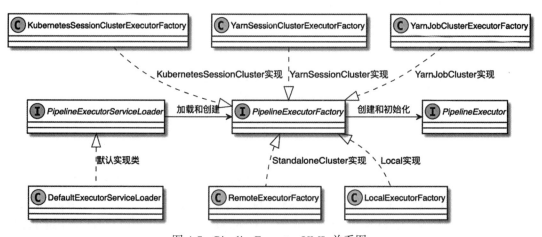

图 4-7　PipelineExecutor UML 关系图

从图 4-7 中可以看出如下逻辑。

❑ PipelineExecutor 主要通过 PipelineExecutorFactory 创建，而 PipelineExecutorFactory 主要通过 PipelineExecutorServiceLoader 基于 SPI 机制加载至客户端进程中。

❑ PipelineExecutorFactory 主要有 KubernetesSessionClusterExecutorFactory、YarnSession-ClusterExecutorFactory、YarnJobClusterExecutorFactory、RemoteExecutorFactory 和 LocalExecutorFactory 实现类。

❑ DefaultExecutorServiceLoader 是 PipelineExecutorServiceLoader 的默认实现类，提供

了 PipelineExecutorFactory 的 ServiceLoader 服务。

如代码清单 4-7 所示，在 DefaultExecutorServiceLoader 中，从 defaultLoader 中获取加载到的 PipelineExecutorFactory 列表，然后通过 factory.isCompatibleWith(configuration) 方法将符合条件的 PipelineExecutorFactory 存储在 compatibleFactories 中，实际上主要是和 DeploymentOptions 中的 execution.target 参数进行匹配。如果是本地运行环境，execution.target 的值为 local；如果是 StandaloneCluster 环境，这个值就为 remote。通过参数匹配的方式对加载的 PipelineExecutorFactory 进行适配，最终选择集群对应的 PipelineExecutor 执行生成的 StreamGraph 对象。

代码清单 4-7　DefaultExecutorServiceLoader.getExecutorFactory() 方法

```
public PipelineExecutorFactory getExecutorFactory(final Configuration
configuration) {
checkNotNull(configuration);
    final List<PipelineExecutorFactory> compatibleFactories = new ArrayList<>();
    final Iterator<PipelineExecutorFactory> factories = defaultLoader.iterator();
while (factories.hasNext()) {
    try {
    final PipelineExecutorFactory factory = factories.next();
        if (factory != null && factory.isCompatibleWith(configuration)
        {compatibleFactories.add(factory);}
    } catch (Throwable e) {
    if (e.getCause() instanceof NoClassDefFoundError) {
        LOG.info("Could not load factory due to missing dependencies.");
    } else {
        throw e;
}}}}
```

在 Client 模块的 /src/main/resources/META-INF/services/org.apache.flink.core.execution.PipelineExecutorFactory 文件中，默认提供了 StandaloneCluster 环境和本地运行环境对应的 PipelineExecutorFactory 配置，代码如下。

```
org.apache.flink.client.deployment.executors.RemoteExecutorFactory
org.apache.flink.client.deployment.executors.LocalExecutorFactory
```

对于其他环境的 PipelineExecutorFactory，需要将相关的 JAR 包放置在 lib 路径中，这样它们才能被自动加载和应用到客户端。如以下代码所示，在 flink-yarn 模块的 /src/main/resources/META-INF/services/org.apache.flink.core.execution.PipelineExecutorFactory 文件中，定义了 Hadoop YARN 集群资源管理器的 PipelineExecutorFactory 配置。

```
org.apache.flink.yarn.executors.YarnJobClusterExecutorFactory
org.apache.flink.yarn.executors.YarnSessionClusterExecutorFactory
```

（3）创建 PipelineExecutor

通过 DefaultExecutorServiceLoader 将 PipelineExecutorFactory 加载到 StreamExecution-

Environment 后，就可以通过 PipelineExecutorFactory 创建 PipelineExecutor，最终将作业对应的 Pipeline 运行在指定的 PipelineExecutor 上。

如代码清单 4-8 所示，StreamExecutionEnvironment 通过 PipelineExecutorFactory 生成 PipelineExecutor 并最终将 Pipeline 提交到 Executor 运行，具体流程如下。

1）通过 executorServiceLoader 加载和获取 PipelineExecutorFactory。

2）对生成的 PipelineExecutorFactory 进行空值检查，确认正常加载 PipelineExecutor-Factory。

3）通过 PipelineExecutorFactory 创建 PipelineExecutor。

4）将 streamGraph 提交至 PipelineExecutor 中执行，此时会返回 jobClientFuture 对象。

5）通过 jobClientFuture 可以获取 JobClient 同步客户端。

6）将 jobClient 添加到 jobListener 集合中，用于监听任务执行状态，返回 jobClient 对象。

代码清单 4-8　StreamExecutionEnvironment.executeAsync() 方法

```
public JobClient executeAsync(StreamGraph streamGraph) throws Exception {
    checkNotNull(streamGraph, "StreamGraph cannot be null.");
    checkNotNull(configuration.get(DeploymentOptions.TARGET),
        "No execution.target specified in your configuration file.");
    // 通过 executorServiceLoader 获取 ExecutorFactory
    final PipelineExecutorFactory executorFactory =
        executorServiceLoader.getExecutorFactory(configuration);
    // 检查 executorFactory 是否有效
    checkNotNull(
        executorFactory,
        "Cannot find compatible factory for specified execution.target (=%s)",
        configuration.get(DeploymentOptions.TARGET));
    CompletableFuture<JobClient> jobClientFuture = executorFactory
        // 通过 executorFactory 获取 PipelineExecutor
        .getExecutor(configuration)
        // 通过 PipelineExecutor 执行生成的 streamGraph
        .execute(streamGraph, configuration);
    try {
        // 通过 jobClientFuture 获取 JobClient 同步客户端
        JobClient jobClient = jobClientFuture.get();
        // 将 jobClient 添加到 jobListener 集合中，用于监听任务执行状态
        jobListeners.forEach(jobListener -> jobListener.onJobSubmitted
            (jobClient, null));
        return jobClient;
    } catch (Throwable t) {
        jobListeners.forEach(jobListener -> jobListener.onJobSubmitted(null, t));
        ExceptionUtils.rethrow(t);
        return null;
    }
}
```

（4）PipelineExecutor 分类

不同的集群环境对应不同的 PipelineExecutor，如图 4-8 所示，PipelineExecutor 主要分为三类。

- LocalExecutor：最简单的一种 PipelineExecutor，仅用于本地运行作业。
- JobClusterExecutor：通过 AbstractJobClusterExecutor 抽象类实现 PipelineExecutor 接口，支持 Per-Job 模式的集群执行任务，仅被 YarnJobClusterExecutor 继承和实现，即仅在 Hadoop YARN 集群资源管理器中支持以 Per-Job 方式提交作业。
- SessionClusterExecutor：通过 AbstractSessionClusterExecutor 抽象类实现 PipelineExecutor 接口，目前支持的 SessionClusterExecutor 有 RemoteExecutor、KubernetesSessionClusterExecutor、YarnSessionClusterExecutor 三种类型，其中 RemoteExecutor 主要用于 Standalone 类型集群。

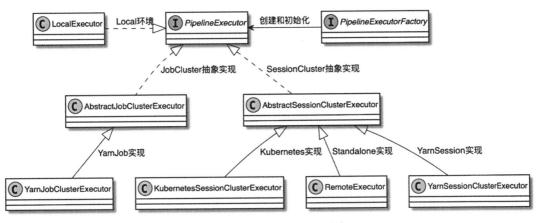

图 4-8　PipelineExecutor 分类

综合以上内容，我们可以得出结论：Flink 客户端会根据 ExecutionTarget 参数，选择使用哪种类型的 PipelineExecutor 运行生成的 StreamGraph 对象。在 PipelineExecutor 接口中，主要通过 execute(final Pipeline pipeline, final Configuration configuration) 方法执行生成的 Pipeline 实现类，且 execute() 方法由具体子类定义。

4.3　将 Pipeline 转换成 JobGraph

当用户构建好 Flink 应用程序后，会在客户端运行 StreamExecutionEnvironment. execute() 方法生成 StreamGraph 对象，并将 StreamGraph 通过 PipelineExecutor 提交到远程集群中执行。在这个过程中，首先会通过 DataStream API 生成 Transformation 转换集合；然后基于 Transformation 转换集合构建 Pipeline 的实现类，也就是 StreamGraph 数据结构；最后再通过 PipelineExecutor 将 StreamGraph 转换为 JobGraph 数据结构，并将 JobGraph 提交

到集群中运行，如图 4-9 所示。

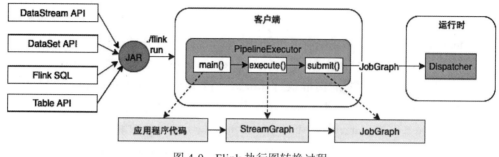

图 4-9　Flink 执行图转换过程

如图 4-9 所示，在 Flink 中提交作业主要涉及如下转换环节。

1）用户通过 API 编写应用程序，将可执行 JAR 包通过客户端提交到集群中运行，此时在客户端将 DataStream 转换操作集合保存至 StreamExecutionEnvironment 的 Transformation 集合。

2）通过 StreamGraphGenerator 对象将 Transformation 集合转换为 StreamGraph。

3）在 PipelineExector 中将 StreamGraph 对象转换成 JobGraph 数据结构。JobGraph 结构是所有类型客户端和集群之间的任务提交协议，不管是哪种类型的 Flink 应用程序，最终都会转换成 JobGraph 提交到集群运行时中运行。

4）集群运行时接收到 JobGraph 之后，会通过 JobGraph 创建和启动相应的 JobManager 服务，并在 JobManager 服务中将 JobGraph 转换为 ExecutionGraph。

5）JobManager 会根据 ExecutionGraph 中的节点进行调度，实际上就是将具体的 Task 部署到 TaskManager 中进行调度和执行。

接下来我们分别看用 Transformation 生成 StreamGraph 对象、将 StreamGraph 转换成 JobGraph 对象，最终将 JobGraph 提交到运行时中运行的过程。

4.3.1　用 Transformation 生成 StreamGraph

我们知道，当客户端调用 StreamExecutionEnvironment.execute() 方法执行应用程序代码时，就会通过 StreamExecutionEnvironment 中提供的方法生成 StreamGraph 对象。Stream-Graph 结构描述了作业的逻辑拓扑结构，并以有向无环图的形式描述作业中算子之间的上下游连接关系。下面我们具体来看 StreamGraph 的底层实现及构建过程。

1. StreamGraph 数据结构

如图 4-10 所示，StreamGraph 结构包含非常多的成员变量，为方便展示，我们仅列出 StreamGraph 中的主要变量和方法。

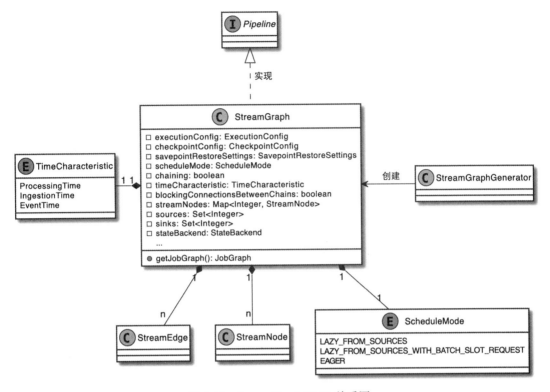

图 4-10　StreamGraph UML 关系图

StreamGraph 结构是由 StreamGraphGenerator 通过 Transformation 集合转换而来的。从图 4-10 中我们可以看出，StreamGraph 实现了 Pipeline 的接口，且通过有向无环图的结构描述了 DataStream 作业的拓扑关系。StreamGraph 结构包含 StreamEdge 和 StreamNode 等结构，其中 StreamEdge 代表 StreamGraph 的边，StreamNode 代表 StreamGraph 的节点。此外，StreamGraph 结构还包含任务调度模式 ScheduleMode 及 TimeCharacteristic 时间概念类型等与作业相关的参数。

2. StreamGraph 创建和提交过程

如图 4-11 所示，创建 StreamGraph 的整个过程中调用关系比较复杂，首先借助 Data-Stream API 构建 Transformation 转换操作集合，然后通过 Transformation 集合构建 Stream-Graph，最终 PipelineExecutor 将生成的 StreamGraph 转换成 JobGraph 并提交到集群中运行。

从图 4-11 中可以看出，构建和提交 StreamGraph 的主要步骤如下。

1）调用 StreamExecutionEnvironment.execute() 方法，执行整个作业。在基于客户端命令行方式提交作业时，会通过 PackagedProgram 执行应用程序中的 main() 方法，然后运行应用程序中的 StreamExecutionEnvironment.execute() 方法。

2）调用 StreamExecutionEnvironment.getStreamGraph() 方法获取 StreamGraph。

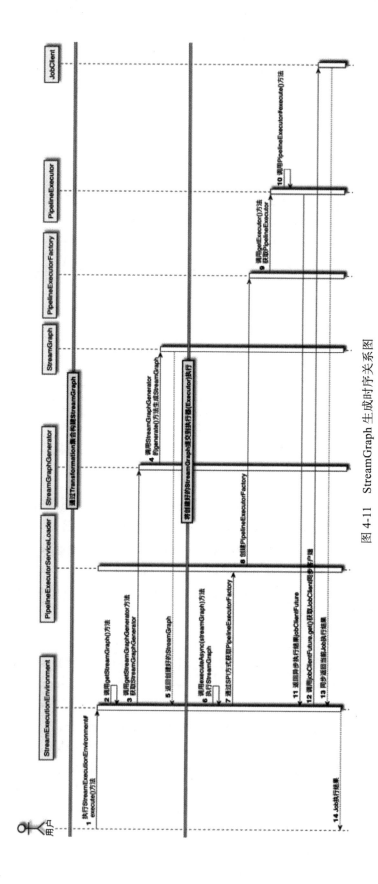

图 4-11 StreamGraph 生成时序关系图

3）调用 StreamExecutionEnvironment.getStreamGraphGenerator() 方法获取 StreamGraph-Generator 对象。

4）调用 StreamGraphGenerator.generate() 方法生成 StreamGraph 对象。

5）返回 StreamExecutionEnvironment 创建的 StreamGraph 对象。

6）继续调用 StreamExecutionEnvironment.executeAsync(streamGraph) 方法，执行创建好的 StreamGraph 对象。

7）在 StreamExecutionEnvironment 中调用 PipelineExecutorServiceLoader 加载 Pipeline-ExecutorFactory 实例，PipelineExecutorServiceLoader 会根据执行环境的服务配置创建 PipelineExecutorFactory。

8）PipelineExecutorFactory 加载完成后，调用 PipelineExecutorFactory.getExecutor() 方法创建 PipelineExecutor。

9）调用 PipelineExecutor.execute() 方法执行创建好的 StreamGraph，此时方法会向 StreamExecutionEnvironment 返回异步客户端 jobClientFuture。

10）StreamExecutionEnvironment 调用 jobClientFuture.get() 方法得到同步 JobClient 对象。

11）JobClient 将 Job 的执行结果返回到 StreamExecutionEnvironment。

12）通过 JobClient 获取作业提交后的执行情况，并将应用程序返回的结果返回给用户。

如代码清单 4-9 所示，在 StreamGraphGenerator.generate() 方法中定义了创建 Stream-Graph 的主要逻辑。从方法中可以看出，创建 StreamGraph 对象的同时，会设定 Stream-Graph 中的相关参数。然后遍历 Transformation 集合中的转换操作，将 Transformation 逐个转换为 StreamGraph 中对应的节点和边。最后清理转换过程中的数据，返回转换得到的 StreamGraph 对象。

代码清单 4-9 StreamGraphGenerator.generate() 方法

```
public StreamGraph generate() {
    // 创建 StreamGraph 对象
    streamGraph = new StreamGraph(executionConfig, checkpointConfig,
                                  savepointRestoreSettings);
    streamGraph.setStateBackend(stateBackend);
    streamGraph.setChaining(chaining);
    streamGraph.setScheduleMode(scheduleMode);
    streamGraph.setUserArtifacts(userArtifacts);
    streamGraph.setTimeCharacteristic(timeCharacteristic);
    streamGraph.setJobName(jobName);
    streamGraph.setBlockingConnectionsBetweenChains(blockingConnectionsBetween
                                  Chains);
    alreadyTransformed = new HashMap<>();
    // 遍历 Transformation 集合，分别对集合中的 transformation 进行转换
    for (Transformation<?> transformation: transformations) {
        transform(transformation);
    }
```

```
// 获取最终转换得到的 StreamGraph
final StreamGraph builtStreamGraph = streamGraph;
// 清理转换过程中的数据
alreadyTransformed.clear();
alreadyTransformed = null;
streamGraph = null;
// 返回构建好的 StreamGraph 对象
return builtStreamGraph;
}
```

接下来我们看 StreamGraphGenerator.transform() 方法如何将 Transformation 转换成 StreamGraph 的节点和边。

如代码清单 4-10 所示，StreamGraphGenerator.transform() 方法主要涵盖了对 Transformation 节点的解析，根据不同的 Transformation 类型，会选择不同的解析逻辑，例如对于 OneInput-Transformation 就会调用 transformOneInputTransform() 方法进行转换。最终将所有的 Transformation 转换为 StreamGraph 中对应的节点，完成整个 StreamGraph 对象的构建。

代码清单 4-10　StreamGraphGenerator.transform() 方法定义

```
private Collection<Integer> transform(Transformation<?> transform) {
    // 判断是否为已经转换过的 Transformation 节点
    if (alreadyTransformed.containsKey(transform)) {
        return alreadyTransformed.get(transform);
    }
    // 开始转换 Transformation 节点
    LOG.info("Transforming " + transform);
    if (transform.getMaxParallelism() <= 0) {
        // 如果当前 transform 中没有设定 MaxParallelism，则获取整个 Job 的 MaxParallelism
            参数
        int globalMaxParallelismFromConfig = executionConfig.getMaxParallelism();
        if (globalMaxParallelismFromConfig > 0) {
            transform.setMaxParallelism(globalMaxParallelismFromConfig);
        }
    }
    // 获得当前 Transformation 的输出类型
    transform.getOutputType();
    // 根据不同的 Transformation 类型，执行不同的转换方法
    Collection<Integer> transformedIds;
    if (transform instanceof OneInputTransformation<?, ?>) {
        transformedIds = transformOneInputTransform((OneInputTransformation<?, ?>)
                                                transform);
    } else if (transform instanceof TwoInputTransformation<?, ?, ?>) {
        transformedIds = transformTwoInputTransform((TwoInputTransformation<?,
                                                ?, ?>) transform);
    } else if (transform instanceof SourceTransformation<?>) {
        transformedIds = transformSource((SourceTransformation<?>) transform);
    } else if (transform instanceof SinkTransformation<?>) {
        transformedIds = transformSink((SinkTransformation<?>) transform);
```

```
    } else if (transform instanceof UnionTransformation<?>) {
        transformedIds = transformUnion((UnionTransformation<?>) transform);
    } else if (transform instanceof SplitTransformation<?>) {
        transformedIds = transformSplit((SplitTransformation<?>) transform);
    } else if (transform instanceof SelectTransformation<?>) {
        transformedIds = transformSelect((SelectTransformation<?>) transform);
    } else if (transform instanceof FeedbackTransformation<?>) {
        transformedIds = transformFeedback((FeedbackTransformation<?>)
                                        transform);
    } else if (transform instanceof CoFeedbackTransformation<?>) {
        transformedIds = transformCoFeedback((CoFeedbackTransformation<?>)
                                        transform);
    } else if (transform instanceof PartitionTransformation<?>) {
        transformedIds = transformPartition((PartitionTransformation<?>) transform);
    } else if (transform instanceof SideOutputTransformation<?>) {
        transformedIds = transformSideOutput((SideOutputTransformation<?>)
                                        transform);
    } else {
        throw new IllegalStateException("Unknown transformation: " + transform);
    }
    /**
     * 此处省略部分代码
     */
    // 为 streamGraph 设定 MinResources 和 PreferredResources
    if (transform.getMinResources() != null && transform.
        getPreferredResources() != null) {
        streamGraph.setResources(transform.getId(), transform.getMinResources(),
                                transform.getPreferredResources());
    }
    // 设定 ManagedMemoryWeight 参数
    streamGraph.setManagedMemoryWeight(transform.getId(), transform.
                                getManagedMemoryWeight());
    return transformedIds;
}
```

这里分别以 transformPartition() 和 transformOneInputTransform() 方法为例，介绍 Transformation 转换为 StreamGraph 中的节点和边的过程。这两个转换操作比较典型，其他转换操作基本与之类似。

如代码清单 4-11 所示，在 StreamGraphGenerator.transformPartition() 方法定义中可以看出，PartitionTransformation 类型的转换操作不涉及数据的处理过程，仅是对上下游数据之间传输关系的描述，所以在对其创建 StreamGraph 节点时，节点会被设定为 VirtualPartitionNode 类型。节点包含 Partitioner 和 ShuffleMode 等数据网络传输的配置，当 StreamGraph 最终被转换为物理执行图开始执行的时候，这些配置信息将帮助 Task 实例构建上下游算子之间的数据传输策略。

代码清单 4-11　StreamGraphGenerator.transformPartition() 方法定义

```
// PartitionTransformation 转换
private <T> Collection<Integer> transformPartition(PartitionTransformation<T>
    partition) {
    // 获取上游输入的 Transformation
    Transformation<T> input = partition.getInput();
    List<Integer> resultIds = new ArrayList<>();
        // 对上游输入的 Transformation 进行转换，得到 transformedIds 集合
    Collection<Integer> transformedIds = transform(input);
    for (Integer transformedId: transformedIds) {
        int virtualId = Transformation.getNewNodeId();
    // 在 streamGraph 中添加虚拟节点，此处不会产生物理操作，仅表示数据流转方向
        streamGraph.addVirtualPartitionNode(
            transformedId, virtualId, partition.getPartitioner(), partition.
                getShuffleMode());
        resultIds.add(virtualId);
    }
        // 返回生成的 virtualId 集合
    return resultIds;
}
```

在 transformOneInputTransform() 方法中，会对 OneInputTransformation 具体的转换操作类型进行解析，常见的转换操作有 Map、Filter 等。以执行 transformOneInputTransform() 方法将单输入类型转换操作转换成 StreamGraph 节点为例，OneInputTransformation 转换过程主要涉及以下步骤。具体代码见代码清单 4-12。

1）递归解析当前 Transformation 操作对应的上游转换操作，并将解析后的 Transformation ID 信息存储在 inputIds 集合中。

2）调用 StreamGraph.addOperator() 方法将 Transformation 中的 OperatorFactory 添加到 StreamGraph 中。

3）调用 streamGraph.setOneInputStateKey() 方法设定 KeySelector 参数信息。

4）获得 Transformation 中的并行度参数，并将其设置到 StreamGraph 中。

5）调用 streamGraph.addEdge 方法，将上游转换操作的 inputId 和当前转换操作的 transformId 相连，构建成 StreamGraph 对应的边。

6）返回当前 Transformation 的 ID。

代码清单 4-12　StreamGraphGenerator.transformOneInputTransform() 方法定义

```
// OneInputTransformation 转换
private <IN, OUT> Collection<Integer> transformOneInputTransform(OneInputTrans
    formation<IN, OUT> transform) {
    // 获取上游输入算子并转换，得到 inputIds
    Collection<Integer> inputIds = transform(transform.getInput());
    if (alreadyTransformed.containsKey(transform)) {
        return alreadyTransformed.get(transform);
    }
```

```
// 获取 slotSharingGroup
   String slotSharingGroup = determineSlotSharingGroup(transform.
      getSlotSharingGroup(), inputIds);
// 将 Transformation 中的 Operator 添加至 StreamGraph, 注意直接添加的是 OperatorFactory
   streamGraph.addOperator(transform.getId(),
         slotSharingGroup,
         transform.getCoLocationGroupKey(),
         transform.getOperatorFactory(),
         transform.getInputType(),
         transform.getOutputType(),
         transform.getName());
// 设定 KeySelector
   if (transform.getStateKeySelector() != null) {
      TypeSerializer<?> keySerializer = transform.getStateKeyType().create
         Serializer(executionConfig);
      streamGraph.setOneInputStateKey(transform.getId(), transform.
         getStateKeySelector(), keySerializer);
   }
// 获得 transform 并行度参数并将其设置到 StreamGraph 中
   int parallelism = transform.getParallelism() != ExecutionConfig.
      PARALLELISM_DEFAULT ?
      transform.getParallelism() : executionConfig.getParallelism();
   streamGraph.setParallelism(transform.getId(), parallelism);
   streamGraph.setMaxParallelism(transform.getId(), transform.
      getMaxParallelism());
// 调用 streamGraph.addEdge 方法 , inputId 和当前的 transformId 连接
   for (Integer inputId: inputIds) {
      streamGraph.addEdge(inputId, transform.getId(), 0);
   }
// 返回当前的 transformId
   return Collections.singleton(transform.getId());
}
```

到这里就基本完成了在 StreamExecutionEnvironment 中将 Transformation 集合转换成 StreamGraph 对象，接下来在 PipelineExecutor 中将 StreamGraph 转换成 JobGraph 对象。

4.3.2　将 StreamGraph 转换为 JobGraph

当作业程序通过客户端提交到集群环境运行时，需要将 StreamGraph 转换成 JobGraph 结构，然后通过客户端的 ClusterClient 将 JobGraph 提交到集群运行时中运行。JobGraph 是所有类型作业与集群运行时之间的通信协议，相比于 StreamGraph 结构，JobGraph 主要增加了系统执行参数及依赖等信息，如作业依赖的 JAR 包等。接下来我们重点看如何通过 StreamGraph 生成 JobGraph 对象。

1. JobGraph 整体结构

我们先看 JobGraph 的整体结构。JobGraph 数据结构在本质上是将节点和中间结果集相连得到有向无环图。JobGraph 是客户端和运行时之间进行作业提交使用的统一数据结

构，不管是流式（StreamGraph）还是批量（OptimizerPlan），最终都会转换成集群接受的 JobGraph 数据结构。之所以会进行这么多层图转换，也是为了更好地兼容离线和流式作业，让不同类型的作业都可以运行在同一套集群运行时中。

如图 4-12 所示，JobGraph 数据结构主要包含如下成员变量。

❑ jobID：当前 Job 对应的 ID。

❑ taskVertices：存储了当前 Job 包含的所有节点，每个节点通过 JobVertex 结构表示。

❑ jobConfiguration：存储了当前 Job 用到的配置信息。

❑ scheduleMode：当前 Job 启用的 Task 调度模式，流式作业中默认的调度模式是 EAGER 类型。

❑ snapshotSettings：存储当前 Job 使用的 Checkpoint 配置信息。

❑ savepointRestoreSettings：存储当前 Job 用来恢复任务的 Savepoint 配置信息。

❑ userJars：存储当前作业依赖 JAR 包的地址。在将作业提交到集群中的过程中，这些 JAR 包会通过网络上传到运行时的 BlobServer 中，在应用程序中的 Task 执行时会将相关 JAR 包下载到 TaskManager 本地路径，并加载到 Task 线程所在的 UserClassLoader 中。

❑ userArtifacts：当前作业需要使用的自定义文件，并通过 DistributedCacheEntry 表示。

❑ userJarBlobKeys：将 JAR 包上传到 BlobServer 之后，返回的 BlobKey 地址信息会存储在该集合中。

❑ classpaths：当前作业对应的 classpath 信息。

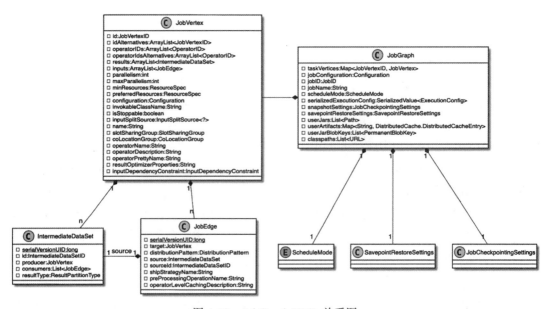

图 4-12　JobGraph UML 关系图

2. JobVertex 主要结构

JobGraph 图结构中的单个节点通过 JobVertex 表示。JobVertex 主要包含 JobEdge 和 IntermediateDataSet 等结构以及与节点相关的配置和运行资源等信息。其中 JobEdge 表示当前节点的输入节点信息，而 IntermediateDataSet 表示当前 Job 节点对应输出的数据集类型。JobVertex 结构的主要组成部分如下。

- ❑ JobVertexID：存储当前 JobVertex 节点的 ID 信息。
- ❑ idAlternatives：Vertex 中的替代 ID，如果 JobVertexID 重复了，可以使用该列表中的 ID。
- ❑ operatorIDs：包含当前 Vertex 中所有 Operator 的唯一 ID 集合。
- ❑ results：当前 Vertex 对应的中间结果数据集，通过 IntermediateDataSet 表示。
- ❑ inputs：当前 Vertex 所有的输入边集合，通过 JobEdge 表示。
- ❑ parallelism：当前 Vertex 节点对应的并行度参数。
- ❑ invokableClassName：当前 Vertex 对应的 invokableClassName，即 Operator 对应的 ClassName，在 Task 运行的过程中，会通过 invokableClassName 进行对应 Operator 的初始化与执行。
- ❑ slotSharingGroup：Vertex 中 Slot 共享组配置，该配置允许 Job 节点中的 SubTask 运行在同一个 Slot 中。
- ❑ operatorName：当前 Vertex 节点 Operator 的名称。
- ❑ inputDependencyConstraint：表示当前 Vertex 节点中 Task 被调度的输入依赖约束，其中 ANY 表示一旦有输入节点可以消费，就立即对当前 JobVertex 的 Task 进行调度执行；ALL 表示只有当所有的输入节点全部可消费时，才能调度当前节点对应的 Task 任务。

3. 在 PipelineExecutor 中获取 JobGraph

通过客户端方式将应用程序提交到远程集群运行时，会在 PipelineExecutor 中通过 Pipeline 获取 JobGraph 数据结构。前面介绍过，PipelineExecutor 中支持远程任务执行的 Executor 主要有两种类型，分别为 AbstractJobClusterExecutor 和 AbstractSessionCluster-Executor。不管是哪种类型的 PipelineExecutor 实现，最终都会在各自的 execute() 方法中调用 ExecutorUtils.getJobGraph() 方法将 pipeline 转换为 JobGraph 结构。

```
final JobGraph jobGraph = ExecutorUtils.getJobGraph(pipeline, configuration);
```

如代码清单 4-13 所示，ExecutorUtils.getJobGraph 的定义主要涉及如下步骤。

1）对 pipeline 和 configuration 做非空检查。

2）调用 FlinkPipelineTranslationUtil.getJobGraph() 方法通过 pipeline 获取 jobGraph 对象。

3）生成 jobGraph 后，向 jobGraph 添加 JAR 包依赖和 Classpath 等配置信息。

4）设定 jobGraph 的 SavepointRestoreSettings 配置。

5）返回生成的 jobGraph。

代码清单 4-13　ExecutorUtils.getJobGraph() 方法定义

```
public static JobGraph getJobGraph(@Nonnull final Pipeline pipeline, @Nonnull
                                   final Configuration configuration) {
    // 对 pipeline 和 configuration 做非空检查
    checkNotNull(pipeline);
    checkNotNull(configuration);
    final ExecutionConfigAccessor executionConfigAccessor =
      ExecutionConfigAccessor.fromConfiguration(configuration);
    // 调用 FlinkPipelineTranslationUtil.getJobGraph() 方法获取 jobGraph
    final JobGraph jobGraph = FlinkPipelineTranslationUtil
      .getJobGraph(pipeline, configuration, executionConfigAccessor.
        getParallelism());
      // 向 jobGraph 添加 JAR 包依赖和 Classpath 配置
    jobGraph.addJars(executionConfigAccessor.getJars());
    jobGraph.setClasspaths(executionConfigAccessor.getClasspaths());
    // 设定 SavepointRestoreSettings
jobGraph.setSavepointRestoreSettings(executionConfigAccessor.
                                    getSavepointRestoreSettings());
    // 返回 jobGraph
    return jobGraph;
}
```

其中，FlinkPipelineTranslationUtil.getJobGraph() 方法定义如下：首先调用 getPipeline-Translator() 方法获取 FlinkPipelineTranslator，然后基于 FlinkPipelineTranslator.translateToJob-Graph() 方法将 pipeline 转换成 JobGraph。

```
public static JobGraph getJobGraph(
        Pipeline pipeline,
        Configuration optimizerConfiguration,
        int defaultParallelism) {
    // 获取 FlinkPipelineTranslator
    FlinkPipelineTranslator pipelineTranslator = getPipelineTranslator(pipeline);
    // 通过 pipelineTranslator.translateToJobGraph() 方法完成对 pipeline 的转换
    return pipelineTranslator.translateToJobGraph(pipeline,
        optimizerConfiguration,
        defaultParallelism);
}
```

接下来我们看 FlinkPipelineTranslator 的获取过程。如代码清单 4-14 所示，获取 Flink-PipelineTranslator 的主要步骤如下。

1）默认创建 PlanTranslator 实例 planToJobGraphTransmogrifier，然后通过 planToJob-GraphTransmogrifier 判断当前的 pipeline 是否可以转换，实际上就是判断当前 pipeline 是否为 OptimizerPlan。如果是，则返回 planToJobGraphTransmogrifier 信息；如果不是，则通过反射的方式创建 StreamGraphTranslator。因为在 Flink 工程的依赖中，flink-streaming-java 模块依赖 flink-clients，但是 flink-clients 依赖 flink-java 模块，此时不能再依赖 flink-streaming-java，否则会构成依赖循环，所以这里必须使用反射的方式从 flink-streaming-java 模块中获取 StreamGraphTranslator 实现。

2）通过判断 StreamGraphTranslator 实例，判断当前 pipeline 是否可以转换 Stream-Graph，如果不可以转换，则抛出异常。

3）返回创建的 streamGraphTranslator。

代码清单 4-14　FlinkPipelineTranslationUtil.getPipelineTranslator() 方法实现

```
private static FlinkPipelineTranslator getPipelineTranslator(Pipeline pipeline) {
    // 默认创建 PlanTranslator
    PlanTranslator planToJobGraphTransmogrifier = new PlanTranslator();
        // 用创建的 planToJobGraphTransmogrifier 判断当前的 pipeline 是否可以转换，本质上
            是判断当前的 pipeline 是否为 OptimizerPlan，如果是则直接返回
    planToJobGraphTransmogrifier
    if (planToJobGraphTransmogrifier.canTranslate(pipeline)) {
        return planToJobGraphTransmogrifier;
    }
    // 通过反射的方式获取 StreamGraphTranslator
    FlinkPipelineTranslator streamGraphTranslator =
        reflectStreamGraphTranslator();
    // 如果当前 pipeline 不是 StreamGraph，则抛出异常
    if (!streamGraphTranslator.canTranslate(pipeline)) {
        throw new RuntimeException("Translator " + streamGraphTranslator + "
            cannot translate    " + "the given pipeline " + pipeline + ".");
    }
    // 返回创建的 streamGraphTranslator
    return streamGraphTranslator;
}
```

接下来我们看 StreamGraphTranslator.translateToJobGraph() 方法的实现，如代码清单 4-15 所示，主要包含如下步骤。

1）判断当前的 pipeline 是否为 StreamGraph，如果不是则抛出无法转换的异常。

2）将 pipeline 强制类型转换为 StreamGraph。

3）调用 streamGraph.getJobGraph() 方法获取 JobGraph。

代码清单 4-15　StreamGraphTranslator.translateToJobGraph() 方法实现

```
public JobGraph translateToJobGraph(
        Pipeline pipeline,
        Configuration optimizerConfiguration,
        int defaultParallelism) {
    // 判断当前的 pipeline 是否为 StreamGraph
    checkArgument(pipeline instanceof StreamGraph,
                "Given pipeline is not a DataStream StreamGraph.");
    // 将 pipeline 强制类型转换为 StreamGraph
    StreamGraph streamGraph = (StreamGraph) pipeline;
```

```
// 调用 streamGraph.getJobGraph() 方法获取 JobGraph
return streamGraph.getJobGraph(null);
}
```

4. 用 StreamingJobGraphGenerator 生成 JobGraph

从上面的步骤可以看出，在 StreamGraph 中提供了创建 JobGraph 的方法。如代码清单 4-16 所示，在 StreamGraph.getJobGraph() 方法中实际上调用了 StreamingJobGraphGenerator 将 StreamGraph 对象转换为 JobGraph 数据结构。

代码清单 4-16　StreamGraph.getJobGraph() 方法定义

```
public JobGraph getJobGraph(@Nullable JobID jobID) {
    return StreamingJobGraphGenerator.createJobGraph(this, jobID);
}
```

在代码清单 4-17 中，StreamingJobGraphGenerator.createJobGraph() 方法提供了将 Stream-Graph 转换为 JobGraph 的完整逻辑，主要包含以下步骤。

1）调用 preValidate() 方法对 StreamGraph 进行预检查，例如检查在开启 Checkpoint 的情况下，StreamGraph 每个节点的 Operator 是否实现 InputSelectable 接口。

2）调用 JobGraph.setScheduleMode 使用 StreamGraph 设定 JobGraph 的调度模式。

3）对 StreamGraph 的 StreamNode 进行哈希化处理，用于生成 JobVertexID。在 Stream-Graph 中 StreamNodeID 为数字表示，而在 JobGraph 中 JobVertexID 由哈希码生成，通过哈希码区分 JobGraph 中的节点。

4）生成历史 legacyHashes 代码，这一步主要是为了与之前的版本兼容。

5）调用 setChaining() 方法，根据每个节点生成的哈希码从源节点开始递归创建 JobVertex 节点，此处会将多个符合条件的 StreamNode 节点链化在一个 JobVertex 节点中。执行过程中会根据 JobVertex 创建 OperatorChain，以减少数据在 TaskManager 之间网络传输的性能消耗。

6）通过 StreamEdge 生成 JobGraph 中的 JobEdge 信息。

7）调用 setSlotSharingAndCoLocation() 方法设定当前 JobGraph 中的 SlotSharing 及 CoLocation 策略。

8）调用 setManagedMemoryFraction() 方法设定 JobGraph 中的管理内存比例。

9）调用 configureCheckpointing() 方法设置 JobGraph 中的 checkpoint 配置信息。

10）根据 StreamGraph 设定当前 JobGraph 中的 SavepointRestoreSettings 参数。

11）向 JobGraph 中添加 UserArtifactEntries 配置，主要有用户在 Job 中用到的自定义文件等。

12）将 StreamGraph 中的 ExecutionConfig 设定到 JobGraph 中。

13）返回创建好的 JobGraph 对象。

代码清单 4-17　StreamingJobGraphGenerator.createJobGraph() 方法

```
private JobGraph createJobGraph() {
    // 对 StreamGraph 中的节点进行检查
    preValidate();
    // 设定 jobGraph 中的 ScheduleMode
    jobGraph.setScheduleMode(streamGraph.getScheduleMode());
    // 生成动态哈希码
    Map<Integer, byte[]> hashes = defaultStreamGraphHasher.traverseStreamGraph
        AndGenerateHashes(streamGraph);
    // 为了与之前的版本兼容，生成历史 legacyHashes 代码
    List<Map<Integer, byte[]>> legacyHashes = new ArrayList<>(legacyStreamGraph
        Hashers.size());
    for (StreamGraphHasher hasher : legacyStreamGraphHashers) {

        legacyHashes.add(hasher.traverseStreamGraphAndGenerateHashes(streamGraph));
    }
    Map<Integer, List<Tuple2<byte[], byte[]>>> chainedOperatorHashes = new
        HashMap<>();
    // 从源节点开始递归创建 JobVertex 中的 Task Chain
    setChaining(hashes, legacyHashes, chainedOperatorHashes);
    // 通过 StreamEdge 设定 JobGraph 中的边
    setPhysicalEdges();
    // 设定 SlotSharing 及 CoLocation
    setSlotSharingAndCoLocation();
    // 设定管理内存比例
    setManagedMemoryFraction(
        Collections.unmodifiableMap(jobVertices),
        Collections.unmodifiableMap(vertexConfigs),
        Collections.unmodifiableMap(chainedConfigs),
        id -> streamGraph.getStreamNode(id).getMinResources(),
        id -> streamGraph.getStreamNode(id).getManagedMemoryWeight());
    // 设定 Checkpointing
    configureCheckpointing();
    // 设定 SavepointRestoreSettings 参数

    jobGraph.setSavepointRestoreSettings(streamGraph.getSavepointRestoreSettings());
    // 设定 UserArtifactEntries
    JobGraphGenerator.addUserArtifactEntries(streamGraph.getUserArtifacts(),
        jobGraph);
    // 设定执行参数 ExecutionConfig
    try {
        jobGraph.setExecutionConfig(streamGraph.getExecutionConfig());
    }
    catch (IOException e) {
        throw new IllegalConfigurationException("Could not serialize the
            ExecutionConfig." +
                "This indicates that non-serializable types (like custom serializers)
                    were registered");
    }
    // 返回创建好的 jobGraph
```

```
    return jobGraph;
    }
```

通过以上步骤，基本完成了将 StreamGraph 转换为 JobGraph 的过程。至此，JobGraph 结构就全部构建完毕了，接下来向运行时正式提交创建的 JobGraph 对象。

4.3.3 将 JobGraph 提交到集群运行时

JopGraph 数据结构是 Flink 客户端与集群交互的统一数据结构，不管是批数据处理的 DataSet API、流数据处理的 DataStream API，还是 Table/SQL API，最终都会将作业转换成 JobGraph 提交到集群中运行。

我们知道作业提交到集群运行时后，会通过 PipelineExecutorFactory 创建不同类型的 PipelineExecutor，同时调用 PipelineExecutor.execute() 方法执行 JobGraph，这个过程会将 JobGraph 提交到集群中运行。

1. 基于 SessionClusterExecutor 提交

在向 Session 类型的集群提交作业时，会调用 AbstractSessionClusterExecutor.execute() 方法提交和执行 JobGraph 对象。如代码清单 4-18 所示，该方法主要涉及如下步骤。

1）调用 ExecutorUtils.getJobGraph() 方法获取 JobGraph，这点我们已经在 4.3.1 节介绍过。

2）通过 clusterClientFactory 获取 ClusterDescriptor。ClusterDescriptor 是对不同类型的集群的描述，主要用于创建 Session 集群和获取与集群通信的 ClusterClient。

3）调用 clusterDescriptor.retrieve(clusterID) 方法，根据指定的 ClusterID 获取 ClusterClientProvider 实例。

4）通过 clusterClientProvider.getClusterClient() 方法获取与集群运行时进行网络通信的 ClusterClient 实例。

5）使用 clusterClient.submitJob() 方法将 jobGraph 提交到指定的集群运行时中，然后返回 CompletableFuture<JobClient> 对象。

代码清单 4-18　AbstractSessionClusterExecutor.execute() 方法

```
public CompletableFuture<JobClient> execute(@Nonnull final Pipeline pipeline,
    @Nonnull final Configuration configuration) throws Exception {
    // 调用 ExecutorUtils.getJobGraph() 方法获取 JobGraph
    final JobGraph jobGraph = ExecutorUtils.getJobGraph(pipeline, configuration);
    // 通过 clusterClientFactory 获取 ClusterDescriptor
    try (final ClusterDescriptor<ClusterID> clusterDescriptor =
        clusterClientFactory.createClusterDescriptor(configuration)) {
        final ClusterID clusterID = clusterClientFactory.getClusterId
            (configuration);
        checkState(clusterID != null);
        // 通过 ClusterID 获取 ClusterClientProvider
        final ClusterClientProvider<ClusterID> clusterClientProvider =
            clusterDescriptor.retrieve(clusterID);
```

```
// 通过 clusterClientProvider 获取 clusterClient
ClusterClient<ClusterID> clusterClient = clusterClientProvider.
getClusterClient();
// 使用 clusterClient.submitJob() 方法提交 jobGraph 并返回
CompletableFuture<JobClient>
return clusterClient
    .submitJob(jobGraph)
    .thenApplyAsync(jobID -> (JobClient) new ClusterClientJobClient
      Adapter<>(
      clusterClientProvider,
      jobID))
    .whenComplete((ignored1, ignored2) -> clusterClient.close());
  }
}
```

可以看出，将 JobGraph 提交到集群主要是通过 ClusterClient 完成的，ClusterClient 构建了与集群运行时中 Dispatcher 之间的 RPC 连接，而它主要通过 ClusterDescriptor 获取。ClusterDescriptor 最终是通过 ClusterClientFactory 创建和生成的，关于 ClusterClientFactory 的创建将在第 5 章介绍。

基于 AbstractJobClusterExecutor 提交 JobGraph 的方式基本上和 Session 集群类似，这里我们就不再介绍了，下面我们看用户在 IDEA 中运行本地程序时，如何通过 LocalExecutor 将 JobGraph 提交到本地环境中运行。

2. 基于 LocalExecutor 提交

除了可以基于 AbstractJobClusterExecutor 和 AbstractSessionClusterExecutor 将 Pipeline 提交到分布式集群中运行之外，Flink 还提供了 LocalExecutor，实现本地运行作业。

如代码清单 4-19 所示，LocalExecutor.execute() 方法主要包含如下步骤。

1）检查 pipeline 和 configuration 是否非空。

2）调用 getJobGraph() 方法获取 JobGraph，实际上就是调用 FlinkPipelineTranslationUtil.getJobGraph() 方法获取 JobGraph。

3）创建并启动本地 MiniCluster，即构建伪分布式集群环境。

4）通过 MiniCluster 和 configuration 创建 MiniClusterClient。

5）通过 clusterClient.submitJob() 方法将 jobGraph 提交到本地 MiniCluster 上运行。

6）返回 CompletableFuture 异步客户端。

代码清单 4-19　LocalExecutor.execute() 方法定义

```
public CompletableFuture<JobClient> execute(Pipeline pipeline, Configuration
  configuration) throws Exception {
  // 检查 pipeline 和 configuration 是否非空
  checkNotNull(pipeline);
  checkNotNull(configuration);
  // 目前仅在 local executor 中支持 attached execution
  checkState(configuration.getBoolean(DeploymentOptions.ATTACHED));
```

```
// 调用 getJobGraph() 方法获取 JobGraph, 实际上就是调用 FlinkPipelineTranslation
    Util.getJobGraph() 方法
final JobGraph jobGraph = getJobGraph(pipeline, configuration);
// 创建并启动本地 MiniCluster
final MiniCluster miniCluster = startMiniCluster(jobGraph, configuration);
// 创建 MiniClusterClient
final MiniClusterClient clusterClient = new MiniClusterClient(configuration,
    miniCluster);
// 通过 clusterClient.submitJob() 方法将 jobGraph 提交到 MiniCluster 中运行
CompletableFuture<JobID> jobIdFuture = clusterClient.submitJob(jobGraph);
// 返回 CompletableFuture<JobClient>
jobIdFuture
    .thenCompose(clusterClient::requestJobResult)
    .thenAccept((jobResult) -> clusterClient.shutDownCluster());
return jobIdFuture.thenApply(jobID ->
    new ClusterClientJobClientAdapter<>(() -> clusterClient, jobID));
}
```

至此应用程序就完成了从 Transformation 转换成 StreamGraph，然后通过 Pipeline-Executor 将 Pipeline 转 换 为 JobGraph 结 构 并 提 交 到 Session 集 群、Per-Job 集 群 及 本 地 MiniCluster 中运行的整个过程。这个过程涉及比较多的步骤，如 ClusterClient 及 PipelineExecutor 的创建和初始化等。ClusterClient 通过与集群建立网络连接，将 JobGraph 提交至集群运行时中。

4.4　JobGraph 的接收与运行

接下来我们重点看集群运行时如何接收客户端提交的 JobGraph 对象以及后续的执行流程。本节部分内容用到了第 3 章的知识，因此读者需要注意阅读顺序。

4.4.1　JobGraph 提交整体流程

从客户端将 JobGraph 对象提交到集群运行时后，集群通过 Dispatcher 组件接收提交的 JobGraph 对象。Dispatcher 组 件 通 过 JobManagerRunnerFactory 创 建 JobManagerRunner 实例，最终调用 JobManagerRunner 启动 JobManager 服务。JobManager 服务的底层主要通过 JobMaster Class 实现，负责整个作业的生命周期和 Task 调度工作。

图 4-13 所示为任务提交时序调用关系图，其中描述了从 Dispatcher 接收 JobGraph 对象到 JobMaster 启动、管理和调度 Task 的流程。

从图 4-13 中我们可以看出，JobGraph 提交至运行时执行的流程如下。

1）ClusterClient 调用 Dispatcher.submit(JobGraph) 的 RPC 方法，将创建好的 JobGraph 提交至集群运行时。

2）在集群运行时中调用 Dispatcher.internalSubmitJob() 方法执行 JobGraph，然后调用 waitForTerminatingJobManager() 方法获取 jobManagerTerminationFuture 对象。

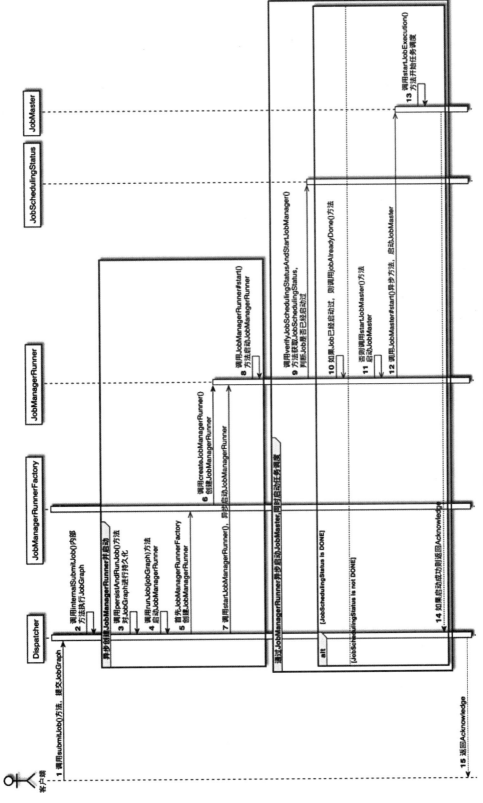

图 4-13　任务提交时序调用关系图

3）在 jobManagerTerminationFuture 中组合异步方法 persistAndRunJob()，persistAndRunJob() 方法主要涉及 JobGraph 的持久化及执行操作。

4）调用 Dispatcher.runJob() 方法，执行 JobGraph 并返回 runJobFuture 对象，此时 runJob() 方法主要涵盖 jobManagerRunner 的异步启动过程。然后调用 createJobManagerRunner() 方法，将 jobManagerRunnerFactory.createJobManagerRunner() 操作放置在 CompletableFuture 中。

5）在返回的 CompletableFuture 对象中，调用 thenApply 方法来增加对 startJobManagerRunner() 方法的调用，实际上就是启动 JobManagerRunner 组件。

6）调用 JobManagerRunner.start() 方法正式启动 JobManagerRunner。因为 JobManagerRunner 是实现高可用的，所以需要借助 leaderElectionService.start(this) 方法启动 JobManagerRunner 组件。JobManagerRunner 启动完毕后，接下来会调用 JobManagerRunnerImpl.grantLeadership() 方法，授予当前 JobManagerRunner 领导权，完成对 JobMaster 服务的启动。

7）在 JobManagerRunnerImpl.grantLeadership() 方法中调用 verifyJobSchedulingStatusAndStartJobManager() 方法获取 JobSchedulingStatus 状态，判断当前的 Job 是否启动过。如果获取的状态是 JobSchedulingStatus.DONE，则调用 jobAlreadyDone() 方法完成后续处理；否则，调用 startJobMaster(leaderSessionId) 方法创建并启动 JobMaster。

8）在 JobManagerRunnerImpl.startJobMaster() 中调用 jobMasterService.start(new JobMasterId(leaderSessionId)) 方法启动 JobMaster，此时会返回 startFuture 对象。同时在 start() 方法中会调用内部的 start() 方法启动 JobMaster RPC 服务，此时 JobMaster 的 RPC 服务启动完成并对外提供服务。

9）在 JobMaster 启动完毕后，下一步是对 JobGraph 中的作业进行调度，主要会调用 startJobExecution() 方法开始 JobGraph 的调度和运行。作业如果启动成功，会将 Acknowledge 信息返回给 Dispatcher 服务。

10）Dispatcher 将 Acknowledge 信息返回给 ClusterClient，该信息最终会被返回给客户端。

4.4.2 Dispatcher 任务与分发

接下来我们看 Dispatcher 如何接收 JobGraph，然后根据 JobGraph 对象启动 JobManager RPC 服务。如代码清单 4-20 所示，Dispatcher.submitJob() 方法主要包含如下逻辑。

1）判断提交的 JobGraph 中 JobID 是否重复，如果重复则抛出 DuplicateJobSubmissionException。

2）判断 JobGraph 中是否仅为部分节点配置了资源。JobGraph 的节点不支持部分资源配置，因此要么全部节点都配置资源，要么全不配置，否则会抛出异常。

3）将接收的 JobGraph 提交到 internalSubmitJob(jobGraph) 方法中，执行后续流程，其中包括创建 JobManagerRunner，通过 JobManagerRunner 创建和启动 JobManager 的底层实现实例 JobMaster，并基于 JobMaster 管理整个 Job 的生命周期及 Task 作业的执行。

代码清单 4-20　Dispatcher.submitJob() 方法定义

```
public CompletableFuture<Acknowledge> submitJob(JobGraph jobGraph, Time
    timeout) {
    log.info("Received JobGraph submission {} ({}).", jobGraph.getJobID(),
        jobGraph.getName());
    try {
        // 判断 JobID 是否重复，如果重复则抛出 DuplicateJobSubmissionException
        if (isDuplicateJob(jobGraph.getJobID())) {
            return FutureUtils.completedExceptionally(
                new DuplicateJobSubmissionException(jobGraph.getJobID()));
        // JobGraph 中不支持部分资源配置，因此要么全部节点都配置资源，要么全不配置
        } else if (isPartialResourceConfigured(jobGraph)) {
            return FutureUtils.completedExceptionally(
                new JobSubmissionException(jobGraph.getJobID(), "Currently jobs is
                    not supported if parts of the vertices have " +
                    "resources configured. The limitation will be removed in
                        future versions."));
        } else {
            // 调用内部 internalSubmitJob(jobGraph) 方法
            return internalSubmitJob(jobGraph);
        }
    } catch (FlinkException e) {
        return FutureUtils.completedExceptionally(e);
    }
}
```

如代码清单 4-21 所示，Dispatcher.internalSubmitJob() 方法主要包括如下步骤。

1）调用 waitForTerminatingJobManager() 方法异步提交 JobGraph，在该方法中会创建和获取 jobManagerTerminationFuture 对象。其中 jobManagerTerminationFuture 主要是从 jobManagerRunnerFutures 集合中通过 JobId 获取而来的。

2）将 this::persistAndRunJob 代码块添加到 jobManagerTerminationFuture 异步对象中，在没有异常的情况下调用 persistAndRunJob() 方法，对 JobGraph 进行持久化并执行。

3）在 CompletableFuture persistAndRunFuture 中增加异步处理操作，判断是否出现运行异常并确定后续逻辑。此时如果 throwable 不为 null，则直接抛出 DispatcherException，表示 Job 提交失败并对错误进行解析，将错误原因抛给客户端；否则返回 acknowledge 确认信息，表明 JobGraph 提交成功并执行。

4）将 CompletableFuture 返回给调用方，客户端会通过 CompletableFuture.get() 方法获取执行结果中的 Acknowledge，以获取 Job 的执行结果。

代码清单 4-21　Dispatcher.internalSubmitJob() 方法定义

```
private CompletableFuture<Acknowledge> internalSubmitJob(JobGraph jobGraph) {
    // 异步提交 JobGraph，其中包括对 JobGraph 的持久化和执行
    final CompletableFuture<Acknowledge> persistAndRunFuture = waitForTermina
        tingJobManager(jobGraph.getJobID(), jobGraph, this::persistAndRunJob)
```

```
        .thenApply(ignored -> Acknowledge.get());
    return persistAndRunFuture.handleAsync((acknowledge, throwable) -> {
        // 如果出现异常，对 Job 进行清理
        if (throwable != null) {
            cleanUpJobData(jobGraph.getJobID(), true);
            // 对错误进行解析，将错误原因抛给客户端
            final Throwable strippedThrowable = ExceptionUtils.stripCompletion
                Exception(throwable);
            log.error("Failed to submit job {}.", jobGraph.getJobID(),
                strippedThrowable);
            throw new CompletionException(
                new JobSubmissionException(jobGraph.getJobID(), "Failed to submit
                                        job.", strippedThrowable));
        } else {
            // 如果提交成功，则返回 acknowledge
            return acknowledge;
        }
    }, getRpcService().getExecutor());
}
```

Dispatcher.persistAndRunJob 方法定义包含提交和执行 JobGraph 的主要流程。如代码清单 4-22 所示，该方法主要包含如下逻辑。

1）调用 jobGraphWriter.putJobGraph() 方法对 JobGraph 进行持久化，如果基于 Zoo-Keeper 实现了集群高可用，则将 JobGraph 记录到 ZooKeeperJobGraphStore 中，异常情况下会通过 ZooKeeperJobGraphStore 恢复作业。

2）调用 runJob(jobGraph) 方法执行 jobGraph，然后返回 CompletableFuture runJobFuture 对象。

3）在 runJobFuture 中增加作业执行完成后的操作：判断 throwable 是否为空，如果不为空则证明 JobGraph 执行异常，从 JobGraphStore 中移除持久化过的 jobGraph。

代码清单 4-22　Dispatcher.persistAndRunJob() 方法定义

```
private CompletableFuture<Void> persistAndRunJob(JobGraph jobGraph) throws
    Exception {
    // 通过 jobGraphWriter 对 jobGraph 进行持久化
    jobGraphWriter.putJobGraph(jobGraph);
    // 执行 jobGraph 对应的 Job 并返回 runJobFuture
    final CompletableFuture<Void> runJobFuture = runJob(jobGraph);
        // 增加 runJobFuture 执行完毕后的操作并进行异常处理
    return runJobFuture.whenComplete(BiConsumerWithException.unchecked((Object
        ignored, Throwable throwable) -> {
        if (throwable != null) {
            jobGraphWriter.removeJobGraph(jobGraph.getJobID());
        }
    }));
}
```

如代码清单 4-23 所示，Dispatcher.runJob() 方法主要逻辑如下。

1）确认 jobManagerRunnerFutures 集合中没有当前 JobGraph 的 ID 信息，否则抛出异常。

2）调用 createJobManagerRunner() 方法创建 JobManagerRunner，然后返回 Completable-Future。可以看出创建 JobManagerRunner 也是异步执行的，内部会调用 jobManagerRunner-Factory.createJobManagerRunner() 方法创建 JobManagerRunner。

3）将创建的 jobManagerRunnerFuture 对象添加到 jobManagerRunnerFutures 中，防止 Job 重复执行。

4）调用 jobManagerRunnerFuture.thenApply() 方法，添加 this::startJobManagerRunner 对应的函数代码块，其中主要包含对 JobManagerRunner 的启动逻辑。

5）在 JobManagerRunnnerFuture 中增加执行返回空值的处理操作。

6）调用 jobManagerRunnerFuture.whenCompleteAsync() 方法增加 Future 执行结束操作，判断是否有异常，如果有异常则从 jobManagerRunnerFutures 中移除 JobID 信息。

代码清单 4-23　Dispatcher.runJob() 方法定义

```
// 通过 JobGraph 运行 Job，需要创建 JobManager（JobMaster）
private CompletableFuture<Void> runJob(JobGraph jobGraph) {

Preconditions.checkState(!jobManagerRunnerFutures.containsKey(jobGraph.
    getJobID()));
  // 创建 JobManagerRunner
  final CompletableFuture<JobManagerRunner> jobManagerRunnerFuture = createJob
    ManagerRunner(jobGraph);
    // 将创建的 jobManagerRunnerFuture 对象添加到 jobManagerRunnerFutures 中
  jobManagerRunnerFutures.put(jobGraph.getJobID(), jobManagerRunnerFuture);
  // 增加 JobManagerRunner 启动操作
  return jobManagerRunnerFuture
    // 调用 startJobManagerRunner() 方法启动 JobManagerRunner
    .thenApply(FunctionUtils.uncheckedFunction(this::startJobManagerRunner))
    // 执行返回空值的函数
    .thenApply(FunctionUtils.nullFn())
    // 增加 Future 执行结束操作，判断是否有异常，如果有，则从 jobManagerRunnerFutures
        中移除 JobID 信息
    .whenCompleteAsync(
      (ignored, throwable) -> {
        if (throwable != null) {
            jobManagerRunnerFutures.remove(jobGraph.getJobID());
        }
      },
      getMainThreadExecutor());
  }
```

至此，将 JobGraph 提交到 Dispatcher 的主要逻辑基本介绍完毕，接下来重点介绍 JobManagerRunner 和 JobMaster 的启动和初始化过程。

4.4.3 JobManager 启动与初始化

JobManager 的启动与初始化过程主要分为两部分：第一部分为启动 JobManagerRunner，第二部分为根据 JobManagerRunner 启动 JobMaster 的 RPC 服务并创建和初始化 JobMaster 中的内部服务，如图 4-14 所示。

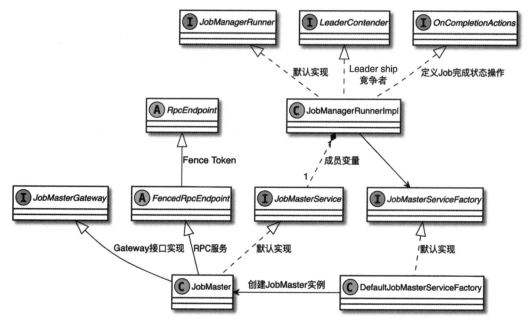

图 4-14　JobManagerRunner UML 关系图

- ❏ JobManagerRunner 的默认实现为 JobManagerRunnerImpl，且 JobManagerRunnerImpl 实现了 LeaderContender 接口，因此 JobManagerRunner 可以参与 Leadership 的竞争，实现 JobManagerRunner 高可用。JobManagerRunner 还实现了 OnCompletionActions 接口，主要执行 Job 处于终止状态的后续操作。
- ❏ JobManagerRunner 包含 JobMasterService 的成员变量，而 JobMasterService 接口的默认实现为 JobMaster。通过 JobManagerRunner 中 JobMasterServiceFactory 的默认实现类 DefaultJobMasterServiceFactory 可以创建 JobMasterService 实例。
- ❏ JobMaster 为 JobManager 的底层实现，JobManagerRunner 和 JobMaster 合并起来就是完整的 JobManager 功能实现。JobMaster 不仅实现了 JobMasterService 接口，还通过继承 FencedRpcEndpoint 基本实现类成为 RPC 服务。此外，JobMaster 通过实现 JobMasterGateway 接口，向集群其他组件提供了 RPC 服务访问的能力，实现与其他组件之间的 RPC 通信。

1. 启动 JobManagerRunner

我们先来看 JobManagerRunner 的启动过程。因为 JobManagerRunner 服务实现了高

可用，所以在启动它时，会通过调用 leaderElectionService 启动 LeaderContender 实现类 JobManagerRunnerImpl。代码如下，这里 this 对象实际上就是 JobManagerRunnerImpl 实例。

```
leaderElectionService.start(this);
```

一旦选择当前的 JobManagerRunner 为 Leader 节点，就会通过 LeaderElectionService 服务调用 LeaderContender 实现类中的 grantLeadership() 方法，授予当前的 LeaderContender 对应的 Leadership。在 JobManagerRunnerImpl.grantLeadership() 方法中可以看出，最终会调用 verifyJobSchedulingStatusAndStartJobManager() 方法启动 JobMaster 服务。

如代码清单 4-24 所示，JobManagerRunnerImpl.verifyJobSchedulingStatusAndStartJobManager() 方法主要包含如下逻辑。

1）调用 getJobSchedulingStatus() 方法，获取当前 Job 的 JobSchedulingStatus 状态。

2）在 jobSchedulingStatusFuture 中增加异步操作，首先判断返回的 JobSchedulingStatus 是否为 JobSchedulingStatus.DONE，如果是，则表明 Job 已经被其他的 JobMaster 执行过，此时调用 jobAlreadyDone() 方法处理后续流程；否则调用 startJobMaster(leaderSessionId) 方法创建并启动新的 JobMaster 服务。然后通过该 JobMaster 调度和执行 JobGraph 中的 Task 实例。

代码清单 4-24　JobManagerRunnerImpl.verifyJobSchedulingStatusAndStartJobManager() 方法定义

```
private CompletableFuture<Void> verifyJobSchedulingStatusAndStartJobManager(UU
    ID leaderSessionId) {
    // 获取 Job 调度状态
    final CompletableFuture<JobSchedulingStatus> jobSchedulingStatusFuture =
        getJobSchedulingStatus();
    // 判断 Job 调度的状态是否为已完成
    return jobSchedulingStatusFuture.thenCompose(
        jobSchedulingStatus -> {
            // 如果 JobStatus 为 JobSchedulingStatus.DONE, 则调用 jobAlreadyDone 方法
            if (jobSchedulingStatus == JobSchedulingStatus.DONE) {
                return jobAlreadyDone();
            } else {
                // 如果 Job 没有执行, 则启动 JobMaster
                return startJobMaster(leaderSessionId);
            }
        });
}
```

2. 启动 JobMaster 服务

接下来通过 JobManagerRunner 启动 JobMaster 服务。JobMaster 服务是 JobManagerRunnerImpl 在实例化过程中创建的，如下列代码所示，在构造器中调用 JobMasterServiceFactory 创建 JobMaster 服务实例。

```
this.jobMasterService = jobMasterFactory.createJobMasterService(jobGraph,
    this, userCodeLoader);
```

接下来调用 JobManagerRunnerImpl.startJobMaster() 方法启动新创建的 JobMaster，并通过 JobMaster 调度和执行 JobGraph。如代码清单 4-25 所示，JobManagerRunnerImpl.startJobMaster() 方法主要包含如下逻辑。

1）调用 runningJobsRegistry.setJobRunning() 方法，在 runningJobsRegistry 中注册当前的 JobId 信息。

2）调用 jobMasterService.start(new JobMasterId(leaderSessionId)) 方法启动 JobMaster 服务。

3）在 startFuture 中增加异步操作，调用 confirmLeaderSessionIdIfStillLeader() 方法确认当前的 JobManagerRunner 具有 Leadership，然后调用 confirmLeadership() 方法确认 Leadership 已经接受。

代码清单 4-25　JobManagerRunnerImpl.startJobMaster() 方法定义

```
private CompletionStage<Void> startJobMaster(UUID leaderSessionId) {
    try {
        // 注册 Job 信息至 RunningJobsRegistry
        runningJobsRegistry.setJobRunning(jobGraph.getJobID());
    } catch (IOException e) {
        return FutureUtils.completedExceptionally(
            new FlinkException(
                String.format("Failed to set the job %s to running in the running
                            jobs registry.", jobGraph.getJobID()),
                e));
    }
    final CompletableFuture<Acknowledge> startFuture;
    try {
        // 启动 JobMasterService 并调度执行整个 JobGraph 对应的作业
        startFuture = jobMasterService.start(new JobMasterId(leaderSessionId));
    } catch (Exception e) {
        return FutureUtils.completedExceptionally(new FlinkException("Failed to
            start the JobMaster.", e));
    }
    final CompletableFuture<JobMasterGateway> currentLeaderGatewayFuture =
        leaderGatewayFuture;
    return startFuture.thenAcceptAsync(
        (Acknowledge ack) -> confirmLeaderSessionIdIfStillLeader(
            leaderSessionId,
            jobMasterService.getAddress(),
            currentLeaderGatewayFuture),
        executor);
}
```

如代码清单 4-26 所示，在 jobMasterService.start(JobMasterId) 方法中有三个主要逻辑：首先调用 start() 方法启动 JobMaster 对应的 RPC 服务，在 start() 方法中调用 rpcServer. start() 启动 RPC 服务；在 JobMaster 对应的 RPC 服务启动后，调用 JobMaster.start-

JobExecution(newJobMasterId) 方法对 JobGraph 中的作业进行调度和执行；最后调用 callAsyncWithoutFencing() 方法，通过 RpcServer 执行 Callable 操作。

代码清单 4-26　jobMasterService.start() 方法定义

```
public CompletableFuture<Acknowledge> start(final JobMasterId newJobMasterId)
    throws Exception {
    // 启动 JobManager 对应的 RPC 服务
    start();
    // 启动 JobMaster 并通过 JobMaster 执行分配的 Job
    return callAsyncWithoutFencing(() -> startJobExecution(newJobMasterId),
                                   RpcUtils.INF_TIMEOUT);
}
```

接下来我们看 JobMaster.startJobExecution() 方法的定义，如代码清单 4-27 所示，该方法主要包含如下逻辑。

1）检查当前 RPC 服务的主线程是否已正常运行，如未正常运行则抛出异常，同时检查并确保 JobMasterId 不为空。

2）调用 getFencingToken() 方法从 RpcEndpoint 服务中获取 Fencing Token，并将其与当前的 JobMasterId 进行对比，如果二者相等，则表明该 JobMasterId 对应的 Job 已经启动，此时直接返回 Ack，不再进行后续操作。

3）将新的 JobMasterId 设定为 Fencing Token，主要用于 RPC 通信过程中各个组件之间的 Token 认证。

4）调用 startJobMasterServices() 方法，启动 JobMaster 中的服务，包括 HeartbeatServices、SlotPool 及调度器服务等。

5）调用 resetAndStartScheduler() 方法，正式分配和开启 Job 调度器，开始 Job 的调度和执行。

代码清单 4-27　JobMaster.startJobExecution() 方法定义

```
private Acknowledge startJobExecution(JobMasterId newJobMasterId) throws
    Exception {
    // 检测当前 RPC 主线程是否已正常运行，如未正常运行抛出异常
    validateRunsInMainThread();
        // 确保 JobMasterId 不为空
    checkNotNull(newJobMasterId, "The new JobMasterId must not be null.");
    // 如果 Fencing Token 已经包含新的 JobMasterId，则表明 Job 已经通过该 JobMasterId 启
        动，直接返回 Ack
    if (Objects.equals(getFencingToken(), newJobMasterId)) {
        log.info("Already started the job execution with JobMasterId {}.",
            newJobMasterId);
        return Acknowledge.get();
    }
    // 为 JobMasterId 设定新的 Fencing Token，用于 RPC 通信
    setNewFencingToken(newJobMasterId);
```

```
// 启动 JobMasterServices 服务
startJobMasterServices();
log.info("Starting execution of job {} ({}) under job master id {}.",
    jobGraph.getName(), jobGraph.getJobID(), newJobMasterId);
// 为 Job 分配调度器，从而分布式调度执行 Task
resetAndStartScheduler();
return Acknowledge.get();
}
```

如代码清单 4-28 所示，在 JobMaster 中调用 startJobMasterServices() 方法启动相关服务的主要逻辑如下。

1）调用 startHeartbeatServices() 方法，启动 HeartbeatService，主要包括向 TaskManager 和 ResourceManager 发送心跳服务。

2）启动 JobMaster 中的 slotPool 服务，主要负责管理分配给 JobManager 的 Slot 资源以及与 ResourceManager 进行交互申请的 Slot 资源。

3）调用 reconnectToResourceManager() 方法，创建与 ResourceManager 之间的 RPC 连接。

4）在 JobMaster 相关服务全部启动后，调用 resourceManagerLeaderRetriever.start() 方法与 ResourceManager 建立连接，此时 SlotPool 将向 ResourceManager 申请 Slot 计算资源，并将 Slot 资源的信息记录在 SlotPool 中。

代码清单 4-28 startJobMasterServices() 方法定义

```
private void startJobMasterServices() throws Exception {
    // 启动 JobMaster HeartbeatService
    startHeartbeatServices();
    // 启动 JobMaster 中的 slotPool 服务，该服务主要负责 JobManager 的 Slot 资源管理
    slotPool.start(getFencingToken(), getAddress(), getMainThreadExecutor());
    // 启动 JobMaster 中的 scheduler 服务，该服务主要负责 Task 的调度和执行
    scheduler.start(getMainThreadExecutor());
    // 创建 ResourceManager 连接，用于从 ResourceManager 中获取 Slot 资源
    reconnectToResourceManager(new FlinkException("Starting JobMaster
        component."));
    // 激活 resourceManagerLeaderRetriever 服务，获取 ResourceManager 的 Leader 节点
    resourceManagerLeaderRetriever.start(new ResourceManagerLeaderListener());
}
```

4.4.4　JobMaster 详解

如图 4-15 所示，JobMaster 分别继承和实现了 JobMasterService、JobMasterGateway 及 FencedRpcEndpoint 接口或抽象类，其中 JobMasterService 接口定义了 JobMaster 启动和停止等方法，JobMasterGateway 接口定义了 JobMaster 的 RPC 接口方法，如 heartbeatFromTaskManager()、heartbeatFromResourceManager() 等。JobMaster 通过继承 FencedRpcEndpoint 抽象实现类，使得 JobMaster 成为 RPC 服务节点，这样其他组件就可以通过 RPC 的通信方式与 JobMaster 进行交互了。

图 4-15　JobMaster UML 类图概览

JobMaster 包含非常多的成员变量，下面仅对其重点成员进行梳理。

❏ jobMasterConfiguration：主要定义了 JobMaster 服务中需要的参数，如 rpcTimeout、slotRequestTimeout 等。

❏ resourceId：JobMaster 的唯一资源 ID，用于区分不同的 JobMaster 服务。

❏ jobGraph：当前需要提交的 Job 对应的 JobGraph，从 Dispatcher 中获取。

❏ rpcTimeout：定义 JobMaster 中 RPC 服务的超时时间。

❏ highAvailabilityServices：高可用服务接口，主要用于获取 resourceManagerLeaderRetriever，可以通过 resourceManagerLeaderRetriever 获取 ResourceManager 的 Leader 节点。

❏ blobWriter：用于将对象数据写入 BlobStore，主要用于 Task 调度和执行过程中对 TaskInformation 进行持久化。

❏ heartbeatServices：创建和管理与 TaskManager、ResourceManager 组件之间的心跳服务。

❏ jobMetricGroupFactory：创建 JobMaster 的 MetricGroup 对应的工厂类。

❏ scheduledExecutorService：JDK 中提供定时调度 ExecutorService，主要用于 Task 的调度和执行，提供 Job 执行状态切换过程中需要的定时调度服务。

❏ jobCompletionActions：主要定义了 Job 达到终止状态时执行的操作，例如 jobReachedGloballyTerminalState() 定义了 Job 完成的操作。

❑ fatalErrorHandler：定义系统异常处理的 Handle 实现类。

❑ userCodeLoader：JobGraph 中对应的 UserClassLoader 实现类，主要用于加载和实例化用户编写的 Flink 应用代码。

❑ slotPool：用于管理 JobManager 中的 Slot 资源，包括 JobManager 中的资源使用、分配、申请以及 TaskManager 的注册和释放、接收 ResourceManager 提供的 Slot 资源等。

❑ scheduler：主要继承和实现了 SlotProvider 和 SlotOwner 接口，提供了将 Task 分配到给定 Slot 的接口方法，并和 SlotPool 配合使用。

❑ schedulerNGFactory：用于创建 schedulerNG 调度器的工厂类。

❑ backPressureStatsTracker：用于监听反压的状态追踪组件，获取指定算子当前的反压状态。

❑ resourceManagerLeaderRetriever：用于获取 ResourceManager Leader 节点的组件，可以通过 resourceManagerLeaderRetriever 实时监控当前 ResourceManager Leader 节点的状态并返回最新的 Leader 节点。

❑ registeredTaskManagers：注册在 JobManager 中的 TaskExecutor 信息，当有新的 TaskExecutor 启动时，通知 JobLeaderService 中的监听器，将 TaskExecutor 注册在 registeredTaskManagers 集合中。

❑ shuffleMaster：主要用于注册和管理任务中的 Shuffle 信息。

❑ jobStatusListener：Job 状态的监听器，实现当 Job 的状态发生改变后的异步操作，例如在 Job 全部执行完毕后从高可用存储中移除当前的 Job 信息等。

❑ jobManagerJobMetricGroup：主要用于定义 Job 中产生的 Metric 监控指标并通过 MetricGroup 进行存储和管理。

❑ resourceManagerAddress：存放 ResourceManager 的地址信息等内容。

❑ resourceManagerConnection：创建与 ResourceManager 之间的 RPC 连接。JobManager 通过调用 ResourceManagerGateway.registerJobManager() 方法将自己注册到 Resource-Manager 中。

❑ establishedResourceManagerConnection：涵盖了 JobManager 与 ResourceManager 之间的连接信息，主要包括 ResourceManagerGateway 和 ResourceID 信息。

❑ accumulators：专门用于存储在 Job 中创建和用到的累加器。

❑ partitionTracker：主要用于对 Job 中的 Partition 信息进行追踪，并提供 startTracking-Partition()、stopTrackingAndReleasePartitions() 等方法，启动和释放 TaskExecutor 及 ShuffleMaster 中的 Partition 信息。

1. JobMasterGateway 实现

JobMasterGateway 提供了 JobManager 与其他组件之间的 RPC 访问接口，例如取消当前的 Job、更新当前任务中的 Task 状态等功能。

如图 4-16 所示，JobMasterGateway 接口同时继承了其他的 Gateway 接口，从而完成不同的任务。每种 Gateway 接口的说明如下。

❑ CheckpointCoordinatorGateway：主要用于在 Task 执行过程中向 CheckpointCoordinator 汇报当前 Task 的 Checkpoint 执行情况。

❑ FencedRpcGateway：RPC 核心服务需要实现的接口，集群中的 Dispatcher 等 RPC 组件都会实现该 RpcGateway 接口。

❑ KvStateLocationOracle：主要用于 QueryableState 模块根据状态 key 获取 Key-Value 类型状态所在的位置信息。

❑ KvStateRegistryGateway：主要用于注册 QueryableState 模块中需要用到的 Key-Value 类型状态，如果状态设定为 Queryable 类型，会将状态信息注册在 KvStateRegistry 中。

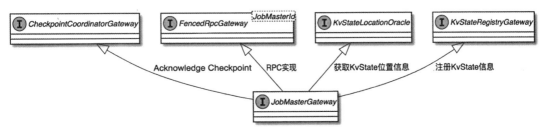

图 4-16　JobMasterGateway UML 关系图

如图 4-17 所示，JobManager 主要通过在 JobMaster 中实现 JobMasterGateway 接口，向外部的 ResourceManager、Dispatcher、JobExecutionResultHandler 以及 TaskExecutor 等组件提供远程访问 JobMaster 的 RPC 接口方法。

❑ ResourceManager 调用 heartbeatFromResourceManager() 方法创建与 JobMaster 之间的心跳连接，调用 disconnectResourceManager() 方法关闭与 JobMaster 之间的 RPC 连接。

❑ Dispatcher 调用 requestJobDetails() 和 requestJob() 等方法获取当前 Job 的运行状态。另外，正常停止任务时，Dispatcher 组件会调用 stopWithSavepoint() 方法停止 JobMaster，同时触发 Savepoint 操作。当然，也可以直接调用 cancel() 方法取消当前 Job，停止 JobMaster 服务。

❑ JobExecutionResultHandler 主要服务于 Web 页面，调用 JobMasterGateway.requestJob-Status() 方法可以实时返回 Job 的运行状态信息。

❑ TaskExecutor 和 JobMaster 之间需要创建 RPC 连接，TaskExecutor 主要调用 offer-Slot() 和 failSlot() 方法向 JobMaster 提供分配的 Slot 信息以及通知 JobManager 异常的 Slot 资源。TaskExecutor 也会调用 heartbeatFromTaskManager()、registerTask-Manager()、disconnectTaskManager() 等方法维持与 JobManager 之间的 RPC 连接。

2. SlotPool 资源管理

在 JobMaster 中会通过 SlotPool 组件管理 JobMananger 中的 Slot 计算资源，每个 JobMaster 实例都会创建一个 SlotPool 实例。启动 JobMasterService 过程中会调用以下方法

启动 SlotPool 服务。

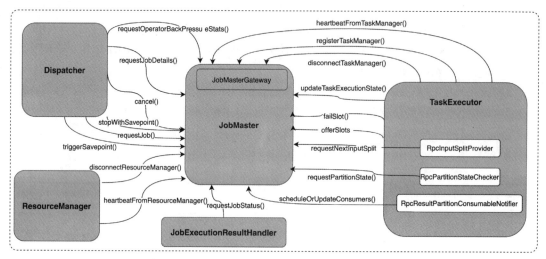

图 4-17　JobMasterGateway 主要方法

```
slotPool.start(getFencingToken(), getAddress(), getMainThreadExecutor());
```

在 SlotPool 服务启动完成后，JobManager 会通过 SlotPool 向 ResourceManager 申请作业执行需要的 Slot 计算资源，此时会调用 SlotPool.rcquestSlotFromResourceManager() 方法执行操作。如代码清单 4-29 所示，SlotPool.requestSlotFromResourceManager() 方法主要包含如下步骤。

1）检查 resourceManagerGateway 和 pendingRequest 是否非空。

2）创建 AllocationID，用于标记资源信息，然后将 PendingRequest 存储在 pending-Requests 集合中。

3）调用 pendingRequest.getAllocatedSlotFuture() 方法，等待获取 Slot 资源分配结果，如果分配过程中出现异常，则会取消 Slot 资源申请。

4）通过 resourceManagerGateway 向 ResourceManager 请求指定的 Slot 资源，此时 resourceManagerGateway 会返回 Acknowledge 信息，根据返回的 Acknowledge 判断 Slot 资源是否申请成功。

5）如果申请失败，就会调用 slotRequestToResourceManagerFailed() 方法处理异常，如果没有异常，则表示申请 Slot 资源成功。

代码清单 4-29　SlotPool.requestSlotFromResourceManager() 方法定义

```
private void requestSlotFromResourceManager(
    final ResourceManagerGateway resourceManagerGateway,
    final PendingRequest pendingRequest) {
    //检查 resourceManagerGateway 和 pendingRequest 是否非空
    checkNotNull(resourceManagerGateway);
```

```
checkNotNull(pendingRequest);
log.info("Requesting new slot [{}] and profile {} from resource manager.",
    pendingRequest.getSlotRequestId(), pendingRequest.getResourceProfile());
// 创建 AllocationID, 用于标记资源信息
final AllocationID allocationId = new AllocationID();
    // 将 pendingRequest 添加到 pendingRequests 集合中
pendingRequests.put(pendingRequest.getSlotRequestId(), allocationId,
                    pendingRequest);
    // 获取 Slot 资源分配结果, 如果分配过程中出现异常, 则取消 Slot 资源申请
pendingRequest.getAllocatedSlotFuture().whenComplete(
    (AllocatedSlot allocatedSlot, Throwable throwable) -> {
        if (throwable != null || !allocationId.equals(allocatedSlot.
          getAllocationId())) {
            resourceManagerGateway.cancelSlotRequest(allocationId);
        }
    });
// 通过 resourceManagerGateway 向 ResourceManager 请求 Slot 资源
CompletableFuture<Acknowledge> rmResponse = resourceManagerGateway.
    requestSlot(
    jobMasterId,
    new SlotRequest(jobId, allocationId, pendingRequest.
      getResourceProfile(), jobManagerAddress),
    rpcTimeout);
    // 等待资源申请返回
FutureUtils.whenCompleteAsyncIfNotDone(
    rmResponse,
    componentMainThreadExecutor,
    (Acknowledge ignored, Throwable failure) -> {
        // 如果申请失败, 则调用 slotRequestToResourceManagerFailed() 方法处理异常
        if (failure != null) {
    slotRequestToResourceManagerFailed(pendingRequest.getSlotRequestId(),
                                    failure);
        }
    });
}
```

另外，除了向 ResourceManager 申请 Slot 计算资源之外，JobManager 还通过在 SlotPool 中注册和管理 TaskManager 信息，提供 registerTaskManager() 和 releaseTaskManager() 等方法分别注册和释放 TaskManager 信息。

Job 向 ResourceManager 提交并成功申请 Slot 资源后，ResourceManager 会调用 Task-Executor 的 RPC 方法向 JobManager 提供申请到的 Slot 资源。TaskExecutor 接收到来自 Resource Manager 的 Slot 分配请求后，会调用 JobMasterGateway.offerSlots() RPC 方法，向 JobMaster 提供已经分配好的 Slot 资源信息。

如代码清单 4-30 所示，在 JobMaster 中调用 Slotpool.offerSlots() 方法将 SlotOffer 消息转换为 AllocatedSlot 对象，然后存储在 allocatedSlots 数据集中。在 Job 启动 Task 时，会从 Slot 资源集合中获取 Slot 信息。

代码清单 4-30　SlotPool.offerSlots 方法定义

```
public Collection<SlotOffer> offerSlots(
    TaskManagerLocation taskManagerLocation,
    TaskManagerGateway taskManagerGateway,
    Collection<SlotOffer> offers) {
  ArrayList<SlotOffer> result = new ArrayList<>(offers.size());
  for (SlotOffer offer : offers) {
    //调用 offerSlot()方法将 offer 中的 SlotOffer 转换成 AllocatedSlot
    if (offerSlot(taskManagerLocation,taskManagerGateway,offer)) {
      result.add(offer);
    }
  }
  return result;
}
```

JobManager 成功申请到 Slot 计算资源后，开始调度和执行任务中的 Task，此时 JobManager 中的调度器会使用 SlotPool 申请到的 Slot 计算资源。SlotPool 提供了 requestNewAllocatedSlot() 和 requestNewAllocatedBatchSlot() 两种资源获取方法。如代码清单 4-31 所示，在 SchedulerImpl.requestNewAllocatedSlot() 方法中，调度器会根据资源使用需求选择 SlotPool 中 Slot 计算资源的使用方式，这里主要判断 allocationTimeout 是否为空，进而确认是调用 requestNewAllocatedBatchSlot() 方法来批量申请计算资源，还是调用 requestNewAllocatedSlot() 方法申请流式任务需要的计算资源。

代码清单 4-31　SchedulerImpl.requestNewAllocatedSlot() 方法定义

```
private CompletableFuture<PhysicalSlot> requestNewAllocatedSlot(
    SlotRequestId slotRequestId,
    SlotProfile slotProfile,
    @Nullable Time allocationTimeout) {
  //判断 allocationTimeout 是否为空
  if (allocationTimeout == null) {
    //如果为空，则以批量形式分配 Slot 计算资源
    return slotPool.requestNewAllocatedBatchSlot(slotRequestId, slotProfile.
      getPhysicalSlotResourceProfile());
  } else {
    //否则直接分配 Slot 计算资源
    return slotPool.requestNewAllocatedSlot(slotRequestId, slotProfile.get
      PhysicalSlotResourceProfile(), allocationTimeout);
  }
}
```

3. 调度器实现

JobMaster 成功申请到 Slot 计算资源后，运行 JobGraph 对应的作业。我们知道在 JobMaster 服务中会创建 Scheduler 组件，用于在任务执行过程中调度和执行 JobGraph 并行的 SubTask 实例。在 JobMaster 中主要通过 schedulerFactory 创建 Scheduler 实例，并且会将 SlotPool 作为 Scheduler 的成员变量。可以看出 Scheduler 内部对 Slot 资源的使用都是通过

SlotPool 进行的，代码如下。

```
this.scheduler = checkNotNull(schedulerFactory).createScheduler(slotPool);
```

如图 4-18 所示，Scheduler 分别继承自 SlotProvider 和 SlotOwner 接口，且默认实现类为 SchedulerImpl。

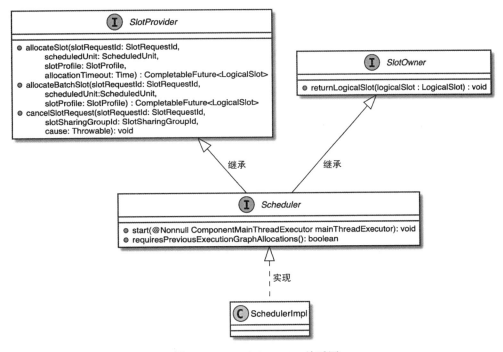

图 4-18　Scheduler UML 关系图

其中 SlotProvider 接口主要提供 allocateSlot() 和 allocateBatchSlot() 两种资源分配方法，并根据资源申请提供 Slot 资源，且申请的 Slot 计算资源最终以 LogicalSlot 形式提供，并不是实际意义上的 Slot 计算资源，实际的 Physical Slot 主要还是在 TaskExecutor 中进行分配。SlotOwner 接口主要提供 returnLogicalSlot() 方法，用于将 LogicalSlot 返回给 Scheduler。在 Scheduler 启动后，会立即调度和执行任务对应的 JobGraph 对象，并基于 JobGraph 对象生成 ExecutionGraph 结构。JobManager 通过对 ExecutionGraph 中的 ExecutionVertex 节点进行调度和执行，向 TaskManager 中提交 Task 启动申请，最终执行整个 Job 中的 Task。

4.5　ExecutionGraph 的调度与执行

当 JobMaster 以及相关服务组件都启动完毕且从 ResourceManager 中申请到 Slot 计算资源后，接下来调度和执行 Job 中的 SubTask 任务，这个过程涉及 SchedulerNG 任务调度器的创建和 ExecutionGraph 的构建与执行，如图 4-19 所示。

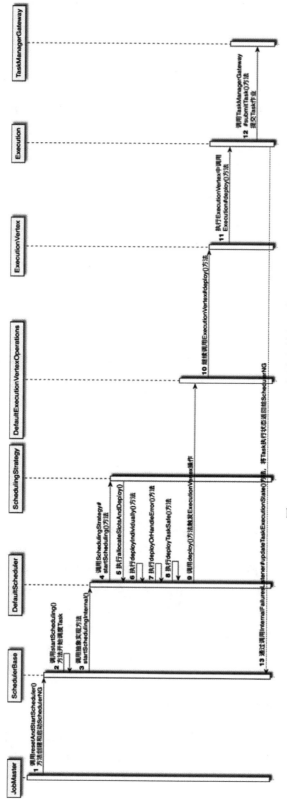

图 4-19　ExecutionGraph 调度和执行时序图

在图 4-19 中可以看出，整个任务调度和执行的步骤如下。

1）调用 JobMaster.resetAndStartScheduler() 方法，创建和分配 Task 执行所需的调度器 SchedulerNG 接口实现类。这里需要注意的是，在 SchedulerNG 的创建过程中，会根据 JobGraph、ShuffleMaster 以及 JobMasterPartitionTracker 等参数创建 ExecutionGraph 物理执行图。

2）调用 SchedulerNG 的基本实现类 SchedulerBase.startScheduling() 方法启动任务调度，开始对整个 ExecutionGraph 进行调度执行。

3）调用 SchedulerBase.startSchedulingInternal() 抽象方法（主要有 DefaultScheduler 和 LegacyScheduler 两种调度器实现该抽象方法，这里我们以 DefaultScheduler 为例进行说明）。

4）在 DefaultScheduler 中会使用不同的调度策略，分别为 EagerSchedulingStrategy 和 LazyFromSourcesSchedulingStrategy。从字面上也可以看出，前者是即时调度策略，即 Job 中所有的 Task 会被立即调度，主要用于 Streaming 类型的作业；后者是等待输入数据全部准备好才开始后续的 Task 调度，主要用于 Batch 类型的作业。

5）在 SchedulingStrategy 中创建 ExecutionVertexID 和 ExecutionVertexDeploymentOption 集合，然后将 ExecutionVertexDeploymentOption 集合分配给 SchedulerOperations 执行。

6）在 DefaultScheduler 中根据 ExecutionVertexDeploymentOption 集合，将分配的 Slot 资源和 ExecutionVertex 绑定，生成 SlotExecutionVertexAssignment 集合。然后创建 Deployment-Handle 集合，同时调用 deployIndividually() 内部方法执行 DeploymentHandle 集合中的 Execution 节点，其中 DeploymentHandle 包含了部署 ExecutionVertex 需要的全部信息。

7）根据 Job 的调度策略是否为 LazyFromSourcesSchedulingStrategy，选择在 Default-Scheduler 中调用 deployIndividually() 方法还是 waitForAllSlotsAndDeploy() 方法，这里使用 deployIndividually() 方法独立部署 DeploymentHandle 的 Execution 节点。

8）调用 DefaultScheduler.deployOrHandleError() 方法对 Execution 中的 ExecutionVertex 节点进行调度，并进行异常处理。

9）如果 ExecutionVertexVersion 等信息都符合预期，则调用 deployTaskSafe() 方法，部署 ExecutionVertexID 对应的 Task 作业，在 deployTaskSafe() 方法中首先通过 execution-VertexId 获取 ExecutionVertex，其中 ExecutionVertex 是 ExecutionGraph 中的节点，代表 execution 的一个并行 SubTask。

10）调用 ExecutionVertexOperations.deploy() 方法执行该 ExecutionVertex。在 Execution-VertexOperations 中默认实现 DefaultExecutionVertexOperations 的 deploy() 方法，实际上是调用 ExecutionVertex.deploy() 方法提交当前 ExecutionVertex 对应的 Task 作业到 TaskManager 中执行。

11）在 ExecutionVertex.deploy() 方法中运行的是 currentExecution.deploy() 方法，而在 Execution.deploy() 方法中，首先会从 Slot 信息中抽取 TaskManagerGateway 对象，然后调用 TaskManagerGateway.submitTask() 方法将创建的 TaskDeploymentDescriptor 对象提交到 TaskExecutor 中运行，至此 Task 就正式被提交到 TaskExecutor 上运行了。

12）异步将 Task 运行的状态汇报给 SchedulerNG，这里主要采用监听器实现，Job-

Master 从 SchedulerNG 中再次获取整个 Job 的执行状态。

可以看出，ExecutionGraph 在 JobMaster 中调度和执行的过程是比较复杂的，涉及非常多的组件和服务。我们做一个简单的总结，首先在 JobMaster 中创建 DefaultScheduler，在创建的同时将 JobGraph 结构转换为 ExecutionGraph，用于 Task 实例的调度。然后通过 DefaultScheduler 对 ExecutionGraph 中的 ExecutionVertex 节点进行调度和执行。最后将 ExecutionVertex 以 Task 的形式在 TaskExecutor 上运行。接下来我们详细介绍 Execution-Graph 调度和执行过程的概念和步骤。

4.5.1 ExecutionGraph 生成

我们先来看 ExecutionGraph 是如何生成的。如图 4-20 所示，在转换过程中，JobGraph 中的 JobVertex 节点转换为 Execution Job Vertex 节点，且 ExecutionVertex 为 Execution Job-Vertex 中的子节点，其中 ExecutionVertex 的数量取决于 JobVertex 的并行度。从图中可以看出，JobGraph 共有 4 个 JobVertex，每个 JobVertex 的并行度都为 2，因此每个 Execution Job-Vertex 中的 ExecutionVertex 数量都为 2。

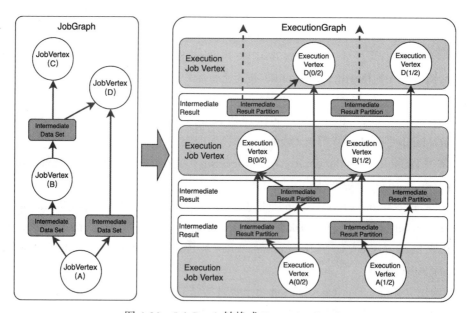

图 4-20　JobGraph 转换成 ExecutionGraph

下面我们总结一下 JobGraph 转换成 ExecutionGraph 过程中涉及的概念。

❑ JobVertex：实际上就是 JobGraph 的节点，代表一个或者一组 Operator 实例，JobGraph 仅是一个计算逻辑的描述，节点和节点之间通过 Intermediate Data Set 连接。

❑ ExecutionJobVertex：ExecutionGraph 的 Job 节点，和 JobGraph 中 JobVertex 一一对应，ExecutionJobVertex 相当于一系列并行的操作。

❑ ExecutionVertex：ExecutionGraph 中的子节点，代表 ExecutionJobVertex 中的并行实例，在 ExecutionVertex 中 ExecutionVertexID 作为唯一 ID，每个 ExecutionVertex 都具备 Execution 变量，Execution 负责向 TaskExecutor 中提交和运行相应的 Task。

❑ IntermediateResult：ExecutionJobVertex 上游算子的中间数据集，每个 Intermediate-Result 包含多个 IntermediateResultPartition，通过 IntermediateResultPartition 生成物理执行图中的 ResultPartition 组件，用于网络栈中上游 Task 节点的数据输出。

❑ Execution：ExecutionVertex 节点中对应的执行单元，ExecutionVertex 可以被执行多次，如 recovery、re-computation 和 re-configuration 等操作都会导致 ExecutionVertex 重新启动和执行，此时就会通过 Execution 记录每次执行的操作，Execution 提供了向 TaskExecutor 提交 Task 的方法。

在创建和初始化 SchedulerNG 的过程中，会在 SchedulerNG 中同步创建 ExecutionGraph 对象，代码如下。

```
this.executionGraph = createAndRestoreExecutionGraph(jobManagerJobMetricGroup,
    checkNotNull(shuffleMaster), checkNotNull(partitionTracker));
```

如代码清单 4-32 所示，ExecutionGraph 主要通过 ExecutionGraphBuilder 创建，Execution-GraphBuilder.buildGraph() 方法主要包含如下参数。

❑ jobGraph：用于构建 ExecutionGraph 使用的 JobGraph 对象。

❑ jobMasterConfiguration：JobMaster 的配置信息。

❑ futureExecutor：ScheduledExecutorService 实例，用于定时执行线程。

❑ slotProvider：Slot 资源提供者，实际上就是 SlotPool 实例。

❑ userCodeLoader：通过依赖 JAR 包构建的用户 ClassLoader。

❑ checkpointRecoveryFactory：用于恢复 Checkpoint 数据的工厂实现类。

❑ restartStrategy：用于指定 Task 重启策略。

❑ currentJobManagerJobMetricGroup：用于记录当前 JobManager 中与 Job 相关的 Metric-Group 信息。

❑ shuffleMaster：当前 Job 使用的 ShuffleMaster 管理类，用于注册和管理 Shuffle 中创建的 ResultPartition 信息。

❑ partitionTracker：用于监控和跟踪 Job 中所有 Task 的分区信息。

❑ failoverStrategy：获取任务容错配置的工厂类，主要用于创建 FailoverStrategy，在 Scheduler 中会通过 FailoverStrategy 控制 Task 的容错策略。

代码清单 4-32　SchedulerBase.createExecutionGraph() 方法定义

```
private ExecutionGraph createExecutionGraph(
    JobManagerJobMetricGroup currentJobManagerJobMetricGroup,
    ShuffleMaster<?> shuffleMaster,
```

```
        final JobMasterPartitionTracker partitionTracker) throws
            JobExecutionException, JobException {
    // 获取 FailoverStrategy.Factory，用于任务错误恢复
    final FailoverStrategy.Factory failoverStrategy = legacyScheduling ?
        FailoverStrategyLoader.loadFailoverStrategy(jobMasterConfiguration, log) :
        new NoOpFailoverStrategy.Factory();
    // 调用 ExecutionGraphBuilder 从 JobGraph 对象中创建 ExecutionGraph
    return ExecutionGraphBuilder.buildGraph(
        null,
        jobGraph,
        jobMasterConfiguration,
        futureExecutor,
        ioExecutor,
        slotProvider,
        userCodeLoader,
        checkpointRecoveryFactory,
        rpcTimeout,
        restartStrategy,
        currentJobManagerJobMetricGroup,
        blobWriter,
        slotRequestTimeout,
        log,
        shuffleMaster,
        partitionTracker,
        failoverStrategy);
    }
```

4.5.2 SchedulerNG 调度器

SchedulerNG 作为 ExecutionGraph 任务调度器接口，主要有 LegacyScheduler 和 Default-Scheduler 两种实现类，两者最主要的区别在于，LegacyScheduler 会将 Task 的调度操作在 ExecutionGraph 内部进行，而 DefaultScheduler 将调度的操作独立出来，在调度器中独立完成。目前 Flink 默认的调度器为 DefaultScheduler，主要因为 DefaultScheduler 可以将调度的过程单独抽取出来，让 ExecutionGraph 更加关注计算逻辑的定义，如图 4-21 所示。

通过 SchedulerNGFactory 创建 SchedulerNG，SchedulerNGFactory 有两种实现方式，分别为 LegacySchedulerFactory 和 DefaultSchedulerFactory，其中 LegacySchedulerFactory 用于创建 LegacyScheduler，DefaultSchedulerFactory 用于创建 DefaultScheduler。

❑ 同时 SchedulerNG 的默认基本实现类为 SchedulerBase，最终实现类为 DefaultScheduler 和 LegacyScheduler。

❑ 其中 DefaultScheduler 实现了 SchedulerOperations 接口，提供了 allocateSlotsAndDeploy () 等方法，用于分配 Slot 资源及执行 Execution。

❑ DefaultScheduler 主要包含三个主要组件：ExecutionSlotAllocator、ExecutionVertex-Operations 以及 SchedulingStrategy 接口实现类。其中 ExecutionSlotAllocator 负责将

Slot 资源分配给 Execution，ExecutionVertexOperations 主要提供了 ExecutionVertex 执
行的操作。

❑ SchedulingStrategy 提供了两种默认实现方式，分别为 EagerSchedulingStrategy 和 Lazy-
FromSourcesSchedulingStrategy。EagerSchedulingStrategy 将 ExecutionJobVertex 中
所有的 Task 实例立即拉起执行，适用于 Streaming 类型作业，LazyFromSources-
SchedulingStrategy 需要等待所有 ExecutionJobVertex 节点输入的数据到达后才开始
分配资源并计算，适用于批量计算模式。

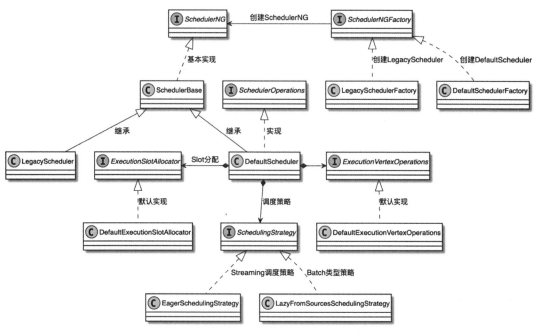

图 4-21　SchedulerNG UML 关系图

1. SchedulerNG 调度器的创建与启动

如代码清单 4-33 所示，JobMaster.resetAndStartScheduler() 方法指定了创建和初始化
SchedulerNG 实例，主要步骤如下。

1）确认当前 JobMaster 对应的 RPC 服务主线程状态正常。

2）创建 schedulerAssignedFuture，用于调度器的异步分配操作。

3）判断调度器中 Job 的状态是否为 JobStatus.CREATED，然后为 schedulerNG 设定运
行主线程池 MainThreadExecutor 实例。

4）此时如果 Job 是其他状态，则需要重置 ExecutionGraph，并调用 createScheduler()
方法重新创建 SchedulerNG 实例。

5）正式调用 startScheduling() 方法，启动任务调度并执行 ExecutionGraph 中的节点。

代码清单 4-33 JobMaster.resetAndStartScheduler() 方法

```
private void resetAndStartScheduler() throws Exception {
    // 确认 RPC 服务主线程状态正常
    validateRunsInMainThread();
    // 创建 schedulerAssignedFuture, 用于调度器的异步分配操作
    final CompletableFuture<Void> schedulerAssignedFuture;
    if (schedulerNG.requestJobStatus() == JobStatus.CREATED) {
        // 判断调度器中 Job 的状态为新创建, 然后将 MainThreadExecutor 分配给 schedulerNG 调
            度器
        schedulerAssignedFuture = CompletableFuture.completedFuture(null);
        schedulerNG.setMainThreadExecutor(getMainThreadExecutor());
    } else {
        // 如果 Job 是其他状态, 则需要重置 ExecutionGraph, 并创建新的调度器分配给当前 Job
        suspendAndClearSchedulerFields(new FlinkException("ExecutionGraph is
            being reset in order to be rescheduled."));
        final JobManagerJobMetricGroup newJobManagerJobMetricGroup =
            jobMetricGroupFactory.create(jobGraph);
        // 创建 SchedulerNG 调度器
        final SchedulerNG newScheduler = createScheduler(newJobManagerJobMetric
            Group);
        schedulerAssignedFuture = schedulerNG.getTerminationFuture().handle(
            (ignored, throwable) -> {
                newScheduler.setMainThreadExecutor(getMainThreadExecutor());
                assignScheduler(newScheduler, newJobManagerJobMetricGroup);
                return null;
            }
        );
    }
    // 正式开始 Job 的任务调度, 分别执行 ExecutionGraph 中的节点
    schedulerAssignedFuture.thenRun(this::startScheduling);
}
```

2. ExecutionGraph 的调度和执行

如代码清单 4-34 所示，在 JobMaster.startScheduling() 方法中实际上调用了 Scheduler-NG.startScheduling() 方法，同时创建 JobManagerJobStatusListener 帮助 JobMaster 实时检测作业调度的运行状况，其中 SchedulerNG 会通过该监听器将运行的结果同步到 JobMaster 中。

代码清单 4-34 JobMaster.startScheduling() 方法定义

```
private void startScheduling() {
    checkState(jobStatusListener == null);
    // 在调度器中注册 JobStatusListener, 用于反馈 Job 执行信息
    jobStatusListener = new JobManagerJobStatusListener();
    schedulerNG.registerJobStatusListener(jobStatusListener);
    // 通过 schedulerNG 启动任务的调度执行
    schedulerNG.startScheduling();
}
```

如代码清单 4-35 所示，在 schedulerNG.startScheduling() 方法中，最终调用 scheduling-

Strategy.startScheduling() 方法启动调度和执行 ExecutionGraph 节点。注意在启动调度之前需要调用 prepareExecutionGraphForNgScheduling() 方法对 ExecutionGraph 进行设定，包括将 ExecutionGraph 的状态设定为 Running 以及将调度器模式设定为 SchedulerNG。

代码清单 4-35 DefaultScheduler.startSchedulingInternal() 方法定义

```
protected void startSchedulingInternal() {
    log.info("Starting scheduling with scheduling strategy [{}]",
            schedulingStrategy.getClass().getName());
    prepareExecutionGraphForNgScheduling();
    schedulingStrategy.startScheduling();
}
```

在 EagerSchedulingStrategy.startScheduling() 方法中我们可以看出，实际上会调用 Scheduler-Operations.allocateSlotsAndDeploy() 方 法 对 ExecutionVertexDeploymentOption 集 合 中 的 ExecutionVertex 节点进行调度，如代码清单 4-36 所示。

代码清单 4-36 DefaultScheduler.allocateSlotsAndDeploy() 方法定义

```
private void allocateSlotsAndDeploy(final Set<ExecutionVertexID> verticesToDeploy)
    {
    // 将需要部署执行的 ExecutionVertexID 集合转换成 ExecutionVertexDeploymentOption
    集合
    final List<ExecutionVertexDeploymentOption> executionVertexDeploymentOptions =
        SchedulingStrategyUtils.createExecutionVertexDeploymentOptionsInTopologi
        calOrder(
        schedulingTopology,
        verticesToDeploy,
        id -> deploymentOption);
    // 调用 schedulerOperations.allocateSlotsAndDeploy() 方法部署 ExecutionVertex
    schedulerOperations.allocateSlotsAndDeploy(executionVertexDeploymentOptions);
}
```

如代码清单 4-37 所示，DefaultScheduler 最终会调用 deployTaskSafe() 方法部署指定 ExecutionVertexID 的 ExecutionVertex。

代码清单 4-37 DefaultScheduler.deployTaskSafe() 方法定义

```
private void deployTaskSafe(final ExecutionVertexID executionVertexId) {
    try {
        // 获取 ExecutionVertex 节点
        final ExecutionVertex executionVertex = getExecutionVertex(executionVert
            exId);
        // 通过 executionVertexOperations 部署获取到的 executionVertex
        executionVertexOperations.deploy(executionVertex);
    } catch (Throwable e) {
        handleTaskDeploymentFailure(executionVertexId, e);
    }
}
```

在 DefaultExecutionVertexOperations 的 deploy() 方法中，实际上调用的还是 Execution-
Vertex.deploy() 方法将 executionVertex 节点的 Task 部署和运行到指定 TaskExecutor 中。每
个 ExecutionVertex 节点都有 Execution 对象，如以下代码所示，在 ExecutionVertex.deploy()
方法中，实际上调用的是 currentExecution.deploy() 方法完成当前 Execution 的部署与运行。

```
public void deploy() throws JobException {
    // 调用 Execution 中的 deploy() 方法，执行当前节点的 Execution
    currentExecution.deploy();
}
```

接下来我们看 Execution.deploy() 方法的实现，如代码清单 4-38 所示，Execution 执行过
程主要包含如下步骤。

1）检查 JobMasterMainThread 状态是否为 Running。

2）获取已经分配给当前 Execution 的 Slot 计算资源。

3）检查 Slot 中对应的 TaskManager 是否存在，如果该 Slot 分配的 TaskManager 不存
在，则抛出异常。

4）判断当前 ExecutionState 是否为 SCHEDULED 或 CREATED，如果都不是，表示当
前的 Execution 已经被取消或执行，则抛出异常。

5）判断当前 Execution 分配的 Slot 计算资源的有效性。

6）检查当前 Execution 的状态，如果状态不是 DEPLOYING，则释放资源。

7）创建 TaskDeploymentDescriptor，主要用于描述 Task 部署信息，TaskManager 会在本
地进程中接收到 TaskDeploymentDescriptor 的消息并解析，然后启动 Task 线程并处理数据。

8）从 Slot 配置信息中获取 TaskManagerGateWay 实例，调用 taskManagerGateway.submit()
方法将创建的 TaskDeploymentDescriptor 信息提交到 TaskExecutor 中，如果出现异常，则调
用 markFailed() 方法更新 Task 的运行状态。

代码清单 4-38　Execution.deploy() 方法定义

```
public void deploy() throws JobException {
    // 确认 JobMasterMainThread 状态为 Running
    assertRunningInJobMasterMainThread();
    // 获取已经分配的 Slot 资源
    final LogicalSlot slot  = assignedResource;
    checkNotNull(slot, "In order to deploy the execution we first have to
                assign a resource via tryAssignResource.");
    // 检查并判断当前的 Slot 对应的 TaskManager 是否存活，如果该 Slot 分配的 TaskManager 不
        存活，则抛出异常
    if (!slot.isAlive()) {
       throw new JobException("Target slot (TaskManager) for deployment is no
                        longer alive.");
    }
    // 判断当前的 ExecutionState 是否为 SCHEDULED 或者 CREATED，如果不是则抛出异常
    ExecutionState previous = this.state;
```

```
if (previous == SCHEDULED || previous == CREATED) {
    if (!transitionState(previous, DEPLOYING)) {
        throw new IllegalStateException("Cannot deploy task: Concurrent
                                        deployment call race.");
    }
}
else {
    // 表示当前的 Execution 已经被取消或已经执行
    throw new IllegalStateException("The vertex must be in CREATED or
        SCHEDULED state to be deployed. Found state " + previous);
}
 // 判断当前 Execution 分配的 Slot 资源的有效性
if (this != slot.getPayload()) {
    throw new IllegalStateException(
        String.format("The execution %s has not been assigned to the assigned
                    slot.", this));
}
try {
    // 检查当前 Execution 的状态，如果状态不是 DEPLOYING，则释放资源
    if (this.state != DEPLOYING) {
        slot.releaseSlot(new FlinkException("Actual state of execution " +
            this + " (" + state + ") does not match expected state DEPLOYING."));
        return;
    }
    // 创建 TaskDeploymentDescriptor，用于将 Task 部署到 TaskManager
    final TaskDeploymentDescriptor deployment =
            TaskDeploymentDescriptorFactory
        .fromExecutionVertex(vertex, attemptNumber)
        .createDeploymentDescriptor(
            slot.getAllocationId(),
            slot.getPhysicalSlotNumber(),
            taskRestore,
            producedPartitions.values());
    // 将 taskRestore 置空，以进行 GC 回收
    taskRestore = null;
    // 获取 TaskManagerGateWay
    final TaskManagerGateway taskManagerGateway = slot.
        getTaskManagerGateway();
            // 获取 jobMasterMainThreadExecutor 运行线程池
    final ComponentMainThreadExecutor jobMasterMainThreadExecutor =
        vertex.getExecutionGraph().getJobMasterMainThreadExecutor();
    // 调用 taskManagerGateway.submit() 方法提交 Deployment 对象到 TaskExecutor 中
    CompletableFuture.supplyAsync(() ->
        taskManagerGateway.submitTask(deployment, rpcTimeout), executor)
        .thenCompose(Function.identity())
        .whenCompleteAsync(
            (ack, failure) -> {
                // 如果出现异常，则调用 markFailed() 方法更新 Task 运行状态
                if (failure != null) {
                    if (failure instanceof TimeoutException) {
```

```
                            String taskname = vertex.getTaskNameWithSubtaskIndex() +
                                " (" + attemptId + ')';
                            markFailed(new Exception(
                                "Cannot deploy task " + taskname + " - TaskManager ("
                                    + getAssignedResourceLocation()
                                    + ") not responding after a rpcTimeout of " +
                                        rpcTimeout, failure));
                        } else {
                            markFailed(failure);
                        }
                    }
                },
                jobMasterMainThreadExecutor);
        }
        catch (Throwable t) {
            markFailed(t);
            if (isLegacyScheduling()) {
                ExceptionUtils.rethrow(t);
            }
        }
    }
}
```

完成上述步骤后，TaskManager 接收到 JobManager 提交的 TaskDeploymentDescriptor 信息，完成 Task 线程的构建并启动运行。当 Job 所有的 Task 实例全部运行后，系统就可以正常处理接入的数据了。

4.6 Task 的执行与注销

Execution 将 TaskDeploymentDescriptor 信息提交到 TaskManager 之后，接下来在 TaskManager 中根据 TaskDeploymentDescriptor 的信息启动 Task 实例。如代码清单 4-39 所示，TaskExecutor.submitTask() 方法根据 Execution 提交的 TaskDeploymentDescriptor 信息创建并运行 Task 线程。因为该方法涉及逻辑较多，所以我们仅介绍重点步骤。

首先在 TaskExecutor 中根据配置信息创建 Task 线程，然后调用 taskSlotTable. addTask(task) 方法将创建的 Task 添加到 taskSlotTable 集合中。从 submitTask() 方法可以看出，Task 线程中的参数一部分来自 TaskDeploymentDescriptor（tdd），另外一部分来自 TaskExecutorService 服务，其中包括从 taskExecutorServices 中获取的 IOManager、ShuffleEnvironment 以及 KvStateService 等。当然还有其他比较重要的组件和服务，如 checkpointResponder 和 libraryCache 等，这些都是直接从 TaskExecutor 中获取的。

代码清单 4-39　TaskExecutor.submitTask() 方法的部分逻辑

```
Task task = new Task(
    jobInformation,
    taskInformation,
```

```
        tdd.getExecutionAttemptId(),
        tdd.getAllocationId(),
        tdd.getSubtaskIndex(),
        tdd.getAttemptNumber(),
        tdd.getProducedPartitions(),
        tdd.getInputGates(),
        tdd.getTargetSlotNumber(),
        memoryManager,
        taskExecutorServices.getIOManager(),
        taskExecutorServices.getShuffleEnvironment(),
        taskExecutorServices.getKvStateService(),
        taskExecutorServices.getBroadcastVariableManager(),
        taskExecutorServices.getTaskEventDispatcher(),
        taskStateManager,
        taskManagerActions,
        inputSplitProvider,
        checkpointResponder,
        aggregateManager,
        blobCacheService,
        libraryCache,
        fileCache,
        taskManagerConfiguration,
        taskMetricGroup,
        resultPartitionConsumableNotifier,
        partitionStateChecker,
        getRpcService().getExecutor());
// 向 taskMetricGroup 中增加 isBackPressured 指标
taskMetricGroup.gauge(MetricNames.IS_BACKPRESSURED, task::isBackPressured);
// 将创建好的 Task 添加到 taskSlotTable 中
log.info("Received task {}.", task.getTaskInfo().getTaskNameWithSubtasks());
boolean taskAdded;
try {
    taskAdded = taskSlotTable.addTask(task);
} catch (SlotNotFoundException | SlotNotActiveException e) {
    throw new TaskSubmissionException("Could not submit task.", e);
}
```

如代码清单 4-40 所示，如果 Task 成功添加至 taskSlotTable，就会立即启动 Task 线程。
Task 线程启动后，会返回 Acknowledge 到 Execution 所在的节点，最终将 Ack 的消息传递
给 JobMaster 中的 SchedulerNG，确定该 Task 实例被成功调度和执行。对于流式作业中的
Task 会一直运行，直到 Job 被取消。

代码清单 4-40　TaskExecutor.submitTask() 方法的部分逻辑

```
// 如果添加成功，则执行 Task 线程
if (taskAdded) {
    // 启动 Task 线程
    task.startTaskThread();
        // 设定 ResultPartition
```

```
        setupResultPartitionBookkeeping(
            tdd.getJobId(),
            tdd.getProducedPartitions(),
            task.getTerminationFuture());
        return CompletableFuture.completedFuture(Acknowledge.get());
    } else {
        final String message = "TaskManager already contains a task for id " +
            task.getExecutionId() + '.';
        log.debug(message);
        throw new TaskSubmissionException(message);
    }
} catch (TaskSubmissionException e) {
    return FutureUtils.completedExceptionally(e);
}
```

4.6.1 Task 的启动与注销

TaskExecutor 中的 Task 实现了 Runnable 接口，因此可以被 TaskExecutor 中的线程池调度和执行，且 Task 中的主要逻辑都会在 doRun() 方法中定义。Task.doRun() 方法主要涵盖了两个步骤，分别为初始化 Task 执行环境和通过 Bootstrap 启动 Invokablable Class，以下我们分别介绍这两个步骤。

1. 初始化 Task 执行环境

如代码清单 4-41 所示，初始化 Task 执行环境步骤如下。

1）为当前 Task 线程激活安全网，用于安全获取 FileSystem 实例。

2）在 blobService 中注册当前的 jobId。

3）将当前 Task 依赖的 JAR 包加载到 UserCodeClassLoader 中。

4）userCodeClassLoader 反序列化 ExecutionConfig 对象，然后从 ExecutionConfig 中获取 taskCancellationInterval 和 taskCancellationTimeout 等参数。

代码清单 4-41　Task.doRun() 方法的部分逻辑

```
// 激活当前 Task 线程的安全网
LOG.info("Creating FileSystem stream leak safety net for task {}", this);
FileSystemSafetyNet.initializeSafetyNetForThread();
// 在 blobService 中注册当前的 JobId
blobService.getPermanentBlobService().registerJob(jobId);
// 为当前 Task 加载依赖 JAR 包，然后创建 UserCodeClassLoader
LOG.info("Loading JAR files for task {}.", this);
userCodeClassLoader = createUserCodeClassloader();
// 反序列化 ExecutionConfig
final ExecutionConfig executionConfig = serializedExecutionConfig.deserialize
    Value(userCodeClassLoader);
// 获取 taskCancellationInterval 和 taskCancellationTimeout 参数
if (executionConfig.getTaskCancellationInterval() >= 0) {
```

```
        taskCancellationInterval = executionConfig.getTaskCancellationInterval();
    }
    if (executionConfig.getTaskCancellationTimeout() >= 0) {
        taskCancellationTimeout = executionConfig.getTaskCancellationTimeout();
    }
```

通过以上步骤基本完成了初始化 Task 需要的执行环境，当然还包括 ResultPartitions 和 InputGates 等组件的配置以及 TaskKvStateRegistry 等服务的启动和初始化，篇幅有限，这里我们就不再赘述了，ResultPartitions 和 InputGates 等网络传输相关的配置会在第 7 章进行介绍。

如代码清单 4-42 所示，Task.doRun() 方法会创建 RuntimeEnvironment 实例，对于 Runtime-Environment 来讲，主要实现了 Task 和算子之间的连接。Task 线程中触发算子执行时会将 RuntimeEnvironment 环境信息传递给算子构造器，将 Task 线程实例中已经初始化的配置和服务提供给算子使用。从 RuntimeEnvironment 的构造器中可以看出，这里包含了非常多的配置信息和组件服务，例如 jobConfiguration、taskConfiguration 等基础配置，还有 taskStateManager、aggregateManager 以及 broadcastVariableManager 等组件服务。

代码清单 4-42　Task.doRun() 方法的部分逻辑

```
// 为 Task 创建 RuntimeEnvironment 执行环境
Environment env = new RuntimeEnvironment(
    jobId,
    vertexId,
    executionId,
    executionConfig,
    taskInfo,
    jobConfiguration,
    taskConfiguration,
    userCodeClassLoader,
    memoryManager,
    ioManager,
    broadcastVariableManager,
    taskStateManager,
    aggregateManager,
    accumulatorRegistry,
    kvStateRegistry,
    inputSplitProvider,
    distributedCacheEntries,
    consumableNotifyingPartitionWriters,
    inputGates,
    taskEventDispatcher,
    checkpointResponder,
    taskManagerConfig,
    metrics,
    this);
```

经过以上步骤最终创建 RuntimeEnvironment 对象，用于向 Operator 提供 Task 线程的环境信息。我们知道，Task 实例实际上是启动 Operator 实例的执行器，具体的计算逻辑还是在 Operator 中定义和实现，接下来我们看看 Task 线程是如何触发 Operator 执行的。

2. Bootstrap 启动 Invokablable Class 计算逻辑

我们在第 2 章已经知道，在创建的 StreamGraph 的时候，会将 Operator 和 StreamTask 信息添加到 StreamNode 节点中。StreamTask 继承和实现了 AbstractInvokable 抽象类，在 AbstractInvokable 中提供 invoke() 方法用于 Task 的反射调用。实际上通过调用 Abstract-Invokable.invoke() 方法触发 StreamTask 内部 Operator 的执行。

如代码清单 4-43 所示，触发 Invokablable Class 计算逻辑主要包括如下步骤。

1）设定当前 ExecutingThread 的 ContextClassLoader 为 userCodeClassLoader，将线程上下文切换为 UserCodeClassLoader。

2）通过 nameOfInvokableClass 加载并初始化 invokable Class，生成 AbstractInvokable 对象。

3）将 invokable 赋给成员变量，以便当 Task 状态转换为 RUNNING 时，能够在 cancel() 方法中获取 invokable 对象。

4）调用 taskManagerActions.updateTaskExecutionState() 方法，将 Task ExecutionState 状态转换为 RUNNING 的消息并通过 taskManagerActions 通知给其他组件模块。

5）再次确认 userCodeClassLoader 设定为线程的 ContextClassLoader。

6）执行 invokable.invoke() 方法，通过反射的方式触发 Task 中包含的 Operator 算子列表。

代码清单 4-43　Task.doRun() 方法的部分逻辑

```
// 将当前 ExecutingThread 的 ContextClassLoader 设定为 userCodeClassLoader, 以确保能
   够正常访问用户代码
executingThread.setContextClassLoader(userCodeClassLoader);
// 加载并初始化 Task 中的 invokable 代码, 生成 AbstractInvokable 对象
invokable = loadAndInstantiateInvokable(userCodeClassLoader,
   nameOfInvokableClass, env);
// 将 invokable 赋给成员变量, 以便当 Task 状态转换为 RUNNING 时, 能够在 cancel() 方法中获取
   invokable 对象
this.invokable = invokable;
// 将当前的 Task 执行状态从 DEPLOYING 转换为 RUNNING, 如果转换失败, 则抛出异常
if (!transitionState(ExecutionState.DEPLOYING, ExecutionState.RUNNING)) {
   throw new CancelTaskException();
}
// 将 Task ExecutionState 状态转换为 RUNNING 的消息通过 taskManagerActions 通知给其他模块
taskManagerActions.updateTaskExecutionState(new TaskExecutionState(jobId,
   executionId, ExecutionState.RUNNING));
// 再次确认 userCodeClassLoader 已经设定为本地线程 ContextClassLoader
executingThread.setContextClassLoader(userCodeClassLoader);
// 执行 invokable 中的 invoke() 方法, 从而执行逻辑 Task 中的计算任务
invokable.invoke();
```

4.6.2　AbstractInvokable 的加载与初始化

前面我们已经知道，Task 中执行具体算子的计算逻辑是通过 AbstractInvokable Class 触发的，AbstractInvokable 是所有 Task 的入口类，完成所有类型 Task 的加载与执行操作。

如图 4-22 所示，AbstractInvokable 根据计算类型不同分为支持流计算的 StreamTask 和支持批计算的 BatchTask，而 StreamTask 中又含有 SourceStreamTask、OneInputStreamTask 以 及 TwoInputStreamTask 等具体的 StreamTask 类型。在 AbstractInvokable 抽象类中主要通过 invoke() 抽象方法触发 Operator 计算流程，调用 cancel() 方法停止 Task。对于 AbstractInvokable.invoke() 抽象方法则必须由子类实现，cancel() 方法则是选择性实现，在默认情况下不做任何操作。

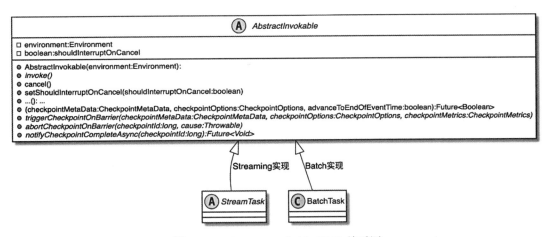

图 4-22　AbstractInvokable UML 关系图

可以说 AbstractInvokable 是所有 StreamTask 或 BatchTask 的入口类，通过在 TaskExecutor 创建的 Task 线程中调用 invoke() 方法触发 StreamTask 或 BatchTask 的运行。

如代码清单 4-44 所示，在 Task.loadAndInstantiateInvokable() 方法中定义了 Abstract-Invokable 抽象类的加载过程，AbstractInvokable 主要通过反射将指定 className 的 Abstract-Invokable 实现类加载到 ClassLoader 中，例如加载 SourceStreamTask。

代码清单 4-44　Task.loadAndInstantiateInvokable() 方法定义

```
private static AbstractInvokable loadAndInstantiateInvokable(
    ClassLoader classLoader,
    String className,
    Environment environment) throws Throwable {
    // 通过反射方式创建 invokableClass
    final Class<? extends AbstractInvokable> invokableClass;
    try {
        invokableClass = Class.forName(className, true, classLoader)
            .asSubclass(AbstractInvokable.class);
```

```
        } catch (Throwable t) {
            throw new Exception("Could not load the task's invokable class.", t);
        }
        Constructor<? extends AbstractInvokable> statelessCtor;
        try {
            // 创建 invokableClass 构造器
            statelessCtor = invokableClass.getConstructor(Environment.class);
        } catch (NoSuchMethodException ee) {
            throw new FlinkException("Task misses proper constructor", ee);
        }
        // 通过构造器实例化 invokableClass 对象并返回
        try {
            return statelessCtor.newInstance(environment);
        } catch (InvocationTargetException e) {
            throw e.getTargetException();
        } catch (Exception e) {
            throw new FlinkException("Could not instantiate the task's invokable
                class.", e);
        }
    }
```

4.6.3 StreamTask 详解

StreamTask 通过继承和实现 AbstractInvokable 抽象类，提供了对流计算任务的支持和实现，StreamTask 是所有 Streaming 类型 Task 的基本实现类。StreamTask 最终会被运行在 TaskExecutor 创建的 Task 线程中，触发 StreamTask 操作主要借助 AbstractInvokable 实现类中的 invoke() 方法。Task 是 TaskManager 中部署和执行的最小本地执行单元，StreamTask 定义了 Task 线程内部需要执行的逻辑，在 StreamTask 中包含了一个或者多个 Operator，其中多个 Operator 会被链化成 Operator Chain，运行在相同的 Task 实例中。

1. StreamTask 组成结构

如图 4-23 所示，StreamTask 继承和实现了 flink-runtime 模块中的 AbstractInvokable 抽象类。同时 StreamTask 的常见实现类有 OneInputStreamTask、TwoInputStreamTask 以及 SourceStreamTask 等，且这些子类全部实现了 StreamTask.init() 抽象方法，并在 init() 方法中初始化 StreamTask 需要的变量和服务等。其他类型的 StreamTask 如 StreamIterationHead 和 StreamIterationTail 主要用于迭代计算，BoundedStreamTask 则主要在 state-processing-api 中使用。

从图 4-23 中也可以看出，在 StreamTask 中提供了流数据处理过程涉及的功能，例如持久化 Checkpoint 数据以及对初始化 Task 状态等操作。同时，StreamTask 中具有非常多的成员变量，这里我们简单梳理 StreamTask 的主要成员变量及概念。

❑ headOperator：指定当前 StreamTask 的头部算子，即 operatorChain 中的第一个算子，StreamTask 负责从输入数据流中接入数据，并传递给 operatorChain 中的

headOperator 继续处理。

❑ operatorChain：在 StreamTask 构建过程中会合并 Operator，形成 operatorChain，operatorChain 中的所有 Operator 都会被执行在同一个 Task 实例中。

❑ stateBackend：StreamTask 执行过程中使用到状态后端，用于管理该 StreamTask 运行过程中产生的状态数据。

❑ checkpointStorage：用于对 Checkpoint 过程中的状态数据进行外部持久化。

❑ timerService：Task 执行过程中用到的定时器服务，对于 timerService 我们已经在第 2 章详细介绍过了。

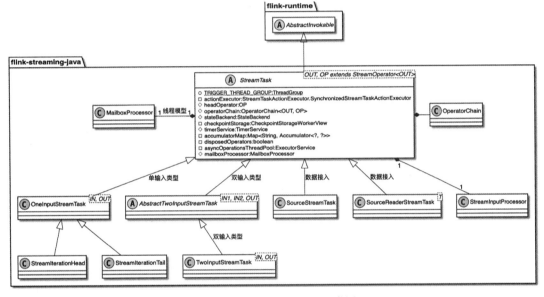

图 4-23　StreamTask UML 类图

❑ accumulatorMap：用于存储累加器数据，用户自定义的累加器会存放在 accumulator-Map 中。

❑ asyncOperationsThreadPool：Checkpoint 操作对状态数据进行快照操作时所用的异步线程池，目的是避免 Checkpoint 操作阻塞主线程的计算任务。

❑ mailboxProcessor：采用类似 Actor 模型的邮箱机制取代之前的多线程模型，让 Task 执行的过程变为单线程（mailbox 线程）加阻塞队列的形式。从而更好地解决由于多线程加对象锁带来的问题。

2. StreamTask 触发流程

如图 4-24 所示，当 Task 线程调用 AbstractInvokable.invoke() 方法触发执行 StreamTask 后，在 StreamTask 中会将整个 Invoke 过程分为三个阶段：BeforeInvoke、Run 以及 AfterInvoke。在 BeforeInvoke 阶段会准备当前 Task 执行需要的环境信息，例如 State-

Backend 的创建等。Run 阶段对应的是开启 Operator，正式启动 Operator 逻辑。当 Task 执行完毕后，会在 AfterInvoke 阶段处理 Task 停止的操作，例如关闭 Operator、释放 Operator 等。

接下来我们从代码实现的角度看 StreamTask.invoke() 方法的定义。如代码清单 4-45 所示，invoke() 方法的实现逻辑如下。

1）调用 beforeInvoke() 方法执行准备工作，主要涉及创建 StateBackend、OperatorChain 以及初始化 InputProcessor 处理器，并初始化 OperatorChain 中算子的状态。

2）调用 runMailboxLoop() 方法执行 Operator 中的计算逻辑。

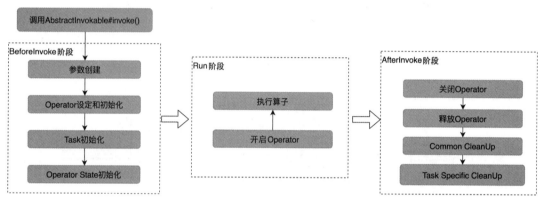

图 4-24　StreamTask 触发流程流程图

3）当 Task 执行完毕后调用 afterInvoke() 方法，清理和关闭 Operator。

4）调用 cleanUpInvoke() 方法，清理执行过程中产生的变量信息。

代码清单 4-45　StreamTask.invoke() 方法定义

```
public final void invoke() throws Exception {
    try {
        // 执行算子前的准备工作
        beforeInvoke();
        // 检查 StreamTask 是否被取消
        if (canceled) {
            throw new CancelTaskException();
        }
        // Task 执行工作
        isRunning = true;
        runMailboxLoop();
        // 再次检查算子是否被取消
        if (canceled) {
            throw new CancelTaskException();
        }
        // 执行 Invoke 之后的逻辑
        afterInvoke();
    }
```

```
    finally {
        cleanUpInvoke();
    }
}
```

3. StreamTask 初始化

我们先来看 StreamTask.beforeInvoke() 方法的实现，如代码清单 4-46 所示，before-Invoke() 方法主要步骤如下。

1）创建 StateBackend 实例，根据 StateBackend 创建 checkpointStorage，用于存储 Checkpoint 过程中的数据。

2）创建和初始化 OperatorChain，并获取 OperatorChain 的 HeadOperator。

3）调用 init() 抽象方法，由 StreamTask 子类实现，用于初始化不同 Task 实例的内部逻辑。

4）调用 initializeStateAndOpen() 方法初始化状态数据并开启 Operator。

代码清单 4-46　StreamTask.beforeInvoke() 方法

```
private void beforeInvoke() throws Exception {
    disposedOperators = false;
    LOG.debug("Initializing {}.", getName());
    asyncOperationsThreadPool = Executors.newCachedThreadPool(new ExecutorThread
        Factory("AsyncOperations", uncaughtExceptionHandler));
    // 创建 stateBackend 实例
    stateBackend = createStateBackend();
    checkpointStorage = stateBackend.createCheckpointStorage(getEnvironment().
        getJobID());
    if (timerService == null) {
        ThreadFactory timerThreadFactory =
            new DispatcherThreadFactory(TRIGGER_THREAD_GROUP, "Time Trigger for "
                + getName());
        timerService = new SystemProcessingTimeService(
            this::handleTimerException,
            timerThreadFactory);
    }
    operatorChain = new OperatorChain<>(this, recordWriter);
    headOperator = operatorChain.getHeadOperator();
    // 调用子类中实现的初始化方法，用于构建 StreamInputProcessor 并最终通过
        StreamInputProcessor 处理数据
    init();
    if (canceled) {
        throw new CancelTaskException();
    }
    actionExecutor.runThrowing(() -> {
        initializeStateAndOpen();
    });
}
```

这里我们重点看 StreamTask.initializeStateAndOpen() 方法的定义，如代码清单 4-47 所示，在 initializeStateAndOpen() 方法中，先从 operatorChain 中获取所有的 StreamOperator 实例，然后分别调用每个 Operator 中的 initializeState() 和 open() 方法，完成对各个 Operator 状态的初始化和算子初始化操作。

代码清单 4-47　StreamTask.initializeStateAndOpen() 方法定义

```
private void initializeStateAndOpen() throws Exception {
    StreamOperator<?>[] allOperators = operatorChain.getAllOperators();
    for (StreamOperator<?> operator : allOperators) {
        if (null != operator) {
            operator.initializeState();
            operator.open();
        }
    }
}
```

4.6.4　StreamTask 线程模型

StreamTask 中的算子初始化完毕后，正式进入数据处理阶段，此时将来自外部的数据写入 StreamTask 中的 Operator 进行处理，对接入的数据或事件进行处理主要借助 StreamTask 中线程模型完成。如以下代码所示，在 StreamTask 的构造器中创建 MailboxProcessor 实例，同时将 StreamTask.processInput() 作为方法块传递给 MailboxProcessor，作为 MailboxDefaultAction 的默认执行逻辑。在 StreamTask.processInput() 方法中定义了当前 Task 接入外部数据并进行处理和调用的逻辑。换句话讲，就是触发 StreamTask.Invoke() 方法后，会调用 StreamTask.runMailboxLoop() 方法启动 MailboxProcessor 接入和处理数据。

```
this.mailboxProcessor = new MailboxProcessor(this::processInput, mailbox,
    actionExecutor);
```

在 Flink 早期版本中，需要处理大量的并发操作，例如在接入和处理数据的同时还需要同步处理 Checkpoint、Watermark 等事件，而这些操作是通过 Checkpoint 锁实现全局控制和保证线程安全的。这种情况会带来非常多的问题和隐患，例如对象锁在多个类中传递，会造成代码可读性差、维护成本高的问题，还需要用户在创建算子的时候线性获取 Checkpoint 锁，这些都会增加用户编写应用程序的成本。

如图 4-25 所示，在 Flink1.10 的版本中引入了基于 MailBox 实现的 StreamTask 线程模型，本质上是借鉴了 Akka 模型中的 MailBox，可以让 StreamTask 所有状态的改变像单线程处理一样简单，无需借助对象锁完成所有的 Runnable 操作。

从图 4-25 中可以看出，在 StreamTask 线程处理模型主要包含如下逻辑。

❑ Mail：定义具体算子中的可执行操作，Mail 主要使用 RunnableWithException 作为参数，和 Runnable 类似，用于捕获需要执行的代码，但和 Runnable 不同的是，

RunnableWithException 允许抛出检查异常。同时在 Mail 中还有 priority 参数控制
Mail 执行的优先级，以防止出现死锁的情况。

❏ MailboxDefaultAction：定义了当前 StreamTask 的默认数据处理逻辑，包括对
Watermark 等事件以及 StreamElement 数据元素的处理。在创建 StreamTask 的过
程中会将 StreamTask.processInput() 方法作为创建 MailboxProcessor 中的 Mailbox-
DefaultAction 操作，在 StreamTask.processInput() 方法中定义了具体数据元素接入和
处理的逻辑。

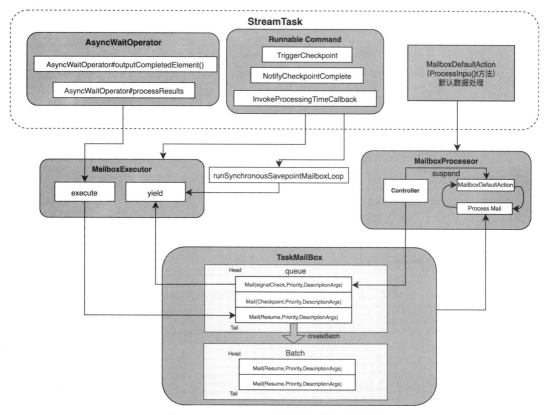

图 4-25　StreamTask 线程处理模型结构图

❏ MalboxProcessor：定义了 Mailbox 中的 Mail 和 MailboxDefaultAction 之间的处理
逻辑，在 runMailboxLoop() 循环方法中处理 Mail 和 DefaultAction。同时在 Mailbox-
Processor 中提供了 MailboxController 用于控制 Mailbox 中的 LoopRunning 以及暂停
和恢复 MailboxDefaultAction。

❏ MailboxExecutor：提供了直接向 TaskMailbox 提交 Mail 的操作，例如 StreamTask
中触发 Checkpoint 的同时会将具体的执行方法提交到 Mailbox 中调用和处理。在
MailboxExecutor 中也提供了 yield() 方法从 TaskMailbox 中获取 Mail 并执行，这里

主要用于执行 SavePoint 操作，调用 yield() 方法将 TaskMailbox 中的 Mail 逐步执行完毕后停止任务。

❑ TaskMailbox：主要用于存储提交的 Mail 并提供获取接口，TaskMailbox 主要含有两个队列，分别为 queue 和 batch。其中 queue 是一个阻塞队列，通过 ReentrantLock 控制队列的读写操作，而 batch 是一个非阻塞队列，当调用 createBatch() 方法时会将 queue 中的 Mail 存储到 batch 中，这样读操作就通过调用 tryTakeFromBatch() 方法批量获取到 Mail，且只能被 mailbox thread 消费。

Mail 中的 Runnable Command 主要来自默认的 MailboxDefaultAction 以及 StreamTask 中的其他操作，例如 TriggerCheckpoint、NotifyCheckpointComplete 等操作。同时，Async-WaitOperator 算子也会向 MailBox 提交相关的异步执行操作。

下面我们具体看 MailboxProcessor 的主要实现，如代码清单 4-48 所示，在 Mailbox-Processor.runMailboxLoop() 方法中定义了启动 MailBoxLoop 的主要逻辑。

1）获取最新的 TaskMailbox 并设定为本地 TaskMailbox。

2）检查 MailBox 线程是否为 MailboxThread，确认 TaskMailbox.State 是否为开启状态。

3）将当前 MailboxProcessor 实例作为参数创建 MailboxController，通过 MailboxController 实现对 Mailbox 的循环控制以及对 MailboxDefaultAction 的暂停和恢复操作。

4）启动 processMail(localMailbox) 循环，如果 processMail() 方法一直返回 True，则 MailboxThread 会一直处于循环执行模式，从而调用 mailboxDefaultAction.runDefaultAction (defaultActionContext) 方法处理接入的数据，在 runDefaultAction() 方法中调用 StreamTask. processInput() 方法持续接入数据并处理。

代码清单 4-48　MailboxProcessor.runMailboxLoop()

```
public void runMailboxLoop() throws Exception {
    // 获取最新的 TaskMailbox 并设定为本地 TaskMailbox
    final TaskMailbox localMailbox = mailbox;
    // 检查 MailBox 线程状态
    Preconditions.checkState(
        localMailbox.isMailboxThread(),
        "Method must be executed by declared mailbox thread!");
    // 确认 TaskMailbox.State 为开启状态
    assert localMailbox.getState() == TaskMailbox.State.OPEN : "Mailbox must be
        opened!";
    // 创建 MailboxController
    final MailboxController defaultActionContext = new MailboxController(this);
    // 循环执行 processMail() 方法并从 localMailbox 中获取 Action
    while (processMail(localMailbox)) {
        mailboxDefaultAction.runDefaultAction(defaultActionContext);
    }
}
```

MailboxProcessor.processMail() 方法主要用于检测 MailBox 中是否还有 Mail 正在处理，

只要在 MailBox 中有 Mail，该方法会一直等待 Mail 全部处理完毕后再返回。对于流式任务来讲，每次处理完直接返回 True 进行下一次 MailBox 的处理，如代码清单 4-49 所示。

代码清单 4-49 MailboxProcessor.processMail() 方法定义

```
private boolean processMail(TaskMailbox mailbox) throws Exception {
    if (!mailbox.createBatch()) {
        return true;
    }
    Optional<Mail> maybeMail;
    while (isMailboxLoopRunning() && (maybeMail = mailbox.tryTakeFromBatch()).
        isPresent()) {
        maybeMail.get().run();
    }
    while (isDefaultActionUnavailable() && isMailboxLoopRunning()) {
        mailbox.take(MIN_PRIORITY).run();
    }
    return isMailboxLoopRunning();
}
```

如代码清单 4-50 所示，在 StreamTask.processInput() 方法中，实际上会调用 StreamInput-Processor.processInput() 方法处理输入的数据，且处理完成后会返回 InputStatus 状态，并根据 InputStatus 的结果判断是否需要结束当前的 Task。通常情况下如果还有数据需要继续处理，则 InputStatus 处于 MORE_AVAILABLE 状态，当 InputStatus 为 END_OF_INPUT 状态，表示数据已经消费完毕，需要终止当前的 MailboxDefaultAction。

InputStatus 主要有三种状态，分别为 MORE_AVAILABLE、NOTHING_AVAILABLE 和 END_OF_INPUT。

❑ MORE_AVAILABLE：表示在输入数据中还有更多的数据可以消费，当任务正常运行时，会一直处于 MORE_AVAILABLE 状态。

❑ NOTHING_AVAILABLE：表示当前没有数据可以消费，但是未来会有数据待处理，此时线程模型中的处理线程会被挂起并等待数据接入。

❑ END_OF_INPUT：表示数据已经达到最后的状态，之后不再有数据输入，也预示着整个 Task 终止。

代码清单 4-50 StreamTask.processInput() 方法定义

```
protected void processInput(MailboxDefaultAction.Controller controller) throws
    Exception {
    // 调用 inputProcessor.processInput() 方法处理数据
    InputStatus status = inputProcessor.processInput();
    if (status == InputStatus.MORE_AVAILABLE && recordWriter.isAvailable()) {
        return;
    }
    // 状态为 END_OF_INPUT 时，调用 controller 结束 Task 作业
    if (status == InputStatus.END_OF_INPUT) {
```

```
        controller.allActionsCompleted();
        return;
    }
    // 如果以上状态都不是
    CompletableFuture<?> jointFuture = getInputOutputJointFuture(status);
    // 获取 suspendedDefaultAction
    MailboxDefaultAction.Suspension suspendedDefaultAction = controller.
        suspendDefaultAction();
    // 重新启动挂起的 DefaultAction
    jointFuture.thenRun(suspendedDefaultAction::resume);
}
```

1. StreamInputProcessor 数据处理

StreamTask 中对输入数据和输出数据集的处理是通过 StreamInputProcessor 完成的，StreamInputProcessor 根据 StreamTask 种类的不同，也分为 StreamOneInputProcessor 和 StreamTwoInputProcessor 两种。

如图 4-26 所示，StreamInputProcessor 实际上包含 StreamTaskInput 和 DataOutput 两个组成部分，其中 StreamTaskInput 的实现主要有 StreamTaskSourceInput 和 StreamTaskNetwork-Input 两种类型，StreamTaskSourceInput 对应外部 DataSource 数据源的 StreamTaskInput，Stream-TaskNetworkInput 是算子之间网络传递对应的 StreamTaskInput。

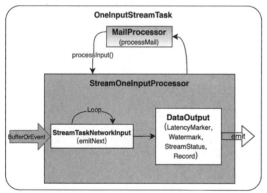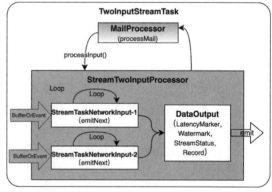

图 4-26 StreamInputProcessor 设计与实现

这里我们以 StreamOneInputProcessor 为例进行说明。如代码清单 4-51 所示，在 StreamOneInputProcessor.processInput() 方法中定义了从外部接入数据并传递给 HeadOperator 进行处理的逻辑。在 processInput() 方法中实际上调用了 input.emitNext(output) 方法，StreamTaskInput 的实现分为 StreamTaskNetworkInput 和 StreamTaskSourceInput 两种类型。其中 StreamTaskNetworkInput 是从网络中读取数据，StreamTaskSourceInput 是从 Source-Operator 中读取数据，但不管以哪种方式接入数据，最终都属于 StreamTaskInput 的拓展和实现，对于 StreamTaskNetworkInput 的底层实现，我们将在第 7 章重点介绍，这里就不再展开了。

如果 input.emitNext(output) 处理正常，则直接返回 InputStatus 结果，但如果 InputStatus 为 END_OF_INPUT 状态，就会调用 synchronized(lock) 进行加锁处理，结束 operatorChain 中的所有操作，完成整个数据处理。

代码清单 4-51　StreamOneInputProcessor.processInput() 定义

```
public InputStatus processInput() throws Exception {
    InputStatus status = input.emitNext(output);
    if (status == InputStatus.END_OF_INPUT) {
        synchronized (lock) {
            operatorChain.endHeadOperatorInput(1);
        }
    }
    return status;
}
```

2. StreamTaskInput 接入数据

如代码清单 4-52 所示，StreamTaskNetworkInput.emitNext() 方法主要包含如下逻辑。

1）循环调用 checkpointedInputGate.pollNext() 方法获取数据，我们会在第 8 章介绍 InputGate，这里可以理解为数据输入的门户。从网络接入的数据是通过 InputGate 的 InputChannel 接入的。

2）从 InputGate 中接入的数据格式为 Optional bufferOrEvent，换句话讲，网络传输的数据既含有 Buffer 类型数据，也含有事件数据，这里的事件主要指 Watermark 等。

3）如果产生了 bufferOrEvent 数据，则会调用 processBufferOrEvent() 方法进行处理，主要会对 bufferOrEvent 数据进行反序列化处理，转换成具体的 StreamRecord。

4）解析出来的 StreamRecord 数据会存放在 currentRecordDeserializer 实例中，通过判断 currentRecordDeserializer 是否为空，从 currentRecordDeserializer 获取 DeserializationResult。

5）如果获取结果中的 Buffer 已经被消费，则对 Buffer 数据占用的内存空间进行回收。

6）如果获取结果是完整的 Record 记录，则调用 processElement() 方法对数据元素进行处理。

7）处理完毕后退出循环并返回 MORE_AVAILABLE 状态，继续等待新的数据接入。

代码清单 4-52　StreamTaskNetworkInput.emitNext() 方法定义

```
public InputStatus emitNext(DataOutput<T> output) throws Exception {
    // 循环获取输入数据
    while (true) {
        // 从 currentRecordDeserializer 中获取 StreamElement
        if (currentRecordDeserializer != null) {
            // 获取 DeserializationResult
            DeserializationResult result = currentRecordDeserializer.getNext
                Record(deserializationDelegate);
            // 如果 Buffer 已经被消费，则对 Buffer 数据占用的内存空间进行回收
            if (result.isBufferConsumed()) {
```

```
                currentRecordDeserializer.getCurrentBuffer().recycleBuffer();
                currentRecordDeserializer = null;
            }
            // 如果结果是完整的 Record 记录，则调用 processElement() 方法进行处理
            if (result.isFullRecord()) {
                processElement(deserializationDelegate.getInstance(), output);
                // 处理完毕后退出循环并返回 MORE_AVAILABLE 状态，等待下一次计算
                return InputStatus.MORE_AVAILABLE;
            }
        }

        // 从 checkpointedInputGate 中拉取数据
    Optional<BufferOrEvent> bufferOrEvent = checkpointedInputGate.pollNext();
    // 如果 bufferOrEvent 有数据产生，则调用 processBufferOrEvent() 进行处理
    if (bufferOrEvent.isPresent()) {
        processBufferOrEvent(bufferOrEvent.get());
    } else {
        // 如果 checkpointedInputGate 中已经没有数据，则返回 END_OF_INPUT 结束计算，否
    则返回 NOTHING_AVAILABLE
        if (checkpointedInputGate.isFinished()) {
            checkState(checkpointedInputGate.getAvailableFuture().isDone(),
                    "Finished BarrierHandler should be available");
            if (!checkpointedInputGate.isEmpty()) {
                throw new IllegalStateException("Trailing data in checkpoint
                                                barrier handler.");
            }
            return InputStatus.END_OF_INPUT;
        }
        return InputStatus.NOTHING_AVAILABLE;
    }
    }
}
```

3. StreamElement 分类

如图 4-27 所示，StreamElement 主要有两种类型：Event 和 StreamRecord，其中 Event 包括 Watermark、StreamStatus、LatencyMarker 等实现，业务数据元素则主要是 Stream-Record 类型。在 StreamTaskNetworkInput 中会根据具体的 StreamElement 类型选择不同的方法进行后续的处理。

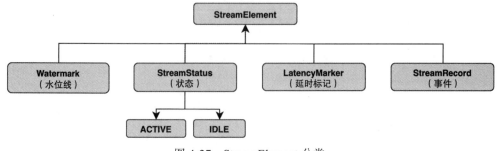

图 4-27　StreamElement 分类

如代码清单 4-53 所示，在 StreamTaskNetworkInput.processElement() 方法中，StreamTask
通过 StreamTaskNetworkInput.processElement() 方法处理 StreamElement。在处理过程中，
如果 StreamElement 是 StreamRecord 数据，就会调用 output.emitRecord() 方法对数据进行处理，
如果是 Watermark 事件，则调用 statusWatermarkValve.inputWatermark() 方法进行处理，其他类
型的 StreamElement 同理。在 output.emitRecord() 方法中，实际上通过 StreamTaskNetworkInput
中的 DataOut 实现类将 StreamRecord 发送到 OperatorChain 的 HeadOperator 进行处理。

代码清单 4-53　StreamTaskNetworkInput.processElement() 方法定义

```
private void processElement(StreamElement recordOrMark, DataOutput<T> output)
    throws Exception {
    if (recordOrMark.isRecord()){
        // 处理 StreamRecord 类型数据
        output.emitRecord(recordOrMark.asRecord());
    } else if (recordOrMark.isWatermark()) {
        // 处理 Watermark 类型数据
        statusWatermarkValve.inputWatermark(recordOrMark.asWatermark(),
                                        lastChannel);
    } else if (recordOrMark.isLatencyMarker()) {
        // 处理 LatencyMarker 类型数据
        output.emitLatencyMarker(recordOrMark.asLatencyMarker());
    } else if (recordOrMark.isStreamStatus()) {
        // 处理 StreamStatus 类型数据
        statusWatermarkValve.inputStreamStatus(recordOrMark.asStreamStatus(),
                                        lastChannel);
    } else {
        throw new UnsupportedOperationException("Unknown type of
                                        StreamElement");
    }
}
```

Task 的启动和数据处理过程就介绍完毕了，此时数据会在 Task 中接入并处理，最终产
生计算结果，通过 Sink Operator 发送到外部系统。接下来我们详细了解 Task 启动后，如果
系统出现问题，如何快速恢复正常。

4.6.5　Task 重启与容错策略

如果 Task 执行过程失败，Flink 需要重启失败的 Task 以及相关的上下游 Task，以恢
复 Job 到正常状态。重启和容错策略分别用于控制 Task 重启的时间和范围，其中 Restart-
Strategy 决定了 Task 的重启时间，FailureStrategy 决定了哪些 Task 需要重启才能恢复正常。

我们已经知道，在整个 ExecutionGraph 调度过程中，会创建两种 SchedulerNg 实现类，分
别为 LegacyScheduler 和 DefaultScheduler。LegacyScheduler 主要是为了兼容之前的版本，现在
默认的 ExecutionGraph 调度器为 DefaultScheduler。两种调度器对应的 Task 重启策略的实现方
式也有所不同，但对用户来讲，设定重启策略参数都是一样的，仅底层代码实现有所不同。

1. Task 重启策略

Task 重启策略主要分为三种类型：固定延时重启（fixed-delay）、按失败率重启（failure-rate）以及无重启（none）。

□ 固定延时重启：按照 restart-strategy.fixed-delay.delay 参数给出的固定间隔重启 Job，如果重启次数达到 fixed-delay.attempt 配置值仍没有重启成功，则停止重启。

□ 按失败率重启：按照 restart-strategy.failure-rate.delay 参数给出的固定间隔重启 Job，如果重启次数在 failure-rate-interval 参数规定的时间周期内到达 max-failures-per-interval 配置的阈值仍没有成功，则停止重启。

□ 无重启：如果 Job 出现意外停止，则直接重启失败不再重启。

2. 基于 LegacyScheduler 实现的重启策略

如图 4-28 所示，Flink 中通过 RestartStrategy 接口表示 ExecutionGraph 重启的策略配置，RestartStrategy 接口主要实现类有 NoRestartStrategy、FailureRateRestartStrategy 以及 FixedDelayRestartStrategy，这和前面所讲的重启策略保持一致。

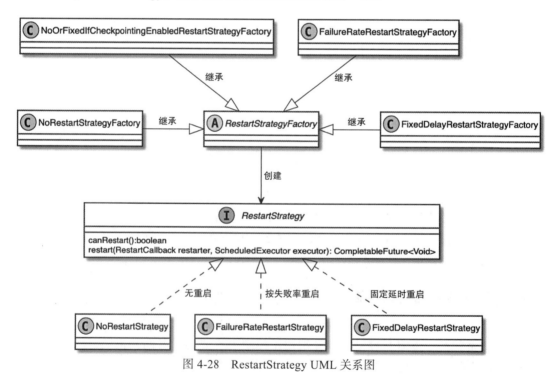

图 4-28　RestartStrategy UML 关系图

在图 4-28 中也可以看出，RestartStrategy 是通过 RestartStrategyFactory 创建的，在 RestartStrategyFactory 基本实现类中提供了创建 RestartStrategy 的抽象方法并通过子类实现。需要注意的是，NoOrFixedIfCheckpointingEnabledRestartStrategyFactory 会根据 Checkpoint 是否开启，选择创建 FixedDelayRestartStrategy 还是 NoRestartStrategy。

如代码清单 4-54 所示，在 ExecutionGraph.tryRestartOrFail() 方法中定义了针对 Execution-Graph 的重启策略，方法主要包含如下逻辑。

1）判断当前执行的调度器是否为 LegacyScheduling，如果不是则返回 True，也就是启动 DefaultScheduler 中的重启策略。

2）获取 ExecutionGraph 的 currentState，判断当前状态是否为 JobStatus.FAILING 或 JobStatus.RESTARTING 中的一种，如果是则继续后续的重启步骤，如果不是则返回 False，因为其他状态下不支持重启。

3）根据当前 failureCause 判断 ExecutionGraph 是否支持重启，并判断当前 Execution-Graph 中 RestartStrategy 的配置是否支持重启，结合两者的结果判断当前 ExecutionGraph 是否支持重启，并将值赋予 isRestartable 变量。

4）如果 ExecutionGraph 支持重启，将 currentState 置为 RESTARTING 并重启整个 Job。

5）在重启过程中需要创建 ExecutionGraphRestartCallback 回调函数，在 Execution-GraphRestartCallback 类中封装了具体的重启操作，细节由 RestartStrategy 定义，这样在 RestartStrategy 中就能够运行不同的执行策略。

6）如果重启过程中出现了异常，则调用 failGlobal() 方法进行后续处理。

7）如果当前 ExecutionGraph 不支持重启，就会出现 isRestartable 为 false 的情况，将 ExecutionGraph 的 currentState 设为 FAILED，期间会调用 onTerminalState() 方法关闭 checkpoint 等操作。

代码清单 4-54　ExecutionGraph.tryRestartOrFail() 方法定义

```
private boolean tryRestartOrFail(long globalModVersionForRestart) {
    // 判断调度器是否为 LegacyScheduling
    if (!isLegacyScheduling()) {
        return true;
    }
    JobStatus currentState = state;
    // 获取 ExecutionGraph 的 currentState
    if (currentState == JobStatus.FAILING || currentState == JobStatus.
        RESTARTING)
    {
        final Throwable failureCause = this.failureCause;
        if (LOG.isDebugEnabled()) {
            LOG.debug("Try to restart or fail the job {} ({}) if no longer
                    possible.", getJobName(), getJobID(), failureCause);
        } else {
            LOG.info("Try to restart or fail the job {} ({}) if no longer
                possible.", getJobName(), getJobID());
        }
        // 判断当前 failureCause 是否允许重启
        final boolean isFailureCauseAllowingRestart = !(failureCause instanceof
            SuppressRestartsException);
        // 判断 RestartStrategy 是否允许重启
        final boolean isRestartStrategyAllowingRestart = restartStrategy.
            canRestart();
```

```
                // 根据以上条件判断整个 Job 是否能够重启
                boolean isRestartable = isFailureCauseAllowingRestart && isRestartStrate
                    gyAllowingRestart;
                // 如果支持重启，将 currentState 置为 RESTARTING
                if (isRestartable && transitionState(currentState, JobStatus.RESTARTING))
        {
                    LOG.info("Restarting the job {} ({}).", getJobName(), getJobID());
                    // 创建 ExecutionGraphRestartCallback 重启回调函数
                    RestartCallback restarter = new ExecutionGraphRestartCallback(this,
                        globalModVersionForRestart);
                    FutureUtils.assertNoException(
                        // 通过 RestartStrategy 执行创建的 RestartCallback 回调函数
                        restartStrategy
                            .restart(restarter, getJobMasterMainThreadExecutor())
                            .exceptionally((throwable) -> {
                                // 如果出现异常则调用 failGlobal() 方法进行处理
                                failGlobal(throwable);
                                return null;
                            }));
                    return true;
                }
                // 如果当前 ExecutionGraph 不支持重启，则将 currentState 置为 FAILED
                else if (!isRestartable && transitionState(currentState, JobStatus.
                        FAILED, failureCause)) {
                    final String cause1 = isFailureCauseAllowingRestart ? null :
                        "a type of SuppressRestartsException was thrown";
                    final String cause2 = isRestartStrategyAllowingRestart ? null :
                        "the restart strategy prevented it";
                    LOG.info("Could not restart the job {} ({}) because {}.",
                        getJobName(), getJobID(),
                        StringUtils.concatenateWithAnd(cause1, cause2), failureCause);
                    // 调用 onTerminalState() 方法关闭 Checkpoint 操作
                    onTerminalState(JobStatus.FAILED);
                    return true;
                } else {
                    return false;
                }
            } else {
                // 仅支持 FAILING 和 RESTARTING 状态
                return false;
            }
        }
```

3. 基于 DefaultScheduler 容错和重启策略的实现

Task 容错主要通过 FailoverStrategy 控制，FailoverStrategy 主要有两种实现类型：Restart All 策略和重启 Pelined Region 策略，其中 Restart All 策略通过重启全部的 Task 节点完成对失败 Task 的恢复，这样做的代价相对较大，需要对整个 Job 进行重启，因此不是首选项。

如图 4-29 所示，在 DefaultScheduler 中，主要通过 ExecutionFailureHandler 处理 Task 运行过程中的异常情况，其中在 ExecutionFailureHandler 中主要包含三个组件。

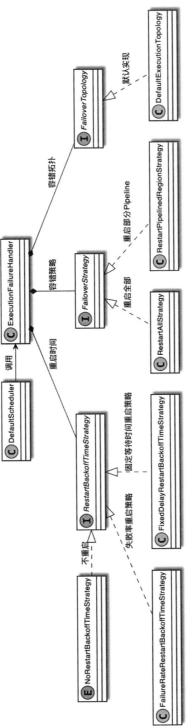

图 4-29　ExecutionFailureHandler UML 示意图

❑ FailoverStrategy：用于控制 Task 的重启范围，包括重启全部 Task 还是重启 Pipelined-Region 内的相关 Task。

❑ RestartBackoffTimeStrategy：用于控制 Task 是否需要重启以及重启时间和尝试次数。

❑ FailoverTopology：用于构建 Task 重启时需要的拓扑、确定异常 Task 关联的 Pipelined-Region，然后重启 Region 内的 Task。

FailoverStrategy 接口目前支持 RestartAllStrategy 和 RestartPipelinedRegionStrategy 两种实现类型，其中 RestartAllStrategy 策略是只要有 Task 失败就直接重启 Job 中所有的 Task 实例。RestartPipelinedRegionStrategy 策略是只启动与异常 Task 相关联的 Task 实例。在 Pipeline 中通过 Region 定义上下游中产生数据交换的 Task 集合，当 Region 中出现失败的 Task，直接重启当前 Task 所在的 Region，完成对作业的容错，其他不在 Region 内的 Task 实例则不做任务处理，RestartPipelinedRegionStrategy 是 Flink 中默认支持的容错策略。

对于 RestartBackoffTimeStrategy 接口有 FailureRateRestartBackoffTimeStrategy、FixedDelay-RestartBackoffTimeStrategy 以及 NoRestartBackoffTimeStrategy 三种具体实现，其中 Failure-RateRestartBackoffTimeStrategy 是按照失败率重启，FixedDelayRestartBackoffTimeStrategy 对应 fixed-delay 配置，指定相应的重启等待时间以及尝试次数，NoRestartBackoffTime-Strategy 则对应 restart-strategy 为 none 的情况。

DefaultScheduler 和 LegacyScheduler 重启策略的配置一样，但是只在 DefaultScheduler 中支持 RestartPipelinedRegionStrategy 策略。

如代码清单 4-55 所示，在 Execution 部署和执行的过程中，如果启动 Task 出现异常，则会调用 Execution.processFail() 方法处理对应的 Task 异常。这里我们截取 Execution.processFail() 方法中的部分逻辑进行说明。从方法中可以看出，如果基于 DefaultScheduler 进行调度，就会调用 ExecutionGraph.notifySchedulerNgAboutInternalTaskFailure() 方法对异常进行处理，在方法中实际上调用了 internalTaskFailuresListener.notifyTaskFailure() 方法通知 Scheduler 当前 Task 出现异常。之后调用 maybeReleasePartitionsAndSendCancelRpcCall() 处理后续步骤，包括释放 Partition 信息并取消 TaskManager 中的 Task。

判断 transitionState(current, FAILED, t) 条件是否满足，如果 Execution 的状态被标记为 FAILED，则停止调度 Task，此时会更新 Accumulators 和 Metrics 信息，释放当前 Execution 分配的 Slot 计算资源。

代码清单 4-55　Execution.processFail() 方法定义

```
private void processFail(Throwable t, boolean isCallback, Map<String,
    Accumulator<?, ?>> userAccumulators, IOMetrics metrics, boolean
    releasePartitions, boolean fromSchedulerNg) {
    assertRunningInJobMasterMainThread();
    while (true) {
        ExecutionState current = this.state;
        //此处省略部分代码
```

```
            if (!fromSchedulerNg && !isLegacyScheduling()) {
            // 调用 notifySchedulerNgAboutInternalTaskFailure
            vertex.getExecutionGraph().notifySchedulerNgAboutInternalTaskFailure
                (attemptId, t);
            // 释放 Partition 信息并取消 TaskManager 中的 Task
            maybeReleasePartitionsAndSendCancelRpcCall(current, isCallback,
                releasePartitions);
            return;
        } else if (transitionState(current, FAILED, t)) {
            // 如果是失败状态，则停止 Task 作业
            this.failureCause = t;
            // 更新 Accumulators 和 Metrics 信息
            updateAccumulatorsAndMetrics(userAccumulators, metrics);
            // 释放计算资源
            releaseAssignedResource(t);
            // 从 ExecutionGraph 中注销当前 Execution
            vertex.getExecutionGraph().deregisterExecution(this);
            // 如果是基于 LegacyScheduler，则还需要调用 maybeReleasePartitionsAndSend
                CancelRpcCall() 方法释放 Partition 并取消 Task
            if (isLegacyScheduling()) {
            maybeReleasePartitionsAndSendCancelRpcCall(current, isCallback,
                releasePartitions);
            }
            // 跳出循环
            return;
            }
        }
    }
```

接下来在 UpdateSchedulerNgOnInternalFailuresListener.notifyTaskFailure() 和 notifyGlobal-Failure() 方法中调用 schedulerNg.updateTaskExecutionState() 方法，创建 TaskExecutionState 参数实例并指定 ExecutionState 为 FAILED。此时如果触发 Job 重启异常，则直接调用 notifyGlobalFailure() 方法重启 Job 中所有的 Task，如代码清单 4-56 所示。

代码清单 4-56　UpdateSchedulerNgOnInternalFailuresListener.notifyTaskFailure() 和
　　　　　　　　notifyGlobalFailure() 方法定义

```
public void notifyTaskFailure(final ExecutionAttemptID attemptId, final
    Throwable t) {
    schedulerNg.updateTaskExecutionState(new TaskExecutionState(
        jobId,
        attemptId,
        ExecutionState.FAILED,
        t));
}
public void notifyGlobalFailure(Throwable t) {
    schedulerNg.handleGlobalFailure(t);
}
```

对于 schedulerNg.updateTaskExecutionState() 方法，实际上由 SchedulerBase 基本类实现。如代码清单 4-57 所示，在方法中除了调用 executionGraph.updateState() 方法更新当前的 Execution 状态之外，还会调用 updateTaskExecutionStateInternal() 抽象方法进行处理，且该抽象方法只在 DefaultScheduler 中实现。

代码清单 4-57　SchedulerBase.updateTaskExecutionState

```
public final boolean updateTaskExecutionState(final TaskExecutionState
    taskExecutionState) {
    final Optional<ExecutionVertexID> executionVertexId = getExecutionVertexId
        (taskExecutionState.getID());
    boolean updateSuccess = executionGraph.updateState(taskExecutionState);
    if (updateSuccess) {
        checkState(executionVertexId.isPresent());
        if (isNotifiable(executionVertexId.get(), taskExecutionState)) {
            updateTaskExecutionStateInternal(executionVertexId.get(),
                                            taskExecutionState);
        }
        return true;
    } else {
        return false;
    }
}
```

DefaultScheduler.updateTaskExecutionStateInternal() 方法主要包含两个步骤，首先通知 schedulingStrategy 中 Execution 的状态发生了改变，同时通知 schedulingStrategy 进行相应处理，最后调用 maybeHandleTaskFailure() 方法处理 Task 对应的 ExecutionVertex 节点，如代码清单 4-58 所示。

代码清单 4-58　DefaultScheduler.updateTaskExecutionStateInternal() 方法

```
protected void updateTaskExecutionStateInternal(final ExecutionVertexID
    executionVertexId, final TaskExecutionState taskExecutionState) {
    // 通知 schedulingStrategy，ExecutionState 发生了改变
    schedulingStrategy.onExecutionStateChange(executionVertexId,
        taskExecutionState.getExecutionState());
    // 调用 maybeHandleTaskFailure() 方法处理异常 Task
    maybeHandleTaskFailure(taskExecutionState, executionVertexId);
}
```

从 DefaultScheduler.maybeHandleTaskFailure() 方法定义中我们可以看出，如果当前的 ExecutionState 为 FAILED，则获取 taskExecutionState 中的 Throwable 异常错误，然后调用 handleTaskFailure() 方法处理 ExecutionVertexID 对应的节点。

如代码清单 4-59 所示，在 handleTaskFailure() 方法中，最终会调用 executionFailure-Handler.getFailureHandlingResult() 方法获取 failureHandlingResult 处理类，其中 failureHandling-

Result 包含需要重启的 Task 范围以及重启时间。然后调用 maybeRestartTasks() 方法重启 failureHandlingResult 中包含的 Task 列表。

重启 Task 的重启策略是通过 ExecutionFailureHandler 实例决定的，在 Execution-FailureHandler 中分别通过 FailoverStrategy 和 RestartBackoffTimeStrategy 控制 Task 重启的范围和时间。

代码清单 4-59　DefaultScheduler.handleTaskFailure() 方法

```
private void handleTaskFailure(final ExecutionVertexID executionVertexId,
    @Nullable final Throwable error) {
// 设定全局重启失败的原因
setGlobalFailureCause(error);
// 获取 FailureHandlingResult
final FailureHandlingResult failureHandlingResult =
    executionFailureHandler.getFailureHandlingResult(executionVertexId, error);
// 调用 maybeRestartTasks() 方法重启 Task
maybeRestartTasks(failureHandlingResult);
}
```

如代码清单 4-60 所示，ExecutionFailureHandler.getFailureHandlingResult() 方法实际上调用了 failoverStrategy.getTasksNeedingRestart() 方法，这一步能够从不同的 FailoverStrategy 中获取 failedTask 关联的 ExecutionVertexID 集合。如果是 RestartAllStrategy 策略则会获取整个 Job 拓扑中的 ExecutionVertexID 集合，如果是 RestartPipelinedRegionStrategy，则获取上下游中相关联的 ExecutionVertex 节点，并将结果返回给 handleFailure() 方法进行处理。

代码清单 4-60　ExecutionFailureHandler.getFailureHandlingResult() 方法

```
public FailureHandlingResult getFailureHandlingResult(ExecutionVertexID
    failedTask, Throwable cause) {
    return handleFailure(cause, failoverStrategy.getTasksNeedingRestart(failed
                    Task, cause));
}
```

如代码清单 4-61 所示，在 DefaultScheduler.maybeRestartTasks() 方法定义中，首先判断返回的 failureHandlingResult 是否能够重启 Task，如果可以，则调用 restartTasks-WithDelay() 方法重启相关的 Task；如果不能，则调用 failJob() 方法停止整个任务。

代码清单 4-61　DefaultScheduler.maybeRestartTasks()

```
private void maybeRestartTasks(final FailureHandlingResult failureHandlingResult)
    {
// 如果能够重启，则调用 restartTasksWithDelay() 方法进行重启
    if (failureHandlingResult.canRestart()) {
      restartTasksWithDelay(failureHandlingResult);
    } else {
    // 否则调用 failJob() 方法停止任务
```

```
        failJob(failureHandlingResult.getError());
    }
}
```

接下来我们通过 DefaultScheduler.restartTasksWithDelay() 方法的定义，了解如何对 failureHandlingResult 中圈定的 Task 进行调度和重启。

如代码清单 4-62 所示，Task 的调度执行主要通过 delayExecutor 线程池进行，并在调度执行的方法中指定 RestartDelayMS 延迟时间。在启动过程中使用 cancelFuture 执行 restartTasks() 方法，其中 executionVertexVersions 表示重启 Task 对应的 Execution 节点，重启 Task 过程主要包括取消已经启动的 Task，然后通过 SchedulerNG 重新调度执行原来 Task 对应的 Execution。

代码清单 4-62　DefaultScheduler.restartTasksWithDelay() 方法定义

```
private void restartTasksWithDelay(final FailureHandlingResult
                                  failureHandlingResult) {
// 从 FailureHandlingResult 中获取 ExecutionVertexID 集合
final Set<ExecutionVertexID> verticesToRestart = failureHandlingResult.
  getVerticesToRestart();
  // 记录 Execution 节点的版本
final Set<ExecutionVertexVersion> executionVertexVersions =
  new HashSet<>(executionVertexVersioner.recordVertexModifications(vertice
    sToRestart).values());
  // 将重启节点添加到 verticesWaitingForRestart 集合中
addVerticesToRestartPending(verticesToRestart);
  // 异步取消 verticesToRestart 对应的 Task
final CompletableFuture<?> cancelFuture = cancelTasksAsync(verticesToRestart);
  // 调用 delayExecutor.schedule() 方法启动调度和执行任务，并指定延迟执行时间
delayExecutor.schedule(
    () -> FutureUtils.assertNoException(
      cancelFuture.thenRunAsync(restartTasks(executionVertexVersions),
                                getMainThreadExecutor())),
    failureHandlingResult.getRestartDelayMS(),
    TimeUnit.MILLISECONDS);
}
```

如代码清单 4-63 所示，具体对 Task 的执行都是在 DefaultScheduler.restartTasks() 方法中实现的，主要包含如下步骤。

1）从 executionVertexVersions 中获取 ExecutionVertexID 集合。

2）从等待执行的 verticesWaitingForRestart 集合中去除当前正在重启的 Execution-VertexID 信息。

3）调用 resetForNewExecutions() 方法，将 ExecutionVertexID 对应的 ExecutionVertex 节点设定为可执行状态，包括清理 ExecutionVertex 节点的状态数据。

4）调用 restoreState() 方法从 Checkpoint 中恢复 ExecutionVertex 节点的状态数据。

5）调用 schedulingStrategy.restartTasks() 方法拉起需要重启的 ExecutionVertex 节点，完成指定 Task 的重启。

代码清单 4-63　DefaultScheduler.restartTasks() 方法

```
private Runnable restartTasks(final Set<ExecutionVertexVersion>
    executionVertexVersions) {
    return () -> {
        // 获取 ExecutionVertexID 集合
        final Set<ExecutionVertexID> verticesToRestart = executionVertexVersioner.
            getUnmodifiedExecutionVertices(executionVertexVersions);
        // 从 Pending 的 verticesWaitingForRestart 集合中去除 verticesToRestart
        removeVerticesFromRestartPending(verticesToRestart);
        // 将 ExecutionVertexID 对应的 ExecutionVertex 节点设定为可执行状态
        resetForNewExecutions(verticesToRestart);
        try {
            // 恢复状态节点的状态数据
            restoreState(verticesToRestart);
        } catch (Throwable t) {
            handleGlobalFailure(t);
            return;
        }
        // 调度执行 verticesToRestart 对应的 Execution 节点集合
        schedulingStrategy.restartTasks(verticesToRestart);
    };
}
```

4. RestartPipelinedRegionStrategy 中 Region 的构建

在 RestartPipelinedRegionStrategy 策略中，只会重启和 FailureTask 相关的 Task 节点，并将这些节点放置在一个 Region 中。如果 Region 中的 Task 节点出现问题，启动 Region 中的 Task 即可恢复正常。如代码清单 4-64 所示，构建 Task Region 主要是通过 buildFailoverRegions() 方法实现的，主要逻辑如下。

1）调用 PipelinedRegionComputeUtil.computePipelinedRegions(topology)，在 Failover-Topology 中通过上下游信息构建所有可能的 distinctRegions 集合。

2）遍历 distinctRegions 集合中的 FailoverVertex，创建 FailoverRegion 并将其保存至 Region 集合。

3）遍历 Region 中的 FailoverVertex，分别添加到 vertexToRegionMap 映射中。

代码清单 4-64　buildFailoverRegions() 方法

```
private void buildFailoverRegions() {
    // 通过 FailoverTopology 构建所有不同的 Region
    final Set<? extends Set<? extends FailoverVertex<?, ?>>> distinctRegions =
        PipelinedRegionComputeUtil.computePipelinedRegions(topology);
    // 创建所有容错分区并保存
    for (Set<? extends FailoverVertex<?, ?>> regionVertices : distinctRegions)
```

```
    {
        LOG.debug("Creating a failover region with {} vertices.",
            regionVertices.size());
        // 根据 regionVertices 创建 FailoverRegion
        final FailoverRegion failoverRegion = new FailoverRegion(regionVertices);
        // 将创建好的 FailoverRegion 添加到 Region 集合中
        regions.add(failoverRegion);
        // 遍历 region 中的 FailoverVertex，并分别添加到 vertexToRegionMap 映射中
        for (FailoverVertex<?, ?> vertex : regionVertices) {
            vertexToRegionMap.put(vertex.getId(), failoverRegion);
        }
    }
    LOG.info("Created {} failover regions.", regions.size());
}
```

RestartPipelinedRegionStrategy.getTasksNeedingRestart() 方法会通过如下代码获取 execution-
VertexId 对应的 FailoverRegion，然后借助 FailoverRegion 完成指定范围 Task 的重启。

```
final FailoverRegion failedRegion = vertexToRegionMap.get(executionVertexId);
```

关于 Task 的重启和容错策略就介绍完毕了，可以看出 Task 的调度和重启过程还是比较
复杂的。

4.7　本章小结

本章我们重点学习了任务提交与执行的底层实现原理，希望通过本章的学习，读者能
从任务提交的全流程角度，将 DataStream 及运行时中的内容结合起来，加深对 Flink 框架的
了解和认识。

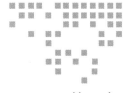

第 5 章 *Chapter 5*

集群部署模式

Flink 集群可以部署在不同集群资源管理器上，常见的有 Hadoop Yarn 和近几年流行的 Kubernetes。Flink 集群能够非常灵活地从不同类型的集群资源管理器上获取 Slot 计算资源，利用这些计算资源执行提交的作业。为了能够在不同的集群资源管理器上部署集群，Flink 集群运行时向不同的资源管理器提供了完善的底层实现。本章我们以 Yarn 和 Kubernetes 两种资源管理器为主，详细介绍 Flink 运行时集群部署模式的实现。

5.1 基本概念

本节介绍 Flink 集群部署的基本概念，包括创建和获取与集群进行网络交互的 ClusterClient 以及通过 ClusterEntrypoint 创建和启动集群运行时等。本节的内容可以帮助读者了解和学习 Flink On Yarn 和 Flink On Kubernetes 的部署模式。

5.1.1 ClusterClient 的创建与获取

通常情况下，Flink Session 集群基本都是通过客户端部署和启动的。在创建和启动 Standalone 类型集群的过程中，集群运行时组件是同客户端进程在一起的，如图 5-1 所示。对于其他基于外部资源管理器实现的集群来讲，集群运行时中的组件会部署到资源管理器分配的容器中，通过客户端和集群进行网络交互。

如图 5-1 所示，客户端会和资源管理器通过交互，实现对 Session 或 Per-Job 类型集群的部署，部署步骤如下。

1）用户登录客户端，通过 kubernetes-session.sh 或 yarn-session.sh 命令启动相应资源管理器上的 Flink Session 集群。

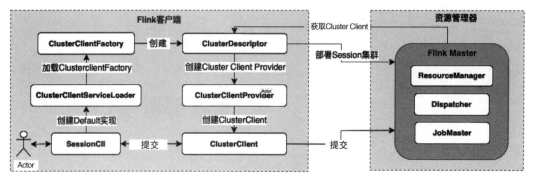

图 5-1　集群创建流程图

2）在 SessionCli 中创建和初始化 ClusterClientServiceLoader 实例，用于加载 ClusterClientFactory 实现类，然后根据 Configuration 中的 execution.target 配置，匹配 ClusterClientFactory 实现类。

3）通过 ClusterClientFactory 接口提供的 createClusterDescriptor() 方法创建 ClusterDescriptor 实例，其中 ClusterDescriptor 提供了部署集群以及获取 ClusterClient 实例的方法。

4）客户端使用 ClusterDescriptor 提供的 deploySessionCluster() 或 deployJobCluster() 方法，向指定的集群资源管理器部署 Session 类型或 Per-Job 类型集群。对于 Per-Job 类型集群来讲，会同时将 JobGraph 提交到集群运行时中。

5）通过 ClusterClientProvider 可以获取 ClusterClient 实例，客户端通过 ClusterClient 可以与集群运行时进行网络交互。

6）通过 ClusterClient 向指定的 Session 集群提交任务，此时 SessionCli 通过 ClusterClient 将生成的 JobGraph 提交到集群上运行。

1. ClusterDescriptor 的设计与实现

如图 5-2 所示，ClusterClient 集群客户端并不是直接通过 ClusterClientFactory 创建的，而是先由 ClusterClientFactory 创建 ClusterDescriptor，然后通过 ClusterDescriptor 创建 ClusterClientProvier，最终基于 ClusterClientProvier 实例获取 ClusterClient。ClusterClientFactory 主要分为两种类型，分别为支持容器化部署的 AbstractContainerizedClusterClientFactory 和不支持容器化部署的 StandaloneClientFactory。其中 AbstractContainerizedClusterClient-Factory 的主要实现有 KubernetesClusterClientFactory 和 YarnClusterClientFactory。对于 Standalone-ClientFactory 创建的 StandaloneClusterDescriptor 则不支持通过客户端远程部署集群，客户端进程和集群的管理节点是在一起的。

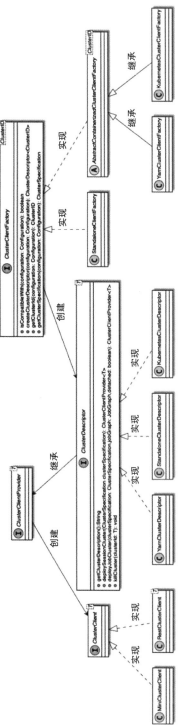

图 5-2　ClusterDescriptor UML 关系图

ClusterDescriptor 接口主要用于创建和停止指定的 Flink 集群，从图 5-2 中我们也可以看出，ClusterDescriptor 接口的实现类有 KubernetesClusterDescriptor、YarnClusterDescriptor 和 StandaloneClusterDescriptor。实现 ClusterDescriptor 接口的 deploySessionCluster() 和 deployJob-Cluster() 方法，就可以远程部署 SessionCluster 或 JobCluster 到指定的集群资源管理器上。在 ClusterDescriptor 实例中会构建与具体集群资源管理器进行网络交互的连接，例如在 KubernetesClusterDescriptor 中借助 fabric8IO 客户端，实现与 Kubernetes 集群的网络交互。

ClusterClient 主要用于和运行时集群进行网络交互，通过 ClusterClient.submit() 方法可以将 JobGraph 对象提交到指定的 Session 集群上运行。ClusterClient 主要有 RestCluster-Client 和 MiniClusterClient 两种实现，其中 RestClusterClient 是所有分布式 Flink 集群都会用到的集群客户端，实现了与远程集群之间的网络通信。MiniClusterClient 运行在本地 IDEA 程序中，与启动的 MiniCluster 进行交互，因此不会涉及网络交互。

2. 通过 SPI 加载不同类型的 ClusterClientFactory

ClusterClientFactory 工厂类主要用于创建 ClusterDescriptor 实例，对于 ClusterClient-Factory 的创建则主要借助 DefaultClusterClientServiceLoader 实现，在 DefaultClusterClient-ServiceLoader 中通过 Java SPI 机制将不同类型的 ClusterClientFactory 实现子类加载到客户端进程中。

Flink 客户端默认提供了 StandaloneClientFactory 实现，对于其他类型集群对应的 ClusterClientFactory 实现，例如 KubernetesClusterClientFactory 和 YarnClusterClientFactory，需要将对应模块的 JAR 包复制到 ${FLINK_HOME}/lib 路径才会被客户端识别并有效加载。如果客户端中出现了多个 ClusterClientFactory 实现类，则会通过 Configuration 中的参数进行选择。

如代码清单 5-1 所示，在 DefaultClusterClientServiceLoader 类中创建了 ServiceLoader 的静态变量，其中 ServiceLoader 会根据配置信息加载符合条件的 ClusterClientFactory 实现类。当加载的工厂类不为空时，会调用 factory.isCompatibleWith(configuration) 判断该工厂类是否符合作业提交时指定的目标集群类型。

代码清单 5-1　ClusterClientServiceLoader 定义和实现

```
public class DefaultClusterClientServiceLoader implements
  ClusterClientServiceLoader {
  private static final Logger LOG = LoggerFactory.getLogger(DefaultClusterCli
    entServiceLoader.class);
  // 通过 Java Service Loader 加载配置的 ClusterClientFactory 对象
  private static final ServiceLoader<ClusterClientFactory> defaultLoader =
    ServiceLoader.load(ClusterClientFactory.class);
  @Override
  public <ClusterID> ClusterClientFactory<ClusterID>
    getClusterClientFactory(final Configuration configuration) {
```

```
checkNotNull(configuration);
// 创建 ClusterClientFactory 集合
final List<ClusterClientFactory> compatibleFactories = new
    ArrayList<>();
final Iterator<ClusterClientFactory> factories = defaultLoader.
    iterator();
while (factories.hasNext()) {
    try {
        final ClusterClientFactory factory = factories.next();
        // 将符合条件的 ClusterClientFactory 放置到集合中
        if (factory != null && factory.isCompatibleWith(configuration)) {
            compatibleFactories.add(factory);
        }
    } catch (Throwable e) {
        if (e.getCause() instanceof NoClassDefFoundError) {
            LOG.info("Could not load factory due to missing dependencies.");
        } else {
            throw e;
        }
    }
}
// 仅获取一个符合条件的 ClusterClientFactory，如果获取到多个则抛出异常
if (compatibleFactories.size() > 1) {
    final List<String> configStr =
        configuration.toMap().entrySet().stream()
            .map(e -> e.getKey() + "=" + e.getValue())
            .collect(Collectors.toList());
    throw new IllegalStateException("Multiple compatible client factories
        found for:\n" + String.join("\n", configStr) + ".");
}
// 返回通过 ServiceLoader 加载进来的 ClusterClientFactory
return compatibleFactories.isEmpty() ? null : (ClusterClientFactory<Clus
    terID>) compatibleFactories.get(0);
    }
}
```

3. PipelineExecutor 执行器

我们在第 4 章已经知道，所有通过客户端生成的 Pipeline 都需要通过 PipelineExecutor 执行并生成 JobGraph 数据结构，然后通过 ClusterClient 将 JobGraph 对象提交到集群运行时。不同类型的集群资源管理器，PipelineExecutor 的实现也有所不同。如图 5-3 所示，根据 Flink 集群类型不同，PipelineExecutor 接口主要会有两种基本实现，一种是支持提交单个 Job 的 AbstractJobClusterExecutor，另外一种是支持提交多个 Job 的 AbstractSession-ClusterExecutor。AbstractJobClusterExecutor 的实现类只有 YarnJobClusterExecutor，而 AbstractSession-ClusterExecutor 的实现类有 KubernetesSessionClusterExecutor、RemoteExecutor 和 YarnSession-ClusterExecutor 三种类型。

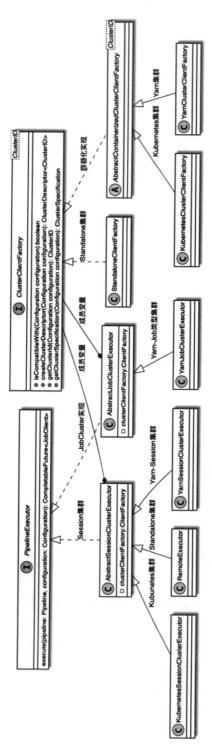

图 5-3 PipelineExecutor UML 关系图

对于不同类型的 SessionClusterExecutor 实现，实际上就是创建的 ClusterClientFactory 不同。在 AbstractSessionClusterExecutor 和 AbstractJobClusterExecutor 中含有 ClusterClient-Factory 作为成员变量，通过 ClusterClientFactory 创建不同的 ClusterDescriptor 实例，实现与不同类型资源管理器的交互，最终通过 ClusterDescriptor 创建和启动指定资源管理器上的 Flink 集群并将 JobGraph 对象提交到相应类型的集群上运行。

5.1.2　ClusterEntrypoint 集群启动类

在第 3 章我们介绍过，在 Flink 集群运行时启动过程中，会通过 ClusterEntrypoint 集群入口类启动管理节点中的核心组件与服务。集群运行时会根据资源管理器的不同，选择不同的 ClusterEntrypoint 实现类启动集群组件，例如基于 Hadoop Yarn 资源管理器创建集群时，选择 YarnSessionClusterEntrypoint 作为集群的启动类。本节重点介绍集群运行时中不同集群资源管理器的 ClusterEntrypoint 实现，如图 5-4 所示。

如图 5-4 所示，根据集群部署模式不同，ClusterEntrypoint 主要分为 SessionClusterEntrypoint 和 JobClusterEntrypoint 两种基本实现类。其中 SessionClusterEntrypoint 的实现类主要有 StandaloneSessionClusterEntrypoint、KubernetesSessionCluste-rEntrypoint、YarnSessionClusterEntrypoint 以及 MesosSessionClusterEntrypoint 等类型。对于 JobClusterEntrypoint 来讲，主要有 StandaloneJobClusterEntrypoint 和 YarnJobClusterEntrypoint 两种实现类，因此只有 Standalone 和 Yarn 作为集群资源管理器，才支持启动 Single-Job 模式的集群。

下面我们分别以 YarnSessionCluster 和 KubernetesSessionCluster 为例，说明不同集群模式下的 ClusterEntrypoint 是如何创建和启动集群的。

1. YarnSessionClusterEntrypoint 实现

基于 Hadoop Yarn 资源管理器创建 Flink Session 集群，对应的集群入口类为 YarnSessionClusterEntrypoint。YarnSessionClusterEntrypoint 包含 JVM 进程启动的 main() 入口方法，最终通过在启动脚本中运行 YarnSessionClusterEntrypoint 的 main() 方法，实现 YarnSessionCluster 集群的创建和启动。

如代码清单 5-2 所示，YarnSessionClusterEntrypoint.main() 方法包含如下逻辑。

1）启动前检查并设定参数，如日志的配置，然后调用 JvmShutdownSafeguard.installAsShutdownHook(LOG) 向 JVM 中安装 safeguard shutdown hook，保障集群异常停止过程中有足够的时间处理线程中的数据。

2）获取系统环境变量以及当前客户端的工作路径，然后加载 Yarn 需要的环境信息，通过指定 workingDirectory 和环境变量获取 Flink 配置路径下的参数信息。

3）创建 YarnSessionClusterEntrypoint 对象，通过 ClusterEntrypoint.runClusterEntrypoint() 方法启动当前的 YarnSessionClusterEntrypoint 对象，最终完成启动 YarnSession 集群。

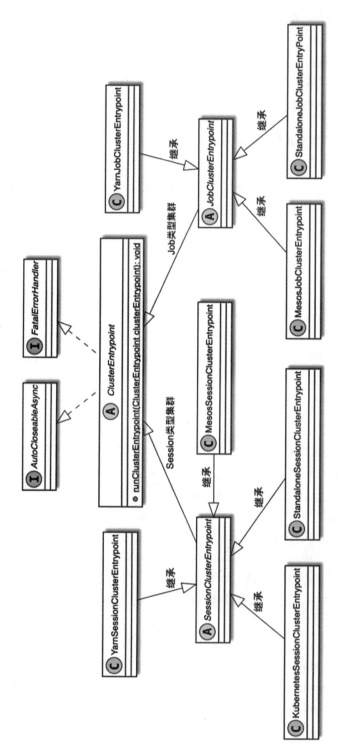

图 5-4 ClusterEntrypoint UML 关系图

代码清单 5-2　YarnSessionClusterEntrypoint.main() 方法定义

```
public static void main(String[] args) {
    // 启动前检查并设定参数
        EnvironmentInformation.logEnvironmentInfo(LOG,
            YarnSessionClusterEntrypoint.class.getSimpleName(), args);
        SignalHandler.register(LOG);
    // 安装 safeguard shutdown hook
        JvmShutdownSafeguard.installAsShutdownHook(LOG);
    // 获取系统环境变量
        Map<String, String> env = System.getenv();
    // 获取工作路径
        final String workingDirectory = env.get(ApplicationConstants.
            Environment.PWD.key());
        Preconditions.checkArgument(
            workingDirectory != null,
            "Working directory variable (%s) not set",
            ApplicationConstants.Environment.PWD.key());
    // 加载 Yarn 需要的环境信息
        try {
            YarnEntrypointUtils.logYarnEnvironmentInformation(env, LOG);
        } catch (IOException e) {
            LOG.warn("Could not log YARN environment information.", e);
        }
    // 创建加载 Configuration 配置
        Configuration configuration = YarnEntrypointUtils.loadConfiguration(work
            ingDirectory, env);
    // 创建 YarnSessionClusterEntrypoint 对象
        YarnSessionClusterEntrypoint yarnSessionClusterEntrypoint = new YarnSession
            ClusterEntrypoint(configuration);
    // 通过 ClusterEntrypoint 执行 yarnSessionClusterEntrypoint
        ClusterEntrypoint.runClusterEntrypoint(yarnSessionClusterEntrypoint);
    }
```

如代码清单 5-3 所示，在 YarnSessionClusterEntrypoint 中实现了 createDispatcherResource-ManagerComponentFactory() 方法，在该方法中将 YarnResourceManagerFactory 实例作为参数传递给 DispatcherResourceManagerComponentFactory，然后通过 DispatcherResourceManagerComponentFactory 创建 Yarn Session 集群中的组件和服务。在 YarnSessionClusterEntrypoint 的启动过程中获取 YarnResourceManager 的工厂类，通过 YarnResourceManagerFactory 创建 YarnResourceManager 实例。

代码清单 5-3　YarnSessionClusterEntrypoint.createDispatcherResourceManager-ComponentFactory() 方法定义

```
protected DispatcherResourceManagerComponentFactory createDispatcherResourceMa
    nagerComponentFactory(Configuration configuration) {
    return DefaultDispatcherResourceManagerComponentFactory.createSessionCompo
        nentFactory(YarnResourceManagerFactory.getInstance());
    }
```

对于基于 Yarn 资源管理器的 Per-Job 类型集群来讲，主要调用的是 DefaultDispatcherResource-ManagerComponentFactory.createJobComponentFactory() 方法创建运行时集群组件，通过将 FileJobGraphRetriever 对象提交给 DefaultDispatcherResourceManagerComponentFactory，直接获取当前任务的 JobGraph 信息，如代码清单 5-4 所示。

代码清单 5-4　YarnJobClusterEntrypoint.createDispatcherResourceManager-
ComponentFactory() 方法定义

```
protected DefaultDispatcherResourceManagerComponentFactory createDispatcherRe
    sourceManagerComponentFactory(Configuration configuration) throws IOException {
return DefaultDispatcherResourceManagerComponentFactory.
    createJobComponentFactory(
    YarnResourceManagerFactory.getInstance(),
    FileJobGraphRetriever.createFrom(configuration, getUsrLibDir(configuration)));
}
```

2. KubernetesSessionClusterEntrypoint 实现

和 Yarn 资源管理器实现的 Session 集群相同，KubernetesSessionClusterEntrypoint 作为基于 Kubernetes 资源管理器实现的 Session 集群入口类，定义了 Kubernetes Flink Session 集群的启动和初始化逻辑，如代码清单 5-5 所示，KubernetesSessionClusterEntrypoint.main() 方法主要逻辑如下。

1）启动检查和日志设定。

2）注册 ShutdownHook，确保集群异常停止过程中有足够的时间处理线程中的数据。

3）创建 KubernetesSessionClusterEntrypoint 实例。

4）通过 ClusterEntrypoint 启动当前的 KubernetesSessionClusterEntrypoint，完成 Kubernetes-Session 集群的启动。

代码清单 5-5　KubernetesSessionClusterEntrypoint.main() 方法定义

```
public static void main(String[] args) {
    // 启动检查和日志设定
    EnvironmentInformation.logEnvironmentInfo(LOG, KubernetesSessionClusterEntr
        ypoint.class.getSimpleName(), args);
    SignalHandler.register(LOG);
    // 注册 ShutdownHook
    JvmShutdownSafeguard.installAsShutdownHook(LOG);
    // 创建 KubernetesSessionClusterEntrypoint 实例
    final ClusterEntrypoint entrypoint = new KubernetesSessionClusterEntrypoint(
        KubernetesEntrypointUtils.loadConfiguration());
    // 通过 ClusterEntrypoint 启动当前 Entrypoint
    ClusterEntrypoint.runClusterEntrypoint(entrypoint);
}
```

如代码清单 5-6 所示，在 KubernetesSessionClusterEntrypoint 中同样提供了创建 Kubernetes-

ResourceManagerFactory 的方法，调用 KubernetesResourceManagerFactory.getInstance() 方法
可以获取 KubernetesResourceManagerFactory 实例，通过 KubernetesResourceManagerFactory
创建运行时中的 ResourceManager 组件。

代码清单 5-6　KubernetesSessionClusterEntrypoint.createDispatcherResource-
ManagerComponentFactory() 方法定义

```
protected DispatcherResourceManagerComponentFactory createDispatcherResourceMa
    nagerComponentFactory(Configuration configuration) {
    return DefaultDispatcherResourceManagerComponentFactory.
        createSessionComponentFactory(
        KubernetesResourceManagerFactory.getInstance());
}
```

从 ClusterEntrypoint 的不同实现可以看出，基于不同类型的集群资源管理器创
建的 Flink 集群，最主要区别在于 ResourceManager 的实现类不同。通过不同类型的
ResourceManager 实现类可以和指定的集群资源管理器之间进行交互，如申请 TaskManager
计算资源。下面深入介绍 Flink On Yarn 和 Flink On Kubernetes 这两种集群部署模式的设计
与实现。

5.2　Flink On Yarn 的设计与实现

作为大数据框架通用的资源管理器，在 Hadoop Yarn 上可以运行 Apache Spark、Apache
Storm 等不同类型的作业，当然也包括 Flink。目前在 Yarn 集群上可以部署 Session 和 Per-
Job 两种模式的集群，且在 Session 模式下支持 TaskManager 资源的按需申请和获取。本节
我们重点学习 Flink On Yarn 的底层实现。

5.2.1　Yarn 架构的设计与实现

我们先介绍 Yarn 的基本概念、整体架构及 Flink On Yarn 的架构设计。

1. Yarn 基本概念

如图 5-5 所示，Yarn 属于 master/slave 类型，同时依赖 ResourceManager、ApplicationMaster
和 NodeManager 三个组件实现核心功能。客户端主要通过和 ResourceManager 通信，申请
执行任务需要的 Container 资源。

Yarn 主要组件功能如下。

1）ResourceManager 拥有系统所有资源分配的决定权，负责集群中所有应用程序的资
源分配，拥有集群资源的全局视图。ResourceManager 的主要职责是调度，即在竞争的应用
程序之间分配系统中的可用资源，并不关注每个应用程序的状态管理。

2）NodeManager 管理 Hadoop 集群中独立的计算节点，主要负责与 ResourceManager

通信，负责启动和管理应用程序 Container 的生命周期，监控 Container 的资源使用情况（CPU 和内存），跟踪节点的监控状态，管理日志并报告给 ResourceManager。

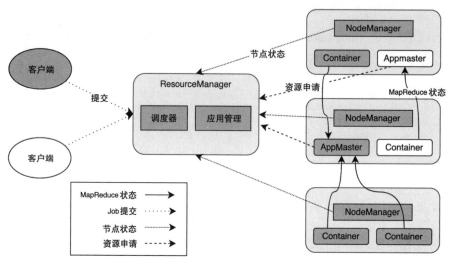

图 5-5　Yarn 整体架构图

3）Container 是 Yarn 框架的最小资源单位，一个 Container 包含一组经过分配的系统资源（内存和 CPU），Container 资源主要由 NodeManager 节点提供并监控，最终通过 ResourceManager 进行协调和管理。

4）ApplicationMaster 负责跟踪应用程序的状态并监控进度。ApplicationMaster 协调集群中应用程序执行的进程，每个应用程序都有自己的 ApplicationMaster，负责与 ResourceManager 协商资源。

2. Flink On Yarn 架构概览

如图 5-6 所示，Flink On Yarn 架构涉及 Flink 客户端、Yarn ResourceManager 以及 Node-Manager 之间的交互。首先通过客户端创建 Yarn Session 集群，然后创建 YarnCluster-Descriptor，用于部署集群管理节点。Yarn Session 集群创建和启动的过程，包括在 Yarn-Container 中启动 Flink Session 集群管理节点和工作节点。接着通过返回的 YarnClusterClient 将 JobGraph 对象提交到运行时中运行，最终产生任务的运行结果。

Flink On Yarn 集群整体部署流程如下。

1）用户执行 yarn-session.sh 或 flink run-m yarn-cluster 命令，提交 Session 或 Per-Job 集群启动的作业，此时命令行会启动 FlinkYarnSessionCli 入口类。

2）在 FlinkYarnSessionCli 中解析提交作业的参数信息，将解析后的 JAR 包上传至 HDFS。

3）在 FlinkYarnSessionCli 中创建 YarnClusterDescriptor，通过 ClusterDescriptor 提供的 SessionCluster 和 JobCluster 部署方法创建相应的 Flink 集群，并返回给客户端 YarnCluster-Client。

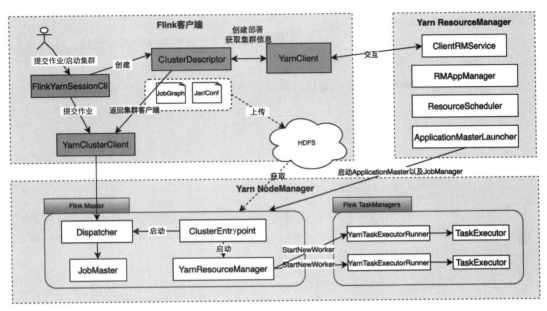

图 5-6　Flink On Yarn 架构图

4）在 ClusterDescriptor 中主要通过 YarnClient 和 Yarn 集群交互，实现向 Yarn 提交启动管理节点等操作。

5）当 Yarn ResourceManager 接收到来自 Flink 客户端的部署资源申请后，会从 Yarn NodeManager 上启动 ApplicationMaster 对应的 Container。

6）通过在 Container 中启动 YarnClusterEntrypoint 入口类，启动 Flink 集群管理节点。ClusterEntrypoint 类中提供了启动 YarnResourceManager 以及 Dispatcher 等集群组件的逻辑。

7）Flink 集群管理节点正常启动后，会通过 Dispatcher 组件接收提交的作业，然后调用 Yarn 的 ResourceManager 申请 TaskManager 需要的 Container 计算资源，此时会在 Yarn NodeManager 上启动 TaskManager，主要通过调用 YarnTaskExecutor.main() 方法启动 TaskExecutor。

8）接下来任务就可以在 Session 集群上提交和执行了。

5.2.2　Session 集群的部署与启动

Flink 中主要通过 FlinkYarnSessionCli 部署和启动 Yarn 资源管理器上的 Session 集群，接下来我们深入了解 Session 集群在 Yarn 上部署和启动的流程。

1. FlinkYarnSessionCli 启动 Flink 集群

当用户使用 bin/yarn-session.sh 脚本启动 Session 集群时，在脚本执行过程中会调用 FlinkYarnSessionCli 的 main() 方法启动集群客户端。FlinkYarnSessionCli 是专门为 Yarn 资源管理器模式下的 Flink 提供的命令行客户端，提供了部署 Session 集群以及提交作业等操作的方法。

在 FlinkYarnSessionCli.main() 方法中调用 run() 方法完成所有客户端的操作，FlinkYarn-SessionCli.run() 方法主要分为以下几个部分。

第一步：解析 CommandLine 命令行，通过 CommandLine 解析 Configuration 参数。

```
final CommandLine cmd = parseCommandLineOptions(args, true);
if (cmd.hasOption(help.getOpt())) {
    printUsage();
    return 0;
}
final Configuration configuration = applyCommandLineOptionsToConfiguration(cmd);
```

第二步：通过 clusterClientServiceLoader 加载 ClusterClientFactory，这里加载的 Cluster-ClientFactory 实现类为 YarnClusterClientFactory，通过 ClusterClientFactory 创建 YarnCluster-Descriptor 实例。

```
final ClusterClientFactory<ApplicationId> yarnClusterClientFactory =
    clusterClientServiceLoader.getClusterClientFactory(configuration);
final YarnClusterDescriptor yarnClusterDescriptor = (YarnClusterDescriptor)
    yarnClusterClientFactory.createClusterDescriptor(configuration);
```

第三步：如果在命令行中指定了 applicationId，则直接调用 yarnClusterDescriptor.retrieve() 方法获取 Yarn Session 集群客户端，否则调用 yarnClusterDescriptor.deploySessionCluster() 方法创建新的 Session 集群。

```
final ClusterClientProvider<ApplicationId> clusterClientProvider;
final ApplicationId yarnApplicationId;
// 如果指定 applicationId，则连接集群获取客户端
if (cmd.hasOption(applicationId.getOpt())) {
    yarnApplicationId = ConverterUtils.toApplicationId(cmd.
        getOptionValue(applicationId.getOpt()));
    clusterClientProvider = yarnClusterDescriptor.retrieve(yarnApplicationId);
    // 否则创建新的集群，并返回客户端
} else {
    final ClusterSpecification clusterSpecification = yarnClusterClientFactory.
        getClusterSpecification(configuration);
    clusterClientProvider = yarnClusterDescriptor.deploySessionCluster(cluster
        Specification);
    ClusterClient<ApplicationId> clusterClient = clusterClientProvider.
        getClusterClient();
    // 获取 yarnApplicationId
    yarnApplicationId = clusterClient.getClusterId();
    try {
        System.out.println("JobManager Web Interface: " + clusterClient.
            getWebInterfaceURL());
        writeYarnPropertiesFile(
            yarnApplicationId,
            dynamicPropertiesEncoded);
```

```
    } catch (Exception e) {
        // 省略部分代码
    }
}
```

第四步：如果启动模式为 attached，则直接打印集群信息，否则启动 Scheduled-ExecutorService，周期性地调用 YarnApplicationStatusMonitor 获取 Yarn 集群上对应 Application 的状态信息并增加 ShutdownHook 操作，确保进程结束后集群可以正常关闭。最后调用 runInteractiveCli() 方法支持交互式的任务提交操作。

```
// 如果是 attached 模式，则直接打印集群信息
if (!configuration.getBoolean(DeploymentOptions.ATTACHED)) {
    YarnClusterDescriptor.logDetachedClusterInformation(yarnApplicationId, LOG);
} else {
    // 否则启动 ScheduledExecutorService
    ScheduledExecutorService scheduledExecutorService = Executors.newSingleThread
        ScheduledExecutor();
    final YarnApplicationStatusMonitor yarnApplicationStatusMonitor = new
        YarnApplicationStatusMonitor(
        yarnClusterDescriptor.getYarnClient(),
        yarnApplicationId,
        new ScheduledExecutorServiceAdapter(scheduledExecutorService));
    // 增加 ShutdownHook 操作，确保进程结束后集群可以正常关闭
    Thread shutdownHook = ShutdownHookUtil.addShutdownHook(
        () -> shutdownCluster(
            clusterClientProvider.getClusterClient(),
            scheduledExecutorService,
            yarnApplicationStatusMonitor),
            getClass().getSimpleName(),
            LOG);
    try {
        // 同时启动交互式命令行
        runInteractiveCli(
            yarnApplicationStatusMonitor,
            acceptInteractiveInput);
    } finally {
        // 此处省略部分代码
    }
}
```

2. 通过 YarnClusterDescriptor 部署 Flink 集群

如代码清单 5-7 所示，YarnClusterDescriptor 提供了部署 Session 类型集群的方法，从 YarnClusterDescriptor.deploySessionCluster() 方法中可以看出，调用了内部方法 deploy-Internal() 且方法中需要传入 YarnSessionClusterEntrypoint 信息，并将 JobGraph 参数置为空。通过 YarnClusterDescriptor 启动基于 Yarn 资源管理器的 Session 集群后，接下来就能向集群中提交 Flink 作业了。

代码清单 5-7   YarnClusterDescriptor.deploySessionCluster() 方法

```
public ClusterClientProvider<ApplicationId> deploySessionCluster(ClusterSpecif
    ication clusterSpecification) throws ClusterDeploymentException {
    try {
        return deployInternal(
            clusterSpecification,
            "Flink session cluster",
            getYarnSessionClusterEntrypoint(),
            null,
            false);
    } catch (Exception e) {
        throw new ClusterDeploymentException("Couldn't deploy Yarn session
            cluster", e);
    }
}
```

和 Session 集群不同，Per-Job 集群仅支持单个 JobGraph 的运行，因此在启动 Per-Job 集群的时候会将 JobGraph 信息一并提交到集群上运行。

如代码清单 5-8 所示，YarnClusterDescriptor.deployJobCluster() 方法定义了 Per-Job 集群的部署方法，从方法中可以看出和 Session 集群部署类似，也是调用 deployInternal() 内部方法完成部署，不同之处在于此时 jobGraph 不能为空，且 ClusterEntrypoint 对应的集群入口实现类需要指定为 YarnJobClusterEntrypoint。

代码清单 5-8   YarnClusterDescriptor.deployJobCluster() 方法

```
public ClusterClientProvider<ApplicationId> deployJobCluster(
    ClusterSpecification clusterSpecification,
    JobGraph jobGraph,
    boolean detached) throws ClusterDeploymentException {
    try {
        return deployInternal(
            clusterSpecification,
            "Flink per-job cluster",
            getYarnJobClusterEntrypoint(),
            jobGraph,
            detached);
    } catch (Exception e) {
        throw new ClusterDeploymentException("Could not deploy Yarn job cluster.", e);
    }
}
```

YarnClusterDescriptor 中提供了 deployInternal() 内部方法实现 Flink 基于 Yarn 资源管理器的部署操作，接下来我们看 deployInternal() 方法的具体实现，如代码清单 5-9 所示，方法主要包含如下逻辑。

1）通过 UserGroupInformation 信息判断集群是否开启了 Kerberos 安全认证。

2）判断所有传入的参数是否有效，例如判断 JAR 路径和 Configuration 是否为空，配置的虚核数不能超过 Yarn 的最大虚拟内核数等，只有当这些条件满足后才能部署集群。

3）调用 checkYarnQueues() 方法检查指定的 Yarn 队列是否存在，如果不存在则抛出异常。

4）通过 yarnClient 创建 YarnClientApplication，同时获取集群 freeClusterMem 以及最小分配的内存大小，然后调用 validClusterSpecification() 方法检验 Flink 集群 ClusterSpecification 中的资源申请是否符合条件，符合则返回 validClusterSpecification，不符合则返回部署失败。

5）调用 startAppMaster() 方法启动 AppMaster，此时会在 Yarn 上启动 Flink 集群管理节点和 ApplicationMaster 服务。

6）如果客户端的启动模式为 detached，则直接输出 yarnApplicationId 等集群信息。

7）启动成功后 YarnClient 会返回 ApplicationReport，从中可以获取 Flink 集群管理节点对应的 Rest 服务的地址和端口，然后调用 setClusterEntrypointInfoToConfig() 方法将这些动态参数设定到 Flink 配置中。

8）返回可以和 Flink 集群交互的 RestClusterClient，供客户端提交任务时使用。

代码清单 5-9 YarnClusterDescriptor.deployInternal() 方法实现

```
private ClusterClientProvider<ApplicationId> deployInternal(
    ClusterSpecification clusterSpecification,
    String applicationName,
    String yarnClusterEntrypoint,
    @Nullable JobGraph jobGraph,
    boolean detached) throws Exception {
    // 通过 UserGroupInformation 判断集群是否开启了安全认证，如果开启了则进行安全认证
    if (UserGroupInformation.isSecurityEnabled()) {
    // 获取 useTicketCache 配置
    boolean useTicketCache = flinkConfiguration.getBoolean(SecurityOptions.
        KERBEROS_LOGIN_USETICKETCACHE);
    boolean isCredentialsConfigured = HadoopUtils.isCredentialsConfigured(
        UserGroupInformation.getCurrentUser(), useTicketCache);
    if (!isCredentialsConfigured) {
        throw new RuntimeException("Hadoop security with Kerberos is enabled
            but the login user " +
            "does not have Kerberos credentials or delegation tokens!");
    }
    }
    // 判断所有的参数是否满足条件
    isReadyForDeployment(clusterSpecification);
    // 检查指定的 Yarn 队列是否存在
    checkYarnQueues(yarnClient);
    // 通过 yarnClient 创建 Application
    final YarnClientApplication yarnApplication = yarnClient.
        createApplication();
    final GetNewApplicationResponse appResponse = yarnApplication.
        getNewApplicationResponse();
    Resource maxRes = appResponse.getMaximumResourceCapability();
```

```
    // 获取集群 freeClusterMem
final ClusterResourceDescription freeClusterMem;
try {
    freeClusterMem = getCurrentFreeClusterResources(yarnClient);
} catch (YarnException | IOException e) {
    failSessionDuringDeployment(yarnClient, yarnApplication);
    throw new YarnDeploymentException("Could not retrieve information about
        free cluster resources.", e);
}
    // 获取 Yarn 最小分配的内存大小
final int yarnMinAllocationMB = yarnConfiguration.getInt(YarnConfiguration.
    RM_SCHEDULER_MINIMUM_ALLOCATION_MB, 0);
    // 检验集群描述文件是否符合条件
final ClusterSpecification validClusterSpecification;
try {
    validClusterSpecification = validateClusterResources(
            clusterSpecification,
            yarnMinAllocationMB,
            maxRes,
            freeClusterMem);
} catch (YarnDeploymentException yde) {
    failSessionDuringDeployment(yarnClient, yarnApplication);
    throw yde;
}
LOG.info("Cluster specification: {}", validClusterSpecification);
final ClusterEntrypoint.ExecutionMode executionMode = detached ?
        ClusterEntrypoint.ExecutionMode.DETACHED
        : ClusterEntrypoint.ExecutionMode.NORMAL;
flinkConfiguration.setString(ClusterEntrypoint.EXECUTION_MODE,
    executionMode.toString());
    // 启动 AppMaster 服务
ApplicationReport report = startAppMaster(
        flinkConfiguration,
        applicationName,
        yarnClusterEntrypoint,
        jobGraph,
        yarnClient,
        yarnApplication,
        validClusterSpecification);
// 如果启动模式为 detached，则输出 yarnApplicationId 等集群信息
if (detached) {
    final ApplicationId yarnApplicationId = report.getApplicationId();
    logDetachedClusterInformation(yarnApplicationId, LOG);
}
    // 设定集群 Rest 连接端口信息
setClusterEntrypointInfoToConfig(report);
    // 返回创建的 RestClusterClient
return () -> {
    try {
        return new RestClusterClient<>(flinkConfiguration, report.
```

```
            getApplicationId());
        } catch (Exception e) {
            throw new RuntimeException("Error while creating RestClusterClient.", e);
        }
    };
}
```

5.2.3　YarnResourceManager 详解

如图 5-7 所示，YarnResourceManager 分别实现了 AMRMClientAsync.CallbackHandler 和
NMClientAsync.CallbackHandler 两个回调接口，同时将 AMRMClientAsync 和 NMClientAsync
作为成员变量，其中 AMRMClientAsync 负责与 Yarn ResourceManager 节点进行通信，
NMClientAsync 负责与 NodeManager 节点进行通信。

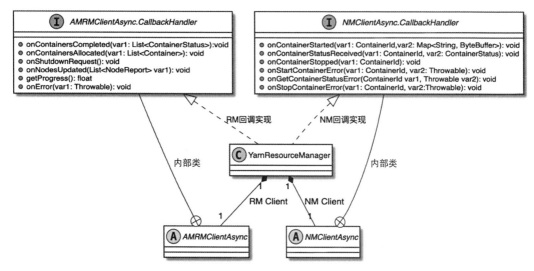

图 5-7　YarnResourceManager UML 关系图

我们在第 3 章已经知道，当集群运行时创建和启动 ResourceManager 组件时，会同步调
用 ResourceManager 子类实现的 initialize() 方法，初始化不同 ResourceManager 实现类的私
有逻辑。

如代码清单 5-10 所示，在 YarnResourceManager.initialize() 方法中会对 AMRMClient-
Async 和 NMClientAsync 进行创建和初始化。从 YarnResourceManager.initialize() 方法的定
义中可以看出，调用了 createAndStartResourceManagerClient() 方法创建 resourceManager-
Client，还调用了 createAndStartNodeManagerClient() 方法创建 nodeManagerClient 对象。

代码清单 5-10　YarnResourceManager.initialize() 方法定义

```
protected void initialize() throws ResourceManagerException {
```

```
try {
    resourceManagerClient = createAndStartResourceManagerClient(
        yarnConfig,
        yarnHeartbeatIntervalMillis,
        webInterfaceUrl);
} catch (Exception e) {
    throw new ResourceManagerException("Could not start resource manager
        client.", e);
}
nodeManagerClient = createAndStartNodeManagerClient(yarnConfig);
}
```

1. RM 客户端创建与启动

通过 YarnResourceManager.createAndStartResourceManagerClient() 方法创建和 Yarn 资源管理器之间的客户端连接后，YarnResourceManager 就能和资源管理器进行通信了，例如向 Yarn 资源管理器申请 TaskManager 需要的 Container 计算资源。

如代码清单 5-11 所示，createAndStartResourceManagerClient() 方法主要包含如下逻辑。

1）通过 AMRMClientAsync 提供的静态方法 createAMRMClientAsync() 创建 resource-ManagerClient，用于建立 Flink ResourceManager 和 Yarn 资源管理器之间的交互。

2）对 resourceManagerClient 进行初始化和启动。

3）向资源管理器注册 ApplicationMaster 的信息，包括 hostPort、restPort 以及 web-InterfaceUrl 等参数。

4）获取 Yarn ApplicationMaster 管理节点申请的 Container 资源信息，并统一注册和管理，最终向 NodeManager 启动相应的 Container。

5）返回创建的 resourceManagerClient 实例。

代码清单 5-11　YarnResourceManager.createAndStartResourceManagerClient() 方法定义

```
protected AMRMClientAsync<AMRMClient.ContainerRequest> createAndStartResource
    ManagerClient(
        YarnConfiguration yarnConfiguration,
        int yarnHeartbeatIntervalMillis,
        @Nullable String webInterfaceUrl) throws Exception {
    // 创建 resourceManagerClient
    AMRMClientAsync<AMRMClient.ContainerRequest> resourceManagerClient =
        AMRMClientAsync.createAMRMClientAsync(
        yarnHeartbeatIntervalMillis,
        this);
    // 初始化并启动 resourceManagerClient
    resourceManagerClient.init(yarnConfiguration);
    resourceManagerClient.start();
    Tuple2<String, Integer> hostPort = parseHostPort(getAddress());
    final int restPort;
    if (webInterfaceUrl != null) {
```

```
          final int lastColon = webInterfaceUrl.lastIndexOf(':');
          if (lastColon == -1) {
             restPort = -1;
          } else {
             restPort = Integer.valueOf(webInterfaceUrl.substring(lastColon + 1));
          }
      } else {
          restPort = -1;
      }
      // 向资源管理器注册 ApplicationMaster 的节点信息
      final RegisterApplicationMasterResponse registerApplicationMasterResponse =
          resourceManagerClient.registerApplicationMaster(hostPort.f0, restPort,
             webInterfaceUrl);
      // 获取申请的 Container 资源
      getContainersFromPreviousAttempts(registerApplicationMasterResponse);
      return resourceManagerClient;
}
```

2. NM 客户端创建与启动

如代码清单 5-12 所示，YarnResourceManager 提供了创建与 NodeManager 交互的客户端连接 NMClientAsync。从 Yarn 资源管理器申请到 Container 资源后，通过 NodeManager 可以启动申请到的 Container。

代码清单 5-12　YarnResourceManager.createAndStartNodeManagerClient() 方法实现

```
protected NMClientAsync createAndStartNodeManagerClient(YarnConfiguration
    yarnConfiguration) {
    // 创建与 NodeManager 进行通信的客户端
    NMClientAsync nodeManagerClient = NMClientAsync.createNMClientAsync(this);
    nodeManagerClient.init(yarnConfiguration);
    nodeManagerClient.start();
    return nodeManagerClient;
}
```

3. 动态启动 TaskManager 节点

基于 Yarn 实现的资源管理器能够实现动态启停 TaskManager 实例，我们将其称为原生部署，即根据作业的资源需求动态申请和启动 TaskManager 实例。这种部署方式可以实现按需使用计算资源，避免出现类似 StandaloneSession 集群需要预先启动和占用 TaskManager 计算资源的问题。当 ResourceManager 接收到来自 JobManager 的 Slot 计算资源申请时，调用 YarnResourceManager.startNewWorker() 方法动态启动 TaskManager 资源。

如代码清单 5-13 所示，在 YarnResourceManager.startNewWorker() 方法中，首先根据工作节点的 ResourceProfile 资源配置和作业提交申请的资源描述进行匹配，匹配成功才开始申请 Yarn Container 计算资源，并且通过申请 Container 资源启动 TaskManager 实例。TaskManager 启动后会主动向 ResourceManager 注册自身的资源信息，此时 Resource-

Manager 会接收到来自 TaskManager 的注册信息，并通知 TaskManager 为 JobManager 提供 Slot 计算资源。

代码清单 5-13　YarnResourceManager.startNewWorker() 方法实现

```
public Collection<ResourceProfile> startNewWorker(ResourceProfile
    resourceProfile) {
    if (!resourceProfilesPerWorker.iterator().next().isMatching(resourceProfile)) {
        return Collections.emptyList();
    }
    requestYarnContainer();
    return resourceProfilesPerWorker;
}
```

如代码清单 5-14 所示，在 YarnResourceManager.requestYarnContainer() 方法中，主要通过调用 resourceManagerClient 向 Yarn RM 提交 Container 的申请信息，当用于启动 TaskManager 实例的 Container 申请通过后，会向 NodeManager 发起启动 TaskManager Container 的请求。

代码清单 5-14　YarnResourceManager.requestYarnContainer() 方法定义

```
private void requestYarnContainer() {
    resourceManagerClient.addContainerRequest(getContainerRequest());
    //make sure we transmit the request fast and receive fast news of granted
        allocations
    resourceManagerClient.setHeartbeatInterval(containerRequestHeartbeatInterval
        Millis);
    numPendingContainerRequests++;
    log.info("Requesting new TaskExecutor container with resources {}. Number
        pending requests {}.",
        resource,
        numPendingContainerRequests);
}
```

如代码清单 5-15 所示，YarnResourceManager 向 Yarn RM 申请资源通过后，会调用 onContainersAllocated() 回调方法，通知 YarnResourceManager 申请的 Container 资源已经分配成功。在 YarnResourceManager.onContainersAllocated() 方法中会调用 runAsync() 方法异步启动和运行 TaskManager 实例，runAsync() 方法的执行主要由 ResourceManager 所在的 RpcServer 提供。

YarnResourceManager.onContainersAllocated() 方法主要包含如下逻辑。

1）获取 pendingRequests，根据申请到的 Container 数量和 numPendingContainerRequests 最小值，决定 Container 启动数量。

2）获取 numAcceptedContainers 集合，即接受的 Container 数量并求取 requiredContainers 集合，即需要使用到的 Container 资源数量。

3）多余的 Container 资源会存储在 excessContainers 集合中，用于 Container 资源的回

收和释放。

4）在系统 PendingRequests 集合中删除已经申请到 Container 资源的 PendingContainer-Requests。

5）调用 returnExcessContainer() 方法，将 excessContainers 集合中多余的 Container 资源返回给 Yarn RM。

6）遍历 requiredContainers 集合，调用 startTaskExecutorInContainer() 方法启动 TaskExecutor 实例。

7）不需要再申请 Container 资源时仅会和 RM 之间建立心跳连接。

代码清单 5-15　YarnResourceManager.onContainersAllocated() 方法实现

```
public void onContainersAllocated(List<Container> containers) {
    runAsync(() -> {
        log.info("Received {} containers with {} pending container requests.",
            containers.size(), numPendingContainerRequests);
        // 获取 pendingRequests
        final Collection<AMRMClient.ContainerRequest> pendingRequests =
         getPendingRequests();
        final Iterator<AMRMClient.ContainerRequest> pendingRequestsIterator =
            pendingRequests.iterator();
        // 获取接收的 Container 数量
        final int numAcceptedContainers = Math.min(containers.size(),
            numPendingContainerRequests);
        // 获取需要的 Container 集合
        final List<Container> requiredContainers = containers.subList(0,
            numAcceptedContainers);
        // 将多余的资源存储在 excessContainers 中
        final List<Container> excessContainers = containers.
            subList(numAcceptedContainers, containers.size());
        // 删除 PendingContainerRequests
        for (int i = 0; i < requiredContainers.size(); i++) {
            removeContainerRequest(pendingRequestsIterator.next());
        }
        // 返回不需要的 Container 给 Yarn
        excessContainers.forEach(this::returnExcessContainer);
        // 根据接收到的 Container 启动 TaskExecutor 实例
        requiredContainers.forEach(this::startTaskExecutorInContainer);
        // 如果不需要再申请 Container 资源，则只需要和 RM 之间建立心跳连接
        if (numPendingContainerRequests <= 0) {
            resourceManagerClient.setHeartbeatInterval(yarnHeartbeatIntervalMillis);
        }
    });
}
```

如代码清单 5-16 所示，调用 YarnResourceManager.startTaskExecutorInContainer() 方法启动 TaskExecutor 对应的 Container 实例，startTaskExecutorInContainer() 方法主要包含如下

逻辑。

1）为每个 TaskManager 创建 ResourceID 信息，通过 ResourceID 标识 TaskManager 资源实例。

2）在 workerNodeMap 中注册新申请的 YarnWorkerNode，由 YarnWorkerNode 对 Container 进行封装。

3）调用 createTaskExecutorLaunchContext() 方法，创建启动 TaskExecutor 的 Context 上下文信息。

4）调用 nodeManagerClient.startContainerAsync() 方法，启动 TaskExecutor 对应的 Container 资源容器。

5）如果启动过程中出现任何异常，则需要释放 Container 资源。

代码清单 5-16　YarnResourceManager.startTaskExecutorInContainer() 方法实现

```
private void startTaskExecutorInContainer(Container container) {
    final String containerIdStr = container.getId().toString();
    final ResourceID resourceId = new ResourceID(containerIdStr);
    workerNodeMap.put(resourceId, new YarnWorkerNode(container));
    try {
        // 创建启动 TaskExecutor 进程需要的上下文信息
        ContainerLaunchContext taskExecutorLaunchContext = createTaskExecutorLaunch
            Context(
            containerIdStr,
            container.getNodeId().getHost());
        nodeManagerClient.startContainerAsync(container,
            taskExecutorLaunchContext);
    } catch (Throwable t) {
        releaseFailedContainerAndRequestNewContainerIfRequired(container.
            getId(), t);
    }
}
```

至此就实现了在 Yarn 资源管理器上动态启动 TaskManager 实例的主要功能，接下来和 StandaloneSession 集群执行的流程完全一样，包括 TaskManager 向 ResourceManager 中注册 SlotReport 信息、ResourceManager 通过 SlotManager 从 PendingSlotRequest 集合中匹配 JobManager 需要的资源、调用 TaskExecutor 向 JobManager 提供申请到的 Slot 计算资源等操作。最后，JobManager 接收到 SlotOffer 信息后，就可以向 TaskManager 提交并运行 Task 作业了。

5.3　Flink On Kubernetes 的设计与实现

作为目前最流行的容器编排工具，大部分应用框架都逐步迁移至 Kubernetes 上运行，Flink 也不例外。得益于 Kubernetes 精确的资源管理以及灵活自主的服务发现和动态伸缩

等特性，让 Flink 能够在资源隔离和管理层面得到非常高的提升。本节我们将对 Flink On
Kubernetes 的部署模式进行源码分析，帮助读者加深对 Flink 和 Kubernetes 框架集成的
理解。

5.3.1　Flink On Kubernetes 架构

下面我们介绍 Kubernetes 的基本概念与架构及 Flink On Kubernetes 的整体架构，帮助
读者从整体上对 Flink On Kubernetes 部署模式有一定的认识和理解。

1. Kubernetes 基本概念

Kubernetes 是 Google 开源的容器集群管理系统，在 Docker 技术的基础上，为容器化的
应用提供部署运行、资源调度、服务发现和动态伸缩等一系列完整功能，从而提高大规模容
器集群管理的便捷性，如图 5-8 所示。为了可以在 Kubernetes 集群资源管理器上运行 Flink
集群，社区从 Flink 1.9 开始提出并逐步支持 Flink On Kubernetes 部署方案。在 Flink 1.10 中
基本实现了将 Flink Session 集群通过 Native 的方式部署在 Kubernetes 集群上。

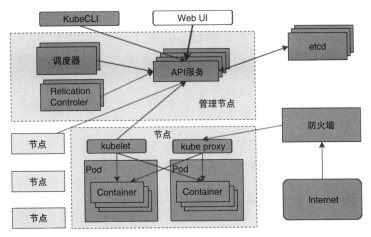

图 5-8　Kubernetes 架构设计图

我们先来了解 Kubernetes 的基本架构。如图 5-8 所示，Kubernetes 主要包含如下基础组件。

（1）管理节点

是 Kubernetes 集群的管理节点，负责管理集群、提供集群资源数据访问入口。拥有
etcd 存储服务（可选），分别运行 API Server、Replication Controller 以及 Scheduler 服务进
程。其中 API Server 提供了 HTTP Rest 接口的关键服务进程，是 Kubernetes 中所有资源增
删改查等操作的唯一入口，也是集群控制的入口进程。Replication Controller 是 Kubernetes
所有资源对象的自动化控制中心。Scheduler 则负责资源的调度管理。

（2）node

node 是 Kubernetes 集群架构中运行 Pod 资源的服务节点，是 Kubernetes 集群操作的

单元，也是 Pod 运行的宿主机。node 会关联 master 管理节点，拥有名称和 IP、系统资源信息。node 中运行着 Docker Eninge 服务，守护进程 kubelet 及负载均衡器 kube-proxy。其中 Docker Engine 负责本机容器的创建和管理；kubelet 负责 Pod 容器的创建、启停等任务；kube-proxy 用于实现 Kubernetes Service 的通信与负载均衡机制的重要组件。

（3）Pod

Pod 运行在 node 上，是若干相关容器的组合。Pod 包含的容器运行在同一宿主机上，使用相同的网络命名空间和 IP 地址。Pod 是 Kurbernetes 进行创建、调度和管理的最小单位，提供了比容器更高层次的抽象，使得部署和管理操作更加灵活。

（4）Replication Controller

用来管理 Pod 的副本，保证集群中存在指定数量的 Pod 副本。集群中副本的数量大于指定数量，则会停止指定数量之外的容器，反之，则会启动少于指定数量个数的容器，保证容器数量不变。Replication Controller 是实现弹性伸缩、动态扩容和滚动升级的核心。

（5）Service

Service 定义了 Pod 的逻辑集合和访问该集合的策略，是真实服务的抽象。Service 提供了统一的服务访问入口和服务代理及发现机制，关联了多个相同标签的 Pod，用户不需要了解后台 Pod 的运行原理。

2. Flink On Kubernetes 架构

Flink1.10 版就已经支持将 Session 类型集群部署在 Kubernetes 上运行，用户可以基于 Kubernetes 资源管理器提供的 Pod 资源运行 Flink 任务，如图 5-9 所示。

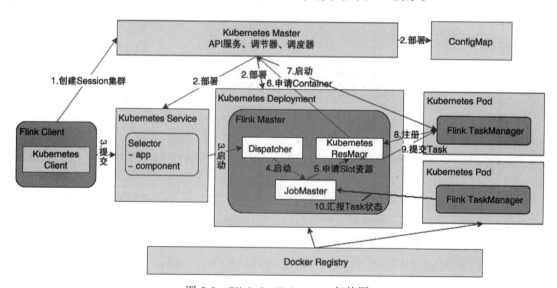

图 5-9　Flink On Kubernetes 架构图

如图 5-9 所示，Flink On Kubernetes 架构的工作原理如下。

1）将 Flink 客户端连接到 Kubernetes API Server，提交 Flink 集群的资源描述文件，其中包括 ConfigMap、JobManager service、JobManager deployment 等资源描述。

2）Kubernetes 管理节点会根据这些资源描述文件创建对应的 Kubernetes 实体。以我们最关心的 JobManager deployment 为例，Kubernetes 集群中的某个节点收到请求后，Kubelet 进程会从中央仓库下载 Flink 安装镜像，然后准备和挂载数据卷，并执行 JobManager 启动命令。当 JobManager 的 Pod 启动后，Dispacher 和 KubernetesResourceManager 等组件随之全部启动。

3）Flink Session 集群管理节点启动完毕后，会接收客户端提交的任务请求，用户可以通过命令行将任务提交至 Session 集群。

4）用户作业提交成功后，会将 JobGraph 提交给 Dispatcher 组件，并在 Flink 管理节点中启动 JobMaster 服务。JobMaster 服务启动后会向 KubernetesResourceManager 请求作业需要的 Slot 计算资源。

5）KubernetesResourceManager 会从 Kubernetes 中申请和启动 TaskManager 所需的容器资源。KubernetesResourceManager 为 TaskManager 生成一份新的配置文件，包括 Flink - Master 服务名等信息。

6）Kubernetes 集群会为 TaskManager 分配一个新的 Pod，并启动 TaskManager 实例所在的 Pod。

7）TaskManager 启动后会主动注册到 ResourceManager 的 SlotManager 中。

8）SlotManager 向 TaskManager 请求 Slot 计算资源，并分配给 JobMaster 服务。

9）TaskManager 提供 Slot 计算资源给 JobMaster，JobMaster 将任务分配到对应的 Slot 计算资源上运行。

5.3.2　Session 集群的部署与启动

我们分别看下通过 KubernetesSessionCli 启动 Flink Session 集群以及基于 KubernetesCluster-Descriptor 部署 Flink 集群的底层代码实现，了解整个 Flink On Kubernetes Session 集群的部署和启动流程。

1. 通过 KubernetesSessionCli 客户端部署 KubernetesSession 集群

Flink 通过客户端远程创建容器类型的 Session 集群，基于 Kubernetes 部署 Session 集群也是如此。在 Flink 中主要通过 KubernetesSessionCli 实现对 Session 集群的创建和启动。

如代码清单 5-17 所示，KubernetesSessionCli.run() 方法中定义了通过客户端启动 Flink - Session 集群的主要逻辑。

1）从命令行参数中获取 Configuration，通过 clusterClientServiceLoader 加载 Kubernetes 对应的 ClusterClientFactory。

2）通过使用 ClusterClientFactory 创建 kubernetesClusterDescriptor 集群描述符。

3）创建 FlinkKubeClient 实例，实现与 Kubernetes 集群之间的交互，主要目的是判断 clusterId 是否已经在 Kubernetes 集群上创建了对应的 Pod 资源。

4）如果在 Kubernetes 集群资源管理器上已经创建了 clusterId 对应的集群，则直接调用 kubernetesClusterDescriptor.retrieve() 方法获取 Session 集群交互使用的的 ClusterClient 对象，否则调用 deploySessionCluster() 方法部署新的 Session 集群，并返回 ClusterClient。

5）如果是 detached 模式启动 Session 集群，支持通过交互式命令行和集群进行交互，实际上是调用了 while (continueRepl.f0) 方法循环接收命令参数，并调用 repStep() 方法对输入的命令进行处理。

6）如果是 detached 模式启动 Session 集群，直接关闭 clusterClient 和 kubeClient 客户端，并在 finally 语句中关闭 kubernetesClusterDescriptor 实例。

代码清单 5-17　KubernetesSessionCli.run() 方法定义

```
private int run(String[] args) throws FlinkException, CliArgsException {
    // 获取有效配置项 Configuration
    final Configuration configuration = getEffectiveConfiguration(args);
        // 通过 clusterClientServiceLoader 加载 ClusterClientFactory
    final ClusterClientFactory<String> kubernetesClusterClientFactory =
        clusterClientServiceLoader.getClusterClientFactory(configuration);
        // 创建 kubernetesClusterDescriptor
    final ClusterDescriptor<String> kubernetesClusterDescriptor =
        kubernetesClusterClientFactory.createClusterDescriptor(configuration);
    try {
        // 开始创建 Session 集群连接
        final ClusterClient<String> clusterClient;
        // 获取 ClusterID
        String clusterId = kubernetesClusterClientFactory.
            getClusterId(configuration);
        final boolean detached = !configuration.get(DeploymentOptions.ATTACHED);
        // 创建 FlinkKubeClient，用于和 Kubernetes 集群交互
        final FlinkKubeClient kubeClient = KubeClientFactory.fromConfiguration(con
            figuration);
        // 获取或者直接创建新的 Session 集群并返回 clusterClient
        if (clusterId != null && kubeClient.getInternalService(clusterId) != null) {
            clusterClient = kubernetesClusterDescriptor.retrieve(clusterId).
                getClusterClient();
        } else {
            clusterClient = kubernetesClusterDescriptor
                .deploySessionCluster(
                    kubernetesClusterClientFactory.getClusterSpecification(con
                        figuration))
                .getClusterClient();
            clusterId = clusterClient.getClusterId();
        }
        try {
            // 如果不是 detached 模式，则可以继续和集群之间通过命令行方式交互
            if (!detached) {
```

```
        Tuple2<Boolean, Boolean> continueRepl = new Tuple2<>(true, false);
        try (BufferedReader in = new BufferedReader(new
            InputStreamReader(System.in))) {
            while (continueRepl.f0) {
                continueRepl = repStep(in);
            }
        } catch (Exception e) {
            LOG.warn("Exception while running the interactive command line
                interface.", e);
        }
        if (continueRepl.f1) {
            kubernetesClusterDescriptor.killCluster(clusterId);
        }
    }
    // 关闭 clusterClient 和 kubeClient 的连接
    clusterClient.close();
    kubeClient.close();
} catch (Exception e) {
    LOG.info("Could not properly shutdown cluster client.", e);
}
    } finally {
        try {
            kubernetesClusterDescriptor.close();
        } catch (Exception e) {
            LOG.info("Could not properly close the kubernetes cluster
                descriptor.", e);
        }
    }
    return 0;
}
```

2. 基于 KubernetesClusterDescriptor 部署集群

如代码清单 5-18 所示，在 KubernetesClusterDescriptor.deploySessionCluster() 方法中完成了对 Session 集群管理节点的部署，deploySessionCluster() 方法最终会调用 deployCluster-Internal() 方法完成具体的部署流程，deployClusterInternal() 方法主要包含如下逻辑。

1）设定 ClusterEntrypoint 的 ExecutionMode 为 DETACHED 或 NORMAL 类型。

2）设定集群启动需要的入口类名称，这里的 Entropoint 实际上就是 KubernetesSession-ClusterEntrypoint。

3）检查 RPC 服务的默认端口是否需要更新，如果用户配置了新的端口则需要对原有配置进行更新。

4）检查集群高可用配置，如果集群开启高可用模式，则检查高可用的端口段等配置信息。

5）基于 FlinkCubeClient 创建 KubernetesService 服务，使用 KubernetesService 获取ServiceID，并设定到 flinkConfig 配置中。ServiceID 主要用于回收后面的集群资源。

6）调用 client.createRestService() 方法创建 Session 集群对外提供服务的 Rest Service。

7）调用 client.createConfigMap() 方法创建 ConfigMap 资源对象，存储 flink-conf.yaml 等配置文件。

8）调用 client.createFlinkMasterDeployment() 方法，创建和启动 Flink 集群管理节点。

9）通过 ClusterID 创建 ClusterClientProvider 实现类，通过 ClusterClientProvider 获取与集群通信的 ClusterClient。

代码清单 5-18 KubernetesClusterDescriptor.deploySessionCluster() 方法定义

```
private ClusterClientProvider<String> deployClusterInternal(
    String entryPoint,
    ClusterSpecification clusterSpecification,
    boolean detached) throws ClusterDeploymentException {
    // 设定集群的启动模式为 DETACHED 或者 NORMAL
    final ClusterEntrypoint.ExecutionMode executionMode = detached ?
        ClusterEntrypoint.ExecutionMode.DETACHED
        : ClusterEntrypoint.ExecutionMode.NORMAL;
    flinkConfig.setString(ClusterEntrypoint.EXECUTION_MODE, executionMode.
        toString());
        // 设定集群启动 Entrypoint 类名
    flinkConfig.setString(KubernetesConfigOptionsInternal.ENTRY_POINT_CLASS,
        entryPoint);
    // 检查和更新 RPC 服务端口
    KubernetesUtils.checkAndUpdatePortConfigOption(flinkConfig,
        BlobServerOptions.PORT, Constants.BLOB_SERVER_PORT);
    KubernetesUtils.checkAndUpdatePortConfigOption(
        flinkConfig,
        TaskManagerOptions.RPC_PORT,
        Constants.TASK_MANAGER_RPC_PORT);
    final String nameSpace = flinkConfig.getString(KubernetesConfigOptions.
        NAMESPACE);
    flinkConfig.setString(JobManagerOptions.ADDRESS, clusterId + "." +
        nameSpace);
    // 集群高可用配置
    if (HighAvailabilityMode.isHighAvailabilityModeActivated(flinkConfig)) {
        flinkConfig.setString(HighAvailabilityOptions.HA_CLUSTER_ID, clusterId);
        KubernetesUtils.checkAndUpdatePortConfigOption(
            flinkConfig,
            HighAvailabilityOptions.HA_JOB_MANAGER_PORT_RANGE,
            flinkConfig.get(JobManagerOptions.PORT));
    }
    try {
        // 设定 ServiceID，用于集群资源回收 GC 操作
        final KubernetesService internalSvc = client.createInternalService(cluster
            Id).get();
        final String serviceId = internalSvc.getInternalResource().
            getMetadata().getUid();
        if (serviceId != null) {
```

```
            flinkConfig.setString(KubernetesConfigOptionsInternal.SERVICE_ID,
                serviceId);
        } else {
            throw new ClusterDeploymentException("Get service id failed.");
        }
        // 创建对外提供服务的 Rest Service
        final String restSvcExposedType = flinkConfig.getString(KubernetesConfig
            Options.REST_SERVICE_EXPOSED_TYPE);
        if (!restSvcExposedType.equals(KubernetesConfigOptions.
            ServiceExposedType.ClusterIP.toString())) {
            client.createRestService(clusterId).get();
        }
        // 创建 ConfigMap
        client.createConfigMap();
        // 创建和启动 Flink 集群
        client.createFlinkMasterDeployment(clusterSpecification);
        // 返回 ClusterClient, 用于和集群通信
        return createClusterClientProvider(clusterId);
    } catch (Exception e) {
        client.handleException(e);
        throw new ClusterDeploymentException("Could not create Kubernetes
            cluster " + clusterId, e);
    }
}
```

（1）基于 fabric8IO 客户端实现 FlinkKubeClient

在 KubernetesClusterDescriptor 中主要通过 FlinkKubeClient 实现对 Kubernetes 中 Deployment 和 Service 等资源对象的创建。在 Flink 中默认基于 fabric8IO 框架实现 FlinkKubeClient 接口的实现类 Fabric8FlinkKubeClient。fabric8IO 是一个比较流行的 Java 版本的开源 Kubernetes-API 客户端,提供了和 Kubernetes 集群之间交互的方法。

在 Fabric8FlinkKubeClient 中,所有 Kubernetes 集群的操作都是通过调用 io.fabric8. kubernetes.client.KubernetesClient 接口完成的,和 KubernetesClient 之间交互需要事先创建相关的资源对象。Kubernetes 中主要的资源对象有 ConfigMap、Service、Deployment 以及 Pod 等。Flink 集群如果想在 Kubernetes 集群上运行资源对象,就需要创建对应的资源对象参数配置。

如代码清单 5-19 所示,在 Fabric8FlinkKubeClient 中通过装饰器模式实现了从 Flink 中的配置参数到 Kubernetes 资源对象参数之间的转换。

1）通过 configMapDecorators 集合存储 configMap 资源对象对应的参数装饰器。

2）通过 internalServiceDecorators 集合存储 Flink 内部 Service 资源对象对应的参数装饰器。

3）通过 restServiceDecorators 集合存储 Flink 对外的 Rest 服务资源对应的参数装饰器。

4）通过 flinkMasterDeploymentDecorators 集合存储 Deployment 资源对象对应的参数

装饰器。

5）通过 taskManagerPodDecorators 集合存储 TaskManagerPod 资源对象对应的参数装饰器。

代码清单 5-19　Fabric8FlinkKubeClient 资源参数装饰器实现

```
List<Decorator<ConfigMap, KubernetesConfigMap>> configMapDecorators = new
    ArrayList<>();
List<Decorator<Service, KubernetesService>> internalServiceDecorators =
    new ArrayList<>();
List<Decorator<Service, KubernetesService>> restServiceDecorators = new
    ArrayList<>();
List<Decorator<Deployment, KubernetesDeployment>>
    flinkMasterDeploymentDecorators =
     new ArrayList<>();
List<Decorator<Pod, KubernetesPod>> taskManagerPodDecorators = new
    ArrayList<>();
```

通过资源对象的装饰器实现了从 Flink 中的配置信息转换为 io.fabric8.kubernetes.client. KubernetesClient 需要的资源对象参数，完成了与 Kubernetes 集群之间的交互。

（2）通过 FlinkKubeClient 创建 FlinkMasterDeployment

在 Fabric8FlinkKubeClient.createFlinkMasterDeployment() 方法中部署 Flink 集群管理节点，最终调用 internalClient.create() 方法在 Kubernetes 集群上创建和部署 Flink 管理节点。

如代码清单 5-20 所示，Fabric8FlinkKubeClient.createFlinkMasterDeployment() 方法逻辑如下。

1）通过 flinkConfig 创建 KubernetesDeployment 配置参数，其中 KubernetesDeployment 描述了在 Kubernetes 中部署的资源信息。

2）通过装饰模式将部署参数转换成 Kubernetes 集群使用的部署对象参数。

3）调用 io.fabric8.kubernetes.client.KubernetesClient 创建 Flink 主节点的 Deployment 资源对象。

代码清单 5-20　Fabric8FlinkKubeClient.createFlinkMasterDeployment() 方法定义

```
public void createFlinkMasterDeployment(ClusterSpecification
    clusterSpecification) {
    // 通过 FlinkConfig 创建 KubernetesDeployment
    KubernetesDeployment deployment = new KubernetesDeployment(this.
        flinkConfig);
    for (Decorator<Deployment, KubernetesDeployment> d
         :this.flinkMasterDeploymentDecorators) {
        deployment = d.decorate(deployment);
    }
        // 创建 FlinkMasterDeployment
    deployment =
         new FlinkMasterDeploymentDecorator(clusterSpecification).
```

```
        decorate(deployment);
    LOG.debug("Create Flink Master deployment with spec: {}",
            deployment.getInternalResource().getSpec());
        // 调用 KubernetesClient 创建 Deployment
    this.internalClient
        .apps()
        .deployments()
        .inNamespace(this.nameSpace)
        .create(deployment.getInternalResource());
    }
```

（3）通过 FlinkKubeClient 创建 Kubernetes Service

Flink 集群内部组件之间需要进行网络通信，这就需要创建 Kubernetes 中的 Service 资源实现。创建 Service 资源对象和 Deployment 一样，也是通过 Fabric8FlinkKubeClient 提供的方法实现。如代码清单 5-21 所示，Fabric8FlinkKubeClient.createService() 方法了实现创建 Kubernetes 集群中 Service 的方法。方法主要步骤如下。

1）根据 flinkConfig 创建 KubernetesService 资源对象，并通过装饰器对 Kubernetes-Service 的资源配置进行转换。

2）调用 internalClient.services.create() 方法创建 kubernetesService 指定的 Service。

3）创建 ActionWatcher 监控 Service 是否被创建，并调用 InternalClient 根据 ActionWatcher 创建 watchConnectionManager，实现对 ActionWatcher 的管理。

4）ActiveWatcher 监听到 Service 正常创建后，关闭 watchConnectionManager 并返回创建的 KubernetesService 对象。

代码清单 5-21　Fabric8FlinkKubeClient.createService() 方法定义

```
private CompletableFuture<KubernetesService> createService(
    String serviceName,
    List<Decorator<Service, KubernetesService>> serviceDecorators) {
    // 创建 KubernetesService 资源描述
    KubernetesService kubernetesService = new KubernetesService(this.
        flinkConfig);
    for (Decorator<Service, KubernetesService> d : serviceDecorators) {
        kubernetesService = d.decorate(kubernetesService);
    }
    LOG.debug("Create service {} with spec: {}", serviceName,
            kubernetesService.getInternalResource().getSpec());
        // 调用 internalClient 创建 kubernetesService 指定的 Service
    this.internalClient.services().create(kubernetesService.
        getInternalResource());
        // 创建 ActionWatcher，用于监控 Service 的创建行为
    final ActionWatcher<Service> watcher = new ActionWatcher<>(
        Watcher.Action.ADDED,
        kubernetesService.getInternalResource());
        // 创建 watchConnectionManager
```

```
final Watch watchConnectionManager = this.internalClient
    .services()
    .inNamespace(this.nameSpace)
    .withName(serviceName)
    .watch(watcher);
final Duration timeout = TimeUtils.parseDuration(
    flinkConfig.get(KubernetesConfigOptions.SERVICE_CREATE_TIMEOUT));
    // 返回创建的 KubernetesService 对象
return CompletableFuture.supplyAsync(
    FunctionUtils.uncheckedSupplier(() -> {
        final Service createdService = watcher.await(timeout.toMillis(),
            TimeUnit.MILLISECONDS);
        watchConnectionManager.close();
        return new KubernetesService(this.flinkConfig, createdService);
    }));
}
```

到这里，Flink 集群运行时的管理节点就部署完成了，其中包括 FlinkMasterDeployment 和 KubernetesService 等资源对象的创建。此时通过 RestService 暴露出来的地址和端口就能够访问 Session 集群，从而实现将任务提交到集群运行。

5.3.3 KubernetesResourceManager 详解

和基于 Hadoop Yarn 部署 Session 集群的底层实现类似，基于 Kubernetes 资源管理器部署和运行 Flink Session 集群，也需要继承和实现 ResourceManager 抽象类，以完成基于 Kubernetes 管理 Session 集群的计算资源。

如图 5-10 所示，KubernetesResourceManager 继承了 ActiveResourceManager 基本实现类，除了实现 ResourceManager 的基本功能，内部还实现了与 Kubernetes 进行交互的逻辑，例如从 Kubernetes 集群申请和启动 TaskManager Pod 计算资源，用于运行用户提交到集群的作业。

从图 5-10 中可以看出，KubernetesResourceManager 内部主要使用 FlinkKubeClient 作为与 Kubernetes 交互的客户端，FlinkKubeClient 接口的默认实现类是基于 fabric8 客户端框架实现的 Fabric8FlinkKubeClient。同时在 KubernetesResourceManager 实现了 PodCallback-Handler 接口，定义和实现了 onAdded()、onModifie()、onDeleted()、onError() 等回调方法，专门用于 Kubernetes 资源发生变化后，KubernetesResourceManager 能够感知并进行后续的处理。

1. KubernetesResourceManager 的创建与初始化

在创建 ResourceManager 组件的过程中，会调用 ResourceManager 子类实现的 initialize() 方法，完成对具体 ResourceManager 实现类的初始化操作。

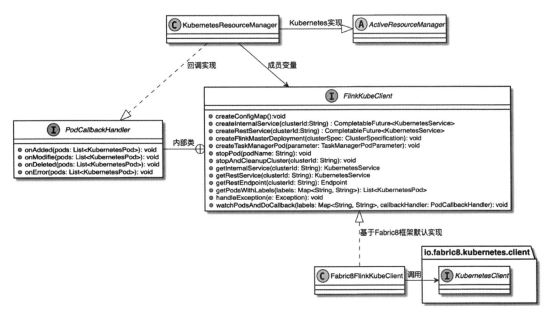

图 5-10　KubernetesResourceManager UML 关系图

如代码清单 5-22 所示，KubernetesResourceManager.initialize() 方法的主要逻辑如下。

1）调用 recoverWorkerNodesFromPreviousAttempts() 方法恢复之前已经启动的 TaskManager 节点。

2）向 kubeClient 中增加回调函数，这里的回调函数实际上就是 PodCallbackHandler 接口实现类，也就是 KubernetesResourceManager 实例。

3）KubernetesResourceManager 实现了 PodCallbackHandler 回调方法，实现当集群中添加和删除了新的 TaskManager Pod 资源时，通过回调方法通知给 KubernetesResourceManager，以进行后续的操作。

代码清单 5-22　KubernetesResourceManager.initialize() 方法定义

```
protected void initialize() throws ResourceManagerException {
    // 恢复之前启动的 TaskManager 节点
    recoverWorkerNodesFromPreviousAttempts();
    // 向 kubeClient 中增加回调函数
    kubeClient.watchPodsAndDoCallback(getTaskManagerLabels(), this);
}
```

这里我们来看 watchPodsAndDoCallback() 方法的定义，如代码清单 5-23 所示，从方法定义中可以看出，首先创建 Pod 资源的 Watcher 监听器，用于获取 Kubernetes 集群 Pod 改变的行为。在 Watcher 接口中实现了 eventReceived() 方法，针对不同类型的行为进行处理。这里的行为主要包括增加（ADDED）、修改（MODIFIED）、删除（DELETED）等。当集群中 TaskManager Pod 资源发生变化时，就能够根据具体的行为及时更新工作节点。

代码清单 5-23　watchPodsAndDoCallback() 方法定义

```
public void watchPodsAndDoCallback(Map<String, String> labels,
    PodCallbackHandler callbackHandler) {
    final Watcher<Pod> watcher = new Watcher<Pod>() {
        @Override
        public void eventReceived(Action action, Pod pod) {
            LOG.debug("Received {} event for pod {}, details: {}", action,
                        pod.getMetadata().getName(), pod.getStatus());
            switch (action) {
                case ADDED:
                    callbackHandler.onAdded(Collections.singletonList(
                        new KubernetesPod(flinkConfig, pod)));
                    break;
                case MODIFIED:
                    callbackHandler.onModified(Collections.singletonList(
                        new KubernetesPod(flinkConfig, pod)));
                    break;
                case ERROR:
                    callbackHandler.onError(Collections.singletonList(
                        new KubernetesPod(flinkConfig, pod)));
                    break;
                case DELETED:
                    callbackHandler.onDeleted(Collections.singletonList(
                        new KubernetesPod(flinkConfig, pod)));
                    break;
                default:
                    LOG.debug("Ignore handling {} event for pod {}",
                                action, pod.getMetadata().getName());
                    break;
            }
        }
        @Override
        public void onClose(KubernetesClientException e) {
            LOG.error("The pods watcher is closing.", e);
        }
    };
    this.internalClient.pods().withLabels(labels).watch(watcher);
}
```

2. 动态启动 TaskManager 节点

当用户向 Session 集群提交任务后，会通过 JobManager 向 KubernetesResourceManager 申请 Slot 计算资源。此时 KubernetesResourceManager 会直接向 Kubernetes 申请 TaskManager-Pod 计算资源并启动。当 TaskManager 启动后会主动注册到 ResourceManager 中，为 JobMaster 提供 Slot 计算资源。

如代码清单 5-24 所示，在 KubernetesResourceManager.startNewWorker() 方法中定义了启动 TaskManager Pod 的逻辑。首先根据工作节点提供的 ResourceProfile 资源信息和请求的

ResourceProfile 资源进行匹配，匹配成功才启动 Kubernetes Pod 资源，如果匹配不成功则返回空集合。

代码清单 5-24 KubernetesResourceManager.startNewWorker() 方法实现

```
public Collection<ResourceProfile> startNewWorker(ResourceProfile resourceProfile) {
    LOG.info("Starting new worker with resource profile, {}", resourceProfile);
    // 对 ResourceProfile 资源进行匹配
    if (!resourceProfilesPerWorker.iterator().next().isMatching(resourceProfile)) {
        return Collections.emptyList();
    }
    requestKubernetesPod();
    return resourceProfilesPerWorker;
}
```

从以上代码中可以看出，在 KubernetesResourceManager 通过调用 requestKubernetes-Pod() 方法申请和启动基于 Kubernetes 的 TaskManager Pod 资源。

如代码清单 5-25 所示，KubernetesResourceManager.requestKubernetesPod() 方法主要包含如下逻辑。

1）生成 podName 并将使用到的环境配置信息存放到创建的 HashMap<String, String> env 集合中。

2）根据 podName 以及 env 配置信息创建 TaskManagerPodParameter，其中也包括 TaskManager 实例在 Pod 中的启动命令 taskManagerStartCommand 以及 defaultMemoryMB、defaultCpu 等配置信息。

3）通过 TaskManagerPodParameter 参数，调用 kubeClient 创建 TaskmanagerPod 资源。此时在 Kubernetes 集群上会启动 TaskManager Pod。

代码清单 5-25 KubernetesResourceManager.requestKubernetesPod() 方法定义

```
private void requestKubernetesPod() {
    numPendingPodRequests++;
    log.info("Requesting new TaskManager pod with <{},{}>. Number pending
        requests {}.",
        defaultMemoryMB,
        defaultCpus,
        numPendingPodRequests);
    // 创建 podName
    final String podName = String.format(
        TASK_MANAGER_POD_FORMAT,
        clusterId,
        currentMaxAttemptId,
        ++currentMaxPodId);
    // 创建环境信息
    final HashMap<String, String> env = new HashMap<>();
    env.put(Constants.ENV_FLINK_POD_NAME, podName);
    env.putAll(taskManagerParameters.taskManagerEnv());
```

```
      // 创建 TaskManagerPodParameter
      final TaskManagerPodParameter parameter = new TaskManagerPodParameter(
        podName,
        taskManagerStartCommand,
        defaultMemoryMB,
        defaultCpus,
        env);
      // 调用 kubeClient 创建 TaskmanagerPod
      log.info("TaskManager {} will be started with {}.", podName,
        taskExecutorProcessSpec);
      kubeClient.createTaskManagerPod(parameter);
    }
```

（1）创建 TaskManager 启动命令

在创建 Kubernetes 集群的 TaskManager 实例时，需要从 Docker 镜像仓库中获取 Flink
安装镜像，并调用 TaskManager 对应的启动脚本以启动 TaskManager 的 Pod 资源。在
KubernetesResourceManager 中主要通过 KubernetesResourceManager .getTaskManagerStart-
Command() 方法获取 TaskManager 的启动脚本。

如代码清单 5-26 所示，KubernetesResourceManager .getTaskManagerStartCommand() 方
法的主要逻辑如下。

1）从 flinkConfig 中获取创建 TaskManager 启动命令的参数信息，包括 hasLogback、
hasLog4j、logDir 等配置。

2）通过 flinkConfig 配置创建 main() 方法执行需要的参数信息，启动 TaskManager 使
用的入口类为 KubernetesTaskExecutorRunner。

3）调用 KubernetesUtils.getTaskManagerStartCommand() 方法创建 TaskManagerStartCommand。

代码清单 5-26　KubernetesResourceManager.getTaskManagerStartCommand() 方法

```
private List<String> getTaskManagerStartCommand() {
  // 获取创建 TaskManager 启动命令的参数信息
  final String confDir = flinkConfig.getString(KubernetesConfigOptions.FLINK_
    CONF_DIR);
  final boolean hasLogback =
      new File(confDir, Constants.CONFIG_FILE_LOGBACK_NAME).exists();
  final boolean hasLog4j =
      new File(confDir, Constants.CONFIG_FILE_LOG4J_NAME).exists();
  final String logDir = flinkConfig.getString(KubernetesConfigOptions.FLINK_
    LOG_DIR);
  // 获取 main() 方法参数
  final String mainClassArgs =
    "--" + CommandLineOptions.CONFIG_DIR_OPTION.getLongOpt() + " " +
    flinkConfig.getString(KubernetesConfigOptions.FLINK_CONF_DIR) + " " +
    BootstrapTools.getDynamicPropertiesAsString(flinkClientConfig, flinkConfig);
  // 创建 TaskManagerStartCommand
  final String command = KubernetesUtils.getTaskManagerStartCommand(
```

```
            flinkConfig,
            taskManagerParameters,
            confDir,
            logDir,
            hasLogback,
            hasLog4j,
            KubernetesTaskExecutorRunner.class.getCanonicalName(),
            mainClassArgs);
        return Arrays.asList("/bin/bash", "-c", command);
    }
```

这里创建的 TaskManagerStartCommand 实际就是启动 Flink TaskManager Docker 镜像时需要的启动命令，最终在 Pod 资源中启动 TaskManager 进程。

（2）KubernetesTaskExecutorRunner 启动类

在基于 Kubernetes 实现的 Session 集群中，启动 TaskExecutor 主要通过 Kubernetes-TaskExecutorRunner 启动类实现。

如代码清单 5-27 所示，KubernetesTaskExecutorRunner 启动类中包含了可执行 main() 方法。main() 方法主要包括从环境变量中获取 ResourceID 信息，然后通过调用 TaskManager-Runner.runTaskManagerSecurely() 方法启动 TaskManager 节点。当 KubernetesTaskExecutor-Runner 启动后，会向 ResourceManager 注册 TM 和 SlotsReport。

代码清单 5-27　KubernetesTaskExecutorRunner 启动类

```
public class KubernetesTaskExecutorRunner {
    protected static final Logger LOG =
        LoggerFactory.getLogger(KubernetesTaskExecutorRunner.class);
    public static void main(String[] args) {
        EnvironmentInformation
            .logEnvironmentInfo(LOG,"Kubernetes TaskExecutor runner", args);
        SignalHandler.register(LOG);
        JvmShutdownSafeguard.installAsShutdownHook(LOG);
            // 从环境变量中获取 ResourceID 信息
        final String resourceID = System.getenv().get(Constants.ENV_FLINK_POD_NAME);
        Preconditions.checkArgument(resourceID != null,
            "Pod name variable %s not set", Constants.ENV_FLINK_POD_NAME);
            // 调用 TaskManagerRunner 方法启动
        TaskManagerRunner.runTaskManagerSecurely(args, new ResourceID(resourceID));
    }
}
```

（3）PodCallbackHandler 确认 Pod 启动成功

Kubernetes 集群创建和启动 Taskmanager Pod 资源后，会立即调用 PodCallbackHandler.on-Added() 回调方法，向 KubernetesResourceManager 通知 TaskManager Pod 资源已经创建和启动完毕。

如代码清单 5-28 所示，KubernetesResourceManager.onAdded() 方法会先遍历创建好的
KubernetesPod 资源，并更新 numPendingPodRequests，然后将创建 KubernetesWorkerNode
对象并添加到 workerNodes 集合中。workerNodes 集合维护着集群中 ResourceID 和 WorkerNode
之间的关系。

代码清单 5-28　KubernetesResourceManager.onAdded() 方法

```
public void onAdded(List<KubernetesPod> pods) {
   runAsync(() -> {
      for (KubernetesPod pod : pods) {
         if (numPendingPodRequests > 0) {
            numPendingPodRequests--;
            final KubernetesWorkerNode worker = new KubernetesWorkerNode(
               new ResourceID(pod.getName()));
            workerNodes.putIfAbsent(worker.getResourceID(), worker);
         }
         log.info(
            "Received new TaskManager pod: {} - Remaining pending pod requests: {}",
            pod.getName(), numPendingPodRequests);
      }
   });
}
```

至此，Flink On Kubernetes 部署模式的实现过程就介绍完毕了。可以看出，基于
Kubernetes 部署 Flink Session 集群，实现了原生部署模式，即按照任务的资源需求启动
TaskManager Pod 资源。未来社区还会加入一些更加原生的功能，例如增加标签选择执行
TaskManager 的物理节点等。

5.4　本章小结

本章重点介绍了 Flink 在不同集群资源管理器上的实现，包括 Flink On Yarn 以及 Flink
On Kubernetes 集群部署模式。通过本章的学习，读者可以加深对 Flink 资源管理层及部署
层的认识和理解。

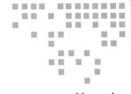

状态管理与容错

有状态计算是 Flink 流式作业中非常重要的概念，在大多数计算场景中需要使用状态对数据进行处理，尤其在 Window 类型的算子中，会大量使用状态存储中间结果数据。本章将重点介绍状态数据管理、有状态计算以及通过 Checkpoint 保障状态数据的一致性。

6.1 状态数据管理

本节将介绍状态数据管理，帮助读者了解 InternalKvState 接口的设计以及 KeyedState 和 OperatorState 在实现上的区别；同时会介绍状态数据初始化的流程，帮助读者了解有状态计算的底层实现原理。

6.1.1 状态数据类型

如图 6-1 所示，状态数据通过抽象出统一的状态接口来表示，并根据不同的状态数据类型和使用方式区分接口实现。例如 MapState、ReadOnlyBroadcastState 和 Value 等基本类型以及分别支持 Append、Merge 操作的 AppendingState、MergingState 等基本实现类。

从图 6-1 中我们可以看出，Flink 中的状态类型都是通过接口实现的，状态接口定义如下。

- ❏ MapState：用于存储分区的 Key-Value 类型状态数据，Key-Value 类型状态支持添加、更新和获取操作。
- ❏ ValueState：用于单值类型的状态数据，并提供获取和更新状态的方法。

❑ ReadOnlyBroadcastState：提供只读操作的 BroadcastState，仅提供 get()、contains() 等只读方法。

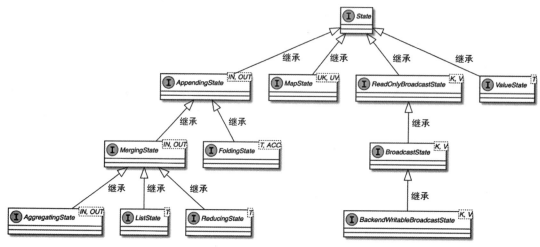

图 6-1 状态类型 UML 关系图

❑ BroadcastState：用于存储 BroadcastStream 中的状态数据，BroadcastState 中的数据会被发送到指定算子的所有实例中，并保证每个实例中的数据都相同。

❑ AppendingState：支持累积操作的状态数据，在 AppendingState 接口中提供了 add() 和 get() 方法，用于向状态中增加元素和查看当前状态结果。写入的数据元素可以存储在类似 List 的 Buffer 数据结构中，也可以聚合成单个 Value 进行存储。

❑ MergingState：在 AppendingState 的基础上增加了合并功能，即支持合并状态的操作。两个 MergingState 实例可以合并成一个状态，且在当前状态实例中涵盖合并前状态的所有信息。

❑ FoldingState：用于支持 FoldFunction 转换的状态数据，该接口未来会被 Aggregating-State 逐步取代。

❑ AggregatingState：用于支持基于 AggregateFunction 转换的状态数据，通过状态中的 AggregateFunction 可以对接入的数据进行聚合计算，产生聚合状态结果。

❑ ListState：以数组结构类型存储状态数据，用户可通过自定义函数访问和处理状态数据。

❑ ReducingState：用于支持 ReduceFunction 操作状态，给状态添加数据元素后，通过 ReduceFunction 实现聚合。ReducingState 只支持在 KeyedStream 中获取。

以上就是 Flink 支持的全部状态类型，不管是用户还是 Flink 系统内部，都基于这些状态接口实现状态数据的操作，以满足有状态计算的需求。

1. InternalKvState 接口设计

为了在运行时中访问状态数据的所有辅助方法，且避免直接将状态内部方法提供给用户使用，Flink 抽象了 InternalKvState 接口，定义了专门用于系统内部访问状态数据的辅助操作方法。InternalKvState 接口中定义的方法不对用户开放，一方面是为了避免引起混淆，另一方面是因为在各个发行版本中，InternalKvState 接口的方法是不稳定的。

如图 6-2 所示，在 InternalKvState 接口中提供了获取和设定命名空间、获取 Raw 状态和合并状态的方法，以及获取状态 Key 和 Value 等类型序列化器的方法。InternalKvState 接口中的方法并不对用户开放，仅限于系统内部使用，在接口上会通过 Internal 进行标记。和状态接口作为所有状态数据的根节点相似，InternalKvState 也是所有内部状态的根节点。

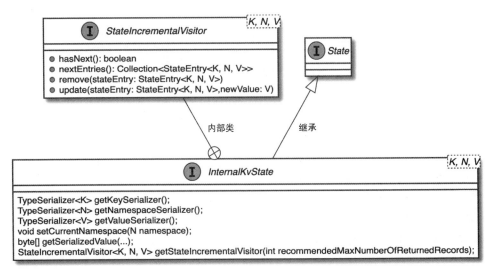

图 6-2　InternalKvState 接口设计图

如图 6-3 所示，将 InternalKvState 和具体数据类型的状态接口进行合并，形成不同类型的状态接口，例如继承 MapState 和 InternalKvState 接口生成 InternalMapState、继承 ValueState 和 InternalKvState 接口生成 InternalValueState 等。在运行时中通过 InternalKvState 提供的方法操作状态数据，避免了直接提供给用户使用。

从图 6-3 中可以看出，整个状态接口的继承关系是比较复杂的，但不管是基于堆内存还是 RocksDB 实现的状态存储后端，都同时继承和实现了 InternalState 接口和具体状态类型的接口。例如基于堆内存存储的状态类型有 HeapAggregatingState、HeapListState 及 HeapReducingState 等；基于 RocksDB 存储的状态类型有 RocksDBAggregatingState、RocksDBListState 及 RocksDBReducingState 等。

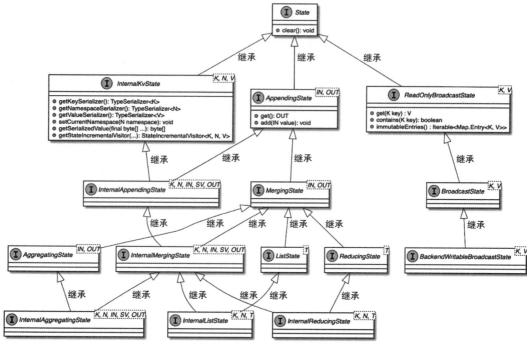

图 6-3　InternalKvState UML 关系图

2. KeyedState 和 OperatorState

根据 DataStream 数据集是否基于 Key 进行分组，可将算子中的状态数据分为 KeyedState 和 OperatorState 两种类型。KeyedState 用于经过 DataStream.keyby() 操作后形成的 KeyedStream，并按照 Key 对状态数据进行分区。OperatorState 和并行的算子实例绑定，与数据元素中的 Key 无关。每个算子实例中都持有一部分状态数据，并支持在算子并行度发生变化时自动重新分配状态数据。表 6-1 整理了 KeyedState 和 OperatorState 的区别。

表 6-1　KeyedState 与 OperatorState 的区别

	KeyedState	OperatorState
使用算子类型	用于 KeyedStream 中的算子	可用于所有类型的算子（例如 FlinkKafka-Consumer）
状态分配	每个 Key 对应一个状态，单个 Operator 中可能具有多个 KeyedState	单个 Operator 对应一个算子状态
创建和访问方式	重写 RichFunction，访问 RuntimeContext 对象	实现 CheckpointedFunction 或 ListCheckpointed 接口
横向拓展	状态随着 Key 在多个算子实例上迁移	多种状态重新分配的方式
支持数据类型	ValueState、ListState、ReducingState、AggregatingState、MapState	ListState、BroadcastState

从表 6-1 中可以看出，KeyedState 支持的状态数据类型较为丰富，主要有 ValueState、

ListState、ReducingState 等，且这些状态支持按照 Key 进行聚合等操作；OperatorState 则主要支持 ListState 和 BroadcastState 两种类型。

6.1.2 状态初始化流程

在 TaskManager 中启动 Task 线程后，会调用 StreamTask.invoke() 方法触发当前 Task 中算子的执行，在 invoke() 方法中会先调用 beforeInvoke() 方法，初始化 Task 中所有的 Operator，其中包括创建和初始化算子中的状态数据。

如代码清单 6-1 所示，StreamTask 调用 initializeStateAndOpen() 方法对当前 Task 中所有算子的状态数据进行初始化。在方法中可以看出，首先会获取 StreamTask.OperatorChain 中所有的 Operator，然后对每个 Operator 进行状态初始化。只有当所有 Operator 的状态数据初始化完毕，才会调用 StreamOperator.open() 方法开启算子，并接入数据进行处理。

代码清单 6-1　StreamTask.initializeStateAndOpen() 方法定义

```
private void initializeStateAndOpen() throws Exception {
    StreamOperator<?>[] allOperators = operatorChain.getAllOperators();
    for (StreamOperator<?> operator : allOperators) {
        if (null != operator) {
            // 调用 initializeState() 方法初始化状态
            operator.initializeState();
            operator.open();
        }
    }
}
```

接下来我们看 StreamOperator.initializeState() 方法的实现。如代码清单 6-2 所示，Stream-Operator.initializeState() 方法的逻辑如下。

1）从 ExecutionConfig 中获取 KeySerializer 序列化器。

2）获取当前 Operator 所属的 StreamTask，然后调用 StreamTask.createStreamTaskState-Initializer() 方法创建 StreamTaskStateManager 实例。

3）调用 StreamTaskStateManager.streamOperatorStateContext() 方法创建 StreamOperator-StateContext，在 StreamOperatorStateContext 中包含了创建 KeyedState 及 OperatorState 的状态存储后端环境信息。

4）从 StreamOperatorStateContext 中获取 OperatorStateBackend 实例，用于创建和管理 OperatorState。

5）从 StreamOperatorStateContext 中获取 KeyedStateBackend，用于创建和管理 KeyedState。

6）从 StreamOperatorStateContext 中获取 TimeServiceManager 实例，用于在当前算子中注册和管理定时器。

7）从 StreamOperatorStateContext 中获取 keyedStateInputs 和 operatorStateInputs。keyedStateInputs

和 operatorStateInputs 分别提供了创建和获取 KeyedState 和 OperatorState 的原生方法。

8）基于以上信息创建 StateInitializationContext 对象，包含 OperatorStateBackend 和 keyed-StateBackend 状 态 管 理 器 以 及 原 生 状 态 管 理 使 用 的 KeyedStateInputs 和 Operator-StateInputs 管理器。

9）调用 initializeState() 方法初始化算子中的状态数据，initializeState() 方法主要由 Abstract-StreamOperator 的子类实现，例如 AbstractUdfStreamOperator。

代码清单 6-2　AbstractStreamOperator.initializeState() 方法定义

```
public final void initializeState() throws Exception {
    // 获取 TypeSerializer 类型的序列化器
    final TypeSerializer<?> keySerializer =
        config.getStateKeySerializer(getUserCodeClassloader());
    // 获取当前 Operator 所在的 StreamTask
    final StreamTask<?, ?> containingTask =
        Preconditions.checkNotNull(getContainingTask());
    final CloseableRegistry streamTaskCloseableRegistry =
        Preconditions.checkNotNull(containingTask.getCancelables());
    // 创建 StreamTaskStateInitializer 实例
    final StreamTaskStateInitializer streamTaskStateManager =
        Preconditions.checkNotNull(containingTask.createStreamTaskStateInitializer());
    // 创建 StreamOperatorStateContext
    final StreamOperatorStateContext context =
        streamTaskStateManager.streamOperatorStateContext(
        getOperatorID(),
        getClass().getSimpleName(),
        getProcessingTimeService(),
        this,
        keySerializer,
        streamTaskCloseableRegistry,
        metrics);
    // 通过 StreamOperatorStateContext 获取 operatorStateBackend
    this.operatorStateBackend = context.operatorStateBackend();
    // 获取 keyedStateBackend
    this.keyedStateBackend = context.keyedStateBackend();
    // 如果获取 keyedStateBackend 的结果不为空，则通过 keyedStateBackend 创建
       DefaultKeyedStateStore
    if (keyedStateBackend != null) {
        this.keyedStateStore =
            new DefaultKeyedStateStore(keyedStateBackend, getExecutionConfig());
    }
    // 初始化 TimeServiceManager
    timeServiceManager = context.internalTimerServiceManager();
    // 分别创建 keyedStateInputs 和 operatorStateInputs
    CloseableIterable<KeyGroupStatePartitionStreamProvider> keyedStateInputs =
        context.rawKeyedStateInputs();
    CloseableIterable<StatePartitionStreamProvider> operatorStateInputs =
        context.rawOperatorStateInputs();
```

```
// 创建 StateInitializationContext 上下文类
try {
    StateInitializationContext initializationContext =
        new StateInitializationContextImpl(
        context.isRestored(), // 表示当前 Context 是经过重启恢复的还是第一次启动创建的
        operatorStateBackend,
        keyedStateStore,
        keyedStateInputs,
        operatorStateInputs);
    // 调用 initializeState() 方法初始化状态
    initializeState(initializationContext);
} finally {
    closeFromRegistry(operatorStateInputs, streamTaskCloseableRegistry);
    closeFromRegistry(keyedStateInputs, streamTaskCloseableRegistry);
}
}
```

在 StreamOperator 初始化状态数据的过程中，首先从 StreamTask 中获取创建状态需要的组件，例如托管状态的管理后端 KeyedStateBackend、OperatorStateBackend 以及原生状态管理的 KeyedStateInputs 和 OperatorStateInputs 组件。状态数据操作过程中使用的管理组件最终都会封装成 StateInitializationContext 并传递给子类使用，例如在 AbstractUdfStreamOperator 中，就会使用 StateInitializationContext 中的信息初始化用户定义的 UDF 中的状态数据。

1. 创建 StreamOperatorStateContext

在 AbstractStreamOperator.initializeState() 方法中，创建了 StreamTaskStateInitializer 实例，并调用 StreamTaskStateInitializer.streamOperatorStateContext() 方法创建 StreamOperatorStateContext，用于存储 StreamOperator 的状态管理上下文信息。StreamOperatorStateContext 上下文包含管理托管状态需要的 keyedStateBackend、operatorStateBackend 以及管理原生状态的 rawKeyedStateInputs 和 rawOperatorStateInputs 组件。接下来我们来看如何在 Task 实例初始化时创建这些组件，并将其存储在 StreamOperatorStateContext 中供算子使用。

如代码清单 6-3 所示，StreamTaskStateInitializerImpl.streamOperatorStateContext() 方法的逻辑如下。

1）从 environment 中获取 TaskInfo，并基于 Task 实例创建 OperatorSubtaskDescriptionText。Operator 中 Task 实例的描述信息包含 OperatorID、OperatorClassName 等，最终用于创建 OperatorStateBackend 的状态存储后端。

2）调用 keyedStateBackend() 方法创建 KeyedStateBackend，KeyedStateBackend 是 Keyed-State 的状态管理后端，提供创建和管理 KeyedState 的方法。

3）调用 operatorStateBackend() 方法创建 OperatorStateBackend，OperatorStateBackend 是 OperatorState 的状态管理后端，提供获取和管理 OperatorState 的接口。

4）调用 rawKeyedStateInputs() 方法创建 KeyGroupStatePartitionStreamProvider 实例，

该实例提供创建和获取原生 KeyedState 的方法。

5）调用 rawOperatorStateInputs() 方法创建 StatePartitionStreamProvider 实例，该实例提供创建和获取原生 OperatorState 的方法。

6）将所有创建出来的托管状态管理后端 keyedStatedBackend 和 operatorStateBackend、原生状态存储后端 rawKeyedStateInputs 和 rawOperatorStateInputs 及 timeServiceManager 实例，全部封装在 StreamOperatorStateContextImpl 上下文对象中，并返回给 AbstractStream-Operator 使用。

代码清单 6-3　StreamTaskStateInitializerImpl.streamOperatorStateContext() 方法定义

```
public StreamOperatorStateContext streamOperatorStateContext(
    @Nonnull OperatorID operatorID,
    @Nonnull String operatorClassName,
    @Nonnull ProcessingTimeService processingTimeService,
    @Nonnull KeyContext keyContext,
    @Nullable TypeSerializer<?> keySerializer,
    @Nonnull CloseableRegistry streamTaskCloseableRegistry,
    @Nonnull MetricGroup metricGroup) throws Exception {
    // 获取 Task 实例信息
    TaskInfo taskInfo = environment.getTaskInfo();
    OperatorSubtaskDescriptionText operatorSubtaskDescription =
        new OperatorSubtaskDescriptionText(
            operatorID,
            operatorClassName,
            taskInfo.getIndexOfThisSubtask(),
            taskInfo.getNumberOfParallelSubtasks());
    final String operatorIdentifierText = operatorSubtaskDescription.toString();
    final PrioritizedOperatorSubtaskState prioritizedOperatorSubtaskStates =
        taskStateManager.prioritizedOperatorState(operatorID);
    AbstractKeyedStateBackend<?> keyedStateBackend = null;
    OperatorStateBackend operatorStateBackend = null;
    CloseableIterable<KeyGroupStatePartitionStreamProvider> rawKeyedStateInputs = null;
    CloseableIterable<StatePartitionStreamProvider> rawOperatorStateInputs = null;
    InternalTimeServiceManager<?> timeServiceManager;
    try {
        // 创建 keyed 类型状态后端
        keyedStateBackend = keyedStateBackend(
            keySerializer,
            operatorIdentifierText,
            prioritizedOperatorSubtaskStates,
            streamTaskCloseableRegistry,
            metricGroup);
        // 创建 Operator 类型状态后端
        operatorStateBackend = operatorStateBackend(
            operatorIdentifierText,
            prioritizedOperatorSubtaskStates,
            streamTaskCloseableRegistry);
        // 创建原生类型状态后端
        rawKeyedStateInputs = rawKeyedStateInputs(
```

```
            prioritizedOperatorSubtaskStates.getPrioritizedRawKeyedState().iterator());
        streamTaskCloseableRegistry.registerCloseable(rawKeyedStateInputs);
        rawOperatorStateInputs = rawOperatorStateInputs(
            prioritizedOperatorSubtaskStates.getPrioritizedRawOperatorState().
                iterator());
        streamTaskCloseableRegistry.registerCloseable(rawOperatorStateInputs);
        // 创建 Internal Timer Service Manager 实例
        timeServiceManager =
            internalTimeServiceManager(keyedStateBackend, keyContext,
                processingTimeService, rawKeyedStateInputs);
        // 创建 StreamOperatorStateContext 实现类
        return new StreamOperatorStateContextImpl(
            prioritizedOperatorSubtaskStates.isRestored(),
            operatorStateBackend,
            keyedStateBackend,
            timeServiceManager,
            rawOperatorStateInputs,
            rawKeyedStateInputs);
    } catch (Exception ex) {
        // 此处省略部分代码
    }
}
```

StreamTaskStateInitializer.streamOperatorStateContext() 方法包含创建托管状态和原生状态管理后端的全过程，此时 StreamOperator 的实现类能够从 StreamOperatorStateContext 中获取这些状态管理组件，并使用它们创建指定类型的状态，最终状态数据会存储在状态管理后端指定的物理介质上，例如堆内存或 RocksDB。

2. 创建 StateInitializationContext

在 AbstractStreamOperator.initializeState() 方法中，通过 StreamOperatorStateContext 创建的组件信息实例化 StateInitializationContext 对象。最终 StateInitializationContext 会被用于算子和 UserDefinedFunction 中，实现算子或函数中的状态数据操作。

我们来看下 StateInitializationContext 的接口设计。如图 6-4 所示，StateInitializationContext 接口同时继承了 ManagedInitializationContext 接口和 FunctionInitializationContext 接口。StateInitialization-Context 接口的默认实现类为 StateInitializationContextImpl。

1）ManagedInitializationContext 接口提供了托管状态使用的 KeyedStateStore 和 Operator-StateStore 获取方法，即 KeyedStateBackend 和 OperatorStateBackend 的封装类。算子进行初始化时，会通过 KeyedStateStore 和 OperatorStateStore 提供的方法创建和管理指定类型的托管状态，例如通过 getState() 方法获取 ValueState 等。

2）FunctionInitializationContext 提供了用户自定义函数状态数据初始化需要的方法。它没有定义额外的方法，而是和 ManagedInitializationContext 保持一致，这主要是为了和算子使用的上下文进行区分，但两者的操作基本一致。

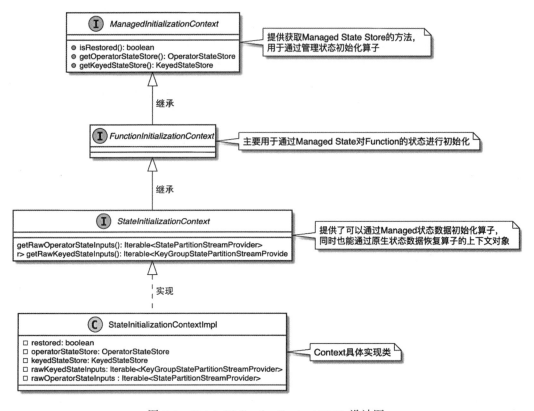

图 6-4　StateInitializationContext UML 设计图

3）StateInitializationContext 同时继承了 FunctionInitializationContext 和 ManagedInitialization-Context，提供了对托管状态数据的获取和管理，并在内部继承和拓展了获取及管理原生状态数据的方法，如 getRawOperatorStateInputs()、getRawKeyedStateInputs() 等。

4）StateInitializationContextImpl 默认实现了 StateInitializationContext 接口，具备操作管理状态和原生状态的能力。基于 StateInitializationContextImpl 可以获取不同类型的状态管理后端，并基于状态管理操作状态数据。

3. UserDefinedFunction 状态初始化

在 AbstractStreamOperator.initializeState() 方法中调用 initializeState(StateInitialization-Context context) 抽象方法初始化 Operator 中的状态数据。这里以 AbstractUdfStreamOperator为例进行说明。如代码清单 6-4 所示，AbstractUdfStreamOperator.initializeState() 方法实际上调用了 StreamingFunctionUtils.restoreFunctionState() 方法对 User-Defined Function 中的状态数据进行初始化和恢复，实际上就是将上文创建的 StateInitializationContext 上下文信息提供给 Function 接口使用。

代码清单 6-4　AbstractUdfStreamOperator.initializeState() 方法定义

```
public void initializeState(StateInitializationContext context) throws Exception {
    super.initializeState(context);
    StreamingFunctionUtils.restoreFunctionState(context, userFunction);
}
```

恢复函数内部的状态数据涉及 Checkpoint 的实现，我们会在 6.5 节专门介绍如何在 StreamingFunctionUtils.restoreFunctionState() 方法中恢复函数中的状态数据。

6.2　KeyedState 的创建与管理

虽然通过 KeyedStateBackend 和 RawKeyedStateInputs 都可以创建和管理 KeyedState，但大多数情况下，用户还是会选择基于 KeyedStateBackend 创建和管理 KeyedState，这也是官方建议的状态使用方式。用 KeyedStateBackend 创建管理状态能够屏蔽底层的实现细节，更好地支持状态数据的重平衡并完善内存管理。下面我们重点介绍如何基于 KeyedStateBackend 创建和管理 KeyedState，关于 RawKeyedStateInputs 的实现，读者可以参阅对应的源码。

6.2.1　KeyedStateBackend 的整体设计

KeyedStateBackend 提供了创建和管理 KeyedState 的接口方法。Flink 主要提供了基于 JVM 堆内存和 RocksDB 实现的 KeyedStateBackend 供用户选择，如图 6-5 所示。

1）KeyedStateBackend 分别继承了 PriorityQueueSetFactory 和 KeyedStateFactory 接口。其中 PriorityQueueSetFactory 接口提供了创建存储 HeapPriorityQueueElement 的优先级队列，KeyedStateFactory 接口提供了创建 InternalKvState 的方法。

2）KeyedStateBackend 接口具有 AbstractKeyedStateBackend 基本实现类，在 Abstract-KeyedStateBackend 中实现了 CheckpointListener 接口，用于向 CheckpointCoordinator 汇报当前 StateBackend 中所有算子 Checkpoint 完成的情况。

3）AbstractKeyedStateBackend 实现了 SnapshotStrategy 接口，SnapshotStrategy 接口提供了 snapshot() 方法，对 KeyedStateBackend 中的状态数据进行快照，将状态数据写入外部文件系统。

4）AbstractKeyedStateBackend 的实现类主要有 HeapKeyedStateBackend 和 RocksDBKeyed-StateBackend。HeapKeyedStateBackend 借助 JVM 堆内存存储 KeyedState 状态数据，Rocks-DBKeyedStateBackend 则借助 RocksDB 管理的堆外内存存储 KeyedState 状态数据。

从图 6-5 中可以看出，KeyedStateBackend 不仅提供了创建 KeyedState 的功能，也提供了 Checkpoint 的控制操作。当系统触发 Checkpoint 时，会通过调用 KeyedStateBackend 实现对状态数据的持久化操作。

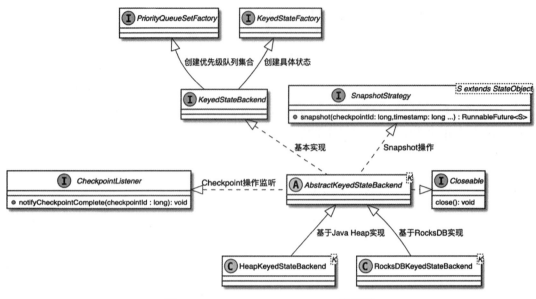

图 6-5　KeyedStateBackend UML 关系图

HeapKeyedStateBackend 和 RocksDBKeyedStateBackend 主要通过具体的 StateBackend 创建，例如 MemoryStateBackend 和 FileStateBackend 类型的 StateBackend 就会创建 HeapKeyedState-Backend 来存储和管理 KeyedState。而 RocksDBBackend 类型的 StateBackend 会创建 RocksDBKeyed-StateBackend 来存储和管理 KeyedState。StateBackend 的具体实现将在 6.4 节重点介绍。

6.2.2　HeapKeyedStateBackend 的实现

KeyedStateBackend 主要有 HeapKeyedStateBackend 和 RocksDBKeyedStateBackend 实现类。HeapKeyedStateBackend 基于 JVM 堆内存存储 KeyedState 数据，是 Flink 默认支持的 Keyed-StateBackend。这里以 HeapKeyedStateBackend 为例，深入讲解 KeyedStateBackend 的实现原理。

1. 基于堆内存实现的 KeyedStateBackend 状态类型

如图 6-6 所示，基于状态接口增加了 HeapKeyedStateBackend 状态存储后端的相关实现，例 如 HeapAggregatingState、HeapListState 及 HeapReducingState 等。这些 KeyedState 同时实现了 InternalKvState 和具体状态类型的接口，例如 HeapAggregatingState 就同时实现了 InternalAggregatingState 和 AbstractHeapMergingState 抽象类。HeapKeyedStateBackend 中管理的状态类型除了图 6-6 中展示的 HeapAggregatingState 和 HeapListState 之外，还有 Heap-MapState、HeapReducingState 等常用的状态类型，这里为了便于显示，省略了其他类型的 Keyed-State。

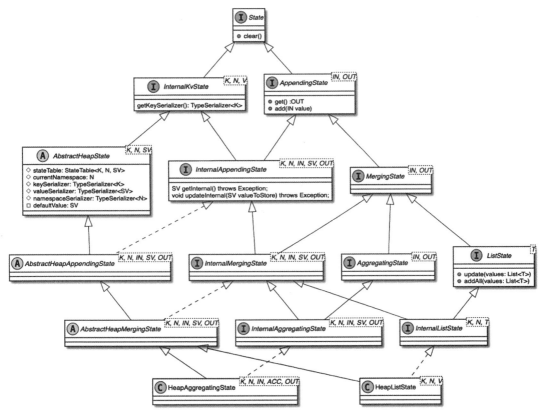

图 6-6　HeapKeyedStateBackend 状态类型设计

基于 HeapKeyedStateBackend 就可以将全部 Keyed State 存储在堆内存中。当用户实现 RichFunction 接口时，就可以通过 RuntimeContext 提供的方法创建指定类型的 KeyedState。

2. StateTable 的设计与实现

在图 6-6 中可以看出，基于 HeapKeyedStateBackend 托管的状态数据类型最终需要继承和实现 AbstractHeapState 抽象类。AbstractHeapState 定义并提供了基于堆内存 KeyedState 的基本信息和方法。在 AbstractHeapState 内部会创建 StateTable 接口的实现类，当用户创建 KeyedState 时，会借助 StateTable 数据结构存储状态数据。在 HeapKeyedStateBackend 中持有 Map<String, StateTable<K, ?, ?>>registeredKVStates 结构来存储 StateName 与 StateTable 之间的映射关系，registeredKVStates 的 key 为状态名称，value 为具体状态数据使用的状态表。每个状态都会创建各自的 StateTable 来存储数据。

如图 6-7 所示，StateTable 有 CopyOnWriteStateTable 和 NestedMapsStateTable 两种实现类。

1）CopyOnWriteStateTable 属于 Flink 定制的数据结构，底层借助 CopyOnWriteStateMap 数据结构存储数据元素，Checkpoint 过程支持异步快照。

2）NestedMapsStateTable 底层借助 NestedStateMap 数据结构存储数据元素，Nested-StateMap 通过嵌套两层 HashMap 实现，Checkpoint 过程仅支持同步快照。

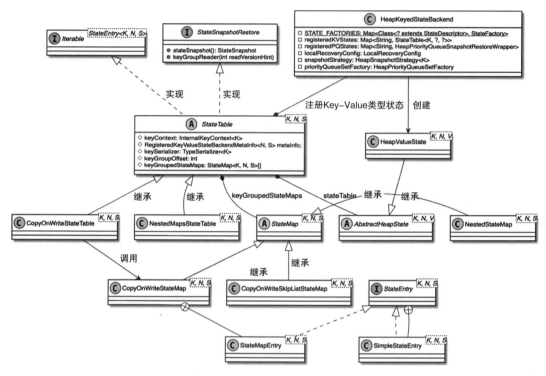

图 6-7　StateTable UML 关系图

默认情况下，Flink 会将状态数据保存到 CopyOnWriteStateTable 中，CopyOnWrite-StateTable 中保存多个 KeyGroup 的状态，每个 KeyGroup 对应一个 CopyOnWriteStateMap，CopyOnWriteStateMap 实际就是一个数组和链表构成的哈希表。

从图 6-7 中可以看出，StateTable 实现了 Iterable 和 StateSnapshotRestore 两个接口，其中 Iterable 接口提供遍历 StateTable 中数据元素的方法，这里的数据元素为 StateEntry。State-SnapshotRestore 接口提供了状态快照操作需要执行的方法。CopyOnWriteStateMap 中的元素类型为 StateMapEntry，与 HashMap 中的 Entry 类似，StateMapEntry 是 CopyOnWriteStateMap 中存储数据的实体。CopyOnWriteStateMap 中哈希表的第一层是一个 StateMapEntry 类型的数组，即 StateMapEntry[]，在 StateMapEntry 中通过 StateMapEntry next 指针构成链表。

CopyOnWriteStateMap 是一个类似 HashMap 的结构，其中哈希结构为了保证读写数据的高性能，需要有扩容策略。CopyOnWriteStateMap 的扩容策略采用渐进式 rehash 策略：慢慢地将数据迁移到新的哈希表中。

限于篇幅，这里不展开介绍 CopyOnWriteStateMap 的底层实现，感兴趣的读者可以参考源码。接下来介绍 KeyedState 的创建流程，即如何通过 HeapKeyedStateBackend 创建

KeyedState。

3. 基于 HeapKeyedStateBackend 创建 KeyedState

我们以 ValueState 为例来说明 KeyedState 类型状态的创建过程。如代码清单 6-5 所示，通过实现 RichMapFunction 接口，就可以定义和获取状态数据。RichMapFunction 提供了 getRuntimeContext() 方法，用于获取 RuntimeContext 对象，在 RuntimeContext 中，通过 getState() 方法根据用户传入的 ValueStateDescriptor 定义和创建 ValueState。

代码清单 6-5 ValueState 的创建与获取

```
new RichMapFunction<MyType, Tuple2<MyType, Long>>() {
   private ValueState<Long> state;
   public void open(Configuration cfg) {
      // 通过 RuntimeContext 提供的 getState() 方法获取 ValueState
      state = getRuntimeContext().getState(
         new ValueStateDescriptor<Long>("count", LongSerializer.INSTANCE, 0L));
   }
   public Tuple2<MyType, Long> map(MyType value) {
      long count = state.value() + 1;
      state.update(count);
      return new Tuple2<>(value, count);
   }
}
```

（1）基于 StreamingRuntimeContext 接口获取 ValueState

RuntimeContext 接口中的方法主要通过 StreamingRuntimeContext 实现，代码见代码清单 6-6，主要实现逻辑如下。

1）调用 checkPreconditionsAndGetKeyedStateStore() 方法对 ValueStateDescriptor 进行校验，然后获取算子中的 KeyedStateStore。KeyedStateStore 对 KeyedStateBackend 进行了封装，并提供给 RuntimeContext 接口使用。

2）根据 ExecutionConfig 中的参数初始化 ValueStateDescriptor 的序列化器。如果 ValueStateDescriptor 中的序列化器已经创建，则不再进行初始化。

3）通过 keyedStateStore.getState() 方法创建和获取 ValueState。

代码清单 6-6 StreamingRuntimeContext.getState() 方法中 ValueStateDescriptor 的参数检验

```
public <T> ValueState<T> getState(ValueStateDescriptor<T> stateProperties) {
   // 首先获取 KeyedStateStore
   KeyedStateStore keyedStateStore =
      checkPreconditionsAndGetKeyedStateStore(stateProperties);
   // 初始化 stateProperties 中的序列化类
   stateProperties.initializeSerializerUnlessSet(getExecutionConfig());
   // 通过 keyedStateStore.getState() 方法获取 ValueState
   return keyedStateStore.getState(stateProperties);
}
```

（2）通过 KeyedStateStore 获取 KeyedState

接下来我们来看 DefaultKeyedStateStore.getState() 方法的具体实现。如代码清单 6-7 所示，在 DefaultKeyedStateStore.getState() 方法中调用了 getPartitionedState() 方法完成对 KeyedState 数据的创建和获取。在该方法中还会调用 stateProperties.initializeSerializer-UnlessSet() 方法，确保状态数据使用的序列化器已经被正常初始化。

代码清单 6-7　DefaultKeyedStateStore.getState() 方法定义

```
public <T> ValueState<T> getState(ValueStateDescriptor<T> stateProperties) {
    requireNonNull(stateProperties, "The state properties must not be null");
    try {
        stateProperties.initializeSerializerUnlessSet(executionConfig);
        return getPartitionedState(stateProperties);
    } catch (Exception e) {
        throw new RuntimeException("Error while getting state", e);
    }
}
```

如代码清单 6-8 所示，在 DefaultKeyedStateStore.getPartitionedState() 方法中，实际上是调用 AbstractKeyedStateBackend.getPartitionedState() 方法获取 ValueState 状态数据。

代码清单 6-8　DefaultKeyedStateStore.getPartitionedState() 方法定义

```
protected  <S extends State> S getPartitionedState(StateDescriptor<S, ?>
    stateDescriptor) throws Exception {
    return keyedStateBackend.getPartitionedState(
        VoidNamespace.INSTANCE,
        VoidNamespaceSerializer.INSTANCE,
        stateDescriptor);
}
```

（3）KeyedStateBackend 获取 KeyedState

AbstractKeyedStateBackend 作为 KeyedStateBackend 接口的基本实现类，实现了 Abstract-KeyedStateBackend.getPartitionedState() 方法。

如代码清单 6-9 所示，AbstractKeyedStateBackend.getPartitionedState() 方法的逻辑如下。

1）通过判断 lastName 是否与 stateDescriptor 中的名称一致，选择是否直接返回 lastState。

2）通过 keyValueStatesByName 集合检索对应名称的 KeyedState，检索到则直接返回 keyValueStatesByName 集合已经创建好的 KeyedState。

3）如果在 keyValueStatesByName 集合中没有检索到相应的 KeyedState，则调用 getOrCreateKeyedState() 方法创建新的 KeyedState。

4）将创建好的 KeyedState 转换为 InternalKvState，同时将状态设定为 lastState，最后设定 kvState 的 CurrentNamespace 并返回。

代码清单 6-9 AbstractKeyedStateBackend.getPartitionedState() 方法定义

```
public <N, S extends State> S getPartitionedState(
    final N namespace,
    final TypeSerializer<N> namespaceSerializer,
    final StateDescriptor<S, ?> stateDescriptor) throws Exception {
    checkNotNull(namespace, "Namespace");
    // 根据 lastName 是否与 stateDescriptor 中的名称一致，选择是否直接返回 lastState
    if (lastName != null && lastName.equals(stateDescriptor.getName())) {
        lastState.setCurrentNamespace(namespace);
        return (S) lastState;
    }
    // 通过 keyValueStatesByName 集合检索是否含有对应名称的 State，如果有则返回状态
    InternalKvState<K, ?, ?> previous =
        keyValueStatesByName.get(stateDescriptor.getName());
    if (previous != null) {
        lastState = previous;
        lastState.setCurrentNamespace(namespace);
        lastName = stateDescriptor.getName();
        return (S) previous;
    }
    // 获取或创建新的状态
    final S state = getOrCreateKeyedState(namespaceSerializer, stateDescriptor);
    // 将 state 转换为 InternalKvState 类型
    final InternalKvState<K, N, ?> kvState = (InternalKvState<K, N, ?>) state;
    lastName = stateDescriptor.getName();
    lastState = kvState;
    // 设定 kvState 的 CurrentNamespace
    kvState.setCurrentNamespace(namespace);
    return state;
}
```

接下来我们了解 AbstractKeyedStateBackend.getOrCreateKeyedState() 方法的实现。如代码清单 6-10 所示，getOrCreateKeyedState() 方法的主要逻辑如下。

1）分别判断 namespaceSerializer 和 keySerializer 是否不为空。

2）从 keyValueStatesByName 集合中获取 kvState，如果 kvState 为空，则调用 TtlStateFactory 创建新的 kvState。

3）将新的 kvState 放置在 keyValueStatesByName 集合中，以便下次直接从该集合中获取 kvState。

4）如果状态被设定为 QuerableState，则需要调用 publishQueryableStateIfEnabled() 方法开启 QueryableState 功能。

5）返回已经创建的 InternalKvState。

代码清单 6-10 AbstractKeyedStateBackend.getOrCreateKeyedState() 方法定义

```
public <N, S extends State, V> S getOrCreateKeyedState(
    final TypeSerializer<N> namespaceSerializer,
```

```
        StateDescriptor<S, V> stateDescriptor) throws Exception {
    // 确定 namespaceSerializer 不为空
    checkNotNull(namespaceSerializer, "Namespace serializer");
    // 确定 keySerializer 不为空
    checkNotNull(
        keySerializer, "State key serializer has not been configured in the config. " +
            "This operation cannot use partitioned state.");
    // 从 keyValueStatesByName 集合中获取 kvState
    InternalKvState<K, ?, ?> kvState = keyValueStatesByName.
        get(stateDescriptor.getName());
    // 如果 kvState 为空，则调用 TtlStateFactory 创建新的 kvState
    if (kvState == null) {
        if (!stateDescriptor.isSerializerInitialized()) {
            stateDescriptor.initializeSerializerUnlessSet(executionConfig);
        }
        // 调用 TtlStateFactory 创建新的 kvState
        kvState = TtlStateFactory.createStateAndWrapWithTtlIfEnabled(
            namespaceSerializer, stateDescriptor, this, ttlTimeProvider);
        // 将 kvState 放置在 keyValueStatesByName 集合中
        keyValueStatesByName.put(stateDescriptor.getName(), kvState);
        // 设定 QueryableState
        publishQueryableStateIfEnabled(stateDescriptor, kvState);
    }
    return (S) kvState;
}
```

（4）TtlStateFactory 的定义与实现

AbstractKeyedStateBackend.getOrCreateKeyedState() 方法实际上调用了 TtlStateFactory 中的创建方法，TtlStateFactory 主要用于创建带有过期时间配置的状态。

如代码清单 6-11 所示，在 TtlStateFactory.createStateAndWrapWithTtlIfEnabled() 方法中，首先会判断 stateDesc 中的 TtlConfig 是否开启，如果开启则调用 createState() 方法创建状态，否则调用 KeyedStateBackend.createInternalState() 方法创建状态。

代码清单 6-11　TtlStateFactory.createStateAndWrapWithTtlIfEnabled() 方法

```
public static <K, N, SV, TTLSV, S extends State, IS extends S> IS createState
    AndWrapWithTtlIfEnabled(
    TypeSerializer<N> namespaceSerializer,
    StateDescriptor<S, SV> stateDesc,
    KeyedStateBackend<K> stateBackend,
    TtlTimeProvider timeProvider) throws Exception {
    // 进行非空检查
    Preconditions.checkNotNull(namespaceSerializer);
    Preconditions.checkNotNull(stateDesc);
    Preconditions.checkNotNull(stateBackend);
    Preconditions.checkNotNull(timeProvider);
    // 判断是否需要创建 TtlState
    return stateDesc.getTtlConfig().isEnabled() ?
```

```
new TtlStateFactory<K, N, SV, TTLSV, S, IS>(
    namespaceSerializer, stateDesc, stateBackend, timeProvider)
    .createState() :
stateBackend.createInternalState(namespaceSerializer, stateDesc);
}
```

（5）通过 HeapKeyedStateBackend 创建 State

接下来我们介绍直接通过 KeyedStateBackend 创建 KeyedState 的过程。如果用户选择 MemoryStateBackend 或 FileStateBackend 作为状态管理后端，就会基于 HeapKeyedStateBackend 创建 KeyedState。

如代码清单 6-12 所示，HeapKeyedStateBackend.createInternalState() 方法的主要逻辑如下。

1）从 STATE_FACTORIES 集合中根据 StateDescriptor 的类名获取相应的 StateFactory。STATE_FACTORIES 在初始化 HeapKeyedStateBackend 的过程中会事先将 StateDescriptor 的 ClassName 和 StateFactory 存储在 Map<Class<? extends StateDescriptor>, StateFactory> 集合中。

2）尝试注册 StateTable。StateTable 借助 StateMap 集合存储状态数据，并通过指定 Key 访问 StateObject，即 KeyedState 借助 StateTable 存储状态数据。

3）调用 stateFactory.createState() 方法创建 State 并返回。

代码清单 6-12　HeapKeyedStateBackend.createInternalState() 方法定义

```
public <N, SV, SEV, S extends State, IS extends S> IS createInternalState(
    @Nonnull TypeSerializer<N> namespaceSerializer,
    @Nonnull StateDescriptor<S, SV> stateDesc,
    @Nonnull StateSnapshotTransformFactory<SEV> snapshotTransformFactory)
    throws Exception {
// 从 STATE_FACTORIES 集合中根据 State 的类名获取相应的 StateFactory
StateFactory stateFactory = STATE_FACTORIES.get(stateDesc.getClass());
// 如果 stateFactory 为空则抛出异常
if (stateFactory == null) {
    String message = String.format("State %s is not supported by %s",
        stateDesc.getClass(), this.getClass());
    throw new FlinkRuntimeException(message);
}
// 尝试注册和创建 StateTable
StateTable<K, N, SV> stateTable = tryRegisterStateTable(
    namespaceSerializer, stateDesc, getStateSnapshotTransformFactory(state
        Desc,snapshotTransformFactory));
// 调用 stateFactory.createState() 方法创建状态
return stateFactory.createState(stateDesc, stateTable, getKeySerializer());
}
```

（6）StateFactory 的定义与实现

如代码清单 6-13 所示，在 HeapKeyedStateBackend 中提供了内部接口类 StateFactory，用

于创建不同类型的状态。StateFactory 接口的实现类会被存储在 STATE_FACTORIES 集合中，当使用 StateFactory 创建状态时，就会通过 StateDescriptor 类型找到 StateFactory 实现类。

代码清单 6-13　HeapKeyedStateBackend.StateFactory 定义

```
private interface StateFactory {
    <K, N, SV, S extends State, IS extends S> IS createState(
        StateDescriptor<S, SV> stateDesc,
        StateTable<K, N, SV> stateTable,
        TypeSerializer<K> keySerializer) throws Exception;
}
```

如代码清单 6-14 所示，在 HeapValueState 类中定义和实现了 StateFactory.create() 方法，同时保证 HeapValueState.create() 和 StateFactory.createState() 方法的参数和输出保持一致。

代码清单 6-14　HeapValueState.create() 方法定义

```
static <K, N, SV, S extends State, IS extends S> IS create(
    StateDescriptor<S, SV> stateDesc,
    StateTable<K, N, SV> stateTable,
    TypeSerializer<K> keySerializer) {
    return (IS) new HeapValueState<>(
        stateTable,
        keySerializer,
        stateTable.getStateSerializer(),
        stateTable.getNamespaceSerializer(),
        stateDesc.getDefaultValue());
}
```

如代码清单 6-15 所示，在 STATE_FACTORIES 集合中，将 HeapValueState::create() 方法块作为 StateFactory 的接口实现。通过 StateDescriptor 名称可以获取 StateFactory 的接口实现类。调用 stateFactory.createState(stateDesc, stateTable, getKeySerializer()) 方法的同时，指定 stateDesc 参数为 ValueStateDescriptor，就能通过 HeapValueState.create() 方法创建 HeapValueState，其他状态也类似。

代码清单 6-15　HeapKeyedStateBackend.STATE_FACTORIES 集合

```
private static final Map<Class<? extends StateDescriptor>, StateFactory>
    STATE_FACTORIES =
    Stream.of(
        Tuple2.of(ValueStateDescriptor.class, (StateFactory) HeapValueState::create),
        Tuple2.of(ListStateDescriptor.class, (StateFactory) HeapListState::create),
        Tuple2.of(MapStateDescriptor.class, (StateFactory) HeapMapState::create),
        Tuple2.of(AggregatingStateDescriptor.class,
                (StateFactory) HeapAggregatingState::create),
        Tuple2.of(ReducingStateDescriptor.class, (StateFactory) HeapReducingState::create),
        Tuple2.of(FoldingStateDescriptor.class, (StateFactory) HeapFoldingState::create)
    ).collect(Collectors.toMap(t -> t.f0, t -> t.f1));
```

经过以上步骤就完成了 KeyedState 的创建过程，最终创建用户自定义函数使用的状态，整个过程非常复杂。接下来我们重点看 OperatorState 的创建与管理。

6.3　OperatorState 的创建与管理

和 KeyedState 的创建过程相似，OperatorState 也可以通过 OperatorStateBackend 和 Raw-KeyedStateInputs 两种类型状态管理后端创建。OperatorStateBackend 是 Flink 默认的托管算子状态的管理后端，RawKeyedStateInputs 实现了对原生算子状态的管理。我们以 OperatorStateBackend 为例，介绍 OperatorState 的创建流程，关于 RawKeyedStateInputs 的具体实现，读者可参考源码实现。

6.3.1　OperatorStateBackend 的整体设计

如图 6-8 所示，OperatorStateBackend 实现了 OperatorStateStore、SnapshotStrategy、Closeable 和 Disposable 四个接口，其中 OperatorStateStore 接口提供了获取 BroadcastState、ListState 以及注册在 OperatorStateStore 中的 StateNames 的方法。SnapshotStrategy 接口提供了对状态数据进行快照操作的方法，用于 Checkpoint 操作中对 OperatorStateBackend 中的状态数据进行快照操作。Closeable 和 Disposable 接口则分别提供了关闭和销毁 OperatorStateBackend 的操作。

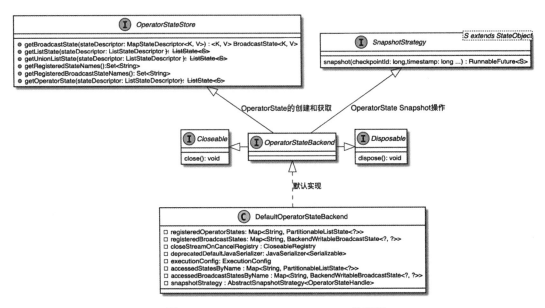

图 6-8　OperatorStateBackend UML 关系图

从图 6-8 中可以看出，OperatorStateBackend 具有默认基本实现类 DefaultOperatorStateBackend，

这和 KeyedStateBackend 有所不同，KeyedStateBackend 的实现类有 HeadKeyedStateBackend 和 RocksDBKeyedStateBackend 两种类型。从 DefaultOperatorStateBackend 中可以看出，所有算子的状态数据都只能存储在 JVM 堆内存中。DefaultOperatorStateBackend 主要包含如下成员变量。

1）registeredOperatorStates：用于存储所有注册在 OperatorStateBackend 中的 Operator-State，其中 Key 为状态名称，Value 为注册的 PartitionableListState。

2）registeredBroadcastStates：用于存储所有注册在 OperatorStateBackend 中的 Broadcast-State，其中 Key 为状态名称，Value 为注册的 BackendWritableBroadcastState。

3）closeStreamOnCancelRegistry：存储注册的 Closeable 接口实现类，并根据 Task 的生命周期调用 close() 方法，实现相应组件的关闭操作。

4）deprecatedDefaultJavaSerializer：系统中默认的 Java 序列化类，用于对 Operator State 数据进行序列化。

5）executionConfig：应用执行中的配置信息，如并行度、ExecutionMode 等参数。

6）accessedStatesByName：用于快速获取状态的缓存实现，registeredOperatorStates 可以填充恢复的状态数据，但 accessedStatesByName 的缓存集合在系统重启后就会置空。

7）accessedBroadcastStatesByName：和 accessedStatesByName 类似，也是通过 Map 数据结构存储 Broadcast 状态名称和 BroadcastState，根据名称快速获取相应的广播状态数据。

8）snapshotStrategy：用于对 OperatorStateBackend 中的状态数据进行快照操作，实现将状态数据持久化到外部文件系统中，进而保证系统的状态数据一致性。

6.3.2 基于 DefaultOperatorStateBackend 创建 OperatorState

本节我们以 StreamFileSink 算子为例，介绍 OperatorState 的创建和使用。如代码 6-16 所示，StreamFileSink.initializeState() 方法从 FunctionInitializationContext 中获取 Operator-StateStore 实例，并通过 OperatorStateStore.getListState() 方法和 getUnionListState() 方法创建和获取 bucketStates、maxPartCountersState 状态。

代码清单 6-16　StreamFileSink.initializeState() 方法定义

```
public void initializeState(FunctionInitializationContext context) throws
    Exception {
    final int subtaskIndex = getRuntimeContext().getIndexOfThisSubtask();
    this.buckets = bucketsBuilder.createBuckets(subtaskIndex);
    // 从 context 中获取 OperatorStateStore 实例
    final OperatorStateStore stateStore = context.getOperatorStateStore();
    bucketStates = stateStore.getListState(BUCKET_STATE_DESC);
    maxPartCountersState = stateStore.getUnionListState(MAX_PART_COUNTER_STATE_DESC);
    if (context.isRestored()) {
        buckets.initializeState(bucketStates, maxPartCountersState);
```

```
        }
    }
```

前面我们已经知道，DefaultOperatorStateBackend 中实现了 OperatorStateStore 接口，提供了创建 ListState 和 BroadcastState 的方法。如代码清单 6-16 所示，DefaultOperatorState-Backend.getListState() 方法的逻辑如下。

1）确认 stateDescriptor 不为空，并获取 stateDescriptor 中的状态名称。

2）从 accessedStatesByName 缓存集合中获取已经创建的 PartitionableListState，如果获取成功，则调用 checkStateNameAndMode() 方法与之前创建的状态名称和类型进行对比，如果匹配成功则直接返回 previous 状态。

3）如果从 accessedStatesByName 集合中没有获取到创建的算子状态，则创建新的 PartitionableListState。

4）创建算子状态时先调用 initializeSerializerUnlessSet() 方法初始化状态的序列化器。

5）从 registeredOperatorStates 集合中获取 OperatorState，registeredOperatorStates 中存储了已经注册的 OperatorState。

6）如果没有从 registeredOperatorStates 中获取到 OperatorState，则根据 stateDescriptor 的描述，创建新的 PartitionableListState，并将 OperatorState 存储到 registeredOperatorStates 集合中。

7）如果获取到 OperatorState，则调用 checkStateNameAndMode() 方法与之前创建的状态名称和类型进行对比，匹配成功则直接返回 partitionableListState。同时检查 newPartition-StateSerializer 和 partitionableListState 中的 TypeSerializer 是否兼容，如果不兼容则抛出异常。

8）将 partitionableListState 存储到 accessedStatesByName 集合中，并返回 partitionable-ListState。

OperatorState 的创建过程相对简单一些。如代码清单 6-17 所示，在 DefaultOperator-StateBackend 中还提供了 BroadcastState 的获取接口，创建的原理和 ListState 类似，这里不再展开，有兴趣的读者可以查阅相关源码实现。

代码清单 6-17　DefaultOperatorStateBackend.getListState() 方法定义

```
private <S> ListState<S> getListState(
    ListStateDescriptor<S> stateDescriptor,
    OperatorStateHandle.Mode mode) throws StateMigrationException {
    // 检查 stateDescriptor 是否不为空
    Preconditions.checkNotNull(stateDescriptor);
    String name = Preconditions.checkNotNull(stateDescriptor.getName());
    // 从 accessedStatesByName 集合中获取之前创建的 PartitionableListState
    @SuppressWarnings("unchecked")
    PartitionableListState<S> previous =
        (PartitionableListState<S>) accessedStatesByName.get(name);
```

```
// 如果 previous 不为空，则调用 checkStateNameAndMode() 检查名称和模式
if (previous != null) {
    checkStateNameAndMode(
            previous.getStateMetaInfo().getName(),
            name,
            previous.getStateMetaInfo().getAssignmentMode(),
            mode);
    return previous;
}
    // 如果没有获取到 OperatorState，则创建一个 OperatorState
// 调用 initializeSerializerUnlessSet() 对序列化类进行初始化
stateDescriptor.initializeSerializerUnlessSet(getExecutionConfig());
// 获取状态中数据元素的序列化类
TypeSerializer<S> partitionStateSerializer =
    Preconditions.checkNotNull(stateDescriptor.getElementSerializer());
    // 从 registeredOperatorStates 集合中获取 OperatorState
@SuppressWarnings("unchecked")
PartitionableListState<S> partitionableListState =
    (PartitionableListState<S>) registeredOperatorStates.get(name);
  // 如果状态为空，则直接创建 PartitionableListState 实例
if (null == partitionableListState) {
    // no restored state for the state name; simply create new state holder
    partitionableListState = new PartitionableListState<>(
        new RegisteredOperatorStateBackendMetaInfo<>(
            name,
            partitionStateSerializer,
            mode));
            // 将 partitionableListState 注册到 registeredOperatorStates 集合中
    registeredOperatorStates.put(name, partitionableListState);
} else {
        // 如果含有 OperatorState，则检查名称和模式是否匹配
    checkStateNameAndMode(
            partitionableListState.getStateMetaInfo().getName(),
            name,
            partitionableListState.getStateMetaInfo().getAssignmentMode(),
            mode);
    RegisteredOperatorStateBackendMetaInfo<S> restoredPartitionableListState
        MetaInfo =
        partitionableListState.getStateMetaInfo();
// 检查 newPartitionStateSerializer 是否和 partitionableListState 中的
    TypeSerializer 兼容
    TypeSerializer<S> newPartitionStateSerializer =
         partitionStateSerializer.duplicate();
    TypeSerializerSchemaCompatibility<S> stateCompatibility =
        restoredPartitionableListStateMetaInfo
         .updatePartitionStateSerializer(newPartitionStateSerializer);
    if (stateCompatibility.isIncompatible()) {
        throw new StateMigrationException("The new state typeSerializer for
            operator state must not be incompatible.");
    }
```

```
        // 设定 partitionableListState 的 MetaInfo 信息
        partitionableListState.setStateMetaInfo(restoredPartitionableListStateMetaInfo);
    }
    // 将 partitionableListState 放入 accessedStatesByName 缓存
    accessedStatesByName.put(name, partitionableListState);
    return partitionableListState;
}
```

6.4　StateBackend 详解

StateBackend 作为状态存储后端，提供了创建和获取 KeyedStateBackend 及 Operator-StateBackend 的方法，并通过 CheckpointStorage 实现了对状态数据的持久化存储。Flink 支持 MemoryStateBackend、FsStateBackend 和 RocksDBStateBackend 三种类型的状态存储后端，三者的主要区别在于创建的 KeyedStateBackend 及 CheckpointStorage 不同。例如，Memory-StateBackend 和 FileStateBackend 创建的是 HeapKeyedStateBackend，RocksDBStateBackend 创建的是 RocksDBKeyedStateBackend。本节我们重点来看 StateBackend 的设计与实现。

6.4.1　StateBackend 的整体设计

如图 6-9 所示，在 StateBackend 接口中提供了 resolveCheckpoint()、createCheckpoint-Storage()、createKeyedStateBackend()、createOperatorStateBackend() 等方法，这些方法实现了 StateBackend 的核心功能。resolveCheckpoint() 方法用于获取 Checkpoint 的 Location 信息，Location 信息包含 Checkpoint 元数据信息；createCheckpointStorage() 方法为 Job 创建 CheckpointStorage 对象，CheckpointStorage 提供写入 Checkpoint 数据和元数据信息的能力；createKeyedStateBackend() 方法用于创建 KeyedStateBackend，KeyedStateBackend 提供创建和管理 KeyedState 的能力；createOperatorStateBackend() 方法主要用于创建 Operator-StateBackend，通过 OperatorStateBackend 可以创建和管理 OperatorState 状态数据。

除了上述 StateBackend 的核心方法外，我们从图 6-9 中也可以看出，StateBackend 主要有 AbstractStateBackend 基本实现类，该类中没有提供实质性的方法，主要为了向前兼容。在 AbstractStateBackend 下分别有 RocksDBStateBackend 和 AbstractFileStateBackend 两种实现类，AbstractFileStateBackend 中携带了 baseCheckpointPath 和 baseSavepointPath 等参数，提供了基本的 Checkpoint 路径和 Savepoint 路径。

AbstractFileStateBackend 有 MemoryStateBackend 和 FsStateBackend 两种实现类，其中 MemoryStateBackend 主要通过 JobManager 堆内存存储 Checkpoint 数据，FsStateBackend 通过 FsCheckpointStorage 将 Checkpoint 数据存储在指定文件系统中。除此之外，两种 State-Backend 基本上保持一致，例如二者创建的都是 HeapKeyedStateBackend 和 DefaultOperator-StateBackend 实现类。

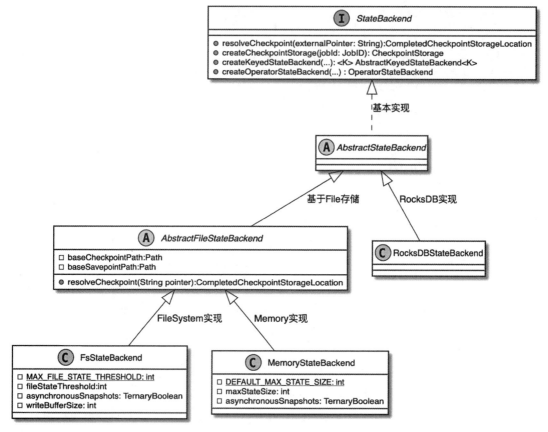

图 6-9　StateBackend UML 关系图

RockdsDBStateBackend 也实现了 StateBackend 的基本功能，和其他状态管理后端不同的是，它创建的 KeyedStateBackend 是基于 RocksDB 实现的 RocksDBKeyedStateBackend。KeyedState 数据都会存储在 RocksDB 内存中。对于 CheckpointStorage 的创建，RocksDBState-Backend 依赖于 FsStateBackend，也就是说，RocksDBStateBackend 创建的 CheckpointStorage 也属于 FsCheckpointStorage 类型，即基于文件系统对 Checkpoint 中的状态数据进行持久化。

不同类型的 StateBackend 都可以实现 ConfigurableStateBackend 接口，Configurable-StateBackend 接口中提供的 config() 方法实现了对 StateBackend 的配置，增加了额外的参数。

综合以上内容可以看出，StateBackend 提供了创建 CheckpointStorage、KeyedStateBackend 及 OperatorStateBackend 的功能。基于 MemoryStateBackend 可以实现非常高效的状态数据获取和存储，但由于 JobManager 内存数量有限，对比较大的状态数据无法提供更好的支持。对于 RocksDBStateBackend 而言，可以基于 RocksDB 提供的 LSM-Tree（Log Structured-Merge-Tree）内存数据结构，实现更加高效的堆外内存访问，支持大数据量的状态数据存储，这对生产环境来讲是一个更优的选择。

接下来我们看 StateBackend 是如何被运行时加载并初始化的。

1. StateBackend 的创建与初始化

如图 6-10 所示，StateBackend 主要通过 StateBackendFactory 接口创建。StateBackend-Factory 主要有 MemoryStateBackendFactory、FsStateBackendFactory 和 RocksDBStateBackend-Factory 三种实现，最终通过 StateBackendFactory 的不同实现类创建相应的 StateBackend。

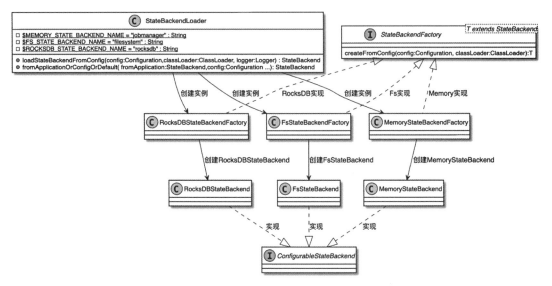

图 6-10　StateBackendFactory UML 关系图

从图 6-10 中可以看出，StateBackendFactory 主要通过 StateBackendLoader 进行加载和创建。StateBackendLoader 会根据 state.backend 的名称使用 Java SPI 技术加载相应类型的 StateBackendFactory，最终创建 StateBackend。

StateBackend 会在两个过程中创建：首先，在 JobMaster 根据 JobGraph 对象创建 Execution-Graph 的过程中会创建 StateBackend，用于 CheckpointCoordinator 组件管理状态和 Checkpoint 操作；其次，在每个 Task 实例初始化的过程中会创建 StateBackend，用于管理当前 Task 中的状态和 Checkpoint 数据。接下来我们分步骤看 StateBackend 的创建过程。

（1）在 StreamTask 中初始化 StateBackend

前面我们已经知道，当 StreamTask 在 TaskManager 的 Task 线程中启动时，会调用 invoke() 抽象方法运行 StreamTask 中的算子。此时在 beforeInvoke() 方法中就会调用 StreamTask.createStateBackend() 方法创建当前 Task 中使用的 StateBackend。

如代码清单 6-18 所示，在 StreamTask.createStateBackend() 方法中可以看出，首先从应用代码的 UserCodeClassLoader 中获取 StateBackend，然后调用 StateBackendLoader.from-ApplicationOrConfigOrDefault() 方法，选择通过应用配置还是通过集群默认配置创建

StateBackend，其中应用是指在应用代码中创建的 StateBackend，例如用户在代码中调用
StreamExecutionEnvironment.enableCheckpointing() 方法时，系统默认配置主要是通过 flink-
conf.yaml 启用 StateBackend 配置项。

代码清单 6-18 StreamTask.createStateBackend() 方法定义

```
private StateBackend createStateBackend() throws Exception {
    final StateBackend fromApplication =
        configuration.getStateBackend(getUserCodeClassLoader());
    return StateBackendLoader.fromApplicationOrConfigOrDefault(
        fromApplication,
        getEnvironment().getTaskManagerInfo().getConfiguration(),
        getUserCodeClassLoader(),
        LOG);
}
```

（2）StateBackendLoader 加载配置的 StateBackend

如代码清单 6-19 所示，StateBackendLoader.fromApplicationOrConfigOrDefault() 方法的
逻辑如下。

1）在应用中创建的 StateBackend 会通过 UserClassLoader 提交到运行时中，此时可以
直接从 UserClassLoader 中反序列化出 StateBackend。如果应用配置的 StateBackend 不为空，
则最高优先级是应用中定义的 StateBackend 实现类。

2）当应用中对应的 StateBackend 不为空时，判断 fromApplication 是否为 Configurable-
StateBackend 接口的实现类，如果是则将 Config 中的参数配置追加到 fromApplication 对应
的 StateBackend 中。

3）当应用中没有创建 StateBackend 时，会调用 loadStateBackendFromConfig() 方法通
过配置文件加载系统默认配置的 StateBackend。

4）如果从系统默认配置中没有加载到 StateBackend，即满足 fromConfig==null 条件，
则创建默认基于内存实现的 MemoryStateBackend。

代码清单 6-19 StateBackendLoader.fromApplicationOrConfigOrDefault() 方法定义

```
public static StateBackend fromApplicationOrConfigOrDefault(
        @Nullable StateBackend fromApplication,
        Configuration config,
        ClassLoader classLoader,
        @Nullable Logger logger)
    throws IllegalConfigurationException, DynamicCodeLoadingException, IOException {
    checkNotNull(config, "config");
    checkNotNull(classLoader, "classLoader");
    final StateBackend backend;
    // 应用中已经定义了 StateBackend
    if (fromApplication != null) {
        if (logger != null) {
            logger.info("Using application-defined state backend: {}", fromApplication);
```

```
    }
    // 向 fromApplication 中追加额外的参数配置
    if (fromApplication instanceof ConfigurableStateBackend) {
        if (logger != null) {
            logger.info("Configuring application-defined state backend with
                job/cluster config");
        }
        backend = ((ConfigurableStateBackend) fromApplication)
            .configure(config, classLoader);
    }
    else {
        backend = fromApplication;
    }
}
else {
    // 检查是否开启 StateBackend 默认配置
    final StateBackend fromConfig =
        loadStateBackendFromConfig(config, classLoader, logger);
    if (fromConfig != null) {
        backend = fromConfig;
    } else {
        // 创建默认 MemoryStateBackend
        backend = new MemoryStateBackendFactory().createFromConfig(config,
            classLoader);
        if (logger != null) {
            logger.info("No state backend has been configured, using default
                (Memory / JobManager) {}", backend);
        }
    }
}
return backend;
}
```

（3）通过 StateBackendFactory 创建 StateBackend

我们看下 MemoryStateBackend 的创建过程。如代码清单 6-20 所示，通过 Memory-StateBackendFactory.createFromConfig() 方法创建和获取 MemoryStateBackend，从方法中可以看出，实际上调用了 MemoryStateBackend() 构造器创建基于堆内存的 StateBackend，并调用 configure() 方法对 StateBackend 进行参数配置。

代码清单 6-20 MemoryStateBackendFactory.createFromConfig() 方法定义

```
public MemoryStateBackend createFromConfig(Configuration config, ClassLoader
    classLoader) {
    return new MemoryStateBackend().configure(config, classLoader);
}
```

6.4.2 MemoryStateBackend 的实现

在 Flink 中，默认的 StateBackend 实现为 MemoryStateBackend，本节我们以 MemoryState-

Backend 为例说明 StateBackend 的设计与实现。MemoryStateBackend 中会创建 HeapKeyed-StateBackend 和 DefaultOperatorStateBackend 作为对应状态管理的后端，同时会创建 Memory-BackendCheckpointStorage 作为 Checkpoint 数据与元数据的存储后端。

1. 基于 MemoryStateBackend 创建 KeyedStateBackend

我们已经知道，在 AbstractStreamOperator 的实现中，会在 initializeState() 方法中完成状态的初始化操作，此时会根据参数配置，通过 StateBackend 创建相应类型的 Keyed-StateBackend 和 OperatorStateBackend，用于创建和管理状态数据。MemoryStateBackend 提供了创建基于堆内存实现 KeyedStateBackend 和 OperatorStateBackend 的方法。

如代码清单 6-21 所示，AbstractStreamOperator.keyedStatedBackend() 方法定义了创建和初始化 KeyedStatedBackend 的逻辑，具体如下。

1）从 environment 参数中获取当前 Task 的 TaskInfo，然后从 TaskInfo 中获取 MaxNumber-OfParallelSubtasks、NumberOfParallelSubtasks 等参数信息，并基于参数创建 KeyGroup-Range，用于表示当前 Task 实例中存储的 Key 分组区间。

2）创建 cancelStreamRegistryForRestore 对应的 CloseableRegistry 并注册到 backend-CloseableRegistry 中，用于确保在任务取消的情况下关闭在恢复状态过程中构造的数据流。

3）创建 KeyedStateBackend 对应的 BackendRestorerProcedure，在 BackendRestorerProcedure 中封装了 stateBackend.createKeyedStateBackend() 方法，也包含恢复历史状态数据的方法。

4）调用 backendRestorer.createAndRestore() 方法创建 KeyedStateBackend，同时对状态数据进行恢复。prioritizedOperatorSubtaskStates 是从 TaskStateManager 中根据 OperatorID 获取的算子历史状态，可以通过 prioritizedOperatorSubtaskStates 获取当前算子的 Prioritized-ManagedKeyedState，并基于这些状态数据恢复算子的状态。

可以看出，创建 keyedStateBackend 的过程也涉及恢复 keyedStateBackend 算子状态的操作。

代码清单 6-21　AbstractStreamOperator.keyedStateBackend() 方法定义

```
protected <K> AbstractKeyedStateBackend<K> keyedStateBackend(
    TypeSerializer<K> keySerializer,
    String operatorIdentifierText,
    PrioritizedOperatorSubtaskState prioritizedOperatorSubtaskStates,
    CloseableRegistry backendCloseableRegistry,
    MetricGroup metricGroup) throws Exception {
    if (keySerializer == null) {
        return null;
    }
    String logDescription = "keyed state backend for " + operatorIdentifierText;
    TaskInfo taskInfo = environment.getTaskInfo();
    final KeyGroupRange keyGroupRange =
        KeyGroupRangeAssignment.computeKeyGroupRangeForOperatorIndex(
        taskInfo.getMaxNumberOfParallelSubtasks(),
```

```
        taskInfo.getNumberOfParallelSubtasks(),
        taskInfo.getIndexOfThisSubtask());
// 确保恢复状态过程中构建的数据流被关闭
CloseableRegistry cancelStreamRegistryForRestore = new CloseableRegistry();
backendCloseableRegistry.registerCloseable(cancelStreamRegistryForRestore);
// 创建 BackendRestorerProcedure
BackendRestorerProcedure<AbstractKeyedStateBackend<K>, KeyedStateHandle>
    backendRestorer =
    new BackendRestorerProcedure<>(
        (stateHandles) -> stateBackend.createKeyedStateBackend(
            environment,
            environment.getJobID(),
            operatorIdentifierText,
            keySerializer,
            taskInfo.getMaxNumberOfParallelSubtasks(),
            keyGroupRange,
            environment.getTaskKvStateRegistry(),
            TtlTimeProvider.DEFAULT,
            metricGroup,
            stateHandles,
            cancelStreamRegistryForRestore),
        backendCloseableRegistry,
        logDescription);
    try {
        return backendRestorer.createAndRestore(
            prioritizedOperatorSubtaskStates.getPrioritizedManagedKeyedState());
    } finally {
        if (backendCloseableRegistry.unregisterCloseable(cancelStreamRegistryFor
            Restore)) {
            IOUtils.closeQuietly(cancelStreamRegistryForRestore);
        }
    }
}
```

接下来我们看 MemoryStateBackend.createKeyedStateBackend() 方法的具体实现。如代码清单 6-22 所示，该方法主要包含如下逻辑。

1）从 environment 参数中获取 TaskStateManager 实例，通过 TaskStateManager 获取 Local-RecoveryConfig，即本地状态恢复的配置信息，包括存储状态数据所对应的本地文件夹等。

2）创建 HeapPriorityQueueSetFactory 实例，用于生成 HeapPriorityQueueSet 优先级队列，存储 TimerHeapInternalTimer 等数据。

3）创建 HeapKeyedStateBackendBuilder 构造类，并调用 HeapKeyedStateBackendBuilder.build() 方法创建 HeapKeyedStateBackend。

代码清单 6-22　MemoryStateBackend.createKeyedStateBackend() 方法定义

```
public <K> AbstractKeyedStateBackend<K> createKeyedStateBackend(
    Environment env,
```

```
JobID jobID,
String operatorIdentifier,
TypeSerializer<K> keySerializer,
int numberOfKeyGroups,
KeyGroupRange keyGroupRange,
TaskKvStateRegistry kvStateRegistry,
TtlTimeProvider ttlTimeProvider,
MetricGroup metricGroup,
@Nonnull Collection<KeyedStateHandle> stateHandles,
CloseableRegistry cancelStreamRegistry) throws BackendBuildingException {
// 获取 TaskStateManager 实例
TaskStateManager taskStateManager = env.getTaskStateManager();
// 创建 HeapPriorityQueueSetFactory 实例
HeapPriorityQueueSetFactory priorityQueueSetFactory =
    new HeapPriorityQueueSetFactory(keyGroupRange, numberOfKeyGroups, 128);
// 创建 HeapKeyedStateBackendBuilder 实例 HeapKeyedStateBackend
return new HeapKeyedStateBackendBuilder<>(
    kvStateRegistry,
    keySerializer,
    env.getUserClassLoader(),
    numberOfKeyGroups,
    keyGroupRange,
    env.getExecutionConfig(),
    ttlTimeProvider,
    stateHandles,
    AbstractStateBackend.getCompressionDecorator(env.getExecutionConfig()),
    taskStateManager.createLocalRecoveryConfig(),
    priorityQueueSetFactory,
    isUsingAsynchronousSnapshots(),
    cancelStreamRegistry).build();
}
```

2. 基于 MemoryStateBackend 创建 OperatorStateBackend

和创建 KeyedStateBackend 的过程相似，MemoryStateBackend 中也提供了创建 Operator-StateBackend 的方法。如代码清单 6-23 所示，AbstractStreamOperator.operatorStateBackend() 方法包含如下逻辑。

1）创建 cancelStreamRegistryForRestore 对应的 CloseableRegistry 并注册到 backendCloseable-Registry 中，确保在任务取消的情况下能够关闭在恢复状态时构造的数据流。

2）创建 OperatorStateBackend 对应的 BackendRestorerProcedure，BackendRestorerProcedure 中封装了 stateBackend.createOperatorStateBackend() 方法，并包含恢复历史状态数据的操作。

3）调用 backendRestorer.createAndRestore() 方法创建 OperatorStateBackend，并恢复状态数据。其中 prioritizedOperatorSubtaskStates 是从 TaskStateManager 中根据 OperatorID 获取的算子专有历史状态，可以通过 prioritizedOperatorSubtaskStates 获取当前算子中的 Prioritized-ManagedOperatorState，并基于这些状态数据恢复 OperatorStateBackend 中算子的状态。

代码清单 6-23 AbstractStreamOperator.operatorStateBackend() 方法定义

```
protected OperatorStateBackend operatorStateBackend(
    String operatorIdentifierText,
    PrioritizedOperatorSubtaskState prioritizedOperatorSubtaskStates,
    CloseableRegistry backendCloseableRegistry) throws Exception {
    String logDescription = "operator state backend for " + operatorIdentifierText;
    CloseableRegistry cancelStreamRegistryForRestore = new CloseableRegistry();
    backendCloseableRegistry.registerCloseable(cancelStreamRegistryForRestore);
    BackendRestorerProcedure<OperatorStateBackend, OperatorStateHandle>
        backendRestorer =
        new BackendRestorerProcedure<>(
            (stateHandles) -> stateBackend.createOperatorStateBackend(
                environment,
                operatorIdentifierText,
                stateHandles,
                cancelStreamRegistryForRestore),
            backendCloseableRegistry,
            logDescription);
    try {
        return backendRestorer.createAndRestore(
            prioritizedOperatorSubtaskStates.getPrioritizedManagedOperatorState());
    } finally {
        if (backendCloseableRegistry.unregisterCloseable(cancelStreamRegistryFor
            Restore)) {
            IOUtils.closeQuietly(cancelStreamRegistryForRestore);
        }
    }
}
```

和 KeyedState 的创建过程一样，通过调用 DefaultOperatorStateBackendBuilder 构造类创建 OperatorStateBackend，在创建新的 OperatorStateBackend 的过程中，会恢复 Operator-State 的历史状态数据，保证算子状态数据的一致性。

3. 基于 MemoryStateBackend 创建 CheckpointStorage

在 MemoryStateBackend 中创建的 CheckpointStorage 类型为 MemoryBackendCheckpoint-Storage。如代码清单 6-24 所示，在 createCheckpointStorage() 方法中，直接创建 Memory-BackendCheckpointStorage 实例并返回，没有涉及太多的流程，方法中需要填入 jobId、Checkpoint-Path、SavepointPath 和 maxStateSize 等参数信息。

代码清单 6-24 MemoryStateBackend.createCheckpointStorage() 方法定义

```
public CheckpointStorage createCheckpointStorage(JobID jobId) throws IOException {
    return new MemoryBackendCheckpointStorage(jobId, getCheckpointPath(),
        getSavepointPath(), maxStateSize);
}
```

到这里我们就将 MemoryStateBackend 中的主要功能介绍完毕了，包括创建 HeapKeyed-

StateBackend、OperatorStateBackend 及 MemoryBackendCheckpointStorage 组件。FsStateBackend 和 RocksDBStateBackend 这两种状态后端存储的实现，功能和 MemoryStateBackend 类似，区别在于内部创建的 KeyedStateBackend 和 CheckpointStorage 不同，限于篇幅，这里不再展开，详细实现读者可以参考源码。

6.5　Checkpoint 的设计与实现

我们知道，由于系统原因导致 Flink 作业无法正常运行的情况非常多，且很多时候都是无法避免的。对于 Flink 集群来讲，能够快速从异常状态中恢复，同时保证处理数据的正确性和一致性非常重要。在第 1 章我们介绍过，Flink 中主要借助 Checkpoint 的方式保障整个系统状态数据的一致性，也就是基于 ABS 算法实现轻量级快照服务。本节我们详细了解 Checkpoint 的设计与实现。

6.5.1　Checkpoint 的实现原理

本节我们将对 Checkpoint 的实现原理进行介绍，帮助读者了解 Checkpoint 的执行过程以及如何开启 Checkpoint 功能。

1. Checkpoint 的整体设计

如图 6-11 所示，Checkpoint 的执行过程分为三个阶段：启动、执行以及确认完成。其中 Checkpoint 的启动过程由 JobManager 管理节点中的 CheckpointCoordinator 组件控制，该组件会周期性地向数据源节点发送执行 Checkpoint 的请求，执行频率取决于用户配置的 CheckpointInterval 参数。

从图 6-11 中可以看出，首先在 JobManager 管理节点通过 CheckpointCoordinator 组件向每个数据源节点发送 Checkpoint 执行请求，此时数据源节点中的算子会将消费数据对应的 Position 发送到 JobManager 管理节点中。然后 JobManager 节点会存储 Checkpoint 元数据，用于记录每次执行 Checkpoint 操作过程中算子的元数据信息，例如在 FlinkKafkaConsumer 中会记录消费 Kafka 主题的偏移量，用于确认从 Kafka 主题中读取数据的位置。最后在数据源节点执行完 Checkpoint 操作后，继续向下游节点发送 Checkpoint-Barrier 事件，下游算子通过对齐 Barrier 事件，触发该算子的 Checkpoint 操作。

当下游的 map 算子接收到数据源节点的 Checkpoint Barrier 事件后，首先对 Block 当前算子的数据进行处理，并等待其他上游数据源节点的 Barrier 事件到达。该过程就是 Checkpoint Barrier 对齐，目的是确保属于同一 Checkpoint 的数据能够全部到达当前节点。Barrier 事件的作用就是切分不同 Checkpoint 批次的数据。当 map 算子接收到所有上游的 Barrier 事件后，就会触发当前算子的 Checkpoint 操作，并将状态数据快照到指定的外部持久化介质中，该操作主要借助状态后端存储实现。接下来，状态数据执行完毕后，继续

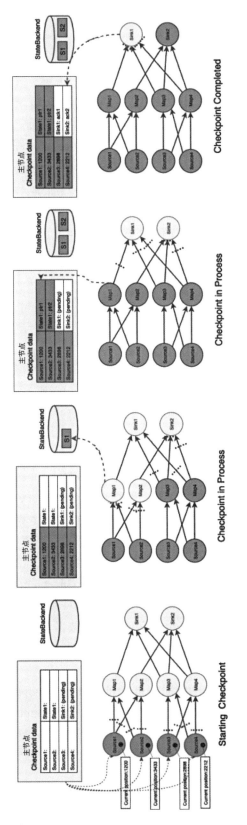

图 6-11 Checkpoint 操作的整体流程

将 Barrier 事件发送至下游的算子，进行后续算子的 Checkpoint 操作。另外，在 map 算子中执行完 Checkpoint 操作后，也会向 JobManager 管理节点发送 Ack 消息，确认当前算子的 Checkpoint 操作正常执行。此时 Checkpoint 数据会存储该算子对应的状态数据，如果 StateBackend 为 MemoryStateBackend，则主要会将状态数据存储在 JobManager 的堆内存中。

像 map 算子节点一样，当 Barrier 事件到达 sink 类型的节点后，sink 节点也会进行 Barrier 对齐操作，确认上游节点的数据全部接入。然后对接入的数据进行处理，将结果输出到外部系统中。完成以上步骤后，sink 节点会向 JobManager 管理节点发送 Ack 确认消息，确认当前 Checkpoint 中的状态数据都正常进行了持久化操作。

当所有的 sink 节点发送了正常结束的 Ack 消息后，在 JobManager 管理节点中确认本次 Checkpoint 操作完成，向所有的 Task 实例发送本次 Checkpoint 完成的消息。

2. 在 ExecutionGraph 中开启 Checkpoint 操作

当用户在应用代码中调用 StreamExecutionEnvironment.enableCheckpointing() 方法时，作业中的 Checkpoint 功能会被开启。此时 Checkpoint 的配置会被存储在 StreamGraph 中，然后将 StreamGraph 中的 CheckpointConfig 转换为 JobCheckpointingSettings 数据结构存储在 JobGraph 对象中，并伴随 JobGraph 提交到集群运行。启动 JobMaster 服务时，会根据 Checkpoint 相关配置创建 ExecutionGraph，然后在 JobMaster 服务内调度和执行 Checkpoint 操作。

如代码清单 6-25 所示，在集群运行时通过 JobGraph 构建 ExecutionGraph 的过程中，获取 JobGraph 中存储的 JobCheckpointingSettings 配置，然后创建 ExecutionGraph。

1）根据 snapshotSettings 配置获取 triggerVertices、ackVertices 以及 confirmVertices 节点集合，并转换为对应的 ExecutionJobVertex 集合。其中 triggerVertices 集合存储了所有 SourceOperator 节点，这些节点通过 CheckpointCoordinator 主动触发 Checkpoint 操作。ackVertices 和 confirmVertices 集合存储了 StreamGraph 中的全部节点，代表所有节点都需要返回 Ack 确认信息并确认 Checkpoint 执行成功。

2）创建 CompletedCheckpointStore 组件，用于存储 Checkpoint 过程中的元数据，当对作业进行恢复操作时会在 CompletedCheckpointStore 中检索最新完成的 Checkpoint 元数据信息，然后基于元数据信息恢复 Checkpoint 中存储的状态数据。CompletedCheckpointStore 有两种实现，分别为 StandaloneCompletedCheckpointStore 和 ZooKeeperCompletedCheckpoint-Store。

3）在 CompletedCheckpointStore 中通过 maxNumberOfCheckpointsToRetain 参数配置以及结合 checkpointIdCounter 计数器保证只会存储固定数量的 CompletedCheckpoint。

4）创建 CheckpointStatsTracker 实例，用于监控和追踪 Checkpoint 执行和更新的情况，包括 Checkpoint 执行的统计信息以及执行状况，WebUI 中显示的 Checkpoint 监控数据主要来自 CheckpointStatsTracker。

5）创建 StateBackend，从 UserClassLoader 中反序列化出应用指定的 StateBackend 并设定为 applicationConfiguredBackend。如果在应用中没有指定 StateBackend，则调用 StateBackendLoader.fromApplicationOrConfigOrDefault() 方法从系统默认配置中加载 State-Backend 实现类。

6）初始化用户自定义的 Checkpoint Hook 函数，通过 snapshotSettings.getMasterHooks() 方法获取 SerializedValue<MasterTriggerRestoreHook.Factory[]>，并进行线程上下文切换，以保证在 UserClassLoader 中正确创建并加载 MasterTriggerRestoreHook.Factory 的实现类。

7）调用 snapshotSettings.getCheckpointCoordinatorConfiguration() 方法获取 Checkpoint-CoordinatorConfiguration，最终调用 executionGraph.enableCheckpointing() 方法，在作业的执行和调度过程中开启 Checkpoint。

代码清单 6-25　ExecutionBuilder.build() 部分逻辑

```
// 配置状态数据 checkpointing
// 从 jobGraph 中获取 JobCheckpointingSettings
JobCheckpointingSettings snapshotSettings = jobGraph.getCheckpointingSettings();
// 如果 snapshotSettings 不为空, 则开启 checkpoint 功能
if (snapshotSettings != null) {
    List<ExecutionJobVertex> triggerVertices =
        idToVertex(snapshotSettings.getVerticesToTrigger(), executionGraph);
    List<ExecutionJobVertex> ackVertices =
        idToVertex(snapshotSettings.getVerticesToAcknowledge(), executionGraph);
    List<ExecutionJobVertex> confirmVertices =
        idToVertex(snapshotSettings.getVerticesToConfirm(), executionGraph);
    // 创建 CompletedCheckpointStore
    CompletedCheckpointStore completedCheckpoints;
    CheckpointIDCounter checkpointIdCounter;
    try {
        int maxNumberOfCheckpointsToRetain = jobManagerConfig.getInteger(
            CheckpointingOptions.MAX_RETAINED_CHECKPOINTS);
        if (maxNumberOfCheckpointsToRetain <= 0) {
            maxNumberOfCheckpointsToRetain = CheckpointingOptions.MAX_RETAINED_
                CHECKPOINTS.defaultValue();
        }
        // 通过 recoveryFactory 创建 CheckpointStore
        completedCheckpoints = recoveryFactory.createCheckpointStore(jobId,
            maxNumberOfCheckpointsToRetain, classLoader);
        // 通过 recoveryFactory 创建 CheckpointIDCounter
        checkpointIdCounter = recoveryFactory.createCheckpointIDCounter(jobId);
    }
    catch (Exception e) {
        throw new JobExecutionException(jobId, "Failed to initialize high-
            availability checkpoint handler", e);
    }
    // 获取 checkpoints 最长的记录次数
    int historySize = jobManagerConfig.getInteger(WebOptions.CHECKPOINTS_HISTORY_SIZE);
    // 创建 CheckpointStatsTracker 实例
```

```
CheckpointStatsTracker checkpointStatsTracker = new CheckpointStatsTracker(
    historySize,
    ackVertices,
    snapshotSettings.getCheckpointCoordinatorConfiguration(),
    metrics);
// 从 application 中获取 StateBackend
final StateBackend applicationConfiguredBackend;
final SerializedValue<StateBackend> serializedAppConfigured =
    snapshotSettings.getDefaultStateBackend();
if (serializedAppConfigured == null) {
    applicationConfiguredBackend = null;
}
else {
    try {
        applicationConfiguredBackend = serializedAppConfigured.
            deserializeValue(classLoader);
    } catch (IOException | ClassNotFoundException e) {
        throw new JobExecutionException(jobId,
            "Could not deserialize application-defined state backend.", e);
    }
}
// 获取最终的 rootBackend
final StateBackend rootBackend;
try {
    rootBackend = StateBackendLoader.fromApplicationOrConfigOrDefault(
        applicationConfiguredBackend, jobManagerConfig, classLoader, log);
}
catch (IllegalConfigurationException | IOException |
    DynamicCodeLoadingException e) {
        throw new JobExecutionException(jobId,
            "Could not instantiate configured state backend", e);
}
// 初始化用户自定义的 checkpoint Hooks 函数
final SerializedValue<MasterTriggerRestoreHook.Factory[]> serializedHooks =
    snapshotSettings.getMasterHooks();
final List<MasterTriggerRestoreHook<?>> hooks;
// 如果 serializedHooks 为空，则 hooks 为空
if (serializedHooks == null) {
    hooks = Collections.emptyList();
}
else {
// 加载 MasterTriggerRestoreHook
    final MasterTriggerRestoreHook.Factory[] hookFactories;
    try {
        hookFactories = serializedHooks.deserializeValue(classLoader);
    }
    catch (IOException | ClassNotFoundException e) {
        throw new JobExecutionException(jobId,
            "Could not instantiate user-defined checkpoint hooks", e);
    }
```

```
    // 设定 ClassLoader 为 UserClassLoader
    final Thread thread = Thread.currentThread();
    final ClassLoader originalClassLoader = thread.getContextClassLoader();
    thread.setContextClassLoader(classLoader);
    // 创建 hooks 函数
    try {
        hooks = new ArrayList<>(hookFactories.length);
        for (MasterTriggerRestoreHook.Factory factory : hookFactories) {
            hooks.add(MasterHooks.wrapHook(factory.create(), classLoader));
        }
    }
    // 将 thread 的 ContextClassLoader 设定为 originalClassLoader
    finally {
        thread.setContextClassLoader(originalClassLoader);
    }
}
// 获取 CheckpointCoordinatorConfiguration
final CheckpointCoordinatorConfiguration chkConfig =
    snapshotSettings.getCheckpointCoordinatorConfiguration();
// 开启 executionGraph 中的 Checkpoint 功能
executionGraph.enableCheckpointing(
    chkConfig,
    triggerVertices,
    ackVertices,
    confirmVertices,
    hooks,
    checkpointIdCounter,
    completedCheckpoints,
    rootBackend,
    checkpointStatsTracker);
}
```

我们继续看 ExecutionGraph.enableCheckpointing() 方法的实现。如代码清单 6-26 所示，ExecutionGraph.enableCheckpointing() 方法包含如下逻辑。

1）将 tasksToTrigger、tasksToWaitFor 以及 tasksToCommitTo 三个 ExecutionJobVertex 集合转换为 ExecutionVertex[] 数组，每个 ExecutionVertex 代表 ExecutionJobVertex 中的一个 SubTask 节点。

2）创建 CheckpointFailureManager，用于 Checkpoint 执行过程中的容错管理，包含 failJob 和 failJobDueToTaskFailure 两个处理方法。

3）创建 checkpointCoordinatorTimer，用于 Checkpoint 异步线程的定时调度和执行。

4）创建 CheckpointCoordinator 组件，通过 CheckpointCoordinator 协调和管理作业中的 Checkpoint，同时收集各 Task 节点中 Checkpoint 的执行状况等信息。

5）将 Master Hook 注册到 CheckpointCoordinator 中，实现用户自定义 Hook 代码的调用。

6）判断 chkConfig.getCheckpointInterval() 方法返回指标是否不等于 Long.MAX_VALUE，

是则表明当前系统开启 Checkpoint 功能并调用 registerJobStatusListener() 方法，将 JobStatus-Listener 的实现类 CheckpointCoordinatorDeActivator 注册到 JobManager 中，此时系统会根据作业的运行状态控制 CheckpointCoordinator 的启停，当作业的状态为 Running 时会触发启动 CheckpointCoordinator 组件。

代码清单 6-26　ExecutionGraph.enableCheckpointing() 方法定义

```
public void enableCheckpointing(
    CheckpointCoordinatorConfiguration chkConfig,
    List<ExecutionJobVertex> verticesToTrigger,
    List<ExecutionJobVertex> verticesToWaitFor,
    List<ExecutionJobVertex> verticesToCommitTo,
    List<MasterTriggerRestoreHook<?>> masterHooks,
    CheckpointIDCounter checkpointIDCounter,
    CompletedCheckpointStore checkpointStore,
    StateBackend checkpointStateBackend,
    CheckpointStatsTracker statsTracker) {
  checkState(state == JobStatus.CREATED, "Job must be in CREATED state");
  checkState(checkpointCoordinator == null, "checkpointing already enabled");
  ExecutionVertex[] tasksToTrigger = collectExecutionVertices(verticesToTrigger);
  ExecutionVertex[] tasksToWaitFor = collectExecutionVertices(verticesToWaitFor);
  ExecutionVertex[] tasksToCommitTo = collectExecutionVertices(verticesToCommitTo);
  checkpointStatsTracker = checkNotNull(statsTracker, "CheckpointStatsTracker");
  // 创建 CheckpointFailureManager
  CheckpointFailureManager failureManager = new CheckpointFailureManager(
    chkConfig.getTolerableCheckpointFailureNumber(),
    new CheckpointFailureManager.FailJobCallback() {
      @Override
      public void failJob(Throwable cause) {
        getJobMasterMainThreadExecutor().execute(() -> failGlobal(cause));
      }
      @Override
      public void failJobDueToTaskFailure(Throwable cause,
                                          ExecutionAttemptID failingTask) {
        getJobMasterMainThreadExecutor()
          .execute(() -> failGlobalIfExecutionIsStillRunning(cause,
            failingTask));
      }
    }
  );
  // 创建 checkpointCoordinatorTimer
  checkState(checkpointCoordinatorTimer == null);
  checkpointCoordinatorTimer = Executors.newSingleThreadScheduledExecutor(
    new DispatcherThreadFactory(
      Thread.currentThread().getThreadGroup(), "Checkpoint Timer"));
  // 创建 checkpointCoordinator
  checkpointCoordinator = new CheckpointCoordinator(
    jobInformation.getJobId(),
    chkConfig,
```

```
            tasksToTrigger,
            tasksToWaitFor,
            tasksToCommitTo,
            checkpointIDCounter,
            checkpointStore,
            checkpointStateBackend,
            ioExecutor,
            new ScheduledExecutorServiceAdapter(checkpointCoordinatorTimer),
            SharedStateRegistry.DEFAULT_FACTORY,
            failureManager);
    // 向 checkpoint Coordinator 中注册 master Hooks
    for (MasterTriggerRestoreHook<?> hook : masterHooks) {
        if (!checkpointCoordinator.addMasterHook(hook)) {
            LOG.warn("Trying to register multiple checkpoint hooks with the name: {}",
                    hook.getIdentifier());
        }
    }
    // 向 checkpointCoordinator 中设定 checkpointStatsTracker
    checkpointCoordinator.setCheckpointStatsTracker(checkpointStatsTracker);
     // 注册 JobStatusListener，用于自动启动 CheckpointCoordinator
    if (chkConfig.getCheckpointInterval() != Long.MAX_VALUE) {
        registerJobStatusListener(checkpointCoordinator.
            createActivatorDeactivator());
    }
    this.stateBackendName = checkpointStateBackend.getClass().getSimpleName();
}
```

6.5.2　Checkpoint 的触发过程

Checkpoint 的触发方式有两种，一种是数据源节点中的 Checkpoint 操作触发，通过 CheckpointCoordinator 组件进行协调和控制。CheckpointCoordinator 通过注册定时器的方式按照配置的时间间隔触发数据源节点的 Checkpoint 操作。数据源节点会向下游算子发出 Checkpoint Barrier 事件，供下游节点使用。另一种是下游算子节点根据上游发送的 Checkpoint Barrier 事件控制算子中 Checkpoint 操作的触发时机，即只有接收到所有上游 Barrier 事件后，才会触发本节点的 Checkpoint 操作。接下来分别介绍上述两种触发方式。

1. 通过 CheckpointCoordinator 触发算子的 Checkpoint 操作

CheckpointCoordinator 在整个作业中扮演了 Checkpoint 协调者的角色，负责在数据源节点触发 Checkpoint 以及整个作业的 Checkpoint 管理，并且 CheckpointCoordinator 组件会接收 TaskMananger 在 Checkpoint 执行完成后返回的 Ack 消息。

CheckpointCoordinator 是通过 CheckpointCoordinatorDeActivator 监听器启动的，即当作业的 JobStatus 转换为 Running 时，通知 CheckpointCoordinatorDeActivator 监听器启动 CheckpointCoordinator 服务，最终协调和管理整个作业的 Checkpoint 操作。如代码清单 6-27 所示，CheckpointCoordinatorDeActivator.jobStatusChanges() 方法主要包含如下逻辑。

1）当 newJobStatus == JobStatus.RUNNING 时，立即调用 coordinator.startCheckpoint-Scheduler() 方法启动整个 Job 的调度器 CheckpointCoordinator，此时 Checkpoint 的触发依靠 CheckpointCoordinator 进行协调。

2）当 JobStatus 为其他类型状态时，调用 coordinator.stopCheckpointScheduler() 方法，停止当前 Job 中的 Checkpoint 操作。

代码清单 6-27　CheckpointCoordinatorDeActivator Class 定义

```
public class CheckpointCoordinatorDeActivator implements JobStatusListener {
    private final CheckpointCoordinator coordinator;
    public CheckpointCoordinatorDeActivator(CheckpointCoordinator coordinator) {
        this.coordinator = checkNotNull(coordinator);
    }
    @Override
    public void jobStatusChanges(JobID jobId,JobStatus newJobStatus, long timestamp,
                            Throwable error) {
        if (newJobStatus == JobStatus.RUNNING) {
            // 启动 Checkpoint 调度程序
            coordinator.startCheckpointScheduler();
        } else {
            // 直接停止 CheckpointScheduler
            coordinator.stopCheckpointScheduler();
        }
    }
}
```

接下来在 CheckpointCoordinator.startCheckpointScheduler() 方法中调用 scheduleTrigger-WithDelay() 方法进行后续操作，向创建好的 checkpointCoordinatorTimer 线程池添加定时调度执行的 Runnable 线程。

如代码清单 6-28 所示，在 CheckpointCoordinator.scheduleTriggerWithDelay() 方法中指定 baseInterval 参数，设定执行 Checkpoint 操作的时间间隔，通过定时器周期性地触发 ScheduledTrigger 线程，Checkpoint 的具体操作在 ScheduledTrigger 线程中实现。

代码清单 6-28　CheckpointCoordinator.scheduleTriggerWithDelay() 方法定义

```
private ScheduledFuture<?> scheduleTriggerWithDelay(long initDelay) {
    return timer.scheduleAtFixedRate(
        new ScheduledTrigger(),
        initDelay, baseInterval, TimeUnit.MILLISECONDS);
}
```

如代码清单 6-29 所示，ScheduledTrigger 也是 CheckpointCoordinator 的内部类，实现了 Runnable 接口。在 ScheduledTrigger.run() 方法中调用了 CheckpointCoordinator.triggerCheckpoint() 方法触发和执行 Checkpoint 操作。

代码清单 6-29 ScheduledTrigger 内部类定义

```
private final class ScheduledTrigger implements Runnable {
    @Override
    public void run() {
        try {
            // 调用 triggerCheckpoint() 方法触发 Checkpoint 操作
            triggerCheckpoint(System.currentTimeMillis(), true);
        }
        catch (Exception e) {
            LOG.error("Exception while triggering checkpoint for job {}.", job, e);
        }
    }
}
```

CheckpointCoordinator.triggerCheckpoint() 方法包含的执行逻辑非常多,我们重点介绍其中的主要逻辑。根据 CheckpointCoordinator 触发 Checkpoint 操作的过程分为以下几个部分。

(1)Checkpoint 执行前的检查操作

首先检查 Checkpoint 的执行环境和参数,满足条件后触发执行 Checkpoint 操作。Checkpoint 执行过程分为异步和同步两种,如代码清单 6-30 所示。

1)调用 preCheckBeforeTriggeringCheckpoint() 方法进行一些前置检查,主要包括检查 CheckpointCoordinator 当前的状态是否为 shutdown、Checkpoint 尝试次数是否超过配置的最大值。

2)构建执行和触发 Checkpoint 操作对应的 Task 节点实例的 Execution 集合,其中 tasksToTrigger 数组中存储了触发 Checkpoint 操作的 ExecutionVertex 元素,实际上就是所有的数据源节点。CheckpointCoordinator 仅会触发数据源节点的 Checkpoint 操作,其他节点则是通过 Barrier 对齐的方式触发的。

3)构建需要发送 Ack 消息的 ExecutionVertex 集合,主要是从 tasksToWaitFor 集合中转换而来,tasksToWaitFor 中存储了 ExecutonGraph 中所有的 ExecutionVertex,也就是说每个 ExecutionVertex 节点对应的 Task 实例都需要向 CheckpointCoordinator 中汇报 Ack 消息。

代码清单 6-30 CheckpointCoordinator.triggerCheckpoint() 方法部分逻辑

```
// 主要做前置检查
    synchronized (lock) {
        preCheckBeforeTriggeringCheckpoint(isPeriodic, props.forceCheckpoint());
    }
    // 创建需要执行的 Task 对应的 Execution 集合
    Execution[] executions = new Execution[tasksToTrigger.length];
    // 遍历 tasksToTrigger 集合,构建 Execution 集合
    for (int i = 0; i < tasksToTrigger.length; i++) {
    // 获取 Task 对应的 Execution 集合
        Execution ee = tasksToTrigger[i].getCurrentExecutionAttempt();
```

```
        if (ee == null) {
        // 如果 Task 对应的 Execution 集合为空，代表 Task 没有被执行，则抛出异常
            LOG.info("Checkpoint triggering task {} of job {} is not being
                executed at the moment. Aborting checkpoint.", tasksToTrigger[i].
                getTaskNameWithSubtaskIndex(), job);
            throw new CheckpointException(
                CheckpointFailureReason.NOT_ALL_REQUIRED_TASKS_RUNNING);
        } else if (ee.getState() == ExecutionState.RUNNING) {
            // 如果 ExecutionState 为 RUNNING，则添加到 executions 集合中
        executions[i] = ee;
        } else {
        // 如果其他 ExecutionState 不为 RUNNING，则抛出异常
            LOG.info("Checkpoint triggering task {} of job {} is not in state {}
            but {} instead. Aborting checkpoint.",
                tasksToTrigger[i].getTaskNameWithSubtaskIndex(),
                job,
                ExecutionState.RUNNING,
                ee.getState());
            throw new CheckpointException(
                CheckpointFailureReason.NOT_ALL_REQUIRED_TASKS_RUNNING);
        }
    }
    // 组装用于需要发送 Ack 消息的 Task 集合
    Map<ExecutionAttemptID, ExecutionVertex> ackTasks =
        new HashMap<>(tasksToWaitFor.length);
    for (ExecutionVertex ev : tasksToWaitFor) {
        Execution ee = ev.getCurrentExecutionAttempt();
        if (ee != null) {
            ackTasks.put(ee.getAttemptId(), ev);
        } else {
            LOG.info("Checkpoint acknowledging task {} of job {} is not being
                executed at the moment. Aborting checkpoint.", ev.getTaskNameWith
                    SubtaskIndex(), job);
            throw new CheckpointException(
                CheckpointFailureReason.NOT_ALL_REQUIRED_TASKS_RUNNING);
        }
    }
}
```

（2）创建 PendingCheckpoint

在执行 Checkpoint 操作之前，需要构建 PendingCheckpoint 对象，从字面意思上讲就是挂起 Checkpoint 操作。从开始执行 Checkpoint 操作直到 Task 实例返回 Ack 确认成功消息，Checkpoint 会一直处于 Pending 状态，确保 Checkpoint 能被成功执行。如代码清单 6-31 所示，CheckpointCoordinator.triggerCheckpoint() 方法中这一过程的逻辑如下。

1）Checkpoint 有唯一的 checkpointID 标记，根据高可用模式选择不同的计数器。如果基于 ZooKeeper 实现了高可用集群，会调用 ZooKeeperCheckpointIDCounter 实现 checkpointID 计数；如果是非高可用集群，则会通过 StandaloneCheckpointIDCounter 完成 checkpointID

计数。

2）创建 checkpointStorageLocation，用于定义 Checkpoint 过程中状态快照数据存放的位置。checkpointStorageLocation 通过 checkpointStorage 创建和初始化，不同的 checkpoint-Storage 实现创建的 checkpointStorageLocation 会有所不同。

3）创建 PendingCheckpoint 对象，包括 checkpointID、ackTasks 以及 checkpointStorage-Location 等参数信息。将创建好的 PendingCheckpoint 存储在 pendingCheckpoints 集合中，并异步执行 PendingCheckpoint 操作。

代码清单 6-31　CheckpointCoordinator.triggerCheckpoint() 方法部分逻辑

```
final CheckpointStorageLocation checkpointStorageLocation;
final long checkpointID;
try {
  // 通过 checkpointIdCounter 获取 checkpointID
  checkpointID = checkpointIdCounter.getAndIncrement();
    // 获取 checkpointStorageLocation
  checkpointStorageLocation = props.isSavepoint() ?
      checkpointStorage
    .initializeLocationForSavepoint(checkpointID, externalSavepointLocation) :
      checkpointStorage.initializeLocationForCheckpoint(checkpointID);
}
// 省略部分代码
// 创建 PendingCheckpoint 对象
final PendingCheckpoint checkpoint = new PendingCheckpoint(
    job,
    checkpointID,
    timestamp,
    ackTasks,
    masterHooks.keySet(),
    props,
    checkpointStorageLocation,
    executor);
```

（3）Checkpoint 操作的触发与执行

如代码清单 6-32 所示，在 CheckpointCoordinator.triggerCheckpoint() 方法中，会在 synchronized(lock) 模块内定义和执行 Checkpoint 操作的具体逻辑，主要包含如下步骤。

1）获取 coordinator 对象锁，调用 preCheckBeforeTriggeringCheckpoint() 方法对 Triggering-Checkpoint 对象进行预检查，主要包括检查 CheckpointCoordinator 状态和 PendingCheckpoint 尝试次数等。

2）将 PendingCheckpoint 存储在 pendingCheckpoints 键值对中，使用定时器创建 canceller-Handle 对象，cancellerHandle 用于清理过期的 Checkpoint 操作。通过 checkpoint.setCanceller-Handle() 方法设置 Checkpoint 的 CancellerHandle，设置成功则返回 True，如果失败则返回 false，说明当前 Checkpoint 已经被释放。

3）调用并执行 MasterHook。在 MasterTriggerRestoreHook 中定义了执行 Checkpoint 操作之前需要调用的 MasterHook 函数。可以通过实现 MasterHook 函数，准备外部系统环境或触发相应的系统操作。

4）遍历执行 executions 集合中的 Execution 节点，判断 props.isSynchronous() 方法是否为 True，如果为 True 则调用 triggerSynchronousSavepoint() 方法同步执行 Checkpoint 操作。其他情况则调用 triggerCheckpoint() 方法异步执行 Checkpoint 操作。

代码清单 6-32　CheckpointCoordinator.triggerCheckpoint() 方法部分逻辑

```
// 获取 coordinator-wide lock
synchronized (lock) {
    // TriggeringCheckpoint 检查
    preCheckBeforeTriggeringCheckpoint(isPeriodic, props.forceCheckpoint());
    LOG.info("Triggering checkpoint {} @ {} for job {}.", checkpointID, timestamp,
        job);
        // 将 checkpoint 存储在 pendingCheckpoints KV 集合中
    pendingCheckpoints.put(checkpointID, checkpoint);
        // 调度 canceller 线程，清理过期的 Checkpoint 对象
    ScheduledFuture<?> cancellerHandle = timer.schedule(
        canceller,
        checkpointTimeout, TimeUnit.MILLISECONDS);
        // 确定 Checkpoint 是否已经被释放
    if (!checkpoint.setCancellerHandle(cancellerHandle)) {
        cancellerHandle.cancel(false);
    }
    // 调用 MasterHook 方法
    for (MasterTriggerRestoreHook<?> masterHook : masterHooks.values()) {
        final MasterState masterState =
            MasterHooks.triggerHook(masterHook, checkpointID, timestamp, executor)
                .get(checkpointTimeout, TimeUnit.MILLISECONDS);
        checkpoint.acknowledgeMasterState(masterHook.getIdentifier(), masterState);
    }
    Preconditions.checkState(checkpoint.areMasterStatesFullyAcknowledged());
}
// 创建 CheckpointOptions
final CheckpointOptions checkpointOptions = new CheckpointOptions(
    props.getCheckpointType(),
    checkpointStorageLocation.getLocationReference());
// 分别执行 executions 中的 Execution 节点
for (Execution execution: executions) {
    if (props.isSynchronous()) {
        // 如果是同步执行，则调用 triggerSynchronousSavepoint() 方法
        execution.triggerSynchronousSavepoint(checkpointID, timestamp,
                                              checkpointOptions,
                                              advanceToEndOfTime);
    } else {
        // 其他情况则调用 triggerCheckpoint() 异步方法执行
        execution.triggerCheckpoint(checkpointID, timestamp, checkpointOptions);
    }
}
```

```
}
// 返回 Checkpoint 中的 CompletionFuture 对象
numUnsuccessfulCheckpointsTriggers.set(0);
return checkpoint.getCompletionFuture();
```

以上就完成了在 CheckpointCoordinator 中触发 Checkpoint 的全部操作，具体的执行过程调用 Execution 完成。在 Execution.triggerCheckpoint() 方法中实际上调用 triggerCheckpoint-Helper() 方法完成 Execution 对应的 Task 节点的 Checkpoint 操作，并通过 Task 实例触发数据源节点的 Checkpoint 操作，如代码清单 6-33 所示。

1）获取当前 Execution 分配的 LogicalSlot，如果 LogicalSlot 不为空，说明 Execution 成功分配到 Slot 计算资源，否则说明 Execution 中没有资源，Execution 对应的 Task 实例不会被执行和启动。

2）通过 LogicalSlot 获取 TaskManagerGateway 信息，并调用 TaskManagerGateway.triggerCheckpoint() 的 RPC 方法，触发和执行指定 Task 的 Checkpoint 操作。

TaskExecutor 收到来自 CheckpointCoordinator 的 Checkpoint 触发请求后，会在 TaskExecutor 实例中完成对应 Task 实例的 Checkpoint 操作。

代码清单 6-33　Execution.triggerCheckpointHelper() 方法定义

```
private void triggerCheckpointHelper(long checkpointId,
                                     long timestamp,
                                     CheckpointOptions checkpointOptions,
                                     boolean advanceToEndOfEventTime) {
    final CheckpointType checkpointType = checkpointOptions.getCheckpointType();
    if (advanceToEndOfEventTime
        && !(checkpointType.isSynchronous() && checkpointType.isSavepoint())) {
        throw new IllegalArgumentException("Only synchronous savepoints are
          allowed to advance the watermark to MAX.");
    }
    // 获取当前 Execution 分配的 LogicalSlot 资源
    final LogicalSlot slot = assignedResource;
    // 如果 LogicalSlot 不为空，说明 Execution 运行正常
    if (slot != null) {
        // 通过 slot 获取 TaskManagerGateway 对象
        final TaskManagerGateway taskManagerGateway = slot.getTaskManagerGateway();
            // 调用 triggerCheckpoint() 方法
        taskManagerGateway.triggerCheckpoint(attemptId, getVertex().getJobId(),
                                     checkpointId, timestamp,
                                     checkpointOptions,
                                     advanceToEndOfEventTime);
    } else {
        // 否则说明 Execution 中没有资源，不再执行 Execution 对应的 Task 实例
        LOG.debug("The execution has no slot assigned. This indicates that the
          execution is no longer running.");
    }
}
```

（4）调用 TaskExecutor 执行 Checkpoint 操作

TaskExecutor 接收到来自 CheckpointCoordinator 的 Checkpoint 触发请求后，立即根据 Execution 信息确认 Task 实例线程，并且调用 Task 实例触发和执行数据源节点的 Checkpoint 操作。

如代码清单 6-34 所示，TaskExecutor.triggerCheckpoint() 方法逻辑如下。

1）检查 CheckpointType 的类型，CheckpointType 共有三种类型，分别为 CHECKPOINT、SAVEPOINT 和 SYNC_SAVEPOINT，且只有在同步 Savepoints 操作时才能调整 Watermark 为 MAX。

2）从 taskSlotTable 中获取 Execution 对应的 Task 实例，如果 Task 实例不为空，则调用 task.triggerCheckpointBarrier() 方法执行 Task 实例中的 Checkpoint 操作。

3）如果 Task 实例为空，说明 Task 目前处于异常，无法执行 Checkpoint 操作。此时调用 FutureUtils.completedExceptionally() 方法，并封装 CheckpointException 异常信息，返回给管理节点的 CheckpointCoordinator 进行处理。

代码清单 6-34　TaskExecutor.triggerCheckpoint() 方法定义

```
public CompletableFuture<Acknowledge> triggerCheckpoint(
    ExecutionAttemptID executionAttemptID,
    long checkpointId,
    long checkpointTimestamp,
    CheckpointOptions checkpointOptions,
    boolean advanceToEndOfEventTime) {
  log.debug("Trigger checkpoint {}@{} for {}.", checkpointId,
    checkpointTimestamp, executionAttemptID);
  // 检查 CheckpointType，确保只有同步的 savepoint 操作才能将 Watermark 调整为 MAX
  final CheckpointType checkpointType = checkpointOptions.getCheckpointType();
  if (advanceToEndOfEventTime && !(checkpointType.isSynchronous() &&
    checkpointType.isSavepoint())) {
    throw new IllegalArgumentException("Only synchronous savepoints are
      allowed to advance the watermark to MAX.");
  }
  // 从 taskSlotTable 中获取当前 Execution 对应的 Task
  final Task task = taskSlotTable.getTask(executionAttemptID);
  // 如果 task 不为空，则调用 triggerCheckpointBarrier() 方法
  if (task != null) {
    task.triggerCheckpointBarrier(checkpointId, checkpointTimestamp,
      checkpointOptions, advanceToEndOfEventTime);
    // 返回 CompletableFuture 对象
    return CompletableFuture.completedFuture(Acknowledge.get());
  } else {
    final String message = "TaskManager received a checkpoint request for
      unknown task " + executionAttemptID + '.';
    // 如果 task 为空，则返回 CheckpointException 异常
    log.debug(message);
    return FutureUtils.completedExceptionally(
```

```
            new CheckpointException(message,
CheckpointFailureReason.TASK_CHECKPOINT_FAILURE));
    }
}
```

（5）在 StreamTask 中执行 Checkpoint 操作

在 执 行 Task.triggerCheckpointBarrier() 方法时，会借助 AbstractInvokable 中提供的 triggerCheckpointAsync() 方法触发并执行 StreamTask 中的 Checkpoint 操作。

如代码清单 6-35 所示，在 AbstractInvokable.triggerCheckpointAsync() 方法中可以看出，首先调用了 mailboxProcessor.getMainMailboxExecutor() 方法获取 MailboxExecutor，并向 MailboxExecutor 线程执行器中提交 triggerCheckpoint(checkpointMetaData, checkpointOptions, advanceToEndOfEventTime) 函数块。此时在 mailbox 中会增加 Checkpoint 的触发和执行操作对应的 Mail，并和其他 Mail 一样，依次被 mailboxProcessor 执行。

代码清单 6-35　AbstractInvokable.triggerCheckpointAsync()

```
public Future<Boolean> triggerCheckpointAsync(
        CheckpointMetaData checkpointMetaData,
        CheckpointOptions checkpointOptions,
        boolean advanceToEndOfEventTime) {
    // 异步提交 Checkpoint 操作
    return mailboxProcessor.getMainMailboxExecutor().submit(
        () -> triggerCheckpoint(checkpointMetaData,
                                checkpointOptions, advanceToEndOfEventTime),
        "checkpoint %s with %s",
        checkpointMetaData,
        checkpointOptions);
}
```

如代码清单 6-36 所示，StreamTask.triggerCheckpoint() 方法主要逻辑如下。

1）调用 StreamTask.performCheckpoint() 方法执行 Checkpoint 并返回 success 信息，用于判断 Checkpoint 操作是否成功执行。

2）如果 success 信息为 False，表明 Checkpoint 操作没有成功执行，此时调用 declineCheckpoint() 方法回退。

代码清单 6-36　StreamTask.triggerCheckpoint() 方法定义

```
boolean success = performCheckpoint(checkpointMetaData, checkpointOptions,
                                    checkpointMetrics,
advanceToEndOfEventTime);
    if (!success) {
        declineCheckpoint(checkpointMetaData.getCheckpointId());
    }
    return success;
```

在 StreamTask.performCheckpoint() 方法中，主要执行了 Task 实例的 Checkpoint 操作，该方法除了会通过 CheckpointCoordinator 触发之外，在下游算子通过 CheckpointBarrier 对齐触发 Checkpoint 操作时，也会调用该方法执行具体 Task 的 Checkpoint 操作。接下来我们看 CheckpointBarrier 对齐触发 Checkpoint 的流程，了解 StreamTask 中 performCheckpoint() 方法如何执行 Checkpoint 操作，实现状态数据快照与持久化操作。

2. 通过对齐 CheckpointBarrier 触发算子 Checkpoint 操作

我们已经知道，在 CheckpointCoordinator 中会触发数据源算子的 Checkpoint 操作，同时向下游节点发送 CheckpointBarrier 事件。当下游 Task 实例接收到上游节点发送的 CheckpointBarrier 事件消息，且接收到所有 InputChannel 中的 CheckpointBarrier 事件消息时，当前 Task 实例才会触发本节点的 Checkpoint 操作。这样设定的目的是让下游节点将所有 InputChannel 中属于当前 Checkpoint 的数据全部接入本节点，然后再对数据元素进行处理，以保证数据的一致性，一旦出现异常也能从上一次 Checkpoint 持久化结果中恢复当前 Task 实例的状态数据。

在第 7 章我们会深入介绍 Flink 网络栈的设计和实现，下游 Task 节点主要通过 InputGate 接收和消费上游 Task 实例发送的数据元素和事件，另外会将 InputGate 封装成 CheckpointedInputGate 对象，用于接收和处理上游传输的 Checkpoint 事件和数据，基于 CheckpointedInputGate 可以完成 CheckpointBarrier 的对齐操作。

如代码清单 6-37 所示，在 CheckpointedInputGate.pollNext() 方法中先从上游节点获取 Buffer 或 Event 类型数据，然后分别做相应的数据处理，pollNext() 方法的主要逻辑如下。

1）从 Optional<BufferOrEvent> next 中获取 BufferOrEvent 类型数据，BufferOrEvent 既定义了 Buffer 数据也定义了 Event。CheckpointedInputGate 中主要处理 CheckpointBarrier 事件，其他类型事件和数据全部传递给算子进行后续处理。

2）如果当前 InputChannel 被 barrierHandler 对象锁定，则将所有的 BufferOrEvent 数据本地缓存，直到 InputChannel 的锁被打开。barrierHandler 会等所有 InputChannel 的 CheckpointBarrier 事件消息全部到达节点后，才继续处理该 Task 实例的 Buffer 数据，保证数据计算结果的正确性。

3）在 Buffer 数据的处理过程中，如果 Buffer 缓冲区被填满，会进行清理操作和 Barrier - Reset 操作。

4）如果 BufferOrEvent 的消息类型为 Buffer，则直接返回 next；如果是 CheckpointBarrier 类型，则调用 barrierHandler.processBarrier() 方法处理接入的 CheckpointBarrier 事件，最终根据 CheckpointBarrier 对齐情况选择是否触发当前节点的 Checkpoint 操作。

5）如果接收到的是 CancelCheckpointMarker 事件，则调用 processCancellationBarrier() 方法进行处理，取消本次 Checkpoint 操作。

6）如果接收到的是 EndOfPartitionEvent 事件，表示上游 Partition 中的数据已经消费完毕，此时调用 barrierHandler.processEndOfPartition() 方法进行处理，最后清理缓冲区中的

Buffer 数据。

代码清单 6-37　CheckpointedInputGate.pollNext() 方法

```
// 获取 BufferOrEvent 数据
BufferOrEvent bufferOrEvent = next.get();
if (barrierHandler.isBlocked(offsetChannelIndex(bufferOrEvent.
    getChannelIndex()))) {
    // 如果当前 channel 被 barrierHandler 对象锁定，则将 BufferOrEvent 数据先缓存下来
    bufferStorage.add(bufferOrEvent);
    // 如果缓冲区被填满，则进行清理操作和 Barrier Reset 操作
    if (bufferStorage.isFull()) {
        barrierHandler.checkpointSizeLimitExceeded(bufferStorage.getMaxBufferedBytes());
        bufferStorage.rollOver();
    }
}else if (bufferOrEvent.isBuffer()) {
    // 如果是业务数据则直接返回，留给算子处理
    return next;
}else if (bufferOrEvent.getEvent().getClass() == CheckpointBarrier.class) {
    // 如果是 CheckpointBarrier 类型的事件，则对接入的 Barrier 进行处理
    CheckpointBarrier checkpointBarrier = (CheckpointBarrier) bufferOrEvent.getEvent();
    if (!endOfInputGate) {
        // 根据算子的对齐情况选择是否需要进行 Checkpoint 操作
        if (barrierHandler.processBarrier(checkpointBarrier,
                                offsetChannelIndex(bufferOrEvent.
                                getChannelIndex()),
                                bufferStorage.getPendingBytes())) {
            bufferStorage.rollOver();
        }
    }
}else if (bufferOrEvent.getEvent().getClass() == CancelCheckpointMarker.class) {
    // 如果是 CancelCheckpointMarker 类型事件，则调用 processCancellationBarrier() 方
        法进行处理
    if (barrierHandler.processCancellationBarrier(
        (CancelCheckpointMarker) bufferOrEvent.getEvent())) {
        bufferStorage.rollOver();
    }
}
```

通过以上步骤我们可以看出，在 CheckpointedInputGate 中实现了 CheckpointBarrier 对齐的全部过程，并通过 bufferStorage 对接入的 Buffer 数据进行缓存，直到 CheckpointBarrier 事件全部对齐，才会对接入的数据进行处理。接下来我们重点看 CheckpointBarrierHandler 的具体实现。

（1）CheckpointBarrierHandler 分类

CheckpointBarrier 事件的对齐过程主要借助 CheckpointBarrierHandler 实现。如图 6-12 所示，CheckpointBarrierHandler 主要有 CheckpointBarrierAligner 和 CheckpointBarrierTracker 两种子类实现，CheckpointBarrierAligner 用于实现 Exactly-Once 数据的一致性保障，对所

有 InputChannel 中的 CheckpointBarrier 进行严格的对齐控制，并决定 Task 实例中 Input-Channel 的 block 和 unblock 时间点。CheckpointBarrierTracker 则实现了 At-Least-Once 语义处理保障，并没有对 CheckpointBarrier 进行非常严格的控制。

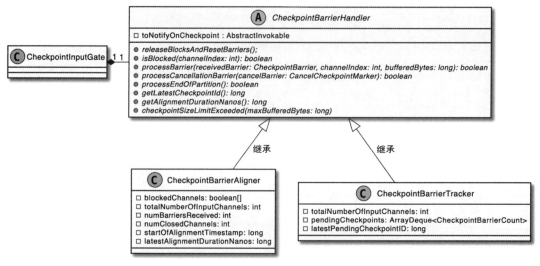

图 6-12　CheckpointBarrierHandler UML 关系图

（2）通过 CheckpointBarrierAligner 实现 Barrier 对齐操作

在 CheckpointInputGate 中通过 CheckpointBarrierHandler.processBarrier() 方法处理接收到的 CheckpointBarrier 事件。CheckpointBarrierHandler.processBarrier() 方法由子类实现，下面我们以 CheckpointBarrierAligner 为例进行说明。

如代码清单 6-38 所示，CheckpointBarrierAligner.processBarrier() 方法主要逻辑如下。

1）从 receivedBarrier 中获取 barrierId，判断 totalNumberOfInputChannels 是否为 1，如果 InputChannel 数量为 1，则触发 Checkpoint 操作，不需要进行 CheckpointBarrier 对齐操作。

2）如果 InputChannel 数量不为 1，则判断 numBarriersReceived 是否大于 0，即是否已经开始接收 CheckpointBarrier 事件，并进行 Barrier 对齐操作。

3）如果 barrierId == currentCheckpointId 条件为 True，则调用 onBarrier() 方法进行处理。

4）如果 barrierId > currentCheckpointId，表明已经有新的 Barrier 事件发出，超过了当前的 CheckpointId，这种情况就会忽略当前的 Checkpoint，并调用 beginNewAlignment() 方法开启新的 Checkpoint。

5）如果以上条件都不满足，表明当前的 Checkpoint 操作已经被取消或 Barrier 信息属于先前的 Checkpoint 操作，此时直接返回 false。

6）满足 numBarriersReceived + numClosedChannels == totalNumberOfInputChannels 条件后，触发该节点的 Checkpoint 操作。实际上会调用 notifyCheckpoint() 方法触发该 Task 实

例的 Checkpoint 操作。

代码清单 6-38　CheckpointBarrierAligner.processBarrier() 方法定义

```
public boolean processBarrier(CheckpointBarrier receivedBarrier,
                              int channelIndex,
                              long bufferedBytes) throws Exception {
    // 首先获取 barrierId
    final long barrierId = receivedBarrier.getId();
    // 如果 InputChannels 为 1,直接触发 Checkpoint 操作,不需要对齐处理
    if (totalNumberOfInputChannels == 1) {
        if (barrierId > currentCheckpointId) {
            // 提交新的 Checkpoint 操作
            currentCheckpointId = barrierId;
            notifyCheckpoint(receivedBarrier, bufferedBytes,
                latestAlignmentDurationNanos);
        }
        return false;
    }
    boolean checkpointAborted = false;
    if (numBarriersReceived > 0) {
        // 继续进行对齐操作
        if (barrierId == currentCheckpointId) {
            onBarrier(channelIndex);
        }else if (barrierId > currentCheckpointId) {
            LOG.warn("{}: Received checkpoint barrier for checkpoint {} before
                completing current checkpoint {}. " + "Skipping current checkpoint.",
                taskName,
                barrierId,
                currentCheckpointId);
            // 通知 Task 当前 Checkpoint 没有完成
            notifyAbort(currentCheckpointId,
                new CheckpointException(
                    "Barrier id: " + barrierId,
                    CheckpointFailureReason.CHECKPOINT_DECLINED_SUBSUMED));
            // 终止当前的 Checkpoint 操作
            releaseBlocksAndResetBarriers();
            checkpointAborted = true;
            // 开启新的 Checkpoint 操作
            beginNewAlignment(barrierId, channelIndex);
        }else {
            return false;
        }
    }else if (barrierId > currentCheckpointId) {
        // 创建新的 Checkpoint
        beginNewAlignment(barrierId, channelIndex);
    }else {
        return false;
    }
    // 当 Barrier 接收的数量加上 Channel 关闭的数量等于整个 InputChannels 的数量时触发
       Checkpoint 操作
```

```
if (numBarriersReceived + numClosedChannels == totalNumberOfInputChannels) {
    if (LOG.isDebugEnabled()) {
        LOG.debug("{}: Received all barriers, triggering checkpoint {} at {}.",
            taskName,
            receivedBarrier.getId(),
            receivedBarrier.getTimestamp());
    }
    // 释放 Block 并重置 Barrier
    releaseBlocksAndResetBarriers();
    // 开始触发 Checkpoint 操作
    notifyCheckpoint(receivedBarrier, bufferedBytes,
        latestAlignmentDurationNanos);
    return true;
}
return checkpointAborted;
}
```

（3）调用 StreamTask 执行 Checkpoint 操作

经过以上步骤，基本上完成了 CheckpointBarrier 的对齐操作，当 CheckpointBarrier 完成对齐操作后，接下来就是通过 notifyCheckpoint() 方法触发 StreamTask 节点的 Checkpoint 操作。

如代码清单 6-39 所示，notifyCheckpoint() 方法主要包含如下逻辑。

1）判断 toNotifyOnCheckpoint 不为空，这里的 toNotifyOnCheckpoint 实例实际上就是 AbstractInvokable 实现类，在 AbstractInvokable 中提供了触发 Checkpoint 操作的相关方法。StreamTask 是唯一实现了 Checkpoint 方法的子类，即只有 StreamTask 才能触发当前 Task 实例中的 Checkpoint 操作。

2）创建 CheckpointMetaData 和 CheckpointMetrics 实例，CheckpointMetaData 用于存储 Checkpoint 的元信息，CheckpointMetrics 用于记录和监控 Checkpoint 监控指标。

3）调用 toNotifyOnCheckpoint.triggerCheckpointOnBarrier() 方法触发 StreamTask 中算子的 Checkpoint 操作。

4）triggerCheckpointOnBarrier() 方法基本上和 CheckpointCoordinator 触发数据源节点的 Checkpoint 操作执行过程一致。

代码清单 6-39　CheckpointBarrierHandler.notifyCheckpoint() 方法定义

```
protected void notifyCheckpoint(CheckpointBarrier checkpointBarrier,
                                long bufferedBytes,
                                long alignmentDurationNanos) throws Exception {
    if (toNotifyOnCheckpoint != null) {
        // 创建 CheckpointMetaData 对象用于存储 Meta 信息
        CheckpointMetaData checkpointMetaData =
            new CheckpointMetaData(checkpointBarrier.getId(),
                                   checkpointBarrier.getTimestamp());
        // 创建 CheckpointMetrics 对象用于记录监控指标
```

```
CheckpointMetrics checkpointMetrics = new CheckpointMetrics()
    .setBytesBufferedInAlignment(bufferedBytes)
    .setAlignmentDurationNanos(alignmentDurationNanos);
// 调用 toNotifyOnCheckpoint.triggerCheckpointOnBarrier() 方法触发 Checkpoint
操作
toNotifyOnCheckpoint.triggerCheckpointOnBarrier(
    checkpointMetaData,
    checkpointBarrier.getCheckpointOptions(),
    checkpointMetrics);
    }
}
```

3. 在 StreamTask 中执行 Checkpoint 操作

Checkpoint 触发过程分为两种情况：一种是 CheckpointCoordinator 周期性地触发数据源节点中的 Checkpoint 操作；另一种是下游算子通过对齐 CheckpointBarrier 事件触发本节点算子的 Checkpoint 操作。不管是哪种方式触发 Checkpoint，最终都是调用 StreamTask.performCheckpoint() 方法实现 StreamTask 实例中状态数据的持久化操作。

如代码清单 6-40 所示，在 StreamTask.performCheckpoint() 方法中，首先判断当前的 Task 是否运行正常，然后使用 actionExecutor 线程池执行 Checkpoint 操作，Checkpoint 的实际执行过程如下。

1）首先是 Checkpoint 执行前的准备操作，即调用 operatorChain.prepareSnapshotPreBarrier(checkpointId) 方法，让 OperatorChain 中所有的 Operator 执行 Pre-barrier 工作。

2）将 CheckpointBarrier 事件发送到下游的节点中。

3）执行 checkpointState() 方法，对 StreamTask 中 OperatorChain 的所有算子进行状态数据的快照操作，该过程为异步非阻塞过程，不影响数据的正常处理进程，执行完成后会返回 True 到 CheckpointInputGate 中。

4）如果 isRunning 的条件为 false，表明 Task 不在运行状态，此时需要给 OperatorChain 中的所有算子发送 CancelCheckpointMarker 消息，这里主要借助 recordWriter.broadcastEvent(message) 方法向下游算子进行事件广播。

5）当且仅当 OperatorChain 中的算子还没有执行完 Checkpoint 操作的时候，下游的算子接收到 CancelCheckpointMarker 消息后会立即取消 Checkpoint 操作。

代码清单 6-40　StreamTask.performCheckpoint() 方法定义

```
private boolean performCheckpoint(
        CheckpointMetaData checkpointMetaData,
        CheckpointOptions checkpointOptions,
        CheckpointMetrics checkpointMetrics,
        boolean advanceToEndOfTime) throws Exception {
    LOG.debug("Starting checkpoint ({}) {} on task {}",
            checkpointMetaData.getCheckpointId(),
            checkpointOptions.getCheckpointType(),
```

```
                    getName());
        final long checkpointId = checkpointMetaData.getCheckpointId();
        if (isRunning) {
            // 使用 actionExecutor 执行 Checkpoint 逻辑
            actionExecutor.runThrowing(() -> {
                if (checkpointOptions.getCheckpointType().isSynchronous()) {
                    setSynchronousSavepointId(checkpointId);
                    if (advanceToEndOfTime) {
                        advanceToEndOfEventTime();
                    }
                }
                //Checkpoint 操作的准备工作
                operatorChain.prepareSnapshotPreBarrier(checkpointId);
                // 将 checkpoint barrier 发送到下游的 stream 中
                operatorChain.broadcastCheckpointBarrier(
                        checkpointId,
                        checkpointMetaData.getTimestamp(),
                        checkpointOptions);
                // 对算子中的状态进行快照操作, 此步骤是异步操作, 不影响 streaming 拓扑中数据的正常
                    处理
                checkpointState(checkpointMetaData, checkpointOptions,
                    checkpointMetrics);
            });
            return true;
        } else {
            // 如果 Task 处于其他状态, 则向下游广播 CancelCheckpointMarker 消息
            actionExecutor.runThrowing(() -> {
                final CancelCheckpointMarker message =
                    new CancelCheckpointMarker(checkpointMetaData.getCheckpointId());
                recordWriter.broadcastEvent(message);
            });
            return false;
        }
    }
```

接下来我们看 StreamTask.checkpointState() 方法的具体实现, 如代码清单 6-41 所示。

1）通过 checkpointStorage 创建 CheckpointStreamFactory 实例, 进一步创建 Checkpoint-StateOutputStream 实例。CheckpointStateOutputStream 主要有 FsCheckpointStateOutputStream 和 MemoryCheckpointOutputStream 两种实现类, 分别对应文件类型系统和内存的数据流输出。

2）创建 CheckpointingOperation 实例, CheckpointingOperation 封装了 Checkpoint 执行的具体操作流程, 以及 checkpointMetaData、checkpointOptions、storage 和 checkpoint-Metrics 等 Checkpoint 执行过程中需要的环境配置信息。

3）调用 CheckpointingOperation.executeCheckpointing() 方法执行 Checkpoint 操作。

代码清单 6-41　StreamTask.checkpointState() 方法定义

```
private void checkpointState(
        CheckpointMetaData checkpointMetaData,
```

```
        CheckpointOptions checkpointOptions,
        CheckpointMetrics checkpointMetrics) throws Exception {
    // 创建 CheckpointStreamFactory 实例
    CheckpointStreamFactory storage = checkpointStorage.resolveCheckpointStorag
        eLocation(
            checkpointMetaData.getCheckpointId(),
            checkpointOptions.getTargetLocation());
    // 创建 CheckpointingOperation 实例
    CheckpointingOperation checkpointingOperation = new CheckpointingOperation(
        this,
        checkpointMetaData,
        checkpointOptions,
        storage,
        checkpointMetrics);
    // 执行 Checkpoint 操作
    checkpointingOperation.executeCheckpointing();
}
```

（1）CheckpointingOperation 执行 Checkpoint 操作

如代码清单 6-42 所示，CheckpointingOperation.executeCheckpointing() 方法内部封装了 AsyncCheckpointRunnable 线程，并调用 StreamTask 的 asyncOperationsThreadPool 线程池执行创建好的 asyncCheckpointRunnable 线程。executeCheckpointing() 方法主要包含如下逻辑。

1）遍历所有 StreamOperator 算子，然后调用 checkpointStreamOperator() 方法为每个算子创建 OperatorSnapshotFuture 对象。这一步实际调用了算子中的 StreamOperator.snapshot-State() 方法，将所有算子的快照操作存储在 OperatorSnapshotFutures 集合中。

2）将 OperatorSnapshotFutures 存储到 operatorSnapshotsInProgress 的键值对集合中，其中 Key 为 OperatorID，Value 为该算子执行状态快照操作对应的 OperatorSnapshotFutures 对象。

3）创建 AsyncCheckpointRunnable 线程对象，AsyncCheckpointRunnable 实例中包含了创建好的 OperatorSnapshotFutures 集合。

4）调用 StreamTask.asyncOperationsThreadPool 线程池执行 asyncCheckpointRunnable 线程，在 asyncCheckpointRunnable 线程中执行 operatorSnapshotsInProgress 集合中算子的异步快照操作。

代码清单 6-42　CheckpointingOperation.executeCheckpointing() 方法定义

```
public void executeCheckpointing() throws Exception {
    // 通过算子创建执行快照操作的 OperatorSnapshotFutures 对象
    for (StreamOperator<?> op : allOperators) {
        checkpointStreamOperator(op);
    }
    // 此处省略部分代码
    startAsyncPartNano = System.nanoTime();
    checkpointMetrics.setSyncDurationMillis(
```

```
    (startAsyncPartNano - startSyncPartNano) / 1_000_000);
    AsyncCheckpointRunnable asyncCheckpointRunnable = new
        AsyncCheckpointRunnable(
        owner,
        operatorSnapshotsInProgress,
        checkpointMetaData,
        checkpointMetrics,
        startAsyncPartNano);
    // 注册 Closeable 操作
    owner.cancelables.registerCloseable(asyncCheckpointRunnable);
    // 执行 asyncCheckpointRunnable
        owner.asyncOperationsThreadPool.execute(asyncCheckpointRunnable);
}
```

（2）将算子中的状态快照操作封装在 OperatorSnapshotFutures 中

如代码清单 6-43 所示，AbstractStreamOperator.snapshotState() 方法将当前算子的状态快照操作封装在 OperatorSnapshotFutures 对象中，然后通过 asyncOperationsThreadPool 线程池异步触发所有的 OperatorSnapshotFutures 操作，方法主要步骤如下。

1）如果 keyedStateBackend 为空，获取 KeyGroupRange。

2）创建 OperatorSnapshotFutures 对象，封装当前算子对应的状态快照操作。

3）创建 snapshotContext 上下文对象，存储快照过程需要的上下文信息，并调用 snapshotState() 方法执行快照操作。snapshotState() 方法由 StreamOperator 子类实现，例如在 AbstractUdfStreamOperator 中会调用 StreamingFunctionUtils.snapshotFunctionState(context, getOperatorStateBackend(), userFunction) 方法执行函数中的状态快照操作。

4）向 snapshotInProgress 中指定 KeyedStateRawFuture 和 OperatorStateRawFuture，专门用于处理原生状态数据的快照操作。

5）如果 operatorStateBackend 不为空，则将 operatorStateBackend.snapshot() 方法块设定到 OperatorStateManagedFuture 中，并注册到 snapshotInProgress 中等待执行。

6）如果 keyedStateBackend 不为空，则将 keyedStateBackend.snapshot() 方法块设定到 KeyedStateManagedFuture 中，并注册到 snapshotInProgress 中等待执行。

7）返回创建的 snapshotInProgress 异步 Future 对象，snapshotInProgress 中封装了当前算子需要执行的所有快照操作。

代码清单 6-43　AbstractStreamOperator.snapshotState() 方法

```
public final OperatorSnapshotFutures snapshotState(long checkpointId,
                                                   long timestamp,
                                                   CheckpointOptions
                                                   checkpointOptions,
                                                   CheckpointStreamFactory factory
                                                   ) throws Exception {
    // 获取 KeyGroupRange
    KeyGroupRange keyGroupRange = null != keyedStateBackend ?
```

```
            keyedStateBackend.getKeyGroupRange() : KeyGroupRange.EMPTY_KEY_GROUP_
                RANGE;
        // 创建 OperatorSnapshotFutures 处理对象
    OperatorSnapshotFutures snapshotInProgress = new OperatorSnapshotFutures();
        // 创建 snapshotContext 上下文对象
    StateSnapshotContextSynchronousImpl snapshotContext =
    new StateSnapshotContextSynchronousImpl(
        checkpointId,
        timestamp,
        factory,
        keyGroupRange,
        getContainingTask().getCancelables());
    try {
        snapshotState(snapshotContext);
        // 设定 KeyedStateRawFuture 和 OperatorStateRawFuture
        snapshotInProgress
        .setKeyedStateRawFuture(snapshotContext.getKeyedStateStreamFuture());
        snapshotInProgress
        .setOperatorStateRawFuture(snapshotContext.getOperatorStateStreamFuture());
            // 如果 operatorStateBackend 不为空，设定 OperatorStateManagedFuture
        if (null != operatorStateBackend) {
            snapshotInProgress.setOperatorStateManagedFuture(
                operatorStateBackend
                .snapshot(checkpointId, timestamp, factory, checkpointOptions));
        }
        // 如果 keyedStateBackend 不为空，设定 KeyedStateManagedFuture
        if (null != keyedStateBackend) {
            snapshotInProgress.setKeyedStateManagedFuture(
                keyedStateBackend
                .snapshot(checkpointId, timestamp, factory, checkpointOptions));
        }
    } catch (Exception snapshotException) {
        // 此处省略部分代码
    }
    return snapshotInProgress;
}
```

这里我们可以看出，原生状态和管理状态的 RunnableFuture 对象会有所不同，RawState 主要通过从 snapshotContext 中获取的 RawFuture 对象管理状态的快照操作，ManagedState 主要通过 operatorStateBackend 和 keyedStateBackend 进行状态的管理，并根据 StateBackend 的不同实现将状态数据写入内存或外部文件系统中。

（3）AsyncCheckpointRunnable 线程的定义和执行

我们知道所有的状态快照操作都会被封装到 OperatorStateManagedFuture 对象中，最终通过 AsyncCheckpointRunnable 线程触发执行。下面我们看 AsyncCheckpointRunnable 线程的定义。

如代码清单 6-44 所示，AsyncCheckpointRunnable.run() 方法主要逻辑如下。

1）调用 FileSystemSafetyNet.initializeSafetyNetForThread() 方法为当前线程初始化文件系统安全网，确保数据能够正常写入。

2）创建 jobManagerTaskOperatorSubtaskStates 和 localTaskOperatorSubtaskStates 对应的 TaskStateSnapshot 实例，其中 jobManagerTaskOperatorSubtaskStates 用于存储和记录发送给 JobManager 的 Checkpoint 数据，localTaskOperatorSubtaskStates 用 于 存 储 TaskExecutor 本地的状态数据。

3）遍历 operatorSnapshotsInProgress 集合，获取 OperatorSnapshotFutures 并创建 Operator-SnapshotFinalizer 实例，用于执行所有状态快照线程操作。在 OperatorSnapshotFinalizerz 中会调用 FutureUtils.runIfNotDoneAndGet() 方法执行 KeyedState 和 OperatorState 的快照操作。

4）从 finalizedSnapshots 中获取 JobManagerOwnedState 和 TaskLocalState，分别存储在 jobManagerTaskOperatorSubtaskStates 和 localTaskOperatorSubtaskStates 集合中。

5）调用 checkpointMetrics 对象记录 Checkpoint 执行的时间并汇总到 Metric 监控系统中。

6）如果 AsyncCheckpointState 为 COMPLETED 状态，则调用 reportCompletedSnapshot-States() 方法向 JobManager 汇报 Checkpoint 的执行结果。

7）如果出现其他异常情况，则调用 handleExecutionException() 方法进行处理。

代码清单 6-44　AsyncCheckpointRunnable.run() 方法定义

```
public void run() {
    FileSystemSafetyNet.initializeSafetyNetForThread();
    try {
        // 创建 TaskStateSnapshot
        TaskStateSnapshot jobManagerTaskOperatorSubtaskStates =
            new TaskStateSnapshot(operatorSnapshotsInProgress.size());
        TaskStateSnapshot localTaskOperatorSubtaskStates =
            new TaskStateSnapshot(operatorSnapshotsInProgress.size());
        for (Map.Entry<OperatorID, OperatorSnapshotFutures> entry :
             operatorSnapshotsInProgress.entrySet()) {
            OperatorID operatorID = entry.getKey();
            OperatorSnapshotFutures snapshotInProgress = entry.getValue();
            // 创建 OperatorSnapshotFinalizer 对象
            OperatorSnapshotFinalizer finalizedSnapshots =
                new OperatorSnapshotFinalizer(snapshotInProgress);
            jobManagerTaskOperatorSubtaskStates.putSubtaskStateByOperatorID(
                operatorID,
                finalizedSnapshots.getJobManagerOwnedState());
            localTaskOperatorSubtaskStates.putSubtaskStateByOperatorID(
                operatorID,
                finalizedSnapshots.getTaskLocalState());
        }
        final long asyncEndNanos = System.nanoTime();
        final long asyncDurationMillis = (asyncEndNanos - asyncStartNanos) / 1_000_000L;
        checkpointMetrics.setAsyncDurationMillis(asyncDurationMillis);
        if (asyncCheckpointState.compareAndSet(
            CheckpointingOperation.AsyncCheckpointState.RUNNING,
```

```
            CheckpointingOperation.AsyncCheckpointState.COMPLETED)) {
            reportCompletedSnapshotStates(
                jobManagerTaskOperatorSubtaskStates,
                localTaskOperatorSubtaskStates,
                asyncDurationMillis);
        } else {
            LOG.debug("{} - asynchronous part of checkpoint {} could not be
                completed because it was closed before.",
                owner.getName(),
                checkpointMetaData.getCheckpointId());
        }
    } catch (Exception e) {
        handleExecutionException(e);
    } finally {
        owner.cancelables.unregisterCloseable(this);
        FileSystemSafetyNet.closeSafetyNetAndGuardedResourcesForThread();
    }
}
```

至此，算子状态数据快照的逻辑基本完成，算子中的托管状态主要借助 KeyedState-Backend 和 OperatorStateBackend 管理。KeyedStateBackend 和 OperatorStateBackend 都实现了 SnapshotStrategy 接口，提供了状态快照的方法。SnapshotStrategy 根据不同类型存储后端，主要有 HeapSnapshotStrategy 和 RocksDBSnapshotStrategy 两种类型，其中 RocksDBSnapshotStrategy 根据是否支持增量 Snapshot 分为 RocksIncrementalSnapshotStrategy 和 RocksFullSnapshotStrategy 两种子类实现。

这里我们以 HeapSnapshotStrategy 为例，介绍在 StateBackend 中对状态数据进行状态快照持久化操作的步骤。如代码清单 6-45 所示，HeapSnapshotStrategy.processSnapshotMetaInfoForAllStates() 方法中定义了对 KeyedState 以及 OperatorState 的状态处理逻辑。

1）从 registeredStates 中获取 kvState 的集合，分别遍历每个 StateSnapshotRestore。

2）判断 StateSnapshotRestore 不为空并调用 StateSnapshotRestore.stateSnapshot() 方法，此时会创建 StateSnapshot 对象。

3）将创建的 StateSnapshot 添加到 metaInfoSnapshots 和 cowStateStableSnapshots 集合中，完成堆内存存储类型 KvState 的快照操作。

在 state.stateSnapshot() 方法中，会基于不同的 StateSnapshotRestore 创建 StateSnapshot，例如 CopyOnWriteStateTable 创建 CopyOnWriteStateTableSnapshot，HeapPriorityQueue-SnapshotRestoreWrapper 会创建 HeapPriorityQueueStateSnapshot、NestedMapsStateTable 会创建 NestedMapsStateTableSnapshot。限于篇幅，对 StateSnapshot 不再展开介绍，读者可阅读相关代码进行了解。

代码清单 6-45　HeapSnapshotStrategy.processSnapshotMetaInfoForAllStates() 方法定义

```
private void processSnapshotMetaInfoForAllStates(
    List metaInfoSnapshots,
```

```
Map<StateUID, StateSnapshot> cowStateStableSnapshots,
Map<StateUID, Integer> stateNamesToId,
Map<String, ? extends StateSnapshotRestore> registeredStates,
StateMetaInfoSnapshot.BackendStateType stateType) {
for (Map.Entry<String, ? extends StateSnapshotRestore> kvState :
    registeredStates.entrySet()) {
  final StateUID stateUid = StateUID.of(kvState.getKey(), stateType);
  stateNamesToId.put(stateUid, stateNamesToId.size());
  StateSnapshotRestore state = kvState.getValue();
  if (null != state) {
    final StateSnapshot stateSnapshot = state.stateSnapshot();
    metaInfoSnapshots.add(stateSnapshot.getMetaInfoSnapshot());
    cowStateStableSnapshots.put(stateUid, stateSnapshot);
  }
}
}
```

4. 发送 AcknowledgeCheckpoint 消息到 CheckpointCoordinator 中

当 StreamTask 中所有的算子完成状态数据的快照操作后，Task 实例会立即将 TaskStateSnapshot 消息发送到管理节点的 CheckpointCoordinator 中，并在 CheckpointCoordinator 中完成后续的操作，例如确认接收到所有 Task 实例的 Ack 消息以及当前 Pending-Checkpoint 的完成情况等，如图 6-13 所示。

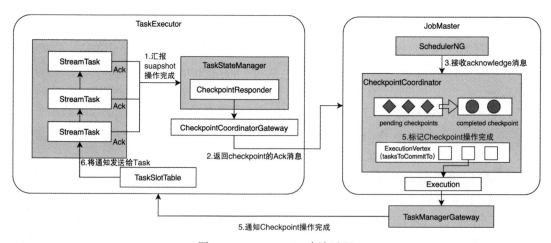

图 6-13　Checkpoint 确认过程

如图 6-14 所示，Checkpoint 执行完毕后的确认过程如下。

1）当 StreamTask 中的所有算子都完成快照操作后，会调用 StreamTask.reportCompleted-SnapshotStates() 方法将 TaskStateSnapshot 等 Ack 消息发送给 TaskStateManager。TaskState-Manager 封装了 CheckpointCoordinatorGateway，因此可以直接和 CheckpointCoordinator 组件进行 RPC 通信。

2 ）TaskStateManager 通过 CheckpointResponder.acknowledgeCheckpoint() 方法将 acknowledged-TaskStateSnapshot 消息传递给 CheckpointCoordinatorGateway 接口实现者，实际上就是 JobMaster-RPC 服务。

3 ）JobMaster 接收到 RpcCheckpointResponder 返回的 Ack 消息后，会调用 SchedulerNG.acknowledgeCheckpoint() 方法将消息传递给调度器。调度器会将 Ack 消息封装成 Acknowledge-Checkpoint，传递给 CheckpointCoordinator 组件继续处理。

4 ）当 CheckpointCoordinator 接收到 AcknowledgeCheckpoint 后，会从 pendingCheckpoints 集合中获取对应的 PendingCheckpoint，然后判断当前 Checkpoint 中是否收到 AcknowledgedTasks 集合所有的 Task 实例发送的 Ack 确认消息。如果 notYetAcknowledgedTasks 为空，则调用 completePendingCheckpoint() 方法完成当前 PendingCheckpoint 操作，并从 pendingCheckpoints 集合中移除当前的 PendingCheckpoint。

5 ）紧接着，PendingCheckpoint 会转换成 CompletedCheckpoint，此时 CheckpointCoordinator 会在 completedCheckpointStore 集合中添加 CompletedCheckpoint。

6 ）CheckpointCoordinator 会遍历 tasksToCommitTo 集合中的 ExecutionVertex 节点并获取 Execution 对象，然后通过 Execution 向 TaskManagerGateway 发送 CheckpointComplete 消息，通知所有的 Task 实例本次 Checkpoint 操作结束。

7 ）当 TaskExecutor 接收到 CheckpointComplete 消息后，会从 TaskSlotTable 中获取对应的 Task 实例，向 Task 实例中发送 CheckpointComplete 消息。所有实现 CheckpointListener 监听器的组件或算子都会获取 Checkpoint 完成的消息，然后完成各自后续的处理操作。

CheckpointCoordinator 组件接收到 Task 实例的 Ack 消息后，会触发并完成 Checkpoint 操作。如代码清单 6-46 所示，PendingCheckpoint.finalizeCheckpoint() 方法的具体实现如下。

1 ）向 sharedStateRegistry 中注册 operatorStates。

2 ）结束 pendingCheckpoint 中的 Checkpoint 操作并生成 CompletedCheckpoint。如果出现异常，则中止并抛出 CheckpointExecution。

3 ）将 completedCheckpoint 添加到 completedCheckpointStore 中，如果 completedCheckpoint 存储出现异常则进行清理。

4 ）从 pendingCheckpoint 中移除 checkpointId 对应的 PendingCheckpoint，并触发队列中的 Checkpoint 请求。

5 ）向所有的 ExecutionVertex 节点发送 CheckpointComplete 消息，通知 Task 实例本次 Checkpoint 操作完成。

代码清单 6-46　PendingCheckpoint.finalizeCheckpoint() 方法定义

```
private void completePendingCheckpoint(PendingCheckpoint pendingCheckpoint)
    throws CheckpointException {
    final long checkpointId = pendingCheckpoint.getCheckpointId();
    final CompletedCheckpoint completedCheckpoint;
    // 首先向 sharedStateRegistry 中注册 operatorStates
```

```
Map<OperatorID, OperatorState> operatorStates =
   pendingCheckpoint.getOperatorStates();
sharedStateRegistry.registerAll(operatorStates.values());
// 对 pendingCheckpoint 中的 Checkpoint 做结束处理并生成 CompletedCheckpoint
try {
   try {
      completedCheckpoint = pendingCheckpoint.finalizeCheckpoint();
      failureManager.handleCheckpointSuccess(pendingCheckpoint.
         getCheckpointId());
   }
   catch (Exception e1) {
      // 如果出现异常则中止运行并抛出 CheckpointException
      if (!pendingCheckpoint.isDiscarded()) {
         failPendingCheckpoint(pendingCheckpoint,
                              CheckpointFailureReason.FINALIZE_CHECKPOINT_
                              FAILURE, e1);
      }
      throw new CheckpointException("Could not finalize the pending
                              checkpoint " +
                              checkpointId + '.',
                              CheckpointFailureReason
                              .FINALIZE_CHECKPOINT_FAILURE, e1);
   }
   // 当完成 finalization 后，PendingCheckpoint 必须被丢弃
   Preconditions.checkState(pendingCheckpoint.isDiscarded()
                        && completedCheckpoint != null);
   // 将 completedCheckpoint 添加到 completedCheckpointStore 中
   try {
      completedCheckpointStore.addCheckpoint(completedCheckpoint);
   } catch (Exception exception) {
      // 如果 completed checkpoint 存储出现异常则进行清理
      executor.execute(new Runnable() {
         @Override
         public void run() {
            try {
               completedCheckpoint.discardOnFailedStoring();
            } catch (Throwable t) {
               LOG.warn("Could not properly discard completed checkpoint {}.",
                     completedCheckpoint.getCheckpointID(), t);
            }
         }
      });
      throw new CheckpointException("Could not complete the pending
                              checkpoint " +
                              checkpointId + '.',
                              CheckpointFailureReason.
                              FINALIZE_CHECKPOINT_FAILURE, exception);
   }
} finally {
   // 最后从 pendingCheckpoints 中移除 checkpointId 对应的 PendingCheckpoint
   pendingCheckpoints.remove(checkpointId);
```

```
    // 触发队列中的 Checkpoint 请求
    triggerQueuedRequests();
}
// 记录 checkpointId
rememberRecentCheckpointId(checkpointId);
// 清除之前的 Checkpoints
dropSubsumedCheckpoints(checkpointId);
// 计算和前面 Checkpoint 操作之间的最低延时
lastCheckpointCompletionRelativeTime = clock.relativeTimeMillis();
LOG.info("Completed checkpoint {} for job {} ({} bytes in {} ms).",
        checkpointId, job,
        completedCheckpoint.getStateSize(), completedCheckpoint.getDuration());
// 通知所有的 ExecutionVertex 节点 Checkpoint 操作完成
final long timestamp = completedCheckpoint.getTimestamp();
for (ExecutionVertex ev : tasksToCommitTo) {
    Execution ee = ev.getCurrentExecutionAttempt();
    if (ee != null) {
        ee.notifyCheckpointComplete(checkpointId, timestamp);
    }
}
}
```

当 TaskExecutor 接收到来自 CheckpointCoordinator 的 CheckpointComplete 消息后，会调用 Task.notifyCheckpointComplete() 方法将消息传递到指定的 Task 实例中。Task 线程会调用 invokable.notifyCheckpointCompleteAsync(checkpointID) 方法将 CheckpointComplete 消息通知给 StreamTask 中的算子。

如代码清单 6-47 所示，StreamTask.notifyCheckpointCompleteAsync() 方法会将 notify-CheckpointComplete() 方法转换成 RunnableWithException 线程并提交到 Mailbox 中运行，且在 MailboxExecutor 线程模型中获取和执行的优先级是最高的。最终 notifyCheckpoint-Complete() 方法会在 MailboxProcessor 中运行。

代码清单 6-47　StreamTask.notifyCheckpointCompleteAsync() 方法

```
public Future<Void> notifyCheckpointCompleteAsync(long checkpointId) {
    return mailboxProcessor.getMailboxExecutor(TaskMailbox.MAX_PRIORITY).submit(
        () -> notifyCheckpointComplete(checkpointId),
        "checkpoint %d complete", checkpointId);
}
```

我们具体看 StreamTask.notifyCheckpointComplete() 方法的实现，如代码清单 6-48 所示。

1）获取当前 Task 中算子链的算子，并调用 operator.notifyCheckpointComplete() 方法发送 Checkpoint 完成的消息。

2）获取 TaskStateManager 对象，向其通知 Checkpoint 完成消息，这里主要调用 TaskLocalStateStore 清理本地无用的 Checkpoint 数据。

3）如果当前 Checkpoint 是同步的 Savepoint 操作，直接完成并终止当前 Task 实例，并调用 resetSynchronousSavepointId() 方法将 syncSavepointId 重置为空。

代码清单 6-48　StreamTask.notifyCheckpointComplete() 方法

```
private void notifyCheckpointComplete(long checkpointId) {
    try {
        boolean success = actionExecutor.call(() -> {
            if (isRunning) {
                LOG.debug("Notification of complete checkpoint for task {}",
                    getName());
                // 获取当前 Task 中 operatorChain 所有的 Operator, 并通知每个 Operator
                    Checkpoint 执行成功的消息
                for (StreamOperator<?> operator : operatorChain.getAllOperators()) {
                    if (operator != null) {
                        operator.notifyCheckpointComplete(checkpointId);
                    }
                }
                return true;
            } else {
                LOG.debug("Ignoring notification of complete checkpoint for
                    not-running task {}", getName());
                return true;
            }
        });
        // 获取 TaskStateManager, 并通知 Checkpoint 执行完成的消息
        getEnvironment().getTaskStateManager().notifyCheckpointComplete(checkpointId);
        // 如果是同步的 Savepoint 操作, 则直接完成当前 Task
        if (success && isSynchronousSavepointId(checkpointId)) {
            finishTask();
            // Reset to "notify" the internal synchronous savepoint mailbox loop.
            resetSynchronousSavepointId();
        }
    } catch (Exception e) {
        handleException(new RuntimeException("Error while confirming checkpoint", e));
    }
}
```

算子接收到 Checkpoint 完成消息后，会根据自身需要进行后续的处理，默认在 Abstract-StreamOperator 基本实现类中会通知 keyedStateBackend 进行后续操作。

如代码清单 6-49 所示，对于 AbstractUdfStreamOperator 实例，会判断当前 userFunction 是否实现了 CheckpointListener，如果实现了，则向 UserFucntion 通知 Checkpoint 执行完成的信息，例如在 FlinkKafkaConsumerBase 中会通过获取到的 Checkpoint 完成信息，将 Offset 提交至 Kafka 集群，确保消费的数据已经完成处理，详细实现可以参考 Flink-KafkaConsumerBase.notifyCheckpointComplete() 方法，由于篇幅有限我们就不再展开了。

代码清单 6-49 AbstractUdfStreamOperator.notifyCheckpointComplete() 方法实现

```
public void notifyCheckpointComplete(long checkpointId) throws Exception {
    super.notifyCheckpointComplete(checkpointId);
    if (userFunction instanceof CheckpointListener) {
        ((CheckpointListener) userFunction).notifyCheckpointComplete(checkpointId);
    }
}
```

6.6 本章小结

本章重点讲解了 Flink 中有状态计算的底层，包括状态数据的管理以及容错，首先对 Flink 状态接口的设计、支持的状态类型以及状态数据初始化流程进行了介绍，之后介绍了 KeyedStateBackend 和 OperatorStateBackend 的设计与实现，最后介绍了 Checkpoint 的设计与实现，帮助读者进一步了解 Checkpoint 的实现原理和触发及执行流程涉及的源码实现。

网 络 通 信

7.1 集群 RPC 通信机制

和其他大数据分布式框架一样，Flink 内部也实现了 RPC 通信框架，用于各个集群节点或组件之间进行通信，比如第 3 章提到的集群运行时中的 ResourceManager 和 Dispatcher 等核心组件。下面我们重点了解 Flink 集群中 RPC 网络通信框架的实现原理以及集群运行时中基于 RPC 服务实现组件之间相互访问和通信的过程。

7.1.1 Flink RPC 框架的整体设计

首先我们从整体的角度看一下 Flink RPC 通信框架的设计与实现，了解其底层 Akka 通信框架的基础概念及二者之间的关系。

1. Akka 基本概念

Akka 是使用 Scala 语言编写的库，用于在 JVM 上简化编写具有可容错、高可伸缩性的 Java 或 Scala 的 Actor 模型。Akka 基于 Actor 模型，提供了一个用于构建可扩展、弹性、快速响应的应用程序的平台。在计算机科学领域，Actor 模型是一个并行计算模型，它把 Actor 当作并行计算的基本元素，为响应接收到的消息，Actor 能够自己做出一些决策，如创建更多的 Actor、发送更多的消息或者确定如何响应接收到的下一个消息。

如图 7-1 所示，Actor 中封装了状态和行为的对象，Actor 之间可以通过交换消息的方式进行通信，提供了异步非阻塞、高性能的事件驱动编程模型。

Actor 由状态（State）、行为（Behavior）和邮箱（Mailbox）三部分组成。

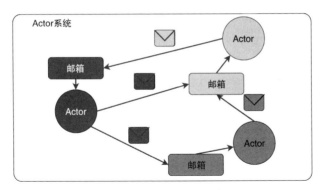

图 7-1　Actor 模型设计

❏ 状态：Actor 对象的变量信息，由 Actor 自己管理，避免了并发环境下的锁和内存原子性等问题。

❏ 行为：指定 Actor 中的计算逻辑，通过接收到消息改变 Actor 的状态。

❏ 邮箱：每个 Actor 都有自己的邮箱，通过邮箱能简化锁及线程管理。邮箱是 Actor 之间的通信桥梁，邮箱内部通过 FIFO 消息队列存储 Actor 发送方的消息，Actor 接收方从邮箱队列中获取消息。

因为 Akka 具有高可靠、高性能、高扩展等特点，所以可以使用 Akka 轻松实现分布式 RPC 功能，在 Flink 集群运行时中就基于 Akka 实现了集群组件之间的 RPC 通信框架。

2. 创建 Akka 系统

Akka 系统的核心组件包括 ActorSystem 和 Actor，构建一个 Akka 系统，首先需要创建 ActorSystem，然后通过 ActorSystem 创建 Actor。需要注意的是，Akka 不允许直接创建 Actor 实例，只能通过 ActorSystem.actorOf 和 ActorContext.actorOf 等特定接口创建 Actor。另外，也只能通过 ActorRef 与 Actor 进行通信，ActorRef 对原生 Actor 实例做了良好的封装，外界不能随意修改其内部状态。如代码清单 7-1 所示，Akka 系统中包含了创建 ActorSystem 以及 Actor 的基本实例。

代码清单 7-1　配置 Akka 系统

```
// 构建 ActorSystem
ActorSystem system = ActorSystem.create("akka_system");
// ActorSystem system = ActorSystem.create("akka_system", ConfigFactory.
  load("appsys"));
// 构建 Actor, 获取该 Actor 的引用, 即 ActorRef
ActorRef customActor = system.actorOf(Props.create(CustomActor.class), "customActor");
// 向 helloActor 发送消息
helloActor.tell("hello customActor", ActorRef.noSender());
// 关闭 ActorSystem
system.terminate();
```

3. Flink RPC 框架与 Akka 的关系

如图 7-2 所示，从 Flink RPC 节点关系中可以看出，集群运行时中实现了 RPC 通信节点功能的主要有 Dispatcher、ResourceManager 和 TaskManager 以及 JobMaster 等组件。借助 RPC 通信，这些组件共同参与任务提交及运行的整个流程，例如通过客户端向 Dispatcher 服务提交 JobGraph，JobManager 向 TaskManager 提交 Task 请求，以及 TaskManager 向 JobManager 更新 Task 执行状态等。从图中也可以看出，集群的 RPC 服务组件是 RpcEndpoint，每个 RpcEndpoint 包含一个内置的 RpcServer 负责执行本地和远程的代码请求，RpcServer 对应 Akka 中的 Actor 实例。

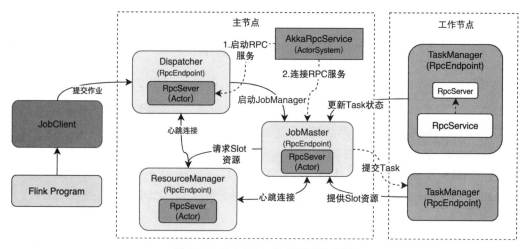

图 7-2　Flink RPC 节点调用关系图

RpcEndpoint 中创建和启动 RpcServer 主要是基于集群中的 RpcService 实现，RpcService 的主要实现是 AkkaRpcService。从图 7-2 中可以看出，AkkaRpcService 将 Akka 中的 ActorSystem 进行封装，通过 AkkaRpcService 可以创建 RpcEndpoint 中的 RpcServer，同时基于 AkkaRpcService 提供的 connect() 方法与远程 RpcServer 建立 RPC 连接，提供远程进程调用的能力。

4. 运行时 RPC 整体架构设计

如图 7-3 所示。Flink 的 RPC 框架设计非常复杂，除了基于 Akka 构建了底层通信系统之外，还会使用 JDK 动态代理构建 RpcGateway 接口的代理类。

这里我们简单梳理一下 RPC 架构涉及的组件以及每种组件的作用。

1）RpcEndpoint 中提供了集群 RPC 组件的基本实现，所有需要实现 RPC 服务的组件都会继承 RpcEndpoint 抽象类。RpcEndpoint 中包含了 endpointId，用于唯一标记当前的 RPC 节点。RpcEndpoint 借助 RpcService 启动内部 RpcServer，之后通过 RpcServer 完成本地和远程线程执行。

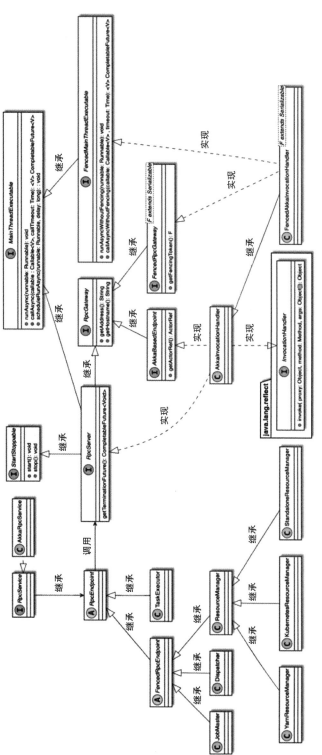

图 7-3 Flink RPC UML 关系图

2）对于 RpcEndpoint 来讲，底层主要有 FencedRpcEndpoint 基本实现类，FencedRpc-Endpoint 在 RpcEndpoint 的基础上增加了 FencedToken。实现 FencedRpcEndpoint 的 RPC 节点都会有自己的 FencedToken，当进行远程 RPC 调用时，会对比访问者分配的 FencedToken 和被访问者的 FencedToken，结果一致才会进行后续操作。

3）RpcEndpoint 的实现类有 TaskExecutor 组件，FencedRpcEndpoint 的实现类有 Dispatcher、JobMaster 以及 ResourceManager 等组件。这些组件继承 RpcEndpoint 后，就能获取 RpcEndpoint 中提供的全部非私有化方法，例如在 TaskExecutor 中调用 getRpcService(). getExecutor() 方法，可以获取 RpcService 中 ActorSystem 的 dispatcher 服务，并直接通过 dispatcher 创建 Task 线程实例。

4）RpcService 提供了创建和启动 RpcServer 的方法，在启动 RpcServer 的过程中，通过 RpcEndpoint 的地址创建 Akka Actor 实例，并基于 Actor 实例构建 RpcServer 接口的动态代理类，向 RpcServer 的主线程中提交 Runnable 以及 Callable 线程等。同时在 RpcService 中提供了连接远程 RpcEndpoint 的方法，并创建了相应 RpcGateway 接口的动态代理类，用于执行远程 RPC 请求。

5）RpcServer 接口通过 AkkaInvocationHandler 动态代理类实现，所有远程或本地的执行请求最终都会转换到 AkkaInvocationHandler 代理类中执行。AkkaInvocationHandler 实现了 MainThreadExecutable 接口，提供了 runAsync(Runnable runnable) 以及 callAsync (Callable<V> callable, Time callTimeout) 等在主线程中执行代码块的功能。例如在 TaskExecutor 中释放 Slot 资源时，会调用 runAsync() 方法将 freeSlotInternal() 方法提交到 TaskExecutor 对应的 RpcServer 中运行，此时就会调用 AkkaInvocationHandler 在主线程中执行任务。

5. RpcEndpoint 的设计与实现

RpcEndpoint 是集群中 RPC 组件的端点，每个 RpcEndpoint 都对应一个由 endpointId 和 actorSystem 确定的路径，且该路径对应同一个 Akka Actor。如图 7-4 所示，所有需要实现 RPC 通信的集群组件都会继承 RpcEndpoint 抽象类，例如 TaskExecutor、Dispatcher 以及 ResourceManager 组件服务，还包括根据 JobGraph 动态创建和启动的 JobMaster 服务。

从图 7-4 中我们可以看出，RpcEndpoint 实现了 RpcGateway 和 AutoCloseableAsync 两个接口，其中 RpcGateway 提供了动态获取 RpcEndpoint 中 Akka 地址和 HostName 的方法。因为 JobMaster 组件在任务启动时才会获取 Akka 中 ActorSystem 分配的地址信息，所以借助 RpcGateway 接口提供的方法就能获取 Akka 相关连接信息。

RpcEndpoint 中包含 RpcService、RpcServer 以及 MainThreadExecutor 三个重要的成员变量，其中 RpcService 是 RpcEndpoint 的后台管理服务，RpcServer 是 RpcEndpoint 的内部服务类，MainThreadExecutor 封装了 MainThreadExecutable 接口，MainThreadExecutable 的主要底层实现是 AkkaInvocationHandler 代理类。所有本地和远程的 RpcGateway 执行请求都会通过动态代理的形式转换到 AkkaInvocationHandler 代理类中执行。

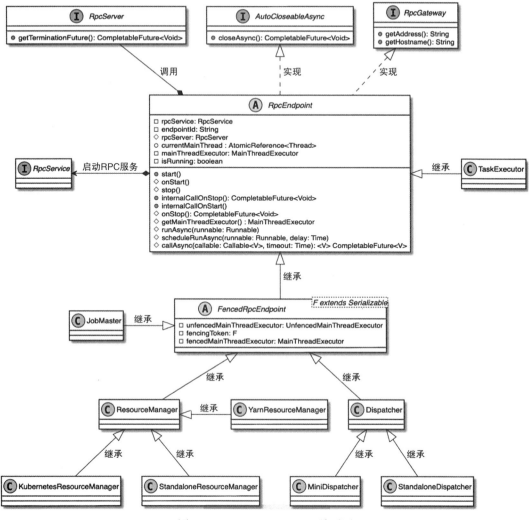

图 7-4　RpcEndpoint UML 关系图

7.1.2　AkkaRpcService 详解

RpcService 负责创建和启动 Flink 集群环境中 RpcEndpoint 组件的 RpcServer，且 RpcService 在启动集群的时候会提前创建好。如图 7-5 所示，AkkaRpcService 作为 RpcService 的唯一实现类，基于 Akka 的 ActorSystem 进行封装，为不同的 RpcEndpoint 创建相应的 ActorRef 实例。

从图 7-5 中可以看出，RpcService 主要包含如下两个重要方法。

1）startServer()：用于启动 RpcEndpoint 中的 RpcServer。RpcServer 实际上就是对 Actor 进行封装，启动完成后，RpcEndpoint 中的 RpcServer 就能够对外提供服务了。

2）connect()：用于连接远端 RpcEndpoint 并返回给调用方 RpcGateway 接口的代理类，RPC 客户端就能像本地一样调用 RpcServer 提供的 RpcGateway 接口了。例如在 JobMaster 组件中创建与 ResourceManager 组件之间的 RPC 连接时，会在 JobMaster 中创建 ResourceManagerGateway 的动态代理类，最终转换成 RpcInvocationMessage 通过 Akka 系统发送到 ResourceManager 节点对应的 RpcServer 中执行，这样就使得 JobMaster 像调用本地方法一样在 ResourceManager 中执行请求任务。

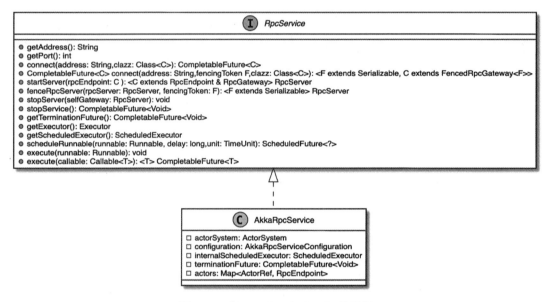

图 7-5　AkkaRpcService UML 关系图

1. AkkaRpcService 的创建和初始化

在创建和启动 ClusterEntrypoint 及 TaskManagerRunner 的过程中，会调用 AkkaRpcServiceUtils.createRpcService() 方法创建默认的 AkkaRpcService，然后使用 AkkaRpcService 启动集群运行时中 RpcEndpoint 对应的 RpcServer。例如管理节点中会使用 AkkaRpcService 实例创建并启动 ResourceManager、Dispatcher 以及 JobMaster 等 RPC 服务，如图 7-6 所示。

如图 7-6 所示，创建 AkkaRpcService 主要包括如下步骤。

1）在 ClusterEntrypoint 中调用 AkkaRpcServiceUtils.createRpcService() 方法创建 RpcService。

2）AkkaRpcServiceUtils 调用 BootstrapTools.startActorSystem() 方法启动 ActorSystem 服务。

3）在 BootstrapTools 中调用 AkkaUtils 创建 RobustActorSystem。RobustActorSystem 实际上是对 Akka 的 ActorSystem 进行了封装和拓展，相比于原生 Akka ActorSystem，RobustActorSystem 包含了 UncaughtExceptionHandler 组件，能够对 ActorSystem 抛出的异常进行处理。

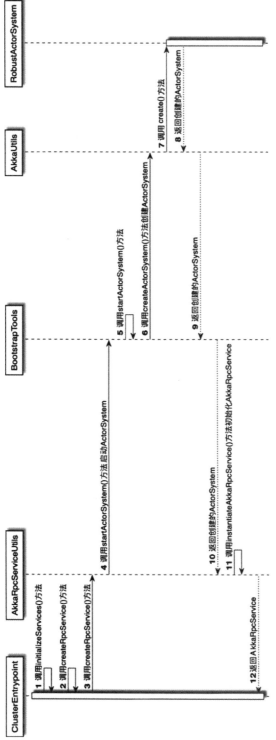

图 7-6　ClusterEntrypoint 中创建 AkkaRpcService 过程

4）返回创建的 RobustActorSystem 给 AkkaRpcServiceUtils，调用 AkkaRpcServiceUtils. instantiateAkkaRpcService() 方法，使用 RobustActorSystem 创建 AkkaRpcService 实例。

5）将 AkkaRpcService 返回到 ClusterEntrypoint 中，用于启动集群中各个 RpcEndpoint 组件服务。

2. 通过 AkkaRpcService 初始化 RpcServer

在集群运行时中创建了共用的 AkkaRpcService 服务，相当于创建了 Akka 系统中的 ActorSystem，接下来就是使用 AkkaRpcService 启动各个 RpcEndpoint 中的 RpcServer 实例。

我们先来看如何通过 AkkaRpcService 初始化 RpcEndpoint 对应的 RpcServer。如代码清单 7-2 所示，创建 RpcEndpoint 组件的时候，会在 RpcEndpoint() 构造器方法中调用 AkkaRpcService.startServer(this) 方法初始化 RpcEndpoint 对应的 RpcServer。

代码清单 7-2　RpcEndpoint() 构造器方法

```
protected RpcEndpoint(final RpcService rpcService, final String endpointId) {
    this.rpcService = checkNotNull(rpcService, "rpcService");
    this.endpointId = checkNotNull(endpointId, "endpointId");
    // 初始化 RpcEndpoint 中的 RpcServer
    this.rpcServer = rpcService.startServer(this);
    this.mainThreadExecutor = new MainThreadExecutor(rpcServer,
    this::validateRunsInMainThread);
}
```

接下来我们深入了解 AkkaRpcService.startServer() 方法的定义，如代码清单 7-3 所示，AkkaRpcService 启动 RpcServer 的过程非常复杂，总结下来主要包含两部分，分别为创建 Akka Actor 引用类 ActorRef 实例和创建 InvocationHandler 动态代理类。

如代码清单 7-3 所示，AkkaRpcService.startServer() 方法主要涉及如下过程。

1）根据 RpcEndpoint 是否为 FencedRpcEndpoint 创建 akkaRpcActorProps 对象，用于通过 ActorSystem 创建相应 Actor 的 ActorRef 引用类。例如 FencedRpcEndpoint 会使用 FencedAkkaRpcActor 创建 akkaRpcActorProps 配置。

2）根据 AkkaRpcActorProps 的配置信息创建 ActorRef 实例，这里调用了 actorSystem. actorOfakkaRpcActorProps, rpcEndpoint.getEndpointId() 方法创建指定 AkkaRpcActor 的 ActorRef 对象，创建完毕后会将 RpcEndpoint 和 ActorRef 信息存储在 Actor 键值对集合中。

3）启动 RpcEndpoint 对应的 RPC 服务，首先获取当前 RpcEndpoint 实现的 RpcGateways 接口。其中包括默认的 RpcGateway 接口，如 RpcServer、AkkaBasedEndpoint，还有 RpcEndpoint 各个实现类自身的 RpcGateway 接口。RpcGateway 接口最终通过 RpcUtils. extractImplementedRpcGateways() 方法从类定义抽取出来，例如 JobMaster 组件会抽取 JobMasterGateway 接口定义。

4）创建 InvocationHandler 代理类，事先定义动态代理类 InvocationHandler，根据

InvocationHandler 代理类提供的 invoke() 方法实现被代理类的具体方法，处理本地 Runnable 线程和远程由 Akka 系统创建的 RpcInvocationMessage 消息类对应的方法。

5）根据 RpcEndpoint 是否为 FencedRpcEndpoint，InvocationHandler 分为 FencedAkka-InvocationHandler 和 AkkaInvocationHandler 两种类型。FencedMainThreadExecutable 代理的接口主要有 FencedMainThreadExecutable 和 FencedRpcGateway 两种。AkkaInvocationHandler 主要代理实现 AkkaBasedEndpoint、RpcGateway、StartStoppable、MainThreadExecutable、RpcServer 等接口。

6）创建好 InvocationHandler 代理类后，将当前类的 ClassLoader、InvocationHandler 实例以及 implementedRpcGateways 等参数传递到 Proxy.newProxyInstance() 方法中，通过反射的方式创建代理类。创建的代理类会被转换为 RpcServer 实例，再返回给 RpcEndpoint 使用。

在 RpcServer 创建的过程中可以看出，实际上包含了创建 RpcEndpoint 中的 Actor 引用类 ActorRef 和 AkkaInvocationHandler 动态代理类。最后将动态代理类转换为 RpcServer 接口返回给 RpcEndpoint 实现类，此时实现的组件就能够获取到 RpcServer 服务，且通过 RpcServer 代理了所有的 RpcGateways 接口，提供了本地方法调用和远程方法调用两种模式。

代码清单 7-3　AkkaRpcService.startServer() 方法定义

```
public <C extends RpcEndpoint & RpcGateway> RpcServer startServer(C rpcEndpoint) {
    checkNotNull(rpcEndpoint, "rpc endpoint");
    CompletableFuture<Void> terminationFuture = new CompletableFuture<>();
    // 根据 RpcEndpoint 类型创建不同类型的 Prop
    final Props akkaRpcActorProps;
    if (rpcEndpoint instanceof FencedRpcEndpoint) {
        akkaRpcActorProps = Props.create(
            FencedAkkaRpcActor.class,
            rpcEndpoint,
            terminationFuture,
            getVersion(),
            configuration.getMaximumFramesize());
    } else {
        akkaRpcActorProps = Props.create(
            AkkaRpcActor.class,
            rpcEndpoint,
            terminationFuture,
            getVersion(),
            configuration.getMaximumFramesize());
    }
        // 同步块，创建 Actor 并获取对应的 ActorRef
    ActorRef actorRef;

    synchronized (lock) {
        checkState(!stopped, "RpcService is stopped");
```

```
    actorRef = actorSystem.actorOf(akkaRpcActorProps, rpcEndpoint.getEndpointId());
    actors.put(actorRef, rpcEndpoint);
}
    // 启动 RpcEndpoint 对应的 RPC 服务
LOG.info("Starting RPC endpoint for {} at {} .", rpcEndpoint.getClass().getName(),
        actorRef.path());
// 获取 Actor 的路径
final String akkaAddress = AkkaUtils.getAkkaURL(actorSystem, actorRef);
final String hostname;
Option<String> host = actorRef.path().address().host();
if (host.isEmpty()) {
    hostname = "localhost";
} else {
    hostname = host.get();
}
    // 解析 RpcEndpoint 实现的所有 RpcGateway 接口
Set<Class<?>> implementedRpcGateways =
    new HashSet<>(RpcUtils.extractImplementedRpcGateways(rpcEndpoint.
        getClass()));
// 额外添加 RpcServer 和 AkkaBasedEnpoint 类
implementedRpcGateways.add(RpcServer.class);
implementedRpcGateways.add(AkkaBasedEndpoint.class);

    // 根据不同 RpcEndpoint 类型动态创建代理对象
final InvocationHandler akkaInvocationHandler;
if (rpcEndpoint instanceof FencedRpcEndpoint) {
    akkaInvocationHandler = new FencedAkkaInvocationHandler<>(
        akkaAddress,
        hostname,
        actorRef,
        configuration.getTimeout(),
        configuration.getMaximumFramesize(),
        terminationFuture,
        ((FencedRpcEndpoint<?>) rpcEndpoint)::getFencingToken);
    implementedRpcGateways.add(FencedMainThreadExecutable.class);
} else {
    akkaInvocationHandler = new AkkaInvocationHandler(
        akkaAddress,
        hostname,
        actorRef,
        configuration.getTimeout(),
        configuration.getMaximumFramesize(),
        terminationFuture);
}
// 生成 RpcServer 对象，然后对该服务的调用都会进入 Handler 的 invoke() 方法中处理，
  Handler 实现了多个接口的方法
ClassLoader classLoader = getClass().getClassLoader();
@SuppressWarnings("unchecked")
RpcServer server = (RpcServer) Proxy.newProxyInstance(
    classLoader,
```

```
        implementedRpcGateways.toArray(new Class<?>[implementedRpcGateways.size()]),
        akkaInvocationHandler);
    return server;
}
```

3. RpcEndpoint 与 RpcServer 的启动

RpcServer 在 RpcEndpoint 的构造器中完成初始化后，接下来就是启动 RpcEndpoint 和 RpcServer，这里我们以 ResourceManager 为例进行说明。首先在 DefaultDispatcherResource-ManagerComponentFactory 中调用 ResourceManager.start() 方法启动 ResourceManager 实例，此时在 ResourceManager.start() 方法中会同步调用 RpcServer.start() 方法，启动 ResourceManager 所在 RpcEndpoint 中的 RpcServer，如图 7-7 所示。

ResourceManager 组件对应的 RpcServer 启动过程主要包含如下流程。

1）调用 ResourceManager.start() 方法，此时会调用 RpcEndpoint.start() 父方法，启动 ResourceManager 组件的 RpcServer。

2）通过动态代理 AkkaInvocationHandler.invoke() 方法执行流程，发现调用的是 Start-Stoppable.start() 方法，此时会直接调用 AkkaInvocationHandler.start() 本地方法。

3）在 AkkaInvocationHandler.start() 方法中，实际上会调用 rpcEndpoint.tell(Control-Messages.START, ActorRef.noSender()) 方法向 ResourceManager 对应的 Actor 发送控制消息，表明当前 Actor 实例可以正常启动并接收来自远端的 RPC 请求。

4）AkkaRpcActor 调用 handleControlMessage() 方法处理 ControlMessages.START 控制消息。

5）将 AkkaRpcActor 中的状态更新为 StartedState，此时 ResourceManager 的 RpcServer 启动完成，ResourceManager 组件能够接收来自其他组件的 RPC 请求。

经过以上步骤，指定组件的 RpcEndpoint 节点就正常启动，此时 RpcServer 会作为独立的线程运行在 JobManager 或 TaskManager 进程中，处理本地和远程提交的 RPC 请求。

4. 通过 AkkaRpcService 连接 RpcServer 并创建 RpcGateway

当 AkkaRpcService 启动 RpcEndpoint 中的 RpcServer 后，RpcEndpoint 组件仅能对外提供处理 RPC 请求的能力，RpcEndpoint 组件需要在启动后向其他组件注册自己的 RpcEndpoint 信息，并完成组件之间的 RpcConnection 注册，才能相互访问和通信。创建 RPC 连接需要调用 RpcService.connect() 方法。

如代码清单 7-4 所示，在 AkkaRpcService.connect() 方法中，实际上调用了 connectInternal() 方法完成 RpcConnection 对象的创建。同时在方法中会使用 Lambda 表达式定义函数接口的实现，通过给定的 ActorRef 引用类创建 FencedAkkaInvocationHandler 实例。最后方法会返回 FencedRpcGateway 接口代理类，此时调用方就能像本地一样调用远端 RpcEndpoint 实现的 RpcGateway 接口。

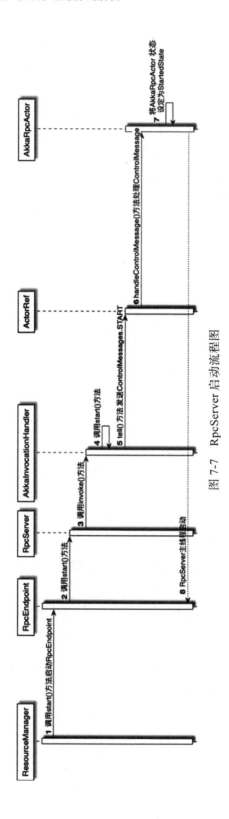

图 7-7 RpcServer 启动流程图

代码清单 7-4　AkkaRpcService.connect() 方法

```
public <F extends Serializable, C extends FencedRpcGateway<F>> CompletableFuture<C>
    connect(String address, F fencingToken, Class<C> clazz) {
    return connectInternal(
        address,
        clazz,
        (ActorRef actorRef) -> {
            Tuple2<String, String> addressHostname = extractAddressHostname(actorRef);
            return new FencedAkkaInvocationHandler<>(
                addressHostname.f0,
                addressHostname.f1,
                actorRef,
                configuration.getTimeout(),
                configuration.getMaximumFramesize(),
                null,
                () -> fencingToken);
        });
}
```

如代码清单 7-5 所示，我们继续看 AkkaRpcService.connectInternal() 方法的定义，方法主要包含如下逻辑。

1）根据指定的 Address 调用 actorSystem.actorSelection(address) 方法创建 ActorSelection 实例，使用 ActorSelection 对象向该路径指向的 Actor 对象发送消息。

2）调用 Patterns.ask() 方法，向 ActorSelection 指定的路径发送 Identify 消息。

3）调用 FutureUtils.toJava() 方法，将 Scala 类型的 Future 对象转换成 Java CompletableFuture 对象。

4）通过 identifyFuture 获取 actorRefFuture 对象，并从中获取 ActorRef 引用对象。

5）调用 Patterns.ask() 方法，向 actorRef 对应的 RpcEndpoint 节点发送 RemoteHandshake-Message 消息，确保连接的 RpcEndpoint 节点正常，如果成功，则 RpcEndpoint 会返回 HandshakeSuccessMessage 消息。

6）调用 invocationHandlerFactory 创建 invocationHandler 动态代理类，此时可以看到传递的接口列表为 new Class<?>[]{clazz}，也就是当前 RpcEndpoint 需要访问的 RpcGateway 接口，例如 JobMaster 访问 ResourceManager 时，这里就是 ResourceManagerGateway 接口。

经过以上步骤，实现了创建 RpcEndpoint 组件之间的 RPC 连接，此时集群 RPC 组件之间可以进行相互访问，例如 JobMaster 可以向 ResourceManager 发送 Slot 资源请求。

代码清单 7-5　AkkaRpcService.connectInternal() 方法定义

```
private <C extends RpcGateway> CompletableFuture<C> connectInternal(
    final String address,
    final Class<C> clazz,
    Function<ActorRef, InvocationHandler> invocationHandlerFactory) {
    checkState(!stopped, "RpcService is stopped");
```

```
    LOG.debug("Try to connect to remote RPC endpoint with address {}. Returning
        a {} gateway.",
        address, clazz.getName());
    // 根据 Address 创建 ActorSelection
    final ActorSelection actorSel = actorSystem.actorSelection(address);
    // 调用 Patterns.ask() 方法创建 ActorIdentity 对象
    final Future<ActorIdentity> identify = Patterns
        .ask(actorSel, new Identify(42), configuration.getTimeout().toMilliseconds())
        .<ActorIdentity>mapTo(ClassTag$.MODULE$.<ActorIdentity>apply(ActorIdenti
            ty.class));
    // 将 identify 对象转换成 Java CompletableFuture 类型对象
    final CompletableFuture<ActorIdentity> identifyFuture = FutureUtils.
        toJava(identify);
    // 从 actorIdentity 中获取 ActorRef 实例
    final CompletableFuture<ActorRef> actorRefFuture = identifyFuture.thenApply(
        (ActorIdentity actorIdentity) -> {
            if (actorIdentity.getRef() == null) {
                throw new CompletionException(
                    new RpcConnectionException("Could not connect to rpc endpoint
                        under address " + address + '.'));
            } else {
                return actorIdentity.getRef();
            }
        });
    // 进行 Handshake 操作，确保需要连接的 RpcEndpoint 节点正常
    final CompletableFuture<HandshakeSuccessMessage> handshakeFuture =
        actorRefFuture.thenCompose(
        (ActorRef actorRef) -> FutureUtils.toJava(
            Patterns
                .ask(actorRef, new RemoteHandshakeMessage(clazz, getVersion()),
                    configuration.getTimeout().toMilliseconds())
                .<HandshakeSuccessMessage>mapTo(ClassTag$.MODULE$.<HandshakeSuccess
                    Message>apply(HandshakeSuccessMessage.class))));
    // 创建 RPC 动态代理类
    return actorRefFuture.thenCombineAsync(
        handshakeFuture,
        (ActorRef actorRef, HandshakeSuccessMessage ignored) -> {
            InvocationHandler invocationHandler = invocationHandlerFactory.
                apply(actorRef);
                ClassLoader classLoader = getClass().getClassLoader();
            @SuppressWarnings("unchecked")
            C proxy = (C) Proxy.newProxyInstance(
                classLoader,
                new Class<?>[]{clazz},
                invocationHandler);
            return proxy;
        },
        actorSystem.dispatcher());
}
```

7.1.3 RpcServer 动态代理实现

RpcServer 中提供的 RpcGateway 接口方法，最终都会通过 AkkaInvocationHandler.invoke() 方法进行代理实现。AkkaInvocationHandler 中根据在本地执行还是远程执行将代理方法进行区分。通常情况下，RpcEndpoint 实现类除了调用指定服务组件的 RpcGateway 接口之外，其余的 RpcGateway 接口基本上都是本地调用和执行的。

如代码清单 7-6 所示，本地接口主要有 AkkaBasedEndpoint、RpcGateway、StartStoppable、MainThreadExecutable 和 RpcServer 等，这些接口方法都是通过 AkkaInvocationHandler 代理类通过动态代理的方式实现的。例如 ResourceManager 组件需要执行定时代码块时，会调用 RpcEndpoint.scheduleRunAsync() 方法，最终调用 AkkaInvocationHandler.scheduleRun-Async() 方法执行定时线程服务。

另外一种方法是远程调用，此时会在 AkkaInvocationHandler 中创建 RpcInvocation-Message，并通过 Akka 发送 RpcInvocationMessage 到指定地址的远端进程中，远端的 RpcEndpoint 会接收 RpcInvocationMessage 并进行反序列化，然后调用底层的动态代理类实现进程内部的方法调用。

代码清单 7-6　AkkaInvocationHandler.invoke() 方法实现

```
public Object invoke(Object proxy, Method method, Object[] args) throws Throwable {
  Class<?> declaringClass = method.getDeclaringClass();
  Object result;
  // 本地调用
  if (declaringClass.equals(AkkaBasedEndpoint.class) ||
    declaringClass.equals(Object.class) ||
    declaringClass.equals(RpcGateway.class) ||
    declaringClass.equals(StartStoppable.class) ||
    declaringClass.equals(MainThreadExecutable.class) ||
    declaringClass.equals(RpcServer.class)) {
    result = method.invoke(this, args);
  } else if (declaringClass.equals(FencedRpcGateway.class)) {
    throw new UnsupportedOperationException("AkkaInvocationHandler does not
      support the call FencedRpcGateway." +
      method.getName() +  ". This indicates that you retrieved a
        FencedRpcGateway without specifying a " +
      "fencing token. Please use RpcService.connect(RpcService, F, Time)
        with F being the fencing token to " +
      "retrieve a properly FencedRpcGateway.");
  } else {
    // 远程 RPC 调用
    result = invokeRpc(method, args);
  }
  return result;
}
```

在触发和执行指定方法之前，先判断当前方法的 DeclaringClass 是否为基本实现接口，如果是则直接调用 method.invoke() 方法执行本地代理；如果不是，则调用 invokeRpc(method, args) 方法触发远程 RPC 接口的触发。

如代码清单 7-7 所示，AkkaInvocationHandler.invokeRpc() 方法主要包含如下逻辑。

1）获取被调用的 RpcGateway 接口的 methodName、parameterTypesparameterAnnotations 等参数信息，并基于这些参数调用 createRpcInvocationMessage() 方法创建 RpcInvocation-Message。

2）判断被调用的方法返回值是否为 Void 类型，如果是则直接调用 tell(rpcInvocation) 方法，Akka 中的 tell() 方法是没有返回值的。

3）如果被调用方法返回非 Void 类型，就会调用 ask(rpcInvocation, futureTimeout) 方法创建 CompletableFuture，并判断 CompletableFuture 中的对象是否可以序列化，如果不能有效序列化则抛出异常。

4）判断方法返回的 returnType 是否和 CompletableFuture 类型一致，如果是则将返回的结果设置为 completableFuture，说明接口本身就是异步的，即返回值为 CompletableFuture。

5）如果 returnType 不为 CompletableFuture 类型，则调用 completableFuture.get() 方法同步获取返回结果。

代码清单 7-7　AkkaInvocationHandler.invokeRpc() 方法实现

```java
private Object invokeRpc(Method method, Object[] args) throws Exception {
    String methodName = method.getName();
    Class<?>[] parameterTypes = method.getParameterTypes();
    Annotation[][] parameterAnnotations = method.getParameterAnnotations();
    Time futureTimeout = extractRpcTimeout(parameterAnnotations, args, timeout);
      // 创建 RpcInvocation
    final RpcInvocation rpcInvocation = createRpcInvocationMessage(methodName,
                                                      parameterTypes,
                                                      args);

    Class<?> returnType = method.getReturnType();
    final Object result;
      // 如果方法返回的是 Void 类型，则直接调用 tell(rpcInvocation) 方法
    if (Objects.equals(returnType, Void.TYPE)) {
      tell(rpcInvocation);
      result = null;
    } else {
      // 否则调用 Ask，执行异步调用
      CompletableFuture<?> resultFuture = ask(rpcInvocation, futureTimeout);
          // 对返回的数据进行处理，反序列化处理成 Object 类型数据并返回
      CompletableFuture<?> completableFuture = resultFuture.thenApply((Object o) -> {
        if (o instanceof SerializedValue) {
          try {
            return  ((SerializedValue<?>) o)
                .deserializeValue(getClass().getClassLoader());
          } catch (IOException | ClassNotFoundException e) {
            throw new CompletionException(
```

```
                    new RpcException("Could not deserialize the serialized payload
                        of RPC method : " + methodName, e));
            }
        } else {
            return o;
        }
    });
    // 如果返回接口和方法的 returnType 一致, 则直接返回
    if (Objects.equals(returnType, CompletableFuture.class)) {
        result = completableFuture;
    } else {
        // 否则调用 completableFuture.get() 方法同步获取返回结果
        try {
            result = completableFuture.get(futureTimeout.getSize(),
                                            futureTimeout.getUnit());
        } catch (ExecutionException ee) {
            throw new RpcException("Failure while obtaining synchronous RPC result.",
                            ExceptionUtils.stripExecutionException(ee));
        }
    }
}
return result;
}
```

这里我们看下 RpcInvocation 的结构类型，RpcInvocation 结构中封装了 RPC 访问过程中使用到的关键信息，包括 MethodName、ParameterType 以及 Args 等参数。

如代码清单 7-8 所示，在 AkkaInvocationHandler.createRpcInvocationMessage() 方法中，AkkaInvocationHandler 首先判断 RpcEndpoint 是否为本地 Actor，然后根据 IsLocal 是否为 True 将 RpcInvocation 分为 LocalRpcInvocation 和 RemoteRpcInvocation 两种类型。其中 LocalRpcInvocation 消息不需要做序列化，例如集群运行时中 Dispatcher 和 ResourceManager 在同一个进程中，此时会创建 LocalRpcInvocation。RemoteRpcInvocation 则需要进行序列化处理，以保证跨网络节点的数据能够正常传输，主要用于 TaskExecutor 和 ResourceManager 之间的 RPC 通信等。

代码清单 7-8　AkkaInvocationHandler.createRpcInvocationMessage() 方法定义

```
protected RpcInvocation createRpcInvocationMessage(
        final String methodName,
        final Class<?>[] parameterTypes,
        final Object[] args) throws IOException {
    final RpcInvocation rpcInvocation;
     // 创建 LocalRpcInvocation
    if (isLocal) {
        rpcInvocation = new LocalRpcInvocation(
            methodName,
            parameterTypes,
            args);
```

```
        } else {
            // 创建 RemoteRpcInvocation
            try {
                RemoteRpcInvocation remoteRpcInvocation = new RemoteRpcInvocation(
                    methodName,
                    parameterTypes,
                    args);
                if (remoteRpcInvocation.getSize() > maximumFramesize) {
                    throw new IOException(
                        String.format(
                            "The rpc invocation size %d exceeds the maximum akka framesize.",
                            remoteRpcInvocation.getSize()));
                } else {
                    rpcInvocation = remoteRpcInvocation;
                }
            } catch (IOException e) {
                LOG.warn("Could not create remote rpc invocation message. Failing rpc
                    invocation because...", e);
                throw e;
            }
        }
        return rpcInvocation;
    }
```

7.1.4　AkkaRpcActor 的设计与实现

在 RpcEndpoint 中创建的 RemoteRpcInvocation 消息，最终会通过 Akka 系统传递到被调用方，例如 TaskExecutor 向 ResourceManager 发送 SlotReport 请求的时候，会在 TaskExecutor 中将 ResourceManagerGateway 的方法名称和参数打包成 RemoteRpcInvocation 对象。然后经过网络发送到 ResourceManager 中的 AkkaRpcActor，在 ResourceManager 本地执行具体的方法。接下来我们深入了解 AkkaRpcActor 的设计与实现，了解在 AkkaRpcActor 中如何接收 RemoteRpcInvocation 消息并执行后续的操作。

如代码清单 7-9 所示，首先在 AkkaRpcActor 中创建 Receive 对象，用于处理 Akka 系统接收的其他 Actor 发送过来的消息。可以看出，在 AkkaRpcActor 中主要创建了 RemoteHandshakeMessage、ControlMessages 等消息对应的处理器，其中 RemoteHandshakeMessage 主要用于进行正式 RPC 通信之前的网络连接检测，保障 RPC 通信正常。ControlMessages 用于控制 Akka 系统，例如启动和停止 Akka Actor 等控制消息。这里我们重点关注第三种类型的消息，即在集群运行时中 RPC 组件通信使用的 Message 类型，此时会调用 handleMessage() 方法对这类消息进行处理。

代码清单 7-9　AkkaRpcActor.createReceive() 方法定义

```
public Receive createReceive() {
    return ReceiveBuilder.create()
```

```
    .match(RemoteHandshakeMessage.class, this::handleHandshakeMessage)
    .match(ControlMessages.class, this::handleControlMessage)
    .matchAny(this::handleMessage)
    .build();
}
```

在 AkkaRpcActor.handleMessage() 方法中，最终会调用 handleRpcMessage() 方法继续对 RPC 消息进行处理。如代码清单 7-10 所示，此时会根据传入的 RPC 消息进行判别，确定消息是否为 RunAsync、CallAsync 以及 RpcInvocation 等对象类型。如果是 RunAsync 或 CallAsync 等线程实现，则直接调用 handleRunAsync() 或 handleCallAsync() 方法将代码块提交到本地线程池中执行。对于 RpcInvocation 类型的消息，则会调用 handleRpcInvocation() 方法进行处理。

代码清单 7-10　AkkaRpcActor.handleRpcMessage() 方法定义

```
protected void handleRpcMessage(Object message) {
    if (message instanceof RunAsync) {
        handleRunAsync((RunAsync) message);
    } else if (message instanceof CallAsync) {
        handleCallAsync((CallAsync) message);
    } else if (message instanceof RpcInvocation) {
        handleRpcInvocation((RpcInvocation) message);
    } else {
        // 省略部分代码
        sendErrorIfSender(
            new AkkaUnknownMessageException("Received unknown message " + message +
                " of type " + message.getClass().getSimpleName() + '.'));
    }
}
```

如代码清单 7-11 所示，AkkaRpcActor.handleRpcInvocation() 方法主要包含如下逻辑。

1）从 RpcInvocation 对象中获取调用的 methodName 以及相应的 parameterTypes 参数信息，然后调用 lookupRpcMethod() 方法判断当前的 RpcEndpoint 是否实现了指定的 Method 名称，例如 JobMaster 调用 ResourceManagerGateway.requestSlot() 方法，会在 lookupRpc-Method() 方法中判断当前 ResourceManager 实现的 Endpoint 是否提供了该方法的实现。

2）当 rpcMethod 不为空时，首先调用 rpcMethod.setAccessible(true) 支持匿名类的定义操作，然后判断 rpcMethod 返回类型是否为 Void，如果是则调用 rpcMethod.invoke(rpcEndpoint, rpcInvocation.getArgs()) 触发执行方法，此时不会返回任何返回值。

3）如果 rpcMethod 返回类型非 Void，则会调用 rpcMethod.invoke() 触发调用和执行方法，同时获取方法的返回值并赋值给 Object result 对象。

4）判断 result 是否为 CompletableFuture 类型，如果是则将返回结果转换为 Completable-Future 对象，然后调用 sendAsyncResponse() 方法通过 Akka 系统将 RpcMethod 返回值返回给调用方。

5）如果 result 不为 CompletableFuture 类型，则直接调用 sendSyncResponse() 方法将结果返回给调用方。

代码清单 7-11　AkkaRpcActor.handleRpcInvocation() 方法定义

```
private void handleRpcInvocation(RpcInvocation rpcInvocation) {
    Method rpcMethod = null;
    try {
        String methodName = rpcInvocation.getMethodName();
        Class<?>[] parameterTypes = rpcInvocation.getParameterTypes();
        rpcMethod = lookupRpcMethod(methodName, parameterTypes);
    } catch (ClassNotFoundException e) {
        // 省略部分代码
    }
    if (rpcMethod != null) {
        try {
            rpcMethod.setAccessible(true);
            if (rpcMethod.getReturnType().equals(Void.TYPE)) {
                // 没有返回值的情况
                rpcMethod.invoke(rpcEndpoint, rpcInvocation.getArgs());
            }
            else {
                // 有返回值的情况
                final Object result;
                try {
                    result = rpcMethod.invoke(rpcEndpoint, rpcInvocation.getArgs());
                }
                catch (InvocationTargetException e) {
                    getSender()
                        .tell(new Status.Failure(e.getTargetException()), getSelf());
                    return;
                }
                final String methodName = rpcMethod.getName();
                if (result instanceof CompletableFuture) {
                    final CompletableFuture<?> responseFuture =
                        (CompletableFuture<?>) result;
                    sendAsyncResponse(responseFuture, methodName);
                } else {
                    sendSyncResponse(result, methodName);
                }
            }
        } catch (Throwable e) {
            log.error("Error while executing remote procedure call {}.",
                    rpcMethod, e);
            // 通知错误信息
            getSender().tell(new Status.Failure(e), getSelf());
        }
    }
}
```

接下来我们从更加宏观的角度了解各组件之间如何基于已经实现的 RPC 框架进行通信，进一步加深对 Flink 中 RPC 框架的了解。

7.1.5　集群组件之间的 RPC 通信

现在我们已经知道 Flink 中 RPC 通信框架的底层设计与实现，接下来我们通过具体的实例了解集群运行时中组件如何基于 RPC 通信框架构建相互之间的调用关系。

当 TaskExecutor 启动后，会立即向 ResourceManager 中注册当前 TaskManager 的信息。同样，JobMaster 组件启动后也立即会向 ResourceManager 注册 JobMaster 的信息。这些注册操作实际上就是在构建集群中各个组件之间的 RPC 连接，这里的注册连接在 Flink 中被称为 RegisteredRpcConnection，集群组件之间的 RPC 通信都会通过创建 RegisteredRpcConnection 进行，例如获取 RpcEndpoint 对应的 RpcGateway 接口以及维护组件之间的心跳连接等。

如图 7-8 所示，集群运行时中各组件的注册连接主要通过 RegisteredRpcConnection 基本类提供的，且实现子类主要有 JobManagerRegisteredRpcConnection、ResourceManagerConnection 和 TaskExecutorToResourceManagerConnection 三种。

- JobManagerRegisteredRpcConnection：用于管理 TaskManager 中与 JobManager 之间的 RPC 连接。
- ResourceManagerConnection：用于管理 JobManager 中与 ResourceManager 之间的 RPC 连接。
- TaskExecutorToResourceManagerConnection：用于管理 TaskExecutor 中与 Resource-Manager 之间的 RPC 连接。

同时可以从图 7-8 中得出以下结论。

1）RegisteredRpcConnection 提供了 generateRegistration() 抽象方法，主要用于生成组件之间的 RPC 连接，每次调用 RegisteredRpcConnection.start() 方法启动 RegisteredRpcConnection 时，都会创建新的 RetryingRegistration。不同 RegisteredRpcConnection 创建的 Retrying-Registration 也会有所不同，例如在 TaskExecutorToResourceManagerConnection 中就会创建 ResourceManagerRegistration 实例。

2）在 RetryingRegistration 中会使用 RpcService 连接指定 RpcEndpoint 的地址，实际上调用的是 rpcService.connect(targetAddress, targetType) 方法，最终会返回 RpcGateway 的代理对象，当前组件能够通过 RpcGateway 连接到目标 RpcEndpoint 上。

3）在 RetryingRegistration 中会提供 invokeRegistration() 抽象方法，用于实现子类的 RPC 注册操作，例如在 ResourceManagerRegistration 中会实现 invokeRegistration() 方法，在方法中调用 resourceManager.registerTaskExecutor() 将 TaskExecutor 信息注册到 ResourceManager 中，这里的 ResourceManager 就是 ResourceManagerGateway 接口代理类。

4）当前组件中成功创建 RegisteredRpcConnection 后，会调用 onRegistrationSuccess() 方法继续后续操作，例如在 JobManagerRegisteredRpcConnection 中会向 jobLeaderListener

添加当前的 jobId 等信息。

5）同理，当前组件没有成功到注册至目标组件时，会调用 onRegistrationFailure() 抽象方法继续后续操作，包括连接重连或停止整个 RpcEndpoint 对应的服务。

下面我们以 TaskManager 向 ResourceManager 注册 RPC 服务为例，介绍整个 RPC 连接的注册过程。

1. TaskManager 向 ResourceManager 注册 RPC 服务

TaskManager 向 ResourceManager 注册 RPC 服务的过程如图 7-9 所示。

1）TaskExecutor 节点正常启动后，会调用 RpcEndpoint.onStart() 方法初始化并启动 TaskExecutor 组件的内部服务。

2）TaskExecutor 调用 startTaskExecutorServices() 方法启动 TaskExecutor 的内部组件服务，在 startTaskExecutorServices() 方法中会调用 resourceManagerLeaderRetriever.start() 方法，启动 ResourceManager 组件领导节点的监听服务并传入 ResourceManagerLeaderListener，用于监听 ResourceManager 的领导节点的变化情况。

3）当 ResourceManagerLeaderListener 接收到来自 ResourceManager 的 leaderAddress 以及 leaderSessionID 的信息后，调用 notifyOfNewResourceManagerLeader() 方法通知 TaskExecutor 和新的 ResourceManagerLeader 建立 RPC 连接。

4）调用 TaskExecutor.reconnectToResourceManager() 内部方法，创建与 ResourceManager 组件之间的 RPC 网络连接。

5）在 reconnectToResourceManager() 方法中会事先调用 closeResourceManagerConnection() 方法关闭之前的 ResourceManager 连接，然后依次调用 tryConnectToResourceManager() 和 connectToResourceManager() 方法创建与 ResourceManager 节点的 RPC 连接。

6）在 connectToResourceManager() 方法中会创建 TaskExecutorRegistration 对象，用于存储 TaskManager 的注册信息，其中包括 taskExecutorAddress、resourceId 以及 dataPort 等连接信息，同时还包含 hardwareDescription、defaultSlotResourceProfile 以及 totalResourceProfile 等资源描述信息。

7）创建 TaskExecutorToResourceManagerConnection 实例，正式与 ResourceManager 建立 RPC 网络连接，同时调用 TaskExecutorToResourceManagerConnection.start() 方法启动 RPC 连接。

8）TaskExecutorToResourceManagerConnection 继承自 RegisteredRpcConnection 抽象类，实际上调用的是 RegisteredRpcConnection.start() 方法。

9）在 RegisteredRpcConnection 中会调用内部方法 createNewRegistration() 创建新的 Registration。而在 createNewRegistration() 方法中会调用 generateRegistration() 子类方法，创建与其他组件之间的 RPC 连接。这里主要调用的是 TaskExecutorToResourceManagerConnection.generateRegistration() 方法。

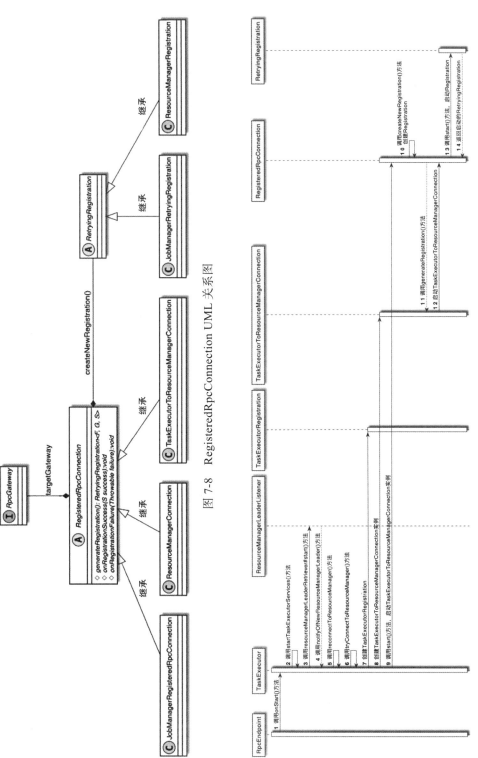

图 7-8 RegisteredRpcConnection UML 关系图

图 7-9 TaskManager 向 ResourceManager 注册 RPC 服务的流程

10）在 TaskExecutorToResourceManagerConnection 中会创建 ResourceManagerRegistration 对象，ResourceManagerRegistration 是 RetryingRegistration 的实现子类。

11）调用 RetryingRegistration.startRegistration() 方法注册具体的 RPC 连接，实际上会调用 AkkaRpcService.connect() 方法创建并获取 ResourceManager 对应的 RpcGateway 接口。

12）调用 RetryingRegistration.register() 内部方法，在 register() 方法中需要调用 invoke-Registration() 抽象方法，即 ResourceManagerRegistration.invokeRegistration() 方法。在方法中会调用 ResourceManagerGateway.registerTaskExecutor() 方法，最终完成在 ResourceManager 中注册 TaskManager 的操作。创建的 TaskExecutorRegistration 同时会传递给 Resource-Manager。

13）当 ResourceManager 接收到 TaskManager 的注册信息后，会在本地维护 TaskManager 的注册信息，并建立与 TaskManager 组件之间的心跳连接，至此完成了 TaskManager 启动后向 ResourceManager 进行 RPC 网络连接注册的全部流程。

如代码清单 7-12 所示，TaskExecutor.connectToResourceManager() 方法中首先会创建 TaskExecutorRegistration 注册信息和 TaskExecutorToResourceManagerConnection 对象，然后调用 TaskExecutorToResourceManagerConnection.start() 方法启动 TaskManager 和 Resource-Manager 之间的 RPC 注册连接。

代码清单 7-12　TaskExecutor.connectToResourceManager() 方法定义

```
private void connectToResourceManager() {
    assert(resourceManagerAddress != null);
    assert(establishedResourceManagerConnection == null);
    assert(resourceManagerConnection == null);
    log.info("Connecting to ResourceManager {}.", resourceManagerAddress);
    // TaskExecutor 注册信息
    final TaskExecutorRegistration taskExecutorRegistration =
        new TaskExecutorRegistration(
        getAddress(),
        getResourceID(),
        taskManagerLocation.dataPort(),
        hardwareDescription,
        taskManagerConfiguration.getDefaultSlotResourceProfile(),
        taskManagerConfiguration.getTotalResourceProfile()
    );
    resourceManagerConnection =
        new TaskExecutorToResourceManagerConnection(
            log,
            getRpcService(),
            taskManagerConfiguration.getRetryingRegistrationConfiguration(),
            resourceManagerAddress.getAddress(),
            resourceManagerAddress.getResourceManagerId(),
            getMainThreadExecutor(),
            new ResourceManagerRegistrationListener(),
            taskExecutorRegistration);
```

```
    resourceManagerConnection.start();
}
```

在 RegisteredRpcConnection.start() 方法中，首先调用 createNewRegistration() 方法创建新的 RetryingRegistration，这里的 RetryingRegistration 实现类实际上就是 TaskExecutorToResourceManagerConnection.ResourceManagerRegistration。然后调用 newRegistration.startRegistration() 方法，启动创建好的 RetryingRegistration，如代码清单 7-13 所示。

代码清单 7-13　RegisteredRpcConnection.start() 方法定义

```
public void start() {
    checkState(!closed, "The RPC connection is already closed");
    checkState(!isConnected() && pendingRegistration == null,
            "The RPC connection is already started");
    // 创建 RetryingRegistration
    final RetryingRegistration<F, G, S> newRegistration = createNewRegistration();
     // 启动 RetryingRegistration
    if (REGISTRATION_UPDATER.compareAndSet(this, null, newRegistration)) {
        newRegistration.startRegistration();
    } else {
        // 并行启动后，直接取消当前 Registration
        newRegistration.cancel();
    }
}
```

如代码清单 7-14 所示，RetryingRegistration.startRegistration() 方法包含如下逻辑。

1）根据 targetType 获取具体的 Gateway 接口，targetType 主要有 FencedRpcGateway 和 RpcGateway 两种类型，如果是 FencedRpcGateway 接口，则会在调用 rpcService.connect() 方法时传递 fencingToken 和 FencedRpcGateway 信息，最后创建 FencedRpcGateway 代理类，反之则仅创建 RpcGateway 代理类。

2）创建 RpcGateway 代理类后，就可以连接到指定的 RpcEndpoint 了。对于 rpcService.connect() 方法的定义，我们已经在 RPC 底层原理中介绍过。

3）创建 RPC 连接后，尝试注册操作，主要调用 RetryingRegistration.register() 私有方法，该方法会调用子类实现的 invokeRegistration() 注册方法。

4）如果注册失败，则进行 Retry 操作，除非接收到取消操作的消息。

代码清单 7-14　RetryingRegistration.startRegistration() 方法定义

```
public void startRegistration() {
        if (canceled) {
            return;
        }
        try {
            final CompletableFuture<G> rpcGatewayFuture;
            // 根据不同的 targetType，选择创建 FencedRpcGateway 还是普通的 RpcGateway
            if (FencedRpcGateway.class.isAssignableFrom(targetType)) {
```

```
        rpcGatewayFuture = (CompletableFuture<G>) rpcService.connect(
            targetAddress,
            fencingToken,
            targetType.asSubclass(FencedRpcGateway.class));
    } else {
        rpcGatewayFuture = rpcService.connect(targetAddress, targetType);
    }
    // 成功获取网关后，尝试注册操作
    CompletableFuture<Void> rpcGatewayAcceptFuture =
        rpcGatewayFuture.thenAcceptAsync(
        (G rpcGateway) -> {
            log.info("Resolved {} address, beginning registration",
                targetName);
            register(rpcGateway, 1, retryingRegistrationConfiguration.
                getInitialRegistrationTimeoutMillis());
        },
        rpcService.getExecutor());
    // 如果注册失败，则进行 Retry 操作，除非取消操作
    rpcGatewayAcceptFuture.whenCompleteAsync(
        (Void v, Throwable failure) -> {
            if (failure != null && !canceled) {
                final Throwable strippedFailure =
                    ExceptionUtils.stripCompletionException(failure);
                // 间隔指定时间后再次注册
                startRegistrationLater(retryingRegistrationConfiguration.
                    getErrorDelayMillis());
            }
        },
        rpcService.getExecutor());
    }
    catch (Throwable t) {
        completionFuture.completeExceptionally(t);
        cancel();
    }
}
```

如代码清单 7-15 所示，我们来深入了解 ResourceManagerRegistration.invokeRegistration() 方法的具体实现。从代码中可以看出，该方法会创建和 ResourceManagerGateway 之间的连接以及注册操作，例如调用 resourceManager.registerTaskExecutor() 方法进行注册，此时 resourceManager 会接收来自 TaskExecutor 的注册信息，并根据 taskExecutorRegistration 提供的注册信息，将 TaskExecutor 信息记录在 ResourceManager 的本地存储中，然后开启 TaskExecutor 之间的心跳连接。至此，TaskManager 能和 ResourceManager 进行正常的 RPC 通信了。

代码清单 7-15　ResourceManagerRegistration.invokeRegistration() 方法

```
protected CompletableFuture<RegistrationResponse> invokeRegistration(
    ResourceManagerGateway resourceManager, ResourceManagerId fencingToken,
```

```
        long timeoutMillis) throws Exception {
    Time timeout = Time.milliseconds(timeoutMillis);
    return resourceManager.registerTaskExecutor(
        taskExecutorRegistration,
        timeout);
}
```

对于其他组件之间的 RpcConnection 注册操作，例如 TaskManager 与 JobMaster 之间的 RPC 连接注册，基本上和 ResourceManagerRegistration 一样，我们就不再介绍了，接下来我们看 JobMaster 是如何向 ResourceManager 申请 Slot 计算资源的。

2. JobMaster 向 ResourceManager 申请 Slot 计算资源

当 JobMaster 组件启动后，会立即调用 JobMaster.startJobMasterServices() 方法启动 JobMaster 中的内部服务，其中就包括了 SlotPool 组件。同时在 JobMaster.startJobMaster-Services() 方法中会创建和启动 JobMaster 与 ResourceManager 之间的 RPC 连接 Resource-ManagerConnection。ResourceManagerConnection 创建成功后，会调用 onRegistrationSuccess() 方法执行 RPC 连接创建完成之后的操作，包括调用 slotPool.connectToResourceManager(resource-ManagerGateway) 方法向 ResourceManager 发送申请 Slot 计算资源的 RPC 请求。

如代码清单 7-16 所示，从 SlotPoolImpl.connectToResourceManager() 方法定义中我们可以看出，方法中分别遍历 waitingForResourceManager 集合中的 PendingRequest，然后就每个 PendingRequest 调用 requestSlotFromResourceManager() 方法向 ResourceManager 申请 PendingRequest 中指定的 Slot 计算资源。

代码清单 7-16　SlotPoolImpl.connectToResourceManager() 方法定义

```
public void connectToResourceManager(
    @Nonnull ResourceManagerGateway resourceManagerGateway) {
        this.resourceManagerGateway = checkNotNull(resourceManagerGateway);
        for (PendingRequest pendingRequest : waitingForResourceManager.values()) {
            requestSlotFromResourceManager(resourceManagerGateway, pendingRequest);
        }
        waitingForResourceManager.clear();
}
```

我们继续看 SlotPoolImpl.requestSlotFromResourceManager() 方法的实现，如代码清单 7-17 所示。

1）创建 AllocationID 并将 pendingRequest 和 AllocationID 存储在 pendingRequests 集合中。

2）调用 pendingRequest.getAllocatedSlotFuture() 方法获取 AllocatedSlotFuture，并判断 pendingRequest 是否出现异常或已经分配了其他 AllocationID，如果出现异常或已分配则调用 resourceManagerGateway.cancelSlotRequest(allocationId) 取消当前 pendingRequest 中的资源分配请求。

3）调用 resourceManagerGateway.requestSlot() 远程 RPC 方法向 ResourceManager 申请 Slot 计算资源，此时会在方法中创建 SlotRequest 对象，指定申请 Slot 计算资源的具体参数。

4）ResourceManager 接收到 SlotPool 发送的 SlotRequest 请求后，会将 SlotRequest 转发给 SlotManager 进行处理，此时如果能正常分配到 Slot 资源，则会返回 Acknowledge 信息。

5）调用 FutureUtils.whenCompleteAsyncIfNotDone() 方法执行返回 rmResponse Completable-Future 的对象，此时如果 Slot 资源申请过程出现异常，则调用 slotRequestToResourceManager-Failed() 方法进行处理。

代码清单 7-17　SlotPoolImpl.requestSlotFromResourceManager() 方法定义

```
private void requestSlotFromResourceManager(
        final ResourceManagerGateway resourceManagerGateway,
        final PendingRequest pendingRequest) {

    checkNotNull(resourceManagerGateway);
    checkNotNull(pendingRequest);

    log.info("Requesting new slot [{}] and profile {} from resource manager.",
            pendingRequest.getSlotRequestId(), pendingRequest.
                getResourceProfile());

    final AllocationID allocationId = new AllocationID();

    pendingRequests.put(pendingRequest.getSlotRequestId(), allocationId,
                pendingRequest);

    pendingRequest.getAllocatedSlotFuture().whenComplete(
        (AllocatedSlot allocatedSlot, Throwable throwable) -> {
            if (throwable != null
                    || !allocationId.equals(allocatedSlot.getAllocationId())) {
                resourceManagerGateway.cancelSlotRequest(allocationId);
            }
        });

    CompletableFuture<Acknowledge> rmResponse =
        resourceManagerGateway.requestSlot(
        jobMasterId,
        new SlotRequest(jobId, allocationId,
                    pendingRequest.getResourceProfile(), jobManagerAddress),
        rpcTimeout);

    FutureUtils.whenCompleteAsyncIfNotDone(
        rmResponse,
        componentMainThreadExecutor,
        (Acknowledge ignored, Throwable failure) -> {
            if (failure != null) {
```

```
                        slotRequestToResourceManagerFailed(pendingRequest.
                                            getSlotRequestId(), failure);
                }
            });
    }
```

从以上实例可以看出，集群运行时中各个组件之间都是基于 RPC 通信框架相互访问的。RpcEndpoint 组件会创建与其他 RpcEndpoint 之间的 RegisteredRpcConnection，并通过 RpcGateway 接口的动态代理类与其他组件进行通信，底层通信则依赖 Akka 通信框架实现。需要注意的是，Flink 把 Akka 作为 RPC 底层的通信框架，但没有使用 Akka 其他丰富的监督功能，并且未来有去掉 Akka 依赖的可能，对于 Flink 中 RPC 框架会如何发展还没有明确的计划，笔者也会持续跟进。

7.2 NetworkStack 的设计与实现

除了各个组件之间进行 RPC 通信之外，在 Flink 集群中 TaskManager 和 TaskManager 节点之间也会发生数据交换，尤其当用户提交的作业涉及 Task 实例运行在不同的 TaskManager 上时。Task 实例之间的数据交换主要借助 Flink 中的 NetworkStack 实现。NetworkStack 不仅提供了非常高效的网络 I/O，也提供了非常灵活的反压控制。本节我们就来看看 Flink 中 NetworkStack 的设计和实现，了解如何借助 NetworkStack 实现 Task 实例之间数据交换。

7.2.1 NetworkStack 概览

我们先来看 Flink NetworkStack 的整体架构，从宏观的角度了解 NetworkStack 主要组件。

1. NetworkStack 整体架构

如图 7-10 所示，Flink NetworkStack 整体架构在不同的 TaskManager 之间建立 TCP 连接，而 TCP 连接则主要依赖 Netty 通信框架实现。对于 Netty 我们已经非常熟悉了，业界主流的计算框架底层基本上都会借助 Netty 框架实现数据交互。Netty 是一个 NIO 网络编程框架，可以快速开发高性能、高可靠性的网络服务器 / 客户端程序，能够极大简化 TCP 和 UDP 等网络编程。

TaskManager 中会运行多个 Task 实例，例如在 TaskManager 1 中运行了 Task A-1 和 Task A-2，在 TaskManager 2 中运行了 Task B-1 和 Task B-2，Task A 中从外部接入数据并处理后，会通过基于 Netty 构建的 TCP 连接发送到 Task B 中继续进行处理。整个数据传输过程主要基于 Flink 的 NetworkStack 框架进行。

对于上游的 Task A 实例来讲，经过 Operator 处理后的数据，最终会通过 RecordWriter 组件写入网络栈，即算子输出的数据并不是直接写入网络，而是先将数据元素转换为二级制 Buffer 数据，并将 Buffer 缓存在 ResultSubPartition 队列中，再从 ResultSubPartition

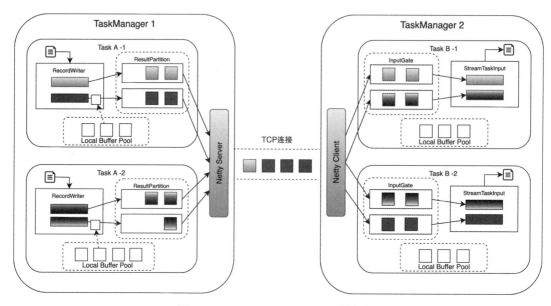

图 7-10　Flink NetworkStack 整体架构

队列将 Buffer 数据消费后写入下游 Task 对应的 InputChannel。在上游的 Task 中会创建 LocalBufferPool 为数据元素申请对应 Buffer 的存储空间，且上游的 Task 会创建 NettyServer 作为网络连接服务端，并与下游 Task 内部的 NettyClient 之间建立网络连接。

对下游的 Task 实例来讲，会通过 InputGate 组件接收上游 Task 发送的数据，在 InputGate 中包含了多个 InputChannel。InputChannel 实际上是将 Netty 中 Channel 进行封装，数量取决于 Task 的并行度。上游 Task 的 ResultPartition 会根据 ChannelSelector 选择需要将数据下发到哪一个 InputChannel 中，其实现类似 Shuffe 的数据洗牌操作。在下游的 Task 实例中可以看出，InputGate 中接收到的二进制数据，会转换为 Buffer 数据结构并存储到本地的 Buffer 队列中，最后被 StreamTaskInput 不断地从队列中拉取出来并处理。StreamTaskInput 会将 Buffer 数据进行反序列化操作，将 Buffer 数据转换为 StreamRecord 并发送到 OperatorChain 中继续处理。

2. StreamTask 整体数据流

在第 4 章我们已经了解到，在 ExecutionGraph 调度和执行 ExecutionVertex 节点的过程中，会将 OperatorChain 提交到同一个 Task 实例中运行。如果被调度的作业为流式类型，则 AbstractInvokable 的实现类就为 StreamTask。最终 StreamTask 会被 TaskManager 中的 Task 线程触发执行。

根据数据源不同，StreamTask 分为两种类型：一种是直接从外部源数据读取数据的 Source-StreamTask 和 SourceReaderStreamTask；另一种是支持从网络或本地获取数据的 OneInputStream-Task 和 TwoInputStreamTask，图 7-11 中所表示的 Task 类型就是 OneInputStreamTask 类型。

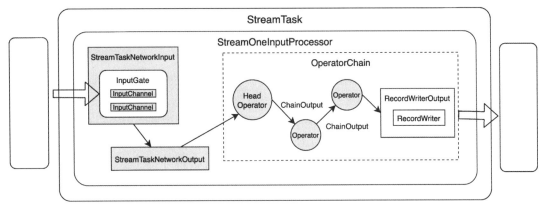

图 7-11　OneInputStreamTask 结构图

下面我们以 OneInputStreamTask 为例，从 Task 层面介绍数据从网络接入并发送到 OperatorChain 中进行处理，处理完成后又通过 Output 组建输出到下游网络中的过程。通过这些 Task 的组合实现在 TaskManager 节点之间数据的网络交互。如图 7-11 所示，OneInput-StreamTask 包含如下逻辑。

1）OneInputStreamTask 包含一个 StreamInputProcessor，用于对输入数据进行处理和输出。在 StreamInputProcessor 组件中包含 StreamTaskInput、OperatorChain 以及 DataOutput 三个组成部分。

2）StreamTaskInput 从 Task 外部获取数据。根据不同的数据来源，StreamTaskInput 的实现主要分为从网络获取数据的 StreamTaskNetworkInput 和从外部系统获取数据的 StreamTaskSourceInput。

3）DataOutput 负责将 StreamTaskInput 接收的数据发送到当前 Task 实例的 OperatorChain 的 HeadOperator 中进行处理。DataOutput 主要有 StreamTaskNetworkOutput 和 StreamTask-SourceOutput 两种实现。StreamTaskNetworkOutput 用于处理 StreamTaskNetworkInput 接收的数据，StreamTaskSourceOutput 用于处理 StreamTaskSourceInput 接收的数据。

4）OperatorChain 负责将能够运行在同一个 Task 实例中的 Operator 连接起来，然后形成算子链，且算子链中 HeaderOperator 会暴露给 StreamTask。当 StreamTaskNetworkIutput 接收到网络数据后，就会通过 StreamTaskNetworkOutput 组件将数据元素发送给 OperatorChain 中的 HeaderOperator 进行处理，此时 Task 实例中的算子就能够接收数据并进行处理了。

5）在 OperatorChain 中，除了具有 HeaderOperator 之外，还包含了其他算子，这些算子会按照拓扑关系连接到 HeaderOperator 之后，每个算子之间的数据传输通过 Output 组件相连，即在 OperatorChain 中，上一个算子处理的数据会通过 Output 组件发送到下一个算子中继续处理。这里需要区分 Output 和 DataOutput 的区别，DataOutput 强调的是从外部接入数据到 Task 实例后再转发到 HeaderOperator 中，Output 则更加强调算子链内部的数据传递。

6）对于 Output 组件的实现主要有 ChainingOutput、BroadcastingOutputCollector、DirectedOutput 和 RecordWriterOutput 等类型，它们最大的区别在于数据下发的方式不同，例如 ChainingOutput 代表直接向下游算子推送数据。

7）经过算子链处理后的数据，需要发送到网络中供下游的 Task 实例继续处理，此时需要通过 RecordWriterOutput 完成数据的网络输出。RecordWriterOutput 中包含了 RecordWriter 组件，用于将数据输出到网络中，下游 Task 实例就能通过 StreamTaskInput 组件从网络中获取数据，并继续传递到 Task 内部的算子链进行处理。

在 StreamTask 中接入数据，然后通过 OperatorChain 进行处理，再通过 RecordWriter-Output 发送到网络中，下游 Task 节点则继续从网络中获取数据并继续处理，最后组合这些 Task 节点就形成了整个 Flink 作业的计算拓扑。Task 节点的数据输入也可以是本地类型，这种情况主要出现在 Task 实例被执行在同一台 TaskManager 时，数据不需要经过网络传输，但这并不是本章的重点。

7.2.2 StreamTask 数据流

我们先来看数据是如何经过网络写入下游 Task 节点并通过算子进行处理的，这里我们还是以 OneInputStreamTask 为例进行说明。

如代码清单 7-18 所示，OneInputStreamTask.init() 方法包含了初始化 StreamTask 主要核心组件的逻辑。

1）在 OneInputStreamTask 中创建 CheckpointedInputGate，实际上是对 InputGate 进行封装，实现对 Checkpoint Barrier 对齐的功能。通过 CheckpointedInputGate 可以接入上游 Task 实例写入指定 InputChannel 中的 Buffer 数据。

2）创建 DataOutput 组件，在 StreamTaskInput 中会将接入的数据通过 DataOutput 组件输出到算子链的 HeaderOperator 中。

3）创建 StreamTaskInput 组件用于接收数据，将 InputGate 和 DataOutput 作为内部成员，完成对数据的接入和输出。

4）创建 StreamOneInputProcessor 数据处理器，StreamOneInputProcessor 会被 Task 线程模型调度并执行，实现周期性地从 StreamTaskInput 组件中读取数据元素并处理。

代码清单 7-18　OneInputStreamTask.init() 方法定义

```
public void init() throws Exception {
    StreamConfig configuration = getConfiguration();
    int numberOfInputs = configuration.getNumberOfInputs();
    if (numberOfInputs > 0) {
        // 创建 CheckpointedInputGate
        CheckpointedInputGate inputGate = createCheckpointedInputGate();
        TaskIOMetricGroup taskIOMetricGroup = getEnvironment()
            .getMetricGroup().getIOMetricGroup();
        taskIOMetricGroup.gauge("checkpointAlignmentTime",
```

```
                                inputGate::getAlignmentDurationNanos);
    // 创建 DataOutput 组件
    DataOutput<IN> output = createDataOutput();
    StreamTaskInput<IN> input = createTaskInput(inputGate, output);
    // 创建 StreamOneInputProcessor
    inputProcessor = new StreamOneInputProcessor<>(
        input,
        output,
        getCheckpointLock(),
        operatorChain);
    }
    headOperator.getMetricGroup().gauge(MetricNames.IO_CURRENT_INPUT_WATERMARK,
                                this.inputWatermarkGauge);
    getEnvironment().getMetricGroup().gauge(MetricNames.IO_CURRENT_INPUT_WATERMARK,
                                this.inputWatermarkGauge::getValue);
    }
```

如代码清单 7-19 所示，创建 StreamTaskNetworkOutput 组件的过程和 StreamTask-NetworkInput 基本是一致的。StreamTaskNetworkOutput 将 OperatorChain 中的 HeadOperator 作为主要参数，将接入的数据元素推送到 OperatorChain 的 HeaderOperator 中，接下来数据元素会在 OperatorChain 中进行处理和转换。

代码清单 7-19　OneInputStreamTask.createDataOutput() 方法定义

```
private DataOutput<IN> createDataOutput() {
    return new StreamTaskNetworkOutput<>(
        headOperator,
        getStreamStatusMaintainer(),
        getCheckpointLock(),
        inputWatermarkGauge,
        setupNumRecordsInCounter(headOperator));
}
```

1. 通过 StreamTaskNetworkInput 接入网络数据

OneInputStreamTask 初始化过程中，包括创建 StreamTaskInput 和 DataOutput 组件。接下来我们深入了解 StreamTask 如何利用 StreamTaskInput 和 DataOutput 完成数据元素的接收并发送到算子链中进行处理。

如代码清单 7-20 所示，OneInputStreamTask.processInput() 方法定义了处理数据的主要流程。我们在第 4 章讲到，processInput() 方法最终会通过 MailboxProcessor 调度与执行，OneInputStreamTask.processInput() 方法实际上就会调用 StreamOneInputProcessor.process-Input() 方法完成数据元素的获取和处理。调度并执行 StreamOneInputProcessor 组件，串联并运行 StreamTaskInput 组件、DataOutput 组件和 OperatorChain 组件，最终完成数据元素的处理操作。

代码清单 7-20   OneInputStreamTask.processInput() 方法定义

```
protected void processInput(MailboxDefaultAction.Controller controller)
    throws Exception {
  InputStatus status = inputProcessor.processInput();
  // 上游如果还有数据，则继续等待执行
  if (status == InputStatus.MORE_AVAILABLE && recordWriter.isAvailable()) {
    return;
  }
  // 上游如果没有数据，则发送控制消息到控制器
  if (status == InputStatus.END_OF_INPUT) {
    controller.allActionsCompleted();
    return;
  }
  CompletableFuture<?> jointFuture = getInputOutputJointFuture(status);
  MailboxDefaultAction.Suspension suspendedDefaultAction =
      controller.suspendDefaultAction();
  jointFuture.thenRun(suspendedDefaultAction::resume);
}
```

接下来我们看 StreamOneInputProcessor.processInput() 方法的定义。如代码清单 7-21 所示，方法中实际会调用 StreamTaskNetworkInput.emitNext() 方法，通过 StreamTaskNetwork-Input 接收数据元素，并返回 InputStatus 判断数据元素是否全部消费完毕。在 emitNext() 方法中会将 DataOutput 作为参数传递到方法内部，用于将数据元素输出到算子链中。

代码清单 7-21   StreamOneInputProcessor.processInput() 方法定义

```
public InputStatus processInput() throws Exception {
  InputStatus status = input.emitNext(output);
  if (status == InputStatus.END_OF_INPUT) {
    synchronized (lock) {
      operatorChain.endHeadOperatorInput(1);
    }
  }
  return status;
}
```

如代码清单 7-22 所示，StreamTaskNetworkInput.emitNext() 方法包含如下逻辑。

1）启动一个 While(true) 循环并根据指定条件退出循环。

2）判断 currentRecordDeserializer 是否为空，如果不为空，表明 currentRecordDeserializer 对象中已经含有反序列化的数据元素，此时会优先从中获取反序列化的数据元素，并返回 DeserializationResult 表示数据元素的消费情况。

3）如果 DeserializationResult 中显示 Buffer 已经消费完，则对 Buffer 内存空间进行回收，本地缓冲区中的数据元素都会通过 Buffer 结构以二进制的格式进行存储，我们会在 7.2.7 节重点介绍 Buffer 的底层数据结构设计。

4）判断 DeserializationResult 是否消费了完整的 Record，如果是则表明当前反序列化

的 Buffer 数据是一个完整的数据元素。接着调用 processElement() 方法对该数据元素继续进行处理，并返回 InputStatus.MORE_AVAILABLE 状态，表示管道中还有更多的数据元素可以继续处理。

5）当数据还没有接入的时候，currentRecordDeserializer 对象为空，此时会跳过上面的逻辑，从 InputGate 中拉取新的 Buffer 数据，并调用 processBufferOrEvent() 方法将接收到的 Buffer 数据写入 currentRecordDeserializer。

6）调用 checkpointedInputGate.pollNext() 方法从 InputGate 中拉取新的 BufferOrEvent 数据，BufferOrEvent 代表数据元素可以是 Buffer 类型，也可以是事件类型，比如 Checkpoint-Barrier、TaskEvent 等事件。

7）bufferOrEvent 不为空的时候，会调用 processBufferOrEvent() 进行处理，此时如果是 Buffer 类型的数据则进行反序列化操作，将接收到的二进制数据存储到 currentRecord-Deserializer 中，再从 currentRecordDeserializer 对象获取数据元素。对于事件数据则直接执行相应类型事件的操作。

8）如果 bufferOrEvent 为空，则判断 checkpointedInputGate 是否已经关闭，如果已经关闭了则直接返回 END_OF_INPUT 状态，否则返回 NOTHING_AVAILABLE 状态。

代码清单 7-22　StreamTaskNetworkInput.emitNext() 方法定义

```
public InputStatus emitNext(DataOutput<T> output) throws Exception {
    while (true) {
        // 从 Deserializer 中获取数据元素
        if (currentRecordDeserializer != null) {
            DeserializationResult result =
                currentRecordDeserializer.getNextRecord(deserializationDelegate);
            // 如果 DeserializationResult 对应的 Buffer 数据已经被消费，则回收 Buffer
            if (result.isBufferConsumed()) {
                currentRecordDeserializer.getCurrentBuffer().recycleBuffer();
                currentRecordDeserializer = null;
            }
            // 如果 result 是完整的数据元素，则调用 processElement() 方法进行处理
            if (result.isFullRecord()) {
                processElement(deserializationDelegate.getInstance(), output);
                return InputStatus.MORE_AVAILABLE;
            }
        }
        // 首先从 checkpointedInputGate 中拉取数据
        Optional<BufferOrEvent> bufferOrEvent = checkpointedInputGate.pollNext();
        // 如果有数据则调用 processBufferOrEvent() 方法进行处理
        if (bufferOrEvent.isPresent()) {
            processBufferOrEvent(bufferOrEvent.get());
        } else {
            // 如果 checkpointedInputGate 已关闭，则返回 END_OF_INPUT
            if (checkpointedInputGate.isFinished()) {
                checkState(checkpointedInputGate.getAvailableFuture().isDone(),
```

```
                    "Finished BarrierHandler should be available");
            if (!checkpointedInputGate.isEmpty()) {
                throw new IllegalStateException(
                    "Trailing data in checkpoint barrier handler.");
            }
            return InputStatus.END_OF_INPUT;
        }
        return InputStatus.NOTHING_AVAILABLE;
    }
  }
}
```

如代码清单 7-23 所示，在 StreamTaskNetworkInput.processElement() 方法中处理从 DeserializationResult 中转换出来的 StreamElement 类型数据，StreamElement 具体类别有 StreamRecord、StreamStatus 以及 Watermark，其中 StreamRecord 就是需要处理的业务数据，Watermark 则是上游传递下来的 Watermark 事件。在 processElement() 方法中会判断 StreamElement 属于哪种类型，然后调用不同的处理方法进行处理。对于 StreamRecord 类型的数据，则会调用 output.emitRecord(recordOrMark.asRecord()) 方法进行数据元素的输出操作，接下来通过 DataOutput 输出到算子链中进行处理。

代码清单 7-23　StreamTaskNetworkInput.processElement() 方法定义

```
private void processElement(StreamElement recordOrMark, DataOutput<T> output)
    throws Exception {
    // StreamRecord 类型
    if (recordOrMark.isRecord()){
        output.emitRecord(recordOrMark.asRecord());
    // Watermark 类型
    } else if (recordOrMark.isWatermark()) {
        statusWatermarkValve.inputWatermark(recordOrMark.asWatermark(), lastChannel);
    // LatencyMarker 类型
    } else if (recordOrMark.isLatencyMarker()) {
        output.emitLatencyMarker(recordOrMark.asLatencyMarker());
    // StreamStatus 类型
    } else if (recordOrMark.isStreamStatus()) {
        statusWatermarkValve.inputStreamStatus(recordOrMark.asStreamStatus(),
            lastChannel);
    } else {
        throw new UnsupportedOperationException("Unknown type of StreamElement");
    }
}
```

如代码清单 7-24 所示，StreamTaskNetworkOutput.emitRecord() 方法调用 operator 对象继续对 StreamRecord 数据进行处理，这里的 operator 对象实际就是在创建 StreamTask-NetworkOutput 时指定的算子链 HeaderOperator。

代码清单 7-24　StreamTaskNetworkOutput.emitRecord() 方法定义

```
public void emitRecord(StreamRecord<IN> record) throws Exception {
    synchronized (lock) {
        numRecordsIn.inc();
        operator.setKeyContextElement1(record);
        operator.processElement(record);
    }
}
```

从 InputGate 中拉取数据元素并进行反序列化操作，转换成 StreamElement 类型后，再调用 StreamTaskNetworkOutput.emitRecord() 方法将数据元素推送到 OperatorChain 的 HeaderOperator 中进行处理。后续的数据处理操作主要在 OperatorChain 中完成，接下来我们深入了解 OperatorChain 的设计与实现。

2. OperatorChain 的设计与实现

我们知道在 JobGraph 对象的创建过程中，将链化可以连在一起的算子，常见的有 StreamMap、StreamFilter 等类型的算子。OperatorChain 中的所有算子都会被运行在同一个 Task 实例中。

StreamTaskNetworkOutput 会将接入的数据元素写入算子链的 HeadOperator 中，从而开启整个 OperatorChain 的数据处理。如图 7-12 所示，在 OperatorChain 中通过 Output 组件将上下游算子相连，当上游算子数据处理完毕后，会通过 Output 组件发送到下游的算子中继续处理。

如图 7-12 所示，OperatorChain 内部定义了 WatermarkGaugeExposingOutput 接口，且该接口分别继承了 Output 和 Collector 接口。Collector 接口提供了 collect() 方法，用于收集处理完的数据。Output 接口提供了 emitWatermark()、emitLatencyMarker() 等方法，用于对 Collector 接口进行拓展，使得 Output 接口实现类可以输出 Watermark 和 LatencyMarker 等事件。WatermarkGaugeExposingOutput 接口则提供了获取 WatermarkGauge 的方法，用于监控最新的 Watermark。

OperatorChain 内部定义了不同的 WatermarkGaugeExposingOutput 接口实现类。

1）RecordWriterOutput：用于输出 OperatorChain 中尾端算子处理完成的数据，借助 RecordWriter 组件将数据元素写入网络。

2）ChainingOutput/CopyingChainingOutput：适用于上下游算子连接在一起且上游算子属于单输出类型的情况。如果系统开启了 ObjectReuse 功能，即对象复用，则创建 ChainingOutput 实现类，否则创建 CopyingChainingOutput。

3）BroadcastingOutputCollector/CopyingBroadcastingOutputCollector：上游算子是多输出类型但上下游算子之间的 Selector 为空时，创建广播类型的 BroadcastingOutputCollector。如果开启 ObjectReuse，则创建 BroadcastingOutputCollector，否则创建 CopyingBroadcastingOutputCollector。

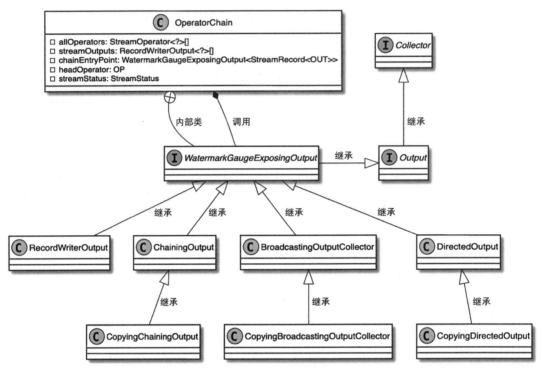

图 7-12　OperatorChain UML 关系图

4）DirectedOutput/CopyingDirectedOutput：上游算子是多输出类型且 Selector 不为空时，创建 DirectedOutput 或 CopyingDirectedOutput 连接上下游算子。

例如在 WordCount 的程序中定义 flatMap() 方法时，会调用 Collector.collect() 方法收集数据元素，此时调用的就是 Collector 接口的 collect() 方法，且每个算子在定义的函数或使用 Output 接口的实现类中，完成了上游算子向下游算子发送数据元素的操作。

3. OperatorChain 的创建和初始化

接下来我们看 OperatorChain 的初始化过程，如代码清单 7-25 所示，OperatorChain 的构造器包含如下逻辑。

1）获取 StreamTask 的 userCodeClassloader 以及 StreamConfig 配置参数。

2）获取 StreamOperatorFactory 用于创建 StreamOperator 实例，在第 2 章我们已经介绍过，StreamOperator 会封装为 StreamOperatorFactory 并存储在 StreamGraph 结构中，而这里就会从 userCodeClassloader 解析定义的 StreamOperatorFactory 实例，再通过 StreamOperatorFactory 创建相应的算子实例。

3）从 configuration 中读取 chainedConfigs，即算子之间的链接配置。chainedConfigs 的配置决定了算子之间 Output 接口的具体实现。

4）遍历 outEdgesInOrder 集合并创建 StreamOutput 配置，主要是根据 StreamConfig 获

取当前作业所有节点的输出边，并按照顺序通过输出边构建 RecordWriterOutput 组件，最终通过 RecordWriterOutput 组件将数据元素输出到网络中。

5）除了构建 StreamOutput 之外，还需要创建 OperatorChain 内部算子之间的上下游连接，完成 OperatorChain 内部上下游算子之间的数据传输。

6）单独创建 headOperator。headOperator 是 OperatorChain 的头部节点，创建完成后将 headOperator 暴露到 StreamTask 实例，供 DataOutput 接口实现类调用。

7）如果 OperatorChain 构建失败，则关闭已经创建的 RecordWriterOutput 实例，防止出现内存泄漏。

代码清单 7-25　OperatorChain 构造器方法定义

```
public OperatorChain(
        StreamTask<OUT, OP> containingTask,
        RecordWriterDelegate<SerializationDelegate<StreamRecord<OUT>>>
            recordWriterDelegate
        ) {
    // 获取当前 StreamTask 的 userCodeClassloader
    final ClassLoader userCodeClassloader = containingTask.getUserCodeClassLoader();
    // 获取 StreamConfig
    final StreamConfig configuration = containingTask.getConfiguration();
    // 获取 StreamOperatorFactory
    StreamOperatorFactory<OUT> operatorFactory =
    configuration.getStreamOperatorFactory(userCodeClassloader);
    // 读取 chainedConfigs
    Map<Integer, StreamConfig> chainedConfigs =
    configuration.getTransitiveChainedTaskConfigsWithSelf(userCodeClassloader);
    // 根据 StreamEdge 创建 RecordWriterOutput 组件
    List<StreamEdge> outEdgesInOrder =
    configuration.getOutEdgesInOrder(userCodeClassloader);
    Map<StreamEdge, RecordWriterOutput<?>> streamOutputMap =
    new HashMap<>(outEdgesInOrder.size());
    this.streamOutputs = new RecordWriterOutput<?>[outEdgesInOrder.size()];
    boolean success = false;
    try {
        for (int i = 0; i < outEdgesInOrder.size(); i++) {
            StreamEdge outEdge = outEdgesInOrder.get(i);
            // 为每个输出边创建 RecordWriterOutput
            RecordWriterOutput<?> streamOutput = createStreamOutput(
                recordWriterDelegate.getRecordWriter(i),
                outEdge,
                chainedConfigs.get(outEdge.getSourceId()),
                containingTask.getEnvironment());
            this.streamOutputs[i] = streamOutput;
            streamOutputMap.put(outEdge, streamOutput);
        }
        // 创建 OperatorChain 内部算子之间的连接
        List<StreamOperator<?>> allOps = new ArrayList<>(chainedConfigs.size());
        this.chainEntryPoint = createOutputCollector(
```

```
                containingTask,
                configuration,
                chainedConfigs,
                userCodeClassloader,
                streamOutputMap,
                allOps,
                containingTask.getMailboxExecutorFactory());
        if (operatorFactory != null) {
            WatermarkGaugeExposingOutput<StreamRecord<OUT>> output =
                getChainEntryPoint();
            // 创建 headOperator
            headOperator = StreamOperatorFactoryUtil.createOperator(
                    operatorFactory,
                    containingTask,
                    configuration,
                    output);
            headOperator.getMetricGroup().gauge(MetricNames.IO_CURRENT_OUTPUT_WATERMARK,
            output.getWatermarkGauge());
        } else {
            headOperator = null;
        }
        allOps.add(headOperator);
        this.allOperators = allOps.toArray(new StreamOperator<?>[allOps.size()]);
        success = true;
    }
    finally {
        // 如果创建不成功，则关闭 StreamOutputs 中的 RecordWriterOutput
        if (!success) {
            for (RecordWriterOutput<?> output : this.streamOutputs) {
                if (output != null) {
                    output.close();
                }
            }
        }
    }
}
```

当 OperatorChain 创建完成后，就能正常接收 StreamTaskInput 中的数据元素了。在 OperatorChain 内部算子之间进行数据传递和处理，最终通过 RecordWriterOutput 组件将处理完成的数据元素发送到网络中，供下游的 Task 实例使用。因为本章重点关注的是网络栈，所以接下来我们重点了解 RecordWriterOutput 接口的设计与实现，对于 OperatorChain 内部 Output 接口的实现，读者可以查阅源码，这里不再展开。

4. 创建 RecordWriterOutput

如代码清单 7-26 所示，OperatorChain.createStreamOutput() 方法逻辑如下。

1）获取输出边的 OutputTag 标签，判断当前 Stream 节点输出边是否为旁路输出，即在 DataStream API 中是否使用了旁路输出的相关方法。

2）当 OutputTag 标签不为空时，调用 upStreamConfig.getTypeSerializerSideOut() 方法，创建并获取 OutputTag 对应的 TypeSerializer 类型序列化器。否则调用 upStreamConfig.getTypeSerializerOut() 方法获取序列化器。

3）根据 TypeSerializer 等信息创建 RecordWriterOutput 实例并返回，在 RecordWriter-Output 中包含 RecordWriter 组件作为成员变量，最终会通过 RecordWriter 将算子链处理完成的数据写入网络。

代码清单 7-26　OperatorChain.createStreamOutput() 方法定义

```
private RecordWriterOutput<OUT> createStreamOutput(
        RecordWriter<SerializationDelegate<StreamRecord<OUT>>> recordWriter,
        StreamEdge edge,
        StreamConfig upStreamConfig,
        Environment taskEnvironment) {
    // 获取 OutputTag
    OutputTag sideOutputTag = edge.getOutputTag(); /
    // 获取数据序列化器 TypeSerializer
    TypeSerializer outSerializer = null;
    // 如果 StreamEdge 指定了 OutputTag
    if (edge.getOutputTag() != null) {
        // 则进行边路输出
        outSerializer = upStreamConfig.getTypeSerializerSideOut(
                edge.getOutputTag(), taskEnvironment.getUserClassLoader());
    } else {
        // 正常输出
        outSerializer =
        upStreamConfig.getTypeSerializerOut(taskEnvironment.getUserClassLoader());
    }
    // 返回创建的 RecordWriterOutput 实例
    return new RecordWriterOutput<>(recordWriter, outSerializer, sideOutputTag, this);
}
```

如代码清单 7-27 所示，在 RecordWriterOutput.collect() 方法中定义了 StreamRecord 数据的输出逻辑，实际上是调用 pushToRecordWriter() 方法将数据写入 RecordWriter，最终通过 RecordWriter 组件进行数据元素的网络输出。

代码清单 7-27　RecordWriterOutput.collect() 方法定义

```
public void collect(StreamRecord<OUT> record) {
    if (this.outputTag != null) {
        return;
    }
    pushToRecordWriter(record);
}
```

如代码清单 7-28 所示，RecordWriterOutput.pushToRecordWriter() 方法逻辑如下。

1）调用 serializationDelegate.setInstance() 方法，对接入的数据元素进行序列化操作，

将数据元素转换成二进制格式。

2）调用 recordWriter.emit() 方法通过 RecordWriter 组件将 serializationDelegate 中序列化后的二进制数据输出到下游网络中。

代码清单 7-28　RecordWriterOutput.pushToRecordWriter() 方法定义

```
private <X> void pushToRecordWriter(StreamRecord<X> record) {
    serializationDelegate.setInstance(record);
    try {
        recordWriter.emit(serializationDelegate);
    }
    catch (Exception e) {
        throw new RuntimeException(e.getMessage(), e);
    }
}
```

7.2.3　RecordWriter 详解

StreamTask 节点中的中间结果数据元素最终通过 RecordWriterOutput 实现了网络输出，RecordWriterOutput 底层依赖 RecordWriter 组件完成数据输出操作，接下来我们深入了解 RecordWriter 的设计和实现。

1. 创建 RecordWriter 实例

在 StreamTask 构造器方法中会直接创建 RecordWriter 实例，用于输出当前任务产生的 Intermediate Result 数据。这里实际上调用了 createRecordWriterDelegate() 方法创建 RecordWriterDelegate 作为 RecordWriter 的代理类。

```
this.recordWriter = createRecordWriterDelegate(configuration, environment);
```

如代码清单 7-29 所示，createRecordWriterDelegate() 方法中会调用 createRecordWriters() 方法，根据 StreamConfig 和 Environment 环境信息创建 RecordWriter 实例。然后根据 recordWrites 的数量创建对应的 RecordWriterDelegate 代理类：如果 recordWrites 数量等于 1，则创建 SingleRecordWriter 代理类；如果 recordWrites 数量等于 0，则创建 NonRecordWriter 代理类；其他情况则创建 MultipleRecordWriters 代理类。

代码清单 7-29　StreamTask.createRecordWriterDelegate() 方法定义

```
public static <OUT> RecordWriterDelegate<SerializationDelegate<StreamRecord<O
   UT>>> createRecordWriterDelegate(
      StreamConfig configuration,
      Environment environment) {
   List<RecordWriter<SerializationDelegate<StreamRecord<OUT>>>> recordWrites =
      createRecordWriters(
      configuration,
      environment);
```

```
    if (recordWrites.size() == 1) {
        return new SingleRecordWriter<>(recordWrites.get(0));
    } else if (recordWrites.size() == 0) {
        return new NonRecordWriter<>();
    } else {
        return new MultipleRecordWriters<>(recordWrites);
    }
}
```

我们继续了解 RecordWriter 的创建过程，如代码清单 7-30 所示，StreamTask.create-RecordWriters() 方法中，首先创建空的 RecordWriter 集合，用于存储创建的 RecordWriter 实例，然后从配置中获取 outEdgesInOrder 集合，即当前 StreamTask 的所有输出边，接着从 configuration 中获取 chainedConfigs 配置，用于调用 BufferTimeOut 等参数，再然后遍历输出节点，分别创建每个输出边对应的 RecordWriter，最后将 RecordWriter 实例添加到 RecordWriter 集合中，返回创建的 RecordWriter 集合。

代码清单 7-30　StreamTask.createRecordWriters() 方法定义

```
private static <OUT> List<RecordWriter<SerializationDelegate<StreamRecord<O
  UT>>>> createRecordWriters(
    StreamConfig configuration,
    Environment environment) {
// 创建 RecordWriter 集合
List<RecordWriter<SerializationDelegate<StreamRecord<OUT>>>> recordWriters =
    new ArrayList<>();
// 获取输出的 StreamEdge
List<StreamEdge> outEdgesInOrder =
    configuration.getOutEdgesInOrder(environment.getUserClassLoader());
// 获取 chainedConfigs 参数
Map<Integer, StreamConfig> chainedConfigs = configuration.
    getTransitiveChainedTaskConfigsWithSelf(environment.getUserClassLoader());
// 遍历输出节点，分别创建 RecordWriter 实例
for (int i = 0; i < outEdgesInOrder.size(); i++) {
    StreamEdge edge = outEdgesInOrder.get(i);
    recordWriters.add(
        createRecordWriter(
            edge,
            i,
            environment,
            environment.getTaskInfo().getTaskName(),
            chainedConfigs.get(edge.getSourceId()).getBufferTimeout()));
}
    return recordWriters;
}
```

我们继续看单个 RecordWriter 的创建过程，如代码清单 7-31 所示，createRecordWriter() 方法主要包含如下逻辑。

1）获取当前 StreamEdge 内部对应的 StreamPartitioner 实现类，DataStream 物理分区操作所创建的 StreamPartitioner 分区策略会被应用在 RecordWriter 中，例如 DataStream. rebalance() 操作就会创建 RebalancePartitioner 作为 StreamPartitioner 的实现类，并通过 RebalancePartitioner 选择下游 InputChannel，实现数据元素按照指定的分区策略下发。

2）从环境信息中获取已创建的 ResultPartitionWriter 组件，即 ResultPartition。ResultPartition 内部会在本地存储需要下发的 Buffer 数据，并等待下游节点向上游节点发送数据消费请求。

3）如果 StreamPartitioner 为 ConfigurableStreamPartitioner 实现类，会从 ResultPartition 中获取 numKeyGroups，向 StreamPartitioner 配置 ResultPartition 中 KeyGroup 的数量，完成对 StreamPartitioner 的初始化操作。

4）通过 RecordWriterBuilder 创建 RecordWriter，在创建过程中会设定 outputPartitioner、bufferTimeout 以及 bufferWriter 等参数。

5）最后为 RecordWriter 设定 MetricGroup，用于监控指标的采集和输出。

代码清单 7-31　StreamTask.createRecordWriter() 方法定义

```
private static <OUT> RecordWriter<SerializationDelegate<StreamRecord<OUT>>>
   createRecordWriter(
       StreamEdge edge,
       int outputIndex,
       Environment environment,
       String taskName,
       long bufferTimeout) {
   @SuppressWarnings("unchecked")
   // 获取边上的 StreamPartitioner
   StreamPartitioner<OUT> outputPartitioner =
       (StreamPartitioner<OUT>) edge.getPartitioner();
   LOG.debug("Using partitioner {} for output {} of task {}",
           outputPartitioner, outputIndex, taskName);
   // 获取 ResultPartitionWriter
   ResultPartitionWriter bufferWriter = environment.getWriter(outputIndex);
   // 初始化 Partitioner
   if (outputPartitioner instanceof ConfigurableStreamPartitioner) {
      int numKeyGroups = bufferWriter.getNumTargetKeyGroups();
      if (0 < numKeyGroups) {
         ((ConfigurableStreamPartitioner) outputPartitioner).configure(numKeyGroups);
      }
   }
   // 创建 RecordWriter
   RecordWriter<SerializationDelegate<StreamRecord<OUT>>> output =
       new RecordWriterBuilder<SerializationDelegate<StreamRecord<OUT>>>()
       .setChannelSelector(outputPartitioner)
       .setTimeout(bufferTimeout)
       .setTaskName(taskName)
       .build(bufferWriter);
```

```
// 设定 MetricGroup 监控
output.setMetricGroup(environment.getMetricGroup().getIOMetricGroup());
return output;
}
```

至此完成了 RecordWriter 组件的创建过程，RecordWriter 负责将 Buffer 数据写入指定的 ResultPartition，下游任务的算子可以到 ResultPartition 中消费 Buffer 数据。在创建 OperatorChain 时会指定 recordWriter 作为参数，用于创建 RecordWriterOutput 组件，代码如下。

```
operatorChain = new OperatorChain<>(this, recordWriter);
```

2. RecordWriter 的类型与实现

如图 7-13 所示，RecordWriter 内部主要包含 RecordSerializer 和 ResultPartitionWriter 两个组件。RecordSerializer 用于对输出到网络中的数据进行序列化操作，将数据元素序列化成 Bytes[] 二进制格式，维护 Bytes[] 数据中的 startBuffer 及 position 等信息。ResultPartitionWriter 是 ResultPartition 实现的接口，提供了将数据元素写入 ResultPartiton 的方法，例如 addBufferConsumer() 方法就是将 RecordSerializer 序列化的 BufferConsumer 数据对象添加到 ResultPartition 队列并进行缓存，供下游 InputGate 消费 BufferConsumer 对象。

RecordWriter 主要有两种实现类：ChannelSelectorRecordWriter 和 BroadcastRecordWriter。ChannelSelectorRecordWriter 根据 ChannelSelector 选择下游节点的 InputChannel，Channel-Selector 内部基于 StreamPartitoner 获取不同的数据下发策略，最终实现数据重分区。BroadcastRecordWriter 对应广播式数据下发，即数据元素会被发送到下游所有的 InputChannel 中。当用户执行了 Broadcast 操作时，就会创建 BroadcastRecordWriter 实现数据元素的广播下发操作。

如代码清单 7-32 所示，通过 RecordWriterBuilder 创建 RecordWriter，此时会根据 selector.isBroadcast() 条件选择创建 ChannelSelectorRecordWriter 还是 BroadcastRecordWriter 实例。

代码清单 7-32　RecordWriterBuilder.build() 方法定义

```
public RecordWriter<T> build(ResultPartitionWriter writer) {
    if (selector.isBroadcast()) {
        return new BroadcastRecordWriter<>(writer, timeout, taskName);
    } else {
        return new ChannelSelectorRecordWriter<>(writer, selector, timeout, taskName);
    }
}
```

（1）ChannelSelectorRecordWriter 实例

ChannelSelectorRecordWriter 控制数据元素发送到下游的哪些 InputChannel 中。如代码

清单 7-33 中，在 ChannelSelectorRecordWriter.emit() 方法中，会调用 channelSelector.select-Channel(record) 方法选择下游的 InputChannel。对于非广播类型的分区器，最终都会创建 ChannelSelectorRecordWriter 实现 StreamRecord 数据的下发操作。

代码清单 7-33　ChannelSelectorRecordWriter.emit() 方法定义

```
public void emit(T record) throws IOException, InterruptedException {
    emit(record, channelSelector.selectChannel(record));
}
```

如图 7-14 所示，ChannelSelector 的实现类主要有 StreamPartitioner、RoundRobinChannel-Selector 和 OutputEmitter 三种。

❑ StreamPartitioner：DataStream API 中物理操作指定的分区器，例如当用户调用 DataStream.rebalance() 方法时，会创建 RebalencePartitioner。在 StreamTask 执行的过程中，会获取相应的 StreamPartitioner 应用在 ChannelSelectorRecordWriter 中，实现对数据元素分区的选择。

❑ RoundRobinChannelSelector：ChannelSelector 的默认实现类，提供了对 Round-Robin 策略的支持，以轮询的方式随机选择一个分区输出数据元素。

❑ OutputEmitter：适用于 BatchTask，须配合 ShipStrategyType 使用，通过 ShipStrategy-Type 执行的策略输出数据。

（2）BroadcastRecordWriter 实例

和 ChannelSelectorRecordWriter 相比，BroadcastRecordWriter 的实现就比较简单了，在 BroadcastRecordWriter 中不需要 ChannelSelector 组件选择数据元素分区，直接将所有的数据元素广播发送到下游所有 InputChannel 中即可。

3. RecordWriter 数据输出

图 7-15 详细地描述了 RecordWriter 对接入的 StreamRecord 数据进行序列化并等待下游任务消费的过程，整个过程细节如下。

1）StreamRecord 通过 RecordWriterOutput 写入 RecordWriter，并在 RecordWriter 中通过 RecordSerializer 组件将 StreamRecord 序列化为 ByteBuffer 数据格式。

2）RecordWriter 向 ResultPartition 申请 BufferBuilder 对象，用于构建 BufferConsumer 对象，将序列化后的二进制数据存储在申请到的 Buffer 中。ResultPartition 会向 LocalBufferPool 申请 MemorySegment 内存块，用于存储 Buffer 数据。

3）BufferBuilder 中会不断接入 ByteBuffer 数据，直到将 BufferBuilder 中的 Buffer 空间占满，此时会申请新的 BufferBuilder 继续构建 BufferConsumer 数据集。

4）Buffer 构建完成后，会调用 flushTargetPartition() 方法，让 ResultPartition 向下游输出数据，此时会通知 NetworkSequenceViewReader 组件开始消费 ResultSubPartition 中的 BufferConsumer 对象。

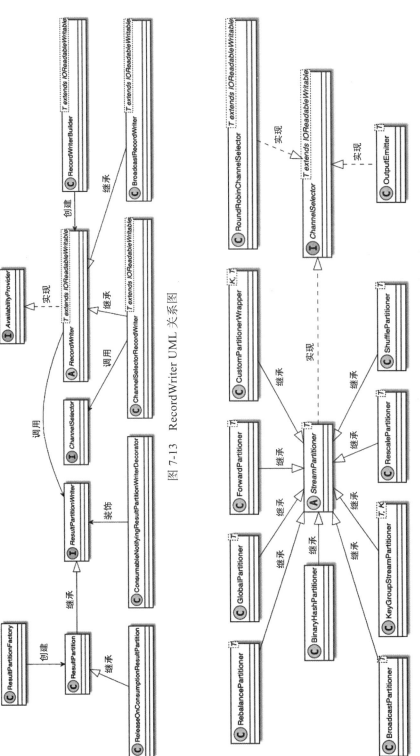

图 7-13 RecordWriter UML 关系图

图 7-14 ChannelSelectorRecordWriter UML 关系图

5）当 BufferConsumer 中 Buffer 数据被推送到网络后，回收 BufferConsumer 中的 MemorySegment 内存空间，继续用于后续的消息处理。

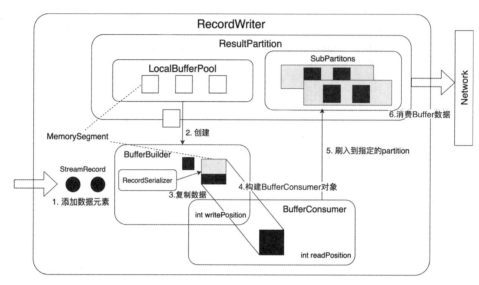

图 7-15　RecordWriter 设计与实现

接下来我们从源码的角度了解 RecordWriter 的具体实现。我们知道，RecordWriterOutput 调用了 recordWriter.emit(serializationDelegate) 方法，将数据元素发送到 RecordWriter 中进行处理。如代码清单 7-34 所示，RecordWriter.emit() 方法中首先通过创建好的序列化器将数据元素序列化成 ByteBuffer 二进制格式数据，并缓存在 SpanningRecordSerializer.serializationBuffer 对象中。然后调用 copyFromSerializerToTargetChannel() 方法将序列化器生成的中间数据复制到指定分区中，实际上就是将 ByteBuffer 数据复制到 BufferBuiler 对象中。如果 BufferBuiler 中存储了完整的数据元素，copyFromSerializerToTargetChannel() 方法就会返回 True，接着清空序列化器的中间数据，因为序列化器中累积的数据不宜过大。

代码清单 7-34　RecordWriter.emit() 方法定义

```
protected void emit(T record, int targetChannel) throws IOException,
    InterruptedException {
    checkErroneous();
    // 数据序列化
    serializer.serializeRecord(record);
    // 将序列化器中的数据复制到指定分区中
    if (copyFromSerializerToTargetChannel(targetChannel)) {
        // 清空序列化器
        serializer.prune();
    }
}
```

接下来我们分别看 BufferBuilder 与 Serializer 的实现逻辑，了解如何将序列化器中的数据转换成 Buffer 并存储到 ResultPartiton 中，最终将数据发送到下游。

（1）将 RecordSerializer 序列化后的 BytesBuffer 数据写入 BufferBuilder

对 RecordSerializer 接口来讲，实现类只有 SpanningRecordSerializer，且 SpanningRecord-Serializer 对象主要包含了 DataOutputSerializer serializationBuffer 和 ByteBuffer dataBuffer 两个成员变量。DataOutputSerializer 实现了 java.io.DataOutput 接口，提供了高效、简洁的内存数据序列化能力，可以将数据转换成二进制格式并存储在 byte[] 数组中。另外，在 serialization 中会调用 serializationBuffer.wrapAsByteBuffer() 方法，将 serializationBuffer 中生成的 byte[] 数组转换成 ByteBuffer 数据结构，并赋值给 dataBuffer 对象。ByteBuffer 是 Java NIO 中用于对二进制数据进行操作的 Buffer 接口，底层有 DirectByteBuffer 和 HeapByteBuffer 等实现，通过 ByteBuffer 提供的方法，可以轻松实现对二进制数据的操作。

接下来我们看一下在 SpanningRecordSerializer 中如何对数据元素进行序列化，如代码清单 7-35 所示，SpanningRecordSerializer.serializeRecord() 方法主要逻辑如下。

1）清理 serializationBuffer 的中间数据，实际上就是将 byte[] 数组的 position 参数置为 0。

2）调用 serializationBuffer.skipBytesToWrite(4) 方法设定 serialization buffer 的初始容量，默认不小于 4。

3）将数据元素写入 serializationBuffer 的 bytes[] 数组，所有数据元素都实现了 IOReadable-Writable 接口，可以直接将数据对象转换为二进制格式，这一点我们会在第 8 章详细介绍。

4）获取 serializationBuffer 的长度信息，并写入 serializationBuffer。

5）调用 serializationBuffer.wrapAsByteBuffer() 方法将 serializationBuffer 中的 byte[] 数据封装为 java.io.ByteBuffer 数据结构，最终赋值到 dataBuffer 的中间结果中。

代码清单 7-35　SpanningRecordSerializer.serializeRecord() 方法定义

```
public void serializeRecord(T record) throws IOException {
    if (CHECKED) {
        if (dataBuffer.hasRemaining()) {
            throw new IllegalStateException("Pending serialization of previous record.");
        }
    }
    // 首先清理 serializationBuffer 中的数据
    serializationBuffer.clear();
    // 设定 serialization buffer 数量
    serializationBuffer.skipBytesToWrite(4);
    // 将 record 数据写入 serializationBuffer
    record.write(serializationBuffer);
    // 获取 serializationBuffer 的长度信息并记录到 serializationBuffer 对象中
    int len = serializationBuffer.length() - 4;
    serializationBuffer.setPosition(0);
    serializationBuffer.writeInt(len);
    serializationBuffer.skipBytesToWrite(len);
    // 对 serializationBuffer 进行 wrapp 处理, 转换成 ByteBuffer 数据结构
```

```
            dataBuffer = serializationBuffer.wrapAsByteBuffer();
    }
```

（2）将 RecordSerializer 中间数据复制到 BufferBuilder 中

在 copyFromSerializerToTargetChannel() 方法中实现了将 RecordSerializer 中的 ByteBuffer 中间数据写入 BufferBuilder 的逻辑，如代码清单 7-36 所示。

1）对序列化器进行 Reset 操作，重置初始化位置。

2）调用 getBufferBuilder(targetChannel) 方法，获取指定分区的 BufferBuilder 对象。BufferBuilder 用于构建完整的 Buffer 数据，将序列化器中的二进制数据写入 bufferBuilder，即通过 ByteBuffer 中间数据构建完整的 Buffer 数据集。

3）调用 serializer.copyToBufferBuilder(bufferBuilder) 方法，将序列化器的 ByteBuffer 中间数据写入 BufferBuilder。

4）通过返回的 SerializationResult 判断当前 BufferBuilder 是否构建了完整的 Buffer 数据，如果是则调用 finishBufferBuilder(bufferBuilder) 方法完成 BufferBuilder 中 Buffer 的构建。

5）判断 SerializationResult 中是否具有完整的数据元素，如果是则将 pruneTriggered 置为 True，然后清空当前的 BufferBuilder，最后跳出循环。

6）创建新的 bufferBuilder，继续从序列化器中将中间数据复制到 BufferBuilder 中。

7）指定 flushAlways 参数为 True，调用 flushTargetPartition() 方法将数据写入 Result-Partition。为防止过度频繁地将数据写入 ResultPartiton，在 RecordWriter 中会有独立的 outputFlusher 线程，周期性地将构建出来的 Buffer 数据推送到 ResultPartiton 本地队列中存储，默认延迟为 100ms。

代码清单 7-36　RecordWriter.copyFromSerializerToTargetChannel() 方法定义

```
protected boolean copyFromSerializerToTargetChannel(int targetChannel) throws
    IOException, InterruptedException {
    // 对序列化器进行 Reset 操作，初始化 initial position
    serializer.reset();
    // 创建 BufferBuilder
    boolean pruneTriggered = false;
    BufferBuilder bufferBuilder = getBufferBuilder(targetChannel);
    // 调用序列化器将数据写入 bufferBuilder
    SerializationResult result = serializer.copyToBufferBuilder(bufferBuilder);
    // 如果 SerializationResult 是完整 Buffer
    while (result.isFullBuffer()) {
        // 则完成创建 Buffer 数据的操作
        finishBufferBuilder(bufferBuilder);
        // 如果是完整记录，则将 pruneTriggered 置为 True
        if (result.isFullRecord()) {
            pruneTriggered = true;
            emptyCurrentBufferBuilder(targetChannel);
            break;
        }
```

```
    // 创建新的 bufferBuilder，继续复制序列化器中的数据到 BufferBuilder 中
    bufferBuilder = requestNewBufferBuilder(targetChannel);
    result = serializer.copyToBufferBuilder(bufferBuilder);
}
checkState(!serializer.hasSerializedData(), "All data should be written at once");
    // 如果指定的 flushAlways，则直接调用 flushTargetPartition 将数据写入 ResultPartition
if (flushAlways) {
    flushTargetPartition(targetChannel);
}
return pruneTriggered;
}
```

4. BufferBuilder 的创建与获取

如代码清单 7-37 所示，在 ChannelSelectorRecordWriter.getBufferBuilder() 方法中定义了 BufferBuilder 的创建过程。其中 targetChannel 参数用于确认数据写入的分区 ID，与下游 InputGate 中的 InputChannelID 是对应的。在 ChannelSelectorRecordWriter 中维护了 bufferBuilders[] 数组，用于存储创建好的 BufferBuilder 对象。可以看出，每个 targetChannel 对应的 ResultPartition 分区仅有一个处于运行状态的 BufferBuilder 对象，只有在无法从 bufferBuilders[] 中获取 BufferBuilder 时，才会调用 requestNewBufferBuilder() 方法创建新的 BufferBuilder 对象。

代码清单 7-37　ChannelSelectorRecordWriter.getBufferBuilder() 方法定义

```
public BufferBuilder getBufferBuilder(int targetChannel) throws IOException,
    InterruptedException {
    if (bufferBuilders[targetChannel] != null) {
        return bufferBuilders[targetChannel];
    } else {
        return requestNewBufferBuilder(targetChannel);
    }
}
```

如代码清单 7-38 所示，requestNewBufferBuilder() 方法逻辑如下。

1）检查 bufferBuilders[] 的状态，确保 bufferBuilders[targetChannel] 为空或者 bufferBuilders[targetChannel].isFinished() 方法返回值为 True。

2）调用 targetPartition.getBufferBuilder() 方法获取新的 BufferBuilder，这里的 targetPartition 就是前面提到的 ResultPartition。在 ResultPartition 中会向 LocalBufferPool 申请 Buffer 内存空间，用于存储序列化后的 ByteBuffer 数据。

3）向 targetPartition 添加通过 bufferBuilder 构建的 BufferConsumer 对象，bufferBuilder 和 BufferConsumer 内部维护了同一个 Buffer 数据。BufferConsumer 会被存储到 ResultSubpartition 的 BufferConsumer 队列中。

4）将创建好的 bufferBuilder 添加至数组，用于下次直接获取和构建 BufferConsumer 对象。

代码清单 7-38　ChannelSelectorRecordWriter.requestNewBufferBuilder() 方法定义

```
public BufferBuilder requestNewBufferBuilder(int targetChannel) throws
    IOException, InterruptedException {
    checkState(bufferBuilders[targetChannel] == null
            || bufferBuilders[targetChannel].isFinished());
    // 调用 targetPartition 获取 BufferBuilder
    BufferBuilder bufferBuilder = targetPartition.getBufferBuilder();
    // 向 targetPartition 中添加 BufferConsumer
    targetPartition.addBufferConsumer(bufferBuilder.createBufferConsumer(),
                                        targetChannel);
    // 将创建好的 bufferBuilder 添加至数组
    bufferBuilders[targetChannel] = bufferBuilder;
    return bufferBuilder;
}
```

和 ChannelSelectorRecordWriter 实现不同的是，在 BroadcastRecordWriter 内部创建 BufferBuilder 的过程中，会将创建的 bufferConsumer 对象添加到所有的 ResultSubPartition 中，实现将 Buffer 数据下发至所有 InputChannel，如代码清单 7-39 所示。

代码清单 7-39　BroadcastRecordWriter.requestNewBufferBuilder() 方法定义

```
public BufferBuilder requestNewBufferBuilder(int targetChannel)
    throws IOException, InterruptedException {
    checkState(bufferBuilder == null || bufferBuilder.isFinished());
    BufferBuilder builder = targetPartition.getBufferBuilder();
    if (randomTriggered) {
        targetPartition.addBufferConsumer(builder.createBufferConsumer(), targetChannel);
    } else {
        try (BufferConsumer bufferConsumer = builder.createBufferConsumer()) {
            for (int channel = 0; channel < numberOfChannels; channel++) {
                targetPartition.addBufferConsumer(bufferConsumer.copy(), channel);
            }
        }
    }
    bufferBuilder = builder;
    return builder;
}
```

以上步骤就是在 RecordWriter 组件中将数据元素序列化成二进制格式，然后通过 BufferBuilder 构建成 Buffer 类型数据，最终存储在 ResultPartition 的 ResultSubPartition 中。这是从 Task 的层面了解数据网络传输过程，接下来我们了解在 TaskManager 中如何构建底层的网络传输通道。

7.2.4　ShuffleMaster 与 ShuffleEnvironment

我们知道，Flink 作业最终会被转换为 ExecutionGraph 并拆解成 Task，在 TaskManager

中调度并执行，Task 实例之间会发生跨 TaskManager 节点的数据交换，尤其是在 DataStream API 中使用了物理分区操作的情况。如图 7-16 所示，从 ExecutionGraph 到物理执行图的转换中可以看出，ExecutionVertex 最终会被转换为 Task 实例运行，在 ExecutionGraph 中上游节点产生的数据被称为 IntermediateResult，即中间结果，在物理执行图中与之对应的是 ResultPartition 组件。在 ResultPartition 组件中会根据分区的数量再细分为 ResultSubPartition。在 ResultSubPartition 中主要有 BufferConsumer 队列，用于本地存储 Buffer 数据，供下游的 Task 节点消费使用。

对下游的 Task 实例来讲，主要依赖 InputGate 组件读取上游数据，在 InputGate 组件中 InputChannel 和上游的 ResultSubPartition 数量相同，因此 RecordWriter 向 ResultPartition 中的 ResultSubPartition 写入 Buffer 数据，就是在向下游的 InputChannel 写入数据，因为最终会从 ResultSubPartition 的队列中读取 Buffer 数据再经过 TCP 网络连接发送到对应的 InputChannel 中。

TaskManager 接收到 JobManager 的 Task 创建请求时，会根据 TaskDeploymentDescriptor 中的参数创建并初始化 ResultPartition 和 InputGate 组件。Task 启动成功并开始接入数据后，使用 ResultPartition 和 InputGate 组件实现上下游算子之间的跨网络数据传输。

在 TaskManager 实例中，主要通过 ShuffleEnvironment 统一创建 ResultPartition 和 InputGate 组件。在 JobMaster 中也会创建 ShuffleMaster 统一管理和监控作业中所有的 ResultPartition 和 InputGate 组件。因此在介绍 ResultPartition 和 InputGate 之前，我们先了解一下 ShuffleMaster 和 ShuffleEnvironment 的主要作用和创建过程。

1. ShuffleService 的设计与实现

如图 7-17 所示，创建 ShuffleMaster 和 ShuffleEnvironment 组件主要依赖 ShuffleServiceFactory 实现。同时为了实现可插拔的 ShuffleService 服务，ShuffleServiceFactory 的实现类通过 Java SPI 的方式加载到 ClassLoader 中，即通过 ShuffleServiceLoader 从配置文件中加载系统配置的 ShuffleServiceFactory 实现类，因此用户也可以自定义实现 Shuffle 服务。

1）在 JobManager 内部创建 JobManagerRunner 实例的过程中会创建 ShuffeServiceLoader，用于通过 Java SPI 服务的方式加载配置的 ShuffleServiceFactory，同时在 TaskManager 的 TaskManagerServices 中创建 ShuffeServiceLoader 并加载 ShuffleServiceFactory。

2）ShuffleServiceFactory 接口定义中包含创建 ShuffleMaster 和 ShuffleEnvironment 的方法。Flink 提供了基于 Netty 通信框架实现的 NettyShuffleServiceFactory，作为 ShuffleServiceFactory 接口的默认实现类。

3）ShuffleEnvironment 组件提供了创建 Task 实例中 ResultPartition 和 InputGate 组件的方法，同时 Flink 中默认提供了 NettyShuffleEnvironment 实现。

4）ShuffleMaster 组件实现了对 ResultPartition 和 InputGate 的注册功能，同时每个作业都有 ShuffleMaster 管理当前作业的 ResultPartition 和 InputGate 等信息，Flink 中提供了 NettyShuffleMaster 默认实现。

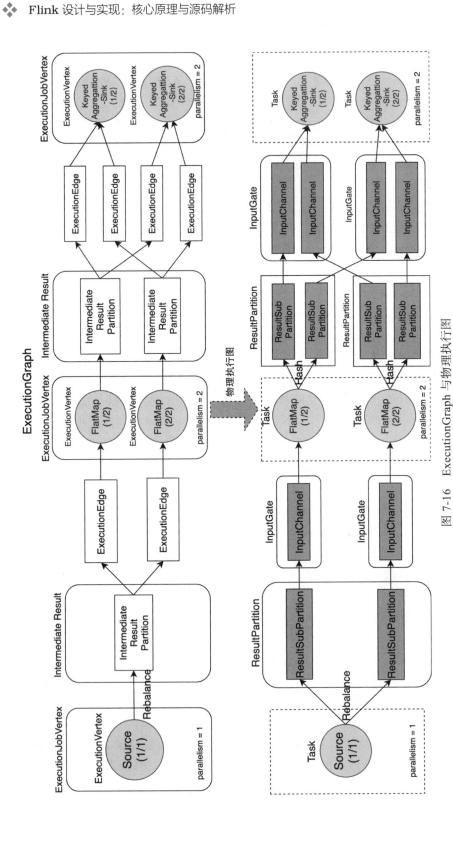

图 7-16 ExecutionGraph 与物理执行图

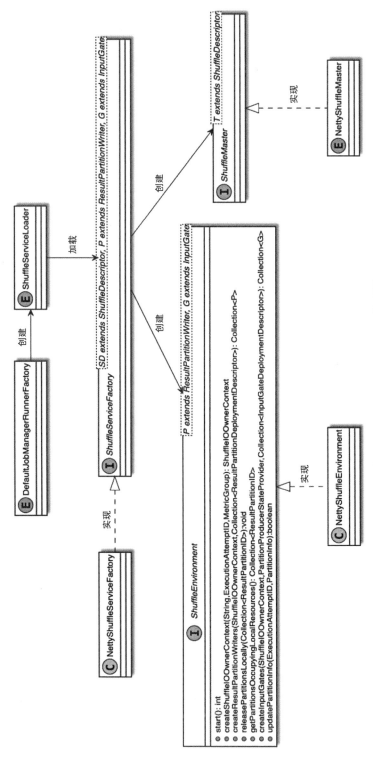

图 7-17 ShuffleService UML 关系图

2. 在 JobMaster 中创建 ShuffleMaster

通过 ShuffleServiceFactory 可以创建 ShuffleMaster 和 ShuffleEnvironment 服务，其中 ShuffleMaster 主要用在 JobMaster 调度和执行 Execution 时，维护当前作业中的 Result-Partition 信息，例如 ResourceID、ExecutionAttemptID 等。紧接着 JobManager 会将 Shuffle-Master 创建的 NettyShuffleDescriptor 参数信息发送给对应的 TaskExecutor 实例，在 TaskExecutor 中就会基于 NettyShuffleDescriptor 的信息，通过 ShuffleEnvironment 组件创建 ResultPartition、InputGate 等组件。

如代码清单 7-40 所示，在 JobMaster 开始向 Execution 分配 Slot 资源时，会通过分配的 Slot 计算资源获取 TaskManagerLocation 信息，然后调用 Execution.registerProducedPartitions() 方法将分区信息注册到 ShuffleMaster 中。

代码清单 7-40　Execution.allocateResourcesForExecution() 方法定义

```
CompletableFuture<Execution> allocateResourcesForExecution(
    SlotProviderStrategy slotProviderStrategy,
    LocationPreferenceConstraint locationPreferenceConstraint,
    @Nonnull Set<AllocationID> allPreviousExecutionGraphAllocationIds) {
  return allocateAndAssignSlotForExecution(
    slotProviderStrategy,
    locationPreferenceConstraint,
    allPreviousExecutionGraphAllocationIds)
    .thenCompose(slot -> registerProducedPartitions(slot.getTaskManagerLocation()));
}
```

如代码清单 7-41 所示，Execution.registerProducedPartitions() 方法逻辑如下。

1）创建 ProducerDescriptor 对象，其中包含了分区生产者的基本信息，例如网络连接地址和端口以及 TaskManagerLocation 信息。

2）获取当前 ExecutionVertex 节点对应的 IntermediateResultPartition 信息，在 Intermediate-ResultPartition 结构中包含了 ExecutionVertex、IntermediateResultPartitionID 以及 ExecutionEdge 等逻辑分区信息。

3）遍历 IntermediateResultPartition 列表，将 IntermediateResultPartition 转换为 Partition-Descriptor 数据结构，然后调用 ExecutionGraph 的 ShuffleMaster 服务，将创建的 Partition-Descriptor 和 ProducerDescriptor 注册到 ShuffleMaster 服务中。

4）根据 ShuffleDescriptor 创建 ResultPartitionDeploymentDescriptor 并添加到 partition-Registrations 集合中。

5）将 partitionRegistrations 集合中的 ResultPartitionDeploymentDescriptor 转换成 <IntermediateResultPartitionID,ResultPartitionDeploymentDescriptor> 数据结构并存储到 producedPartitions 集合中，然后返回 Map<IntermediateResultPartitionID, ResultPartitionDeploymentDescriptor> producedPartitions 集合结果。

producedPartitions 信息会被 TaskManager 的 ShuffleEnvironment 用于创建 ResultPartition

和 InputGate 等组件。

代码清单 7-41　Execution.registerProducedPartitions() 方法实现

```
static CompletableFuture<Map<IntermediateResultPartitionID, ResultPartitionDep
    loymentDescriptor>> registerProducedPartitions(
      ExecutionVertex vertex,
      TaskManagerLocation location,
      ExecutionAttemptID attemptId,
      boolean sendScheduleOrUpdateConsumersMessage) {
    // 创建 ProducerDescriptor
    ProducerDescriptor producerDescriptor =
        ProducerDescriptor.create(location, attemptId);
    // 获取当前节点的 partition 信息
    Collection<IntermediateResultPartition> partitions =
        vertex.getProducedPartitions().values();
    Collection<CompletableFuture<ResultPartitionDeploymentDescriptor>>
      partitionRegistrations =
      new ArrayList<>(partitions.size());
    // 向 ShuffleMaster 注册 partition 信息
    for (IntermediateResultPartition partition : partitions) {
      PartitionDescriptor partitionDescriptor = PartitionDescriptor.from(partition);
      int maxParallelism = getPartitionMaxParallelism(partition);
      // 调用 ShuffleMaster 注册 partitionDescriptor 和 producerDescriptor
      CompletableFuture<? extends ShuffleDescriptor> shuffleDescriptorFuture = vertex
        .getExecutionGraph()
        .getShuffleMaster()
        .registerPartitionWithProducer(partitionDescriptor, producerDescriptor);
      Preconditions.checkState(shuffleDescriptorFuture.isDone(),
        "ShuffleDescriptor future is incomplete.");
      // 创建 ResultPartitionDeploymentDescriptor 实例
      CompletableFuture<ResultPartitionDeploymentDescriptor>
        partitionRegistration =
        shuffleDescriptorFuture
        .thenApply(shuffleDescriptor -> new ResultPartitionDeploymentDescriptor(
          partitionDescriptor,
          shuffleDescriptor,
          maxParallelism,
          sendScheduleOrUpdateConsumersMessage));
      // 添加到 partitionRegistrations 集合中
      partitionRegistrations.add(partitionRegistration);
    }
    // 转换存储结构
    return FutureUtils.combineAll(partitionRegistrations).thenApply(rpdds -> {
      Map<IntermediateResultPartitionID, ResultPartitionDeploymentDescriptor>
        producedPartitions =
        new LinkedHashMap<>(partitions.size());
      rpdds.forEach(rpdd -> producedPartitions.put(rpdd.getPartitionId(), rpdd));
      return producedPartitions;
    });
  }
```

3. 在 TaskManager 中创建 ShuffleEnvironment

在 TaskManagerServices 的启动过程中会创建并启动 ShuffleEnvironment。如代码清单 7-42 所示，在 TaskManagerServices.fromConfiguration() 方法中包含创建和启动 Shuffle-Environment 的过程。和 ShuffleMaster 的创建过程一样，在 TaskManagerServices.create-ShuffleEnvironment() 方法中，也会通过 Java SPI 的方式加载 ShuffleServiceFactory 实现类，然后创建 ShuffleEnvironment。

代码清单 7-42　TaskManagerServices.fromConfiguration() 方法部分逻辑

```
// 调用 createShuffleEnvironment 创建 ShuffleEnvironment
final ShuffleEnvironment<?, ?> shuffleEnvironment = createShuffleEnvironment(
    taskManagerServicesConfiguration,
    taskEventDispatcher,
    taskManagerMetricGroup);
// 启动 shuffleEnvironment
final int dataPort = shuffleEnvironment.start();
```

在 Flink 中默认提供基于 Netty 通信框架实现的 NettyShuffleServiceFactory 实现类，基于 NettyShuffleServiceFactory 可以创建 NettyShuffleEnvironment 默认实现类。Shuffle-Environment 控制了 TaskManager 中网络数据交换需要的全部服务和组件信息，包括创建上下游数据传输的 ResultPartition、SingleInput 以及用于网络栈中 Buffer 数据缓存的 NetworkBufferPool 等。这里我们深入了解 NettyShuffleEnvironment 的创建过程，如代码清单 7-43 所示。NettyShuffleServiceFactory.createNettyShuffleEnvironment() 方法中主要包含如下逻辑。

1）从 NettyShuffleEnvironmentConfiguration 参数中获取 Netty 相关配置，例如 TransportType、InetAddress、serverPort 以及 numberOfSlots 等信息。

2）创建 ResultPartitionManager 实例，注册和管理 TaskManager 中的 ResultPartition 信息，并提供创建 ResultSubpartitionView 的方法，专门用于消费 ResultSubpartition 中的 Buffer 数据。

3）创建 FileChannelManager 实例，指定配置中的临时文件夹，然后创建并获取文件的 FileChannel。对于离线类型的作业，会将数据写入文件系统，再对文件进行处理，这里的实现和 MapReduce 算法类似。

4）创建 ConnectionManager 实例，主要用于 InputChannel 组件。InputChannel 会通过 ConnectionManager 创建 PartitionRequestClient，实现和 ResultPartition 之间的网络连接。ConnectionManager 会根据 NettyConfig 是否为空，选择创建 NettyConnectionManager 还是 LocalConnectionManager。

5）创建 NetworkBufferPool 组件，用于向 ResultPartition 和 InputGate 组件提供 Buffer 内存存储空间，实际上就是分配和管理 MemorySegment 内存块。

6）向系统中注册 ShuffleMetrics，用于跟踪 Shuffle 过程的监控信息。

7）创建 ResultPartitionFactory 工厂类，用于创建 ResultPartition。

8）创建 SingleInputGateFactory 工厂类，用于创建 SingleInputGate。

将以上创建的组件或服务作为参数来创建 NettyShuffleEnvironment。

代码清单 7-43　NettyShuffleServiceFactory.createNettyShuffleEnvironment() 方法定义

```
static NettyShuffleEnvironment createNettyShuffleEnvironment(
        NettyShuffleEnvironmentConfiguration config,
        ResourceID taskExecutorResourceId,
        TaskEventPublisher taskEventPublisher,
        MetricGroup metricGroup) {
    // 检查参数都不能为空
    checkNotNull(config);
    checkNotNull(taskExecutorResourceId);
    checkNotNull(taskEventPublisher);
    checkNotNull(metricGroup);
    // 获取 Netty 相关的配置参数
    NettyConfig nettyConfig = config.nettyConfig();
    // 创建 ResultPartitionManager 实例
    ResultPartitionManager resultPartitionManager = new ResultPartitionManager();
    // 创建 FileChannelManager 实例
    FileChannelManager fileChannelManager =
        new FileChannelManagerImpl(config.getTempDirs(), DIR_NAME_PREFIX);
    // 创建 ConnectionManager 实例
    ConnectionManager connectionManager =
        nettyConfig != null ?
        new NettyConnectionManager(resultPartitionManager,
                                   taskEventPublisher, nettyConfig)
        : new LocalConnectionManager();
    // 创建 NetworkBufferPool 实例
    NetworkBufferPool networkBufferPool = new NetworkBufferPool(
        config.numNetworkBuffers(),
        config.networkBufferSize(),
        config.networkBuffersPerChannel(),
        config.getRequestSegmentsTimeout());
    // 注册 ShuffleMetrics 信息
    registerShuffleMetrics(metricGroup, networkBufferPool);
    // 创建 ResultPartitionFactory 实例
    ResultPartitionFactory resultPartitionFactory = new ResultPartitionFactory(
        resultPartitionManager,
        fileChannelManager,
        networkBufferPool,
        config.getBlockingSubpartitionType(),
        config.networkBuffersPerChannel(),
        config.floatingNetworkBuffersPerGate(),
        config.networkBufferSize(),
        config.isForcePartitionReleaseOnConsumption(),
        config.isBlockingShuffleCompressionEnabled(),
        config.getCompressionCodec());
    // 创建 SingleInputGateFactory 实例
```

```
SingleInputGateFactory singleInputGateFactory = new SingleInputGateFactory(
    taskExecutorResourceId,
    config,
    connectionManager,
    resultPartitionManager,
    taskEventPublisher,
    networkBufferPool);
// 最后返回 NettyShuffleEnvironment
return new NettyShuffleEnvironment(
    taskExecutorResourceId,
    config,
    networkBufferPool,
    connectionManager,
    resultPartitionManager,
    fileChannelManager,
    resultPartitionFactory,
    singleInputGateFactory);
}
```

至此，创建 NettyShuffleEnvironment 的过程就基本完成了，接下来 TaskManager 会接受 JobMaster 提交的 Task 申请，然后通过 ShuffleEnvironment 为 Task 实例创建 ResultPartition 和 InputGate 组件。创建这些组件的信息来自 ShuffleMaster 中注册的 ResultPartition 和 ExecutionEdge 等信息。

接下来我们具体了解如何通过 ShuffleEnvironment 创建 ResultPartition 和 InputGate 两个重要组件。

4. 基于 ShuffleEnvironment 创建 ResultPartition

当 TaskManager 接收到 JobMaster 提交的 Task 作业申请后，就会创建并启动 Task 线程。如代码清单 7-44 所示，Task 的构造器方法包含了 NettyShuffleEnvironment 创建 ResultPartitionWriter 的实现，可以理解为在创建 Task 线程的时候就通过 ShuffleEnvironment 创建了 ResultPartition，这一步就是调用 ShuffleEnvironment.createResultPartitionWriters() 方法创建的 ResultPartition。

创建好 ResultPartitionWriter 后，调用 ConsumableNotifyingResultPartitionWriterDecorator 装饰类对 ResultPartitionWriter 进行装饰，目的是让 ResultPartition 可以向下游节点发送 ResultPartition 是否可消费的信息，以便实现动态控制 ResultPartitionWriter 内的数据输出，这一步和 7.3 节将讲到的反压有关，在这里我们不再展开。

代码清单 7-44　Task 构造器方法部分逻辑

```
final ShuffleIOOwnerContext taskShuffleContext = shuffleEnvironment
    .createShuffleIOOwnerContext(taskNameWithSubtaskAndId, executionId,
                        metrics.getIOMetricGroup());
// 创建 ResultPartitonWriter
final ResultPartitionWriter[] resultPartitionWriters =
```

```
shuffleEnvironment.createResultPartitionWriters(
taskShuffleContext,
resultPartitionDeploymentDescriptors).toArray(new ResultPartitionWriter[] {});
// 对 ResultPartiton 进行装饰
this.consumableNotifyingPartitionWriters =
ConsumableNotifyingResultPartitionWriterDecorator.decorate(
resultPartitionDeploymentDescriptors,
resultPartitionWriters,
this,
jobId,
resultPartitionConsumableNotifier);
```

如代码清单 7-45 所示，在 NettyShuffleEnvironment.createResultPartitionWriters() 方法
中定义了创建 ResultPartition 的主要逻辑。

1）根据 resultPartitionDeploymentDescriptors 的大小初始化 ResultPartition 数组。

2）遍历 ResultPartitionDeploymentDescriptor 数组，并根据每一个 ResultPartitionDeploy-
mentDescriptor 描述信息调用 resultPartitionFactory.create() 方法创建 ResultPartition。

3）调用 registerOutputMetrics() 方法注册 resultPartitions 相关的监控指标信息。

4）返回创建的 ResultPartition 数组。

代码清单 7-45　NettyShuffleEnvironment.createResultPartitionWriters() 方法定义

```
public Collection<ResultPartition> createResultPartitionWriters(
    ShuffleIOOwnerContext ownerContext,
    Collection<ResultPartitionDeploymentDescriptor> resultPartitionDeployment
      Descriptors) {
  synchronized (lock) {
    Preconditions
        .checkState(!isClosed,
              "The NettyShuffleEnvironment has already been shut down.");
    // 根据 resultPartitionDeploymentDescriptors 创建 ResultPartition 数组
    ResultPartition[] resultPartitions =
        new ResultPartition[resultPartitionDeploymentDescriptors.size()];
    int counter = 0;
    // 遍历 ResultPartitionDeploymentDescriptor 创建 ResultPartition
    for (ResultPartitionDeploymentDescriptor rpdd :
        resultPartitionDeploymentDescriptors) {
      resultPartitions[counter++] =
          resultPartitionFactory.create(ownerContext.getOwnerName(), rpdd);
    }
    registerOutputMetrics(config.isNetworkDetailedMetrics(),
                    ownerContext.getOutputGroup(), resultPartitions);
    return  Arrays.asList(resultPartitions);
  }
}
```

我们再来看 ResultPartitionFactory.create() 方法的实现，如代码清单 7-46 所示。

1）判断 ResultPartitionType 是否为 Blocking 类型，如果是则需要创建 BufferCompressor，用于压缩 Buffer 数据，即在离线数据处理过程中通过 BufferCompressor 压缩 Buffer 数据。

2）根据 numberOfSubpartitions 对应的数量创建 ResultSubpartition 数组，并存储当前 ResultPartition 中的 ResultSubpartition。

3）根据 ResultPartitionType 参数创建 ResultPartition，如果 ResultPartitionType 是 Blocking 类型，则创建 ReleaseOnConsumptionResultPartition，即数据消费完便立即释放 ResultPartition。否则创建 ResultSubpartition，即不会随着数据消费完之后进行释放，适用于流数据处理场景。

4）调用 createSubpartitions() 方法创建 ResultSubpartition。ResultSubpartition 会有 ID 进行区分，并和 InputGate 中的 InputChannel 一一对应。

代码清单 7-46　ResultPartitionFactory.create() 方法定义

```
public ResultPartition create(
    String taskNameWithSubtaskAndId,
    ResultPartitionID id,
    ResultPartitionType type,
    int numberOfSubpartitions,
    int maxParallelism,
    FunctionWithException<BufferPoolOwner, BufferPool, IOException>
        bufferPoolFactory)
{
    BufferCompressor bufferCompressor = null;
    // 如果 ResultPartitionType 是 Blocking 类型，则需要创建 BufferCompressor，用于数据压缩
    if (type.isBlocking() && blockingShuffleCompressionEnabled) {
        bufferCompressor = new BufferCompressor(networkBufferSize, compressionCodec);
    }
    // 创建 ResultSubpartition 数组
    ResultSubpartition[] subpartitions = new ResultSubpartition
        [numberOfSubpartitions];
    // 根据条件创建 ResultPartition
    ResultPartition partition = forcePartitionReleaseOnConsumption || !type.isBlocking()
        ? new ReleaseOnConsumptionResultPartition(
            taskNameWithSubtaskAndId,
            id,
            type,
            subpartitions,
            maxParallelism,
            partitionManager,
            bufferCompressor,
            bufferPoolFactory)
        : new ResultPartition(
            taskNameWithSubtaskAndId,
            id,
            type,
            subpartitions,
            maxParallelism,
```

```
            partitionManager,
            bufferCompressor,
            bufferPoolFactory);
    // 创建 Subpartitions
    createSubpartitions(partition, type, blockingSubpartitionType, subpartitions);
    LOG.debug("{}: Initialized {}", taskNameWithSubtaskAndId, this);
    return partition;
}
```

在创建 ResultSubpartitions 的时候，也会根据 ResultPartitionType 是否为 Blocking 类型，选择创建 BoundedBlockingPartitions 或 PipelinedSubpartition。BoundedBlockingPartitions 用于有界批计算处理场景，PipelinedSubpartition 用于无界流式数据集处理场景。

如代码清单 7-47 所示，在 PipelinedSubpartition 中会以 subpartitions 的数组索引作为 ResultPartition 中的 index，也就是说，ResultPartition 主要通过 index 确认数据写入的 Result-SubPartition，同时在 PipelinedSubpartition 中包含 ArrayDeque<BufferConsumer> buffers 成员变量，用于缓存通过 BufferBuilder 创建的 BufferConsumer 对象。

代码清单 7-47　ResultPartitionFactory.createSubpartitions() 方法定义

```
private void createSubpartitions(
        ResultPartition partition,
        ResultPartitionType type,
        BoundedBlockingSubpartitionType blockingSubpartitionType,
        ResultSubpartition[] subpartitions) {
    // 创建 ResultSubpartitions.
    if (type.isBlocking()) {
        initializeBoundedBlockingPartitions(
            subpartitions,
            partition,
            blockingSubpartitionType,
            networkBufferSize,
            channelManager);
    } else {
        for (int i = 0; i < subpartitions.length; i++) {
            subpartitions[i] = new PipelinedSubpartition(i, partition);
        }
    }
}
```

5. 基于 ShuffleEnvironment 创建 InputGate

和 ResultPartition 的创建过程相似，Task 的初始化过程中也会创建 InputGate。如代码清单 7-48 所示，Task 构造器方法中涵盖了 InputGate 的创建逻辑，且主要调用 shuffle-Environment.createInputGates() 方法根据 inputGateDeploymentDescriptors 创建 InputGate 组件，然后将 InputGate 对象转换成 InputGateWithMetrics 存储到 inputGates 集合中。

代码清单 7-48　Task 构造器方法定义

```
final InputGate[] gates = shuffleEnvironment.createInputGates(
    taskShuffleContext,
    this,
    inputGateDeploymentDescriptors).toArray(new InputGate[] {});
this.inputGates = new InputGate[gates.length];
int counter = 0;
for (InputGate gate : gates) {
    inputGates[counter++] = new InputGateWithMetrics(gate, metrics.
        getIOMetricGroup().getNumBytesInCounter());
}
```

接下来我们具体看 NettyShuffleEnvironment.createInputGates() 方法的主要实现，如代码清单 7-49 所示。

1）从 ShuffleIOOwnerContext 中获取 networkInputGroup 信息，用于创建 InputChannel-Metrics。

2）根据 inputGateDeploymentDescriptors 数组的大小创建 SingleInputGate 数组，用于存储创建好的 SingleInputGate 组件。

3）根据 InputGateDeploymentDescriptor 参数创建对应的 SingleInputGate，这一步主要借助 singleInputGateFactory 工厂类实现。

4）调用 registerInputMetrics() 方法注册 InputGate 的监控信息，并返回 SingleInputGate集合。

代码清单 7-49　NettyShuffleEnvironment.createInputGates() 方法定义

```
public Collection<SingleInputGate> createInputGates(
    ShuffleIOOwnerContext ownerContext,
    PartitionProducerStateProvider partitionProducerStateProvider,
    Collection<InputGateDeploymentDescriptor> inputGateDeploymentDescriptors) {
  synchronized (lock) {
    Preconditions.checkState(!isClosed, "The NettyShuffleEnvironment has
        already been shut down.");
    MetricGroup networkInputGroup = ownerContext.getInputGroup();
    @SuppressWarnings("deprecation")
    InputChannelMetrics inputChannelMetrics =
        new InputChannelMetrics(networkInputGroup, ownerContext.
          getParentGroup());
    SingleInputGate[] inputGates =
        new SingleInputGate[inputGateDeploymentDescriptors.size()];
    int counter = 0;
    for (InputGateDeploymentDescriptor igdd : inputGateDeploymentDescriptors) {
      SingleInputGate inputGate = singleInputGateFactory.create(
        ownerContext.getOwnerName(),
        igdd,
        partitionProducerStateProvider,
        inputChannelMetrics);
```

```
        InputGateID id = new InputGateID(igdd.getConsumedResultId(),
                                         ownerContext.
                                         getExecutionAttemptID());
        inputGatesById.put(id, inputGate);
        inputGate.getCloseFuture().thenRun(() -> inputGatesById.remove(id));
        inputGates[counter++] = inputGate;
    }
    registerInputMetrics(config.isNetworkDetailedMetrics(), networkInputGroup,
                         inputGates);
    return Arrays.asList(inputGates);
    }
}
```

接下来我们看 SingleInputGateFactory 创建 SingleInputGate 的过程，如代码清单 7-50 所示。

1）和创建 ResultPartition 的过程一样，在 diaoyongcreateBufferPoolFactory() 方法中事先会创建 BufferPoolFactory，用于创建 LocalBufferPool。通过 LocalBufferPool 可以为 InputGate 提供 Buffer 数据的存储空间，实现本地缓冲接入 InputGate 中的二进制数据。

2）如果 igdd.getConsumedPartitionType().isBlocking() 和 blockingShuffleCompressionEnabled 都为 True，则创建 BufferDecompressor，这里其实和 ResultPartition 中的 BufferCompressor 是对应的，即通过 BufferDecompressor 解压经过 BufferCompressor 压缩后的 Buffer 数据。

3）通过 InputGateDeploymentDescriptor 中的参数 BufferCompressor 和 BufferPoolFactory 创建 SingleInputGate 对象。

4）调用 createInputChannels() 方法创建 SingleInputGate 中的 InputChannels。

5）将创建完成的 inputGate 返回给 Task 实例。

代码清单 7-50　SingleInputGateFactory.create() 方法定义

```
public SingleInputGate create(
    @Nonnull String owningTaskName,
    @Nonnull InputGateDeploymentDescriptor igdd,
    @Nonnull PartitionProducerStateProvider partitionProducerStateProvider,
    @Nonnull InputChannelMetrics metrics) {
    SupplierWithException<BufferPool, IOException> bufferPoolFactory =
        createBufferPoolFactory(
        networkBufferPool,
        networkBuffersPerChannel,
        floatingNetworkBuffersPerGate,
        igdd.getShuffleDescriptors().length,
        igdd.getConsumedPartitionType());
    BufferDecompressor bufferDecompressor = null;
    if (igdd.getConsumedPartitionType().isBlocking()
        && blockingShuffleCompressionEnabled) {
        bufferDecompressor = new BufferDecompressor(networkBufferSize,
            compressionCodec);
    }
```

```
    SingleInputGate inputGate = new SingleInputGate(
        owningTaskName,
        igdd.getConsumedResultId(),
        igdd.getConsumedPartitionType(),
        igdd.getConsumedSubpartitionIndex(),
        igdd.getShuffleDescriptors().length,
        partitionProducerStateProvider,
        bufferPoolFactory,
        bufferDecompressor);
    createInputChannels(owningTaskName, igdd, inputGate, metrics);
    return inputGate;
}
```

如代码清单 7-51 所示，SingleInputGateFactory.createInputChannels() 方法定义了创建指定 SingleInputGate 对应的 InputChannel 集合。

1）从 inputGateDeploymentDescriptor 中获取 ShuffleDescriptor 列表，ShuffleDescriptor 是在 ShuffleMaster 中创建和生成的，描述了数据生产者和 ResultPartition 等信息。

2）创建 InputChannel[] 数组，然后遍历 InputChannel[] 数组，调用 createInputChannel() 方法创建 InputChannel，最后将其存储到 inputGate 中。可以看出每个 resultPartitionID 对应一个 InputChannel。

代码清单 7-51　SingleInputGateFactory.createInputChannels() 方法定义

```
private void createInputChannels(
        String owningTaskName,
        InputGateDeploymentDescriptor inputGateDeploymentDescriptor,
        SingleInputGate inputGate,
        InputChannelMetrics metrics) {
    ShuffleDescriptor[] shuffleDescriptors =
        inputGateDeploymentDescriptor.getShuffleDescriptors();
    // 创建 InputChannel
    InputChannel[] inputChannels = new InputChannel[shuffleDescriptors.length];
    ChannelStatistics channelStatistics = new ChannelStatistics();
    for (int i = 0; i < inputChannels.length; i++) {
        inputChannels[i] = createInputChannel(
            inputGate,
            i,
            shuffleDescriptors[i],
            channelStatistics,
            metrics);
        ResultPartitionID resultPartitionID = inputChannels[i].getPartitionId();
        inputGate.setInputChannel(resultPartitionID.getPartitionId(), inputChannels[i]);
    }
    LOG.debug("{}: Created {} input channels ({}).",
        owningTaskName,
        inputChannels.length,
        channelStatistics);
}
```

在 SingleInputGateFactory.createInputChannel() 方法中定义了创建 InputChannel 的
具体逻辑，同时会根据 ShuffleDescriptor 实现类是否为 NettyShuffleDescriptor 决定创
建 UnknownInputChannel 还是系统内置的 LocalInputChannel 和 RemoteInputChannel。
UnknownInputChannel 属于自定义 InputChannel 的范畴，这里不再介绍了，我们重点了解
LocalInputChannel 和 RemoteInputChannel 的创建过程。

如代码清单 7-52 所示，SingleInputGateFactory.createKnownInputChannel() 方法定义了
创建内置 InputChannel 的逻辑。

1）调用 inputChannelDescriptor.getResultPartitionID() 方法获取 partitionId。

2）调用 inputChannelDescriptor.isLocalTo(taskExecutorResourceId) 方法判断消费数据
的 Task 实例和数据生产的 Task 实例是否运行在同一个 TaskManager 中。这一步主要是在判
断 producerLocation 和 consumerLocation 是否相等，如果相等则说明上下游 Task 属于同一
TaskManager，创建的 InputChannel 就为 LocalInputChannel，下游 InputChannel 不经过网络
获取数据。

3）如果 inputChannelDescriptor.isLocalTo(taskExecutorResourceId) 方法返回 False，则
说明上下游 Task 不在同一个 TaskManager 中，此时创建基于 Netty 框架实现的 RemoteInput-
Channel，帮助下游 Task 实例从网络中消费上游 Task 中的 Buffer 数据。

在 RemoteInputChannel 中需要 networkBufferPool、connectionManager 等组件，对于
LocalInputChannel 则不需要这些组件。在 ShuffleMaster 注册分区信息的时候，创建上下游
Task 的连接信息，此时会根据 Task 分配的 Slot 信息，传入 ProducerLocation 和 Consumer-
Location 等配置信息，然后创建不同的 InputChannel，从而实现上下游 Task 的网络连接。

代码清单 7-52　SingleInputGateFactory.createKnownInputChannel() 方法定义

```
private InputChannel createKnownInputChannel(
    SingleInputGate inputGate,
    int index,
    NettyShuffleDescriptor inputChannelDescriptor,
    ChannelStatistics channelStatistics,
    InputChannelMetrics metrics) {
ResultPartitionID partitionId = inputChannelDescriptor.getResultPartitionID();
if (inputChannelDescriptor.isLocalTo(taskExecutorResourceId)) {
    // Task 实例属于同一个 TaskManager
    channelStatistics.numLocalChannels++;
    return new LocalInputChannel(
        inputGate,
        index,
        partitionId,
        partitionManager,
        taskEventPublisher,
        partitionRequestInitialBackoff,
        partitionRequestMaxBackoff,
        metrics);
```

```
    } else {
        // Task 实例属于不同的 TaskManager
        channelStatistics.numRemoteChannels++;
        return new RemoteInputChannel(
            inputGate,
            index,
            partitionId,
            inputChannelDescriptor.getConnectionId(),
            connectionManager,
            partitionRequestInitialBackoff,
            partitionRequestMaxBackoff,
            metrics,
            networkBufferPool);
    }
}
```

到这里，ResultPartition 和 InputGate 组件就全部创建完毕了，在 StreamTask 中会使用这些创建好的网络组件。Task 实例会将 ResultPartition 和 InputGate 组件封装在环境信息中，然后传递给 StreamTask。StreamTask 获取 ResultPartition 和 InputGate，用于创建 StreamNetWorkTaskInput 和 RecordWriter 组件，从而完成 Task 中数据的输入和输出。

7.2.5 ResultPartition 与 InputGate 详解

前面我们提到过，ResultPartition 组件实际上是 ExecutionGraph 中 IntermediateResult-Partition 对应的底层物理实现。通过 ResultPartition 实现管理和缓存 Task 产生的中间结果数据。每个 Task 中都有一个 ResultPartition，会根据并行度创建多个 ResultSubPartition，然后将产生的 Buffer 数据缓存在本地队列中，等待下游的 InputChannel 消费 Buffer 数据。

1. ResultPartition 的设计与实现

如图 7-18 所示，ResultPartition 分别实现了 ResultPartitionWriter 接口和 BufferPoolOwner 接口。ResultPartitionWriter 接口主要用在 Task 实例中，实现将 Buffer 数据写入 ResultPartition 的操作，例如创建 BufferBuilder 以及向 ResultSubPartition 添加 BufferConsumer 等。Buffer-PoolOwner 接口则主要用在 LocalBufferPool 中，用于释放当前 ResultPartition 占用的 Buffer 存储空间。

从图 7-18 中我们也可以看出，单个 ResultPartition 会包含多个 ResultSubPartiton 实例，ResultSubPartiton 的数量取决于 ExecutonGraph 中 IntermediateResult 的分区数量，且 ResultSubPartiton 的数量和下游 InputGate 中 InputChannel 的数量保持一致。ResultSubPartiton 主要有 PipelinedSubPariition 和 BoundedBlockingPariition 两种实现类型，是根据 ResultSub-PartitonType 类型是否为 Blocking 确定的。PipelinedSubPariition 主要用于无界流式数据处理场景，BoundedBlockingPariition 主要用于有界离线数据处理场景。

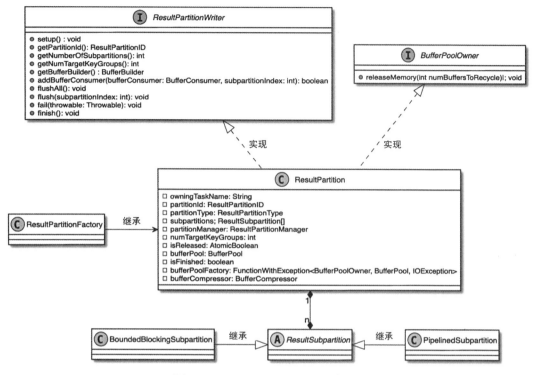

图 7-18　ResultPartition UML 关系图

ResultPartition 还包含了 LocalBufferPool 组件，通过 LocalBufferPool 可以获取 Buffer 数据的内存存储空间。ResultPartitionManager 用于监控和跟踪同一个 TaskManager 中的所有生产和消费分区，即 ResultPartition 和 ResultSubpartitionView。ResultPartition 用于生产输出到网络的 Buffer 数据，ResultSubpartitionView 用于消费 ResultSubpartition 中产生的 Buffer 数据，然后推送到网络中。

2. InputGate 的设计与实现

InputGate 作为下游 Task 节点的数据输入口，提供了从网络或本地获取上游 Task 传输的 Buffer 数据的能力。接下来我们来具体了解 InputGate 组件的设计与实现，如图 7-19 所示。

1）下游 Task 节点中的 InputGate 和上游 ResultPartition 对应，同时在 InputGate 中包含多个 InputChannel，用于接收 ResultPartition 对应的 ResultSubPartition 写入的 Buffer 数据。

2）InputGate 同样包含了一个 LocalBufferPool 组件，用于从 NetworkBufferPool 中申请 Buffer 内存存储空间，通过 Buffer 可以缓存网络中接入的二进制数据，然后再接入到后续算子中进行处理。

3）通过将 InputGate 封装成 CheckpointedInputGate，可以实现对 Checkpoint 数据的处理，包括通过 CheckpointBarrierHandler 实现 Checkpoint Barrier 对齐处理等。

4）StreamTaskNetworkInput 组件通过调用 CheckpointedInputGate，获取 BufferOrEvent

数据进行处理，然后借助 StreamTaskNetworkInput 中的 DataOut 组件将数据推送到 Operator-Chain 中进行处理。

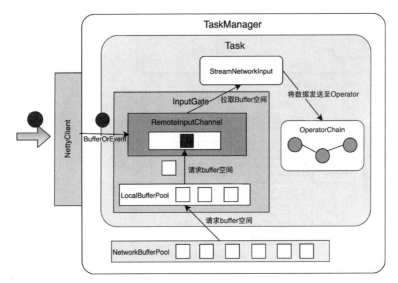

图 7-19　InputGate 的设计与实现

3. ResultPartition 与 InputGate 初始化

当 ShuffleEnvironment 分别创建完 ResultPartition 和 InputGate 后，Task 会对创建好的 ResultPartition 和 InputGate 进行初始化操作。如代码清单 7-53 所示，在 Task 中首先会调用 Task.setupPartitionsAndGates() 方法实现对 ResultPartition 和 InputGate 的初始化操作，主要包括创建 ResultPartition 和 InputGate 中的 LocalBufferPool 以及向 NetworkBufferPool 中申请 Buffer 存储空间。InputGates 必须等 ResultPartition 初始化完毕后才能进行初始化，对 ResultPartition 组件来讲，还需要向 ResultPartitionManager 中注册自身信息，对 InputGate 来讲，则需要调用每个 InputChannel 向 ResultSubPartition 发送访问请求。

代码清单 7-53　Task.setupPartitionsAndGates() 方法定义

```
public static void setupPartitionsAndGates(
    ResultPartitionWriter[] producedPartitions, InputGate[] inputGates)
    throws IOException, InterruptedException {
    for (ResultPartitionWriter partition : producedPartitions) {
        partition.setup();
    }
    // InputGates 必须等 ResultPartition 初始化完毕后才能进行初始化
    for (InputGate gate : inputGates) {
        gate.setup();
    }
}
```

如代码清单 7-54 所示，在 ResultPartition.setup() 方法中会调用 bufferPoolFactory.apply (this) 创建 BufferPool，即 LocalBufferPool。然后调用 partitionManager.registerResultPartition() 方法将当前的 ResultPartition 注册到 partitionManager 中。

代码清单 7-54　ResultPartition.setup() 方法定义

```
public void setup() throws IOException {
    checkState(this.bufferPool == null, "Bug in result partition setup logic:
        Already registered buffer pool.");
    BufferPool bufferPool = checkNotNull(bufferPoolFactory.apply(this));
    this.bufferPool = bufferPool;
    partitionManager.registerResultPartition(this);
}
```

如代码清单 7-55 所示，SingleInputGate 初始化过程中首先会调用 assignExclusiveSegments() 方法，为 InputChannel 分配固定的专有 Buffer 内存空间，其他内存空间会当成 FloatingBuffer 使用。7.3 节会详细介绍 BufferPool。在 SingleInputGate 中也会创建 LocalBufferPool，用于向 NetworkBufferPool 申请 Buffer 内存存储空间。最后调用 requestPartitions() 方法将每个 InputChannel 注册到上游 Task 实例中，并申请访问 ResultSubPartition 中的数据，此时会在 ResultSubPartition 中为申请的 InputChannel 创建 ResultSubPartitionView，用于获取和消费 ResultSubPartition 中的数据。

代码清单 7-55　SingleInputGate.setup() 方法定义

```
public void setup() throws IOException, InterruptedException {
    assignExclusiveSegments();
    BufferPool bufferPool = bufferPoolFactory.get();
    setBufferPool(bufferPool);
    requestPartitions();
}
```

4. 向 ResultPartition 注册 InputChannel

InputChannel 初始化完成后，会向 ResultPartition 发送访问和读取 Buffer 数据的请求。如图 7-20 所示，整个过程包含如下流程。

1）InputChannel 调用 ConnectionManager 创建用于访问上游 Task 实例中 ResultPartition 的 PartitionRequestClient 对象，用了 PartitionRequestClient 对象就可以通过网络向上游的 Task 发送消息和 TaskEvent，这一步主要会向 ResultPartition 节点发送 ResultPartition 访问请求。

2）InputChannel 通过调用 PartitionRequestClient 向网络中发送 PartitionRequest 消息，PartitionRequest 中包括 PartitionId、SubpartitionIndex、InputChannelId 和 InitialCredit 等信息。

3）当 ResultPartition 所在节点的 NettyServer 接收到 PartitionRequest 消息后，会创建 NetworkSequenceViewReader 组件，用于读取 ResultSubPartition 中的数据，NetworkSequence-

ViewReader 的主要实现是 CreditBasedSequenceNumberingViewReader。

4）ResultPartition 所在的 Task 实例会在 NetworkSequenceViewReader 中创建 ResultSub-PartitionView，用于读取 ResultSubPartition 的 Buffer 数据。

5）ResultSubPartition 中的 Buffer 数据通过 NetworkSequenceViewReader 发送到下游网络指定的 Channel 中，然后下游的 RemoteInputChannel 就能够从 Channel 中获取 BufferOrEvent 数据，这里的 Channel 就是 Netty 通信框架中的通道。

6）Task 通过 InputGate 中的 InputChannel 组件获取上游发送的 Buffer 数据，然后经过 DataOut 组件将其发送到 OperatorChain 中进行处理。

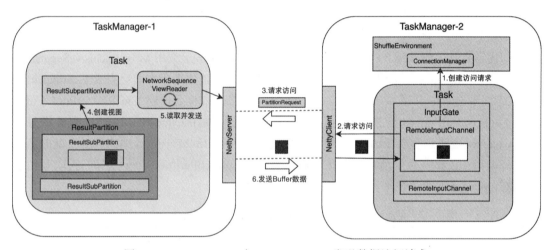

图 7-20　InputChannel 向 ResultPartition 发送数据访问请求

如代码清单 7-56 所示，SingleInputGate.requestSubpartition() 方法定义了通过 Connection-Manager 创建 PartitionRequestClient 的逻辑，并调用 partitionRequestClient.requestSubpartition() 方法向网络中发送 PartitionRequest 消息。

代码清单 7-56　SingleInputGate.requestSubpartition() 方法定义

```
public void requestSubpartition(int subpartitionIndex)
    throws IOException, InterruptedException {
    if (partitionRequestClient == null) {
        try {
            partitionRequestClient =
                connectionManager.createPartitionRequestClient(connectionId);
        } catch (IOException e) {
            throw new PartitionConnectionException(partitionId, e);
        }
        partitionRequestClient.requestSubpartition(partitionId,
                                        subpartitionIndex, this, 0);
    }
}
```

如代码清单 7-57 所示，PartitionRequestClient.requestSubpartition() 方法包含如下逻辑。

1）调用 clientHandler.addInputChannel(inputChannel) 方法，将当前的 InputChannel 添加到 NetworkClientHandler 中。NetworkClientHandler 用于读取生产者中的 Buffer 或 Event 数据，并提供向生产者输出 Unannounced Credits 的方法，其中 Credits 用于反压实现。

2）创建 PartitionRequest 对象，将 PartitionId、SubpartitionIndex 以及 InputChannelId 等消息封装到 PartitionRequest 中。PartitionRequest 继承了 NettyMessage，可以在基于 Netty 实现的 TCP 网络中传输 PartitionRequest 消息。

3）判断 delayMs 是否为 0，如果为 0 则表示立即发送，此时会调用 tcpChannel.writeAnd-Flush(request) 方法将创建好的 PartitionRequest 发送到数据生产端所在的 Task 节点上。

4）如果 delayMs 不为 0，则调用 tcpChannel.eventLoop().schedule() 方法进行延时发送。

代码清单 7-57　PartitionRequestClient.requestSubpartition() 方法定义

```
public void requestSubpartition(
    final ResultPartitionID partitionId,
    final int subpartitionIndex,
    final RemoteInputChannel inputChannel,
    int delayMs) throws IOException {
    checkNotClosed();
    clientHandler.addInputChannel(inputChannel);
    final PartitionRequest request = new PartitionRequest(
        partitionId, subpartitionIndex, inputChannel.getInputChannelId(),
            inputChannel.getInitialCredit());
    // 省略部分代码
    if (delayMs == 0) {
        ChannelFuture f = tcpChannel.writeAndFlush(request);
        f.addListener(listener);
    } else {
        final ChannelFuture[] f = new ChannelFuture[1];
        tcpChannel.eventLoop().schedule(new Runnable() {
            @Override
            public void run() {
                f[0] = tcpChannel.writeAndFlush(request);
                f[0].addListener(listener);
            }
        }, delayMs, TimeUnit.MILLISECONDS);
    }
}
```

数据生产者所在的节点 NettyServer 接收到 PartitionRequest 后，就会创建 Network-SequenceViewReader 和 ResultPartitionView 组件。

以上步骤完成了对 ResultPartition 和 InputGate 的初始化操作，Task 依赖的网络环境基本构建完成，写入 ResultPartition 的数据元素，会通过 NetworkSequenceViewReader 组件读取，然后发送到下游指定的 InputChannel 中，此时下游的 Task 能够继续从 InputChannel 中读取 Buffer 数据并进行处理。

5. 向 ResultPartiton 写入 Buffer 数据

我们已经知道，RecordWriter 组件内部会将数据元素序列化成二进制数据，并向 Result-Partition 申请 BufferBuilder，然后构建成 Buffer 数据类型。BufferBuilder 申请的 Buffer 内存空间主要通过 LocalBufferPool 进行操作，如代码清单 7-58 所示，ResultPartition.getBuffer-Builder() 方法调用了 bufferPool.requestBufferBuilderBlocking() 方法创建 BufferBuilder 对象。

代码清单 7-58   ResultPartition.getBufferBuilder() 方法定义

```
public BufferBuilder getBufferBuilder() throws IOException, InterruptedException {
    checkInProduceState();
    return bufferPool.requestBufferBuilderBlocking();
}
```

当 RecordWriter 创建 BufferBuilder 对象的时候，会同步向 ResultPartition 的 SubPartition 中添加创建好的 BufferConsumer 对象，BufferConsumer 和 ResultPartition 中的 Buffer 指针会指向同一个 Buffer 内存空间。BufferBuilder 提供了生产 Buffer 的能力，BufferConsumer 则提供了 Buffer 数据消费的能力。通过 BufferConsumer 提供的 build() 方法，可以直接在 BufferConsumer 中构建 Buffer 数据。

从线程安全的角度来看，BufferBuilder 是线程安全的，BufferConsumer 是线程非安全的，即 Buffer 数据只能通过唯一的 BufferBuilder 进行构建，但是可以通过多个线程消费 BufferConsumer 中的 Buffer 数据，这样就将 Buffer 的读操作和写操作进行了分离，构建出更高效的线程访问。

如代码清单 7-59 所示，调用 ResultPartition.addBufferConsumer() 方法将 BufferConsumer 对象添加到 ResultSubPartition 的队列中。

代码清单 7-59   ResultPartition.addBufferConsumer() 方法定义

```
public boolean addBufferConsumer(BufferConsumer bufferConsumer, int
    subpartitionIndex)
    throws IOException {
    ResultSubpartition subpartition;
    try {
        checkInProduceState();
        subpartiton = subpartitions[subpartitionIndex];
    }
    catch (Exception ex) {
        bufferConsumer.close();
        throw ex;
    }
    return subpartition.add(bufferConsumer);
}
```

如代码清单 7-60 所示，PipelinedSubpartition.add() 方法逻辑如下。

1）PipelinedSubpartition 包含 ArrayDeque<BufferConsumer> buffers 队列，用于存储创建好的 BufferConsumer 对象，在写入新的 BufferConsumer 对象时，会对 buffer 进行上锁处理，直到 BufferConsumer 写入完毕。

2）当 BufferConsumer 成功添加至 ResultSubPartition.buffers 队列后，调用 updateStatistics() 方法更新 buffers 队列的统计信息，我们在 Flink Web 页面中所看到的 Buffer 指标主要针对 buffers 队列的统计信息。

3）调用 increaseBuffersInBacklog() 方法增加 ResultSubPartition 的 Backlog 值，用于控制上下游数据的生产和消费速率，实现基于 Credit 的反压控制。

4）调用 shouldNotifyDataAvailable() 方法获取 PipelinedSubpartition 能否可以被消费的信息，并经过运算赋值给 notifyDataAvailable，用于判断当前 ResultSubPartition 是否可以被 ResultSubPartitionView 消费。如果 notifyDataAvailable 为 True，则调用 notifyDataAvailable() 方法通知 ResultSubPartitionView 的持有者开始消费 ResultSubPartition 中的 Buffer 数据。

代码清单 7-60　PipelinedSubpartition.add() 方法定义

```
private boolean add(BufferConsumer bufferConsumer, boolean finish) {
    checkNotNull(bufferConsumer);
    final boolean notifyDataAvailable;
    synchronized (buffers) {
        if (isFinished || isReleased) {
            bufferConsumer.close();
            return false;
        }
        // 添加 BufferConsumer 对象并更新统计值
        buffers.add(bufferConsumer);
        updateStatistics(bufferConsumer);
        increaseBuffersInBacklog(bufferConsumer);
        notifyDataAvailable = shouldNotifyDataAvailable() || finish;
        isFinished |= finish;
    }
    if (notifyDataAvailable) {
        notifyDataAvailable();
    }
    return true;
}
```

从以上步骤中看出，当 RecordWriter 将数据写入 ResultPartition 时，并没有直接将 Buffer 数据发送到下游 Task 对应的 InputChannel 中，而是先对 BufferConsumer 进行本地缓存，下游发送可以消费的消息后，数据才开始从 BufferConsumer 队列中读取并经过网络下发至下游的 Task。通过控制 notifyDataAvailable 以及 Backlog 等参数，能够有效控制 ResultSubPartition 的 Buffer 数据消费时机，这样一来，当 ResultPartition 中没有数据写入的时候，就不会一直轮询整个队列，而是通过监听器的方式获取 ResultSubPartition 队列中 Buffer 数据的情况。此外，当 ResultSubPartition 中的 Buffer 队列具有数据时，也会通过 Backlog 发送给下游的 Task，平衡上下游数据生产速率和消费速率，尽可能地保证系统稳定运行。

需要注意的是，即使 ResultPartition 中的 BufferConsumer 被成功写入，并且处于可以被消费的状态，因为此时没有创建该 ResultSubPartition 对应的 ResultSubPartitionView，所以 shouldNotifyDataAvailable() 方法一定会返回 false，因此下游的 Task 还是不能开始消费 Buffer 数据，只有当 ResultSubPartitionView 成功创建之后，才能开始消费 ResultSubPartition 中的数据。

6. PipelinedSubpartitionView 读取 Buffer 数据

当接收到下游 Task 消费节点发送的 PartitionRequest 消息后，在上游生产节点中会为其请求的 ResultSubPartition 创建 CreditBasedSequenceNumberingViewReader 和 Pipelined-SubpartitionView 对象，用于读取和消费 ResultSubPartition 中的 Buffer 数据。其中 Pipelined-SubpartitionView 实际上是一种数据消费视图，PipelinedSubpartitionView 会读取 ResultSub-Partition 中的 Buffer 数据，然后发送到 TCP 网络指定的 InputChannel 中，最终实现下游 Consumer 节点对指定 ResultSubPartition 中 Buffer 数据的消费。

这里我们具体看下 PipelinedSubpartitionView 的创建过程，如代码清单 7-61 所示，从 createReadView() 方法中可以看出，在创建 PipelinedSubpartitionView 的过程中，会同步向 PipelinedSubpartitionView 添加 BufferAvailabilityListener 监听器，BufferAvailabilityListener 用于监听 ResultSubPartition 中 Buffer 数据的消费情况。BufferAvailabilityListener 接口的实现主要是 CreditBasedSequenceNumberingViewReader，也就是说，一旦 ResultSubPartition 的 Buffer 队列中有数据写入，就会通知 CreditBasedSequenceNumberingViewReader 读取 Buffer 数据，并视情况将 Buffer 数据写入网络。

代码清单 7-61　ResultSubPartition.createReadView() 方法定义

```
public PipelinedSubpartitionView createReadView(
    BufferAvailabilityListener availabilityListener) throws IOException {
    final boolean notifyDataAvailable;
    synchronized (buffers) {
        checkState(!isReleased);
        checkState(readView == null,
            "Subpartition %s of is being (or already has been) consumed, " +
            "but pipelined subpartitions can only be consumed once.", index,
                parent.getPartitionId());
        readView = new PipelinedSubpartitionView(this, availabilityListener);
        notifyDataAvailable = !buffers.isEmpty();
    }
    if (notifyDataAvailable) {
    notifyDataAvailable();
```

```
    }
    return readView;
}
```

在 CreditBasedSequenceNumberingViewReader 中 会 调 用 PipelinedSubpartitionView.get-
NextBuffer() 方法，从 ResultSubPartition 中读取 Buffer 数据。而在 PipelinedSubpartitionView.
getNextBuffer() 方法中，实际上调用了 PipelinedSubpartition.pollBuffer() 方法进行处理。如
代码清单 7-62 所示，ResultSubPartition.pollBuffer() 方法的逻辑如下。

1）对 Buffer 队列进行加锁处理，防止出现线程安全问题，保证数据一致性。

2）如果 Buffer 队列为空，则将 flushRequested 置为 false，表明不进行数据清洗操作。

3）如果 Buffer 队列不为空，则遍历 Buffer 队列，从队列中获取 BufferConsumer 对象，
然后调用 BufferConsumer.build() 方法生成 Buffer 数据。

4）如果 Buffer 队列中的数据都消费完了，即满足 buffers.size() == 1 的条件，则将
flushRequested 参数置为 false。

5）如果 bufferConsumer 正常消费完毕，即 bufferConsumer.isFinished() 返回 True，则
弹出当前的 bufferConsumer，然后调用 decreaseBuffersInBacklogUnsafe() 方法更新 Backlog
指标。

6）如果 buffer.readableBytes()>0，说明 buffer 对象中还含有从 BufferCustomer 中转换
出来的 Buffer 数据，此时跳出循环，继续后续操作。

7）否则对 buffer 对象对应的内存块进行回收处理，并将 buffer 对象置为 null，直接返
回 null 值给 ViewReader。

8）调用 updateStatistics(buffer) 方法，更新 Buffer 数据统计信息。

9）返回 BufferAndBacklog，其中 Backlog 是上游生产者提供给下游 Buffer 数据积压状
况的计数值，用于实现反压控制，我们会在 7.4 节详细介绍反压机制。

代码清单 7-62 ResultSubPartition.pollBuffer() 方法定义

```
BufferAndBacklog pollBuffer() {
    synchronized (buffers) {
        Buffer buffer = null;
        // 如果 buffer 为空，则直接关闭刷新请求标志
        if (buffers.isEmpty()) {
            flushRequested = false;
        }
        while (!buffers.isEmpty()) {
            // 从 buffers 中获取 BufferConsumer 数据
            BufferConsumer bufferConsumer = buffers.peek();
            buffer = bufferConsumer.build();
            // buffers 中的所有数据均消费完，关闭刷新请求标志
            if (buffers.size() == 1) {
                flushRequested = false;
            }
```

```
    // 如果bufferConsumer被消费完毕，则释放buffer对象的内存空间
    if (bufferConsumer.isFinished()) {
        buffers.pop().close();
        decreaseBuffersInBacklogUnsafe(bufferConsumer.isBuffer());
    }
    // 如果buffer的大小大于0，则跳出循环
    if (buffer.readableBytes() > 0) {
        break;
    }
    // 否则对buffer中的内存进行回收处理
    buffer.recycleBuffer();
    buffer = null;
    if (!bufferConsumer.isFinished()) {
        break;
    }
}
if (buffer == null) {
    return null;
}
// 更新统计信息
updateStatistics(buffer);
// 返回BufferAndBacklog
return new BufferAndBacklog(
    buffer,
    isAvailableUnsafe(),
    getBuffersInBacklog(),
    nextBufferIsEventUnsafe());
    }
}
```

上述步骤是从 ResultSubPartition 中读取 Buffer 数据，然后将其转换成 BufferAndBacklog 数据结构，最后 BufferAndBacklog 消息经过 Netty 实现的 TCP 网络发送到下游的 Task 节点中继续处理。

7. 从 InputGate 中获取 Buffer 数据

当数据通过 TCP 网络传递至下游的 Task 节点后，下游 Task 节点会通过 InputGate 获取 Buffer 数据。InputGate 包含多个 InputChannel，Buffer 数据实际上是从 InputChannel 中获取的，然后通过 InputGate 传递给 StreamTask 继续计算。

InputChannel 主要有 LocalInputChannel 和 RemoteInputChannel 两种实现类型，LocalInput-Channel 用于 Producer 节点和 Consumer 节点运行在同一个 TaskManager 的情况，因此不需要跨网络传输 Buffer 数据。RemoteInputChannel 则用于需要跨网络传输数据的情况。

如代码清单 7-63 所示，在 StreamTaskNetworkInput 中调用 SingleInputGate.pollNext() 方法，不断从 SingleInputGate 中拉取 BufferOrEvent 数据。在 SingleInputGate.pollNext() 方法中，最终还是会调用 getNextBufferOrEvent() 内部方法获取 BufferOrEvent 数据，getNext-BufferOrEvent() 方法的逻辑如下。

1）判断 hasReceivedAllEndOfPartitionEvents 是否为 True，如果是则说明该分区中的数据已经消费完毕，此时返回空值给调用方。

2）判断 InputGate 组件是否已经关闭，如果是则抛出 CancelTaskException。

3）调用 waitAndGetNextData() 方法获取 InputWithData 数据，接入的数据都会被转换为 InputWithData<InputChannel, BufferAndAvailability> 数据结构进行存储，这样做主要为了将接入的 Buffer 数据通过 InputChannel 进行区分。

4）调用 transformToBufferOrEvent() 方法将 InputWithData<InputChannel, BufferAnd-Availability> 中的 BufferAndAvailability 转换为 BufferOrEvent 数据结构，在 BufferOrEvent 中涵盖了 Buffer 数据和 Event 事件两种类型的消息。

代码清单 7-63　SingleInputGate.getNextBufferOrEvent() 方法实现

```
private Optional<BufferOrEvent> getNextBufferOrEvent(boolean blocking)
    throws IOException, InterruptedException {
// 如果分区中数据已经消费完毕，则返回空值
if (hasReceivedAllEndOfPartitionEvents) {
    return Optional.empty();
}
// 如果 InputGate 已经关闭，则抛出 CancelTaskException
if (closeFuture.isDone()) {
    throw new CancelTaskException("Input gate is already closed.");
}
// 调用 waitAndGetNextData() 方法获取 InputWithData 数据
Optional<InputWithData<InputChannel, BufferAndAvailability>> next =
    waitAndGetNextData(blocking);
if (!next.isPresent()) {
    return Optional.empty();
}
  // 获取 InputWithData 数据并转换成 BufferOrEvent
InputWithData<InputChannel, BufferAndAvailability> inputWithData = next.get();
return Optional.of(transformToBufferOrEvent(
    inputWithData.data.buffer(),
    inputWithData.moreAvailable,
    inputWithData.input));
}
```

我们继续看 SingleInputGate.waitAndGetNextData() 方法的实现，如代码清单 7-64 所示，waitAndGetNextData() 方法的逻辑如下。

1）在 While 循环中获取 InputWithData 数据，调用 getChannel() 方法获取出对应的 InputChannel。

2）调用 InputChannel.getNextBuffer() 方法，从指定的 InputChannel 中获取 BufferAnd-Availability 数据。

3）对 inputChannelsWithData 进行加锁处理，判断 Optional<BufferAndAvailability> result

中 BufferAndAvailability 是否不为空且 BufferAndAvailability 内部还有更多数据。如果是，则将当前的 inputChannel 添加到 inputChannelsWithData 和 enqueuedInputChannelsWith-Data 集合中，继续获取 Buffer 数据。

4）如果 inputChannelsWithData 为空，则调用 availabilityHelper 将当前的 inputChannels-WithData 设为不可用。

5）如果 BufferAndAvailability 类型的 result 存在，即 result.isPresent() 为 True，则将 BufferAndAvailability 转换为 InputWithData 数据结构并返回。

代码清单 7-64　SingleInputGate.waitAndGetNextData() 方法实现

```
private Optional<InputWithData<InputChannel, BufferAndAvailability>>
    waitAndGetNextData(
    boolean blocking) throws IOException, InterruptedException {
    while (true) {
        // 获取 InputChannel
        Optional<InputChannel> inputChannel = getChannel(blocking);
        if (!inputChannel.isPresent()) {
            return Optional.empty();
        }
        // 调用 InputChannel 获取 NextBuffer 数据
        Optional<BufferAndAvailability> result = inputChannel.get().getNextBuffer();
        // 同步 inputChannelsWithData
        synchronized (inputChannelsWithData) {
            // 如果 result 中有数据，且还有更多数据
            if (result.isPresent() && result.get().moreAvailable()) {
                // 将 inputChannel 添加到 inputChannelsWithData 集合中
                inputChannelsWithData.add(inputChannel.get());
                enqueuedInputChannelsWithData.set(inputChannel.get().getChannelIndex());
            }
            // 如果 inputChannelsWithData 为空，则将 availabilityHelper 设为不可用
            if (inputChannelsWithData.isEmpty()) {
                availabilityHelper.resetUnavailable();
            }
            // 如果 result 存在，则返回 InputWithData 数据
            if (result.isPresent()) {
                return Optional.of(new InputWithData<>(
                    inputChannel.get(),
                    result.get(),
                    !inputChannelsWithData.isEmpty()));
            }
        }
    }
}
```

8. 从 InputChannel 中获取 Buffer 数据

前面已经知道，在 InputGate 中会调用 InputChannel 获取 BufferAndAvailability 数据，不

同类型的 InputChannel 实现会选择不同的 Buffer 数据获取策略,例如在 LocalInputChannel 中直接通过 ResultSubpartitionView 从本地 ResultSubPartition 中消费 BufferAndBacklog 数据。对于 RemoteInputChannel 来讲,不能直接通过 ResultSubpartitionView 消费上游 Result-SubPartition 中的 Buffer 数据,只能借助网络栈像本地一样获取远端 Task 节点中的 Buffer 数据。

对于数据生产节点来讲,主要通过 CreditBasedSequenceNumberingViewReader 中的 ResultSubpartitionView 读取 ResultSubPartition 中的 Buffer 数据,然后将读取到的 Buffer-AndBacklog 数据通过 TCP 网络发送到下游的 InputChannel 中。InputChannel 则通过 Netty 框架接收 BufferAndBacklog 数据。InputChannel 会先将 Buffer 数据缓存在 InputChannel 的 Buffer 队列中,然后从 Buffer 队列中拉取 Buffer 数据,最后发送到 Operator 中进行处理。

如图 7-21 所示,在 InputGate 中通过 LocalBufferPool 组件申请 Buffer 内存空间,用于存储经过 TCP 网络传入的二进制数据,并将转换成 Buffer 类型的数据存储在 Remote-InputChannel 的缓冲池中,等待 StreamNetworkInput 从队列中拉取数据。从 LocalBufferPool 中申请的 Buffer 存储空间主要来自 TaskManager 启动时创建的 NetworkBufferPool,且每个 TaskManager 中仅有一个 NetworkBufferPool,用于向所有的 LocalBufferPool 提供 Buffer 数据内存空间。

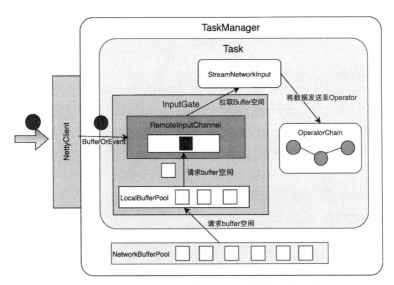

图 7-21　InputChannel 中 Buffer 数据接入的过程

下面我们看下 RemoteInputChannel.getNextBuffer() 方法的实现,如代码清单 7-65 所示。RemoteInputChannel 会从 ArrayDeque<Buffer> receivedBuffers 的 Buffer 队列中获取 Buffer 数据。RemoteInputChannel 中提供了 OnBuffer() 方法,用于 Netty 的 ChannelHandler 实现类 Credit-BasedPartitionRequestClientHandler 中,当 Buffer 数据从 Netty 的 TCP 网络接入 InputChannel

后，就会通过 OnBuffer() 方法写入 InputChannel 的队列中。我们将在 7.2.6 节介绍 Netty 框架时深入介绍 Buffer 数据的底层写入过程，这里暂不展开。

代码清单 7-65　RemoteInputChannel.getNextBuffer() 方法定义

```
Optional<BufferAndAvailability> getNextBuffer() throws IOException {
    checkError();
    final Buffer next;
    final boolean moreAvailable;
    synchronized (receivedBuffers) {
        next = receivedBuffers.poll();
        moreAvailable = !receivedBuffers.isEmpty();
    }
    numBytesIn.inc(next.getSize());
    numBuffersIn.inc();
    return Optional.of(new BufferAndAvailability(next, moreAvailable,
                                         getSenderBacklog())));
}
```

以上就是 ResultPartition 和 InputGate 层面的数据交互过程，在 ResultPartition 和 InputGate 组件中实现的是比较上层的数据传输逻辑，Buffer 和 Event 数据经过 TCP 网络进行传输的过程，是借助底层 ConnectManager 组件实现的。通过 ConnectManager 可以创建 NettyServer、NettyClient 等底层网络组件以及这些网络组件之间的传输协议 NettyProtocol。接下来我们介绍 ConnectManager 的设计与实现。

7.2.6　ConnectManager 的设计与实现

InputGate 中的数据主要是通过 InputChannel 获取的，如果要从远程网络中获取数据，InputChannel 的实现类就会使用 RemoteInputChannel 组件。RemoteInputChannel 名称中的 Channel 和 Netty 中 Channel 的概念一致，都是数据传输的通道。基于 Netty 框架实现的网络连接，所有的数据都会经过 Netty 内部的 TCP 通道在客户端和服务端之间传递。本节我们就来看 Flink 底层如何集成 Netty 框架实现上下游 Task 节点之间的跨网络数据传输。

1. Netty 的基本概念

Netty 是由 JBoss 提供的 Java 开源网络通信框架。Netty 可以提供异步、非阻塞的事件驱动网络应用程序框架和工具，非常适合快速开发高性能、高可靠的网络服务器和客户端程序。同时，Netty 是一个基于 NIO 的客户端、服务器端编程框架，使用 Netty 框架可以快速、简单地进行网络通信和数据传输，如图 7-22 所示。

Netty Reactor 架构包含如下核心组件。

1）Netty 服务在启动时会创建两个线程组 Boss Group 和 Worker Group。Boss Group 用于处理网络连接，Worker Group 用于处理实际的读写 IO。Boss Group 中的 NioEventLoop 会轮询 accept 事件，遇到新的网络连接，就会生成 NioSocketChannel，然后把这个通道注册到 Worker Group 的选择器上。Worker Group 轮询读和写事件，在满足可读或者可写条件时，对数据进行处理。

2）Worker Group 和 Boss Group 都通过 NioEventLoop 进行操作，在 NioEventLoop 中维护了一个线程和任务队列，并支持异步提交执行任务，线程启动时会调用 NioEventLoop 中的 run() 方法。

3）Worker Group 和 Boss Group 都会执行一个 runAllTasks() 方法，用于处理任务队列中的任务。任务队列包括用户调用 eventloop.execute() 或 schedule() 方法执行的任务以及其他线程提交给该 EventLoop 的任务。

4）EventLoop 维护了一个线程和任务队列，支持异步提交执行任务。

5）EventLoopGroup 主要用于管理 EventLoop 的生命周期，可以将其看作一个线程池，其内部维护了一组 EventLoop，每个 EventLoop 对应处理多个通道，而一个通道只能对应一个 EventLoop。

6）ChannelPipeLine 是一个包含 channelHandler 的列表，用于设置 channelHandler 的执行顺序。

7）Channel 代表一个实体（如硬件设备、文件、网络套接字、能够执行一个或者多个 I/O 操作的程序组件）的开放链接，如读操作和写操作。

8）ChannelHandler 用于处理业务逻辑，ChannelHandler 是一个父接口，Channelnbound-Handler 和 ChannelOutboundHandler 都继承自该接口，分别用于处理入站和出站信息。

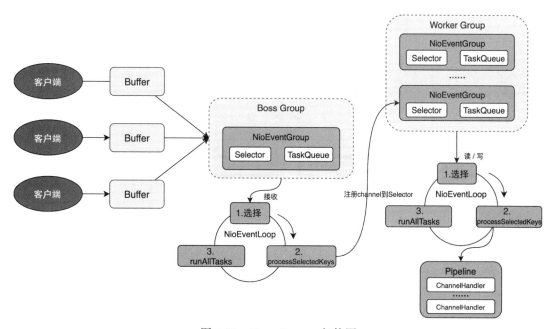

图 7-22　Netty Reactor 架构图

2. ConnectionManager 的设计与实现

ConnectManager 是网络连接管理器的接口，属于 TaskManager 中网络环境对象（Shuffle-Environment）的核心部件。ConnectorManager 的默认实现是 NettyConnectionManager，实际上就是基于 Netty 框架实现的网络连接管理器。在 NettyConnectionManager 中提供了创建 NettyServer、NettyClient 以及 NettyProtocol 等主要功能。

TaskManager 中会同时运行多个 Task 实例，有时某些 Task 需要消费远程任务生产的结果分区，有时某些 Task 会生产结果分区供其他任务消费。对于 TaskManager 来说，职责并非是单一的，它既可能充当客户端的角色也可能充当服务端的角色。因此，TaskManager 中的 NettyConnectionManager 会同时管理一个 Netty 客户端（NettyClient）实例和一个 Netty 服务端（NettyServer）实例。当然，除此之外还一个 Netty Buffer 数据缓冲池（Netty-BufferPool）以及一个分区请求客户端工厂（PartitionRequestClientFactory），这些组件都会在 NettyConnectionManager 构造器中被初始化。所有的 PartitionRequestClientFactory 实例依赖同一个 Netty 客户端，即所有 PartitionRequestClient 底层共用一个 Netty 客户端，如图 7-23 所示。

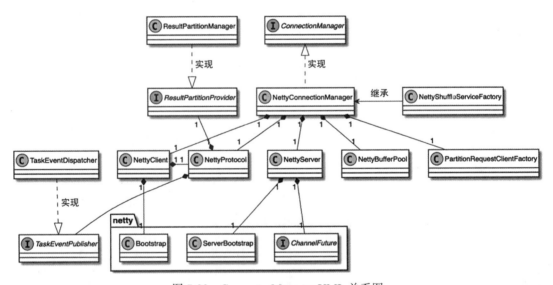

图 7-23　ConnectorManager UML 关系图

如图 7-23 所示，ConnectionManager 包含如下组件。

1）ConnectorManager 的实现类是 NettyConnectionManager。在 NettyConnectionManager 中包含 NettyServer、NettyClient、NettyProtocol、NettyBufferPool 和 PartitionRequestClient 等成员变量。

2）NettyConnetionManager 通过 NettyShuffleServiceFactory 创建和管理。

3）NettyClient 主要提供了 Netty 客户端封装的方法，内部通过实现 Netty Bootstrap

启动客户端服务。NettyClient 用于下游算子向上游算子发送操作请求,比如创建和发送
PartitionRequest 的请求,也负责处理来自服务端的 Buffer 数据。

4)NettyServer 主要提供 Netty 服务端的能力,内部包含 Netty ServerBootStrap 和
ChannelFuture 对象,主要应用于 ResultPartion 数据生产侧,能够接收 Netty 客户端提交的
PartitionRequest,同时将 ResultPartition 的 Buffer 数据写入 TCP 通道。

5)NettyProtocol 定义了服务端和客户端使用的 ChannelHandlers 以及上下游 Netty 服务
之间使用的传输协议。

6)PartitionRequestClient 主要用于 RemoteInputChannel 向 ResultPartition 注册 Subpartition-
View。

如代码清单 7-66 所示,在 NettyConnectionManager 构造器中分别创建了 NettyServer、
NettyClient、NettyBufferPool、PartitionRequestClientFactory 和 NettyProtocol 组件,最终通
过 NettyConnectionManager 构建 TaskManager 使用的网络环境。

代码清单 7-66 NettyConnectionManager 构造器

```
public NettyConnectionManager(
    ResultPartitionProvider partitionProvider,
    TaskEventPublisher taskEventPublisher,
    NettyConfig nettyConfig) {
    this.server = new NettyServer(nettyConfig);
    this.client = new NettyClient(nettyConfig);
    this.bufferPool = new NettyBufferPool(nettyConfig.getNumberOfArenas());
    this.partitionRequestClientFactory = new PartitionRequestClientFactory(client);
    this.nettyProtocol = new NettyProtocol(checkNotNull(partitionProvider), che
        ckNotNull(taskEventPublisher));
}
```

在 TaskManager 启动服务时,会同步启动 ShuffleEnvironment,然后通过 NettyShuffle-
Environment 启动 NettyConnectionManager 中的 Netty 客户端和服务端。如代码清单 7-67 所
示,Netty 客户端和服务端对象的启动和停止由 NettyConnectionManager 统一控制。

代码清单 7-67 NettyConnectionManager.start() 方法

```
public int start() throws IOException {
    client.init(nettyProtocol, bufferPool);
    return server.init(nettyProtocol, bufferPool);
}
```

和大多数基于 Netty 实现的框架相同,Netty 客户端和服务端的初始化过程是直接通
过 Netty 的 Bootstrap 和 ServerBootstrap 接口实现的,创建过程中会从 NettyProtocol 和
BufferPool 参数中获取 ChannelHandler 和内存分配器。这里我们就不再详细介绍具体的初
始化过程了,读者可以查阅相关代码进行了解,接下来我们详细介绍 NettyBufferPool 和
NettyProtocol 的具体实现。

3. NettyBufferPool 详解

Netty 客户端和服务端在实例化 Netty 通信的核心对象时，都需要配置字节缓冲分配器，用于在 Netty 读写数据时分配内存单元。Netty 自身提供了一个池化的字节缓冲分配器（PooledByteBufAllocator），Flink 又在此基础上进行了包装并提供了 Netty 缓冲池组件（NettyBufferPool）。这样能够严格控制创建分配器（Arena）的个数，进而实现通过 TaskManager 的相关配置指定分配器的数量。

当指定 PooledByteBufAllocator 分配 ByteBuf 时，内存分配工作会委托给类 PoolArena 进行。因为 Netty 通常用在高并发系统中，所以各个线程进行内存分配时的竞争不可避免，这可能对内存分配的效率造成极大的影响，为了缓解高并发时的线程竞争，Netty 允许使用者创建多个分配器分离锁，提高内存分配效率。

在创建 Netty 客户端时，会在 Bootstrap 中绑定创建好的 NettyBufferPool 实例，代码如下所示。

```
bootstrap.option(ChannelOption.ALLOCATOR, nettyBufferPool);
```

如代码清单 7-68 所示，NettyBufferPool 在构造器内以固定的参数实例化 PooledByteBufAllocator 并作为自己的内存分配器。首先，PooledByteBufAllocator 本身既支持堆内存分配也支持堆外内存分配，但 NettyBufferPool 将其限定为只在堆外内存进行分配。其次，NettyBufferPool 中指定了 pageSize 的值为 8192，maxOrder 的值为 11。Netty 中的内存池包含页（page）和块（chunk）两种分配单位，通过 PooledByteBufAllocator 构造器可以设置页大小，即 pageSize 参数，该参数在 PooledByteBufAllocator 中的默认值为 8192，而参数 maxOder 则主要用于计算块的大小。

代码清单 7-68　NettyBufferPool 构造器实现

```
public NettyBufferPool(int numberOfArenas) {
   super(
      PREFER_DIRECT,
      0,
      numberOfArenas,
      PAGE_SIZE,
      MAX_ORDER);
   checkArgument(numberOfArenas >= 1, "Number of arenas");
   this.numberOfArenas = numberOfArenas;
   this.chunkSize = PAGE_SIZE << MAX_ORDER;
   Object[] allocDirectArenas = null;
   try {
      Field directArenasField = PooledByteBufAllocator.class
            .getDeclaredField("directArenas");
      directArenasField.setAccessible(true);
      allocDirectArenas = (Object[]) directArenasField.get(this);
   } catch (Exception ignored) {
      LOG.warn("Memory statistics not available");
   } finally {
```

```
        this.directArenas = allocDirectArenas;
    }
}
```

4. NettyProtocol 详解

NettyProtocol 定义了基于 Netty 进行网络通信时，客户端和服务端对事件的处理逻辑和顺序。因为 Netty 中所有事件处理逻辑的代码都扩展自 ChannelHandler 接口，所以 NettyProtocol 约定了所有的协议实现者，必须提供服务端和客户端处理逻辑的 ChannelHandler 集合，这些 ChannelHandler 会根据它们在数组中的顺序进行链接以形成 ChannelPipeline。下面我们分别介绍服务端和客户端协议实现。

（1）ServerChannelHandler 创建和获取

如图 7-24 所示，NettyServer ChannelPipeline 中的处理器主要有 NettyMessageEncoder、NettyMessageDecoder、PartitionRequestServerHandler 和 PartitionRequestQueue。客户端的请求通过 Socket.read() 方法接入后，经过 NettyMessageDecoder 解码接入的 NettyMessage，然后交给 PartitionRequestServerHandler 进行处理，最后按照解析出的请求调用 Partition-RequestQueue，将消息压缩到队列中。如果 Netty 服务端接收到的是 PartitionRequest 消息，会在 PartitionRequestServerHandler 对象中创建 NetworkSequenceViewReader 并添加到 PartitionRequestQueue 的读取队列中。此时 PartitionRequestQueue 将使用有效的 Network-SequenceViewReader 从 ResultPartition 中读取 Buffer 数据并下发。然后通过 MessageEncoder 对 Buffer 数据进行编码，最后使用 Socket.write() 方法写入 TCP 通道。

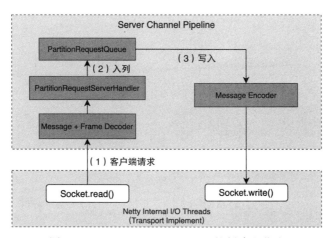

图 7-24　ServerChannelHandler 的创建和获取

如代码清单 7-69 所示，在 NettyProtocol 中通过 NettyProtocol.getServerChannelHandlers() 方法创建服务端的 ChannelHandler 集合并用于 Netty 服务端的 ChannelPipeline 中，完成对服务端 NettyMessage 的解析和处理。

代码清单 7-69　NettyProtocol.getServerChannelHandlers() 方法定义

```
public ChannelHandler[] getServerChannelHandlers() {
        PartitionRequestQueue queueOfPartitionQueues = new PartitionRequestQueue();
        PartitionRequestServerHandler serverHandler = new
          PartitionRequestServerHandler(
          partitionProvider,
          taskEventPublisher,
          queueOfPartitionQueues);

        return new ChannelHandler[] {
          messageEncoder,
          new NettyMessage.NettyMessageDecoder(),
          serverHandler,
          queueOfPartitionQueues
        };
    }
```

（2）ClientChannelHandler 的创建和获取

和 ServerChannelHandler 一样，NettyProtocol 也提供了创建 ClientChannelHandler 的方法。如图 7-25 所示，ClientChannelHandler 集合主要包括 NettyMessageEncoder、NettyMessageDecoder 以及 CreditBasedPartitionRequestClientHandler，其中 NettyMessageEncoder、NettyMessageDecoder 和 ServerChannelHandler 中的实现是相同的，也是对 Netty 中传输的 NettyMessage 进行编码和解码。而 CreditBasedPartitionRequestClientHandler 则实现了客户端的主要逻辑，经过 NettyMessageDecoder 解码的 NettyMessage 会通过 CreditBasedPartition-RequestClientHandler 进行处理，然后发送到 RemoteInputChannel 的 Buffer 队列中，供下游的算子消费。

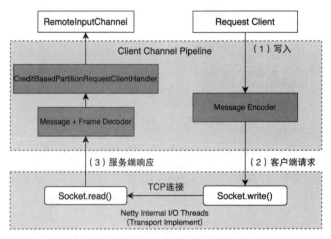

图 7-25　ClientChannelHandlers 的创建和获取

如代码清单 7-70 所示，NettyProtocol.getClientChannelHandlers() 方法定义了获取 Client-

ChannelHandler 集合的方法，这里主要是将 NettyMessageEncoder、NettyMessageDecoder
以及 CreditBasedPartitionRequestClientHandler 存储在 ChannelHandler 数组中，并返回给
NettyClient 的 ChannelPipeline 使用。

代码清单 7-70　NettyProtocol.getClientChannelHandlers() 方法定义

```
public ChannelHandler[] getClientChannelHandlers() {
    return new ChannelHandler[] {
        messageEncoder,
        new NettyMessage.NettyMessageDecoder(),
        new CreditBasedPartitionRequestClientHandler()
    };
}
```

需要注意的是，无论是客户端还是服务端，数据传输都有流入（inbound）和流出
（outbound）的情况。流入数据对应的处理器接口是 ChannelInboundHandler，流出数据对应
的处理器接口是 ChannelOutboundHandler。因此，两个协议方法获取的 ChannelHandler 数
组并不是按照元素的绝对顺序组成管道，而是会区分其类型是流入还是流出（根据接口的类
型进行判断），判断类型的同时按照其在数组中的顺序连接成管道。

接下来我们按照顺序介绍管道中的核心实现，包括 NettyMessage 的编码与解码以及
ServerChannelHandler 和 ClientChannelHandler 的具体实现。

5. NettyMessage 的编码与解码

当数据在 Netty 客户端和服务端中进行网络传输时，都会转换为 NettyMessage 数据格
式。NettyMessage 是 Flink 专门针对 Netty 的数据传输制定的协议。

如图 7-26 所示，NettyMessage 主要包含两部分，一部分为 NettyMessage 的具体实现
类，即不同类型的消息体，例如 PartitionRequest、AddCredit 等消息体，这些实现类都继承
自 NettyMessage 抽象类，并实现了 NettyMessage.write() 抽象方法，用于将相应的 Message
写入 ByteBuf。ByteBuf 是 Netty 中用于存储二进制数据的 Buffer 结构，替换了 Java NIO 中
提供的 ByteBuffer 字节容器。另一部分是用于 NettyProtocol 中对 Message 消息体进行解
码和编码的处理器，又包括 NettyMessageDecoder 和 NettyMessageEncoder 两个实现类。
NettyMessageDecoder 和 NettyMessageEncoder 分别继承了 Netty 中 LengthFieldBasedFrame-
Decoder 和 ChannelOutboundHandlerAdapter 类完成相应方法的拓展，使其能够处理基于
NettyMessage 数据结构定义的消息体。

从图 7-26 中可以看出，根据客户端和服务端请求方向不同，将 NettyMessage 分为以下
几种类型。

（1）NettyClient-NettyServer 方向（从 RemoteInputChannel 到 ResultPartiton）

❑ PartitionRequest：下游节点通过向上游节点发送 PartitionRequest 消息，创建并注册
　　NetworkSequenceViewReader 等组件，消费 ResultSubPartiton 中的 Buffer 数据。

❑ CancelPartitionRequest：和 PartitionRequest 相反，下游节点向上游节点发送 Cancel-PartitionRequest 消息，取消当前 RemoteInputChannel 中注册的 PartitionRequest，同时删除 NetworkSequenceViewReader 等组件。

❑ AddCredit：下游节点向上游节点发送 AddCredit 消息，增加 InputChannel 信用值，信用值越大，说明下游 Task 的消费能力越强。上游节点会根据信用值控制 Buffer 数据的发送速率。

❑ TaskEventRequest：用于迭代计算场景，下游节点将 Task 的处理情况汇报给上游节点，其中 TaskEvent 包括 TerminationEvent、WorkerDoneEvent 等事件。

❑ CloseRequest：当下游节点关闭时，会向上游发送 CloseRequest 消息，以注销对应的 RemoteInputChannel 信息。

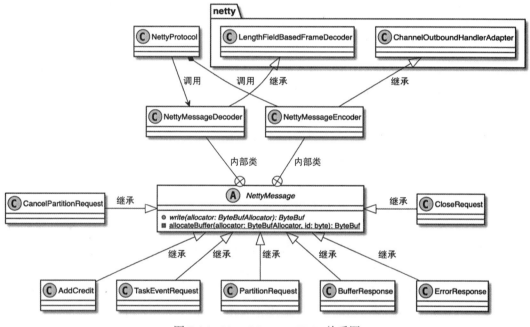

图 7-26　NettyMessage UML 关系图

（2）NettyServer-NettyClient 方向（从 ResultSubPartiton 到 RemoteInputChannel）

❑ BufferResponse：上游节点将 Buffer 数据封装为 BufferResponse 消息发送给下游节点，RemoteInputChannel 会接收到 BufferResponse 消息中的 Buffer 数据。

❑ ErrorResponse：上游节点将异常封装在 ErrorResponse 中，发送给下游节点进行处理。

接来下我们深入了解 NettyMessage 编码和解码的过程。

（1）通过 NettyMessageEncoder 将 NettyMessage 编码成 ByteBuf

在进行数据网络传输时，通常需要缓冲区，常用的缓冲区是 JDK NIO 类库提供的

java.nio.ByteBuffer，但 ByteBuffer 缓冲区的长度固定，分配过多会浪费内存空间，分配过少会在存储放大的数据时产生索引越界。为此，Netty 引入了 ByteBuf 数据结构，相对于 ByteBuffer，ByteBuf 带来了很强的便捷性和更大的创新，例如使用 readerIndex 和 writerIndex 分别维护读操作和写操作，实现读写索引分离，当申请的新空间大于阈值时，采用每次步进 4MB 的方式扩张内存，从而支持 Buffer 存储空间进行自动扩展。

在 Flink 的底层网络传输实现中，会通过 NettyMessageEncoder 对 NettyMessage 进行编码，将 NettyMessage 转化为 ByteBuf，应用在 Netty 客户端和服务端之间的网络传输中。

如代码清单 7-71 所示，在 NettyMessageEncoder 中重写 ChannelOutboundHandlerAdapter.write() 方法实现对 NettyMessage 数据的编码处理。

1）判断传入的 msg 是否为 NettyMessage 类型，如果是则调用 NettyMessage.write() 方法将数据序列化成 ByteBuf 类型，然后存储到 serialized 对象中。

2）调用 ctx.write(serialized, promise) 方法将 serialized 中的数据写入 ChannelHandler-Context，最终通过网络传输到下游节点中。

3）如果 msg 是其他类型的数据，则调用 ctx.write(msg, promise) 方法将其写入通道。

代码清单 7-71　NettyMessageEncoder.write() 方法定义

```
public void write(ChannelHandlerContext ctx, Object msg,
                  ChannelPromise promise) throws Exception {
   // 判断 msg 是否为 NettyMessage 类型
   if (msg instanceof NettyMessage) {
      ByteBuf serialized = null;
      try {
         // 如果是则调用 NettyMessage.write() 方法进行处理
         serialized = ((NettyMessage) msg).write(ctx.alloc());
      }
      catch (Throwable t) {
         throw new IOException("Error while serializing message: " + msg, t);
      }
      finally {
         if (serialized != null) { ctx.write(serialized, promise);}
      }
   }
   // 如果 msg 是其他类型数据，则直接将 msg 写入通道
   else {
      ctx.write(msg, promise);
   }
}
```

我们以 PartitionRequest 消息为例了解将 NettyMessage 消息序列化为 ByteBuf 数据格式的过程。如代码清单 7-72 所示，在 PartitionRequest.write() 方法中，首先调用 allocateBuffer() 方法通过 ByteBufAllocator 组件为当前的 NettyMessage 分配 ByteBuf 内存空间，申请的内存空间主要包括两部分，一部分用于存储 FrameWork 信息，包括 message_length、magic_

numer、subclassid 等，其中 subclassid 是每一个 NettyMessage 指定的 SubClassID，例如
BufferResponse 的 SubClassID 为 1，PartitionRequest 的 SubClassID 为 2。另外一部分
是 NettyMessage 中为存储内容申请的内存空间。如图 7-27 所示，在 PartitionRequest 中，
contentLength 一共申请了 56（16+16+4+16+4）字节的内存空间，分别用于存储 partition_
id、producer-id、queue-index、receiver-id 和 credit 信息。

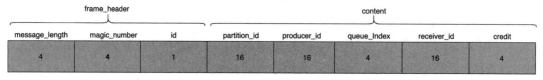

图 7-27　PartitionRequest 内存空间申请

PartitionRequest 中的信息会按照顺序依次写入 ByteBuf 中，最后再将 ByteBuf result 通
过 Netty 发送到 TCP 网络中。

代码清单 7-72　PartitionRequest.write() 方法定义

```
ByteBuf write(ByteBufAllocator allocator) throws IOException {
    ByteBuf result = null;
    try {
        // 分配 ByteBuf 空间
        result = allocateBuffer(allocator, ID, 16 + 16 + 4 + 16 + 4);
        // 向 ByteBuf 写入需要传输的数据
        partitionId.getPartitionId().writeTo(result);
        partitionId.getProducerId().writeTo(result);
        result.writeInt(queueIndex);
        receiverId.writeTo(result);
        result.writeInt(credit);
        return result;
    }
    catch (Throwable t) {
        if (result != null) {
            result.release();
        }
        throw new IOException(t);
    }
}
```

NettyMessage.allocateBuffer() 方法如何进行 ByteBuf 空间分配的呢？这里我们继续看
NettyMessage.allocateBuffer() 方法的定义，如代码清单 7-73 所示，方法主要包含如下逻辑。

1）检查 contentLength 长度是否满足要求，即不能超过 Integer.MAX_VALUE-FRAME_
HEADER_LENGTH 的大小，其中 FRAME_HEADER_LENGTH 是 Netty 框架本身传递信息
需要的内存空间，大小为 9（4+4+1）。

2）为 NettyMessage 分配 ByteBuf 空间，如果 allocateForContent 为 False，则直接申请

messageHeaderLength 的空间，这种情况仅用于 ErrorResponse 数据传输。

3）判断 contentLength !=−1 条件是否成立，如果成立则申请 FRAME_HEADER_ LENGTH + messageHeaderLength + contentLength 长度的 ByteBuf 空间。

4）如果是其他情况，则分配默认长度的 ByteBuf 空间。

5）在申请的 Buffer 中写入 frame、magic_num 以及 subclass_id 等信息，这些信息一共占 9 字节空间，用于消息的反序列化操作。

6）将 Buffer 传输给 NettyMessage，继续将消息体写入 Buffer，和上面提到的 Partition-Request 实例一样，每个 NettyMessage 实现类都会将 partition_id、producer_id 等信息写入 buffer 对象，最终发送到网络中。

代码清单 7-73　NettyMessage.allocateBuffer() 方法定义

```
private static ByteBuf allocateBuffer(
        ByteBufAllocator allocator,
        byte id,
        int messageHeaderLength,
        int contentLength,
        boolean allocateForContent) {
    // 检查 contentLength 长度是否超过要求
    checkArgument(contentLength <= Integer.MAX_VALUE - FRAME_HEADER_LENGTH);

    final ByteBuf buffer;
    // 如果 allocateForContent 为 False，则直接申请 messageHeaderLength 的空间
    if (!allocateForContent) {
        buffer = allocator.directBuffer(FRAME_HEADER_LENGTH + messageHeaderLength);
     // 否则分配 messageHeaderLength 和 contentLength 长度的空间
    } else if (contentLength != -1) {
        buffer = allocator
            .directBuffer(FRAME_HEADER_LENGTH + messageHeaderLength + contentLength);
    } else {
        // 其他未知的情况，则直接分配默认长度的空间
        buffer = allocator.directBuffer();
    }
    // 在 buffer 中写入相关信息
    buffer.writeInt(FRAME_HEADER_LENGTH + messageHeaderLength + contentLength);
    buffer.writeInt(MAGIC_NUMBER);
    buffer.writeByte(id);
    return buffer;
}
```

和 PartitionRequest 消息不同的是，对 BufferResponse 消息来讲，会申请额外的 ByteBuf 空间存储 Buffer 数据，并将 HeaderBuf 和 Buffer 合并成 CompositeByteBuf 数据结构，其中利用了 CompositeByteBuf 的零复制能力，CompositeByteBuf 对多个 ByteBuf 操作不会出现复制操作，只会保存原来 ByteBuf 的引用。

在 Buffer 结构中提供了 asByteBuf() 方法，能够直接将 Flink 中的 Buffer 转换成 ByteBuf

数据结构，如代码清单 7-74 所示，在 BufferResponse.write() 方法中，通过 CompositeByteBuf 将 buffer 数据和 headerBuf 进行合并处理，然后将 CompositeByteBuf 对象发送到通道中。

代码清单 7-74　BufferResponse.write() 方法的部分实现

```
if (buffer instanceof Buffer) {
        // 为了能够向 Netty 中发送数据，需要先设定 allocator
        ((Buffer) buffer).setAllocator(allocator);
    }
    // 仅分配 headerBuf 空间
    headerBuf = allocateBuffer(allocator, ID, messageHeaderLength, buffer.
        readableBytes(), false);
    receiverId.writeTo(headerBuf);
    headerBuf.writeInt(sequenceNumber);
    headerBuf.writeInt(backlog);
    headerBuf.writeBoolean(isBuffer);
    headerBuf.writeBoolean(isCompressed);
    headerBuf.writeInt(buffer.readableBytes());
    // 创建 CompositeByteBuf 对象
    CompositeByteBuf composityBuf = allocator.compositeDirectBuffer();
    composityBuf.addComponent(headerBuf);
    composityBuf.addComponent(buffer);
    // 更新索引
    composityBuf.writerIndex(headerBuf.writerIndex() + buffer.writerIndex());
    return composityBuf;
    }
```

至此，就完成了从 NettyMessage 消息体到 Netty 中 ByteBuf 字节容器的转换，接下来 Netty 会通过 TCP 通道将 ByteBuf 数据发送到指定的 Socket 端口中，下游节点会接收到 ByteBuf 消息并进行后续处理。

（2）NettyMessageDecoder 实现将 ByteBuf 解析为 NettyMessage 对象

不管是 Netty 客户端还是 Netty 服务端，都需要将 Bytebuf 转换成 NettyMessage 才能继续处理。在 Flink 中将 Netty Bytebuf 数据转换成 NettyMessage 主要通过 NettyMessageDecoder 实现。

对于 NettyMessageDecoder，主要重写了 Netty 中 LengthFieldBasedFrameDecoder 的 decode() 方法，提供了将 ByteBuf 数据转换为 NettyMessage 的逻辑，如代码清单 7-75 所示，NettyMessageDecoder.decode() 方法主要包含如下逻辑。

1）调用 super.decode() 方法对接入的 ByteBuf 数据进行处理，并返回经过处理的 ByteBuf 消息。

2）从 ByteBuf 消息中获取 magicNumber，也叫作幻数，用于标记文件或者协议格式，在这里主要判断网络中上下游系统协议是否一致，如果不一致则抛出异常。

3）获取 msgId，也就是 NettyMessage 每个 SubClass 生成的 ID。在 NettyMessageEncoder 中会将 NettyMessage 实现类对应的 ID 写到 ByteBuf 中，在这里就会通过 msgId 确认消息的

具体类型。

4）根据 msgId 和 NettyMessage 的 SubClassId 进行对比，确定 NettyMessage 的类型，然后调用相应的 readFrom(msg) 方法将消息转换为 NettyMessage 实现类并赋值给 decodedMsg。

5）返回反序列化后的 decodedMsg，在 finally 模块中释放消息占用的空间。

代码清单 7-75　NettyMessageDecoder.decode() 方法定义

```
protected Object decode(ChannelHandlerContext ctx, ByteBuf in) throws Exception {
    // 调用 super.decode() 方法
    ByteBuf msg = (ByteBuf) super.decode(ctx, in);
    if (msg == null) {
        return null;
    }
    try {
        // 获取幻数
        int magicNumber = msg.readInt();
        // 如果幻数不等于MAGIC_NUMBER，则抛出异常
        if (magicNumber != MAGIC_NUMBER) {
            throw new IllegalStateException(
                "Network stream corrupted: received incorrect magic number.");
        }
        // 获取 msgId
        byte msgId = msg.readByte();
        final NettyMessage decodedMsg;
        switch (msgId) {
            case BufferResponse.ID:
                decodedMsg = BufferResponse.readFrom(msg);
                break;
            case PartitionRequest.ID:
                decodedMsg = PartitionRequest.readFrom(msg);
                break;
            // 省略部分代码
            default:
                throw new ProtocolException(
                    "Received unknown message from producer: " + msg);
        }
        return decodedMsg;
    } finally {
        msg.release();
    }
}
```

这里我们以 BufferResponse.readFrom() 方法为例，了解将 ByteBuf 反序列化成 Buffer-Response 对象的过程。

如代码清单 7-76 所示，在 BufferResponse.readFrom() 方法中可以看出，传入 buffer 数据后，会按二进制位置分别进行解析。例如在 BufferResponse 中主要会解析出 InputChannelID、sequenceNumber 以及 Backlog 等头部信息。然后通过 buffer.readSlice(size).retain() 方法整块读

取指定长度的 ByteBuf 数据，这里主要对应所传递的 Buffer 数据。最后将生成 BufferResponse 对象返回给 NettyMessageDecoder，就完成了对 BufferResponse 数据从 Netty ByteBuf 反序列化到 NettyMessage 的过程。下面会继续将 BufferResponse 数据发送给下一个 ChannelHandler 进行处理。

代码清单 7-76　BufferResponse.readFrom() 方法定义

```
static BufferResponse readFrom(ByteBuf buffer) {
    InputChannelID receiverId = InputChannelID.fromByteBuf(buffer);
    int sequenceNumber = buffer.readInt();
    int backlog = buffer.readInt();
    boolean isBuffer = buffer.readBoolean();
    boolean isCompressed = buffer.readBoolean();
    int size = buffer.readInt();
    ByteBuf retainedSlice = buffer.readSlice(size).retain();
    return new BufferResponse(retainedSlice, isBuffer, isCompressed,
        sequenceNumber, receiverId, backlog);
}
```

6. ServerChannelHandler 的核心实现

上游节点的 Netty 服务端中会接收下游客户端发送的处理请求，如 PartitionRequest、AddCredit 等。除了以上提到的 NettyMessageDecoder 和 NettyMessageEncoder 处理器，在 Netty 服务端的 ChannelPipeline 中还定义了 PartitionRequestServerHandler 和 PartitionRequest-Queue 两个核心处理器，用于处理反序列化后的信息。

（1）PartitionRequestServerHandler 的实现

我们先来看 PartitionRequestServerHandler 的具体实现，PartitionRequestServerHandler 实现了通道流入处理器（ChannelInboundHandler）的接口，通过复写 channelRead0() 方法实现对 PartitionRequest 和 TaskEvent 两种 NettyMessage 的处理逻辑，如代码清单 7-77 所示。

代码清单 7-77　PartitionRequestServerHandler.channelRead0() 方法定义

```
protected void channelRead0(ChannelHandlerContext ctx,
                            NettyMessage msg) throws Exception {
    try {
        Class<?> msgClazz = msg.getClass();
        // 如果接收到的是 PartitionRequest 消息
        if (msgClazz == PartitionRequest.class) {
            PartitionRequest request = (PartitionRequest) msg;
            LOG.debug("Read channel on {}: {}.", ctx.channel().localAddress(), request);
            try {
                // 创建 NetworkSequenceViewReader
                NetworkSequenceViewReader reader;
                reader = new CreditBasedSequenceNumberingViewReader(
                    request.receiverId,
                    request.credit,
```

```
            outboundQueue);
        // 注册 SubpartitionView
        reader.requestSubpartitionView(
            partitionProvider,
            request.partitionId,
            request.queueIndex);
        // 向 outboundQueue 通知 Reader 被创建
        outboundQueue.notifyReaderCreated(reader);
    } catch (PartitionNotFoundException notFound) {
        respondWithError(ctx, notFound, request.receiverId);
    }
}

// Task Event 处理
// TaskEventRequest 处理
else if (msgClazz == TaskEventRequest.class) {
    TaskEventRequest request = (TaskEventRequest) msg;
    if (!taskEventPublisher.publish(request.partitionId, request.event)) {
        respondWithError(
            ctx,
            new IllegalArgumentException("Task event receiver not found."),
            request.receiverId);
    }
// CancelPartitionRequest 处理
} else if (msgClazz == CancelPartitionRequest.class) {
    CancelPartitionRequest request = (CancelPartitionRequest) msg;
    outboundQueue.cancel(request.receiverId);
// CloseRequest 处理
} else if (msgClazz == CloseRequest.class) {
    outboundQueue.close();
// AddCredit 处理
} else if (msgClazz == AddCredit.class) {
    AddCredit request = (AddCredit) msg;
    outboundQueue.addCredit(request.receiverId, request.credit);
} else {
    LOG.warn("Received unexpected client request: {}", msg);
}
} catch (Throwable t) {
    respondWithError(ctx, t);
}
}
```

对于 PartitionRequest 类型的处理逻辑如下。

1）将 NettyMessage 转换为 PartitionRequest 类型。

2）创建 CreditBasedSequenceNumberingViewReader 组件，实现对 ResultSubPartition 中 Buffer 数据的读取操作，同时基于 Credit 的反压机制控制 ResultSubPartition 中数据消费的速率。

3）调用 NetworkSequenceViewReader.requestSubpartitionView() 方法，为 ResultSubpartition

创建 Buffer 数据消费视图，可以通过 ResultSubpartitionView 消费 ResultSubpartition 中 Buffer 队列的数据。

4）调用 outboundQueue.notifyReaderCreated(reader) 方法，向 outboundQueue 通知创建 reader 对象。这里的 outboundQueue 实际上就是 PartitionRequestQueue。在 PartitionRequest- Queue 中维护了 NetworkSequenceViewReader 队列，通过有效的 NetworkSequenceViewReader 可以消费 Buffer 数据。

对于 TaskEvent 类型的处理逻辑如下。

1）TaskEventRequest 消息直接调用 taskEventPublisher.publish() 方法将 TaskEvent 发送到节点中，用于迭代型的计算场景。

2）如果接收到的是 CancelPartitionRequest 消息，则调用 outboundQueue.cancel(request. receiverId) 方法进行处理。实际上就是从 NetworkSequenceViewReader 集合中删除创建的 NetworkSequenceViewReader 对象。

3）如果接收到的是 CloseRequest 消息，则调用 outboundQueue.close() 方法，释放创建的所有 reader。

4）如果接收到的是 AddCredit 消息，则调用 outboundQueue.addCredit(request.receiverId, request.credit) 方法，增加 NetworkSequenceViewReader 中的信用值，从而激活 Network- SequenceViewReader 消费 Buffer 数据。

（2）PartitionRequestQueue 的核心实现

PartitionRequestServerHandler 处理完成后的数据会传递给 PartitionRequestQueue 继续处理。在 PartitionRequestQueue 中会存储 CreditBasedSequenceNumberingViewReader。当 Credit- BasedSequenceNumberingViewReader 变为可用状态时，会通过 ResultSubPartitionView 读取 ResultSubPartition 中的 Buffer 数据并发送到 NettyMessageEncoder 处理器中进行编码处理，最后发送到 TCP 通道中。

如代码清单 7-78 所示，在 PartitionRequestServerHandler 中创建 NetworkSequenceView- Reader 对象后，调用 outboundQueue.notifyReaderCreated(reader) 方法将 NetworkSequence- ViewReader 对象添加到 PartitionRequestQueue 的 ConcurrentMap<InputChannelID, Network- SequenceViewReader> allReaders 集合中。

代码清单 7-78　PartitionRequestQueue.notifyReaderCreated 方法定义

```
public void notifyReaderCreated(final NetworkSequenceViewReader reader) {
    allReaders.put(reader.getReceiverId(), reader);
}
```

将 NetworkSequenceViewReader 注册到 allReaders 集合中后，添加的数据读取器还不能正常读取 ResultPartition 中的数据，需要在 PartitionRequestQueue 中激活读取器。

激活读取器的方式有两种，我们先介绍第一种：通过 UserEvent 激活。这是一种常规方法，也就是通过 ResultSubPartition 触发相关操作。向 ResultSubPartition 中添加新的 BufferConsumer 对象时，会同步调用 PipelinedSubpartitionView.notifyDataAvailable() 方法激活读取器读取 Buffer 数据。如代码清单 7-79 所示，最终会调用 PartitionRequestQueue.notifyReaderNonEmpty() 方法，通知当前的读取器可以读取 Buffer 数据了。在 Partition-RequestQueue 中会执行 ctx.pipeline().fireUserEventTriggered(reader) 代码块，将读取器以 UserEvent 的形式传入 ChannelPipeline，实现在 PartitionRequestQueue 中激活当前的 NetworkSequenceViewReader。

代码清单 7-79　PartitionRequestQueue.notifyReaderNonEmpty() 方法定义

```
void notifyReaderNonEmpty(final NetworkSequenceViewReader reader) {
    ctx.executor().execute(() -> ctx.pipeline().fireUserEventTriggered(reader));
}
```

接下来，ChannelInboundHandlerAdapter.fireUserEventTriggered() 方法会接收到写入的读取器对象，如代码清单 7-80 所示，fireUserEventTriggered() 方法主要包含如下逻辑。

1）如果 msg 是 NetworkSequenceViewReader 类型，则调用 enqueueAvailableReader() 方法激活当前的读取器。

2）如果 msg 是 InputChannelID 类型，则释放当前的 InputChannel 信息，从 available-reader 队列中删除 InputChannelID 对应的读取器，同时从 allReader 队列中删除对应的读取器。

3）如果不是 NetworkSequenceViewReader 和 InputChannelID 类型事件，则继续通过 ctx.fireUserEventTriggered(msg) 方法将 msg 下发到后续的 ChannelHandler 中处理。

代码清单 7-80　PartitionRequestQueue.userEventTriggered() 方法定义

```
public void userEventTriggered(ChannelHandlerContext ctx, Object msg) throws
    Exception {
    // 如果 msg 是 NetworkSequenceViewReader 类型，则调用 enqueueAvailableReader() 方法
      激活当前的读取器
    if (msg instanceof NetworkSequenceViewReader) {
        enqueueAvailableReader((NetworkSequenceViewReader) msg);
    // 如果 msg 是 InputChannelID 类型，则释放 InputChannel 信息
    } else if (msg.getClass() == InputChannelID.class) {
        InputChannelID toCancel = (InputChannelID) msg;
        // 从 available reader 队列中删除 InputChannelID 对应的读取器
        availableReaders.removeIf(reader -> reader.getReceiverId().equals(toCancel));
        // 从 allReader 队列中删除 Reader 并释放资源
        final NetworkSequenceViewReader toRelease = allReaders.remove(toCancel);
        if (toRelease != null) {
            releaseViewReader(toRelease);
        }
    } else {
        // 其他事件则不进行处理，继续下发
```

```
        ctx.fireUserEventTriggered(msg);
    }
}
```

第二种方法是基于信用值指标的变化对读取器进行激活。信用值是 Flink 在新版本中提出的反压机制，主要借助下游 InputChannel 发送信用值来判断下游算子的数据处理情况，保证数据消费和生产能够达到一个比较平衡的水平。可以将其理解为下游 InputChannel 向上游 ResultPartition 节点发送的信用值，信用值越高证明下游数据的消费能力越强。在 Credit-BasedSequenceNumberingViewReader 中基于 Credit 实现了读取器，在 CreditBasedSequence-NumberingViewReader 中存储了 numCreditsAvailable，用于维护下游 InputChannel 对应的 Credit 指标，并根据信用值判断是否向 InputChannel 发送数据，具体的反压实现我们将在 7.3 节进行讲解。

如代码清单 7-81 所示，当 PartitionRequestServerHandler 接收到下游发送的 AddCredit 请求后，会调用 outboundQueue.addCredit() 方法进行处理。方法中首先从 allReaders 集合获取 InputChannelID 对应的 NetworkSequenceViewReader 对象。然后调用 reader.addCredit(credit) 方法，向读取器中增加信用值，并调用 enqueueAvailableReader(reader) 方法将当前的读取器添加到 AvailableReader 队列中。AvailableReader 保存了所有可用的读取器对象集合，NetworkSequenceViewReader 在 AvailableReader 中说明该读取器具有有效的信用值，同时 ResultSubPartition 中的数据不为空。

代码清单 7-81　PartitionRequestQueue.addCredit() 方法定义

```
void addCredit(InputChannelID receiverId, int credit) throws Exception {
    if (fatalError) {
        return;
    }
    NetworkSequenceViewReader reader = allReaders.get(receiverId);
    if (reader != null) {
        reader.addCredit(credit);
        enqueueAvailableReader(reader);
    } else {
        throw new IllegalStateException(
            "No reader for receiverId = " + receiverId + " exists.");
    }
}
```

（3）将 PartitionRequestQueue 数据输出到 InputChannel 中

当 NetworkSequenceViewReader 写入 AvailableReader 集合后，就会通过 ResultSub-PartitionView 读取 ResultSubPartition 中的 Buffer 数据，并向下游的 InputChannel 发送 Buffer 数据。这个过程主要是在 PartitionRequestQueue.writeAndFlushNextMessageIfPossible() 方法中实现。

如代码清单 7-82 所示，PartitionRequestQueue.writeAndFlushNextMessageIfPossible() 方法主要包含如下逻辑。

1）通过 White(true) 循环不断从 AvailableReader 队列中取出可用的读取器读取 Buffer 数据。

2）NetworkSequenceViewReader 会通过 ResultSubPartitonView 从 ResultSubPartiton 中读取 Buffer 队列的数据，接着赋值给 next 对象。

3）此时如果 next 数据为空，则调用 reader.getFailureCause() 方法获取具体原因，并将 ErrorResponse 发送到 ChannelPipeline 中，继续进行处理。

4）如果 next.moreAvailable() 为 true，说明 ResultSubPartition 中还有 Buffer 数据，则将当前 NetworkSequenceViewReader 添加到 AvailableReader 队列中继续读取 Buffer 数据。

5）将读取出来的 Buffer 数据构建成 BufferResponse 对象，并携带 Backlog 等信息，最后调用 channel.writeAndFlush(msg) 方法推送到相应的 TCP 通道中。

代码清单 7-82　PartitionRequestQueue.writeAndFlushNextMessageIfPossible() 方法定义

```
private void writeAndFlushNextMessageIfPossible(final Channel channel)
    throws IOException {
    if (fatalError || !channel.isWritable()) {
        return;
    }
    BufferAndAvailability next = null;
    try {
        while (true) {
            // 获取 AvailableReader
            NetworkSequenceViewReader reader = pollAvailableReader();
            if (reader == null) {
                return;
            }
            next = reader.getNextBuffer();
            // 如果数据为空，则查看具体原因，并发送到 ctx 中
            if (next == null) {
                if (!reader.isReleased()) {
                    continue;
                }
                Throwable cause = reader.getFailureCause();
                if (cause != null) {
                    ErrorResponse msg = new ErrorResponse(
                        new ProducerFailedException(cause),
                        reader.getReceiverId());
                    ctx.writeAndFlush(msg);
                }
            } else {
                // 如果 next 提示还有很多数据处理，则继续将读取器添加到 AvailableReader 队列中
                if (next.moreAvailable()) {
                    registerAvailableReader(reader);
                }
```

```
                    // 构建 BufferResponse 数据，封装 Buffer 数据
                    BufferResponse msg = new BufferResponse(
                        next.buffer(),
                        reader.getSequenceNumber(),
                        reader.getReceiverId(),
                        next.buffersInBacklog());
                    // 将数据输出到指定的 TCP 通道中
                    channel.writeAndFlush(msg).addListener(writeListener);
                    return;
                }
            }
        }
    }
```

7. ClientChannelHandler 的核心实现

和 ServerChannelHandler 一样，下游的 Netty 客户端实现了 ClientChannelHandler，用于处理 Netty 服务端发送的 NettyMessage 数据。前面我们已经知道，NettyProtocol 中创建 Netty 客户端使用的 ChannelHandler，主要包括 NettyMessageEncoder、NettyMessageDecoder 以及 CreditBasedPartitionRequestClientHandler。NettyMessageEncoder 和 NettyMessageDecoder 我们已经介绍过了，这里我们重点看下 CreditBasedPartitionRequestClientHandler 的具体实现。

当有数据写入 Netty 客户端时，会调用 CreditBasedPartitionRequestClientHandler.channelRead() 方法对 NettyMessage 数据进行处理。channelRead() 方法实现主要通过调用 decodeMsg() 方法完成。如代码清单 7-83 所示，CreditBasedPartitionRequestClientHandler.decodeMsg() 方法主要包含以下逻辑。

1）如果接入的数据为 NettyMessage.BufferResponse 类型，则将 msg 转换成 NettyMessage.BufferResponse 数据，并通过数据中的 receiverId 获取 RemoteInputChannel，这里的 receiverId 实际上就是 InputChannelId。

2）如果 inputChannel 为空，则释放 bufferOrEvent，然后调用 cancelRequestFor() 方法向上游发送 CancelPartitionRequest。

3）如果 inputChannel 不为空，则调用 decodeBufferOrEvent() 方法对 BufferOrEvent 进行解析和处理。

4）如果上游传输的数据为 NettyMessage.ErrorResponse 消息，则将数据转换为 NettyMessage.ErrorResponse 类型，然后判断错误是否为 FatalError，如果是则调用 notifyAllChannelsOfErrorAndClose() 方法关闭所有的 InputChannel。

5）如果不是 FatalError，且错误为 PartitionNotFoundException，则调用 inputChannel.onFailedPartitionRequest() 方法进行处理。其他情况则抛出异常，然后调用 inputChannel.onError() 方法将错误传递给 InputChannel 进行处理。

代码清单 7-83　CreditBasedPartitionRequestClientHandler.decodeMsg() 方法定义

```
private void decodeMsg(Object msg) throws Throwable {
    final Class<?> msgClazz = msg.getClass();
// Buffer 类型数据
    if (msgClazz == NettyMessage.BufferResponse.class) {
        NettyMessage.BufferResponse bufferOrEvent = (NettyMessage.
            BufferResponse) msg;
        RemoteInputChannel inputChannel = inputChannels.get(bufferOrEvent.
            receiverId);
        if (inputChannel == null) {
            bufferOrEvent.releaseBuffer();
            cancelRequestFor(bufferOrEvent.receiverId);
            return;
        }
// 解析 BufferOrEvent 数据
        decodeBufferOrEvent(inputChannel, bufferOrEvent);
    } else if (msgClazz == NettyMessage.ErrorResponse.class) {
        // ---- Error -------------------------------------------------
        NettyMessage.ErrorResponse error = (NettyMessage.ErrorResponse) msg;
        SocketAddress remoteAddr = ctx.channel().remoteAddress();
        if (error.isFatalError()) {
            notifyAllChannelsOfErrorAndClose(new RemoteTransportException(
                "Fatal error at remote task manager '" + remoteAddr + "'.",
                remoteAddr,
                error.cause));
        } else {
            RemoteInputChannel inputChannel = inputChannels.get(error.receiverId);
            if (inputChannel != null) {
                if (error.cause.getClass() == PartitionNotFoundException.class) {
                    inputChannel.onFailedPartitionRequest();
                } else {
                    inputChannel.onError(new RemoteTransportException(
                        "Error at remote task manager '" + remoteAddr + "'.",
                        remoteAddr,
                        error.cause));
                }
            }
        }
    } else {
        throw new IllegalStateException("Received unknown message from producer: " +
                                        msg.getClass());
    }
}
```

对于正常的 BufferResponse 数据，都会调用 decodeBufferOrEvent() 方法进行解析，如代码清单 7-84 所示，decodeBufferOrEvent() 方法首先会从 NettyMessage.BufferResponse buffer-OrEvent 中获取 ByteBuf nettyBuffer，然后判断 nettyBuffer 是 Buffer 类型还是 Event 类型，最后根据不同的数据类型执行不同的处理逻辑。

（1）Buffer 类型数据处理

1）通过 receivedSize 判断接入的 Buffer 数据是否为空，如果为空则调用 inputChannel. onEmptyBuffer() 方法进行处理。

2）如果接入的 Buffer 数据不为空，则通过 InputChannel 申请 Buffer 内存空间。

3）调用 nettyBuffer.readBytes(buffer.asByteBuf(), receivedSize) 方法，将接入的 ByteBuf-nettyBuffer 数据写入申请的 Buffer 内存空间中。

4）将 bufferOrEvent 中是否压缩对应的配置设定到申请的 Buffer 数据中。

5）调用 inputChannel.onBuffer() 方法继续通过 InputChannel 处理 Buffer 数据，同时会携带 sequenceNumber 和 Backlog 等指标。

（2）Event 类型数据处理

1）根据 receivedSize 临时创建 byte[] 数组空间，可以看出对于 Event 数据直接使用了堆内存空间。

2）将 ByteBuf nettyBuffer 数据写入 byte[] byteArray 数组中。

3）调用 MemorySegmentFactory.wrap(byteArray) 方法，将 byte[] 转换为 MemorySegment。

4）通过 MemorySegment 对象调用 new NetworkBuffer() 构造器方法创建 NetworkBuffer 对象。

5）调用 inputChannel.onBuffer() 方法将 Buffer 交给 InputChannel 继续处理。

代码清单 7-84　CreditBasedPartitionRequestClientHandler.decodeBufferOrEvent() 方法定义

```
private void decodeBufferOrEvent(RemoteInputChannel inputChannel,
                                NettyMessage.BufferResponse bufferOrEvent)
    throws Throwable {
    try {
        // 从 bufferOrEvent 中获取 nettyBuffer
        ByteBuf nettyBuffer = bufferOrEvent.getNettyBuffer();
        // 数据大小
        final int receivedSize = nettyBuffer.readableBytes();
        if (bufferOrEvent.isBuffer()) {
            // ---- Buffer -----------------------------------------
            if (receivedSize == 0) {
                inputChannel.onEmptyBuffer(bufferOrEvent.sequenceNumber,
                                        bufferOrEvent.backlog);
                return;
            }
            // 从 InputChannel 中申请 Buffer
            Buffer buffer = inputChannel.requestBuffer();
            if (buffer != null) {
                // 调用 nettyBuffer.readBytes()
                nettyBuffer.readBytes(buffer.asByteBuf(), receivedSize);
                buffer.setCompressed(bufferOrEvent.isCompressed);
                // 调用 inputChannel.onBuffer() 方法处理接入的数据
                inputChannel.onBuffer(buffer, bufferOrEvent.sequenceNumber,
                                    bufferOrEvent.backlog);
```

```
          } else if (inputChannel.isReleased()) {
             cancelRequestFor(bufferOrEvent.receiverId);
          } else {
             throw new IllegalStateException("No buffer available in credit-
                based input channel.");
          }
       } else {
          // Event 类型 -------------------------------------------------
          // 根据 receivedSize 创建字节数组
          byte[] byteArray = new byte[receivedSize];
          // 将 nettyBuffer 数据写入到 byteArray 中
          nettyBuffer.readBytes(byteArray);
          // 创建 MemorySegment
          MemorySegment memSeg = MemorySegmentFactory.wrap(byteArray);
          // 创建 NetworkBuffer
          Buffer buffer = new NetworkBuffer(memSeg, FreeingBufferRecycler.INSTANCE,
                                      false, receivedSize);
          // 调用 inputChannel.onBuffer() 方法进行处理
          inputChannel.onBuffer(buffer, bufferOrEvent.sequenceNumber,
                          bufferOrEvent.backlog);
       }
    } finally {
       bufferOrEvent.releaseBuffer();
    }
 }
```

从以上处理过程中可以看出，不管是 Buffer 还是 Event 消息，最终都会转换为 Network-Buffer 数据格式，交给 RemoteInputChannel 进行处理或存储。

接下来我们继续看 RemoteInputChannel 如何处理接入的 Buffer 数据。如代码清单 7-85 所示，在 RemoteInputChannel.onBuffer() 方法中实际上是将 Buffer 数据存储至 ArrayDeque-receivedBuffers = new ArrayDeque<>() 中，其中 receivedBuffers 定义在每个 RemoteInputChannel 的 Buffer 队列中。

RemoteInputChannel.onBuffer() 方法主要逻辑如下。

1）对 receivedBuffers 进行加锁处理，通过 isReleased.get() 判断 receivedBuffers 是否已经被释放，如果结果为 True，则不处理数据。

2）对比 sequenceNumber 和 expectedSequenceNumber 的序列号，判断 Buffer 数据的顺序是否正常。在 Buffer 数据中包含了 sequenceNumber，而在 RemoteInputChannel 本地维系 expectedSequenceNumber，只有两边的序列号相同才能证明 Buffer 数据的顺序是正常的且可以进行处理。

3）将 Buffer 数据添加到 receivedBuffers 队列中，并累加 expectedSequenceNumber 序列号。

4）如果 receivedBuffers 在添加 Buffer 之前是空的，需要调用 notifyChannelNonEmpty() 方法通知 InputGate 当前的 InputChannel 已经写入了数据，在 InputGate 中会将 InputChannel

写入 inputChannelsWithData 集合。

5）判断 Backlog 是否大于 0，如果是则说明上游 ResultSubPartition 还有更多 Buffer 数据需要消费，此时调用 onSenderBacklog(backlog) 方法处理 Backlog 信息。

6）判断 recycleBuffer 是否为 True，对 Buffer 内存空间进行回收。当 receivedBuffer 队列中正常添加 Buffer 数据时，recycleBuffer 为 False，也就是不会在 RemoteInputChannel 中回收 Buffer 内存空间，Buffer 的内存释放由 BufferOwner 接口实现类控制。

代码清单 7-85　RemoteInputChannel.onBuffer() 方法定义

```java
public void onBuffer(Buffer buffer, int sequenceNumber,
                     int backlog) throws IOException {
    boolean recycleBuffer = true;
    try {
        final boolean wasEmpty;
        // receivedBuffers 加锁处理
        synchronized (receivedBuffers) {
            if (isReleased.get()) {
                return;
            }
            // 序列号对比
            if (expectedSequenceNumber != sequenceNumber) {
                onError(new BufferReorderingException(expectedSequenceNumber,
                                                      sequenceNumber));
                return;
            }
            // 将 Buffer 数据添加到 receivedBuffer 中
            wasEmpty = receivedBuffers.isEmpty();
            receivedBuffers.add(buffer);
            recycleBuffer = false;
        }
        // 累加序列号
        ++expectedSequenceNumber;
        // 通知 ChannelNonEmpty
        if (wasEmpty) {
            notifyChannelNonEmpty();
        }
        // 处理 Backlog 逻辑
        if (backlog >= 0) {
            onSenderBacklog(backlog);
        }
    } finally {
        if (recycleBuffer) {
            // 回收 Buffer 空间
            buffer.recycleBuffer();
        }
    }
}
```

至此，InputGate 可以从 InputChannel 中消费和读取 Buffer 数据了。可以看出，Remote-InputChannel 将上游节点发送的 Buffer 数据事先存储在本地缓冲队列中，InputGate 会从队列中拉取 Buffer 数据并进行处理。最终 Buffer 类型数据会在 StreamNetworkInput 中被反序列化成 StreamRecord 数据元素并提交到 OperatorChain 中进行处理。

7.2.7　NetworkBuffer 资源管理

通过前面的介绍我们已经了解到，Flink 物理传输层以 Buffer 数据结构作为字节容器，进行数据的跨节点网络传输和处理。对于 Buffer 来讲，功能和 Netty 中的 ByteBuf 是一样的，即具有引用计数并实现池化 MemorySegment 实例的包装类。在 Flink 中处理的数据最终都能通过二进制的格式在各个系统之间进行传输，这也是 Flink 脱离 JVM 进行内存管理，实现高效内存利用的体现之一。本节将重点介绍网络栈中用于传输的 NetworkBuffer 数据结构。

1. NetworkBuffer 的设计与实现

如图 7-28 所示，NetworkBuffer 底层使用的内存空间基于 MemorySegment 结构定义，通过 NetworkBuffer 对 MemorySegment 进行包装，使得 MemorySegment 内存块可以被池化。同时在 NetworkBuffer 中提供了非常丰富的 Buffer 数据操作方法，可以灵活实现对二进制数据的高效访问。在 NetworkBuffer 中会维护两个不同的索引，readerIndex 用于数据读取，writerIndex 用于数据写入。当从 Buffer 中读取数据时，readerIndex 会递增到已经读取的字节数，当写入 byte 数据时，writerIndex 也会递增。

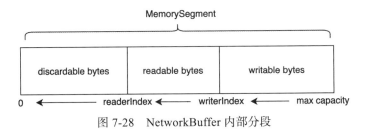

图 7-28　NetworkBuffer 内部分段

如图 7-29 所示，Buffer 接口分别被 NetworkBuffer 和 ReadOnlySlicedNetworkBuffer 类继承和实现，其中 NetworkBuffer 又继承了 Netty 库中的 AbstractReferenceCountedByteBuf 抽象类，实现了 Netty 中 ByteBuf 的方法，因此 NetworkBuffer 实际上也可以像 ByteBuf 一样用于 Netty 框架之中。

NetworkBuffer 包含 MemorySegment、ByteBufAllocator 以及 BufferRecycler 三个成员变量，其中 MemorySegment 是 NetworkBuffer 底层使用的内存块，BufferRecycler 主要负责对当前 Buffer 进行内存空间的回收，常见的实现类有 RemoteInputChannel、LocalBufferPool 等，ByteBufAllocator 是 Netty 用于分配内存的组件，如果想将 NetworkBuffer 应用在 Netty 框架中，就需要调用 NetworkBuffer.setAllocator(ByteBufAllocator allocator) 方法为当前

的 NetworkBuffer 设定 ByteBufAllocator。BufferResponse 会通过 Netty 的 ByteBufAllocator 为 HeaderBuf 分配内存空间，然后创建 CompositeByteBuf（复合缓冲区）将 Buffer 数据和 HeaderBuf 合并在同一个虚拟聚合视图中，从而实现对 Buffer 数据的零拷贝，提升系统性能。

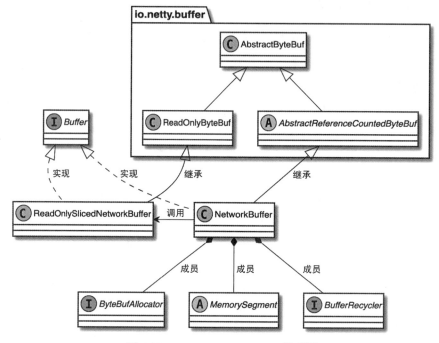

图 7-29　NetworkBuffer UML 关系图

2. NetworkBufferPool 与 LocalBufferPool

如图 7-30 所示，Flink 中的 BufferPool 根据使用范围主要分为两种类型：一种为 NetworkBufferPool，和整个 TaskManager 绑定，用于提供 TaskManager 需要的 Buffer 资源；另一种为 LocalBufferPool，在 ResultPartiton 或 InputGate 中使用。

在 TaskManager 节点启动时，会在创建和初始化 ShuffleEnvironment 的过程中创建 NetworkBufferPool 组件，同时会在 NetworkBufferPool 中生成一定数量的内存块 Memory-Segment。内存块的总数量取决于 networkMemorySize/pageSize 计算结果，默认 network-MemorySize 为 64MB，pageSize 为 32KB，可用内存块的数量默认为 2048，代表专门用于网络传输中的内存块总数。ShuffleEnvironment 和 NetworkBufferPool 在 Task 实例之间进行共享，且每个 Task 实例中的 ResultPartiton 和 InputGate 中所需的 Buffer 内存空间都是从 NetworkBufferPool 中申请的。

当创建 Task 线程时，默认通过 ShuffleEnvironment 创建 InputGate 和 ResultPartition，之后 ShuffleEnvironment 会分别为 Task 中的 InputGate（IG）和 ResultPartition（RP）组件创建一个 LocalBufferPool（本地缓冲池），同时设置可申请的 MemorySegment（内存块）数

量。其中 InputGate 对应的缓冲池初始内存块数量与 InputGate 中的 InputChannel 数量一致，ResultPartition 对应的缓冲池初始内存块数量与 ResultPartition 中的 ResultSubpartition 数量一致。

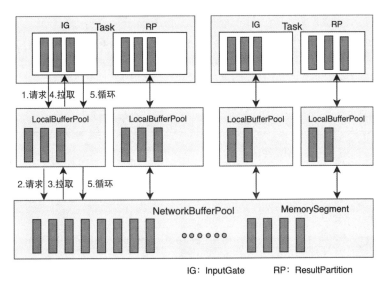

图 7-30　NetworkBufferPool 与 LocalBufferPool 关系图

在 Task 线程执行过程中，Netty 服务接收到数据时，为了将 Netty 中的 ByteBuf 数据复制到 Task 中，InputChannel 会向内部的缓冲池申请 MemorySegment 内存块。如果缓冲池中没有可用的内存块且已申请的数量还没到缓冲池（LocalBufferPool）上限，则会向 NetworkBufferPool 继续申请 MemorySegment 内存块并交给 InputChannel，将数据写入内存块。如果本地缓冲池已申请的数量达到上限，并且 NetworkBufferPool 中也没有可用内存块，此时下游 Task 会向上游 Task 发送值为 0 的信用值，上游的 Task 接收到信用值后，会停止从 ResultSubPartition 中消费数据，等待下游新的信用值。

通过 Buffer 消费完内存块中的数据之后（如 InputChannel 中 Buffer 的字节数据被反序列化成数据对象，或 ResultSubPartition 中的 Buffer 数据被完全写入 TCP 通道），调用 Buffer.recycle() 方法，将内存块还给 LocalBufferPool。此时如果 LocalBufferPool 中申请的内存块数量超过了缓冲池容量，则 LocalBufferPool 将该内存块回收给 NetworkBufferPool，如果没超过缓冲池容量，则内存块会继续留在缓冲池中，从而减少反复申请 NetworkBuffer 的开销。

3. NetworkBufferPool 详解

（1）通过 NettyShuffleServiceFactory 创建 NetworkBufferPool

在创建 ShuffleEnvironment 的时候会同步创建 NetworkBufferPool。对于 NetworkBufferPool 中 MemorySegments 总的资源数量是用户在配置中设定的，例如 NetworkBuffers 申请总数

据量、单个 NetworkBuffer 对应的 BufferSize 等。如代码清单 7-86 所示，在 NettyShuffle-ServiceFactory.createNettyShuffleEnvironment() 方法中创建 NetworkBufferPool，并指定相应的 Buffer 参数。创建的 NetworkBufferPool 实例会传递给 ResultPartitionFactory 和 Single-InputGateFactory 中，用于创建 ResultPartition 和 SingleInputGat 中的 LocalBufferPool。

代码清单 7-86　NettyShuffleServiceFactory.createNettyShuffleEnvironment() 方法部分实现

```
NetworkBufferPool networkBufferPool = new NetworkBufferPool(
        config.numNetworkBuffers(),
        config.networkBufferSize(),
        config.networkBuffersPerChannel(),
        config.getRequestSegmentsTimeout());
```

（2）创建和销毁 LocalBufferPool

NetworkBufferPool 通过实现 BufferPoolFactory 接口提供了创建和销毁 LocalBufferPool 的能力，ResultPartiton 或 InpugGate 都需要通过 NetworkBufferPool 统一创建和销毁自己的 LocalBufferPool。

如代码清单 7-87 所示，在 NetworkBufferPool.internalCreateBufferPool() 方法中定义了创建 LocalBufferPool 的具体过程。

1）在创建 LocalBufferPool 之前需要判断 LocalBufferPool 申请的 Buffer 数量（num-RequiredBuffers）是否符合要求，也就是说在 NetworkBufferPool 中已经占用的 Buffer 数量（numTotalRequiredBuffers）和即将申请的 Buffer 数量（numRequiredBuffers）加起来不能大于 NetworkBufferPool 整体的 Buffer 数量（totalNumberOfMemorySegments），如果大于则抛出异常。

2）将申请的 Buffer 数量添加到 numTotalRequiredBuffers 中，然后创建 LocalBufferPool，再将创建好的 LocalBufferPool 添加到 allBufferPools 集合中。

3）调用 redistributeBuffers() 方法对 Buffer 进行重新分配，当创建或销毁缓冲池时，NetworkBufferPool 会计算剩余空闲的内存块数量，并平均分配给已创建的缓冲池。注意，这个过程只是指定了缓冲池能使用的内存块数量，并没有真正分配内存块，只有当需要时才会分配。

4）如果在 Buffer 重分配过程中出现异常，则调用 destroyBufferPool() 方法销毁创建的 LocalBufferPool，如果创建正常则返回给 ResultPartition 和 InputGate 使用。

代码清单 7-87　NetworkBufferPool.internalCreateBufferPool() 方法定义

```
private BufferPool internalCreateBufferPool(
        int numRequiredBuffers,
        int maxUsedBuffers,
        @Nullable BufferPoolOwner bufferPoolOwner) throws IOException {
    synchronized (factoryLock) {
        if (isDestroyed) {
            throw new IllegalStateException(
```

```
            "Network buffer pool has already been destroyed.");
    }
    // 判断申请 Buffer 数量是否符合要求
    if (numTotalRequiredBuffers + numRequiredBuffers >
        totalNumberOfMemorySegments) {
        throw new IOException(
            String.format("Insufficient number of network buffers: " +
                    "required %d, but only %d available. %s.",
                numRequiredBuffers,
                totalNumberOfMemorySegments - numTotalRequiredBuffers,
                getConfigDescription())));
    }
    // 将申请的 Buffer 数量添加到 numTotalRequiredBuffers 中
    this.numTotalRequiredBuffers += numRequiredBuffers;
    // 创建 LocalBufferPool
    LocalBufferPool localBufferPool =
        new LocalBufferPool(this, numRequiredBuffers,
                            maxUsedBuffers, bufferPoolOwner);
    // 添加到 allBufferPools 中
    allBufferPools.add(localBufferPool);
    try {
        // 重新分配 Buffer 资源
        redistributeBuffers();
    } catch (IOException e) {
        try {
            // 出现异常则销毁 LocalBufferPool
            destroyBufferPool(localBufferPool);
        } catch (IOException inner) {
            e.addSuppressed(inner);
        }
        ExceptionUtils.rethrowIOException(e);
    }
    return localBufferPool;
    }
}
```

对于 destroyBufferPool() 方法来讲，主要是从 allBufferPools 集合中移除 localBufferPool，并再次调用 redistributeBuffers() 方法对 Buffer 空间进行重分配。

（3）申请和回收 MemorySegment 资源

LocalBufferPool 创建完毕后，并没有直接获得 MemorySegment 内存空间，而是在使用过程中才会从 NetworkBufferPool 中获取。如代码清单 7-88 所示，NetworkBufferPool 提供了获取 MemorySegment 的方法，从 NetworkBufferPool.internalRequestMemorySegment() 方法定义中可以看出，实际上是从 availableMemorySegments 集合中拉取 MemorySegment。

代码清单 7-88　NetworkBufferPool.internalRequestMemorySegment() 方法定义

```
private MemorySegment internalRequestMemorySegment() {
    assert Thread.holdsLock(availableMemorySegments);
```

```
final MemorySegment segment = availableMemorySegments.poll();
if (availableMemorySegments.isEmpty() && segment != null) {
    availabilityHelper.resetUnavailable();
}
return segment;
}
```

如代码清单 7-89 所示，创建 NetworkBufferPool 时，就已经在构造器中将 Memory-Segment 填充到 availableMemorySegments 集合中了。availableMemorySegments 中的 Memory-Segment 主要通过调用 MemorySegmentFactory 进行创建和获取，对于 MemorySegment-Factory 我们会在第 8 章重点介绍。

代码清单 7-89　NetworkBufferPool 构造器部分代码逻辑

```
this.availableMemorySegments = new ArrayDeque<>(numberOfSegmentsToAllocate);
for (int i = 0; i < numberOfSegmentsToAllocate; i++) {
    availableMemorySegments
        .add(MemorySegmentFactory.allocateUnpooledOffHeapMemory(segmentSize, null));
}
```

当 LocalBufferPool 中不再使用 MemorySegment，就会调用 NetworkBufferPool.recycle() 方法对 MemorySegment 进行回收处理。

如代码清单 7-90 所示，在 NetworkBufferPool 中最终会调用 NetworkBufferPool.internal-RecycleMemorySegments() 方法回收 MemorySegment，将传输的 MemorySegment 集合重新添加到 availableMemorySegments 中，这样就能够继续提供给其他的 LocalBufferPool 使用了。

代码清单 7-90　NetworkBufferPool.internalRecycleMemorySegments() 方法定义

```
private void internalRecycleMemorySegments(Collection<MemorySegment> segments) {
    CompletableFuture<?> toNotify = null;
    synchronized (availableMemorySegments) {
        if (availableMemorySegments.isEmpty() && !segments.isEmpty()) {
            toNotify = availabilityHelper.getUnavailableToResetAvailable();
        }
        availableMemorySegments.addAll(segments);
        availableMemorySegments.notifyAll();
    }
    if (toNotify != null) {
        toNotify.complete(null);
    }
}
```

4. LocalBufferPool 详解

如图 7-31 所示，LocalBufferPool 实现了 BufferPool 接口，同时 BufferPool 又继承了 BufferProvider 和 BufferRecycler 接口。BufferProvider 接口主要提供了申请 Buffer 的方法，

BufferRecycler 接口则提供了回收 MemorySegment 的方法。LocalBufferPool 将 Network-BufferPool 作为成员变量，可以直接申请和回收 MemorySegment。

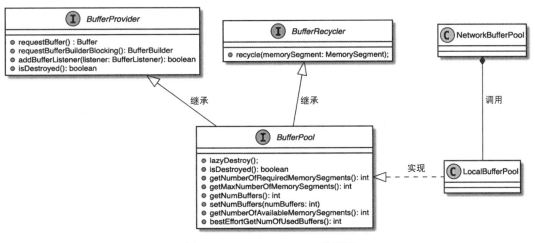

图 7-31　LocalBufferPool 关系图

接下来我们通过申请 Buffer 空间和回收 Buffer 空间两个过程，了解 LocalBufferPool 中的主要功能。

（1）通过 LocalBufferPool 申请 Buffer 内存空间

在 RemoteInputChannel 中调用 inputGate.getBufferPool().requestBuffer() 方法，通过 inputGate 获取 LocalBufferPool，然后调用 LocalBufferPool 的 requestBuffer() 方法申请 Buffer 内存空间。在 ResultPartition 中主要是调用 bufferPool.requestBufferBuilderBlocking() 方法，通过 LocalBufferPool 申请 Buffer 空间。不管是 InputGate 还是 ResultPartition，最终都会使用 LocalBufferPool.requestMemorySegment() 方法申请 Buffer 需要的 MemorySegment 内存块，如代码清单 7-91 所示。

1）调用 ExcessMemorySegments 释放额外申请的 MemorySegment 资源，遍历 available-MemorySegments 中的 MemorySegment，通过 MemorySegment 是否为空判定 MemorySegment 是否已经不再使用，直到申请的 MemorySegments 数量小于 LocalBufferPool 的容量。

2）如果 LocalBufferPool 中的 availableMemorySegments 队列为空，LocalBufferPool 直接调用 requestMemorySegmentFromGlobal() 方法，向 NetworkBufferPool 申请更多 Memory-Segment 资源。

3）如果申请到的内存块为空，则继续到 availableMemorySegments 集合中执行拉取操作。如果还是没有获取 MemorySegment，则调用 availabilityHelper.resetUnavailable() 方法，将当前的 LocalBufferPool 置为不可用。

4）如果成功申请到 MemorySegment，则返回内存块，对于 InputChannel 来讲，会基于申请到的 MemorySegment 创建 Buffer，而 ResultPartition 则利用 MemorySegment 内存块创

建 BufferBuilder 对象。

代码清单 7-91　LocalBufferPool.requestMemorySegment() 方法定义

```
private MemorySegment requestMemorySegment() throws IOException {
    MemorySegment segment = null;
    synchronized (availableMemorySegments) {
        // 返回 Excess MemorySegments
        returnExcessMemorySegments();
        // 如果 availableMemorySegments 为空，直接到 NetworkBufferPool 中申请内存块
        if (availableMemorySegments.isEmpty()) {
            segment = requestMemorySegmentFromGlobal();
        }
        // 内存块已经被释放的情况
        if (segment == null) {
            segment = availableMemorySegments.poll();
        }
        if (segment == null) {
            availabilityHelper.resetUnavailable();
        }
    }
    return segment;
}
```

我们继续看 LocalBufferPool.requestMemorySegmentFromGlobal() 方法的定义，如代码清单 7-92 所示。

1）通过 numberOfRequestedMemorySegments < currentPoolSize 条件判断需要申请的 MemorySegment 数量是否小于当前 LocalBufferPool 的容量，如果超过则不予申请。

2）如果申请的 MemorySegment 在 LocalBufferPool 容量范围内，则 LocalBufferPool 会调用 networkBufferPool.requestMemorySegment() 方法向 NetworkBufferPool 申请 MemorySegment 资源。申请完毕后对 numberOfRequestedMemorySegments 进行累加操作，NetworkBufferPool 会将申请到的 MemorySegment 返回给 LocalBufferPool。

3）如果申请到的 MemorySegment 数量超过了 LocalBufferPool 容量范围，同时 bufferPoolOwner 不为空，则调用 bufferPoolOwner.releaseMemory() 方法释放内部持有的 MemerySegment 内存空间，如果释放成功，就会将 MemerySegment 放到 LocalBufferPool 中使用。

代码清单 7-92　LocalBufferPool.requestMemorySegmentFromGlobal() 方法定义

```
private MemorySegment requestMemorySegmentFromGlobal() throws IOException {
    assert Thread.holdsLock(availableMemorySegments);
    if (isDestroyed) {
        throw new IllegalStateException("Buffer pool is destroyed.");
    }
    if (numberOfRequestedMemorySegments < currentPoolSize) {
        final MemorySegment segment = networkBufferPool.requestMemorySegment();
```

```
        if (segment != null) {
            numberOfRequestedMemorySegments++;
            return segment;
        }
    }
    if (bufferPoolOwner != null) {
        bufferPoolOwner.releaseMemory(1);
    }
    return null;
}
```

（2）通过 LocalBufferPool 回收 MemorySegment 内存空间

当 NetworkBuffer 使用完毕，就会释放 NetworkBuffer 占用的内存块，在 LocalBuffer-Pool 中提供了 LocalBufferPool.recycle() 方法，供 NetworkBuffer 调用，用于回收相应 Buffer 对应的 MemorySegment，如代码清单 7-93 所示。

1）开启循环，结束条件是 NotificationResult 状态为 BUFFER_USED。

2）对 availableMemorySegments 进行加锁处理，判断 LocalBufferPool 是否被销毁以及申请到的 MemorySegments 数量是否大于 LocalBufferPool 的容量，如果满足其中任何一个条件，则直接调用 returnMemorySegment(segment) 方法回收 MemorySegment，也就是返回给 NetworkBufferPool。

3）否则从注册的 registeredListeners 中获取 BufferListener，这里的 BufferListener 实现类主要有 RemoteInputChannel，用于监听 Buffer 的使用状况。

4）如果 listener 为空，表明没有 BufferListener 监听 Buffer 的使用情况，则直接将内存块添加到 availableMemorySegments 集合中。

5）如果 availableMemorySegments.isEmpty() 为 True，表明此时 LocalBufferPool 处于不可用状态，因为没有可用的 MemorySegments 空间存储数据，所以添加新的内存块后，会调用 availabilityHelper.getUnavailableToResetAvailable() 方法将 LocalBufferPool 转换为可用状态，否则 availableMemorySegments 一直为空，此时无法再申请 Buffer 资源空间，也就不能对外提供 Buffer 申请服务。

6）如果 listener 不为空，会通知 listener 当前内存块处于可用状态，其他的 Remote-InputChannel 会收到该内存块的资源，并转换为 Buffer 存储在本地 FloatingBuffer 中。

代码清单 7-93　LocalBufferPool.recycle() 方法定义

```
public void recycle(MemorySegment segment) {
    BufferListener listener;
    CompletableFuture<?> toNotify = null;
    NotificationResult notificationResult = NotificationResult.BUFFER_NOT_USED;
    // 直到 NotificationResult 为 BUFFER_USED 状态时退出循环
    while (!notificationResult.isBufferUsed()) {
        synchronized (availableMemorySegments) {
            // 判断 LocalBufferPool 是否被销毁以及申请到的 MemorySegments 数量是否大于
```

```
                LocalBufferPool 的容量
        if (isDestroyed || numberOfRequestedMemorySegments > currentPoolSize) {
            // 如果符合条件，则将 Segment 返回给 NetworkBufferPool
            returnMemorySegment(segment);
            return;
        } else {
            // 否则获取 BufferListener
            listener = registeredListeners.poll();
            if (listener == null) {
                // 如果 listener 为空，则将 Segment 添加到 availableMemorySegments 集合中
                boolean wasUnavailable = availableMemorySegments.isEmpty();
                availableMemorySegments.add(segment);
                if (wasUnavailable) {
                    toNotify = availabilityHelper.getUnavailableToResetAvailable();
                }
                break;
            }
        }
    }
    // 通知 listener 当前 Segment 可用，并返回通知结果
    notificationResult = fireBufferAvailableNotification(listener, segment);
}
// 通知 LocalBufferPool 可用
mayNotifyAvailable(toNotify);
}
```

5. ResultPartition 中 NetworkBuffer 的管理与使用

前面我们已经了解到，RecordWriter 会将 StreamRecord 序列化成二进制的数据格式，然后向 ResultPartition 申请 BufferBuilder 对象，用于构建 BufferConsumer 对象并将二进制数据写入 BufferBuilder 的内存区。BufferConsumer 数据会被存储在 ResultSubPartition 的 BufferConsumer 队列中，再通过读取器下发到 TCP Channel 中。

BufferBuilder 的申请过程就是向 ResultPartition 中的 LocalBufferPool 申请 MemorySegment。LocalBufferPool 会将申请到的 MemorySegment 封装成 BufferBuilder 再返回给 ResultPartition。

如代码清单 7-94 所示，ResultPartition.getBufferBuilder() 方法实际上调用了 bufferPool.requestBufferBuilderBlocking() 方法向 LocalBufferPool 申请 BufferBuilder。

代码清单 7-94　ResultPartition.getBufferBuilder() 方法定义

```
public BufferBuilder getBufferBuilder() throws IOException, InterruptedException {
    checkInProduceState();
    return bufferPool.requestBufferBuilderBlocking();
}
```

在 LocalBufferPool.requestBufferBuilderBlocking() 方法中，先调用 requestMemorySegment-

Blocking() 方法从 LocalBufferPool 中申请 MemorySegment 内存空间，然后调用 toBuffer-
Builder() 方法将申请到的 MemorySegment 封装成 BufferBuilder 对象并返回，如代码清
单 7-95 所示。

代码清单 7-95　LocalBufferPool.requestBufferBuilderBlocking() 方法定义

```
public BufferBuilder requestBufferBuilderBlocking()
    throws IOException, InterruptedException {
    return toBufferBuilder(requestMemorySegmentBlocking());
}
```

6. InputGate 中 NetworkBuffer 的管理与使用

和 ResultPartion 组件一样，InputGate 也需要 LocalBufferPool 为来自网络的 Buffer 数据
提供内存缓冲空间。需要注意的是，在 InputGate 中管理 Buffer 资源会比在 ResultPartition 中
复杂一些，例如 InputGate 需要引进 FloatingBuffer 和 ExclusiveBuffer 等组件，如图 7-32 所
示。其中 FloatingBuffer 就是基于 LocalBufferPool 实现的浮动 Buffer 池，被当前 InputGate
中所有的 InputChannel 共享使用，而 ExclusiveBuffer 是在 InputChannel 启动时，为每个
InputChannel 分配的固定 Buffer 空间，InputChannel 独享 Buffer 资源，Buffer 空间的生命周
期与 InputChannel 相同。

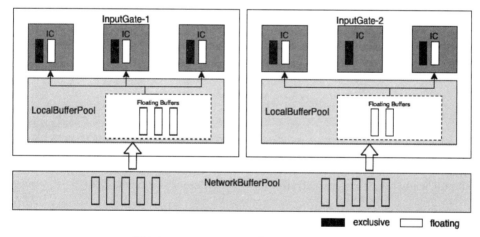

图 7-32　FloatingBuffer 和 ExclusiveBuffer

如图 7-32 所示，RIC（RemoteInputChannel）内部分配了固定的专有 Buffer 缓冲队列，
只有专有 Buffer 队列中的 Buffer 空间用完时，才会向 InputGate 中的 LocalBufferPool 申请
FloatingBuffer 内存空间，以满足自身数据处理需求。

通常情况下只有下游 InputChannel 出现反压时，RemoteInputChannel 才会通过 LocalBuffer-
Pool 申请额外的 Buffer 空间，将其存储到 FloatingBuffer 队列中，用于缓存上游 ResultSub-

Partition 积压的 Buffer 数据。当 InputChannel 中不存在反压时，就会对 Floating Buffer 进行回收，将其存放在 LocalBufferPool 的可用队列中，然后通过监听器通知其他 InputChannel。如果有 InputChannel 已经在等待申请 FloatingBuffer，此时就会立即将 Buffer 分配给该 InputChannel 使用。但需要注意的是，如果 LocalBufferPool 申请到的 MemorySegment 数量超过了当前 LocalBufferPool 的容量，会将 MemorySegment 交由 NetworkBufferPool 回收，当前 LocalBufferPool 不再持有该 MemroySegment 空间。

对于 ExclusiveBuffer 的回收则直接通过 InputChannel 进行，如果 InputChannel 已经被释放，则会将 ExclusiveBuffer 中的 MemorySegment 空间返回 NetworkBufferPool，如果 InputChannel 状态正常，则将 ExclusiveBuffe 继续添加到 InputChannel 的专有队列中。

（1）RemoteInputChannel 申请专有 Buffer

创建 InputGate 组件后，Task 会调用 InputGate.setup() 方法对 InputGate 内部的组件进行初始化，如代码清单 7-96 所示，在 SingleInputGate.setup() 方法中，首先会调用 SingleInput-Gate.assignExclusiveSegments() 方法为当前 InputGate 中的每个 RemoteInputChannel 申请专有 Buffer 缓冲区，剩余的 Buffer 空间用于浮动缓冲区。然后调用 requestPartitions() 方法向 ResultPartition 发送 PartitionRequest 请求。

代码清单 7-96　SingleInputGate.setup() 方法定义

```
public void setup() throws IOException, InterruptedException {
    checkState(this.bufferPool == null,
            "Bug in input gate setup logic: Already registered buffer pool.");
    assignExclusiveSegments();
    BufferPool bufferPool = bufferPoolFactory.get();
    setBufferPool(bufferPool);
    requestPartitions();
}
```

如代码清单 7-97 所示，SingleInputGate.assignExclusiveSegments() 方法中遍历 inputChannel 集合，然后分别调用每个 RemoteInputChannel 的 assignExclusiveSegments() 方法，向每个 RemoteInputChannel 中的 ExclusiveBuffer 队列添加 MemorySegment 空间。

代码清单 7-97　SingleInputGate.assignExclusiveSegments() 方法定义

```
public void assignExclusiveSegments() throws IOException {
    synchronized (requestLock) {
        for (InputChannel inputChannel : inputChannels.values()) {
            if (inputChannel instanceof RemoteInputChannel) {
                ((RemoteInputChannel) inputChannel).assignExclusiveSegments();
            }
        }
    }
}
```

接下来我们继续看 RemoteInputChannel.assignExclusiveSegments() 方法的定义，如代码清单 7-98 所示。

1）调用 memorySegmentProvider.requestMemorySegments() 方法，直接通过 Network-BufferPool 申请固定数量的 MemorySegment，这里的 memorySegmentProvider 实际上就是 NetworkBufferPool。可以看出，RemoteInputChannel 是直接向 NetworkBufferPool 申请固定缓冲区需要的 MemorySegment。

2）将申请到的 MemorySegment 数量赋值给 initialCredit 和 numRequiredBuffers 变量，其中 initialCredit 实际上就是当前 InputChannel 的初始信用值。

3）对 bufferQueue 进行加锁处理，调用 bufferQueue.addExclusiveBuffer() 方法将申请到的 MemorySegment 包装成 NetworkBuffer 并存储在 bufferQueue 的 ExclusiveBuffer 队列中。bufferQueue 同时包含 ExclusiveBuffer 和 FloatingBuffer 两种类型的 Buffer 队列空间。

至此，在 InputGate 中就分别为每个 RemoteInputChannel 申请了专有 Buffer 队列，用于存储当前 RemoteInputChannel 收到的来自 TCP 通道的 Buffer 数据。

代码清单 7-98　RemoteInputChannel.assignExclusiveSegments() 方法定义

```
void assignExclusiveSegments() throws IOException {
    Collection<MemorySegment> segments =
        checkNotNull(memorySegmentProvider.requestMemorySegments());
    checkArgument(!segments.isEmpty(),
                "The number of exclusive buffers per channel should be larger
                    than 0.");
    // 初始 Credit 大小
    initialCredit = segments.size();
    // 必备 Buffer 容量
    numRequiredBuffers = segments.size();
    // 向 bufferQueue 添加 Buffer
    synchronized (bufferQueue) {
        for (MemorySegment segment : segments) {
            bufferQueue.addExclusiveBuffer(new NetworkBuffer(segment, this),
                                    numRequiredBuffers);
        }
    }
}
```

（2）向 InputGate 申请 FloatingBuffer

对于 InputGate，除了为每个 InputChannel 申请专有的 Buffer 资源池外，还通过提供 Floating Buffer 满足一些额外的 Buffer 需求，比如当 InputChannel 中所有的专有 Buffer 均被占用，但 ResultSubPartiton 还在不断生产 Buffer 数据时，InputChannel 会从 NetworkBuffer 资源池中申请 FloatingBuffer。和 ExclusiveBuffer 相比，FloatingBuffer 用完之后会返回到 LocalBufferPool 中，释放给其他 InputChannel 继续使用，即 InputGate 中所有 InputChannel 都可以共享 FloatingBuffer 资源。

Floating Buffer 的申请时机主要取决于上游 Task 发送的 Backlog 指标，如果 Backlog 大于零，说明在 ResultSubPartition 中有 Buffer 数据需要消费。如代码清单 7-99 所示，在 RemoteInputChannel 中会调用 RemoteInputChannel.onSenderBacklog() 方法，对接入的 Backlog 指标进行处理。

1）在 InputChannel 中判断 Backlog 加 initialCredit 指标是否大于当前 InputChannel 中可用的 Buffer 总数，即 floatingBuffers 和 exclusiveBuffers 队列中 Buffer 数量的总和。

2）如果满足判断条件则说明当前 InputChannel 中的 Buffer 数量不足以支持消费上游 ResultSubPartition 中的 Buffer 数据，此时会调用 inputGate.getBufferPool().requestBuffer() 方法向 LocalBufferPool 中申请更多的 Buffer 内存空间，并添加到 FloatingBuffer 队列中。

3）如果没有申请到 Buffer 空间，则将当前 InputChannel 实现的 BufferListener 添加到 inputGate 中，等待有 FloatingBuffer 释放出来后，就会通知当前 InputChannel 获取，并将 isWaitingForFloatingBuffers 置为 True。

4）调用 notifyCreditAvailable() 方法，向 ResultPartition 发送 InputChannel 中的信用值，此时上游 Task 接收到信用值后，会将对应的 ResultSubPartitionViewReader 添加到可用队列中，消费 Buffer 数据并下发到 TCP Channel 中。

代码清单 7-99　RemoteInputChannel.onSenderBacklog() 方法定义

```
void onSenderBacklog(int backlog) throws IOException {
    int numRequestedBuffers = 0;
    synchronized (bufferQueue) {
        // 如果 InputChannel 已经被释放，则直接返回
        if (isReleased.get()) {
            return;
        }
        // 计算 numRequiredBuffers
        numRequiredBuffers = backlog + initialCredit;
        // 判断 numRequiredBuffers 数量是否大于 AvailableBufferSize
        while (bufferQueue.getAvailableBufferSize() < numRequiredBuffers
               && !isWaitingForFloatingBuffers) {
            Buffer buffer = inputGate.getBufferPool().requestBuffer();
            if (buffer != null) {
                // 将 Buffer 添加到 FloatingBuffer 队列中
                bufferQueue.addFloatingBuffer(buffer);
                numRequestedBuffers++;
                // 如果没有申请上，则将当前的 InputChannel 添加到 inputGate 的 BufferListener
                   集合中
            } else if (inputGate.getBufferProvider().addBufferListener(this)) {
                isWaitingForFloatingBuffers = true;
                break;
            }
        }
    }
    // 向 ResultPartition 发送 InputChannel 中的信用值
```

```
    if (numRequestedBuffers > 0
        && unannouncedCredit.getAndAdd(numRequestedBuffers) == 0) {
        notifyCreditAvailable();
    }
}
```

7.3 基于信用值的反压机制实现

在基于网络进行传输数据的过程中，会出现下游 Task 处理能力下降的情况，此时如果上游的 Task 还是不断地向下游节点发送 Buffer 数据，就会出现数据生产速率高于消费速率的情况。使得下游 Task 不断累积 Buffer 数据却不能被及时处理，极端情况下可能会导致整个服务宕机，影响正常处理业务数据。这种情况就需要借助反压机制平衡网络上游算子的数据发送速度和下游的处理能力，本节将重点介绍 Flink 反压机制的实现原理。

7.3.1 反压机制理论基础

在早期 Flink 版本中并没有刻意增加反压机制，而是借助 TCP 网络数据传输中各自的反压能力，也就是说 TCP 中有反压机制。如果 TCP Channel 中的数据没有被及时处理，就会影响 TCP 上游节点数据的写出操作。在 TCP 的反压机制中，通过 Socket 给发送 Buffer 数据到接收端后，接收端将数据堆积情况反馈给发送端，包含接收端的 Buffer 还有多少剩余空间等信息，发送端会根据剩余空间控制发送速率。

1. TCP 自带反压能力的局限性

在 Flink 1.5 版本之前，反压没有通过特殊的机制进行处理，而是借助 TCP 网络传输自带的反压机制实现 Flink 的反压能力，如图 7-33 所示。

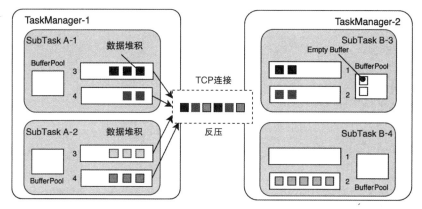

图 7-33　TCP 自带反压机制

如图 7-33 所示，TaskManager 之间会启动一个 TCP 通道，建立数据交互连接，所有的

Task 都会通过多路复用使用同一个 TCP 通道，此时上游 NettyServer 通过 channelWritability-Changed() 方法感知到当前通道是否能够继续写入数据。此时如果下游数据无法及时处理，就会对 TCP 通道产生反压，因为所有的数据都通过同一个通道传输，所以导致通道中数据堵塞，当上游的 ResultPartititon 感知到 TCP 通道无法写入数据时，就会停止写入 ResultSubPartition 的 Buffer 数据。

在图 7-33 中，SubTask B-3 中 InputChannel 的 Buffer 队列空间用完且无法从 Network-BufferPool 中申请更多的内存空间时，就会产生反压。此时 SubTask A-1 和 SubTask A-2 都不能向 TCP 通道写入 Buffer 数据，ResultPartiton 中的数据就会堆积在本地 Buffer 队列中。一旦 ResultPartiton 无法从 BufferPool 申请更多的 Buffer 空间，产生的反向压力会通过 RecordWriter 传递给 Task 线程，进而影响上游算子的数据处理能力，最终将反压传递至数据源。

这是 Flink 早期版本中基于 TCP 实现的天然反压机制，这种实现虽然对系统来讲不需要进行额外的开发，但是带来的问题也是比较明显的。

1）下游一旦因 Task 处理能力不足产生了反压，整个 TCP 通道就会堵塞，导致整个 TaskManager 所有的 Task 都无法传输 Buffer 数据，即便其他 Task 实例还有额外的 Buffer 空间处理数据。

2）上游 ResultPartition 只能通过 TCP 通道的状态被动地感知下游数据的处理能力，不能提前调整数据的发送频率，也不能根据 ResultPartition 当前的数据挤压情况及时调整下游节点的数据处理速度。

综合来看，基于 TCP 的反压机制虽然在一定程度上解决了系统中数据处理过程中的反压问题，但是从影响面和灵活度的角度来看，这种反压机制对系统的影响过大，某一个 Task 运行过慢就可能降低整个作业的效率。同时，这种反压机制缺乏灵活性，上下游 Task 之间无法快速感知对方的处理情况，不能自主调整各自的数据处理策略。

2. 基于信用值的反压机制

鉴于 Flink 早期版本反压机制的不足，Flink 1.5 版本开始引入了基于信用值的反压机制，旨在解决基于 TCP 通道实现反压机制的问题，如图 7-34 所示。其实现原理是引入信用值表示下游 Task 的处理能力，使用 Backlog 表示上游 ResultPartition 中数据堆积的情况，通过 Credit 和 Backlog 指标的增减控制上下游数据生成和处理的频率。和早期的反压机制相比，基于信用值的反压机制更具灵活性且影响范围更小。

如图 7-34 所示，基于信用值实现的反压机制多了许多新的概念，除了 Backlog 和 Credit 外，还有 ExclusiveBuffer 和 FloatingBuffer 队列，ExclusiveBuffer 是为每一个 InputChannel 申请的专有 Buffer 队列，仅为当前 InputChannel 中的 Buffer 数据提供存储空间，Floating-Buffers 是一个浮动的 Buffer 队列，所有的 InputChannel 都可以向 NetworkBufferPool 申请 Floating Buffer 资源，申请到的资源可以为当前 InputChannel 使用，但使用完毕后会立即释放。

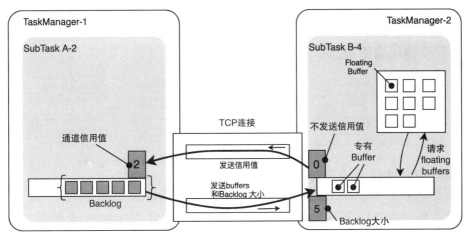

图 7-34　基于信用值的反压机制设计

下面我们具体看实现的过程。

1）在 RemoteInputChannel 的创建和启动过程中，会向 NetworkBufferPool 申请 Exclusive Buffers 空间，具体申请的大小由用户根据参数配置。

2）当 RemoteInputChannel 启动后，会向 ResultPartition 提交 PartitionRequest 注册 Input-Channel 信息，此时会将 Exclusive Buffers 队列的大小写入 InitialCredit 对象，再将 InitialCredit 指标写入 PartitionRequest，最终注册到 ResultPartition 中。

3）当上游 ResultSubPartition BufferConsumer 队列写入新的 BufferConsumer 对象后，当前 ResultSubPartition 会同步增加 Backlog 值，Backlog 越大说明 BufferConsumer 的数量也越多，最后将 Backlog 值跟随 Buffer 数据转换成 BufferResponse 结构发送到 RemoteInput-Channel 中。

4）当 RemoteInputChannel 接收到 BufferResponse 后，会解析出 Backlog 指标，根据 Backlog 的大小，判断当前 RemoteInputChannel 中的 Exclusive Buffers 是否有足够的 Buffer 资源，如果没有则向 NetworkBufferPool 申请 Floating Buffers 资源。申请成功后，会更新 UnAnnouncedCredit 指标。

5）RemoteInputChannel 检测到有足够的可用 Buffer 时，会向 ResultPartition 发送 UnAnnounced 信用值，从而增加该 RemoteInputChannel 中的信用值。

6）在 ResultSubPartition 的 NetworkSequenceViewReader 中维护 RemoteInputChannel 中的信用值。

7）当 NetworkSequenceViewReader 中检测到下游有足够的信用值后，会将 Network-SequenceViewReader 添加到 AvailableReader 队列中，然后从 ResultSubPartition 中读取 Buffer 数据，下发到下游 RemoteInputChannel 中进行处理。

以上就是基于信用值实现反压机制的过程，相比于直接基于 TCP 实现的反压机制，虽然显得比较复杂，但是带来了非常灵活的反压能力，减少了因部分 Task 反压而影响整个

TaskManager 服务的情况。

7.3.2 基于信用值的反压机制详解

接下来我们从源码角度了解基于信用值的反压机制是如何实现的。整个反压过程包括 ResultPartition 将 Backlog 发送到下游 InputChannel、Backlog 的产生逻辑以及下游 InputChannel 将信用值更新到 ResultPartiton 中。此外，还会介绍信用值的变化如何影响 ResultPartiton 中的数据生产速率。

1. ResultPartition 发送 Backlog

我们先来看 ResultPartition 将 Backlog 发送到 InputChannel 的过程，算子处理完数据后，会通过 RecordWriter 将数据写入 ResultSubPartition 的 BufferConsumer 队列中，此时会更新 Backlog 指标的大小。

如代码清单 7-100 所示，从 ResultSubPartition.add() 方法定义中可以看出，当 Result-SubPartition 添加了新的 BufferConsumer 对象后，就会调用 increaseBuffersInBacklog() 方法更新 Backlog 指标。

代码清单 7-100　ResultSubPartition.add() 方法定义

```
private boolean add(BufferConsumer bufferConsumer, boolean finish) {
    checkNotNull(bufferConsumer);
    final boolean notifyDataAvailable;
    // 获取 buffer 对象锁，判断当前 SubPartition 是否已经释放
    synchronized (buffers) {
        if (isFinished || isReleased) {
            bufferConsumer.close();
            return false;
        }
        // 添加 bufferConsumer 到 buffers 队列中，同时更新 Buffer 统计指标
        buffers.add(bufferConsumer);
        updateStatistics(bufferConsumer);
        // 更新 Backlog 指标
        increaseBuffersInBacklog(bufferConsumer);
        notifyDataAvailable = shouldNotifyDataAvailable() || finish;
        isFinished |= finish;
    }
    if (notifyDataAvailable) {
        notifyDataAvailable();
    }
    return true;
}
```

如代码清单 7-101 所示，PipelinedSubpartition.increaseBuffersInBacklog() 方法的逻辑非常简单，就是对 buffersInBacklog 进行累加操作，但是需要注意的是，这里要确保当前线程获取到 buffer 队列的对象锁，否则会造成 buffers 队列的数量和 buffersInBacklog 指标不一致

的情况。

代码清单 7-101　PipelinedSubpartition.increaseBuffersInBacklog() 方法定义

```
private void increaseBuffersInBacklog(BufferConsumer buffer) {
    // 确保获取到 buffers 队列的对象锁
    assert Thread.holdsLock(buffers);
    // 对 buffersInBacklog 进行累加操作
    if (buffer != null && buffer.isBuffer()) {
        buffersInBacklog++;
    }
}
```

PipelinedSubpartition 中 BufferConsumer 数据最终会通过 PipelinedSubpartitionView 传递给 CreditBasedSequenceNumberingViewReader 进行消费和处理，此时在 PipelinedSubpartition 中调用的就是 PipelinedSubpartition.pollBuffer() 方法，如代码清单 7-102 所示。

1）判断 Buffer 队列是否为空，如果是则将 flushRequested 置为 false，如果不为空，则遍历 Buffer 队列，读取 Buffer 中的 BufferConsumer 对象，然后调用 BufferConsumer.build() 方法将其转换成 Buffer 结构。

2）如果 bufferConsumer 已经被消费，即转化为 Buffer 结构，则调用 buffers.pop().close() 方法进行删除，同时调用 decreaseBuffersInBacklogUnsafe() 方法更新 ResultSubPartition 中的 Backlog 指标。

3）如果 Buffer 中有数据，则跳出循环，否则对 Buffer 进行回收处理。

4）返回 BufferAndBacklog 对象，BufferAndBacklog 结构中包含了 Buffer 数据和 Backlog 指标。

代码清单 7-102　PipelinedSubpartition.pollBuffer() 方法定义

```
BufferAndBacklog pollBuffer() {
    synchronized (buffers) {
        Buffer buffer = null;
        // 如果 Buffer 是空的，则将 flushRequested 置为 false
        if (buffers.isEmpty()) {
            flushRequested = false;
        }
        // 如果 Buffer 不为空，则遍历消费
        while (!buffers.isEmpty()) {
            // 读取 Buffer 中的 BufferConsumer 对象
            BufferConsumer bufferConsumer = buffers.peek();
            // 通过 bufferConsumer 构建 Buffer
            buffer = bufferConsumer.build();
            checkState(bufferConsumer.isFinished() || buffers.size() == 1,
                "When there are multiple buffers, an unfinished bufferConsumer can
                    not be at the head of the buffers queue.");
            if (buffers.size() == 1) {
                flushRequested = false;
```

```
        }
        // bufferConsumer 已经被消费，也就是转化为 Buffer
        if (bufferConsumer.isFinished()) {
            buffers.pop().close();
            // 减少 Backlog
            decreaseBuffersInBacklogUnsafe(bufferConsumer.isBuffer());
        }
        // Buffer 中有数据，则跳出循环
        if (buffer.readableBytes() > 0) {
            break;
        }
        // 否则对 Buffer 进行回收处理
        buffer.recycleBuffer();
        buffer = null;
        if (!bufferConsumer.isFinished()) {
            break;
        }
    }
    if (buffer == null) {
        return null;
    }
    updateStatistics(buffer);
    // 返回 BufferAndBacklog 对象
    return new BufferAndBacklog(
        buffer,
        isAvailableUnsafe(),
        getBuffersInBacklog(),
        nextBufferIsEventUnsafe());
    }
}
```

以上方法会调用 PipelinedSubpartition.decreaseBuffersInBacklogUnsafe() 方法更改
Backlog，和 increaseBuffersInBacklog() 方法一样，这里也是对 buffersInBacklog 进行自减操
作，同样是先确定已经获取了 Buffer 的对象锁，如代码清单 7-103 所示。

代码清单 7-103　PipelinedSubpartition.decreaseBuffersInBacklogUnsafe() 方法定义

```
@GuardedBy("buffers")
private void decreaseBuffersInBacklogUnsafe(boolean isBuffer) {
    assert Thread.holdsLock(buffers);
    if (isBuffer) {
        buffersInBacklog--;
    }
}
```

在 PipelinedSubpartition.pollBuffer() 方法中会调用 PipelinedSubpartition.getBuffersIn-
Backlog() 方法获取 Backlog 指标。如代码清单 7-104 所示，在方法中首先判断 flushRequested
或 isFinished 是否为 True，如果为 True 则直接返回 buffersInBacklog。flushRequested 为 True

表明当前 ResultSubPartition 主动下发数据, isFinished 为 True 表明当前 ResultSubPartition 已经关闭, 否则取 buffersInBacklog-1 与 0 之间的最大值作为返回值。

代码清单 7-104 PipelinedSubpartition.getBuffersInBacklog() 方法定义

```
public int getBuffersInBacklog() {
    if (flushRequested || isFinished) {
        return buffersInBacklog;
    } else {
        return Math.max(buffersInBacklog - 1, 0);
    }
}
```

至此, Buffer 和 BackLog 就从 ResultSubPartiton 中消费出来, 并传输给了 CreditBased-SequenceNumberingViewReader。在 PartitionRequestQueue 中维护当前可用的 CreditBased-SequenceNumberingViewReader 集合, 然后将数据发送给 RemoteInputChannel。这里我们先假设下游没有发生反压的情况, Buffer 和 BackLog 数据直接发送到了 RemoteInputChannel 中。

如代码清单 7-105 所示, 在 PartitionRequestQueue.writeAndFlushNextMessageIfPossible() 方法中, Buffer 和 BackLog 数据最终被封装成 BufferResponse 的 NettyMessage 对象, 然后发送给下游的 RemoteInputChannel 继续处理。

代码清单 7-105 PartitionRequestQueue.writeAndFlushNextMessageIfPossible() 方法定义

```
BufferResponse msg = new BufferResponse(
    next.buffer(),
    reader.getSequenceNumber(),
    reader.getReceiverId(),
    next.buffersInBacklog());
```

2. InputChannel 对 Backlog 的处理

当 InputChannel 通过 TCP 网络接收到 ResultPartiton 发送的 BufferResponse 数据后, 会对 BufferResponse 的数据进行解析。具体的反序列操作我们已经在前面介绍过, 这里不再赘述, 我们重点关注对 BackLog 数据的操作。

在 CreditBasedPartitionRequestClientHandler.decodeBufferOrEvent() 方法中, 对 Buffer 或 Event 数据进行解析, 如果是 Buffer 类型的数据, 则调用 inputChannel.onBuffer() 方法继续处理 Buffer 和 BackLog 数据, 代码如下所示。

```
inputChannel.onBuffer(buffer, bufferOrEvent.sequenceNumber, bufferOrEvent.backlog);
```

如代码清单 7-106 所示, RemoteInputChannel.onBuffer() 方法最终会调用 onSenderBacklog() 方法对 BackLog 进行处理。

1) 对 RemoteInputChannel 中的 bufferQueue 进行加锁处理, 保证线程安全。

2) 通过 numRequiredBuffers = backlog + initialCredit 公式计算当前 RemoteInputChannel

需要的 Buffer 数量。可以看出，Buffer 数量是 BackLog 和 initialCredit 的和，而 initialCredit 就是 RemoteInputChannel 专有的 Buffer 队列大小。

3）如果当前 RemoteInputChannel 中 bufferQueue 可用的 Buffer 数量比 numRequired-Buffers 少，包括 ExclusiveBuffers 和 FloatingBuffers 总数，同时当前的 RemoteInputChannel 没有等待申请的 FloatingBuffers，即 isWaitingForFloatingBuffers 为 False，则 RemoteInput-Channel 会向 LocalBufferPool 申请新的 Buffer 空间，并添加到 bufferQueue.FloatingBuffer 队列中，最后对 numRequestedBuffers 进行累加操作。

4）如果没有从 LocalBufferPool 中申请到 Buffer 空间，则将 RemoteInputChannel 注册为监听器，继续等待获取更多 FloatingBuffer 资源。

5）如果申请到的 Buffer 数量大于 0，同时 unannouncedCredit 初始值为 0，则会调用 notifyCreditAvailable() 方法通知监听器 Credit 目前可用。

代码清单 7-106　RemoteInputChannel.onSenderBacklog() 方法定义

```
void onSenderBacklog(int backlog) throws IOException {
    int numRequestedBuffers = 0;
    // 对 RemoteInputChannel 中的 bufferQueue 进行加锁处理
    synchronized (bufferQueue) {
        if (isReleased.get()) {
            return;
        }
        // 获取 Required Buffers 数量
        numRequiredBuffers = backlog + initialCredit;
        // 如果 bufferQueue 中可用的 Buffer 数量比 numRequiredBuffers 少，同时当前没有在等待
        申请 FloatingBuffers
        while (bufferQueue.getAvailableBufferSize() < numRequiredBuffers
                && !isWaitingForFloatingBuffers) {
            // 从 LocalBufferPool 中申请 Buffer
            Buffer buffer = inputGate.getBufferPool().requestBuffer();
            if (buffer != null) {
                bufferQueue.addFloatingBuffer(buffer);
                numRequestedBuffers++;
            } else if (inputGate.getBufferProvider().addBufferListener(this)) {
                // 如果 InputChannel 没有足够的缓冲区，则将通道注册为侦听器，以等待获取更多浮动
                  Buffer 缓冲区
                isWaitingForFloatingBuffers = true;
                break;
            }
        }
    }
    // 如果申请到的 Buffer 大于 0 且 unannouncedCredit 值为 0，则通知信用值目前可用
    if (numRequestedBuffers > 0
            && unannouncedCredit.getAndAdd(numRequestedBuffers) == 0) {
        notifyCreditAvailable();
    }
}
```

RemoteInputChannel 接收到 BackLog 数据后，会通过 numRequiredBuffers 和 bufferQueue. getAvailableBufferSize() 进行对比，判断当前的 BufferQueue 中是否有足够的 Buffer 空间接收 ResultPartition 的数据处理请求，如果没有则通过 LocalBufferPool 向 NetworkBuffer 申请浮动 Buffer 缓冲区。因为在 RemoteInputChannel 中具备专有的 Buffer 资源池，所以通常情况下不会主动向 LocalBufferPool 申请浮动 Buffer 缓冲区来缓存数据的，只有当上游 BackLog 非常大时，才会申请额外的浮动 Buffer 缓冲区。总结一下，BackLog 的大小会影响 RemoteInputChannel 中 FloatingBuffer 的申请数量，通过 Backlog 可以调控 RemoteInput-Channel 中数据接入和处理能力。

3. InputChannel 向 ResultPartition 发送信用值

接下来我们通过源码了解 InputChannel 中的信用值是如何产生并发送给向上游 ResultPartiton 的。通过信用值可以影响上游的数据生产和发送的频率，RemoteInputChannel 中的信用值主要分为两种类型。

- ❑ InitialCredit：代表当前 RemoteInputChannel 的初始信用值，InitialCredit 和 Remote-InputChannel 中 ExclusiveBuffer 的数量保持一致。
- ❑ UnAnnounceCredit：对应浮动 Buffer 的数量，当前 RemoteInputChannel 含有多少浮动 Buffer，就有多少 UnAnnounceCredit。UnAnnounceCredit 的值需要实时动态地向 ResultPartion 反馈，以告知当前 RemoteInputChannel 具有更多的信用值进行数据处理。

（1）向 ResultPartiton 中注册 InitialCredit

当 RemoteInputChannel 启动后会主动调用 PartitionRequestClient 向 ResultPartiton 中注册当前 RemoteInputChannel 的信息，此时会在 PartitionRequest 中加入 RemoteInputChannel 的 InitialCredit 指标，ResultPartiton 接收到 PartitionRequest 后，会将 RemoteInputChannel 信息存储在本地。

```
final PartitionRequest request = new PartitionRequest(
        partitionId, subpartitionIndex, inputChannel.getInputChannelId(),
        inputChannel.getInitialCredit());
```

（2）UnAnnounceCredit 指标上报到 ResultPartiton

当系统中的信用值因为可用 Buffer 数量的改变而发生变换时，就会调用 RemoteInput-Channel.notifyCreditAvailable() 方法通知上游 ResultPartition。如代码清单 7-107 所示，在 RemoteInputChannel.notifyCreditAvailable() 方法中，主要会调用 partitionRequestClient.notify-CreditAvailable() 方法上报 UnAnnounceCredit。

代码清单 7-107　RemoteInputChannel.notifyCreditAvailable() 方法定义

```
private void notifyCreditAvailable() {
  checkState(partitionRequestClient != null, "Tried to send task event to
    producer before requesting a queue.");
```

```
    partitionRequestClient.notifyCreditAvailable(this);
}
```

接下来我们了解 CreditBasedPartitionRequestClientHandler.notifyCreditAvailable() 方法的实现，如代码清单 7-108 所示，notifyCreditAvailable() 方法通过 Netty.ChannelHandlerContext 触发 ChannelPipeline 中的 UserEvent 事件，将 RemoteInputChannel 传到 ChannelPipeline 中，再通过 userEventTriggered() 回调方法对 RemoteInputChannel 进行处理。

代码清单 7-108　CreditBasedPartitionRequestClientHandler.notifyCreditAvailable() 方法定义

```
public void notifyCreditAvailable(final RemoteInputChannel inputChannel) {
    ctx.executor().execute(() -> ctx.pipeline().fireUserEventTriggered(inputChan
        nel));
}
```

如代码清单 7-109 所示，CreditBasedPartitionRequestClientHandler.userEventTriggered() 方法主要用于接收传输到 ChannelPipeline 中的 UserEvent。

1）判断 msg 是否为 RemoteInputChannel 类型，如果不是则交给 ChannelHandlerContext 继续处理。

2）如果 msg 是 RemoteInputChannel 类型，则先获取 inputChannelsWithCredit 集合，然后判断其是否为空，以此选择是否触发写出操作，最后添加 RemoteInputChannel 到 input-ChannelsWithCredit 集合中。inputChannelsWithCredit 集合存储了 InputChannel 及其具有的信用值。

3）如果 inputChannelsWithCredit 初始值为空，则调用 writeAndFlushNextMessageIfPossible() 方法触发发送信用值的操作。

代码清单 7-109　CreditBasedPartitionRequestClientHandler.userEventTriggered() 方法定义

```
public void userEventTriggered(ChannelHandlerContext ctx, Object msg) throws
    Exception {
    // 判断 msg 是否为 RemoteInputChannel
    if (msg instanceof RemoteInputChannel) {
        // inputChannelsWithCredit 是否为空
        boolean triggerWrite = inputChannelsWithCredit.isEmpty();
        // 添加 RemoteInputChannel 到 inputChannelsWithCredit
        inputChannelsWithCredit.add((RemoteInputChannel) msg);
        // 如果 inputChannelsWithCredit 初始值为空，则进行触发
        if (triggerWrite) {
            writeAndFlushNextMessageIfPossible(ctx.channel());
        }
    } else {
        ctx.fireUserEventTriggered(msg);
    }
}
```

接下来我们了解 CreditBasedPartitionRequestClientHandler.writeAndFlushNextMessageIf-Possible() 方法的定义，如代码清单 7-110 所示。

1）判断 TCP 通道是否处于正常状态，如果 TCP 通道不可写，则直接返回空。

2）循环获取 inputChannelsWithCredit 中的 InputChannel，并判断其是否为空，如果为空则直接返回。

3）判断 InputChannel 是否已经释放，因为没有必要为已经释放的 InputChannel 向 ResultPartition 通知信用值。如果没有释放则创建 AddCredit 请求，其中包含 PartitionID、InputChannelId 等信息，同时通过 getAndResetUnannouncedCredit() 方法获取 InputChannel 的 UnannouncedCredit 指标，将 UnannouncedCredit 清零。

4）调用 Netty Channel 向 TCP Channel 中写入 AddCredit 请求，此时 ResultPartion 上游会收到 AddCredit 请求。

代码清单 7-110　CreditBasedPartitionRequestClientHandler.writeAndFlushNextMessageIf-Possible() 方法定义

```
private void writeAndFlushNextMessageIfPossible(Channel channel) {
    // 判断通道是否处于正常状态
    if (channelError.get() != null || !channel.isWritable()) {
        return;
    }
    // 循环获取 inputChannelsWithCredit 中的 InputChannel
    while (true) {
        RemoteInputChannel inputChannel = inputChannelsWithCredit.poll();
        // 如果 InputChannel 为空则直接返回
        if (inputChannel == null) {
            return;
        }
        // 确定 inputChannel 没有被释放
        if (!inputChannel.isReleased()) {
            // 创建 AddCredit 请求
            AddCredit msg = new AddCredit(
                inputChannel.getPartitionId(),
                inputChannel.getAndResetUnannouncedCredit(),
                inputChannel.getInputChannelId());

            // 向 TCP Channel 中写入 AddCredit
            channel.writeAndFlush(msg).addListener(writeListener);
            return;
        }
    }
}
```

经过以上的过程，我们基本知道了 InitialCredit 和 UnAnnounceCredit 的更新和注册过程，接下来我们看 ResultPartition 中如何处理来自下游的信用值。

4. ResultPartition 处理信用值

前面我们已经知道，下游 InputChannel 的 Netty 客户端向上游 Netty 服务发送的请求会通过 ServerChannelHandler 核心处理器接收并处理。ServerChannelHandler 先通过 PartitionRequestServerHandler 处理接入数据，判断数据的类型是否为 AddCredit，然后调用 PartitionRequestQueue.addCredit() 方法继续进行处理。

如代码清单 7-111 所示，在 PartitionRequestQueue.addCredit() 方法中，首先从 allReaders 集合中获取指定 InputChannelID 对应的 NetworkSequenceViewReader，此时如果读取器不为空，则调用 reader.addCredit() 方法将 RemoteInputChannel 发送过来的信用值添加给读取器中的 numCreditsAvailable，表明当前读取器具有可用的信用值。然后调用 enqueue-AvailableReader() 方法将读取器加入 AvailableReader 集合。

代码清单 7-111　PartitionRequestQueue.addCredit() 方法定义

```
void addCredit(InputChannelID receiverId, int credit) throws Exception {
    if (fatalError) {
        return;
    }
    NetworkSequenceViewReader reader = allReaders.get(receiverId);
    if (reader != null) {
        // 向读取器中添加信用值
        reader.addCredit(credit);
        // 将读取器加入 AvailableReader 队列
        enqueueAvailableReader(reader);
    } else {
        throw new IllegalStateException(
            "No reader for receiverId = " + receiverId + " exists.");
    }
}
```

如代码清单 7-112 所示，在 PartitionRequestQueue.enqueueAvailableReader() 方法中，主要是将 NetworkSequenceViewReader 注册到 AvailableReader 中，然后调用 writeAndFlush-NextMessageIfPossible() 方法，从 AvailableReader 中读取 NetworkSequenceViewReader，并通过 NetworkSequenceViewReader 读取 ResultPartition 中的 BufferConsumer 数据，将其转换成 BufferResponse 写入 TCP 通道，此时 RemoteInputChannel 就能够接收 ResultPartition 中的数据了。

代码清单 7-112　PartitionRequestQueue.enqueueAvailableReader() 方法定义

```
private void enqueueAvailableReader(final NetworkSequenceViewReader reader)
    throws Exception {
    if (reader.isRegisteredAsAvailable() || !reader.isAvailable()) {
        return;
    }
    // 向队列中注册读取器
```

```
    boolean triggerWrite = availableReaders.isEmpty();
    registerAvailableReader(reader);
    if (triggerWrite) {
        writeAndFlushNextMessageIfPossible(ctx.channel());
    }
}
```

PartitionRequestQueue.writeAndFlushNextMessageIfPossible() 方法已经介绍过了，主要用于获取读取器中对应 ResultSubPartition 的 BufferConsumer 数据，最后和 Backlog 数据一起下发给 TCP 通道。

以上就是 Backlog 和 Credit 的更新逻辑，可以看出，Backlog 能够通过指标的变化影响下游 RemoteInputChannel 中浮动 Buffer 的数量，提升 InputChannel 的数据处理能力。Backlog 越大说明上游堆积的数据越多，需要更多的 Buffer 空间存储上游的数据。可以将 Credit 理解为下游处理数据能力的体现，当 RemoteInputChannel 中 AvailableBuffer 的数量发生变化时，会将该信息转换为信用值发送给 ResultPartition，表明下游具备数据处理能力，可以处理更多的 Buffer 数据，即通过信用值控制上游 Task 发送数据的频率。可以看出，上述两个过程是相辅相承的，ResultPartition 通过 Backlog 控制下游处理数据的能力，RemoteInputChannel 通过信用值控制上游发送数据的频率。下游数据如果处理不及时，就会发送 Backlog 提升 RemoteInputChannel 中 Floating Buffer 的数量。如果 RemoteInputChannel 无法申请更多的浮动 Buffer，则不会再向上游发送 Credit，此时就会从 AvailableReader 队列中移除 NetworkSequenceViewReader，不会再将 ResultPartition 中的 Buffer 推送给下游，直到下游有足够的信用值，才会触发 NetworkSequenceViewReader 的读取和发送操作。

7.4　本章小结

本章重点介绍了 Flink 网络通信的核心实现原理。其中，7.1 节介绍了 Flink RPC 通信机制，包括如何基于 Akka 实现 Flink 中各个组件的 RPC 通信以及 AkkaRpcService 和 RpcServer 的实现原理。7.2 节介绍了 NetworkStack 的设计与实现，包括 Flink 如何基于 NetworkStack 实现 Task 之间的数据交互，并分别从 StreamTask、RecordWriter、ResulTPartition 和 InputGate 等不同层面对 NetworkStack 进行展开介绍。7.3 节介绍了反压机制的核心实现原理，包括反压机制的实现步骤以及如何基于信用值实现灵活、高效的反压机制。

Chapter 8 第8章

内存管理

在大数据领域，大部分开源框架（如 Hadoop、Spark、Storm）都使用 JVM，且会将大量数据存储到内存中，此时如果内存管理过度依赖 JVM，就会出现 Java 对象存储密度低导致内存使用率低以及垃圾回收导致系统不稳定等问题，这极大地影响了系统的性能和稳定性。虽然 Flink 本身也是基于 JVM 构建的大规模数据处理框架，但是它能够自己实现内存管理，即脱离 JVM 对内存进行管理，统一且有效地管理堆内存和堆外内存，确保大规模数据处理不会因为 GC 等问题造成系统不稳定。本章将重点介绍 Flink 如何实现高效内存管理。

8.1 内存管理概述

本节我们先从整体使用的角度了解 Flink 如何实现对内存的积极管理，然后对比基于 JVM 带来的内存管理问题，介绍 Flink 如何抽象出合理内存模型，解决大规模场景下的内存使用问题。

8.1.1 积极的内存管理

通过 Java 语言构建的应用非常多，不管是大型网站后台服务，还是传统的桌面软件以及大数据处理框架。这些系统都构建在 JVM 之上，需要将数据存储到 JVM 堆内存中进行处理和运算，借助 JVM 提供的 GC 能力能够实现内存的自动管理，但会遇到一些基于 JVM 的内存管理问题。尤其对于大数据处理场景而言，需要处理非常庞大的数据，此时 JVM 内存管理的问题就更加突出了，主要体现在以下几点。

1）Java 对象存储密度相对较低：对于常用的数据类型，例如 Boolean 类型数据占 16 字节内存空间，其中对象头占字节，Boolean 属性仅占 1 字节，其余 7 字节做对齐填充。而实际上仅 1 字节就能够代表 Boolean 值，这种情况造成了比较严重的内存空间浪费。

2）Full GC 极大影响系统性能：使用 JVM 的垃圾回收机制对内存进行回收，在大数据量的情况下 GC 的性能会比较差，尤其对于大数据处理，有些数据对象处理完希望立即释放内存空间，但如果借助 JVM GC 自动回收，通常情况下会有秒级甚至分钟级别的延迟，这对系统的性能造成了非常大的影响。

3）OutOfMemoryError 问题频发，严重影响系统稳定性：系统出现对象大小分配超过 JVM 内存限制时，就会触发 OutOfMemoryError，导致 JVM 宕机，影响整个数据处理进程。

鉴于以上 JVM 内存管理上的问题，在大数据领域已经有非常多的项目开始自己管理内存，例如 Apache Spark、Apache Hbase 等，目的就是让系统能够解决 JVM 内存管理的问题，和 C 语言一样独立自主地管理内存，以提升整个系统的性能和稳定性。只是独立内存管理会增加开发成本并提升系统的复杂度。

积极地内存管理，强调的是主动对内存资源进行管理。对 Flink 内存管理来讲，主要是将本来直接存储在堆内存上的数据对象，通过数据序列化处理，存储在预先分配的内存块上，该内存块也叫作 MemorySegment，代表了固定长度的内存范围，默认大小为 32KB，同时 MemorySegment 也是 Flink 的最小内存分配单元。

MemorySegment 将 JVM 堆内存和堆外内存进行集中管理，形成统一的内存访问视图。MemorySegment 提供了非常高效的内存读写方法，例如 getChar()、putChar() 等。后面我们会讲到，如果 MemorySegment 底层使用的是 JVM 堆内存，数据通常会被存储至普通的字节数据（byte[]）中，如果 MemorySegment 底层使用的是堆外内存，则会借助 ByteBuffer 数据结构存储数据元素。基于 MemorySegment 内存块可以帮助 Flink 将数据处理对象尽可能连续地存储到内存中，且所有的数据对象都会序列化成二进制的数据格式，对一些 DBMS 风格的排序和连接算法来讲，这样能够将数据序列化和反序列化开销降到最低。

如图 8-1 所示，对于用户编写的自定义数据对象，例如 Person(String name, int age)，会通过高效的序列化工具将数据序列化成二进制数据格式，然后将二进制数据直接写入事先申请的内存块（MemorySegment）中，当再次需要获取数据的时候，通过反序列化工具将二进制数据格式转换成自定义对象。整个过程涉及的序列化和反序列化工具都已经在 Flink 内部实现，当然，Flink 也可以使用其他的序列化工具，例如 KryoSerializer 等。

在图 8-1 中我们也可以看到，在 MemorySegment 中如果因为内存空间不足，无法申请到更多的内存区域来存储对象时，Flink 会将 MemorySegment 中的数据溢写到本地文件系统（SSD/HDD）中。当再次需要操作数据时，会直接从磁盘中读取数据，保证系统不会因为内存不足而导致 OOM（Out Of Memory，超出内存空间），影响整个系统的稳定运行。

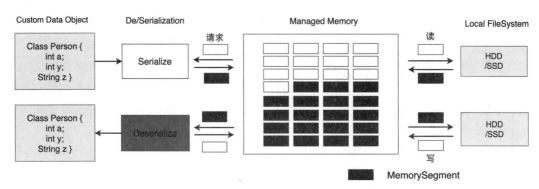

图 8-1　Flink 数据序列化操作

Flink 实现积极主动内存管理以及操作二进制数据主要有如下几个好处。

1）因为分配的内存段数量是固定的，所以监控剩余的内存资源非常简单。在内存不足的情况下，处理操作符可以有效地将更大批的内存段写入磁盘，然后再将它们读回内存。这样就可以有效防止 OOM 问题。

2）在 Flink 中，所有长生命周期的数据都是以二进制形式管理内存的，所有创建的数据对象都是短暂且可变的，并且支持重用。短生命周期的对象可以更有效地进行垃圾收集，这大大降低了垃圾收集的压力。为了降低垃圾收集的压力，Flink 社区实现了将数据对象分配到堆外内存，使得 JVM 堆变得更小，垃圾收集消耗的时间更短。

3）数据对象以二进制的形式存储，可以节省大量存储 Java 对象需要的存储开销。

4）通过二进制形式存储数据对象，框架可以有效地比较和操作二进制数据。此外，用二进制表示数据可以将相关值、哈希码、键和指针等信息存储在相邻的内存中。这使得数据结构通常具有更高效的缓存访问模式。

8.1.2　Flink 内存模型

如图 8-2 所示，为了满足更细粒度以及灵活的内存管理，在 Flink 1.10 版的内存模型中，对 TaskManager 的内存组成进行了比较大的调整。从图中可以看出，Flink JVM 的进程总内存（Total Process Memory）包含了 Flink 总内存（Total Flink Memory）和运行 Flink 的 JVM 特定内存（JVM Specific Memory）。Flink 总内存又包括 JVM 堆内存（JVM Heap）、托管内存（Managed Memory）以及其他直接内存（Direct Memory）或本地内存（Native Memory）。

从图 8-2 中可以看出，在 Flink 中将 JVM 堆内存分为 Framework 堆内存和 Task 堆内存两种类型，其中 Framework 堆内存主要用于 Flink 框架本身需要的内存空间，Task 堆内存则用于 Flink 算子及用户代码的执行，两者主要的区别在于是否将内存计入 Slot 计算资源中，Framework 堆内存和 Task 堆内存之间没有做明确的隔离，在后续版本中会做进一步优化。

对于非堆内存，则主要包含了托管内存、直接内存以及 JVM 特定内存三部分。

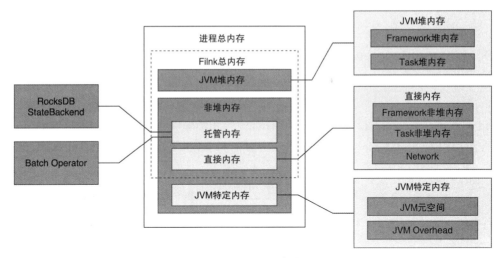

图 8-2　Flink 内存模型

1. 托管内存

托管内存是由 Flink 负责分配和管理的本地（堆外）内存，在流处理作业中用于 RocksDBStateBackend 状态存储后端，在批处理作业中用于排序、哈希表及缓存中间结果。

2. 直接内存

直接内存分为 Framework 非堆内存、Task 非堆内存和 Network 三个部分，其中 Framework 非堆内存和 Task 非堆内存主要根据堆外内存是否计入 Slot 资源进行区分，堆外内存没有对 Framework 和 Task 之间进行隔离。Network 内存存储空间主要用于基于 Netty 进行网络数据交换时，以 NetworkBuffer 的形式进行数据传输的本地缓冲。

3. JVM 特定内存

JVM 特定内存不在 Flink 总内存范围之内，包括 JVM 元空间和 JVM Overhead，其中 JVM 元空间存储了 JVM 加载类的元数据，加载的类越多，需要的内存空间越大，JVM Overhead 则主要用于其他 JVM 开销，例如代码缓存、线程栈等。

对于 Flink 来讲，将内存划分成不同的区域，实现了更加精准地内存控制，并且可以通过 MemorySegment 内存块的形式申请和管理内存，我们继续了解 MemorySegment 内存块的设计与实现。

8.2　MemorySegment 的设计与实现

我们已经知道，在 Flink 中会将对象序列化成二进制格式数据，然后写入预先分配的内存块，而这个内存块就是 MemorySegment。MemorySegments 作为 Flink 内存管理的最小内存分配单元，能够申请堆内存和堆外内存空间，并对上层提供丰富且高效的内存数据读写方法。

8.2.1　MemorySegment 架构概览

如图 8-3 所示，在 Flink 中 MemorySegment 作为抽象类，分别被 HybridMemorySegment 和 HeapMemorySegment 继承和实现，HeapMemorySegment 提供了操作堆内存的方法，HybridMemorySegment 中提供了创建和操作堆内存和堆外内存的方法。在目前的 Flink 版本中，主要使用 HybridMemorySegment 处理堆与堆外内存，不再使用 HeapMemorySegment。

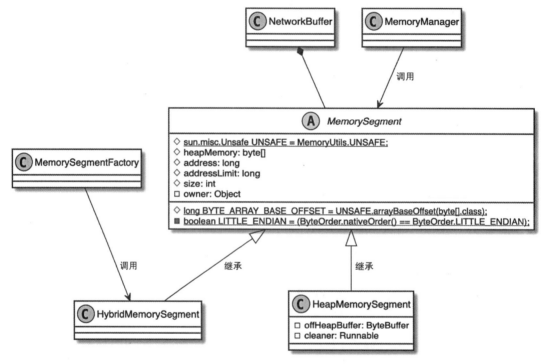

图 8-3　MemorySegment UML 关系图

从图 8-3 中我们也可以看出，MemorySegment 主要包含如下组件。

1）为了尽可能避免直接实例化 HybridMemorySegment 对象，Flink 通过 MemorySegment-Factory 工厂类创建了 HybridMemorySegment。这是因为使用工厂模式控制类的创建，能够帮助 JIT 执行虚化（de-virtualized）和内联（inlined）的性能优化。

2）DataOutputView 接口扩展了 java.io.DataOutput 接口，提供了对一个或多个 Memory-Segment 执行写入操作的视图。使用 DataOutputView 提供的方法可以灵活高效地将数据按顺序写入连续的 MemorySegment 内存块中。

3）DataInputView 接口扩展了 java.io.DataInput 接口，提供了对一个或多个 Memory-Segment 执行读取操作的视图。使用 DataInputView 提供的方法可以灵活高效地按顺序读取

MemorySegment 中的内存数据。

4）MemoryManager 主要用于管理排序、哈希和缓存等操作对应的内存空间，且这些操作主要集中在离线计算场景中。

5）NetworkBufferPool 通过 MemorySegmentFactory 申请用于存储 NetworkBuffer 的 MemorySegment 内存空间。

在早期的 Flink 版本中，MemorySegment 是一个独立的 Final 类，没有区分 HeapMemory-Segment 和 HybridMemorySegment 实现类，且仅支持管理堆内存。Flink 后期为了增加对堆外内存的支持，将 MemorySegment 类进行抽象，并引入了 HybridMemorySegment 类。按道理应该按内存类型分为管理 OffHeap 和 OnHeap 两种实现才对，为什么会分为 HeapMemorySegment 和 HybridMemorySegment 呢？这么做的主要目的是对 MemorySegment 方法进行去虚化和内联处理，从而更好地进行 JIT 编译优化。MemorySegment 是系统最底层的内存管理单元，可想而知，MemorySegment 在整个系统中的使用频率是非常高的。在 JIT 编译过程中，最好的处理方式就是明确需要调用的方法，早期 MemorySegment 因为是独立的 Final 类，JIT 编译时要调用的方法都是确定的。但如果分别将 HybridMemorySegment 和 HeapMemorySegment 两个子类加载到 JVM，此时 JIT 编译器只有在真正执行方法的时候才会确认是哪一个子类的方法，这样就无法提前判断仅有一个实现的虚方法调用，并把这些仅有一个实现的虚方法调用替换为唯一实现的直接调用，就会影响 JVM 的性能。

在后期的版本中，Flink 使用 HybridMemorySegment 同时操作堆内存和堆外内存，避免了因多个子类方法实现导致的 JIT 编译性能问题。同时，HybridMemorySegment 只能通过 MemorySegmentFactory 创建实例，也能够帮助 JIT 做去虚化和内联的性能优化。后期 Flink 版本中，HeapMemorySegment 和 HybridMemorySegment 共用了一段时间，并通过 HeapMemorySegmentFactory 创建基于堆内存的 MemorySegment。最后 Flink 逐渐废弃 HeapMemorySegment，仅通过创建 HybridMemorySegment 操作堆内存和堆外内存。

8.2.2 MemorySegment 详解

1. 基于 MemorySegment 管理堆内存

我们已经知道，MemorySegment 只能通过 MemorySegmentFactory 创建，并且在 MemorySegmentFactory 中直接提供了基于堆内存创建 MemorySegment 的方法。

如代码清单 8-1 所示，在 MemorySegmentFactory.wrap() 方法中可以直接将 byte[] buffer 数组封装成 MemorySegment，其中 byte[] 数组中的内存空间实际上就是从堆内存中申请的。

代码清单 8-1 MemorySegmentFactory.wrap() 方法定义

```
public static MemorySegment wrap(byte[] buffer) {
    return new HybridMemorySegment(buffer, null);
}
```

除了将已有的 byte[] 数组空间转换成 MemorySegment 之外，在 MemorySegmentFactory 中同时提供了通过分配堆内存空间创建 MemorySegment 的方法。

如代码清单 8-2 所示，在 MemorySegmentFactory.allocateUnpooledSegment() 方法中通过指定参数 size 申请固定数量的 byte[] 数组，这里 new byte[size] 的操作实际上就是从堆内存申请内存空间。

代码清单 8-2　MemorySegmentFactory.allocateUnpooledSegment() 方法定义

```
public static MemorySegment allocateUnpooledSegment(int size) {
    return allocateUnpooledSegment(size, null);
}
```

如代码清单 8-3 所示，在 HybridMemorySegment 构造器中直接调用 MemorySegment 构造器，将 byte[] 数组赋值给 MemorySegment 中的 byte[] heapMemory 成员变量，并设定 offHeapBuffer 和 cleaner 为空。offHeapBuffer 和 cleaner 主要在 OffHeap 中使用，owner 参数表示当前的所有者，通常情况下设定为空。

代码清单 8-3　HybridMemorySegment 堆内存初始化

```
HybridMemorySegment(byte[] buffer, Object owner) {
    super(buffer, owner);
    this.offHeapBuffer = null;
    this.cleaner = null;
}
```

如代码清单 8-4 所示，在 MemorySegment 的构造方法中提供了对 byte[] buffer 堆内存进行初始化的逻辑，在方法中首先将 buffer 赋值给 heapMemory，然后将 address 设定为 BYTE_ARRAY_BASE_OFFSET，表示 byte[] 数组内容的起始部分，然后根据数组对象和偏移量获取元素值（getObject）。

代码清单 8-4　MemorySegment 堆内存初始化

```
MemorySegment(byte[] buffer, Object owner) {
    if (buffer == null) {
        throw new NullPointerException("buffer");
    }
    this.heapMemory = buffer;
    this.address = BYTE_ARRAY_BASE_OFFSET;
    this.size = buffer.length;
    this.addressLimit = this.address + this.size;
    this.owner = owner;
}
```

2. 基于 MemorySegment 管理堆外内存

在 MemorySegment 中通过 ByteBuffer.allocateDirect(numBytes) 方法申请堆外内存，然

后用 sun.misc.Unsafe 对象操作堆外内存。如代码清单 8-5 所示，在 MemorySegmentFactory.
allocateOffHeapUnsafeMemory() 方法中，调用 MemoryUtils.allocateUnsafe(size) 方法获取堆
外内存空间的地址，然后调用 MemoryUtils.wrapUnsafeMemoryWithByteBuffer() 方法从给定
的内存地址中申请内存空间，并转换成 ByteBuffer，最后通过 HybridMemorySegment 对象
封装 ByteBuffer，并返回给使用方进行使用。

代码清单 8-5　MemorySegmentFactory.allocateOffHeapUnsafeMemory() 方法定义

```
public static MemorySegment allocateOffHeapUnsafeMemory(int size, Object owner) {
    long address = MemoryUtils.allocateUnsafe(size);
    ByteBuffer offHeapBuffer = MemoryUtils.wrapUnsafeMemoryWithByteBuffer(addre
        ss, size);
    return new HybridMemorySegment(
        offHeapBuffer, owner,  MemoryUtils.createMemoryGcCleaner(offHeapBuffer,
            address));
}
```

如代码清单 8-6 所示，在 MemoryUtils.wrapUnsafeMemoryWithByteBuffer() 方法中，
首先调用 DIRECT_BUFFER_CONSTRUCTOR.newInstance(address, size) 方法从堆外内存中
申请内存空间并转换为 ByteBuffer 对象。对于 DIRECT_BUFFER_CONSTRUCTOR 变量，
实际上就是创建 DirectBuffer 对应的私有构造器，调用 newInstance() 方法就能直接从堆外内
存中创建 ByteBuffer 对象。

代码清单 8-6　MemoryUtils.wrapUnsafeMemoryWithByteBuffer() 方法定义

```
static ByteBuffer wrapUnsafeMemoryWithByteBuffer(long address, int size) {
    // noinspection OverlyBroadCatchBlock
    try {
        return (ByteBuffer) DIRECT_BUFFER_CONSTRUCTOR.newInstance(address, size);
    } catch (Throwable t) {
        throw new Error("Failed to wrap unsafe off-heap memory with ByteBuffer", t);
    }
}
```

在 MemoryUtils 中，DIRECT_BUFFER_CONSTRUCTOR 来自 getDirectBufferPrivate-
Constructor() 方法的返回值，即 Constructor<?> DIRECT_BUFFER_CONSTRUCTOR = get-
DirectBufferPrivateConstructor()。我们从 MemoryUtils.getDirectBufferPrivateConstructor() 方
法的定义中可以看出，最终创建的是 java.nio.DirectByteBuffer 的私有构造方法。通过 java.
nio.DirectByteBuffer 构造器创建 ByteBuffer 内存对象，并将其封装在 MemorySegment 中。
接下来就可以通过 MemorySegment 使用申请到的堆外内存存储数据了，数据最终会以二进
制的形式存储在指定地址的堆外内存空间中，如代码清单 8-7 所示。

代码清单 8-7　MemoryUtils.getDirectBufferPrivateConstructor() 方法定义

```
private static Constructor<? extends ByteBuffer> getDirectBufferPrivateConstru
```

```
ctor() {
try {
    Constructor<? extends ByteBuffer> constructor =
      ByteBuffer.allocateDirect(1)
        .getClass().getDeclaredConstructor(long.class, int.class);
    constructor.setAccessible(true);
    return constructor;
} catch (NoSuchMethodException e) {
// 省略部分逻辑
}
```

3. 基于 Unsafe 管理 MemorySegment

HybridMemorySegment 能够同时操作堆内存和堆外内存，得益于 sun.misc.Unsafe 类的实现，Unsafe 类提供了一系列可以直接操作内存的方法。sun.misc.Unsafe 目前也已经下沉到 MemorySegment 中实现，需要注意的是，Unsafe 并不是 JDK 的标准实现，而是 Sun 的内部实现，存在于 sun.misc 包中，在 Oracle 发行的 JDK 中并不包含其源代码。虽然我们在一般的并发编程中不会直接用到 Unsafe，但对于很多 Java 基础类库，如 Netty、Cassandra 和 Kafka 等高性能的框架，基本都会使用 Unsafe 操作内存空间。Unsafe 在提升 Java 运行效率以及增强 Java 语言底层操作内存的能力方面起了很大作用。

如代码清单 8-8 所示，MemorySegment 中使用 sun.misc.Unsafe 实现了对内存空间的管理，MemorySegment 将创建出来的 Unsage 对象存储至静态变量，供所有 MemorySegment 持有者操作堆内存和堆外内存使用。

代码清单 8-8　创建 MemorySegment 中的 Unsafe 对象

```
protected static final sun.misc.Unsafe UNSAFE = MemoryUtils.UNSAFE;
```

MemorySegment 中的 Unsafe 对象主要通过 MemoryUtils 创建，和其他框架使用 Unsafe 库一样，都是通过反射的方式创建的，MemorySegment 中的 Unsafe 创建完毕后，可以通过 Unsafe 库操作和管理堆内存和堆外内存空间。

4. 写入和读取内存数据

下面介绍在 MemorySegment 中如何将 int 类型的数据写入内存空间。如代码清单 8-9 所示，在 MemorySegment.putInt() 方法中，需要传递 int value 以及 value 对应的内存位置（index），其中 int 类型数据大小为 4 字节。在方法中会根据 address 以及 index 参数计算位置偏移量（pos），然后调用 UNSAFE.putInt() 方法将 int 数值写入指定的内存空间。

代码清单 8-9　MemorySegment.putInt() 方法定义

```
public final void putInt(int index, int value) {
    final long pos = address + index;
    if (index >= 0 && pos <= addressLimit - 4) {
        UNSAFE.putInt(heapMemory, pos, value);
```

```
    }
    else if (address > addressLimit) {
        throw new IllegalStateException("segment has been freed");
    }
    else {
        // index 无效则抛出异常
        throw new IndexOutOfBoundsException();
    }
}
```

int 类型数据的读取操作和写入操作相似，如代码清单 8-10 所示，在 MemorySegment.getInt() 方法中需要指定读取 int 值的位置信息，然后根据公式 address+index 计算位置偏移量（pos），address 实际上就是前面创建的 arrayBaseOffset 指标，即基本类型数组的偏移量，最终通过数组对象和偏移量获取 int 元素值。

代码清单 8-10　MemorySegment.getInt() 方法定义

```
public final int getInt(int index) {
    final long pos = address + index;
    if (index >= 0 && pos <= addressLimit - 4) {
        return UNSAFE.getInt(heapMemory, pos);
    }
    else if (address > addressLimit) {
        throw new IllegalStateException("segment has been freed");
    }
    else {
        // index 无效则抛出异常
        throw new IndexOutOfBoundsException();
    }
}
```

5. 创建 JVM GcCleaner 垃圾清理器

通常情况下，直接申请堆外内存是不安全的，一旦 JVM 进程无法直接访问动态内存，即无法通过指针指向一个可访问的起始对象并访问该对象的内存空间时，内存空间就会变为不可访问内存，在使用人工内存管理中，系统不可访问内存最终会导致内存泄漏，因此在创建堆外内存空间的同时，Flink 也会调用 MemoryUtils.createMemoryGcCleaner() 方法创建内存垃圾清理器，专门用于回收和释放没有被正常释放的内存资源，防止内存泄漏。JavaGcCleanerWrapper 实际就是将 Java GC Cleaner 进行封装，提供对内存空间的清理服务，如代码清单 8-11 所示。

代码清单 8-11　MemoryUtils.createMemoryGcCleaner() 方法定义

```
static Runnable createMemoryGcCleaner(Object owner, long address) {
    return JavaGcCleanerWrapper.create(owner, () -> releaseUnsafe(address));
}
```

8.2.3　MemorySegment 内存使用

在 Flink 内存模型中我们已经知道，Flink 会将内存按照使用方式、内存类型分为不同的内存区域，底层会借助 MemorySegment 对内存块进行管理和访问，MemorySegment 的使用场景有很多，这里我们主要看下 ManagedMemory 和 NetworkBuffer 是如何申请和使用 MemorySegment 内存块的。

1. ManagedMemory 内存的申请与使用

在第 3 章我们已经了解到，Task 使用的物理计算资源主要是 TaskSlot 提供的，TaskSlot 由 TaskManager 中的 TaskSlotTable 组件创建和管理。JobManager 申请到足够的 Slot 计算资源后，会在 TaskSlotTable 中创建相应的 TaskSlot，然后对 TaskSlot 基本环境进行初始化，包括在 TaskSlot 内部创建 MemoryManager 组件。最终使用 MemoryManager 管理当前 TaskSlot 的内存计算资源。当 Task 线程启动时，会直接从 TaskSlot 中获取 MemoryManager 组件申请内存空间。通过 MemoryManager 对 MemorySegment 内存空间进行管理，这一步对应内存模型中的 ManagedMemory，也被称为托管内存。

如以下代码所示，在 TaskSlot 的构造器中调用 createMemoryManager() 方法创建 MemoryManager 实例，管理当前 TaskSlot 中的内存空间。

```
this.memoryManager = createMemoryManager(resourceProfile, memoryPageSize);
```

在 TaskSlot.createMemoryManager() 方法中，会根据 ResourceProfile 参数获取内存空间大小，同时设定内存类型为 MemoryType.OFF_HEAP，其中 pageSize 参数就是 MemorySegment 的大小，如代码清单 8-12 所示。

代码清单 8-12　TaskSlot.createMemoryManager() 方法

```
private static MemoryManager createMemoryManager(ResourceProfile resourceProfile,
                                                 int pageSize) {
    Map<MemoryType, Long> memorySizeByType =
        Collections.singletonMap(MemoryType.OFF_HEAP, resourceProfile.
            getManagedMemory().getBytes());
    return new MemoryManager(memorySizeByType, pageSize);
}
```

MemoryManager 创建完毕后，会通过 TaskSlot 将 MemoryManager 对象传递给 Task，此时 Task 会通过将 MemoryManager 封装在 Environment 变量中，然后传递给算子。算子接收到 MemoryManager 对象后，通过 MemoryManager 动态申请内存空间，最终用于算子的具体计算过程。需要注意的是，并不是所有的算子都会使用 MemoryManager 申请内存空间，这个步骤主要针对批计算类型的算子，例如 HashJoinOperator、SortMergeJoinOperator 和 SortOperator 等，这些算子往往需要借助非常大的内存空间进行数据的排序等操作。

申请 ManagedMemory 内存空间，是调用 MemoryManager.allocatePages() 方法执行的。

如代码清单 8-13 所示，MemoryManager.allocatePages() 方法包含如下逻辑。

1）从 AllocationRequest 参数中获取 MemorySegment 的空集合、申请 Pages 总数量以及资源 Owner 等参数，并对参数进行非空和状态检查。

2）确定 MemorySegment 集合与 numberOfPages 数量的空间，如果没有则将 target 置空。

3）从 budgetByType 中获取资源申请预算，在 budgetByType 中存储了当前 TaskSlot 中最大的内存数量，并且按照不同内存区分类型，只有正常获取 acquiredBudget 时，才会开始分配内存资源，否则抛出 MemoryAllocationException。

4）根据具体内存类型调用 allocateManagedSegment() 方法，获取对应的 MemorySegment 存储空间，最终返回给算子使用。

代码清单 8-13　MemoryManager.allocatePages() 方法的定义

```java
public Collection<MemorySegment> allocatePages(AllocationRequest request)
    throws MemoryAllocationException {
  Object owner = request.getOwner();
  Collection<MemorySegment> target = request.output;
  int numberOfPages = request.getNumberOfPages();
  // 正常性检查
  Preconditions.checkNotNull(owner, "The memory owner must not be null.");
  Preconditions.checkState(!isShutDown, "Memory manager has been shut down.");
  // 保留 array 空间
  if (target instanceof ArrayList) {
    ((ArrayList<MemorySegment>) target).ensureCapacity(numberOfPages);
  }
    // 获取资源申请预算
  AcquisitionResult<MemoryType> acquiredBudget =
    budgetByType.acquirePagedBudget(request.getTypes(), numberOfPages);
  if (acquiredBudget.isFailure()) {
    throw new MemoryAllocationException(
        String.format(
          "Could not allocate %d pages. Only %d pages are remaining.",
          numberOfPages,
          acquiredBudget.getTotalAvailableForAllQueriedKeys())));
  }
    // 根据具体内存类型调用 allocateManagedSegment() 方法获取 MemorySegment 空间
  allocatedSegments.compute(owner, (o, currentSegmentsForOwner) -> {
    Set<MemorySegment> segmentsForOwner = currentSegmentsForOwner == null ?
      new HashSet<>(numberOfPages) : currentSegmentsForOwner;
    for (MemoryType memoryType : acquiredBudget.getAcquiredPerKey().keySet()) {
      for (long i = acquiredBudget.getAcquiredPerKey().get(memoryType); i >
        0; i--) {
        MemorySegment segment = allocateManagedSegment(memoryType, owner);
        target.add(segment);
        segmentsForOwner.add(segment);
      }
    }
```

```
        return segmentsForOwner;
    });
    Preconditions.checkState(!isShutDown,
                        "Memory manager has been concurrently shut down.");
    return target;
}
```

接下来我们看 MemoryManager.allocateManagedSegment() 方法的定义，如代码清单 8-14 所示，根据内存类型不同，会有选择性地调用 allocateUnpooledSegment() 方法和 allocate-OffHeapUnsafeMemory() 方法申请对应类型的内存空间。这里的方法实际上就是 Memory-SegmentFactory 提供的静态方法，且创建 MemorySegment 只能通过 MemorySegmentFactory 进行。

代码清单 8-14　MemoryManager.allocateManagedSegment() 方法定义

```
private MemorySegment allocateManagedSegment(MemoryType memoryType, Object owner) {
    switch (memoryType) {
        case HEAP:
            return allocateUnpooledSegment(getPageSize(), owner);
        case OFF_HEAP:
            return allocateOffHeapUnsafeMemory(getPageSize(), owner);
        default:
            throw new IllegalArgumentException("unrecognized memory type: " +
                memoryType);
    }
}
```

2. NetworkBuffer 内存申请与使用

在 Flink 内存模型中，另外一个非常重要的堆外内存使用区域就是 Network 内存。Network 内存主要用于网络传输中 Buffer 数据的缓冲区。如代码清单 8-15 所示，在 Network-BufferPool 的构造器中可以看出，创建 NetworkBufferPool 时会根据用户配置的 NetworkBuffer 数量，调用 MemorySegmentFactory 创建相应的 MemorySegment 内存空间，再通过 Local-BufferPool 应用到 ResultSubPartition 或 InputChannel 组件中。

代码清单 8-15　NetworkBufferPool 构造器部分逻辑

```
for (int i = 0; i < numberOfSegmentsToAllocate; i++) {
    availableMemorySegments
        .add(MemorySegmentFactory.allocateUnpooledOffHeapMemory(segmentSize, null));
}
```

以上就是 MemorySegment 的主要使用场景，当然还有其他使用场景，例如 Rocks-DBStateBackend 等，鉴于篇幅有限，这里我们就不再展开介绍了。接下来重点介绍如何通过 DataInputView 和 DataOutputView 操作连续的 MemorySegment 内存块。

8.3　DataInputView 与 DataOutputView

MemorySegment 解决了内存分块存储的问题，但如果需要使用连续的 MemorySegment 存储数据，就要借助 DataInputView 和 DataOutputView 组件实现。DataInputView 和 Data-OutputView 中定义了一组 MemorySegment 的视图，其中 DataInputView 用于按顺序读取内存的数据，DataOutputView 用于按顺序将指定数据写入 MemorySegment，如图 8-4 所示。

如图 8-4 所示，DataInputView 和 DataOutputView 分别继承了 java.io.DataInput 和 java.io.DataOut 接口，其中 DataInput 接口用于从二进制流中读取字节，且重构成所有 Java 基本类型数据。DataOutput 接口用于将任意 Java 基本类型转换为一系列字节，并将这些字节写入二进制流。

DataInputView 和 DataOutputView 分别对 DataInput 和 DataOut 接口进行拓展，且内部定义了更多对内存操作的方法。例如在 DataInputView 接口中定义了 skipBytesToRead()、read(byte[] b, int off, int len)、read(byte[] b) 等方法，其中 skipBytesToRead() 方法用于跳过指定字节之后读取内存数据，read() 方法用于从 byte[] 字节数组中读取数据并返回读取的字节长度。DataOutputView 接口中主要定义了 skipBytesToWrite() 和 write() 两个方法，其中 skipBytesToWrite() 方法用于跳过和忽略指定字节数量的内存数据，实际上就是调整 MemorySegment 的内存指针，write() 方法定义了从 DataInputView 读取数据并复制到当前 View 的 MemorySegment 中。

从图 8-4 中可以看出，DataInputView 的实现类主要有三种，分别为 DataInputDeserializer、DataInputViewStreamWrapper 和 AbstractPagedInputView。

1）DataInputDeserializer 实现了简单且高效的反序列化器，例如对 KafkaDeserialization-Schema 中接入的二进制数据进行反序列化操作，最终转换为 Java 对象数据结构。

2）DataInputViewStreamWrapper 对 DataInputStream 接口进行拓展，直接将 InputStream 数据转换为 DataInputView 输入数据。例如读取 BinaryInputFormat 类型的文件，直接将 FSDataInputStream 转换为 DataInputView 并进行后续操作。

3）AbstractPagedInputView 实现了基于多个内存页的数据输入，且具有不同的实现类，例如 HashPartition 和 ChannelReaderInputView 等，都是通过继承 AbstractPagedInputView 抽象类实现对多个内存页的数据读取。

DataOutputView 接口实现也分为三种类型，分别为 DataOutputSerializer、DataOutput-ViewStreamWrapper 和 AbstractPagedOutputView。

1）DataOutputSerializer 基于 DataOutput 接口实现了简单且高效的序列化器，用于将 Java 原生数据类型高效地写入内存空间。在 RocksDBMapState 和 TypeInformationSerializationSchema 中都会使用到 DataOutputSerializer。

2）DataOutputViewStreamWrapper 和 DataInputViewStreamWrapper 相似，主要将内存中的二进制数据直接转换为 DataOutputStream，例如在 CollectSink 算子中就利用 DataOutput-ViewStreamWrapper 实现输出内存的二进制数据。

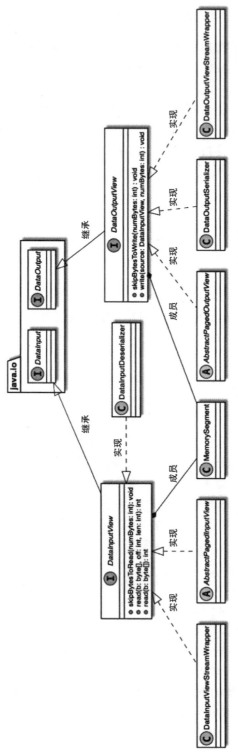

图 8-4 DataInputView 与 DataOutputView UML 关系图

3）AbstractPagedOutputView 定义了所有基于多个内存页的输出视图，且包含了所有的编码方法，将数据写入内存页，并能够自动发现内存页的边界，常见的实现类有 Serialized-UpdateBuffer 和 FileChannelOutputView。

总的来讲，DataInputView 和 DataOutputView 分别提供了对 MemorySegment 读取和写入内存块的方法，更加高效地访问连续内存块，避免了上层框架在 MemorySegment 操作过程中对跨内存块的维护。由于对内存的使用方式不同，将 DataInputView 和 DataOutputView 分别划分为不同的子类，如果只是做一些内存数据的序列化和反序列化操作，则可以直接使用 DataInputDeserializer 和 DataOutputSerializer 完成。如果想控制多个内存块的输入和输出，则可以使用 AbstractPagedInputView 和 AbstractPagedOutputView 完成。以下我们继续对 DataInputView 和 DataOutputView 的各个实现类进行深入剖析。

8.3.1　DataInputDeserializer 和 DataOutputSerializer

DataInputDeserializer 和 DataOutputSerializer 实现了具体数据结构和二进制数据之间的高效转换，二者也是 Flink 类型的系统中类型序列化的底层实现。以下我们分别了解 DataInputDeserializer 和 DataOutputSerializer 如何实现基本数据类型和二进制数据之间的序列化和反序列化操作。

1. 通过 DataInputDeserializer 对二进制数据进行反序列化操作

DataInputDeserializer 最重要的作用是为给定的 byte[] 数组或 ByteBuffer 数据创建对应的反序列化器，也就是 TypeSerializer，实现将二进制 byte[] 数据或 ByteBuffer 数据反序列化为 TypeSerializer 指定的 Java 基本数据类型。

下面我们以 FlinkKafkaConsumer 中的 TypeInformationSerializationSchema 为例，对 DataInputDeserializer 处理过程进行说明。在创建 FlinkKafkaConsumer 的过程中会同步创建 TypeInformationSerializationSchema，对接入的 ConsumerRecord<byte[], byte[]> record 数据进行反序列化操作，并转换为 Java 对象数据类型，进而在 StreamOperator 中继续处理。

如代码清单 8-16 所示，当数据通过 FlinkKafkaConsumer 接入后，会调用 TypeInformationSerializationSchema.deserialize() 方法将 byte[] 类型的数据反序列化为 Java 原生数据类型或其他自定义类型，具体解析的数据类型取决于 TypeInformationSerializationSchema 指定的 TypeSerializer 实现类。在 deserialize() 方法中可以看出，首先会基于接入的二进制数组创建 DataInputDeserializer 实例，DataInputDeserializer 实现了 DataInputView 接口，同时继承了 java.io.DataInput 接口，因此提供了从 bytes[] 直接读取并转换为 Java 原生对象的方法。下一步会调用 serializer.deserialize(dis) 方法，将接入的 byte[] 数据反序列化为 T 类型数据，具体类型取决于创建 TypeInformationSerializationSchema 指定的 TypeInformation。

代码清单 8-16 所示 TypeInformationSerializationSchema.deserialize() 方法定义

```
public T deserialize(byte[] message) {
    if (dis != null) {
        dis.setBuffer(message);
    } else {
        dis = new DataInputDeserializer(message);
    }
    try {
        return serializer.deserialize(dis);
    }
    catch (IOException e) {
        throw new RuntimeException("Unable to deserialize message", e);
    }
}
```

我们假设传入的 TypeInformation 为 BasicTypeInfo.INT_TYPE_INFO，也就是 int 类型数据，对应的 TypeSerializer 为 IntSerializer。如代码清单 8-17 所示，在 IntSerializer.deserialize() 方法定义中可以看出，实际上 IntSerializer 调用了 DataInputView.readInt() 方法，从 byte[] 数组中读取 Integer 类型数据，最后将反序列化出来的数据返回给 TypeSerializer 的调用方。

代码清单 8-17 IntSerializer.deserialize() 方法定义

```
public Integer deserialize(DataInputView source) throws IOException {
    return source.readInt();
}
```

DataInputDeserializer.readInt() 方法定义了从 byte[] 类型数据转换为整数类型数据的方法。如代码清单 8-18 所示，实际上调用了 UNSAFE.getInt() 方法，从给定的字节数组中读取 int 类型数据，其中 position 默认初始化为 0，另外根据 LITTLE_ENDIAN 是否为 True，判断是否需要翻转解析出来的 Integer 类型数据，最终将二进制数组反序列化出 Integer 类型数值。

代码清单 8-18 DataInputDeserializer.readInt() 方法定义

```
public int readInt() throws IOException {
    if (this.position >= 0 && this.position < this.end - 3) {
        @SuppressWarnings("restriction")
        int value = UNSAFE.getInt(this.buffer, BASE_OFFSET + this.position);
        if (LITTLE_ENDIAN) {
            value = Integer.reverseBytes(value);
        }
        this.position += 4;
        return value;
    } else {
        throw new EOFException();
    }
}
```

2. 通过 DataOutputSerializer 将不同数据类型序列化成二进制格式

同理，我们通过 TypeInformationSerializationSchema 查看 serialize() 方法，也能够看出实际上在 serialize() 方法中会创建 DataOutputSerializer 实例。其中 new DataOutputSerializer(16) 表明 byte[] 数组初始值大小为 16。然后调用 serializer.serialize(element, dos) 对需要接入的数据元素进行序列化操作，如代码清单 8-19 所示。

代码清单 8-19 TypeInformationSerializationSchema.serialize() 方法定义

```
public byte[] serialize(T element) {
    if (dos == null) {
        dos = new DataOutputSerializer(16);
    }
    try {
        serializer.serialize(element, dos);
    }
    catch (IOException e) {
        throw new RuntimeException("Unable to serialize record", e);
    }
    byte[] ret = dos.getCopyOfBuffer();
    dos.clear();
    return ret;
}
```

同样，我们假设数据类型对应的 TypeInformation 为 BasicTypeInfo.INT_TYPE_INFO，也就是整数类型，此时 TypeSerializer 的实现类应该为 IntSerializer。IntSerializer.serialize() 方法实际上调用了 DataOutputView.writeInt() 方法，将整数类型的数据写入 DataOutputView 指定的 bytes[] 数组中，如代码清单 8-20 所示。

代码清单 8-20 IntSerializer.serialize() 方法定义

```
public void serialize(Boolean record, DataOutputView target) throws IOException {
    target.writeInt(record);
}
```

接下来我们看 DataOutputView.writeInt() 方法的具体实现。如代码清单 8-21 所示，DataOutputSerializer 实现了 DataOutput 接口中的 writeInt() 方法，在方法中可以看出，和读取 Int 类型数据相反，首先判断是否需要翻转 Integer 类型的数据，然后通过 UNSAFE. putInt() 方法将 Integer 数据写入指定的 buffer，这里的 buffer 就是创建 DataOutputSerializer 时申请的 byte[]，其占用的内存空间主要来自堆内存。

代码清单 8-21 DataOutputSerializer.writeInt() 方法定义

```
public void writeInt(int v) throws IOException {
    if (this.position >= this.buffer.length - 3) {
        resize(4);
    }
}
```

```
    if (LITTLE_ENDIAN) {
        v = Integer.reverseBytes(v);
    }
    UNSAFE.putInt(this.buffer, BASE_OFFSET + this.position, v);
    this.position += 4;
}
```

至此，我们以 TypeInformationSerializationSchema 为例，介绍了内存数据反序列化和序列化的操作。可以看出在 Flink 系统中，主要通过 TypeInformation 的 TypeSerializer 实现 Java 对象数据和二进制数据之间的转换，其背后是通过 DataOutputSerializer 和 DataInputDeserializer 实现了对不同类型的数据进行序列化和反序列化。TypeInformation 对指定类型数据进行序列化和反序列化操作，我们将在 8.4 节重点介绍。

8.3.2　DataInputViewStreamWrapper 与 DataOutputViewStreamWrapper

DataInputView 另一个比较重要的实现类是 DataInputViewStreamWrapper，通过 DataInput-ViewStreamWrapper 可以实现从 InputStream 中直接反序列化出数据元素。相应的 Data-OutputView 实现类是 DataOutputViewStreamWrapper，通过 DataOutputViewStreamWrapper 可以实现将数据元素序列化成 OutputStream 数据结构。

1. 通过 DataInputViewStreamWrapper 从 InputStream 中直接反序列化出数据元素

这里我们以 CollectionInputFormat 为例对 DataInputViewStreamWrapper 进行说明，CollectionInputFormat 主要是在 ExecutionEnvironment.fromCollection() 方法中使用，用于将有界数据集合转换成 DataSet 数据集。

如代码清单 8-22 所示，CollectionInputFormat.readObject() 方法创建了 DataInputView-StreamWrapper 实例，并对 ObjectInputStream 进行封装，然后调用 serializer.deserialize (wrapper) 方法直接对 DataInputViewStreamWrapper 中的 InputStream 进行反序列化操作，从而获取数据元素。DataInputViewStreamWrapper 中进行反序列化操作主要通过 java.io. DataInputStream 实现。

代码清单 8-22　CollectionInputFormat.readObject() 方法定义

```
private void readObject(ObjectInputStream in)
    throws IOException, ClassNotFoundException {
    in.defaultReadObject();
    int collectionLength = in.readInt();
    List<T> list = new ArrayList<T>(collectionLength);
    if (collectionLength > 0) {
        try {
            DataInputViewStreamWrapper wrapper = new DataInputViewStreamWrapper(in);
            for (int i = 0; i < collectionLength; i++){
                T element = serializer.deserialize(wrapper);
                list.add(element);
```

```
                }
            }
            catch (Throwable t) {
                throw new IOException("Error while deserializing element from
                    collection", t);
            }
        }
    }
    dataSet = list;
}
```

2. 通过 DataOutputViewStreamWrapper 将数据元素序列化成 OutputStream

和 DataInputViewStreamWrapper 相反，通过 DataOutputViewStreamWrapper 可以实现将内存块的数据直接输出到 OutputStream 中。这里我们继续以 CollectionInputFormat 为例进行说明。

如代码清单 8-23 所示，CollectionInputFormat.writeObject() 方法中将 DataSet 的数据元素直接写入 ObjectOutputStream，实际上是基于 ObjectOutputStream 创建了 DataOutputView-StreamWrapper 实例，并对 DataOutputStream 进行封装，实现了直接调用 serializer.serialize (element, wrapper) 将数据元素转换为 byte[] 数据，这里的 serializer 是 TypeSerializer 的实现类。最终将 byte[] 数据写入 ObjectOutputStream。

代码清单 8-23　CollectionInputFormat.writeObject() 方法定义

```
private void writeObject(ObjectOutputStream out) throws IOException {
    out.defaultWriteObject();
    final int size = dataSet.size();
    out.writeInt(size);
    if (size > 0) {
        DataOutputViewStreamWrapper wrapper = new DataOutputViewStreamWrapper(out);
        for (T element : dataSet){
            serializer.serialize(element, wrapper);
        }
    }
}
```

DataInputViewStreamWrapper 和 DataOutputViewStreamWrapper 对 DataInputStream 和 DataOutputStream 进行了封装，并实现了 DataInputView 和 DataOutputView 接口。进行输入和数出流时，可以直接基于 DataInputViewStreamWrapper 和 DataOutputViewStreamWrapper 对内存数据进行操作。

8.3.3　AbstractPagedInputView 与 AbstractPagedOutputView

最后我们来看 AbstractPagedInputView 和 AbstractPagedOutputView 的实现，在 Flink 中只要涉及对多个 MemorySegment 内存块的操作，大部分是通过实现 AbstractPagedInput-

View 与 AbstractPagedOutputView 抽象类进行的。AbstractPagedInputView 和 AbstractPaged-OutputView 具备跨多个内存页操作数据的能力，可以按照不同的内存页对连续内存进行操作。

1. AbstractPagedInputView 的设计与实现

AbstractPagedInputView 是由多个内存页支持的所有输入视图基类，包含所有的解码方法，实现了内存页读取数据及检测页面边界交叉。当数据跨越多个内存页时，实现类会提供下一个内存页的获取方法。

图 8-5 描述了 AbstractPagedInputView 的所有实现子类，AbstractPagedInputView 实现的子类非常多，主要是根据具体的操作类型以及使用场景决定的，常见的有 ChannelReader-InputView、RandomAccessInputView 等。

从图 8-5 中可以看出，AbstractPagedInputView 含有 MemorySegment 成员变量，用于记录当前的 MemorySegment，子类需要实现 MemorySegment nextSegment(MemorySegment-current) 抽象方法，获取下一个 MemorySegment 的地址。AbstractPagedInputView 主要包括如下子类。

1）AbstractChannelReaderInputView：底层基于 FileIOChannel 实现，FileIOChannel 用于表示逻辑上属于相同资源的文件集合，例如来自同一文件输入流并经过排序后产生的数据文件集合，最终将这些数据合并在一起。

2）ChannelReaderInputView：继承 AbstractChannelReaderInputView 抽象类，底层通过 BlockChannelReader 实现从 FileIOChannel 中读取数据，并直接将二进制数据写入 Memory-Segment 内存空间。BlockChannelReader 通过 Block 形式读取文件数据的 FileIOChannel 实现类。

3）HeaderlessChannelReaderInputView：继承自 ChannelReaderInputView，功能和 ChannelReaderInputView 基本一致，只不过会将 MemorySegment 中的 HeaderLength 设定为 0，即 MemorySegment 中的数据直接从 0 的位置开始读取，不存储 Header 数据，但需要指定块数和最后一个 MemorySegment 的字节数。

4）CompressedHeaderlessChannelReaderInputView：底层基于 BufferFileReader 实现从文件中读取数据，然后转换成 Block 的形式存储在内存中。从 BufferFileReader 中读取 Buffer 数据，然后通过 Compressor 将 Buffer 数据转换成 byte[] 数据，且 CompressedHeaderlessChan-nelReaderInputView 读取的 Buffer 数据只能是 CompressedHeaderlessChannelWriterOutputView 写入磁盘文件的数据。

5）RandomAccessInputView：实现了 SeekableDataInputView 接口，提供了随机访问内存的输入视图，可以从指定的 Position 开始读取内存数据，主要用于 DataSet 接口中的 SpillingBuffer 组件，实现将内存数据溢写至磁盘并存储，DataSet 接口中的 BinaryHashPartition 组件实现了根据指定位置操作内存中的数据。

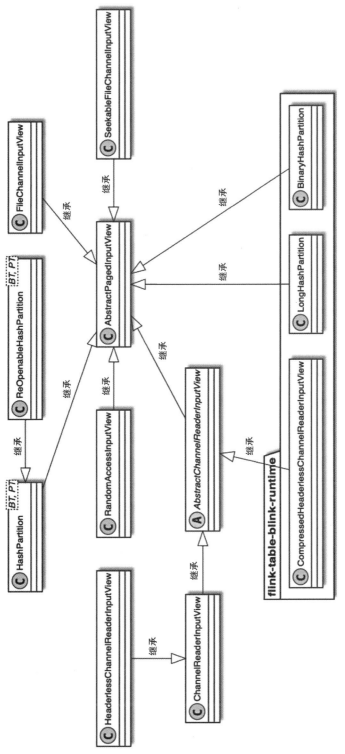

图 8-5　AbstractPagedInputView UML 关系图

6）SeekableFileChannelInputView：底层由 BlockChannelReader 支持的 DataInputView 实现，使其成为非常高效的数据输入流，该视图在底层通道以块为单位读取由 FileChannel-OutputView 写入的数据。SeekableFileChannelInputView 主要用于读取大文件数据，例如 BatchTask 中的 UnilateralSortMerger 组件就会通过 LargeRecordHandler 读取大量数据并转换为 byte[] 数据。

7）FileChannelInputView：和 SeekableFileChannelInputView 相比，不具备检索功能，即必须连续读取数据，因此不支持从指定 Position 读取文件数据。FileChannelInputView 内部也是基于 BlockChannelReader 实现的，主要用于 LargeRecordHandler 中获取 key 数据的操作。

以上操作基于 FileIOChannel 组件实现了 DataInputView，具体功能实现会有一些区别，但都通过 FileIOChannel 接口，实现读取文件中的数据并高效转换成内存数据。对于一些排序和连接的操作，这种直接基于文件管道的数据读取方式极大地降低了数据序列化和反序列化的开销，进而提升了整个系统的数据处理性能。

在 AbstractPagedInputView 中还包含了 HashPartiton、LongHashPartition 以及 Binary-HashPartition 等实现类。其中 HashPartiton 用于 DataSet API 中 Hash Join 算子，实现两个大数据集之间的关联操作，LongHashPartition 和 BinaryHashPartition 则用于 Flink SQL 模块。整个 AbstractPagedInputView 的实现类主要分部于两类模块，一类是 DataSet 接口，用于在批量离线数据处理过程中读取文件和内存中的数据，另一类是在 Table API 中，在 Flink SQL 批作业模式下，直接使用 AbstractPagedInputView 完成对离线数据集的处理，常见的有 Hash Join、Merge Sort 等算子。这些算子最大的特点是需要占用大量的内存空间。

这里需要注意的是，DataSet API 在未来的版本中可能会被移除，全部使用 DataStream API 和 SQL 实现对有界数据的处理，因此其底层实现可能在未来的版本中会有变化。

2. AbstractPagedOutputView 的设计与实现

与 AbstractPagedInputView 对应，AbstractPagedOutputView 是对多个内存页中的数据输出视图，即 AbstractPagedOutputView 底层可以操作多个连续的 MemorySegment。通过子类实现具体的 FileIOChannel，将 MemorySegment 中的数据以不同的方式写到磁盘中，如图 8-6 所示。

如图 8-6 所示，AbstractPagedOutputView 数据输出视图的实现子类非常多，以下对具体实现类进行大致说明。

1）ChannelWriterOutputView：AbstractChannelWriterOutputView 的实现类，基于 Block-ChannelWriter 将内存数据输出到磁盘中，每个 Block 含有固定的 Header 信息，且 Channel-WriterOutputView 输出的数据可以被 ChannelReaderInputView 读取。

2）AbstractChannelWriterOutputView：基于 FileIOChannel 的抽象实现，输出视图可以直接基于 FileIOChannel 将内存数据输出到本地文件中。

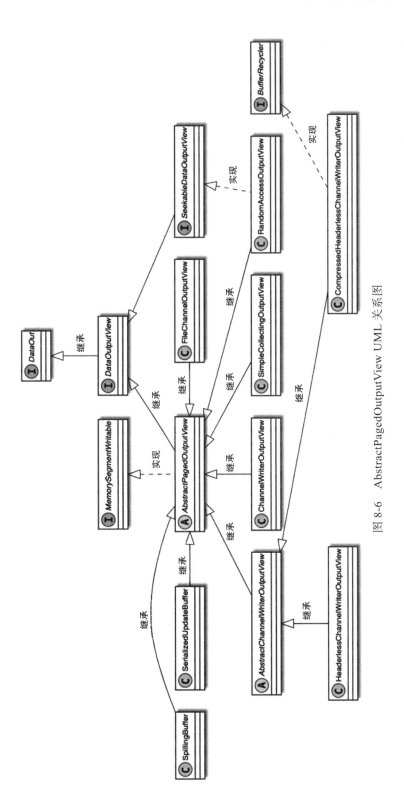

图 8-6 AbstractPagedOutputView UML 关系图

3）HeaderlessChannelWriterOutputView：AbstractChannelWriterOutputView 的实现类，内部 FileIOChannel 的实现类为 BlockChannelWriter，通过 Block 的形式将 MemorySegment 内存数据输出到磁盘空间中。基于 HeaderlessChannelWriterOutputView 输出视图写出的 Memory-Segment 数据都不输出 Header 信息，也就是没有 Block 的元信息，以此节省 8 字节空间，基于 HeaderlessChannelWriterOutputView 写出的数据只能通过 HeaderlessChannelReader-InputView 输入视图读取。

4）CompressedHeaderlessChannelWriterOutputView：AbstractChannelWriterOutputView 的实现类，底层 FileIOChannel 实现为 BufferFileWriter，MemorySegment 中的内存数据通过转换为 NetworkBuffer 结构进行压缩，然后通过 BufferFileWriter 写入外部文件系统。CompressedHeaderlessChannelWriterOutputView 基于 Buffer 结构压缩输出的内存数据，使其占用的存储空间更小。CompressedHeaderlessChannelWriterOutputView 涵盖一个 LinkedBlockingQueue compressedBuffers 结构，用于存储需要进行压缩的 MemorySegment 数据，压缩操作通过 BlockCompressor 完成。同时，CompressedHeaderlessChannelWriter-OutputView 实现了 BufferRecycle 接口，也就是 NetworkBuffer 数据释放后，会回收 Memory-Segment 并添加至压缩队列。

5）FileChannelOutputView：底层基于 BlockChannelWriter 将 MemorySegment 中的数据输出到磁盘，和 HeaderlessChannelWriterOutputView 实现基本一致，FileChannelOutputView 属于早期实现，用于 DataSet 接口。

6）RandomAccessOutputView：主要实现了 SeekableDataOutputView 接口，通过 Seekable-DataOutputView.setWritePosition() 方法实现数据的随机写入。

7）SpllingBuffer：主要实现内存数据的溢写操作，在内存页中缓冲需要写入的数据，在内存页已满时将其溢写到磁盘中。

8）SimpleCollectingOutputView：该视图具有完整的 MemorySegment 列表，列表包含所有的 MemorySegment 以及当前填充的 MemorySegment。

AbstractPagedOutputView 的实现类基本上和 AbstractPagedInputView 对应，即 Abstract-PagedOutputView 输出的数据需要被对应的 AbstractPagedInputView 实现类读取，最终实现 DataInputView 和 DataOutView 视图对内存数据的高效读写，尤其对离线处理作业的性能有非常大的提升。相比于 InputStream 和 OutputStream，基于 FileChannel 读写文件数据能够将内核缓冲区的数据直接输出到文件中，反过来可以将文件的数据写入内核缓冲区，大幅提升了 I/O 过程的性能。

我们以 FileChannelOutputView 为例介绍 AbstractPagedOutputView 的实现。如代码清单 8-24 所示，在 FileChannelOutputView.nextSegment() 中获取当前的 MemorySegment 和内存位置信息，然后执行 writeSegment() 方法将 MemorySegment 中的数据通过 BlockChannel-Writer 写入外部文件系统，最后返回下一个 MemorySegment 给 AbstractPagedOutputView，用于继续输出内存页中的内存数据。

代码清单 8-24　FileChannelOutputView.nextSegment() 方法定义

```
protected MemorySegment nextSegment(MemorySegment current,
                                    int posInSegment) throws IOException {
    if (current != null) {
        writeSegment(current, posInSegment);
    }
    return writer.getNextReturnedBlock();
}
```

如代码清单 8-25 所示，在 FileChannelOutputView.writeSegment() 方法中调用 Block-ChannelWriter.writeBlock() 方法将 MemorySegment 以块的格式输出到磁盘中，增加 numBlocksWritten 数量并重新设定 bytesInLatestSegment 指针。

代码清单 8-25　FileChannelOutputView.writeSegment() 方法定义

```
private void writeSegment(MemorySegment segment, int writePosition) throws
    IOException {
        writer.writeBlock(segment);
        numBlocksWritten++;
        bytesInLatestSegment = writePosition;
    }
```

8.4　数据序列化与反序列化

本节我们重点了解如何将 Java 对象数据序列化成二进制数据并通过 DataInputView 组件将数据写入内存，实现高效的数据类型序列化与反序列化处理。

8.4.1　TypeInformation 类型系统

Flink 的数据类型主要通过 TypeInformation 管理和定义，TypeInformation 也是 Flink 的类型系统核心类。用户自定义函数输入或返回值的类型信息都是通过 TypeInformation 实现的，TypeInformation 也充当了生成序列化器、比较器以及执行语义检查（例如是否存在用作 Join/grouping 主键字段）的工具。

TypeInformation 根据数据类型不同主要分为以下几种实现类型。

1）BasicTypeInfo：用于所有 Java 基础类型以及 String、Date、Void、BigInteger、Big-Decimal 等类型。

2）BasicArrayTypeInfo：用于由 Java 基础类型及 String 构成的数组类型。

3）CompositeType：复合类型数据，例如 Java Tuple 类型对应 TupleTypeInfo、用户自定义 Pojo 类对应 PojoTypeInfo。

4）WritableTypeInfo：用于支持扩展 Hadoop Writable 接口的数据类型。

5）GenericTypeInfo：用于泛型类型数据。

如图 8-7 所示，除了定义和管理数据类型，TypeInformation 内部还包含类型序列化组件 TypeSerializer 以及类型比较器 TypeComparator，其中 TypeSerializer 用于对指定数据类型进行序列化和反序列化操作。数据类型不同，TypeSerializer 的实现也有所不同，例如 Integer 数据类型对应 IntSerializer，String 数据类型则对应 StringSerializer，TypeComparator 实现了同类型数据的比较操作，例如 StringComparator 和 BooleanComparator 的实现。

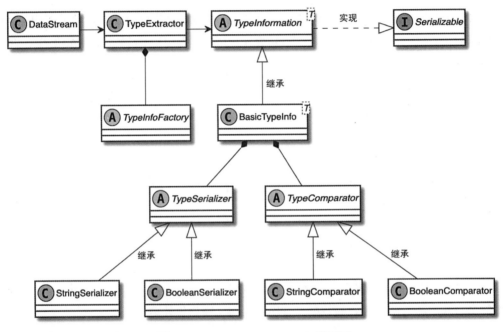

图 8-7　TypeInformation UML 关系图

前面我们已经知道，TypeSerializer 底层会调用 DataOutputView 实现类将对应的数据结构序列化生成的二级制数据写入内存块。通过 DataInputView 读取内存块中的二进制数据，然后再借助 TypeSerializer 组件将二进制数据反序列化成对象数据。接下来我们具体看 TypeSerializer 如何实现 Java 原生数据类型以及复合数据类型与二进制数据之间的转换操作。

1. BasicTypeInfo 序列化与反序列化

我们先来看 Java 基本类型数据序列化的实现，这里以 Boolean 数据类型为例进行说明。

如代码清单 8-26 所示，BooleanSerializer 实际上调用了 DataOutputView.writeBoolean() 方法完成对 Boolean 数据的序列化操作，最终数据会被写入 DataOutputView。DataOutputView 继承了 java.io.DataOutput 接口，根据 DataOutputView 的不同实现类，将二进制数据输出到指定的 MemorySegment 中。

代码清单 8-26　BooleanSerializer.serialize() 方法定义

```
public void serialize(Boolean record, DataOutputView target) throws IOException {
    target.writeBoolean(record);
}
```

与 Boolean 类型数据的反序列化操作类似，如代码清单 8-27 所示，BooleanSerializer.
deserialize() 方法调用了 DataInputView.readBoolean() 方法，通过 DataInputView 读取 Memory-
Segment 中的二进制数据，将二进制数据反序列化成 Boolean 数据类型。

代码清单 8-27　BooleanSerializer.deserialize() 方法定义

```
public Boolean deserialize(DataInputView source) throws IOException {
    return source.readBoolean();
}
```

Java 基本数据类型以及 String、Date 等类型数据的序列化和反序列化操作基本一致，
都是借助 DataOutputView 和 DataInputView 接口实现类完成的。其他的基础数据类型这里
不再展开，读者可以查看相关代码了解实现细节。接下来我们看复合数据结构如何实现类型
序列化和反序列化操作。

2. CompositeType 序列化与反序列化

CompositeType 是 Tuple、Pojo 以及 Scala Case Class 等复合类型数据对应的 TypeInfomation
实现类，复合数据类型最大的特点是内部字段数据类型不固定，例如在字段内部可能会嵌
套复杂数据类型，此时需要用递归的方式解析每个字段的数据类型。和 BasicTypeInfo 中
的基础数据类型相比，CompositeType 中实现的 TypeExtractor、TypeSerializer 以及 Type-
Comparator 组件都要比 BasicTypeInfo 更加复杂。

CompositeType 的实现类主要包括 TupleTypeInfo、RowTypeInfo、CaseClassTypeInfo 以
及 BaseRowTypeInfo 等 TupleTypeInfo 类型，PojoTypeInfo 则比较独立，直接继承 Composite-
Type 实现。对 Tuple、CaseClass、POJO 等组合类型而言，TypeSerializer 和 TypeComparator
也是组合的。

我们以 PojoTypeInfo 为例进行说明，如代码清单 8-28 所示，在 PojoTypeInfo 类中可以
指定不同类型的序列化器，如 KryoSerializer、AvroSerializer 以及 Flink 自带的 PojoSerialize，
主要是根据用户配置决定的。只有 Pojo 类型的数据序列化器是可变的，但是其他数据类型
只能使用 Flink 内置的 TypeSerializer 实现数据的序列化和反序列化操作。

代码清单 8-28　PojoTypeInfo.createSerializer() 方法

```
public TypeSerializer<T> createSerializer(ExecutionConfig config) {
    // 创建 KryoSerializer
    if (config.isForceKryoEnabled()) {
        return new KryoSerializer<>(getTypeClass(), config);
    }
```

```
    // 创建 AvroSerializer
    if (config.isForceAvroEnabled()) {
        return AvroUtils.getAvroUtils().createAvroSerializer(getTypeClass());
    }
    // 创建 PojoSerializer
    return createPojoSerializer(config);
}
```

我们来看 PojoTypeInfo.createPojoSerializer() 方法的具体实现，如代码清单 8-29 所示，在创建 PojoSerializer 的过程中同时为 Pojo Class 中每个 Filed 创建对应的 TypeSerializer。解析 PojoClass 每个字段的表达式，并通过正则表达式匹配对应的数据类型，最后将 Field 进行扁平化并存储在字段集合中。在 createPojoSerializer() 方法中使用扁平化处理后的字段集合，然后对每个 Field 创建 TypeSerializer，并组装成 PojoSerializer，作为整个 PojoClass 的 TypeSerializer。

代码清单 8-29　PojoTypeInfo.createPojoSerializer() 方法定义

```
public PojoSerializer<T> createPojoSerializer(ExecutionConfig config) {
    TypeSerializer<?>[] fieldSerializers = new TypeSerializer<?>[fields.length];
    Field[] reflectiveFields = new Field[fields.length];
    for (int i = 0; i < fields.length; i++) {
        fieldSerializers[i] = fields[i].getTypeInformation().createSerializer(config);
        reflectiveFields[i] = fields[i].getField();
    }
    return new PojoSerializer<T>(getTypeClass(),
                                fieldSerializers, reflectiveFields, config);
}
```

对于其他类型的序列化器，如 KryoSerializer 和 AvroSerializer，读者可以查看相关代码实现，这里就不再展开了。接下来我们了解如何通过 PojoSerializer 对 Pojo 类型数据进行序列化和反序列化操作。

如代码清单 8-30 所示，PojoSerializer.serialize() 方法包含如下逻辑。

1）在 serialize() 方法中通过 flag 标记当前 Class 的类型信息，如 IS_NULL=0 表示当前 Class 为空，NO_SUBCLASS=2 表示当前 Class 没有子类，IS_SUBCLASS=3 表示当前类为子类，IS_TAGGED_SUBCLASS=8 表示已经被标记过的 SUBCLASS。最后通过 flag 和 Int 指标进行位运算，判断是否符合相应的条件。

2）对于 value==null 的情况，则直接向 DataOutputView 写入 flag，返回进行下一步处理。

3）通过 value 获取 actualClass 类型，判断 PojoSerializer 中的 Class 是否和 actualClass 一致，如果不一致则表明当前 actualClass 含有子类，此时从 registeredClasses 的 LinkedHashMap 中获取 actualClass 对应的标记信息，并判断是否为空，如果 subclassTag!=null 则表明当前 class 类型已经被标记过，直接从 registeredSerializers 集合中获取 subclassSerializer；否则通过调用 getSubclassSerializer() 方法从 actualClass 中获取 subclassSerializer。

4）将 flag 标记信息写入 DataOutputView，如果（flags & IS_SUBCLASS) != 0 为 true，也就是当前 Class 为 SubClass，则写入完整类名，否则判断当前 Class 是否为标记子类，并将 subclassTag 写入 DataOutputView。

5）判断当前的 Class 是否为子类，如果是则使用 subclassSerializer 序列化器对 value 进行序列化操作，否则使用 Class 中每个字段的序列化器对字段进行序列化操作。

代码清单 8-30　PojoSerializer.serialize() 方法实现

```
public void serialize(T value, DataOutputView target) throws IOException {
    int flags = 0;
    //处理空值情况
    if (value == null) {
        flags |= IS_NULL;
        target.writeByte(flags);
        return;
    }
    //判断当前 actualClass 是否含有 SubClass
    Integer subclassTag = -1;
    Class<?> actualClass = value.getClass();
    TypeSerializer subclassSerializer = null;
    if (clazz != actualClass) {
        subclassTag = registeredClasses.get(actualClass);
        if (subclassTag != null) {
            flags |= IS_TAGGED_SUBCLASS;
            subclassSerializer = registeredSerializers[subclassTag];
        } else {
            flags |= IS_SUBCLASS;
            subclassSerializer = getSubclassSerializer(actualClass);
        }
    } else {
        flags |= NO_SUBCLASS;
    }
    //将 flag 写入 DataOutputView
    target.writeByte(flags);
    //如果当前类是标记后的子类，向 target 中写入 subclassTag，否则写入完整类名
    if ((flags & IS_SUBCLASS) != 0) {
        target.writeUTF(actualClass.getName());
    } else if ((flags & IS_TAGGED_SUBCLASS) != 0) {
        target.writeByte(subclassTag);
    }
    //如果是子类，则使用相应的子类序列化器，否则使用字段序列化器序列化每个字段
    if ((flags & NO_SUBCLASS) != 0) {
        try {
            for (int i = 0; i < numFields; i++) {
                Object o = (fields[i] != null) ? fields[i].get(value) : null;
                if (o == null) {
                    target.writeBoolean(true); //null field handling
                } else {
                    target.writeBoolean(false);
```

```
                    fieldSerializers[i].serialize(o, target);
                }
            }
        } catch (IllegalAccessException e) {
            throw new RuntimeException("Error during POJO copy, this should not
                happen since we check the fields before.", e);
        }
    } else {
        if (subclassSerializer != null) {
            subclassSerializer.serialize(value, target);
        }
    }
}
```

PojoSerializer.serialize() 方法对 PojoClass 进行递归序列化，直到没有 SubClass 为止，然后通过基础数据类型中的 TypeSerializers 对 Value 进行序列化操作，将数据写入 Data-OutputView 对应的 MemorySegment 内存块。PojoSerializer 没有像 JVM 一样存储 PojoClass 对象头等信息，仅存储了 1 字节的 flag 信息，用于表示对象信息。

PojoSerializer.deserialize() 方法的实现其实和 serialize() 方法的逻辑正好相反。如代码清单 8-31 所示，PojoSerializer.deserialize() 方法包含如下逻辑。

1）从 DataInputView 的 MemorySegment 内存中读取 flag 信息并进行位运算，判断 flag 是否为空，如果为空则直接返回 null。

2）根据 flag 信息判断 Class 是否为 SubClass 类型，也就是 (flags & IS_SUBCLASS) != 0 条件是否成立，如果成立则调用 source.readUTF() 方法读取 ClassName，并通过反射机制加载 Class 赋值给 actualSubclass。最后获取 actualSubclass 的 TypeSerializer，调用 initializeFields() 方法初始化 Filed 对应的序列化器。

3）如果 (flags & IS_TAGGED_SUBCLASS) != 0 为 True，表明 Class 是已经标记过的 SubClass，此时调用 source.readByte() 方法读取 subclassTag，然后从 registeredSerializers 中获取 subclassSerializer 进行后续操作。可以看出标记 SubClass 能尽可能降低数据序列化和反序列化的开销，减少数据传输大小，如果不进行标记则每次都需要传递 SubClass 的类名称，这其实是提升数据序列化处理性能的体现。

4）如果当前 Class 中没有子类，则调用每个字段的类型序列化器进行反序列化操作，最终将内存中的二进制数据反序列化到 target 数据中，进而完成整个 PojoClass 的反序列化操作。

5）如果当前 Class 中还有子类，则调用 SubClass 的 deserialize() 方法继续对子类进行反序列化，直到所有的子类全部反序列化完毕。

代码清单 8-31　PojoSerializer.deserialize() 方法定义

```
public T deserialize(DataInputView source) throws IOException {
    int flags = source.readByte();
```

```
if((flags & IS_NULL) != 0) {
    return null;
}
T target;
Class<?> actualSubclass = null;
TypeSerializer subclassSerializer = null;
if ((flags & IS_SUBCLASS) != 0) {
    String subclassName = source.readUTF();
    try {
        actualSubclass = Class.forName(subclassName, true, cl);
    } catch (ClassNotFoundException e) {
        throw new RuntimeException("Cannot instantiate class.", e);
    }
    subclassSerializer = getSubclassSerializer(actualSubclass);
    target = (T) subclassSerializer.createInstance();
    initializeFields(target);
} else if ((flags & IS_TAGGED_SUBCLASS) != 0) {
    int subclassTag = source.readByte();
    subclassSerializer = registeredSerializers[subclassTag];
    target = (T) subclassSerializer.createInstance();
    initializeFields(target);
} else {
    target = createInstance();
}
// 如果当前 Class 没有 SubClass
if ((flags & NO_SUBCLASS) != 0) {
    try {
        for (int i = 0; i < numFields; i++) {
            boolean isNull = source.readBoolean();
            if (fields[i] != null) {
                if (isNull) {
                    fields[i].set(target, null);
                } else {
                    Object field = fieldSerializers[i].deserialize(source);
                    fields[i].set(target, field);
                }
            } else if (!isNull) {
                fieldSerializers[i].deserialize(source);
            }
        }
    } catch (IllegalAccessException e) {
        throw new RuntimeException("Error during POJO copy, this should not
            happen since we check the fields before.", e);
    }
    // 当前 Class 具有 SubClass
} else {
    if (subclassSerializer != null) {
        target = (T) subclassSerializer.deserialize(target, source);
    }
}
```

```
        return target;
    }
```

PojoClass 的序列化操作和反序列化操作都是递归进行的，并借助子类或基础数据类型的 TypeSerializer 实现。对 PojoSerializer 来讲，每个 Class 仅写入一次 ClassName 的 Header 信息到 MemorySegment 中，其他信息都是通过 int 类型的 flag 进行标记和传输的。在序列化过程中，通过 DataOutput.writeByte(int val) 方法将 flag 写入内存时仅占用一个字节，因为在 writeByte(int val) 方法中，仅写入 int 类型数据 val 的 8 个低位值，而 val 的 24 个高位被忽略了，这又将 int 原本的大小从 4 字节降低到 1 字节。对于 PojoSerializer 来说每次执行只需要 1 个字节，相比 JVM 中实现的类型序列化，在大规模数据处理的场景中，具有非常大的性能和存储开销的优势。

3. 数据序列化实例

基于前面对源码实现的理解，我们通过具体的实例来看 TypeSerializer 如何对数据进行序列化操作，图 8-8 展示了一个内嵌型的 Tuple3<Integer,Double,Person> 对象的序列化过程。

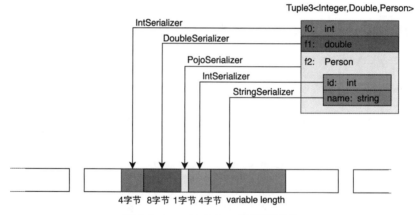

图 8-8　TypeSerializer 数据序列化

基于 TypeSerializer 序列化后的数据存储密度是非常紧凑的，其中 int 类型占 4 字节、double 类型占 8 字节，Pojo 类型仅仅多了 1 字节的 Header 信息，这里的 Header 其实就是前面源码中的 flag 信息。PojoSerializer 将 flag 信息序列化到内存中，并委托每个字段对应的 serializer 对字段进行序列化。不管什么复杂的数据类型，都能通过 TypeSerializer 将相应数据类型序列化成二进制数据格式存储到 MemorySegment 中，进而实现 Java 数据类型和二进制数据之间的高效转换。

8.4.2　RecordSerializer 与 RecordDeserializer

对流处理算子而言，数据类型序列化操作会集中在网络 I/O 以及状态数据存储中。在

第 7 章我们已经了解到，上游算子处理完成的数据会被序列化成 NetworkBuffer 数据，发送到下游的算子中继续处理。这个过程涉及数据元素序列化和反序列化的操作。我们知道在 Flink 中主要借助 RecordSerializer 和 RecordDeserializer 实现对 StreamRecord 的序列化和反序列化操作。

1. 基于 SpanningRecordSerializer 对 StreamElement 进行序列化操作

RecordSerializer 接口主要用于 RecordWriter 组件，将 StreamRecord 序列化成二进制，并将数据存储至 NetworkBuffer 结构中。RecordSerializer 接口的默认实现类只有 Spanning-RecordSerializer。

如代码清单 8-32 所示，SpanningRecordSerializer.serializeRecord() 方法定义了将 Stream-Record 序列化成 NetworkBuffer 的具体逻辑。

1）这里的 serializationBuffer 对象就是 DataOutputSerializer 实例，我们知道 DataOutput-Serializer 是 DataOutputView 的具体实现类，提供了简单高效地将数据以二进制形式写入内存的功能。

2）StreamRecord 继承自 IOReadableWritable 接口，record.write(serializationBuffer) 会根据当前 StreamRecord 的类型选择调用哪种 TypeInformation 实现类将数据元素序列化成二进制格式。例如如果 StreamRecord 为 Boolean 类型，则会调用 DataOutputView.write-Boolean() 方法，将 Boolean 数据写入 DataOutputView，即 DataOutputSerializer 的实例 serializationBuffer 中。

3）当数据元素全部写入完毕后，还会将 serializationBuffer 的长度写入 serializationBuffer 头部。初始化 serializationBuffer 空间时已经预留了 4 字节的空间，用于写入当前 serialization-Buffer 的长度。

4）调用 serializationBuffer.wrapAsByteBuffer() 方法，将数据转换成 ByteBuffer 数据结构，将转换后的数据发送到 TCP Channel 中，下游 Task 实例就会接收到上游节点发送的 Buffer 数据。

代码清单 8-32　SpanningRecordSerializer.serializeRecord() 方法定义

```
public void serializeRecord(T record) throws IOException {
    // 省略部分代码
    serializationBuffer.clear();
    // 初始化 serializationBuffer 的大小
    serializationBuffer.skipBytesToWrite(4);
    // 写入 data 和 length
    record.write(serializationBuffer);
    int len = serializationBuffer.length() - 4;
    serializationBuffer.setPosition(0);
    serializationBuffer.writeInt(len);
    serializationBuffer.skipBytesToWrite(len);
    dataBuffer = serializationBuffer.wrapAsByteBuffer();
}
```

2. 基于 SpillingAdaptiveSpanningRecordDeserializer 对 StreamRecord 进行反序列化操作

如图 8-9 所示，当 NetworkBuffer 数据从 TCP Channel 接入后，需要将 NetworkBuffer 数据反序列化成 StreamRecord 结构，才能通过 StreamOperator 继续进行处理。在 InputChannel 中对 Buffer 数据进行反序列化操作主要是基于 RecordDeserializer 完成的。RecordDeserializer 的默认实现类为 SpillingAdaptiveSpanningRecordDeserializer，在 RecordDeserializer 中会进行数据的溢写操作，即先将数据通过 FileChannel 写入本地临时文件夹，等到能够处理和使用时再从文件恢复到内存中继续处理，这在处理数据元素比较大的情况时是非常有必要的。

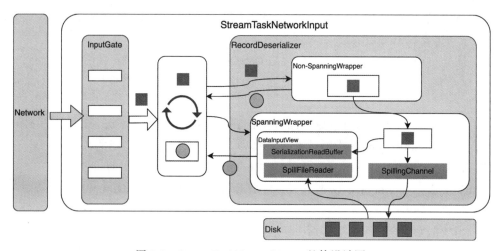

图 8-9　StreamTaskNetworkInput 整体设计图

从图 8-9 中也可以看出，整个数据接入以及反序列化的步骤如下。

1）StreamTaskNetworkInput 内部循环从 InputGate 中拉取二进制格式的 BufferOrEvent 数据，然后对 Buffer 数据进行反序列化操作，图中的黑色方框代表 Buffer 数据。

2）对 Buffer 数据的反序列化操作主要借助 RecordDeserializer 实现，从图 8-9 中可以看出，在 SpillingAdaptiveSpanningRecordDeserializer 中具有两个非常重要的组件：SpanningWrapper 和 NonSpanningWrapper，二者都是基于 DataInputView 接口实现的 MemorySegment 缓冲区，用于对接入的 Buffer 数据进行缓存，保证将完整的数据元素反序列化出来。

3）NonSpanningWrapper 为非跨区包装器，用于对 StreamTaskNetworkInput 接入的 Buffer 数据进行初始化存储。通常情况下，如果接入的 Buffer 数据能够一次性反序列化出 StreamRecord，数据就只会存储在 NonSpanningWrapper 的 Buffer 缓冲区中，然后通过 NonSpanningWrapper 提供的 DataInputView 视图将 Buffer 数据直接反序列化成 StreamRecord，最后将 StreamRecord 返回给 StreamTaskNetworkInput。

4）SpanningWrapper 为跨区包装器，SpanningWrapper 只有在 NonSpanningWrapper 无法从当前 Buffer 数据中反序列化出完整的 StreamRecord 时才会转移至 SpanningWrapper

中等待 Buffer 数据接入，最终将多个 Buffer 数据拼接在一起，反序列化出完整的 Stream-Record 数据。

5）SpanningWrapper 内部包含了 SpllingChannel 组件，用于对接入的 Buffer 数据进行溢写磁盘的操作，SpllingChannel 内部会创建 FileChannel 组件，然后基于 FileChannel，根据指定的临时路径创建文件，写入的 Buffer 数据大小如果超过了 THRESHOLD_FOR_SPILLING（默认为 5MB），就会将 Buffer 数据溢写到磁盘中存储。

6）当数据被 SpllingChannel 溢写到磁盘后，SpanningWrapper 中会同时创建 SpillFileReader 组件，从文件中恢复和读取 Buffer 数据，然后反序列化写入 StreamRecord 数据。SpillFileReader 组件实际上就是 DataInputViewStreamWrapper 实例。

7）除了 SpillFileReader 组件外，在 SpanningWrapper 中还包含了另外一个组件 SerializationReadView，该组件的作用和 SpillFileReader 一样，也是提供 DataInputView 输入视图，而 SerializationReadView 的底层实现是 DataInputDeserializer，在这里主要用于接收 SpanningWrapper 中的 Buffer 数据，提供数据反序列方法，将内存中的 Buffer 数据转换为 StreamRecord。

8）需要注意的是，SerializationReadView 的创建和 SpillFileReader 是互斥的，SerializationReadView 当且仅当数据不需要进行溢写到磁盘，但是又跨了多个 MemorySegment 的情况下，直接通过 SerializationReadView 对 Buffer 数据进行反序列化。

我们简单地总结一下，当 StreamRecord 比较大并且需要跨多个 MemorySegment 存储时，会借助 SpanningWrapper 将 Buffer 数据反序列化成 StreamRecord。对于比较小的 StreamRecord，不会使用 SpanningWrapper，而是直接通过 NonSpanningWrapper 从单个 MemorySegment 中反序列化出完整的 StreamRecord 数据。SpanningWrapper 中包含文件溢写的过程，为了能够完整地将 StreamRecord 数据反序列化出来，同时保证整个系统的数据传输正常和稳定。

下面我们通过具体的代码实现了解 SpillingAdaptiveSpanningRecordDeserializer 对 Buffer 数据进行反序列化，并生成完整 StreamRecord 数据的过程。首先将 Buffer 数据添加到 currentRecordDeserializer 的 Buffer 缓冲区中，这一步主要通过调用 SpillingAdaptiveSpanningRecordDeserializer.setNextBuffer() 方法来实现。

如代码清单 8-33 所示，setNextBuffer() 方法逻辑如下。

1）从 Buffer 数据中获取 MemorySegmentOffset、Buffer 数据对应的 MemorySegment 内存块以及 Buffer 的 numBytes 大小等信息。

2）判断 SpillingAdaptiveSpanningRecordDeserializer 的 spanningWrapper 中 NumGatheredBytes 是否大于 0，是则将数据 MemorySegment 继续写入 spanningWrapper，否则调用 nonSpanningWrapper 对接入的 MemorySegment 进行初始化存储。当 spanningWrapper 启动后，NumGatheredBytes 的指标会大于 0，表示正在等待后续的 Buffer 数据写入，此时主要调用 addNextChunkFromMemorySegment() 方法将新的 segment 写入 spanningWrapper。

3）如果 NumGatheredBytes ≤ 0，则表明 spanningWrapper 并没有启动和等待 Buffer 数据接入，此时调用 nonSpanningWrapper.initializeFromMemorySegment() 方法对 MemorySegment 进行初始化，并将 numBytes、offset 等参数传递到方法中。

代码清单 8-33　SpillingAdaptiveSpanningRecordDeserializer.setNextBuffer() 方法定义

```
public void setNextBuffer(Buffer buffer) throws IOException {
    currentBuffer = buffer;
    int offset = buffer.getMemorySegmentOffset();
    MemorySegment segment = buffer.getMemorySegment();
    int numBytes = buffer.getSize();
    if (this.spanningWrapper.getNumGatheredBytes() > 0) {
        this.spanningWrapper.addNextChunkFromMemorySegment(segment, offset,
            numBytes);
    }
    else {
        this.nonSpanningWrapper
            .initializeFromMemorySegment(segment, offset, numBytes + offset);
    }
}
```

经过以上方法将 Buffer 数据写入 SpanningWrapper 或者 NonSpanningWrapper 中的 Buffer 缓冲区。接下来通过 SpillingAdaptiveSpanningRecordDeserializer.getNextRecord() 方法获取经过反序列化后的 StreamRecord 数据。如代码清单 8-34 所示，SpillingAdaptiveSpanningRecordDeserializer.getNextRecord() 方法主要逻辑如下。

1）获取 nonSpanningWrapper 的剩余空间，判断 nonSpanningRemaining 是否大于 4，如果大于 4 表明 nonSpanningRemaining 中的 Buffer 数据具有完整的长度，优先选择 nonSpanningWrapper 对 Buffer 数据进行反序列化操作。如果 nonSpanningRemaining 小于 4 且 nonSpanningRemaining 大于 0，则直接创建 spanningWrapper 实例，将 Buffer 中的数据添加到 spanningWrapper 中的 Length buffer 队列进行处理，并清理 nonSpanningWrapper 中的数据。

2）获取 nonSpanningWrapper 中数据的长度，判断长度是否小于 nonSpanningRemaining-4，如果满足，说明此时在 nonSpanningRemaining 的 Buffer 中已经可以反序列化出完整的 StreamRecord 数据，下一步会调用 target.read(this.nonSpanningWrapper) 方法，将 this.nonSpanningWrapper 中的 Buffer 数据反序列化成基本数据类型并写入 target 对应的 StreamRecord 中。

3）判断 nonSpanningWrapper 的 remaining 是否还大于 0，如果大于 0 则表示 nonSpanningWrapper 中的 Buffer 数据没有序列化完，此时返回 INTERMEDIATE_RECORD_FROM_BUFFER 的结果给 StreamTaskNetworkInput，继续循环拉取更多的 Buffer 数据进行处理。

4）如果不满足 len ≤ nonSpanningRemaining-4，就会基于 nonSpanningWrapper 中的 Buffer 数据创建和初始化 spanningWrapper，通过 spanningWrapper 继续对 Buffer 数据进行

反序列化操作。

5）调用 this.spanningWrapper.hasFullRecord() 方法判断 spanningWrapper 中是否包含完整的 StreamRecord，包含则从 spanningWrapper 中读取完整的 StreamRecord 数据。

6）从 spanningWrapper 中读取完整的 StreamRecord 数据后，将剩下的 Buffer 数据发给 NonSpanningWrapper。当接入新的 Buffer 数据时，重复以上步骤。如果 NonSpanningWrapper 中的 remaining 为 0，则返回 DeserializationResult.LAST_RECORD_FROM_BUFFER，表示当前数据是 Buffer 中的最后一条记录，否则返回 INTERMEDIATE_RECORD_FROM_BUFFER，表示当前 Buffer 还没有被消费完。

代码清单 8-34 SpillingAdaptiveSpanningRecordDeserializer.getNextRecord() 方法定义

```
public DeserializationResult getNextRecord(T target) throws IOException {
    int nonSpanningRemaining = this.nonSpanningWrapper.remaining();
    if (nonSpanningRemaining >= 4) {
        int len = this.nonSpanningWrapper.readInt();
        // 通过 nonSpanningRemaining 进行 Buffer 数据反序列化
        if (len <= nonSpanningRemaining - 4) {
            try {
                target.read(this.nonSpanningWrapper);
                int remaining = this.nonSpanningWrapper.remaining();
                if (remaining > 0) {
                    return DeserializationResult.INTERMEDIATE_RECORD_FROM_BUFFER;
                }
                else if (remaining == 0) {
                    return DeserializationResult.LAST_RECORD_FROM_BUFFER;
                }
                else {
                    throw new IndexOutOfBoundsException("Remaining = " + remaining);
                }
            }
            catch (IndexOutOfBoundsException e) {
                throw new IOException(BROKEN_SERIALIZATION_ERROR_MESSAGE, e);
            }
        } else {
            // 初始化 spanningWrapper 中的 Buffer 数据集并清理 nonSpanningWrapper 中的数据
            this.spanningWrapper.initializeWithPartialRecord(this.
                nonSpanningWrapper, len);
            this.nonSpanningWrapper.clear();
            return DeserializationResult.PARTIAL_RECORD;
        }
    // 如果获取到完整的 length，则调用 spanningWrapper 添加到 Length Buffer 队列中
    } else if (nonSpanningRemaining > 0) {
        this.spanningWrapper.initializeWithPartialLength(this.nonSpanningWrapper);
        this.nonSpanningWrapper.clear();
        return DeserializationResult.PARTIAL_RECORD;
    }
    // 如果 spanningWrapper 中含有完整的 Record，则直接从 spanningWrapper 中读取数据
    if (this.spanningWrapper.hasFullRecord()) {
```

```
        // 获取完整的数据元素
        target.read(this.spanningWrapper.getInputView());
        this.spanningWrapper
            .moveRemainderToNonSpanningDeserializer(this.nonSpanningWrapper);
        this.spanningWrapper.clear();
        return (this.nonSpanningWrapper.remaining() == 0) ?
            DeserializationResult.LAST_RECORD_FROM_BUFFER :
            DeserializationResult.INTERMEDIATE_RECORD_FROM_BUFFER;
    } else {
        return DeserializationResult.PARTIAL_RECORD;
    }
}
```

在 SpillingAdaptiveSpanningRecordDeserializer 中主要通过 SpanningWrapper 和 Non-SpanningWrapper 这两个组件配合对接入的 Buffer 数据进行反序列化操作，接收完成 StreamRecord 记录的同时避免因为 StreamRecord 太大，跨多个内存分区的问题。StreamRecord 数据一般不会太大，SpillingAdaptiveSpanningRecordDeserializer 优先借助 NonSpanningWrapper 完成对 Buffer 数据的反序列化操作。

在 getNextRecord() 方法中我们也可以看出，一旦 this.spanningWrapper.hasFullRecord() 条件满足，就会调用 target.read(this.spanningWrapper.getInputView()) 方法将 Buffer 数据反序列化成 StreamRecord。

在 StreamTaskNetworkInput 的构造器方法中，创建 DeserializationDelegate 封装 Type-Serializer，形成反序列化器的代理类，然后应用在 getNextRecord() 方法中，也就是 T target 参数，代码如下所示。

```
this.deserializationDelegate = new NonReusingDeserializationDelegate<>(
    new StreamElementSerializer<>(inputSerializer));
```

DeserializationDelegate 中主要有两种实现：NonReusingDeserializationDelegate 和 Reusing-DeserializationDelegate。二者的区别在于反序列 Buffer 数据的过程中是否会进行对象复用，而不是创建更多新的对象来存储数据。ReusingDeserializationDelegate 用于批计算模式的数据处理，对流数据处理来讲则主要使用 NonReusingDeserializationDelegate。

如代码清单 8-35 所示，在 NonReusingDeserializationDelegate.read() 方法中调用了 this.serializer.deserialize(in) 方法对输入的 Buffer 数据进行反序列化操作，其中 serializer 就是输入数据类型创建的 TypeSerializer 实例，也就是当前 StreamElement 数据格式对应的 TypeSerializer，最终将 Buffer 二进制数据反序列化成指定结构的数据元素。

代码清单 8-35　NonReusingDeserializationDelegate.read() 方法定义

```
@Override
    public void read(DataInputView in) throws IOException {
        this.instance = this.serializer.deserialize(in);
    }
```

　　当然，在批处理模式中还会直接基于 DataInputView 和 DataOutView 实现更加高效的数据存储与计算，我们就不再展开讨论了，读者可以参考相关代码实现。

8.5　本章小结

　　本章重点介绍了 Flink 内存管理相关的底层实现以及 Flink 如何实现积极地内存管理，并通过二进制管理数据对象。本章我们先从整体的角度了解了 Flink 实现内存管理的原因及 Flink 内存模型的组成。然后了解了 Flink 内存管理中最基本的内存单元 MemorySegment。之后学习了 DataInputView 和 DataOutputView 概念以及如何基于 DataInputView 和 Data-OutputView 实现对多个 MemorySegment 的操作和使用。最后我们从数据序列化和反序列化的角度介绍了在 Flink 流处理模式下，如何实现对象数据和二进制数据进行序列化和反序列化操作，并基于二进制格式实现高效数据处理。